现代物理基础丛书　100

高能物理实验统计分析
(第二版)

朱永生　著

科学出版社

北　京

内 容 简 介

本书介绍高能物理实验统计分析的相关知识，包括高能物理实验测量的统计性质，高能物理实验分析概述及一些要素，参数的点估计和区间估计，多个测量值的合并估计，假设检验和统计显著性，搜寻实验的数据分析，盲分析等内容. 书中诠释了高能物理实验统计分析的许多实例，特别是在北京正负电子对撞机（BEPC）的实验装置北京谱仪（BES）上获得的许多物理结果. 书末附有必要的数理统计表，可供本书涉及的数据分析问题使用.

本书对于从事粒子物理和核物理、粒子和核天体物理、宇宙线物理和宇宙学、探测器研究的数据分析工作者有参考意义，可供实验物理工作者和大专院校相关专业师生、理论物理研究人员、工程技术人员参考.

图书在版编目(CIP)数据

高能物理实验统计分析 / 朱永生著. -- 2 版. 北京 ：科学出版社，2025.3. -- (现代物理基础丛书 100). -- ISBN 978-7-03-079855-8

Ⅰ. O572-33

中国国家版本馆 CIP 数据核字第 2024LH8836 号

责任编辑：刘凤娟　孔晓慧 / 责任校对：高辰雷
责任印制：张　伟 / 封面设计：陈　敬

科学出版社 出版

北京东黄城根北街 16 号
邮政编码：100717
http://www.sciencep.com

北京中石油彩色印刷有限责任公司印刷
科学出版社发行　各地新华书店经销
*
2016 年 2 月第 一 版　　开本：720×1000　1/16
2025 年 3 月第 二 版　　印张：26 3/4
2025 年 3 月第一次印刷　字数：524 000

定价：188.00 元
(如有印装质量问题，我社负责调换)

作 者 简 介

朱永生, 1964 年毕业于中国科学技术大学原子核物理和原子核工程系. 在中国科学院原子能研究所师从导师赵忠尧先生, 于 1967 年以研究生学历毕业. 1995 年 7 月起任中国科学院高能物理研究所研究员, 1996 年遴选为博士生导师, 培养了多名硕士、博士和博士后. 因参加 "两弹一星" 相关工作获两项中国科学院重大科技成果奖 (1978). 因在荣获国家科技进步奖特等奖 (1990) 和中国科学院科技进步奖特等奖 (1989) 的北京正负电子对撞机和北京谱仪的建设中做出贡献, 获得了国务院颁发的荣誉证书和奖励, 以及中国科学院的表彰和奖励. 因在北京谱仪的实验研究中得到的成果, 获得了中国科学院自然科学奖二等奖 (1998) 和北京市科学技术奖二等奖 (2012). 1993 年 10 月起享受国务院特殊津贴. 长期在中国科学院高能物理研究所北京谱仪国际合作组从事高能物理实验研究, 在多个国际著名高能物理研究中心参与国际合作组 (德国电子同步加速器中心 DESY Mark-J 合作组、美国费米国家加速器实验室 FNAL D0 合作组、美国斯坦福直线加速器中心 SLAC BaBar 合作组) 的合作研究. 在学术刊物 *Phys. Rev. Lett.*、*Phys. Rev. D*、*Phys. Lett. B*、*Nucl. Instr. Meth.*、*Chinese Physics C* 以合作组或小组名义 (本人为重要贡献者之一) 以及以个人名义发表论文多篇. 有独著的学术专著 6 部、与他人合著学术专著 1 部、译著 3 部. 曾任 *Chinese Physics C* (原《高能物理和核物理》) 副主编 18 年 (1998~2016),《中国科学: 物理学 力学 天文学》(中文版和英文版) 副主编 5 年 (2008~2012). 2005~2013 年任中国科学院大学兼职教授, 讲授研究生课程 "实验数据统计分析", 2014~2017 年任中国科学院大学岗位教授.

第二版前言

粒子物理实验大致可以分成两大类: 测量实验和搜寻实验. 对于测量实验, 其测量对象一定存在, 也已经有了测量结果, 只是需要提高精度来进行进一步的实验测量. 至于搜寻实验, 是指寻找预期可能存在但尚未发现的过程这样一类实验, 其测量对象是否存在尚属未知, 所以这类实验的目标是寻找 "新物理", 显然其实验结果 (特别是肯定的结果) 往往会引起人们极大的关注. 搜寻实验要解决的问题是: 什么条件下可以认为 "发现" 了信号? 什么条件下可以 "排除" 信号的存在? 只有在实验 "发现" 了信号的情形下, 才可以对该信号的性质参数进行测量; 而对于实验 "排除" 信号的情形, 则需要给出该特定信号存在的上限, 这类问题也称为 "设限". 在搜寻实验的设计阶段, 我们需要知道, 对于一组特定的探测器性能参数, 搜寻特定信号的灵敏度有多高, 即利用这一探测器进行的实验发现特定信号所能达到的水平.

由于搜寻实验与常规的测量实验的要求不同, 其实验分析方法显然有其自身的特殊性. 一般而言, 目标在于寻找 "新物理"、新粒子的搜寻实验更能引起粒子物理实验工作者的兴趣, 因此, 对其实验分析方法需要进行专门的研究和讨论. 在拙作《高能物理实验统计分析》(科学出版社 2016 年 1 月第一版) 中, 对这一极其重要论题的讨论过于简单, 仅对 "发现" 新粒子信号的条件作了简要的介绍, 这是一个不足之处. 为了弥补这一缺憾, 本书 (《高能物理实验统计分析 (第二版)》) 增写了第 8 章 "搜寻实验的数据分析", 以约三十页的篇幅对这一重要论题作了比较深入、系统的阐述. 第一版的第 8、9 两章则变更为第 9、10 两章.

关于粒子物理实验中的统计误差和系统误差的阐述, 本书对第一版 2、3、5、6 章多处相关内容进行了大幅度的修改和增补. 粒子物理实验通常对某个 (或一组) 感兴趣的物理量进行测量并给出其结果, 即待测物理量的期望值及其统计误差和系统误差, 这是读者对于一项实验研究最为关心的内容. 虽然实验论文中一般都会给出这两项误差, 但不同的实验者对它们的理解和确定方法却未必相同. 许多书籍对这两项误差的定义也各有差异, 或不作解释. 作者基于高能物理实验数据分析的实践, 给出了统计误差和系统误差的明确定义, 对它们的含义和确定方法给出了符合概率统计性质的诠释.

粒子物理实验通常利用天然或人工装置产生的粒子源研究粒子间的相互作用, 通过某种判选程序把感兴趣的相互作用事例 (信号事例) 的候选者甄别出来.

　　将候选信号事例的实验数据与理论预期分布之间进行比较和拟合, 可以确定相互作用的性质和物理规律. 拟合最常用的数学工具是最小二乘法和极大似然法. 由于粒子物理中物理现象的随机性以及探测装置测量过程的随机性, 实验获得的候选信号事例的数量通常是一个服从泊松分布的随机变量. 一项具体实验的候选信号事例数是泊松随机变量总体的一个样本, 利用常规的极大似然法或最小二乘法进行拟合而确定的待测物理量数值也是一个随机变量总体的一个样本. 事实上, 如果将该实验在完全相同的条件下重复多次, 待测物理量数值的实验结果将是围绕一个期望值而上下涨落的某种分布. 粒子物理规律描述的是一种分布的总体平均行为, 相应的数学公式应当用物理量期望值来表述. 正确的做法是利用扩展极大似然法, 将候选信号事例数的泊松分布信息包含在数据与理论预期值的拟合之中, 从而推断出信号事例数的期望值并依此确定物理量的期望值. 为了避免实验者不使用扩展极大似然法进行拟合, 而将获得的 (有偏差的) 结果直接报道出去, 我们对第一版中若干章节的相关内容作了修改和补充, 强调正确地应用扩展极大似然法的必要性, 并以实例阐述了具体的分析拟合方法.

　　趁本书再版的机会, 对第一版中的排印错误作了订正, 对一些阐述不够完善或不妥之处作了必要的修改和补充, 并增加了实验数据处理中一些分析方法细节的阐释.

　　本书的再版得到了中国科学院高能物理研究所的资助和科学出版社的支持. 作者衷心感谢中国工程院院士、中国高等科学技术中心学术主任叶铭汉研究员和中国科学院大学物理学院副院长郑阳恒教授对于本书的热情鼓励和积极推荐, 以及科学出版社钱俊先生和刘凤娟女士给予的诸多帮助以及认真、细致的工作. 谷林·科恩教授 (Prof. Glen Cowan) 和与他一起发表论文的共同作者允许我使用他们的资料, 谨表达由衷的感谢.

　　限于本人的水平, 本书存在不足之处在所难免, 诚恳欢迎专家和读者的建议、批评和指正.

作　者

2023 年 12 月于北京

第一版前言

高能物理, 或称粒子物理, 是研究基本粒子性质及其相互作用的科学. 基本粒子间的相互作用导致粒子间的反应和 (不稳定) 粒子的衰变, 粒子衰变和粒子反应都是随机现象. 利用探测装置测量粒子的性能参数涉及诸多随机过程. 因此, 实验分析人员不但需要熟谙粒子物理、粒子探测器的知识, 还需要了解概率统计方面的知识并正确地应用于实验分析中去.

本书对高能物理实验的统计分析作一简明、扼要的介绍. 重点讨论实验分析的基本概念和原理、实验分析的一般步骤和方法. 第 1 章讨论实验测量的统计性质, 这是对实验进行统计分析的物理和数学基础. 第 2、3 两章阐述高能物理实验分析的一般步骤和必须处理的关键要素. 第 4、5 两章讨论与实验结果直接相关的待测参数的估计, 特别是区间估计的问题. 第 6 章阐述多次测量结果的合并方法, 这是高能物理实验必须处理的重要问题. 第 7 章简要介绍实验分析中常用的几种假设检验方法, 并重点阐述统计显著性的概念. 第 8 章讨论盲分析方法, 目的是避免研究者的人为倾向造成的对于实验真实结果的偏离. 所有这些内容的理解和掌握对于实验分析和实验结果的正确性都具有典型意义和关键作用. 书末附有高能物理实验统计分析常用的数理统计表, 可供本书涉及的许多数据分析问题使用.

本书力求反映国际上近期发展起来的处理实验分析中一些困难问题的新概念和新方法, 例如, 3.10 节 "信号分布和本底分布的拟合", 5.5 节 "接近物理边界的参数置信区间", 5.6 节 "贝叶斯信度区间", 第 6 章 "多个测量值的合并估计" 和第 8 章 "盲分析" 等内容.

本书大量引用近期国际、国内高能物理实验的结果, 特别是北京谱仪合作组的实验结果. 理论与实验的紧密结合是本书的一大特色.

作者希望通过阅读本书, 已经具有粒子物理、粒子探测器和概率统计基础知识的人员, 能够清晰地理解粒子物理实验统计分析的基本原理, 掌握分析流程的步骤并正确地处理相关的关键问题, 得到正确的实验结果.

20 世纪 80 年代末, 北京正负电子对撞机 (Beijing Electron Positron Collider, BEPC) 和北京谱仪 (Beijing Spectrometer, BES) 的建成, 是中国高能加速器实验物理的真正开端. 在北京谱仪上进行实验工作的研究组是以谱仪的名称命名的, 简称 BES 合作组, 它是由多国物理学家组成的国际合作研究组, 我国物理学家在其中占有主导性的地位. 北京谱仪自 1989 年建成并成功地实现实验取数至今已逾 25 年, 其间经历了 BES II, BES III 的升级、改造, 获取了 τ-粲能区海量的高能物理实验数据, 获得了大量居于当时世界领先水平的物理成果. 其中, τ 轻子质量的精确测量、2~5 GeV 能区 R 值的精确测量、共振态 $X(1835)$ 的实验观察、σ 粒子的实验确定、新共振态 $Z_c^{\pm}(3900)$ 和 $Z_c^{\pm}(4025)$ 的发现, 更是引起国际高能物理界广泛瞩目的重大成就. 作为北京谱仪的建造者和 BES 合作组的成员之一, 作者亲身经历了中国高能物理实验队伍从国际高能物理界的新成员演变为一支具有国际重要影响队伍的全过程. 十分自然, 本书从 BES 实验的物理成果中吸取了许多素材. 因此作者感谢 BES 合作组, 特别是曾经与之一起工作和具体讨论实验分析问题的许多同事, 包括中国科学院高能物理研究所的研究员苑长征、何康林、莫晓虎、荣刚、陈江川, 副研究员王至勇、王平、李刚、王亮亮, 博士毕业后赴国外深造或到其他科学教育机构任职的柳峰、秦纲、王文峰、马连良、焦建斌、杜书先、边渐鸣、李蕾、李春花等诸位同仁. 需要特别提及和感谢张闯研究员关于 BEPC 性能的讨论并提供了 BEPC 的运行参数; 平荣刚副研究员阅读了关于布雷特维格纳共振公式和事例产生子的有关内容并提出了有益的建议; 与中国科学院大学吕晓睿副教授和刘晓霞硕士研究生关于分支比合并估计的讨论是富有启发性的.

作者感谢中国工程院院士、中国高等科学技术中心学术主任叶铭汉研究员, 中国科学院院士、中国科学技术大学赵政国教授和中国科学院大学物理学院副院长郑阳恒教授对于本书的热情鼓励和积极推荐, 以及科学出版社编辑钱俊等的大力支持和辛勤、细致的工作.

限于本人学术水平和视野, 疏漏不足在所难免, 诚恳欢迎专家和读者批评指正.

朱永生

2015 年 10 月于北京

目　录

第 1 章　高能物理实验测量的统计性质

高能物理, 或称粒子物理, 是研究基本粒子性质及其相互作用的科学. 基本粒子间的相互作用导致粒子间的反应和 (不稳定) 粒子的衰变. 利用探测装置研究粒子衰变和粒子反应是粒子物理实验的基本形态.

粒子衰变和粒子反应都是随机现象. 例如著名的 J/ψ 粒子的衰变方式超过 100 种 [1], 它们的末态是各不相同的. 对于 J/ψ 粒子的一次衰变, 究竟衰变到哪一种末态是完全不确定的; 即使衰变到一种特定的末态, 其中的各个末态粒子的方向、能量、动量也是不确定的, 而是服从某种分布. 粒子反应就其随机性特征而言与粒子衰变相同, 不过形态更为复杂.

随机性特征不但反映在基本粒子衰变和反应的物理规律上, 同时也反映在探测装置对于粒子性质的测量结果上. 比如一个电磁量能器测量一束单能电子束的能量, 测量的结果不是单一值, 而是一个有一定宽度的某种分布, 这是由于测量过程包含了许多随机过程. 这种现象是各种探测器普遍存在的.

因此, 实验测量同时涉及粒子物理中物理现象的随机性以及探测装置测量过程的随机性. 这样, 研究随机现象的数学分支之一——"概率论和数理统计" 必定在实验数据分析中起到重要作用. 实验分析人员不但需要熟谙粒子物理、粒子探测器的知识, 还需要了解概率统计方面的知识并灵活地将其应用于实验分析中去. 概率论和数理统计及其在数据分析中的应用等方面的书籍浩如烟海, 文献 [2~10] 列出了我们推荐的一些书籍, 其内容可能更适合于粒子物理实验分析工作的需要.

由于实验测量同时涉及物理现象的随机性以及探测装置测量过程的随机性, 因此实验测量获得的结果往往都是随机变量, 它们服从相应的概率分布. 本章叙述粒子物理实验中若干重要且经常用到的物理量及其概率分布.

1.1　指数分布物理量

1.1.1　不稳定粒子的衰变时间

不稳定粒子 (或核) 从产生到发生衰变的时间间隔称为它的**衰变时间**. 粒子物理知识告诉我们, 衰变时间是一个随机变量, 在 0 时刻产生的一个不稳定粒子在 t 时刻发生衰变的概率密度为指数分布

$$f(t) = \frac{1}{\tau} \mathrm{e}^{-t/\tau}, \quad 0 \leqslant t < \infty, \tag{1.1.1}$$

其中的参数 τ 是衰变时间 t 的期望值, 即 $\tau = E(t)$, 称为粒子 (或核) 的平均寿命或**寿命**. 衰变时间的概率密度也可写成另一种形式

$$f(t) = \lambda e^{-\lambda t}, \quad 0 \leqslant t < \infty, \tag{1.1.2}$$

其中的参数 $\lambda \equiv 1/\tau$ 称为粒子 (或核) 的**衰变常数**, 它表示单位时间内发生的衰变的平均次数. 在时间间隔 $[0, t]$ 内不发生任何衰变的概率是

$$1 - F(t) \equiv 1 - \int_0^t f(t)\,\mathrm{d}t = e^{-\lambda t}. \tag{1.1.3}$$

假定在时刻 T_1 有 $N_1(T_1)$ 个不稳定粒子, 若 N_1 充分大, 在时刻 $T_2(>T_1)$ 由式 (1.1.3) 立即知道不稳定粒子个数 $N_2(T_2)$ 为

$$N_2(T_2) = N_1(T_1)\,e^{-\lambda(T_2 - T_1)},$$

将 N_1、N_2 对时间求导数, 移项后, 得

$$\frac{\mathrm{d}N_2/\mathrm{d}t}{\mathrm{d}N_1/\mathrm{d}t} = e^{-\lambda(T_2 - T_1)}.$$

于是得到寿命 τ 的表达式

$$\lambda = \tau^{-1} = \frac{1}{T_2 - T_1}\ln\left(\frac{\mathrm{d}N_1/\mathrm{d}t}{\mathrm{d}N_2/\mathrm{d}t}\right). \tag{1.1.4}$$

$\mathrm{d}N/\mathrm{d}t$ 为单位时间内粒子衰变的次数, 称为衰变率. 因此, 用探测器测量任意两时刻 T_1、T_2 的衰变率, 即可求出粒子的寿命.

1.1.2　不稳定粒子的飞行距离

由于不稳定粒子的衰变时间是一个随机变量, 所以不稳定粒子从产生时刻 (设定为 0) 到发生衰变的时刻 t 之间飞行的距离 l 也是一个随机变量, 飞行距离 l 与衰变时间 t 之间的关系为

$$l = t \cdot c\beta\gamma, \tag{1.1.5}$$

式中, β 是粒子速度, $\gamma = \left(1 - \beta^2\right)^{-1/2}$ 是**洛伦兹因子**. 飞行距离 l 的概率密度也具有指数分布的形式

$$f(l) = \frac{1}{l_{\mathrm{a}}}e^{-l/l_{\mathrm{a}}}, \quad 0 \leqslant l < \infty, \tag{1.1.6}$$

其中 $l_{\mathrm{a}} = \tau \cdot c\beta\gamma$ 是粒子寿命值对应的飞行距离.

1.2 二项分布物理量

1.2.1 探测器计数 (I), 探测效率

用探测器对粒子作计数, 当一个粒子穿过探测器时, 测量结果只可能记到一次计数, 或者没记到计数, 没有其他可能. 这相当于概率论中的一次**伯努利试验**: 随机试验可能的结果只有两种: "成功" 对应于探测器测得一次计数; "失败" 对应于探测器没记到计数. 用随机变量 X 表示伯努利试验的结果, $X=1$ 表示成功, $X=0$ 表示失败, 于是 X 的概率分布为

$$P(X = r) = p^r(1-p)^{1-r}, \qquad r = 0,\,1;\ 0 < p < 1. \tag{1.2.1}$$

称随机变量 X 服从**伯努利分布**或 **(0, 1) 分布**. 伯努利分布的期望值和方差为

$$\boldsymbol{E}(X) = \sum_{i=1}^{2} x_i p_i = 1 \cdot p + 0 \cdot (1-p) = p, \tag{1.2.2}$$

$$\boldsymbol{V}(X) = \sum_{i=1}^{2} [x_i - E(X)]^2 p_i = (1-p)^2 \cdot p + (-p)^2 \cdot (1-p) = p(1-p). \tag{1.2.3}$$

其中 p 是一次伯努利试验中试验成功的概率. 对于利用探测器对粒子作计数的情形, p 等于一个粒子穿过探测器时测得一个计数的概率.

若 n 个粒子穿过探测器, 设探测器记到 r 次计数, 则 r 是一个随机变量, 它可以视为 n 个伯努利分布随机变量之和

$$r = X_1 + X_2 + \cdots + X_n.$$

当 n 个粒子穿过探测器, 探测器记到 r 次 $(0 \leqslant r \leqslant n)$ 计数的概率等于

$$B(r; n, p) = C_n^r p^r (1-p)^{n-r}, \qquad r = 0,\,1,\,\cdots,n. \tag{1.2.4}$$

该分布称为**二项分布**, 它的期望值和方差为

$$\mu \equiv E(r) = np, \qquad V(r) = np(1-p). \tag{1.2.5}$$

一个粒子穿过探测器时得到一次计数的概率称为**探测效率** ε, 显然它就等于二项分布的参数 p. 探测效率 ε 是未知的, 实验中穿过探测器的粒子数 n 为有限值, 当 n 足够大时, $\varepsilon \approx p$, 即概率 p 用频率 r/n 作为近似. 有限次测量确定的 ε 是有偏差的, 由式 (1.2.5) 知 ε 的方差为

$$V(\varepsilon) = V\left(\frac{r}{n}\right) = \frac{p(1-p)}{n} \approx \frac{\varepsilon(1-\varepsilon)}{n}, \tag{1.2.6}$$

所以探测效率的**标准偏差** (standard deviation, 即方差的平方根) 为

$$\sigma_\varepsilon \approx \sqrt{\frac{\varepsilon(1-\varepsilon)}{n}} = \sqrt{\frac{r}{n^2}\left(1-\frac{r}{n}\right)}. \tag{1.2.7}$$

对于确定的 n 值, σ_ε 有如下性质: $\varepsilon = 0.5$ 时, σ_ε 达到极大值 $0.5/\sqrt{n}$; σ_ε 对于 $\varepsilon = 0.5$ 为对称分布; 当 ε 接近 0 或 1 时, σ_ε 达到极小. 为了通过实验测定 ε, 探测器计数 r 需大于等于 1, 即 ε 的极小值为 $\varepsilon_{\min} = 1/n$, 此时

$$\sigma_{\varepsilon_{\min}} = \sigma_{\varepsilon=\frac{1}{n}} \approx \frac{1}{n}.$$

探测效率的相对标准差则为

$$R = \frac{\sigma_\varepsilon}{\varepsilon} = \frac{1}{\sqrt{n}}\sqrt{\frac{1-\varepsilon}{\varepsilon}}. \tag{1.2.8}$$

当 $\varepsilon = \varepsilon_{\min} \approx 1/n$ 时, $R = R_{\max} \approx 1$, 随着 ε 的增大, R 迅速下降.

图 1.1 显示了探测效率 ε 与其标准差 σ_ε 和测量次数 n 之间的函数关系, 以及探测效率的相对标准差 R 与探测效率 ε 和测量次数 n 之间的函数关系.

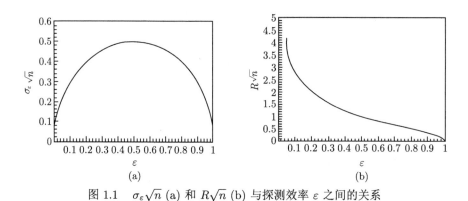

图 1.1　$\sigma_\varepsilon\sqrt{n}$ (a) 和 $R\sqrt{n}$ (b) 与探测效率 ε 之间的关系

1.2.2　粒子反应产物的不对称性 (I)

一对相向飞行的高能正负电子 (能量相等) 对撞时, 产生下述粒子反应:

$$e^+ + e^- \to \mu^+ + \mu^-.$$

末态粒子 μ^+、μ^- 方向相反, μ^+ 与 e^+ 之间的夹角 θ(称为极角) 是一随机变量. θ 落在 $(0, \pi/2)$ 区间内的事例称为前向事例, 落在 $(\pi/2, \pi)$ 区间内的事例称为后向

事例 (图 1.2). 设共测量了 N 个 $e^+e^- \to \mu^+\mu^-$ 事例, 其中前向事例数和后向事例数分别记为 F 和 B, $F + B = N$, **不对称性** r 定义为

$$r = \frac{F - B}{F + B}. \tag{1.2.9}$$

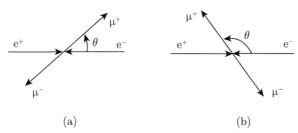

图 1.2 $e^+e^- \to \mu^+\mu^-$ 反应中的前向事例 (a) 和后向事例 (b)

$e^+e^- \to \mu^+\mu^-$ 反应中前向事例和后向事例数之间的比例是由该反应的物理规律 (反应截面的角分布) 确定的, 但对于单个事例, 究竟是前向事例还是后向事例却是随机的. 由于事例只有两种可能结果, 又作了 N 次独立的测量, 所以前向事例数 F 服从参数 N、p 的二项分布, p 为一次 $e^+e^- \to \mu^+\mu^-$ 事例是前向事例的概率, 在 N 个 $e^+e^- \to \mu^+\mu^-$ 事例中出现 F 次前向事例的概率为

$$C_N^F p^F (1 - p)^B, \quad B = N - F.$$

于是不对称性 $r = \dfrac{F - B}{F + B} = \dfrac{F - (N - F)}{N} = \dfrac{2}{N}F - 1$. 显然 r 也是一个随机变量, 它的数学期望和方差等于

$$E(r) = E\left(\frac{2}{N}F\right) - E(1) = \frac{2}{N} \cdot Np - 1 = 2p - 1;$$

$$V(r) = V\left(\frac{2}{N}F - 1\right) = \frac{4}{N^2}V(F) = \frac{4p(1-p)}{N}. \tag{1.2.10}$$

当测量事例数 N 足够大时, 一次测量中前向事例的出现概率 p 可用频率 F/N 作为近似, 所以

$$E(r) \approx \frac{2}{N}F - 1 = \frac{F - B}{F + B},$$

$$V(r) \approx \frac{1}{N} \cdot \frac{4F}{N} \cdot \frac{B}{N} = \frac{4FB}{N^3},$$

$$\sigma\left(r\right) \approx \frac{2}{N}\sqrt{\frac{FB}{N}}, \tag{1.2.11}$$

其中, $\sigma\left(r\right)$ 是随机变量 r 的标准差. 由 $\sigma\left(r\right)$ 的表达式可以求得 $\sigma\left(r\right)$ 达到一定精度所要求收集的事例数; 或者反过来, 由收集到的事例数求出前后不对称性的标准差.

粒子物理中, 不但存在反应事例的几何空间不对称性, 还存在反应事例的其他物理空间 (如动量空间、自旋空间) 的不对称性, 这种不对称性往往与某种物理守恒律的破坏相联系. 例如对 $\psi' \to \pi^+\pi^- J/\psi$, 反应事例可以定义不对称性 A_{CP}:

$$A_{CP} = \frac{N_+ - N_-}{N_+ + N_-}, \tag{1.2.12}$$

式中, N_+ 为 $q > 0$ 事例数; N_- 为 $q < 0$ 事例数, $q = (p_Z^+ - p_Z^-)(\boldsymbol{p}^+ \times \boldsymbol{p}^-)_Z$, $\boldsymbol{p}^+$ 为 π^+ 动量, Z 是 $\pi^+\pi^-$ 系统的方向. $A_{CP} \neq 0$ 表示该反应存在 CP 破坏, A_{CP} 的大小指示出 CP 破坏的程度. 利用不对称性来检验对称性破坏在粒子物理中具有普遍性, 因而在数据分析中有重要应用. 这些不对称性都具有式 (1.2.9) 和式 (1.2.12) 类似的形式, 在事例总数为已知常数的情形下, 它们都是服从二项分布的随机变量.

1.3   多项分布物理量, 直方图数据 (I)

在二项分布中, 一次随机试验的结果只有两种. 一般地, 设一次随机试验 E 的结果有 l 种, 即 $A_1, \cdots, A_l$, 一次试验中出现事件 A_j 的概率为

$$P\left(A_j\right) = p_j, \qquad j = 1, 2, \cdots, l,$$

显然应满足

$$\sum_{j=1}^{l} p_j = 1.$$

作 n 次独立的随机试验 E, 事件 A_j 出现 r_j 次, $j = 1, 2, \cdots, l$ 的概率分布可表示为

$$M\left(\boldsymbol{r}; n, \boldsymbol{p}\right) = \frac{n!}{r_1!r_2!\cdots r_l!}p_1^{r_1}p_2^{r_2}\cdots p_l^{r_l}. \tag{1.3.1}$$

称为随机变量 $\boldsymbol{r} = (r_1, r_2, \cdots, r_l)$ 的参数 n 和 $\boldsymbol{p} = (p_1, p_2, \cdots, p_l)$ 的**多项分布**. 这 l 个 r_j 值并不全都独立, 它们必须满足下述条件:

$$\sum_{j=1}^{l} r_j = n. \tag{1.3.2}$$

显而易见, 二项分布是 $l = 2$ 的多项分布之特例.

多项分布的期望值和方差为

$$E(r_j) = np_j, \quad j = 1, 2, \cdots, l,$$

$$V(r_j) = np_j(1 - p_j), \quad j = 1, 2, \cdots, l, \tag{1.3.3}$$

随机变量 r_i 与 r_j 之间的**协方差**为

$$\left. \begin{array}{l} \mathrm{cov}(r_i, r_j) = -np_ip_j \\ \rho_{ij} \equiv \dfrac{\mathrm{cov}(r_i, r_j)}{\sigma(r_i)\sigma(r_j)} = -\sqrt{\dfrac{p_ip_j}{(1 - p_i)(1 - p_j)}} \end{array} \right\} \begin{array}{l} i \neq j, \\ i, j = 1, 2, \cdots, l, \end{array} \tag{1.3.4}$$

该式证明如下: 根据协方差的定义,

$$\mathrm{cov}(r_i, r_j) = E(r_ir_j) - E(r_i)E(r_j)$$

$$= n(n - 1)p_ip_j - np_inp_j = -np_ip_j.$$

代入 $\sigma(r_i) = \sqrt{V(r_i)}$ 和 $\sigma(r_j) = \sqrt{V(r_j)}$, 立即得到相关系数 ρ_{ij} 的表达式, 证毕. 协方差的表式指明, 随机向量 $\boldsymbol{r} = (r_1, r_2, \cdots, r_l)$ 中任意两个随机变量 r_i 与 r_j 之间是负相关的.

与二项分布中的情形相类似, 在多项分布中, 一次试验中出现事件 $A_j (j = 1, 2, \cdots, l)$ 的概率 p_j 往往是未知的, 须由实验测量结果确定. 当试验次数 n 充分大时, 事件 A_j 的出现频率接近于它的概率

$$\frac{r_j}{n} \approx p_j \quad \text{或} \quad r_j \approx np_j, \tag{1.3.5}$$

式 (1.3.2) 满足了该近似概率的归一性要求, 即 $\displaystyle\sum_{j=1}^{l} p_j = 1$, r_j 的方差由式 (1.3.3) 可知

$$V(r_j) \approx r_j\left(1 - \frac{r_j}{n}\right). \tag{1.3.6}$$

故 r_j 的标准差 $\sigma(r_j)$ 为

$$\sigma(r_j) \approx \sqrt{r_j(1 - r_j/n)}.$$

当对任意 j 有 $p_j \ll 1$ 时, 由 ρ_{ij} 的表达式可见, $\rho_{ij} \approx 0$, 即任意两个 r_i、r_j 之间的关联很弱.

许多实验测量的结果可用**直方图**来表示. 例如, 图 1.3 是某粒子反应中末态粒子的角分布直方图, 飞出极角 θ 的余弦 $\cos\theta$ 被分成 18 等份, 落在各区间内的粒子数 $n_j(j=1,2,\cdots,18)$ 用高度表示, 共记录了 $n=\sum_{j=1}^{18} n_j$ 个末态粒子的角度. 直方图第 j 个区间内出现 n_j 个粒子的概率 $(j=1,2,\cdots,18)$ 服从参数 n 和 $\boldsymbol{p}=(p_1,p_2,\cdots,p_{18})$ 的多项分布. 这时, $\boldsymbol{p}$ 是未知的, 可用式 (1.3.5) 来估计

$$p_j \approx n_j/n, \qquad j=1,2,\cdots,18,$$

n_j 的标准差由式 (1.3.6) 可知约为 $\sqrt{n_j(1-n_j/n)}$.

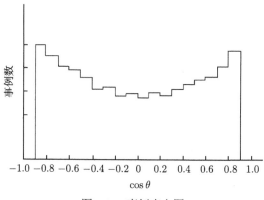

图 1.3   事例直方图

应当强调指出, 事例总数 n 必须为常数; 若 n 是随机变量, 则多项分布不再适用 (见 1.4 节). 在粒子物理实验的数据分析中, 经常应用蒙特卡罗方法模拟粒子衰变或反应事例, 通常模拟的衰变事例数或反应事例数都取为某个固定的数值, 所产生的模拟数据的各种直方图中的事例总数 n 即等于该常数.

1.4   泊松分布物理量

1.4.1   泊松分布, 泊松过程

设随机变量 r 的可取值为 $r=0,1,2,\cdots$, 取值 r 的概率为

$$P(r;\mu)=\frac{1}{r!}\mu^r \mathrm{e}^{-\mu}, \qquad r=0,1,2,\cdots, \tag{1.4.1}$$

其中 $\mu>0$ 是常数, 称 r 服从参数 μ 的**泊松分布**. 泊松分布的期望值和方差相等, 且等于参数值 μ

$$E(r)=V(r)=\mu. \tag{1.4.2}$$

如果一个物理量服从泊松分布, 它的某个测定值为 n, 则 n 可作为数学期望的估计值, 这时它的标准差为

$$\sigma(n) = \sqrt{V(n)} \approx \sqrt{V(r)} \approx \sqrt{n}. \tag{1.4.3}$$

这一结果在实验测量中有着广泛的应用.

泊松分布是二项分布的一种极限情形, 当 $n \to \infty, np = \mu$ 保持为常数 (p 很小) 时, 二项分布趋向于泊松分布, 这就是著名的**泊松定理**. 该定理证明如下: 当 n 很大而 p 很小时, 有 $n \gg r$, 因此 $n - r + 1 \approx n$, 由此可得

$$\frac{n!}{(n-r)!} = n(n-1)(n-2)\cdots(n-r+1).$$

上式右边为 r 个连乘项, 每一项近似等于 n, 故有

$$\frac{n!}{(n-r)!} \approx n^r.$$

根据二项式展开公式有

$$(1-p)^{n-r} = 1 - p(n-r) + \frac{p^2}{2!}(n-r)(n-r-1) + \cdots,$$

同时, 指数的展开式给出

$$\mathrm{e}^{-p(n-r)} = 1 - p(n-r) + \frac{p^2}{2!}(n-r)^2 + \cdots,$$

故可得

$$(1-p)^{n-r} \approx \mathrm{e}^{-p(n-r)} \approx \mathrm{e}^{-pn}.$$

最后有

$$B(r;n,p) = C_n^r p^r (1-p)^{n-r} \approx \frac{\mu^r \mathrm{e}^{-\mu}}{r!}, \qquad \mu = np. \tag{1.4.4}$$

当 n 很大时, 二项分布的概率计算相当繁复, 可以用便于计算的泊松概率作为近似. 在实际应用中, 当 $n \geqslant 10, p \leqslant 0.1$ 时, 式 (1.4.4) 的近似已相当好.

泊松变量的另一重要性质称为**泊松分布的加法定理**: 若 r_i 是期望值 $\mu_i(i = 1, 2, \cdots, l)$ 的相互独立的泊松变量, 则随机变量 $r = \sum_{i=1}^{l} r_i$ 是期望值 $\mu = \sum_{i=1}^{l} \mu_i$ 的泊松变量. 该定理的证明可参见文献 [9] 第二章 2.5 节. 该性质的

逆命题亦成立, 称为莱克夫 (Raikov) 定理, 即若多个相互独立的随机变量之和为泊松变量, 则各随机变量都服从泊松分布 [11].

事实上, 泊松分布与时间或空间标度上事件随机出现的随机过程相对应, 它们具有以下性质:

(1) 对于任意 t, 在非常小的时间或空间间隔 $t \to t + \mathrm{d}t$ 内, 最多出现一个事件;

(2) 在 $\mathrm{d}t$ 内出现一个事件的概率正比于 $\mathrm{d}t$, 即 $P(\mathrm{d}t) = \nu \mathrm{d}t$, ν 为一常数;

(3) 在 $\mathrm{d}t$ 内出现的事件与此间隔外出现的事件无关, 即不相重叠的间隔中的事件相互独立.

以上三个条件称为**泊松假设**. 满足泊松假设的随机过程称为**泊松过程**. 泊松过程中, 一定时间或空间间隔中出现的事件数是一随机变量, 称为**泊松变量**, 它服从泊松分布.

1.4.2　放射性衰变规律

放射性衰变是时间标度上的随机过程. 其对应的泊松假设是:

(1) 对任意时刻 t, 在时间元 $(t, t + \mathrm{d}t]$ 内至多只发生一次核衰变;

(2) 在该时间元内发生一次核衰变的概率等于 $\nu \mathrm{d}t$, ν 是单位时间内核衰变的平均次数;

(3) 该时间元内发生核衰变与其他时间间隔内发生核衰变是独立事件.

由泊松假设 (1)、(2) 可知, 在 $(t, t + \mathrm{d}t]$ 内发生一次核衰变的概率是

$$P_1(\mathrm{d}t) = \nu \mathrm{d}t,$$

而该时间元内不发生核衰变的概率是

$$P_0(\mathrm{d}t) = 1 - P_1(\mathrm{d}t) = 1 - \nu \mathrm{d}t.$$

假定 (3) 表示在 $(t, t + \mathrm{d}t]$ 内不发生核衰变的概率与 $[0, t]$ 内不发生核衰变的概率 $P_0(t)$ 是无关的, 因此, 在 $[0, t + \mathrm{d}t]$ 内不发生核衰变的概率是

$$P_0(t + \mathrm{d}t) = P_0(t) \cdot P_0(\mathrm{d}t),$$

合并以上两式, 得到

$$\frac{P_0(t + \mathrm{d}t) - P_0(t)}{\mathrm{d}t} = -\nu P_0(t),$$

当 $\mathrm{d}t \to 0$ 时, 上式左边是 $P_0(t)$ 对 t 的导数, 即

$$\frac{\mathrm{d}P_0(t)}{\mathrm{d}t} = -\nu P_0(t).$$

该微分方程的不定解为

$$P_0(t) = \mathrm{e}^{-\nu t} + C.$$

当时间 $t = 0$ 时, 显然不可能发生核衰变, 于是有 $P_0(t = 0) = 1$, 由这一条件得到定解

$$P_0(t) = \mathrm{e}^{-\nu t},$$

这一公式给出在时间间隔 $[0, t]$ 内不发生核衰变的概率.

下面讨论时间间隔 $[0, t]$ 内发生 n 次核衰变的概率 $P_n(t)$. 因为在时间元 $(t, t + \mathrm{d}t]$ 内至多只能发生一次核衰变, 故有

$$P_n(t + \mathrm{d}t) = P_n(t) \cdot P_0(\mathrm{d}t) + P_{n-1}(t) \cdot P_1(\mathrm{d}t).$$

上式右边第一项表示所有 n 次核衰变发生在 $[0, t]$ 内的概率, 第二项表示 $n - 1$ 次核衰变发生在 $[0, t]$ 内, 而另一次核衰变发生在 $(t, t + \mathrm{d}t]$ 内的概率. 将 $P_0(\mathrm{d}t)$ 和 $P_1(\mathrm{d}t)$ 的值代入, 得

$$\frac{P_n(t + \mathrm{d}t) - P_n(t)}{\mathrm{d}t} = -\nu P_n(t) + \nu P_{n-1}(t),$$

当 $\mathrm{d}t \to 0$ 时, 上式左边是 $P_n(t)$ 对 t 的导数, 由此得到微分方程

$$\frac{\mathrm{d}P_n(t)}{\mathrm{d}t} = -\nu P_n(t) + \nu P_{n-1}(t), \tag{1.4.5}$$

它的解是

$$P_n(t) = \frac{1}{n!}(\nu t)^n \mathrm{e}^{-\nu t}. \tag{1.4.6}$$

这就是当放射源单位时间内核衰变的平均次数为 ν 时, 在时间间隔 $[0, t]$ 内发生 n 次核衰变的概率. 与式 (1.4.1) 对照可知, 这正是参数为 νt 的泊松分布. 对于 $n = 0$(在 $[0, t]$ 中不发生核衰变) 的特殊情形, 其概率是

$$P_0(t) = \mathrm{e}^{-\nu t}. \tag{1.4.7}$$

式 (1.4.6) 可以改写为如下形式:

$$P_n(\Delta t) = \frac{1}{n!}(\nu \Delta t)^n \mathrm{e}^{-\nu \Delta t}. \tag{1.4.8}$$

这是当放射源单位时间内核衰变的平均次数为 ν 时, 在时间间隔 $[t, t + \Delta t]$ 内发生 n 次核衰变的概率, 这是参数为 $\mu = \nu \Delta t$ 的泊松分布.

　　我们还可以从另一种途径来推导放射性衰变规律. 设 n_0 为 $t = 0$ 时刻放射源的不稳定核的个数, 1mg 放射性物质包含原子核数约 10^{19} 量级, 所以 n_0 总是很大. 考察放射源在时间间隔 $t \to t + \Delta t$ 内核衰变的计数, 当 $\Delta t \ll \tau$ (τ 是不稳定核的寿命), 一个核在 Δt 内衰变的概率为 $f(t)\Delta t = \mathrm{e}^{-t/\tau} \cdot \Delta t/\tau \ll 1$. 由于一个不稳定核在 Δt 内或是衰变, 或是不衰变, 所以 n_0 个核在 Δt 内衰变次数为 r 的概率分布由参数 $n_0, p(= f(t)\Delta t)$ 的二项分布描述. 由于 n_0 很大, $p \ll 1$, 由泊松定理可知, $t = 0$ 时刻 n_0 个不稳定核在 $t \to t + \Delta t$ 时间间隔内核衰变的计数 n 近似地服从泊松分布.

$$P(n; \mu) = \frac{1}{n!}\mu^n \mathrm{e}^{-\mu}, \qquad \mu = n_0 \mathrm{e}^{-t/\tau} \cdot \frac{\Delta t}{\tau} \equiv n_t \cdot \frac{\Delta t}{\tau}, \tag{1.4.9}$$

式中, n_t 是时刻 t 时的不稳定核个数. 一般 n_0 都是未知的, 即使 n_0 已知, 也因数值过大而实际上无法用二项分布进行计算, 泊松分布却提供了一个简单的计算公式. 与式 (1.4.8) 对比, 只要令式 (1.4.9) 中的 $n_t/\tau \equiv n_t\lambda = \nu$, 则两式等同, 可见两种思路得出完全相同的结果.

　　当然, 由于 n_0 未知, 无法利用式 (1.4.9) 直接计算 $P(n; \mu)$ 值, 但我们可以测量 $t_i \to t_i + \Delta t(i = 1, \cdots, m)$ 时间间隔内核衰变的计数 $n_1, \cdots, n_m$, 利用这些实验测量值和极大似然法来估计 n_0 值. 这时, 似然函数为

$$\ln L = \sum_{i=1}^{m} \ln \left(\frac{1}{n_i!}\mu_i^{n_i}\mathrm{e}^{-\mu_i} \right) = \sum_{i=1}^{m} [n_i \ln \mu_i - \mu_i + \ln(n_i!)],$$

$$\mu_i = n_0 \cdot \mathrm{e}^{-t_i/\tau} \cdot \frac{\Delta t}{\tau} \equiv n_0 \cdot c_i$$

上式中除了 n_0 是待求的未知量以外, 其余都是已知量. 由

$$\frac{\partial \ln L}{\partial n_0} = 0 = \sum_i \left[\frac{n_i}{\mu_i}\frac{\partial \mu_i}{\partial n_0} - \frac{\partial \mu_i}{\partial n_0} \right]$$

$$= \sum_i \left[\frac{n_i}{n_0} - c_i \right] = \frac{\sum_i n_i}{n_0} - \sum_i c_i,$$

求得 n_0 的估计值

$$n_0 = \sum_{i=1}^{m} n_i \bigg/ \sum_{i=1}^{m} c_i. \tag{1.4.10}$$

于是问题得解.

显然, 以上规律对于不稳定粒子的衰变完全适用.

需要提醒的一点是式 (1.4.9) 仅适用于 $\Delta t \ll \tau$ 的场合, 即核 (或粒子) 衰变的计数时间间隔远小于核 (或粒子) 寿命. 但是, 根据**泊松分布的加法定理**可知, 相互独立的泊松变量之和仍然服从泊松分布. 所以对任意的 $\Delta T \in [T_1, T_2]$, $t = 0$ 时刻 n_0 个不稳定核在 ΔT 时间间隔内核衰变的计数 n 近似地服从泊松分布 $P(n; \mu) = \mu^n \mathrm{e}^{-\mu}/n!$, 其期望值 μ 由下式计算:

$$\mu = \frac{n_0}{\tau} \int_{T_1}^{T_2} \mathrm{e}^{-t/\tau} \mathrm{d}t = n_0 \left(\mathrm{e}^{-T_1/\tau} - \mathrm{e}^{-T_2/\tau} \right). \tag{1.4.11}$$

1.4.3 粒子反应事例数

考察 GeV 能区质子打击固定靶测量 pp 弹性散射的实验. 事例率可表示为

$$N\left(\mathrm{s}^{-1}\right) = n\rho l \sigma_{\mathrm{elas}}$$

式中, $n\left(\mathrm{s}^{-1}\right)$ 是入射质子束流强; ρ、l 是单位体积内靶的质子数和靶的厚度; σ_{elas} 是 pp 弹性散射截面. GeV 能区 σ_{elas} 约为 $\mathrm{mb}(10^{-27}\mathrm{cm}^2)$ 量级, ρl 的典型值为 $10^{23}\mathrm{cm}^{-2}$, 因此一个质子穿过靶时产生一次 pp 弹性散射的概率为

$$p = \rho l \sigma_{\mathrm{elas}} \approx 10^{23} \times 10^{-27} \approx 10^{-4}.$$

一个质子穿过靶时, 或者发生 pp 弹性散射, 或者不发生 pp 弹性散射, 因此可视为一次伯努利试验. 故而, n 个质子打击靶产生的 pp 弹性散射事例数是参数 (n, p) 的二项分布随机变量. 入射质子束流强的典型值是 $n = 10^{12}\left(\mathrm{s}^{-1}\right)$, 该二项分布的两个参数中, n 极大而 p 很小, 根据泊松定理式 (1.4.4), 质子打击靶产生的 pp 弹性散射事例率服从泊松分布, 其期望值为

$$\mu = np = n\rho l \sigma_{\mathrm{elas}} = N, \tag{1.4.12}$$

即事例率就是泊松分布的期望值. 这一结论对于其他特定反应的事例率同样适用.

对撞束实验中, 相互对撞的两个束团中的每一个粒子以对方束团为 "靶子". 与固定靶实验中靶具有均匀的粒子密度不同, 对撞束实验中 "靶" 具有不均匀的粒子密度. 但如果将 "靶" 的粒子密度作 "等效均匀化" 处理, 那么特定反应的事例数的统计特征与固定靶实验是相同的. 因此, 对撞束实验中特定反应的事例率同样服从泊松分布.

例如, 考察正负电子 (能量相等) 对撞产生的粒子反应 $\mathrm{e}^+ + \mathrm{e}^- \to \mu^+ + \mu^-$, 该反应的零阶截面为 [12]

$$\sigma_{\mu\mu} = \frac{4\pi\alpha^2}{3S} = \frac{\pi\alpha^2}{3E_{\mathrm{b}}^2} \approx \frac{21.7\mathrm{nb}}{E_{\mathrm{b}}^2},$$

式中, 束流能量 E_b 以 GeV 为单位. 正负电子对撞机在单位时间内产生的反应事例数为 [12]

$$n = \sigma L,$$

其中, σ 是反应截面; L 是对撞机的亮度, 它是束流强度的一种标识:

$$L = \frac{fN_+N_-}{4\pi\sigma_x\sigma_y} = \frac{CI_+I_-}{f\sigma_x\sigma_y},$$

其中, f 为正负电子束团对撞频率 (s^{-1}); N_+ 和 N_- 为正负电子束团中的 e^+ 和 e^- 的个数; σ_x 和 σ_y 是束团在对撞点处 x(水平方向) 和 y(垂直方向) 的均方根半径 (cm); I_+ 和 I_- 为正负电子束流强度 (A); C 是束流强度 I(A) 与正负电子数目之间的转换系数, $C = 1/(4\pi e^2) = 3.1 \times 10^{36}~\mathrm{A}^{-2}$. 对于北京正负电子对撞机 (Beijing Electron Positron Collider, 简写为 BEPC), 有以下具体参数 [13]: 在束流能量 1.55GeV 处, 亮度 $L \approx 5 \times 10^{30}\mathrm{cm}^{-2}\cdot\mathrm{s}^{-1}$, $f = 1.247 \times 10^6~\mathrm{s}^{-1}$, $\sigma_x \approx 0.64\mathrm{mm}$, $\sigma_y \approx 0.04\mathrm{mm}$, $I_+ = I_- \approx 22\mathrm{mA}$, $N_\pm = I_\pm/(ef) \approx 1.1 \times 10^{11}$, $n_{+-} \equiv n/f$ 可视为对撞区内 N_+ 个 e^+ 粒子穿过 e^- 束团 (包含 N_- 个 e^- 粒子的 "等效靶") 所产生的 $\mu^+\mu^-$ 事例数. 因此, 假定作等效平均化处理, 即这 N_+ 个 e^+ 粒子中每一个 e^+ 粒子穿过 "等效靶" 产生 $\mu^+\mu^-$ 事例具有相等的概率 (平均概率), 则一个 e^+ 粒子穿过 "等效靶" 产生 $\mu^+\mu^-$ 事例的平均概率为

$$p = \frac{n_{+-}}{N_+} = \frac{\sigma_{\mu\mu}L}{fN_+} \approx 3.29 \times 10^{-19}.$$

一个 e^+ 粒子穿过 "等效靶", 或者产生 $\mu^+\mu^-$ 末态, 或者不产生 $\mu^+\mu^-$ 末态, 这可以看成是一次伯努利试验, 因此, $\mathrm{e}^+\mathrm{e}^-$ 束团一次对撞产生 $\mu^+\mu^-$ 末态的事例数服从参数 (N_+, p) 的二项分布. 该二项分布的两个参数中, p 很小而 N_+ 极大, 根据泊松定理式 (1.4.4), $\mathrm{e}^+\mathrm{e}^-$ 束团一次对撞产生 $\mu^+\mu^-$ 末态的事例率服从期望值 $\mu_{+-} = N_+p$ 的泊松分布. 由于单位时间内发生 f 次 $\mathrm{e}^+\mathrm{e}^-$ 束团对撞, 根据泊松分布的加法定理, 单位时间内 $\mathrm{e}^+\mathrm{e}^-$ 束对撞产生 $\mu^+\mu^-$ 末态的事例率亦服从泊松分布, 其期望值为

$$\mu = fN_+p = \sigma_{\mu\mu}L. \tag{1.4.13}$$

这一结论对于对撞束实验中任意特定反应的事例率同样适用.

对于短寿命粒子, 当其由某种反应产生后在极短时间内立即衰变为某种末态, 在探测器中不能直接看到这种短寿命粒子, 而只能观测到它的末态粒子. 粒子物理中大量的共振态即属于这类情况.

例如, 对于粒子反应 $\mathrm{e}^+ + \mathrm{e}^- \rightarrow \mu^+ + \mu^-$, 当在 $\mathrm{e}^+\mathrm{e}^-$ 质心能量为 3.097GeV 时, 会产生 J/ψ 粒子, 后者也会衰变为 $\mu^+\mu^-$ 末态, 即存在 $\mathrm{e}^+ + \mathrm{e}^- \rightarrow$ J/$\psi \rightarrow$

$\mu^+ + \mu^-$ 过程. 由于 J/ψ 粒子寿命极短, 实验观测中对这两种过程无法区分. 由于这两种过程相互独立 (不考虑干涉), 根据泊松分布的加法定理, 它们所产生的 $\mu^+\mu^-$ 末态事例数服从泊松分布, 其期望值等于这两种过程各自的泊松分布期望值之和.

由 1.4.2 节和本节的讨论可知, 当我们说粒子反应或衰变的事例率为 μ, 其真实的物理含义是: 事例率为期望值 μ 的泊松变量. 这一概念在粒子物理和核物理中极其重要且普遍适用.

1.4.4 探测器计数 (II)

1. 入射粒子数服从泊松分布时的探测器计数

在 1.2.1 节中我们已经阐明, 若 n 个粒子 (n 为固定常数) 穿过探测器, 记到 r 次计数, 则 r 服从参数 n、p 的二项分布, 其中 p 为探测效率.

由 1.4.2 节和 1.4.3 节的讨论已经知道, 粒子衰变或粒子反应产物在任意时间间隔内的计数服从泊松分布, 这在粒子物理实验中普遍适用. 因此, 实验中遇到的问题是: 假定在给定的时间间隔 t 内穿过探测器的粒子数服从参数 μ 的泊松分布, 探测器的探测效率为 p, 问时间间隔 t 内探测器记录到的粒子计数 r 服从何种分布.

显然, 当至少有 r 个粒子穿过探测器时才有可能记录到 r 个计数. 当有 $n (\geqslant r)$ 个粒子穿过探测器时, 得到 r 个计数的概率由二项分布 $B(r; n, p)$ 表示; 而穿过探测器的粒子数为 n 的概率由泊松分布 $P(n, \mu)$ 表示. 这样, 探测器记录到粒子计数为 r 的概率可由 $n = r, r+1, \cdots, \infty$ 个粒子穿过探测器而计数为 r 的概率之和求出.

$$
\begin{aligned}
P(r) &= \sum_{n=r}^{\infty} B(r; n, p) \cdot P(n; \mu) \\
&= \sum_{n=r}^{\infty} \frac{n!}{r!(n-r)!} p^r (1-p)^{n-r} \cdot \frac{1}{n!} \mu^n e^{-\mu} \\
&= \frac{1}{r!} (p\mu)^r e^{-\mu} \sum_{n=r}^{\infty} \frac{1}{(n-r)!} \left[(1-p)\mu\right]^{n-r} \\
&= \frac{1}{r!} (p\mu)^r e^{-\mu} e^{(1-p)\mu},
\end{aligned}
$$

即

$$
P(r) = \frac{1}{r!} (p\mu)^r e^{-p\mu}, \qquad r = 0, 1, \cdots. \tag{1.4.14}
$$

这正是参数为 $p\mu$ 的泊松分布. 因此, 在时间间隔 t 内, 探测器的计数 r 服从期望值 $p\mu$ 的泊松分布.

本例表明, 对于探测效率小于 1 的探测器, 穿过的粒子数服从泊松分布 (总体), 探测器选出的随机子样 (粒子计数) 也服从泊松分布. 反之, 若随机子样是泊松型的, 其总体也只可能是泊松型的.

2. 放射源和本底辐射的叠加

设用探测器记录放射源辐射的粒子计数, 在给定时间间隔 t 之内记录到的粒子数 r_x 服从期望值 $\lambda_x t$ 的泊松分布, 即单位时间内粒子的平均计数为 λ_x. 探测器置于具有本底辐射的环境中, 间隔 t 内记到的本底辐射粒子数 r_{b} 服从期望值 $\lambda_{\mathrm{b}} t$ 的泊松分布. 因此, 探测器实际记录的是放射源和本底辐射的叠加, 设在 t 内的粒子计数为 r, 则变量 r 的分布应是

$$
\begin{aligned}
P\left(r; \lambda_x t, \lambda_{\mathrm{b}} t\right) &= \sum_{r_{\mathrm{b}}=0}^{r} P\left(r-r_{\mathrm{b}}; \lambda_x t\right) \cdot P\left(r_{\mathrm{b}}; \lambda_{\mathrm{b}} t\right) \\
&= \sum_{r_{\mathrm{b}}=0}^{r}\left[\frac{1}{(r-r_{\mathrm{b}})!}\left(\lambda_x t\right)^{r-r_{\mathrm{b}}} \mathrm{e}^{-\lambda_x t}\right]\left[\frac{1}{r_{\mathrm{b}}!}\left(\lambda_{\mathrm{b}} t\right)^{r_{\mathrm{b}}} \mathrm{e}^{-\lambda_{\mathrm{b}} t}\right] \\
&= \frac{1}{r!} \sum_{r_{\mathrm{b}}=0}^{r} \frac{r!}{(r-r_{\mathrm{b}})! r_{\mathrm{b}}!}\left(\lambda_x t\right)^{r-r_{\mathrm{b}}}\left(\lambda_{\mathrm{b}} t\right)^{r_{\mathrm{b}}} \mathrm{e}^{-(\lambda_x+\lambda_{\mathrm{b}}) t} \\
&= \frac{1}{r!} t^r \mathrm{e}^{-(\lambda_x+\lambda_{\mathrm{b}}) t} \sum_{r_{\mathrm{b}}=0}^{r} \frac{r!}{(r-r_{\mathrm{b}})! r_{\mathrm{b}}!} \lambda_x^{r-r_{\mathrm{b}}} \lambda_{\mathrm{b}}^{r_{\mathrm{b}}}
\end{aligned}
$$

注意上式中的求和项等于 $\left(\lambda_x+\lambda_{\mathrm{b}}\right)^r$, 故有

$$
\begin{aligned}
P\left(r; \lambda_x t, \lambda_{\mathrm{b}} t\right) &= \frac{1}{r!}\left[\left(\lambda_x+\lambda_{\mathrm{b}}\right) t\right]^r \mathrm{e}^{-(\lambda_x+\lambda_{\mathrm{b}}) t} \\
&\equiv P\left(r; \left(\lambda_x+\lambda_{\mathrm{b}}\right) t\right),
\end{aligned}
$$

即 r 服从期望值 $\left(\lambda_x+\lambda_{\mathrm{b}}\right) t$ 的泊松分布.

实际上, 这一结果可推广到多种粒子来源 (不论是信号或本底) 的情形, 并可应用泊松加法定理直接导出. 设 $r_i (i=1,2,\cdots,k)$ 是相互独立的泊松变量, 而 r 是这 k 个随机变量之和, 根据泊松加法定理, r 仍是泊松变量, 且其期望值为这 k 个随机变量期望值之和 $\sum_{i=1}^{k} \lambda_i t$:

$$P\left(r;\lambda_1 t,\cdots,\lambda_k t\right)=\frac{1}{r!}\left[\left(\sum_{i=1}^k \lambda_i\right)t\right]^r \mathrm{e}^{-\left(\sum_{i=1}^k \lambda_i\right)t}$$

$$\equiv P\left(r;\left(\sum_{i=1}^k \lambda_i\right)t\right),\tag{1.4.15}$$

1.4.5 粒子反应产物的前后不对称性 (II)

我们在 1.2.2 节中已经阐明, 粒子反应

$$\mathrm{e}^+ + \mathrm{e}^- \to \mu^+ + \mu^-$$

在事例数 n 值为一确定值时, 前向事例数 f 和后向事例数 b 由二项分布给出

$$B(f;n,p)=\frac{n!}{f!b!}p^f q^b, \qquad f+b=n, p+q=1,$$

p 是一个事例为前向事例的概率. 并据此可研究不对称性

$$r=\frac{f-b}{f+b}$$

这一随机变量的性质. 但在粒子物理实验中, 根据本节前面的讨论, 事例总数 n 服从期望值 λ 的泊松分布, 需要据此来研究不对称性的性质.

对于事例总数 n 服从期望值 λ 的泊松分布, 其中前向事例数为 f 的概率可表示为

$$P(f,b,n)=B(f;n,p)\cdot P(n;\lambda)=\frac{n!}{f!b!}p^f q^b \cdot \frac{1}{n!}\lambda^n \mathrm{e}^{-\lambda}$$

$$=\left[\frac{1}{f!}\left(\lambda p\right)^f \mathrm{e}^{-\lambda p}\right]\cdot\left[\frac{1}{b!}\left(\lambda q\right)^b \mathrm{e}^{-\lambda q}\right].$$

该式是对于变量 f(期望值 λp) 和变量 b(期望值 λq) 的两个泊松概率的乘积

$$P(f,b,n)=P(f;\lambda p)\cdot P(b;\lambda q).\tag{1.4.16}$$

如果假定 f 和 b 是两个相互独立的泊松变量, 则立即可得出式 (1.4.16) 的概率表达式. 于是 {n 为泊松变量和 f 服从二项分布} 等价于 {f 和 b 为两个独立的泊松变量}.

当将 f 和 b 考虑为相互独立的泊松变量时, 应用误差传播公式, 可立即求得前后不对称性 $r \equiv \dfrac{f-b}{f+b}$ 的方差为

$$V(r) \approx \frac{4fb}{(f+b)^3}. \tag{1.4.17}$$

这一表达式与 1.2.2 节中 n 为常数时 $V(r)$ 的近似表达式 (1.2.11) 相似.

1.4.6 直方图数据 (II)

在 1.3 节中我们已经阐明, 若 n 个事例落在直方图的 l 个子区间中, 则第 j 个区间内事例数为 r_j 的概率 $(j = 1, 2, \cdots, l)$ 服从式 (1.3.1) 的多项分布.

现在假定事例总数 n 不是常数, 而是服从参数 λ 的泊松分布的随机变量, 求第 j 个区间出现 r_j 个事例的概率.

在这种情形下, 事例总数为 n, 第 j 个区间出现 r_j 个事例 $(j = 1, 2, \cdots, l)$ 的联合分布等于多项分布概率和泊松分布概率的乘积

$$\begin{aligned}
P(r_1, r_2, \cdots, r_l, n) &= M(\boldsymbol{r}; n, \boldsymbol{p}) \cdot P(n; \lambda) \\
&= \frac{n!}{r_1! r_2! \cdots r_l!} p_1^{r_1} p_2^{r_2} \cdots p_l^{r_l} \cdot \frac{1}{n!} \lambda^n \mathrm{e}^{-\lambda}.
\end{aligned}$$

由于 $\displaystyle\sum_{j=1}^{l} p_j = 1, \sum_{j=1}^{l} r_j = n$, 上式可改写为

$$\begin{aligned}
&P(r_1, r_2, \cdots, r_l, n) \\
&= \left[\frac{1}{r_1!} (\lambda p_1)^{r_1} \mathrm{e}^{-\lambda p_1} \right] \cdot \left[\frac{1}{r_2!} (\lambda p_2)^{r_2} \mathrm{e}^{-\lambda p_2} \right] \cdot \cdots \cdot \left[\frac{1}{r_l!} (\lambda p_l)^{r_l} \mathrm{e}^{-\lambda p_l} \right] \\
&= P(r_1; \lambda p_1) \cdot P(r_2; \lambda p_2) \cdot \cdots \cdot P(r_l; \lambda p_l), \tag{1.4.18}
\end{aligned}$$

即联合分布等于 l 个泊松分布的乘积. 上式表明, 在包含 l 个子区间的直方图中, 如果总的事例数 n 不是常数而是一个泊松变量 (这种情形大量出现于粒子物理实验中), 则每一子区间中的事例数 $r_j(j = 1, 2, \cdots, l)$ 可认为是相互独立的泊松变量. 于是在每个子区间中有

$$E(r_j) = V(r_j) = \lambda p_j \approx r_j, \quad j = 1, 2, \cdots, l.$$

由上述推导可知, 当 l 个变量 $r_1, r_2, \cdots, r_l$ 服从多项分布, 而 $\displaystyle\sum_{j=1}^{l} r_j$ 是期望

值为 λ 的泊松变量时, 这 l 个变量是相互独立的泊松变量, 其期望值为 $\lambda p_j, j = 1, 2, \cdots, l$.

1.5 正态分布物理量

客观实际中, 许多随机变量是大量相互独立的随机因素综合影响的结果, 其中每一个随机因素所起的作用很小, 这种随机变量往往近似地服从正态分布. 这种现象是概率论的中心极限定理的客观反映. 李雅普诺夫 (Liapunov) **中心极限定理**告诉我们, 若相互独立的随机变量 $x_i(i = 1, 2, \cdots, n)$ 具有有限的数学期望和方差, 无论各随机变量 x_i 具有怎样的分布, 只要 n 充分大, 随机变量 $\sum\limits_{i=1}^{n} x_i$ 就近似地服从正态分布, 即

$$\sum_{i=1}^{n} x_i \sim N\left(\sum_{i=1}^{n} \mu_i, \sum_{i=1}^{n} \sigma_i^2\right).$$

我们举一个核物理中常见的例子. 单能电子束射入碘化铯晶体量能器, 用光电倍增管 (PM) 测量晶体中的闪烁荧光, 光电倍增管的输出电信号经过放大器等电子学线路, 最后测量出脉冲幅度谱. 这一测量中涉及一系列相互独立的随机过程, 如:

簇射能量的能量泄漏的涨落;

簇射几何形状和大小的涨落;

簇射产生的带电粒子电离能量损失的涨落;

晶体发光效率的能量响应及其涨落;

光在晶体中的传输与吸收及其涨落;

晶体表面的反射折射及其涨落;

PM 窗玻璃吸收的波长响应及其涨落;

光阴极上量子效率的波长响应及其涨落;

打那极中电子的倍增过程的涨落;

电子学系统放大倍数的涨落;

......

其结果是, 最后测到的脉冲幅度近似于正态分布.

该例说明, 对一个完全确定的物理量 (电子能量) 进行测定, 由于测量过程涉及许多随机过程, 因而测量的结果呈现正态分布, 该分布的标准差就成为测量误差. 这种情形在粒子物理实验测量中是具有代表性的. 探测装置对于粒子击

中位置、粒子动量、粒子能量等许多的测量都具有不确定性, 其原因是这些量的测量都涉及一系列的随机过程. 因此对于一个固定值的测量结果往往是一个分布, 称为实验分辨函数 (见 3.4 节的讨论), 而该分布往往近似于正态分布, 其标准差称为实验分辨或测量误差. 例如图 1.4 显示了 BESII 桶部簇射计数器测量的 $e^+e^- \to e^+e^-$ 事例中电子能量分布和径迹的 z 向位置分布, 分布皆为近似的正态型函数. 这种实验现象的普遍性决定了在实验统计分析中正态分布有着广泛的应用.

　　还应当提到的是, 许多种类的随机变量在某种极限条件下都逼近正态分布, 例如二项分布 ($B(r; n, p), n \to \infty$)、多项分布 ($M(\boldsymbol{r}; n, \boldsymbol{p}), n \to \infty$)、泊松分布 ($P(r; \mu), \mu \to \infty$)、$\chi^2$ 分布 ($\chi^2(n), n \to \infty$)、t 分布 ($t(n), n \to \infty$)、F 分布 ($F(n_1, n_2), n_1, n_2 \to \infty$) 都是如此 (参见文献 [7, 8]). 所以服从这些随机分布的测量值在所谓的大样本近似下都可以用正态分布作为近似.

　　以上所述的这些实验现象的普遍性决定了在实验统计分析中正态分布有着广泛的应用.

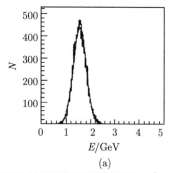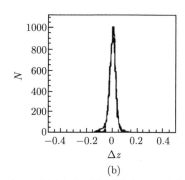

图 1.4　BESII 桶部簇射计数器测量的 $e^+e^- \to e^+e^-$ 事例中电子能量分布 (a) 和径迹的 z 向位置分布 (b)

分布皆为近似的正态型函数

第 2 章　高能物理实验分析概述

2.1　实　验　数　据

2.1.1　原始数据获取

现代高能物理实验通常利用大型探测装置对研究对象 (例如加速器或宇宙线产生的粒子反应) 进行测量. 根据 1.4 节的讨论可知, 一定时间间隔内进入探测装置的事例数是一个泊松变量, 假定其期望值为 μ. 由于探测装置总是为了特定的研究目的而设计的, 它总是只收集和记录进入探测装置的、研究者感兴趣的一定种类的事例 (而不是全部事例) 的实验数据, 这一任务通常用触发判选和在线系统来实现. 触发、在线系统对于进入特定探测装置的特定事例样本的判选效率 p 是一个常数, 其中 p 是一个事例被触发、在线系统判选为保留事例的概率. 如同 1.4 节的讨论指出的, 保留事例数服从参数 μp 的泊松分布.

对于感兴趣的特定反应或衰变事例, 触发、在线系统的**触发效率** ε_{trg} 必定小于等于 1(探测装置的有限立体角导致的效应考虑在 ε_{trg} 内), 而且对于不同的反应或衰变事例, 触发效率可能不同. 因此, 触发效率的研究对于感兴趣的特定过程的研究都是十分重要的.

实验得到的是探测装置对感兴趣的事例样本集所记录的大量原始数据, 它们包含了研究对象的各种物理信息 [12,14,15]. 如果我们知道了一个反应事例的初态和末态所有粒子的种类、动量和能量, 我们就获得了该反应事例的所有可观测的信息. 因此实验探测装置的测量目的就在于得到所发生的所有反应事例中粒子的种类、动量和能量. 探测装置能够直接测量的基本粒子必须满足一定的条件: 它们必须是稳定的, 或者有比较长的寿命, 可以在探测装置中飞过比较长的距离 ; 它们应当与探测装置中的物质有相互作用, 并被探测装置所测量, 产生测量信号. 这样的基本粒子只有相当有限的几种, 最常见的是

$$\gamma, e^{\pm}, \mu^{\pm}, \pi^{\pm}, K^{\pm}, p, \bar{p}. \tag{2.1.1}$$

实验的直接观测量是探测装置 (及其电子学) 对于每个记录下来的反应事例中所有可测量粒子的响应输出信号, 一般分为时间 (TDC) 信息和幅度 (ADC) 信息. 由于一个实验收集的反应事例数量极大, 它们只能用高速计算机在线地记录和存储起来, 以供今后进行离线的物理分析.

2.1.2   实验数据集

高能物理实验探测装置直接观测记录的 TDC 和 ADC 原始数据虽然包含了每个事例的全部可观测信息, 但它们只是这些信息的间接反映, 不能直接地反映粒子反应的 "面貌" 和性质, 不能直接用来作物理分析. 将这些直接记录的 TDC 和 ADC 原始数据转化为能够直接反映粒子反应性质的物理数据的过程称为**原始数据预处理**. 对于利用加速器进行的粒子反应, 初态的相关信息一般是已知的, 所需测量的主要是反应末态. 因此, 如果知道了一个事例末态的粒子种类、数量、每个粒子的四动量以及事例的初级、次级顶点这些事例的**特征参数**, 这个事例就唯一地确定了. 所以, 原始数据预处理就是完成这项探测器的直接输出量到事例特征参数的变换的过程. 实验观测都是有误差的, 因此需要同时将这些直接观测量的误差转化为事例特征参数的相应误差, 这使得原始数据预处理变得更为复杂和艰难. 高能物理实验中的原始数据预处理一般包括**刻度**和**重建**, 只有具备了必要的探测器、电子学、计算机、粒子物理、数理统计、多元统计分析等方面的知识, 并将它们有机地整合起来, 才有可能正确地完成这项任务, 这里不作介绍, 有兴趣的读者可以阅读文献 [12,14,15,16] 及相关的参考文献, 我们特别推荐文献 [16], 该书 (原著) 对原始数据预处理问题进行了相当详尽的论述, 在高能物理界具有广泛的影响.

在刻度和重建过程中, **重建效率**是一个重要的参数. 例如带电粒子在径迹室中会留下相应的一串击中信息, 根据这些击中信息利用重建软件可以重建出粒子的径迹. 这种重建可能成功, 也可能失败, 因此径迹**重建效率**只能小于等于 1, 而且对于不同粒子、不同动量、不同方向的径迹其重建效率也可能不同. 重建的内容相当广泛, 比如带电粒子径迹的重建、反应初级顶点的重建、次级顶点的重建、电子和 γ 光子在电磁量能器中电磁簇射的重建, 等等. 因此, 重建效率 ε_{rec}(我们将刻度对于重建的效应也包含在内) 的研究对于任意过程的研究都是十分重要的.

1. "直接" 实验信息

直接观测量通过预处理后给出 "直接" 实验信息, 一般包括: 带电径迹的空间飞行轨迹和飞行时间 (time-of-flight, 即 TOF) 信息, 带电径迹的空间飞行轨迹结合磁场的数据可以得到带电径迹的动量; 带电粒子电离能损的信息和 TOF 信息都可以用来作带电粒子种类的鉴别; 具有电磁和强子量能器的探测装置可以给出电磁 (γ、$e^{\pm}$) 粒子、$\mu^{\pm}$ 和强子 ($\pi^{\pm}$、$K^{\pm}$、p、$\bar{p}$) 的簇射沉积能量和簇射形态的信息.

2. "间接" 实验信息

利用这些 "直接" 实验信息, 还可以推导得到 "间接" 实验信息.

1) 事例的初级顶点

一个反应事例如果产生两条以上的带电径迹, 由这些带电径迹的交点可求得事例的**初级顶点**, 在正负电子对撞实验中, 初级顶点相应于正负电子对撞点的位置.

2) 长寿命粒子存在的信息, 次级顶点

一些粒子的寿命比较长, 它们产生以后要飞行一段距离才衰变成两个或更多的粒子. 这类粒子存在的信息可由它们衰变的次级顶点给出. 不稳定粒子衰变时间为 t 的概率密度为

$$f(t) = \frac{1}{\tau}\mathrm{e}^{-t/\tau},$$

式中, τ 是不稳定粒子的平均寿命. 相应于衰变时间 t, 粒子的飞行距离 $l = t\gamma\beta c$. 典型的例子如 $\mathrm{K}_S^0 \to \pi^+\pi^-$ $(c\tau = 2.6842\mathrm{cm})$, $\Lambda \to \mathrm{p}\pi^-$ $(c\tau = 7.89\mathrm{cm})$, 它们在**北京正负电子对撞机** (Beijing Electron Positron Collider, BEPC) 上运行的**北京谱仪** (Beijing Spectrometer, 简称为 BES) 实验 [12,14,15] 中的典型飞行距离为厘米量级. 这样如果正负电子对撞产生反应 $\mathrm{e}^+\mathrm{e}^- \to \mathrm{J}/\psi \to \Lambda\overline{\Lambda}$, Λ 衰变产生的 p、π^- 两根径迹的交点离正负电子对撞中心 (初级顶点) 有一定的距离, 这一交点被称为**次级顶点**. 如果收集大量的动量相同的 $\Lambda \to \mathrm{p}\pi^-$ 事例, 次级顶点到初级顶点间的距离应当服从指数分布. 对于正负电子对撞产生 K_S^0 粒子, $\mathrm{K}_S^0 \to \pi^+\pi^-$ 衰变, 情形是类似的. 因此, 在研究末态包含长寿命粒子的反应时, 次级顶点的位置也常常作为粒子反应的一个重要输入量.

关于连接多条径迹形成顶点的方法, 参见文献 [16] 的讨论.

3. 反应事例的实验数据集

一般来说, 对于一个记录到的反应事例, 它的末态粒子的以下实验信息构成该事例的**实验数据**:

带电径迹的数目;

每根带电径迹的电荷、TOF 和 $\mathrm{d}E/\mathrm{d}x$ 信息;

每根带电径迹的动量;

γ 光子的数目;

所有可探测粒子的簇射沉积能量和簇射形态的信息;   (2.1.2)

初级顶点位置;

次级顶点位置 (如需要);

······

一个实验记录的所有反应事例的全部实验数据构成该实验的**实验数据集**. 考虑到探测系统的触发效率和重建效率, 实验中所产生的感兴趣的事例总数 N_{g} 和

实验数据集感兴趣的事例总数 N_c 之间存在以下关系:

$$N_c = N_g \varepsilon_{trg} \varepsilon_{rec}, \tag{2.1.3}$$

其中, ε_{trg}、ε_{rec} 是实验的触发、在线系统和刻度、重建软件系统对于实验产生的所有感兴趣的事例的 (加权) 平均触发效率和重建效率. 式 (2.1.3) 的每一个量如果换成任意特定反应过程的对应物理量, 该式同样成立.

实验记录的数据都是通过探测器获得的, 这些数据都存在测量误差, 因此实验测量获得的粒子性能数据, 不但含有粒子性能原始数值 (称为本征值 (intrinsic value)) 的信息, 还含有探测器对该粒子性能原始值测量误差的信息. 后者通常用**实验分辨函数**来描述 (参见 3.4 节), 例如顶点的位置分辨 (函数), 粒子飞行方向的角度分辨, 粒子的动量分辨和沉积能量分辨, 等等.

一个事例所记录的全部实验数据 (假定是 n_r 个) 可以看成是一个 n_r 维向量, 每一个分量是该事例的一个有效物理量的表征. 由于粒子反应都是随机过程, 每一个这样的物理量都是随机变量, 具有各自的概率分布. 每一个事例的这一 n_r 维向量的具体数值是 n_r 维随机向量的一个实现, 或者说一个样本, 它可以用**测量空间** (n_r 维) 中的一个点来表示, 于是实验数据集转化为测量空间中的一个数据点集, 它是实验测量数据 n_r 维随机向量总体分布的一个实现, 是进行进一步物理分析的基础. 高能物理实验的数据向量的维数 n_r 往往达到几十或者上百, 一个实验收集的反应事例数往往达到 $10^6 \sim 10^{10}$ 量级.

应当指出, 大型的科学实验一般具有多重研究对象和科学目标, 因此实验数据向量的维数 n_r 需要足够高, 以能包含充分多的实验信息供各种研究课题的需要. 但对于某一特定课题而言, 只需提取和选择与该项研究有关的 n 维变量作为**特征变量**就可以对信号事例和本底事例作出正确的分类, 一般 $n < n_r$. 例如为了区分人的性别, 只需要考察人类性体征特点就可以了, 没有必要对与此无关的其他体征进行比较分类. 同样, 对于同一个高能物理实验中不同反应过程的分析, 只要选择与各自过程相关的物理量作为各自的特征变量, 就可以大大降低特征空间的维数, 从而大大降低分析的困难程度, 节省计算的时间. 这对于具有庞大数量事例数的粒子物理实验极为重要.

2.2　实验分析的一般步骤

对特定的一个或若干个过程进行实验测量, 其目的通常是研究产生这些过程的物理机制, 测量过程的重要参数, 或者是寻找新的物理现象. 例如北京谱仪实验中, 通过研究正负电子对撞产生的下述反应

$$e^+ e^- \to \psi(2S) \to \tau^+ \tau^- \to e^{\pm} \mu^{\mp} \nu_e \bar{\nu}_e \nu_\mu \bar{\nu}_\mu \tag{2.2.1}$$

来研究 τ 轻子对的产生 [17]. 实验给出了 ψ(2S) → τ⁺τ⁻ 衰变分支比的世界首次测量值. 北京谱仪实验中, 正负电子对撞会产生大量的反应过程, 式 (2.2.1) 所示的过程只是其中极小的一部分. 对于该项研究, 式 (2.2.1) 所示的过程是需要寻找的反应模式, 称为**信号**过程, 由该反应产生的事例称为信号事例; 大量存在的所有其他的反应模式称为**本底**过程. 实验数据分析的过程和目的, 就是将实验中记录到的所有反应事例分类为信号事例和本底事例, 并由此导出信号过程的物理结果.

假定我们已经有了待研究的课题, 有了实验原始数据经过预处理后获得的式 (2.1.2) 所示的实验数据集. 在此基础上, 该项研究的**实验分析流程**大致包含以下步骤.

(1) 信号事例判选, 简称为**事例判选**.

目标是基于实验数据集, 选择一组特征变量, 将全部事例分类为**候选信号事例**集和候选本底事例集. 经过事例判选后, 候选本底事例集被丢弃, 只保留候选信号事例集进行下一步的研究. 从实验事例产生, 经过探测装置触发判选、在线记录, 原始数据预处理, 直到事例判选后产生候选信号事例集的全过程我们称为**事例判选流程**.

(2) 候选信号事例分布的分析和拟合.

候选信号事例集中除了真实的信号事例之外, 还包含本底事例被误判为信号的事例. 通过候选信号事例某一 (些) **特征变量** (特征变量的概念参见 2.2.1 节) 分布的分析和拟合, 将误判的本底事例的污染剔除出去, 求得信号事例的数量及其特征变量的分布. 如前面已经指出的, 由于粒子衰变和反应都是随机过程, 大多数特征变量的本征值都是随机变量, 具有各自的概率分布. 特征变量的实验测量值同时包含了本征值和探测器测量误差的信息, 故实验测量值需要用本征值的概率分布与分辨函数的卷积来描述 (参见 3.4 节的讨论). 高能物理实验中的拟合, 是指特征变量的实验测量值与实验者根据已有的粒子物理知识给定的特征变量本征值的统计模型 (理论模型) 的分布与分辨函数的卷积进行比较, 由此导出模型中描述特征变量本征值分布的未知参数的估计及其统计误差. 这一 (些) 分布参数通常与实验的待测物理量有直接的联系, 或者就是待测物理量本身. 事例判选流程加上候选信号事例分布的分析和拟合过程称为**事例分析流程**.

(3) 实验结果系统误差的分析和确定.

考察数据分析所有步骤中可能导致系统误差的因素, 估计待测参数的系统误差.(关于**统计误差**和**系统误差**①, 参见 3.1 节的讨论)

(4) 物理结果的分析讨论.

给出本实验的测量结果, 讨论它的物理意义, 今后可能的改进等等.

我们将在 2.2.1~2.2.4 节中详细讨论信号事例判选的相关问题, 在 2.2.5 节讨

---

① 本书中, "统计误差"(statistical error) 和 "系统误差"(systematic error) 视为 "统计不确定性"(statistical uncertainty) 和 "系统不确定性"(systematic uncertainty) 的同义词.

论候选信号事例的分析和拟合, 在 2.2.6 节讨论实验结果的系统误差的分析; 至于物理结果的分析讨论, 因为与具体的物理课题直接相关, 无法进行一般性的讨论, 故不予提及.

2.2.1 事例判选, 特征变量和数据矩阵

1. 用于事例判选的特征变量

假定我们对于一项特定的研究, 其目的是研究特定信号 (粒子衰变或反应) 的性质, 首先必须将信号事例从实验记录的包含大量本底的全部事例中挑选出来. 事例判选的基本要求是: 从实验数据集记录的一个事例的全部实验数据 (n_r 维向量) 中选择出 n 个特征物理量构成维数较低的特征向量 (n 维, $n<n_r$), 利用这 n 个特征变量 (或它们的函数) 以尽可能高的效率选择信号事例, 并尽可能地压低本底事例 (即对本底事例有尽可能低的选择效率).

为了达到上述目的, **特征变量**的选择必须满足以下要求:

• 这 n 个特征变量必须能够保留信号事例的全部 (至少是绝大部分) 有用信息.

• 信号事例各特征变量的分布与本底事例的相应分布有明显差异, 以便将两者区分开来.

• 信号事例各特征变量之间相互独立, 或者相互关联很弱.

• 保证高的信号效率和对本底有高的压低因子的前提下, n 的数值尽可能地小.

特征变量的选择依赖于所研究的信号过程的具体细节, 特别是信号过程特征变量分布与所有本底过程的该特征变量分布的差别. 实验数据集式 (2.1.2) 中所列的量可以直接作为特征变量的候选者; 为了有效地区分信号和本底, 通常还需要根据这些 "直接" 数据构造它们的函数作为特征变量.

2. 数据矩阵

假定我们总共获取了 N 个事例, 这 N 个事例构成 n 维特征空间中的 N 个样本点. 于是实验数据可表示为如表 2.1 所示的形式或表示为**数据矩阵**形式.

表 2.1 实验数据表

样本	特征变量					
	e_1	e_2	$\cdots$	e_j	$\cdots$	e_n
x_1	x_{11}	x_{12}	$\cdots$	x_{1j}	$\cdots$	x_{1n}
x_2	x_{21}	x_{22}	$\cdots$	x_{2j}	$\cdots$	x_{2n}
$\vdots$	$\vdots$	$\vdots$		$\vdots$		$\vdots$
x_i	x_{i1}	x_{i2}	$\cdots$	x_{ij}	$\cdots$	x_{in}
$\vdots$	$\vdots$	$\vdots$		$\vdots$		$\vdots$
x_N	x_{N1}	x_{N2}	$\cdots$	x_{Nj}	$\cdots$	x_{Nn}

$$X_{N \times n} = \begin{pmatrix} x_{11} & x_{12} & \cdots & x_{1n} \\ x_{21} & x_{22} & \cdots & x_{2n} \\ \vdots & \vdots & & \vdots \\ x_{N1} & x_{N2} & \cdots & x_{Nn} \end{pmatrix}_{N \times n} = \begin{pmatrix} \boldsymbol{x}_1^{\mathrm{T}} \\ \boldsymbol{x}_2^{\mathrm{T}} \\ \vdots \\ \boldsymbol{x}_N^{\mathrm{T}} \end{pmatrix} = (\boldsymbol{e}_1, \boldsymbol{e}_2, \cdots, \boldsymbol{e}_n)$$

$$(2.2.2)$$

式中

$$\boldsymbol{x}_i = (x_{i1}, x_{i2}, \cdots, x_{in})^{\mathrm{T}}, \quad i = 1, 2, \cdots, N, \tag{2.2.3}$$

表示 N 个样本点, 这 N 个样本点组成了一个点群集合. 所有的样本点所占据的空间构成了 (n 维) **样本空间**或**特征空间** $\boldsymbol{F} \in \mathbf{R}^n$.

数据矩阵的每一列描述一个变量 $\boldsymbol{e}_j$,

$$\boldsymbol{e}_j = (x_{1j}, x_{2j}, \cdots, x_{Nj})^{\mathrm{T}}, \quad j = 1, 2, \cdots, n. \tag{2.2.4}$$

它表示 N 个事例的第 j 个特征物理量的测量数值. 它是一个随机变量, 因此有其统计特征, 如均值 (或期望值)、方差、协方差、相关系数等. 所有变量的集合构成 (N 维) **变量空间** $\boldsymbol{E} \in \mathbf{R}^N$. 可以用样本统计量来估计随机变量的数字特征.

变量 $\boldsymbol{e}_j$(第 j 个特征物理量) 的期望值

$$\overline{x}_j = \frac{1}{N} \sum_{i=1}^{N} x_{ij}, \tag{2.2.5}$$

方差

$$s_j^2 = \frac{1}{N-1} \sum_{i=1}^{N} (x_{ij} - \overline{x}_j)^2, \tag{2.2.6}$$

变量 $\boldsymbol{e}_j$ 与变量 $\boldsymbol{e}_k$ 的协方差 s_{jk}

$$s_{jk} = \frac{1}{N-1} \sum_{i=1}^{N} (x_{ij} - \overline{x}_j)(x_{ik} - \overline{x}_k) \tag{2.2.7}$$

它用于测度变量 $\boldsymbol{e}_j$ 与 $\boldsymbol{e}_k$ 的相关性. 写成矩阵形式

$$\boldsymbol{V} = \begin{pmatrix} s_{11} & s_{12} & \cdots & s_{1n} \\ s_{21} & s_{22} & \cdots & s_{2n} \\ \vdots & \vdots & & \vdots \\ s_{n1} & s_{n2} & \cdots & s_{nn} \end{pmatrix}, \tag{2.2.8}$$

称为样本的协方差矩阵. 相关系数 r_{jk}

$$r_{jk} = \frac{s_{jk}}{s_j s_k}, \tag{2.2.9}$$

它满足 $-1 \leqslant r_{jk} \leqslant 1$, r_{jk} 无量纲, 可更准确地表征两个特征变量间的相关性. 前面提到过特征变量的选择要求 "信号事例各特征变量之间相互独立, 或者相互关联很弱", 这等价于要求有 $r_{jk} \approx 0, j, k = 1, \cdots, n$.

3. 事例判选的判选效率矩阵

事例判选就是依据数据矩阵 $\boldsymbol{X}_{N \times n}$ 确定一系列的判选条件, 将实验获取的所有事例分类为**候选信号事例**和**候选本底事例** (或称**类信号事例**和**类本底事例**) 的过程. 这里之所以加上 "候选" 两字, 是因为真正的信号事例既可能被判为候选信号事例, 也可能被判为候选本底事例. 对于本底事例, 情形相同. 也就是说, 事例错判几乎很难避免.

一组事例判选条件 (也称为**事例分类器**) 的性能可以用**判选效率矩阵** ε 来描述

$$\boldsymbol{\varepsilon} = \begin{pmatrix} \varepsilon_{\mathrm{SS}} & \varepsilon_{\mathrm{SB}} \\ \varepsilon_{\mathrm{BS}} & \varepsilon_{\mathrm{BB}} \end{pmatrix} \tag{2.2.10}$$

其中 S 标记信号, B 标记本底, $\varepsilon_{\mathrm{SS}}$ 表示信号样本被分类器判为候选信号事例的判选率, 亦即一个信号事例被分类器判为一个候选信号事例的概率, $\varepsilon_{\mathrm{SS}}$ 称为**信号判选效率**; $\varepsilon_{\mathrm{BS}}$ 表示信号样本被分类器错判为候选本底事例的判选率, $\varepsilon_{\mathrm{SB}}$ 表示本底样本被分类器错判为候选信号事例的判选率; $\varepsilon_{\mathrm{BB}}$ 表示本底样本被分类器判为候选本底事例的判选率. 如若有一样本集, 其中信号事例和本底事例的样本数分别为 n_{S} 和 n_{B}, 该样本集被判选效率矩阵为 $\boldsymbol{\varepsilon}$ 的分类器判别为候选信号事例和候选本底事例的样本数分别为 $\tilde{n}_{\mathrm{S}}$ 和 $\tilde{n}_{\mathrm{B}}$, 则有

$$\tilde{\boldsymbol{n}} = \begin{pmatrix} \tilde{n}_{\mathrm{S}} \\ \tilde{n}_{\mathrm{B}} \end{pmatrix} = \boldsymbol{\varepsilon}\boldsymbol{n} = \begin{pmatrix} \varepsilon_{\mathrm{SS}} & \varepsilon_{\mathrm{SB}} \\ \varepsilon_{\mathrm{BS}} & \varepsilon_{\mathrm{BB}} \end{pmatrix} \begin{pmatrix} n_{\mathrm{S}} \\ n_{\mathrm{B}} \end{pmatrix} = \begin{pmatrix} \varepsilon_{\mathrm{SS}} n_{\mathrm{S}} + \varepsilon_{\mathrm{SB}} n_{\mathrm{B}} \\ \varepsilon_{\mathrm{BS}} n_{\mathrm{S}} + \varepsilon_{\mathrm{BB}} n_{\mathrm{B}} \end{pmatrix}. \tag{2.2.11}$$

其中 $\tilde{n}_{\mathrm{S}} = \varepsilon_{\mathrm{SS}} n_{\mathrm{S}} + \varepsilon_{\mathrm{SB}} n_{\mathrm{B}}$ 个事例被分类器判选为候选信号事例; $\tilde{n}_{\mathrm{B}} = \varepsilon_{\mathrm{BS}} n_{\mathrm{S}} + \varepsilon_{\mathrm{BB}} n_{\mathrm{B}}$ 个事例被分类器判选为候选本底事例. 显而易见, 候选信号事例中有本底事例的污染.

实际问题中, 在经过事例分类器后, 被判为候选本底的事例 $\tilde{n}_{\mathrm{B}}$ 往往被抛弃, 只留下候选信号事例 $\tilde{n}_{\mathrm{S}}$ (也称为**观测事例数** n^{obs}) 进行进一步的分析

$$\tilde{n}_{\mathrm{S}} = \varepsilon_{\mathrm{SS}} n_{\mathrm{S}} + \varepsilon_{\mathrm{SB}} n_{\mathrm{B}} \equiv n_{\mathrm{S}}^{\mathrm{obs}} + n_{\mathrm{B}}^{\mathrm{obs}} \equiv n^{\mathrm{obs}}. \tag{2.2.12}$$

其中, $n_{\mathrm{S}}^{\mathrm{obs}}$ 称为候选信号事例 $\tilde{n}_{\mathrm{S}}$ 中的**观测信号事例数**; $n_{\mathrm{B}}^{\mathrm{obs}}$ 称为候选信号事例 $\tilde{n}_{\mathrm{S}}$ 中的**观测本底事例数**. 我们希望被分类器判为候选信号的样本数 $\tilde{n}_{\mathrm{S}}$ 中包含的错判样本数 $\varepsilon_{\mathrm{SB}}n_{\mathrm{B}}$ 尽可能地少. 对于待分类的样本集, 本底样本数 n_{B} 是确定的, 因此只能要求 $\varepsilon_{\mathrm{SB}}$ 尽可能地小. 量 r 定义为分类器对信号样本的判选效率和本底样本被错判为候选信号事例的判选率之比

$$r = \frac{\varepsilon_{\mathrm{SS}}}{\varepsilon_{\mathrm{SB}}} \tag{2.2.13}$$

称为分类器的**信号/本底分辨能力** (separation power). 分辨能力越高, 分类器判为候选信号的样本数中本底的污染越小. 分辨能力是分类器的一个非常重要的性能参数. 分类器的另一个重要的性能参数称为本底的**压低因子** (suppression factor), 其定义是

$$q = \frac{\varepsilon_{\mathrm{BB}}}{\varepsilon_{\mathrm{SB}}}, \tag{2.2.14}$$

它表示一个本底事例出现在类本底事例集和类信号事例集中的概率之比. 压低因子越高, 留在类信号事例集中的本底事例数越少. 显然高分辨能力和高压低因子是一个好的事例分类器的标志.

一个理想的分类器的判选效率矩阵 $\boldsymbol{\varepsilon}$ 具有如下形式:

$$\boldsymbol{\varepsilon} = \begin{pmatrix} \varepsilon_{\mathrm{SS}} & \varepsilon_{\mathrm{SB}} \\ \varepsilon_{\mathrm{BS}} & \varepsilon_{\mathrm{BB}} \end{pmatrix} = \begin{pmatrix} \varepsilon_{\mathrm{SS}} & 0 \\ 0 & \varepsilon_{\mathrm{BB}} \end{pmatrix}$$

并且有 $\varepsilon_{\mathrm{SS}} \sim 1, \varepsilon_{\mathrm{BB}} \sim 1$, 即对信号事例的判选效率尽可能接近 1, 对本底事例有尽可能高的压低因子, 并且没有错判的事例. 这种情形下, 事例分类器判选后的候选信号/本底事例数与判选前的信号/本底事例数有简单的关系

$$\tilde{\boldsymbol{n}} = \begin{pmatrix} \tilde{n}_{\mathrm{S}} \\ \tilde{n}_{\mathrm{B}} \end{pmatrix} = \boldsymbol{\varepsilon}\boldsymbol{n} = \begin{pmatrix} \varepsilon_{\mathrm{SS}} & 0 \\ 0 & \varepsilon_{\mathrm{BB}} \end{pmatrix} \begin{pmatrix} n_{\mathrm{S}} \\ n_{\mathrm{B}} \end{pmatrix} = \begin{pmatrix} \varepsilon_{\mathrm{SS}}n_{\mathrm{S}} \\ \varepsilon_{\mathrm{BB}}n_{\mathrm{B}} \end{pmatrix}.$$

这样, 事例判选后留下的候选事例样本 $\tilde{n}_{\mathrm{S}}$ 中就没有本底的污染. 实际上, 理想的判选效率矩阵很难达到, 我们能够追求的目标是尽可能满足

$$\varepsilon_{\mathrm{SS}} \sim 1, \varepsilon_{\mathrm{BB}} \sim 1, \varepsilon_{\mathrm{SB}} \sim 0, \varepsilon_{\mathrm{BS}} \sim 0.$$

2.2.2 事例判选的一般步骤

1. 粒子鉴别和事例拓扑形态判选

事例判选一般经过两个步骤: ① **粒子鉴别**; ② **事例拓扑形态判选**. 以式 (2.2.1) 所示的反应为例, 首先我们要确定末态粒子是 1 个电子和 1 个 μ 子 (实验

一般不直接测量中微子), 由于实验可观测的粒子种类有式 (2.1.1) 所列的几种, 所以首先要从中确定所研究末态的粒子种类 (本例中是电子和 μ 子), 这是一个多总体的模式识别问题, 或者说是多类模式的判别问题. 其次, 我们要确定反应确实是通过中间态 $\tau^+\tau^-$ 到达 $e^\pm\mu^\mp\nu_e\bar{\nu}_e\nu_\mu\bar{\nu}_\mu$ 末态, 这就是一个反应过程拓扑形态的识别问题, 识别的结果总是将所有的事例区分为类信号事例和类本底事例, 是一个两个总体的模式识别问题, 或者说是两类模式的判别问题. 尽管有时粒子鉴别和事例拓扑形态的判选不一定截然分明, 但是这两类判别问题在事例判选中总是存在的. 由于实验特征空间中的数据向量是多维随机向量, 所以决定了基于这类数据的分类决策过程是多变量统计分析的过程.

2. 样本训练

对于一个测量到的粒子信息, 怎样判定它是式 (2.1.1) 中的哪一种粒子呢？解决这个粒子鉴别问题需要采用对已知样本进行训练的方法. 具体地说, 就是利用已知是 $e^\pm$ 粒子的数据样本 $\boldsymbol{X}_{e,N_e\times n}$(下标中的 e 表示电子, N_e 表示电子样本的个数, n 表示用 n 个特征变量表征该电子样本), 已知是 $\mu^\pm$ 粒子的数据样本 $\boldsymbol{X}_{\mu,N_\mu\times n}$, 以及已知是 $\gamma,\pi^\pm,K^\pm,p,\bar{p}$ 的数据样本 $\boldsymbol{X}_{\gamma,N_\gamma\times n},\cdots$, 根据这几类数据样本的差异寻找出一组判据, 使得它对每种粒子都有高的正确判定率, 以及低的误判率. 寻找这组判据的过程称为**训练** (或**学习**) 过程, 实际上就是分类器的设计过程. 然后, 对于一个测量到的粒子 (种类待定) 信息, 应用该判据来判定它是何种粒子. 这也就是用设计好的分类器对待识别的样本进行分类决策.

类似地, 对于一个测量到的事例信息, 要判断它是不是某个特定的信号事例, 需要利用已知是该信号事例的数据样本和已知是它的本底事例的数据样本进行训练, 根据这两类数据样本的差异寻找出一组判据, 使得它对信号事例有高的正确判定率, 以及低的误判率. 然后, 对于一个测量到的事例信息, 应用该判据来判定它是信号事例或本底事例.

3. 训练样本的获得

我们看到, 实验数据分析中的粒子鉴别和事例拓扑形态判选的实现, 首先要有各种粒子的数据样本和各种粒子反应事例的数据样本. 这两类数据样本有两种途径可以得到: 蒙特卡罗模拟数据和真实实验数据.

1) 蒙特卡罗模拟数据

先讨论粒子反应的**蒙特卡罗模拟数据**. 假定我们要研究的是 bhabha 事例, 即 $e^+e^- \to e^+e^-$ 反应事例. 所谓粒子反应的蒙特卡罗 (Monte Carlo) 模拟 (此后简写为 **MC 模拟**), 首先是根据粒子物理理论的预期和反应初态正负电子的四动量 (已知值), 计算出末态正负电子的四动量. 这个过程由粒子反应的**产生子** (generator) 来完成, 它依赖于粒子物理对所研究的粒子反应的理论了解. 粒子物理界对于许多粒子反应已经有相当透彻的了解, 有了相应的事例产生子计算机程序包可以使用 (参见 3.8 节). 目前粒子物理对电磁相互作用过程有很精确的理论描述, 因此电磁相互作用过程的产生子一般比较精确可信. 比较而言, 粒子物理对于强作用的理论描述要粗糙得多, 因此涉及强作用的粒子反应的产生子的精确性比较差.

为了把信号事例从实验中产生的全部事例中挑选出来, 不但要有信号事例的产生子, 还需要有实验中产生的所有反应的事例产生子. 对于正负电子对撞实验而言, 就是要有 $e^+e^- \rightarrow$ 所有反应过程的事例产生子. 这类产生子通常称为反应事例的**单举** (inclusive) 产生子. 对于其他的粒子反应研究, 亦需要有相应的单举事例产生子. 一般这类产生子所依据的理论模型比较粗糙, 与实验中的真实情况有所差别. 所以基于单举产生子确定的信号/本底事例判别条件以及相应的信号/本底事例误判率与实际的信号/本底事例误判率存在差异, 在实验数据分析中, 必须考虑这种差异导致的系统误差.

知道了反应末态粒子的四动量, 让末态粒子按照自己的动量和方向进入探测器, 与探测器中的物质发生作用, 产生出探测器电子学的输出信号, 这一过程称为**探测器模拟**. 粒子与物质的相互作用也是按照粒子物理的各种理论模型来描述的, 这一过程十分复杂. 目前粒子物理学界通用的是 Geant 程序框架 [17], 它汇集了人类对于粒子与物质的各种相互作用至今所了解的知识. 探测器模拟的结果就是探测器对于该反应末态粒子的各种探测信号.

各种粒子的 MC 模拟数据样本的获得比较简单, 任意粒子的产生子很容易构建, 只要给定该粒子的种类和四动量, 再通过探测器模拟和探测器原始数据的刻度和重建, 就得到该粒子性能的 MC 模拟数据. MC 模拟数据样本同时包含了粒子性能本征值和探测器测量误差的信息, 因此可以与其实验测量数据直接比较.

与此类似, 各种粒子反应 (衰变) 的物理过程和探测器模拟、探测器原始数据的刻度和重建都是利用理论所提供的数学模型通过计算机的 MC 模拟计算进行的, 得到的数据称为粒子反应 (衰变) 的 **MC 模拟数据**. 这种计算的过程好像是用计算机做物理实验. 如果理论所提供的数学公式是正确的, 那么所得到的粒子反应 (衰变) 的 MC 模拟数据与其真实实验数据应当是十分接近的. 也就是说, 描述粒子反应 (衰变) 的特征变量 MC 模拟数据可以与其实验测量数据直接比较.

关于粒子反应的事例产生子、描述粒子性能的物理量和描述粒子反应 (衰变) 的特征变量的 MC 模拟数据及其与实验测量数据的比较在 2.2.4 节、3.8 节和 3.9 节将有进一步的讨论.

MC 模拟数据样本的好处是样本量可以任意大 (只要计算机能力允许). 它的缺点是数据样本的正确性和精确性受到理论模型的正确性和精确程度的限制, 同时它不能反映探测器电子学噪声和束流管道中正负电子束流–气体相互作用本底带来的对真实数据的影响, 即使加入了这种噪声和束流–气体相互作用本底的模拟, 由于这些模拟公式往往缺乏理论根据或者十分粗糙, 不一定能精确地反映真实情况.

2) 真实实验数据

为了研究实验者感兴趣的某种粒子反应或衰变的性质, 需要通过特定的实验收集其中产生的所有粒子反应和衰变事例, 利用一定的事例判选条件将感兴趣的粒子反应或衰变事例判选出来, 这样选出的事例样本通常称为**控制样本** (control sample). 所谓真实实验数据, 就是探测器测量到的控制样本事例的初态和末态粒子的性能参数数值. 例如可以通过某些判据把辐射 bhabha 事例, 即 $e^+e^- \rightarrow \gamma e^+e^-$ 反应事例判选出来. 这种事例的末态电子和 γ 光子可以具有 $(0 \sim E_b)$ 各种能量 (E_b 是初态电子束流能量), 且具有各种方向. 这样, 我们就获得了各种能量、各种方向的电子和 γ 光子的真实实验数据, 可以作为粒子鉴别的训练样本. 又比如可以通过某些判据把 $e^+e^- \rightarrow J/\psi \rightarrow \rho\pi \rightarrow \pi^+\pi^-\pi^0 \rightarrow \pi^+\pi^-\gamma\gamma$ 事例判选出来, 末态的两个带电粒子是具有各种方向、各种能量的 π^+、π^- 介子, 这样, 我们就获得了各种能量、各种方向的 π^+、π^- 介子的真实实验数据, 可以作为粒子鉴别的训练样本. 类似地, 我们可以通过适当判据把末态包含式 (2.1.1) 所列粒子的粒子反应事例判选出来, 获得这些粒子的真实实验数据, 作为粒子鉴别的训练样本.

控制样本有时也可用作事例拓扑形态判选的训练样本. 例如 J/ψ 粒子和 η_c 粒子都是粲偶素, 它们的质量 (分别为 3097 MeV 和 2981 MeV) 和其他性质相近, 因而粒子 (相空间) 反应 $J/\psi \rightarrow K\overline{K}\pi$ 与 $\eta_c \rightarrow K\overline{K}\pi$ 的事例拓扑形态十分相似, 特别是末态运动学变量的分布形状十分接近. 由于 $e^+e^- \rightarrow J/\psi$ 产生截面很大, 可以利用 $J/\psi \rightarrow K\overline{K}\pi$ 的控制样本作为 $\eta_c \rightarrow K\overline{K}\pi$ 事例判选的训练样本来确定事例分类器, 考虑到 J/ψ 与 η_c 的质量差别所导致的效应, 需要对事例判选条件作适当的修正.

使用控制样本进行训练的好处在于它自动考虑了存在于实验数据中的本底的效应, 特别是难以模拟的探测器电子学噪声和束流管道中正负电子束流–气体相互作用本底的效应, 因而可能更接近于实验的真实情况. 它的缺点在于控制样本的数量受到实验收集的总事例数和粒子反应截面 (衰变分支比) 的限制. 如果反应截面很小, 相应的反应事例只占收集的总事例数的很小一部分, 实验收集的总事例数又不够大, 那么反应末态粒子的数量就不大. 对于统计分析而言, 就可能造成较大的统计涨落. 另一方面, 通过某些判据把一种特定的反应事例判选出来, 可能存在误判, 即混有其他本底事例, 样本不纯. 为了避免这种本底污染, 往往把控制样本的事例判选判据设定得严一些, 降低误判率, 这样做的结果是提高了样本的纯度, 但牺牲了统计量.

高能物理实验数据分析中, 作粒子鉴别时的训练样本应该尽可能使用真实实验数据样本, 而作事例判选时信号事例的训练样本一般是 MC 模拟数据样本, 因为在完成信号事例的判选之前, 不可能获得信号事例的真实实验数据样本. 对于一个待研究的特定物理过程, 用实验收集的全部事例的真实实验数据样本, 扣除可能的信号事例样本 (利用信号事例判选条件来选择) 后, 可作为该物理过程本底事例的训练样本. 有时, 一些特定的本底反应道构成信号事例本底污染的主要来源, 这些特定的本底反应道的某些运动学变量分布的形状可以用它们的控制样本或者拓扑形态相似的事例控制样本来加以估计, 从而确定这些本底反应道导致的污染. 这种方法对于本底形状比较平滑的情形是相对可信的.

实验数据分析中还经常使用**边带区** (side band) 的特征变量测量数据来确定信号峰下本底的分布形状. 所谓的边带区, 是指离信号峰足够远的双侧两个区域, 分析者根据经验认定其测量数据纯粹来自于本底的贡献 (例如参见 2.2.5 节图 2.12 中小于 0.53GeV 和大于 0.57GeV 的区域). 用解析函数对边带区数据进行拟合后作为本底分布的形状. 这种方法自动考虑了难以模拟的探测器电子学噪声和束流管道中束流–气体相互作用本底的效应, 因而可能更接近于实验的真实情况. 显然该方法带有经验性, 且仅适用于本底形状平滑的情形.

2.2.3 事例判选的截断值分析法

前面我们已经提到, 事例判选实际上是一种实验数据的多元统计分析过程. 多元统计分析是一种相当复杂的分析方法, 这里不作详细的讨论, 有兴趣的读者可以阅读相关的文献 [10]. 针对高能物理实验中数据量浩大, 所寻找的信号事例可能相当稀少这一特点, 由一批数理统计学家和高能物理实验数据分析工作者合作, 将多元统计分析的多种判别方法编写成易于选择和实行的计算程序, 并有机地汇总在一起, 以便最大程度地挖掘数据包含的有助于事例类别判选的信息, 寻找适合所研究问题的最佳判别方法. 在粒子物理领域中, BaBar 合作组 1998 年研发的 Cornelius 程序包 [19] 是这方面的初期工作, 近期则有 StattPatternRecognition 程序包 [20,21] 和 TMVA 程序包 [22]. 有兴趣的读者可以阅读相关的文献.

这里我们只讨论一种对于二类问题的最简单的事例判选方法——**截断值判选法**, 由于它简单、易实行, 在高能物理实验数据分析中有着比较广泛的应用.

1. 截断值判选法的基本思想

不失一般性, 我们把样本分为信号和本底两个类别, 信号指实验中所要研究的过程的事例样本, 所有信号以外的样本都属于本底样本.

截断值判选法采用多个特征变量的判别来实现事例的分类. 它的基本思想如图 2.1 所示. 首先根据分类问题的具体要求选择适当的特征向量 $x = (x_1, x_2, \cdots, x_n)^{\mathrm{T}}$, 特征向量的每一个变量 x_j 都是实验的直接或间接测量值变量, 而且具有区分信号和本底的能力, 也就是说, 该变量的概率密度分布对于信号样本和本底样本有明显的差别, 能够用**截断值** x_j^{cut} 把变量 x_j 的值域划分为两个区域: **类信号区**和**类本**

底区, 在类信号区中信号事例有较大的发生概率; 而类本底区中本底事例有较大的发生概率. 把待分类样本集每个样本的特征向量的各个特征变量值逐个输入分类器, 分类器按每个变量 x_j 的值将它归类到类信号区和类本底区, 若第 j 个变量 x_j 被归入类信号区, 则再利用变量 x_{j+1} 的值对样本分类, 直到用变量 x_n 的值将样本归类为止. 一个所有变量值 $x_j(j = 1, 2, \cdots, n)$ 都被归入类信号区的事例被分类器最终判别为类信号事例, 其他所有事例被判为类本底事例. 用截断值判选法进行事例判选后, 只对判选为类信号的事例进行下一步的分析和处理, 类本底事例则被舍弃.

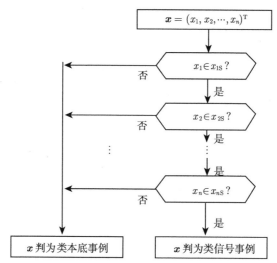

图 2.1　截断值判选法区分二类样本的示意图

其中 $x_j \in x_{jS}$ 表示观测值 x_j 落入分类器规定的特征向量第 j 个变量的类信号区内

　　这种方法中如果把每个特征变量 x_j 的值域看成是超长方体第 j 根轴的边长, 判选过程是确定各特征变量 x_j 的截断值, 将每一根边长分割为类信号区和类本底区, 所以也可以形象地称为**超长方体分割法**. 经过超长方体分割法判选后得到的类信号事例都落在类信号区的一个超长方体内.

　　设信号事例样本集的样本总数为 n_S, 分类器判为类信号事例的样本数为 n_S^{obs}, 当 n_S 和 n_S^{obs} 充分大时, 该分类器对于信号事例的判选效率为 $\varepsilon_{SS} = n_S^{\mathrm{obs}}/n_S$. 类似地, 若本底事例样本集的样本总数为 n_B, 经过分类器后被判为类信号事例的样本数为 n_B^{obs}, 则该分类器的误判率为 $\varepsilon_{SB} = n_B^{\mathrm{obs}}/n_B$. 显然, 高的信号判选效率和低的误判率是我们追求的目标.

2. 截断值的确定和优化

从以上分类过程我们可以看到, 这种分类器设计最重要的问题是怎样将每个变量的值域划分为类信号区和类本底区, 或者说, 怎样确定**截断值向量** $\boldsymbol{x}^{\mathrm{cut}} = (x_1^{\mathrm{cut}}, x_2^{\mathrm{cut}}, \cdots, x_n^{\mathrm{cut}})^{\mathrm{T}}$. 这里 x_j^{cut} 指一个区域, 即

$$x_j^{\mathrm{cut}} \in \left[x_j^{\mathrm{cut}-l}, x_j^{\mathrm{cut}-h} \right],$$

当 $x_j \in x_j^{\mathrm{cut}}$ 时, x_j 被归入类信号区, 否则被归入类本底区. 对于一个待分类的实际样本集, 如果有比较充分的先验知识, 能够构造一个分布相近的 "模拟" 样本集, 并且该样本集的样本数量足够大, 那么可以利用这个模拟样本来确定截断值向量. 这种情况在粒子物理实验中具有典型性. 例如研究正负电子对撞产生的末态 f:

$$\mathrm{e^+e^-} \to (过程1, 2, \cdots, k) \to \mathrm{f}$$

其中过程 1 是我们感兴趣的信号, 其余过程均为本底. 对于所有这些过程产生的末态如果均有已知的理论模型加以描述, 并且各个过程产生末态 f 的相对强度亦为已知, 那么就可以用蒙特卡罗方法构造出一个与实际数据样本分布相近的 "模拟" 样本集, 并且该样本集的样本数量原则上可以无限地产生.

有了这样的模拟样本集, 就可以得到每个变量的信号和本底样本的近似边沿概率密度

$$p_{j,\mathrm{mar}}^{\mathrm{S/B}} = p^{\mathrm{S/B}} \left(x_j | x_1, \cdots, x_{j-1}, x_{j+1}, \cdots, x_n \in (-\infty, +\infty) \right). \tag{2.2.15}$$

式中, 上标 S 表示信号; B 表示本底. 利用信号和本底样本的 x_j 的边沿概率密度的差别容易确定截断值 x_j^{cut}.

如果信号和本底样本的 x_j 的边沿概率密度是分离的, 如图 2.2 所示, 那么 $x_j^{\mathrm{cut}-l}$ 可以取为分离区内的任意 x_j 值. 这时判选规则为 $x_j > x_j^{\mathrm{cut}-l}$ 归入类信号区, 否则归入类本底区. 该判据对于信号事例的判选效率为 $\varepsilon_{\mathrm{SS}} = 1$, 将本底事例误判为信号事例的误判率为 $\varepsilon_{\mathrm{SB}} = 0$.

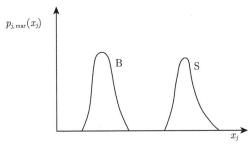

图 2.2　截断值 x_j^{cut} 的确定: 边沿概率密度 $p_{j,\mathrm{mar}}^{\mathrm{S}}$ 与 $p_{j,\mathrm{mar}}^{\mathrm{B}}$ 分离的情形

但是, 一般情形下 $p_{j,\mathrm{mar}}^{\mathrm{S}}$ 与 $p_{j,\mathrm{mar}}^{\mathrm{B}}$ 是相互重叠而不相分离的, 这种情形下, 粒子物理实验的判选规则通常希望信号事例的选择具有最优的信号**显著性**, 这也称为事例判选条件的**优化** (optimization). 关于信号显著性的详细讨论参见本书 7.3 节. 通常认为事例判选条件达到优化的条件是使定义为

$$S_{\mathrm{sig}} = \frac{n_{\mathrm{SS}}}{\sqrt{n_{\mathrm{SS}} + n_{\mathrm{SB}}}}. \tag{2.2.16}$$

的信号显著性 S_{sig} 达到极大. 该判据既适用于一个特征变量的判选规则, 也适用于一组特征变量的判选规则. 式中 n_{SS}、n_{SB} 分别为经过该 (组) 特征变量的判选规则后类信号区内的信号和本底事例数. 信号显著性越高, 类信号区内的信号越清晰. 假定模拟样本集在施加该 (组) 判选规则前的信号和本底事例数分别为 n_{S} 和 n_{B}, 该 (组) 判选规则对于信号和本底事例的 "信号" 判选效率为 $\varepsilon_{\mathrm{SS}}$ 和 $\varepsilon_{\mathrm{SB}}$, 当总事例数 $n = n_{\mathrm{S}} + n_{\mathrm{B}}$ 足够大时, 信号显著性可用下式确定:

$$S_{\mathrm{sig}} = \frac{\varepsilon_{\mathrm{SS}} n_{\mathrm{S}}}{\sqrt{\varepsilon_{\mathrm{SS}} n_{\mathrm{S}} + \varepsilon_{\mathrm{SB}} n_{\mathrm{B}}}}. \tag{2.2.17}$$

对于信号和本底的边沿概率密度 $p_{j,\mathrm{mar}}^{\mathrm{S}}$ 与 $p_{j,\mathrm{mar}}^{\mathrm{B}}$ 相互重叠而不相分离的情形, 分两种情形进行讨论.

1) 信号 $p_{j,\mathrm{mar}}^{\mathrm{S}}$ 与本底 $p_{j,\mathrm{mar}}^{\mathrm{B}}$ 重叠但分别偏向于特征变量 x_j 谱的两侧

这种情形如图 2.3(a) 所示, 信号 $p_{j,\mathrm{mar}}^{\mathrm{S}}$ 偏向于 x_j 谱的上侧, 本底 $p_{j,\mathrm{mar}}^{\mathrm{B}}$ 偏向于 x_j 谱的下侧但两者有重叠. 将 $\varepsilon_{\mathrm{SB}}$ 视为 $\varepsilon_{\mathrm{SS}}$ 的函数, S_{sig} 的极大值可通过求方程 $\dfrac{\mathrm{d}S_{\mathrm{sig}}}{\mathrm{d}\varepsilon_{\mathrm{SS}}} = 0$ 的根得到, 其解为

$$\varepsilon_{\mathrm{SB}} = \frac{\varepsilon_{\mathrm{SS}}}{2n_{\mathrm{B}}} \left(n_{\mathrm{B}} \frac{\mathrm{d}\varepsilon_{\mathrm{SB}}}{\mathrm{d}\varepsilon_{\mathrm{SS}}} - n_{\mathrm{S}} \right). \tag{2.2.18}$$

将式 (2.2.18) 代入式 (2.2.17), 得到

$$S_{\mathrm{sig}} = \frac{\sqrt{2\varepsilon_{\mathrm{SS}}} n_{\mathrm{S}}}{\sqrt{n_{\mathrm{S}} + \dfrac{\mathrm{d}\varepsilon_{\mathrm{SB}}}{\mathrm{d}\varepsilon_{\mathrm{SS}}} n_{\mathrm{B}}}}. \tag{2.2.19}$$

由图 2.3(a) 的信号和本底的条件概率密度 $p_{j,\mathrm{mar}}^{\mathrm{S}}$ 与 $p_{j,\mathrm{mar}}^{\mathrm{B}}$, 容易求得信号和本底事例的判选效率 $\varepsilon_{\mathrm{SS}}$ 和 $\varepsilon_{\mathrm{SB}}$ 与截断值 x_j^{cut} 间的函数关系, 如图 2.3(b) 所示, 进一步可得到 $\varepsilon_{\mathrm{SS}}$ 与 $\varepsilon_{\mathrm{SB}}$ 间的函数关系, 如图 2.3(c) 所示, 并可求得 $\mathrm{d}\varepsilon_{\mathrm{SB}}/\mathrm{d}\varepsilon_{\mathrm{SS}}$ 与 $\varepsilon_{\mathrm{SS}}$ 的函数关系, 见图 2.3(d). 这样从图 2.3(d) 曲线每一点的 $\mathrm{d}\varepsilon_{\mathrm{SB}}/\mathrm{d}\varepsilon_{\mathrm{SS}}$ 和 $\varepsilon_{\mathrm{SS}}$ 按照式 (2.2.19) 计算 S_{sig}(对于 $n_{\mathrm{S}} = 100$, $n_{\mathrm{B}} = 1000$ 的情形如图 2.3(e) 所示), 就能找出达到 $S_{\mathrm{sig}}^{\max}$ 的 $\varepsilon_{\mathrm{SS}}$ 值, 再由图 2.3(b) 可求得 $S_{\mathrm{sig}}^{\max}$ 对应的截断值 x_j^{cut}.

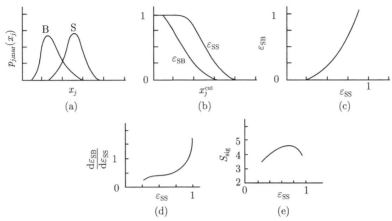

图 2.3　截断值 x_j^{cut} 的确定: $p_{j,\mathrm{mar}}^{\mathrm{S}}$ 与 $p_{j,\mathrm{mar}}^{\mathrm{B}}$ 重叠的情形

(a) 信号和本底样本的边沿概率密度 $p_{j,\mathrm{mar}}^{\mathrm{S}}$ 与 $p_{j,\mathrm{mar}}^{\mathrm{B}}$; (b) 信号和本底事例的 "信号" 判选效率 $\varepsilon_{\mathrm{SS}}$ 和 $\varepsilon_{\mathrm{SB}}$ 与
截断值 x_j^{cut} 间的关系曲线; (c) $\varepsilon_{\mathrm{SS}}$ 与 $\varepsilon_{\mathrm{SB}}$ 间的关系曲线; (d) $\varepsilon_{\mathrm{SS}}$ 与 $\mathrm{d}\varepsilon_{\mathrm{SB}}/\mathrm{d}\varepsilon_{\mathrm{SS}}$ 间的关系曲线;
(e) $n_{\mathrm{S}} = 100$, $n_{\mathrm{B}} = 1000$ 时 $\varepsilon_{\mathrm{SS}}$ 与 S_{sig} 间的关系曲线

2) $p_{j,\mathrm{mar}}^{\mathrm{S}}$ 只占特征变量 x_j 谱的一部分, $p_{j,\mathrm{mar}}^{\mathrm{B}}$ 占满 x_j 谱的全域

这种形态往往出现于所研究的过程末态包含两个短寿命共振态的情形. 例如 BES 合作组测量 $\chi_{\mathrm{cJ}} \to \mathrm{K}^*(892)^0 \overline{\mathrm{K}}^*(892)^0$ 分支比 [23] 的研究中, $\chi_{\mathrm{cJ}} \to \mathrm{K}^*(892)^0 \overline{\mathrm{K}}^*(892)^0 \to \mathrm{K}^+\mathrm{K}^-\pi^+\pi^-$ 候选事例的不变质量 $M(\mathrm{K}^+\pi^-) - M(\mathrm{K}^-\pi^+)$ 散点图如图 2.4(a)～(c) 所示, $M(\mathrm{K}^+\pi^-)$ 或 $M(\mathrm{K}^-\pi^+)$ 轴上的投影图 (局部) 则示于图 2.4(d). 图 2.4(d) 中, 信号 $p_{j,\mathrm{mar}}^{\mathrm{S}}$ 只占特征变量 $M(\mathrm{K}^+\pi^-)$ 或 $M(\mathrm{K}^-\pi^+)$ 谱的一部分, $p_{j,\mathrm{mar}}^{\mathrm{B}}$ 则为 $M(\mathrm{K}\pi)$ 谱全域上的平滑分布. 为了确定信号 $\chi_{\mathrm{cJ}} \to \mathrm{K}^*(892)^0 \overline{\mathrm{K}}^*(892)^0$ 的存在, 通常选择特征变量 $M(\mathrm{K}^+\pi^-)$ 值落入 $\mathrm{K}^*(892)^0$ 质量 896MeV 附近的一个区间 $[896 - \Delta, 896 + \Delta]$ 内的事例, 再对这些事例的 $M(\mathrm{K}^-\pi^+)$ 谱进行拟合, 得出其中的 $\overline{\mathrm{K}}^*(892)^0$ 事例. 这里, 量 Δ 的选择不能是任意的, 同样需要用式 (2.2.17) 定义的信号显著性进行优化.

为了便于讨论, 假定特征变量 (这里是不变质量)x 谱全域长度为 L, 本底概率密度 p^{B} 为 L 中的均匀分布, 信号概率密度 p^{S} 为参数 x_0、σ 的高斯函数 $G(x_0, \sigma)$ 或参数 x_0、Γ 的窄共振非相对论不变形式的**布雷特–维格纳函数** $\mathrm{BW}(x_0, \Gamma)$(Breit-Wigner, 简写为 BW), x_0 是信号概率密度的中心值, σ 是高斯函数的标准差, Γ 是共振态的全宽度 (关于布雷特–维格纳函数, 参见 3.7 节的讨论):

$$G(x_0, \sigma) = \frac{1}{\sqrt{2\pi}\sigma} \mathrm{e}^{-\frac{(x-x_0)^2}{2\sigma^2}}, \quad -\infty < x < \infty, \tag{2.2.20}$$

$$\mathrm{BW}(x_0, \Gamma) = \frac{\Gamma}{2\pi} \frac{1}{(x-x_0)^2 + \Gamma^2/4}, \quad -\infty < x < \infty. \tag{2.2.21}$$

通常实验观测到的共振态不变质量谱是共振态本征 BW 函数与探测器质量分辨 (通常为高斯函数) 的卷积. 当共振态全宽度 Γ 远小于质量分辨函数的标准差 σ 时, 共振态不变质量谱可用高斯函数 $G(x_0, \sigma)$ 作为近似; 当 Γ 远大于 σ 时, 用 BW(x_0, Γ) 作为近似.

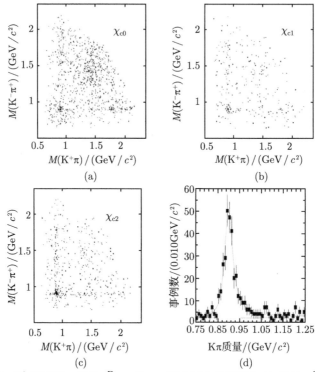

图 2.4　截断值 x_j^{cut} 的确定: 本底 $p_{j,\mathrm{mar}}^{\mathrm{B}}$ 为 x_j 谱全域中的平滑分布, 信号 $p_{j,\mathrm{mar}}^{\mathrm{S}}$ 只占 x_j 谱全域中的一部分
(a)~(c) $\chi_{\mathrm{cJ}} \to \mathrm{K}^+\mathrm{K}^-\pi^+\pi^-$ 候选事例的不变质量 $M\left(\mathrm{K}^+\pi^-\right) - M\left(\mathrm{K}^-\pi^+\right)$ 散点图; (d) $M\left(\mathrm{K}^+\pi^-\right)$ 或 $M\left(\mathrm{K}^-\pi^+\right)$ 轴上的投影图 (局部)

我们需要确定的不变质量谱截断值标记为

$$\left[x^{\mathrm{cut}-l}, x^{\mathrm{cut}-h}\right] \equiv \left[x_0 - \Delta, x_0 + \Delta\right].$$

只保留该区域内的事例作为类信号事例进行进一步的分析. 量 Δ 需要用式 (2.2.17) 定义的信号显著性进行优化. 由于本底概率密度 p^{B} 为 L 中的均匀分布, 容易算出

$$\varepsilon_{\mathrm{SB}} = 2\Delta/L.$$

对于共振态不变质量谱的高斯近似, 有

$$\varepsilon_{\mathrm{SS}} = \int_{-a}^{a} G(0,1)\,\mathrm{d}y = \int_{-a}^{a} \frac{1}{\sqrt{2\pi}} \mathrm{e}^{-\frac{y^2}{2}}\,\mathrm{d}y = 2\varPhi(a) - 1, \tag{2.2.22}$$
$$y \equiv (x - x_0)/\sigma, \quad \Delta \equiv a\sigma.$$

对于共振态不变质量谱的 BW 函数近似, 则有

$$\varepsilon_{\mathrm{SS}} = \int_{-a}^{a} \mathrm{BW}(0,1)\,\mathrm{d}z = \int_{-a}^{a} \frac{1}{\pi}\frac{1}{1+z^2}\,\mathrm{d}z = \frac{2}{\pi}\arctan a, \tag{2.2.23}$$
$$z \equiv 2(x - x_0)/\Gamma, \quad \Delta \equiv a\Gamma/2.$$

当共振态不变质量谱为高斯近似时, 利用不变质量进行事例判选前的类信号事例数和类本底事例数为 $n_{\mathrm{S}} = 100, n_{\mathrm{B}} = 100$, 并且 $b \equiv L/\sigma = 20, 40, 100$, 则式 (2.2.17) 定义的信号显著性 S_{sig} 的相对值 $(S_{\mathrm{sig}}/S_{\mathrm{sig}}^{\max})$ 与 a 的关系曲线分别如图 2.5(a) 中的虚线、实线和点划线所示. 图 2.5(b) 则为 $n_{\mathrm{S}} = 100, n_{\mathrm{B}} = 2000$ 的关系曲线. 这里 $b \equiv L/\sigma$ 标志共振态宽度与不变质量谱全宽度的比例, 大的 b 值表示共振态宽度只占不变质量谱全宽度的一小部分. 由图可知, 对于共振态不变质量谱的高斯近似 (即不变质量谱宽度主要由探测器质量分辨决定) 的情形, 当不变质量谱内信号事例数 n_{S} 与本底事例数 n_{B} 相近时, $b \equiv L/\sigma$ 在相当大的范围内, Δ 取为 $(2-3)\sigma$ 都能达到几乎最优的信号显著性 S_{sig}; 而对于信号 n_{S} 远小于本底 n_{B} 的情形, Δ 取为 2σ 能达到最优的信号显著性 S_{sig}.

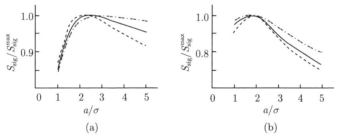

图 2.5　高斯不变质量谱情形下 $S_{\mathrm{sig}}/S_{\mathrm{sig}}^{\max}$ (纵坐标) 与 a/σ (横坐标) 的关系曲线

(a) $n_{\mathrm{S}} = 100, n_{\mathrm{B}} = 100$; (b) $n_{\mathrm{S}} = 100, n_{\mathrm{B}} = 2000$

当共振态不变质量谱为 BW 函数近似, 并且 $n_{\mathrm{S}} = 100, n_{\mathrm{B}} = 100$, $b \equiv L/\Gamma = 20, 40, 100$ 时, 信号显著性 S_{sig} 的相对值 $(S_{\mathrm{sig}}/S_{\mathrm{sig}}^{\max})$ 与 a 的关系曲线分别如图 2.6(a) 中的虚线、实线和点划线所示. 图 2.6(b) 则为 $n_{\mathrm{S}} = 100, n_{\mathrm{B}} = 2000$ 的关系曲线. 由图可知, 对于共振态不变质量谱的 BW 函数近似 (即不变质量谱宽度主要由共振态本征宽度决定) 的情形, 当不变质量谱内信号事例数 n_{S} 与本底事例数 n_{B} 相近时, 随着 $b \equiv L/\Gamma$ 的增大, 达到最优信号显著性 S_{sig} 的 Δ 值由 2Γ 逐渐增加到 3Γ; 而对于信号 n_{S} 远小于本底 n_{B} 的情形, Δ 取为 $(1-1.5)\Gamma$ 能达到最优的信号显著性 S_{sig}, 因为 Δ 取得过宽会增加类本底事例数 n_{B} 进入截断值区间 $[x^{\mathrm{cut}-l}, x^{\mathrm{cut}-h}] \equiv [x_0 - \Delta, x_0 + \Delta]$ 内的概率, 从而降低信号显著性.

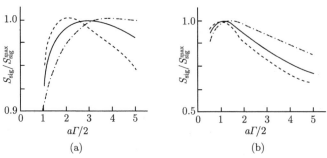

图 2.6　BW 不变质量谱情形下 $S_{\text{sig}}/S_{\text{sig}}^{\max}$ (纵坐标) 与 $a\Gamma/2$ (横坐标) 的关系曲线

(a) $n_{\text{S}} = 100,\ n_{\text{B}} = 100$; (b) $n_{\text{S}} = 100,\ n_{\text{B}} = 2000$

以上这些结论虽然是在本底概率密度 p^{B} 为 L 中的均匀分布的假设下导出的, 但只要 p^{B} 为 L 中的缓变、平滑函数, 这些结论是近似成立的.

考虑到 BW 函数的**半峰宽度** (FWHM) 等于 Γ, 高斯分布则有 FWHM=2.355σ, 对于达到最优信号显著性的截断值区间 $[x_0 - \Delta, x_0 + \Delta]$ 的区间宽度 2Δ, 可由表 2.2 查到. 对于不变质量谱需由共振态本征 BW 函数与高斯质量分辨函数卷积计算, 且 Γ 与 σ 相差不大的情形, 2Δ 可取表中高斯函数与 BW 函数对应区间的中间值. 利用半峰宽度表示的最优截断值区间的好处在于, 我们不必十分在意不变质量谱的函数形式 (高斯函数、BW 函数、高斯函数与 BW 函数的卷积、其他单峰函数), 只要是平滑的单峰函数, 都可以由表 2.2 根据它的半峰宽度 (由不变质量谱的图示可直接确定) 来确定截断值区间, 后者是最优截断值区间的好的近似.

表 2.2　达到最优信号显著性的截断值区间宽度 2Δ　　　　(单位: FWHM)

	高斯	BW
$n_{\text{S}} \sim n_{\text{B}}$	$1.7 \to 2.5$	$2 \to 3$
$n_{\text{S}} \ll n_{\text{B}}$	1.7	$1 \to 1.5$

注: n_{S}、n_{B} 表示应用本事例判选条件前的信号事例数和本底事例数, 高斯和 BW 表示不变质量谱的高斯近似和 BW 近似. $1.7 \to 2.5$ 表示 $b = L/\sigma$(高斯), L/Γ(BW)=(20→100) 时 2Δ 值的变化趋势. $L, \sigma, \Gamma, \Delta$ 的含义见正文.

3. 截断值判选法的优缺点及其改进

截断值判选法的显著优点是设计事例判选分类器十分简单. 从以上分类过程我们可以看到, 这种分类器设计最重要的问题是怎样将每个特征变量域划分为类信号区和类本底区, 或者说, 怎样确定截断值向量 $\boldsymbol{x}^{\text{cut}} = (x_1^{\text{cut}}, x_2^{\text{cut}}, \cdots, x_n^{\text{cut}})^{\text{T}}$. 只要有了足够数量的信号和本底事例的模拟样本集, 可以由上面所述的方法确定 x_j^{cut} 值. 其次, 分类器的设计有很大的灵活性, 只要 x_j^{cut} 值相同, x_j 出现的先后次序不同基本上不改变分类器的信号选择效率 ε_{SS}.

但截断值判选法的缺陷也很明显. 首先, 它实际上是一系列的单变量分析, 没有用到多个变量的组合信息, 所以还不是真正意义上的多元变量分析方法. 同时,

只要特征向量 $\boldsymbol{x} = (x_1, x_2, \cdots, x_n)^{\mathrm{T}}$ 的任一分量被归入类本底区, 该样本就被归类为类本底事例. 实际上被归入类本底区的样本其中有一部分可能是信号样本, 只不过需要通过其他几个变量或变量的组合才能判别出来. 所以截断值判选法不可能将需要变量组合才能判别出来的信号样本判定为类信号, 这就使得它的信号判选效率 $\varepsilon_{\mathrm{SS}}$ 往往是比较低的. 对于待分类样本集中信号样本数比例本来就比较小的情况, 这一缺陷尤其明显.

第二个缺点是对于选定的特征向量 $\boldsymbol{x} = (x_1, x_2, \cdots, x_n)^{\mathrm{T}}$, 要确定一组最优的截断值向量 $\boldsymbol{x}^{\mathrm{cut}} = (x_1^{\mathrm{cut}}, x_2^{\mathrm{cut}}, \cdots, x_n^{\mathrm{cut}})^{\mathrm{T}}$ 十分困难. 一个好的截断值判选法分类器, 其基本原则是一个待分类的样本集经过该分类器后, 在最后一个变量 x_n 的类信号区内的样本数 n_{t}(即分类器判别为类信号事例的样本数) 中, 能包含尽可能多的信号事例样本, 而本底事例样本数尽可能地少, 使得在这一区域内信号事例数对于本底事例数有比较高的信号显著性. 但是对于选定的特征向量 $\boldsymbol{x} = (x_1, x_2, \cdots, x_n)^{\mathrm{T}}$, 要确定一组最优的截断值向量 $\boldsymbol{x}^{\mathrm{cut}} = (x_1^{\mathrm{cut}}, x_2^{\mathrm{cut}}, \cdots, x_n^{\mathrm{cut}})^{\mathrm{T}}$ 使得信号显著性达到极大却十分困难. 原因在于在利用信号和本底事例的训练样本确定 x_j 的截断值 x_j^{cut} 时, 方便的做法是利用信号和本底样本的式 (2.2.15) 所示的 x_j 的边沿概率密度 $p_{j,\mathrm{mar}}$ 的差别来确定最优 x_j^{cut} 值 (例如使得由该 x_j^{cut} 值确定的类信号区内的信号显著性达到极大). 但在截断值判选法中, 实际上应该用信号和本底样本的 x_j 的条件概率密度

$$p_{j,\mathrm{con}}^{\mathrm{S/B}} = p^{\mathrm{S/B}}\left(x_j | x_1 \in S_1, \cdots, x_{j-1} \in S_{j-1}; x_{j+1}, \cdots, x_n \in (-\infty, +\infty)\right) \quad (2.2.24)$$

的差别来确定最佳 x_j^{cut} 值, 式中 $x_k \in S_k$ 表示 x_k 被归入类信号区. 所以用 $p_{j,\mathrm{mar}}$ 确定的 "最优截断值向量" 并不是真正意义上的最优截断值向量 $\boldsymbol{x}^{\mathrm{cut}}$.

第三个缺点是特征向量 $\boldsymbol{x}$ 的 n 个变量是否都需要用来作分类判别往往是不明确的, 可能其中的一些变量对于不同样本的分辨能力已被其他变量所覆盖, 因而是不必要的.

截断值判选法的以上缺点可以由以下途径进行改进.

1) 利用条件概率密度确定截断值向量 $\boldsymbol{x}^{\mathrm{cut}}$

如果已有足够数量的信号和本底事例的模拟样本集, 那么可以用来构建式 (2.2.24) 所示的信号和本底样本的 x_j 的条件概率密度 $p_{j,\mathrm{con}}^{\mathrm{S}}$ 和 $p_{j,\mathrm{con}}^{\mathrm{B}}$, 利用条件概率密度 $p_{j,\mathrm{con}}^{\mathrm{S}}$ 和 $p_{j,\mathrm{con}}^{\mathrm{B}}$ 的差别来确定截断值 x_j^{cut}. 在模拟样本集与实际数据样本集分布相近的条件下, 确定的截断值接近最优截断值向量 $\boldsymbol{x}^{\mathrm{cut}}$. 但在实际操作中逐级计算条件概率密度是相当麻烦或极为困难的.

2) 在某些节点对若干个特征变量用线性判别函数进行判别

截断值判选法的基本框架中, 每个节点仅用一个特征变量进行判别. 但这不是强制性的要求. 完全可以在任何一个节点, 对存在线性关联的若干个特征变量

利用线性判别方法 (参阅文献 [10] 第 3 章) 进行判别. 这在截断值判选法的架构中非常容易实现, 并且能有效地提高信号判选效率, 降低误判率.

3) 对样本数据 $x = (x_1, x_2, \cdots, x_n)^{\mathrm{T}}$ 首先进行主成分分析

如果对样本数据 $x = (x_1, x_2, \cdots, x_n)^{\mathrm{T}}$ 首先进行主成分分析 (参阅文献 [10] 第 1 章 1.4 节) 得到新特征向量数据 $y = (y_1, y_2, \cdots, y_n)^{\mathrm{T}}$, 然后用截断值判选法对新特征向量 y 进行类信号和类本底样本的分类, 则上面所述的这些缺陷在一定程度上能得到克服. 首先它利用了原特征线性组合的信息, 有效地提高了信号的选择效率. 其次, 由于各个 y_j 之间的线性相关系数为 0, 利用信号和本底事例的训练样本得到每个变量的近似边沿概率密度

$$p_{j,\mathrm{mar}} = p\left(y_j | y_1, \cdots, y_{j-1}, y_{j+1}, \cdots, y_n \in (-\infty, +\infty)\right)$$

来确定截断值向量 $y^{\mathrm{cut}} = (y_1^{\mathrm{cut}}, y_2^{\mathrm{cut}}, \cdots, y_n^{\mathrm{cut}})^{\mathrm{T}}$ 比较接近于最优的截断值向量. 最后, 如果最后几个主成分的方差贡献率足够小, 则我们可以作降维处理, 既减少了计算量, 又不降低分类器对信号和本底样本的判别能力. 对样本数据 $x = (x_1, x_2, \cdots, x_n)^{\mathrm{T}}$ 进行主成分分析并不需要各特征变量之间是否线性相关的知识, 因此在实际应用中比第二种方法更易于实现.

2.2.4　截断值判选法用于实验分析实例

作为一个例子, 我们简要地介绍 e^+e^- 对撞产生的末态事例中怎样利用截断值判选法判选出 $\psi(2S) \to p\bar{p}$ 信号事例 [24]. BES 合作组利用 e^+e^- 对撞在质心系能量 $E_{\mathrm{cm}} = 3.686\mathrm{GeV}$ 处产生了 1.4×10^7 个 $\psi(2S)$ 粒子, 由于 $\psi(2S)$ 衰变为 $p\bar{p}$ 信号事例的分支比 (即概率) 仅为 $(2.94 \pm 0.08) \times 10^{-4}$, 可见排除本底的要求十分高. 这种情况在粒子物理实验中是相当典型的. 显而易见, 如果要研究分支比更低的衰变过程, 排除本底的要求必定更为苛刻.

首先要选择适当的特征向量 $x = (x_1, x_2, \cdots, x_n)^{\mathrm{T}}$, 特征向量的每一个变量 x_j 都是实验的直接或间接测量值 (其中大多数特征变量的本征值都是随机变量), 而且具有区分信号和本底的能力. 根据 $\psi(2S) \to p\bar{p}$ 反应与其他本底事例的不同特性, 我们用来选择信号事例的事例判选规则用到了以下的变量.

1. 带电径迹数条件 $N_{\mathrm{C}} = 2$

带电径迹数条件 N_{C} 是北京谱仪子探测器主漂移室确定的特征量之一, 它表示主漂移室测到的带电径迹条数. 信号事例 $\psi(2S) \to p\bar{p}$ 末态只有 $p\bar{p}$ 两个带电粒子, 这一判选条件排除了所有末态带电粒子数不等于 2 的大量本底. 该条件在物理上不造成信号事例的效率损失, 但主漂移室的有效探测立体角约为 4π 立体角的 85%, 因此存在探测器的有效探测立体角导致的信号事例的效率损失. 凡满足本级判选条件的事例归入本级判选中的类信号事例 (下同, 不再重复).

2. 径迹飞行时间条件

对于每根径迹, 要求

$$|t_m - t_p| < |t_m - t_K|, |t_m - t_\pi|, |t_m - t_\mu|, |t_m - t_e|,$$

式中, t_m 是子探测器飞行时间计数器 (TOF) 测到的实际飞行时间, $t_i(i = p, K, \pi, \mu, e)$ 是假设径迹是粒子 i, 根据粒子的能量 (等于质心系能量的一半 1.843GeV)、对撞中心到 TOF 系统的飞行长度, 以及粒子 i 的质量计算出来的飞行时间. 显然, 如果是信号事例, $|t_m - t_p|$ 应该接近于 0, 且比其他几个时间差值要小. 因此该判选条件能够排除大量 $e^+e^-, \mu^+\mu^-, \pi^+\pi^-, K^+K^-$ 两体末态的本底事例, 而对信号事例的判选效率不造成物理上的损失. 但由于飞行时间计数器的有效探测立体角为 4π 的 76%, 因此存在探测器的有效探测立体角导致的信号事例的效率损失. $t_i(i = p, K, \pi, \mu, e)$ 的计算中需要用到径迹从对撞中心到击中 TOF 的飞行长度, 它是根据该径迹在主漂移室中的飞行轨迹推算出来的, 因此该判选条件实际上用到了两个特征变量, 即飞行时间和飞行长度.

3. 两径迹飞行时间差条件 $\Delta t < 4\text{ns}$

该条件用以排除宇宙线本底. $\Delta t = |t_+ - t_-|$ 表示 TOF 计数器测到的两根径迹的飞行时间之差, 所以该条件用到了 t_+、t_- 两个特征量. 对于 e^+e^- 对撞产生的两个动量相等的带电粒子以相反方向飞出的事例, $\Delta t = 0$; 对于穿过对撞中心的宇宙线事例, $\Delta t = 8\text{ns}$. 由于测量误差, 实际的 Δt 是以 0 和 $\pm 8\text{ns}$ 为中心值的分布, 如图 2.7 所示. 该条件几乎能排除所有的宇宙线本底, 对于信号事例的选择效率几乎没有损失.

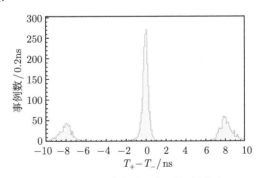

图 2.7 两带电径迹飞行时间差分布

Δt 在 0 的峰为候选信号事例, Δt 在 $\pm 8\text{ns}$ 的峰为宇宙线本底

4. 径迹背对背条件 $\theta < 5°$

信号事例 $\psi(2S) \to p\bar{p}$ 末态 $p\bar{p}$ 两个带电粒子以相反方向飞出, 因此物理上两条带电径迹间的夹角 θ 应为 0. θ 需要从两条径迹的方向参数求出, 所以该条件用

到了两组特征参数. 图 2.8 是 $\psi(2S) \to p\bar{p}$ 信号的蒙特卡罗模拟训练样本和本底的蒙特卡罗模拟训练样本 (信号事例数与本底事例数已经正确地归一化了, 即与真实数据中的比例一致) 的 θ 分布图. $\psi(2S) \to p\bar{p}$ 的 θ 大于 0 是带电径迹探测和重建导致的径迹方向误差以及粒子的多次库仑散射造成的方向误差. 区分信号和本底的阈值选为 5°. 该条件对信号事例的判选效率损失很小, 但排除了大量不满足背对背条件的两径迹末态本底事例.

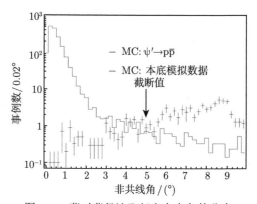

图 2.8　背对背径迹飞行方向夹角的分布

直方图代表 $\psi(2S) \to p\bar{p}$ 信号的 MC 模拟训练样本, 十字叉代表本底的 MC 模拟训练样本. 信号事例数与本底事例数已经正确地归一化. 注意 y 轴是对数坐标

经过以上判选条件, 实验数据样本中除信号事例外, 只余下少量下述的背对背两径迹本底事例:

$$e^+e^- \to e^+e^-, \mu^+\mu^-, \pi^+\pi^-, K^+K^-,$$
$$\psi(2S) \to e^+e^-, \mu^+\mu^-, \pi^+\pi^-, K^+K^-. \tag{2.2.25}$$

5. 带正电粒子沉积能量条件 $E_+ < 0.75\text{GeV}$

子探测器电磁量能器测量粒子在其中的沉积能量. 北京谱仪的电磁量能器测得的正负电子的沉积能量的中心值与其实际能量相近, 而测得的质子的沉积能量的中心值比它的实际能量小得多. 图 2.9 所示为带正电粒子沉积能量的分布, 其中直方图代表 $\psi(2S) \to p\bar{p}$ 信号的蒙特卡罗模拟训练样本中的 p 的沉积能量, 集中于低能端. 十字叉代表实验数据经过事例判选条件后选出的事例中带正电粒子的沉积能量, 其中低能端的分布来自于 $\psi(2S) \to p\bar{p}$ 信号事例的贡献, 所以与蒙特卡罗模拟的结果十分接近, 高能端的突起来自于本底事例 $e^+e^- \to e^+e^-$, $\psi(2S) \to e^+e^-$ 中的 e^+ 的沉积能量. e^+ 的实际能量等于或接近质心系能量 E_{cm}

的一半 1.843GeV, 由于电磁量能器的能量分辨较差 $(\Delta E/E = 0.22\big/\sqrt{E(\mathrm{GeV})})$, 所以形成以 1.843GeV 为中心的一个宽的分布. 判选条件 $E_+ < 0.75\mathrm{GeV}$ 可以排除 $\mathrm{e^+e^-} \to \mathrm{e^+e^-}$ 和 $\psi(2S) \to \mathrm{e^+e^-}$ 导致的本底, 而对信号事例的判选效率损失很小.

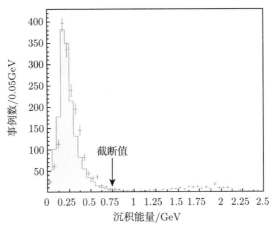

图 2.9　带正电粒子沉积能量的分布

直方图代表 $\psi(2S) \to \mathrm{p}\bar{\mathrm{p}}$ 信号的 MC 模拟训练样本经过事例判选条件选出的事例中 p 的沉积能量, 十字叉代表实验数据经过事例判选条件选出的事例中带正电粒子的沉积能量. 信号事例数与本底事例数已经正确地归一化

6. p$\bar{\mathrm{p}}$ 总能量判选条件

E_p 表示用带正电粒子动量和质子质量计算得到的能量值, $E_{\bar{\mathrm{p}}}$ 表示用带负电粒子动量和反质子质量计算得到的能量值. 对于信号事例 $\psi(2S) \to \mathrm{p}\bar{\mathrm{p}}$, $E_\mathrm{p}+E_{\bar{\mathrm{p}}}$ 应该与 $\psi(2S)$ 的质量值 (3.686GeV) 一致. 考虑到动量测量存在误差, 特征量 $|E_\mathrm{p} + E_{\bar{\mathrm{p}}} - 3.686|$ 应当与 0 相差不大. 而对于式 (2.2.25) 所示的本底事例, 因为用错误的粒子质量 (质子质量) 计算 E_p 和 $E_{\bar{\mathrm{p}}}$, 其能量和 $E_\mathrm{p} + E_{\bar{\mathrm{p}}}$ 与 $\psi(2S)$ 的质量值差别比较大. 图 2.10 表示了 $E_\mathrm{p} + E_{\bar{\mathrm{p}}}$ 的分布. 其中直方图代表 $\psi(2S) \to \mathrm{p}\bar{\mathrm{p}}$ 信号的蒙特卡罗模拟训练样本的分布, 阴影部分表示本底的蒙特卡罗模拟训练样本的分布. 十字叉代表实验数据的分布, 所有上述事例样本都经过事例判选条件选出. 可以看到实验数据的分布与信号加本底的蒙特卡罗模拟训练样本的分布比较接近, 但在高能量端, 实验数据的事例数比较多, 说明对于本底的蒙特卡罗模拟还有缺陷. 采用 $|E_\mathrm{p} + E_{\bar{\mathrm{p}}} - 3.686| < 0.13\mathrm{GeV}$ 的判选条件使得对于信号事例有较高的效率, 本底的蒙特卡罗模拟缺陷应当在结果的系统误差中加以考虑[①]. 该判选条

---

① 注: 根据 2.2.2 节的讨论可知, 实验数据与 MC 模拟的特征变量分布存在差异, 可能来源于信号过程和本底的 MC 模拟不精确、缺乏探测器电子学噪声和束流本底的模拟或模拟不精确. 因此更恰当的处理方法是对 MC 模拟中使用的各种理论模型及其参数进行细致的检查, 并按照现有的最新知识加以更新和调节, 使两者有更好的一致性. 这能够减少误差、提高测量精度, 但增加了分析的困难程度.

件用到了两个特征量 E_p 和 $E_\mathrm{\bar{p}}$.

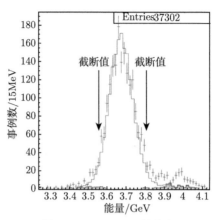

图 2.10　$E_\mathrm{p} + E_\mathrm{\bar{p}}$ 的分布

直方图代表 $\psi(2S) \to \mathrm{p\bar{p}}$ 信号的 MC 模拟训练样本的分布, 阴影部分表示本底的 MC 模拟训练样本事例的分布. 十字叉代表实验数据事例的分布. 所有上述事例样本都经过事例判选条件选出, 信号事例数与本底事例数已经正确地归一化

7. 带负电粒子动量判选条件

对于 $\psi(2S) \to \mathrm{p\bar{p}}$ 信号事例, 带负电粒子 (反质子) 的动量 $p_\mathrm{\bar{p}}$ 应为 1.586GeV. 而对于式 (2.2.25) 所示的本底事例, 因为 e、μ、π、K 的质量远远小于质子质量, 所以粒子动量高于 1.586GeV, 分别为 1.843GeV、1.840GeV、1.838GeV、1.775GeV. 所以用判选条件 $|p_\mathrm{\bar{p}} - 1.586| < 0.15\mathrm{GeV}$ 可以将信号和本底区分开来, 有高的信号判选效率和强的本底排除能力. 之所以有 0.15GeV 的宽容量是考虑到反质子在主漂移室中的能量损失和动量测定的不确定性.

实验数据样本经过以上事例判选条件后, 或者说经过上述判选条件构成的信号事例分类器, 得到的类信号事例的带正电粒子的动量分布如图 2.11 中数据点所示. 图中的直方图表示的是归一化的信号和本底的蒙特卡罗模拟训练样本的分布, 与实验数据的分布十分符合. 阴影部分是本底的蒙特卡罗模拟训练样本的分布, 它的事例数占所选出的全部事例的比例很小, 这一比例就是信号事例分类器的错误率, 或者用粒子物理的语言描述为本底事例污染率. 该信号事例分类器对于信号事例的选择效率为 $\varepsilon_\mathrm{SS} = 34.4\%$, 考虑到一部分效率是由于探测器的有限立体角损失掉的, 这一信号选择效率是相当高的. 如果把探测器的有限立体角损失考虑进去, 实际的信号选择效率达到 $\varepsilon'_\mathrm{SS} = 77.6\%$. 所选出的全部类信号事例数为 1656, 其中真实信号事例数为 1618, 本底事例数为 38, 所以本底污染率为 2.29%. 该信号事例分类器对于本底事例的选择效率仅为 $\varepsilon_\mathrm{SB} = 38/(14 \times 10^6) = 2.7 \times 10^{-6}$, 所以对于本底事例有很强的排除能力.

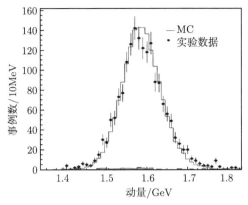

图 2.11 带正电粒子的动量分布

数据点代表实验数据事例的分布, 直方图代表 $\psi(2S) \to p\bar{p}$ 信号和本底的蒙特卡罗模拟训练样本的分布, 事例率很低的深色直方图表示本底的蒙特卡罗模拟训练样本事例的分布. 所有上述事例样本都经过事例判选条件选出, 信号事例数与本底事例数已经正确地归一化

　　从这一具体实例我们可以看到截断值判选法用于分类问题的一些特点. 首先, 每一级判选中用到的判别量往往有明确的物理含义. 我们对于信号和本底关于该变量的分布往往已经有先验知识, 知道这两者存在差异, 因而可以利用它鉴别信号和本底. 其次, 每一级判选中的判别量可以是一个变量, 或者是若干个变量的某种组合或函数, 后者对于信号和本底的鉴别有更强的能力, 这种做法实际上是对截断值判选法的一种简单而有效的改进, 有助于提高信号选择效率, 压制本底污染率. 再次, 每一级判选中判别量阈值的确定可以利用判别量的分布直观地加以确定, 如果信号和本底训练样本的分布相互重叠, 可用式 (2.2.17) 所示的信号显著性极大化加以确定. 而且信号和本底训练样本的分布相互离散的程度也反映了该判别量对于信号和本底判别能力的强弱. 再者, 对于分类器最终选出的类信号事例, 并不简单地都认定为信号事例, 而是利用训练样本确定其污染率后把其中的本底污染事例数加以扣除以进一步减小测量误差. 由于以上这些做法, 截断值判选法用于分类问题时, 不但具有简便, 物理图像明确的优点, 有时也能达到相当高的信号选择效率和本底排除能力.

2.2.5　候选信号事例分布的分析和拟合

　　利用事例判选分类器完成了事例判选之后, 全部事例被分类为类信号事例集和类本底事例集, 其中的类本底事例集被丢弃, 留下类 (或候选) 信号事例集进行进一步的分析处理, 即 2.2 节开始时提到的整个实验分析的第 (2) 阶段. 候选信号事例集又称为 (实验) 观测事例集, 其事例数 n^{obs} 称为 (实验) 观测事例数:

$$n^{\mathrm{obs}} = n_{\mathrm{S}}^{\mathrm{obs}} + n_{\mathrm{B}}^{\mathrm{obs}},$$

其中, n_S^{obs} 称为 (实验) 观测信号事例数; n_B^{obs} 称为 (实验) 观测本底事例数. 这些事例集都是实验中产生的所有事例经过实验数据的事例判选流程 (包括触发判选和数据在线获取、原始数据预处理 (即刻度和重建)、信号事例判选) 后获得的、关于待研究的信号过程的重要样本. 这里顺便提一下, 利用待研究的信号过程的事例产生子及其本底过程的 (单举) 事例产生子产生的 MC 模拟事例样本 (参见 2.2.2 节和 3.8 节的讨论), 经过探测器模拟以及与实验相同的事例判选流程后, 其对应的事例数 n_{MC}^{obs} 称为**模拟观测事例数**, $n_{S,MC}^{obs}$ 称为**模拟观测信号事例数**, $n_{B,MC}^{obs}$ 称为**模拟观测本底事例数**. 以上这些事例及对应的事例集在此后的分析拟合阶段和系统误差估计阶段中会用到.

需要强调指出, 所有的候选信号事例都落在一个被称为**类信号区**的超长方体内, 每个特征变量 x_j 都落入相应的类信号区内, 即类信号区超长方体为 $\boldsymbol{x}^{cut} = (x_1^{cut}, x_2^{cut}, \cdots, x_n^{cut})^T$, $x_j^{cut} \in \left[x_j^{cut-l}, x_j^{cut-h}\right]$.

本阶段的目标是, 通过候选信号事例集的某些特征变量分布的分析和拟合, 将误判的本底事例的污染剔除出去, 求得信号事例的数量及与待测参数直接相关的特征变量的分布和大小, 由此导出待测参数的估计及其统计误差.

根据 1.4 节的讨论, 对于不稳定粒子的衰变和粒子反应过程而言, 在一定的时间和空间间隔内, 探测器测量到的衰变和反应事例数是一个泊松分布的变量. 事例判选流程仅仅改变了时间和/或空间间隔的大小, 并没有破坏泊松假设的三个条件, 故经事例判选后获得的候选信号事例数 n^{obs} 依然是一个泊松变量. 通过特征变量分布的分析和拟合求的信号事例数 n_S^{obs} 和本底事例数 n_B^{obs} 也是泊松变量. 这意味着, 实验在相同条件下重复多次, 所得到的 n^{obs}、n_S^{obs} 和 n_B^{obs} 值会有所不同而形成各自的分布, 任何一次特定实验的观测数值仅仅是泊松随机变量总体的一个样本值, 需要根据泊松分布的性质导出其期望值再给出实验结果. 这一点有时会被某些实验分析者忽略, 将一次实验测得的 n^{obs}、n_S^{obs} 和 n_B^{obs} 这些数值直接作为它们的期望值使用, 使得实验结果出现不应有的偏差.

候选信号事例特征变量分布的分析和拟合显然依赖于实验所研究的具体过程和待测量的参数. 我们来讨论两类测量问题, 一类是实验结果主要取决于实验观测信号事例总数 n_S^{obs} 的期望值 n_S, 另一类是实验结果主要依赖于信号事例的某一特征变量的分布和大小.

1. 实验结果取决于观测信号事例数

粒子反应截面和共振态衰变分支比测量都属于这种情形. 例如在 e^+e^- 对撞物理中, 反应 $e^+e^- \to f$ 的玻恩截面 $\sigma_B(s)$ 由下式确定:

$$\sigma_B(s) = \frac{n_{e^+e^- \to f}(s)}{L_{int}(s)\,\varepsilon(s)\,(1 + \delta(s))}, \tag{2.2.26}$$

式中, s 是 e^+e^- 质心系能量平方; f 表示反应末态; $n_{e^+e^-\to f}$ 是观测到的 $e^+e^- \to f$ 反应事例数 $n_{e^+e^-\to f}^{obs}$ 的期望值; L_{int} 是实验期间的对撞机积分亮度; ε 是探测装置对 $e^+e^- \to f$ 信号事例的探测效率 (信号事例探测效率的定义见式 (3.1.5)); δ 是辐射修正因子 (我们将真空极化效应一并考虑在内).

共振态 R 衰变为 f 末态的分支比则由下式确定:

$$B_{R\to f} = \frac{n_{R\to f}}{N_R \varepsilon}, \tag{2.2.27}$$

式中, f 表示衰变末态; N_R 是实验期间产生的共振态 R 的粒子数; $n_{R\to f}$ 是反应 $R \to f$ 观测信号事例数 $n_{R\to f}^{obs}$ 的期望值; ε 是探测装置对 $R \to f$ 事例的信号探测效率. 由上面两个公式可知, 粒子反应截面和共振态衰变分支比测量都涉及观测信号事例数期望值的确定.

这里我们需要特别注意粒子物理实验的一个极为重要但有可能被忽视的特点, 粒子物理中物理规律描述的往往是随机过程的平均行为, 因此表述这些规律的公式中的量往往是随机变量的期望值. 以不稳定粒子的衰变分支比为例, 设一种特定粒子有多种衰变末态, 但一次特定的衰变只能衰变为其中的一种末态; 只有统计这种粒子的大量衰变的不同末态的出现频率, 按照频率的期望值才能给定不同末态的分支比. 可见衰变分支比表征的是不稳定粒子衰变的平均行为. 表征随机变量平均行为的特征量是其分布的期望值. 前面我们提到, 经过特征变量分布的分析和拟合求得的信号事例数 n_S^{obs}(本例中的 $n_{e^+e^-\to f}^{obs}$ 和 $n_{R\to f}^{obs}$) 依然是泊松变量, 因此需要根据泊松分布的性质导出其期望值再给出实验结果. 所以式 (2.2.26) 和式 (2.2.27) 中的 $n_{R\to f}$ 和 $n_{e^+e^-\to f}$ 都是它们的期望值.

我们以共振态衰变分支比的测量为例来进行讨论. BES 合作组利用 1.4×10^7 个 ψ' 事例测量 $\psi' \to \eta J/\psi$ 的分支比 [25], 测量的衰变末态是 $\gamma\gamma e^+e^-$ 和 $\gamma\gamma\mu^+\mu^-$. 经过事例判选 (其中包括要求轻子对不变质量约束到 J/ψ 粒子的质量) 之后, 候选信号事例的特征量——两光子不变质量 $M_{\gamma\gamma}$ 的分布如图 2.12 所示.

图中可以明显地看到 548MeV 处的峰对应于 $\eta J/\psi$ 信号, 以及峰下平滑曲线对应的本底. 对于衰变末态中包含短寿命共振态 (这里是 η), 然后迅速衰变为子粒子 (这里是两个 γ 光子) 的情形, 在共振态子粒子不变质量 (这里是 $M_{\gamma\gamma}$) 的**实验分布**谱上, 信号事例形成峰型堆积是一种普遍的形态 (实验分布的概念参见 3.4 节). 所以对于衰变末态中包含短寿命共振态的信号, 通常用子粒子不变质量的实验分布谱来进行候选信号事例的分析、拟合. 粒子不变质量被用作**拟合变量**, 利用特定的模型来拟合信号分布和本底分布的拟合变量的区间称为**拟合区间**. 拟合区间可以是拟合变量的类信号区, 也可以取得比类信号区窄, 这要根据具体问题具体确定.

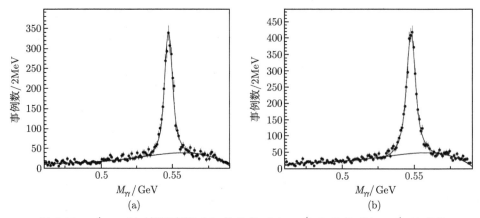

图 2.12　$\psi' \to \eta J/\psi$ 候选事例 $M_{\gamma\gamma}$ 的分布. (a) $\gamma\gamma e^+ e^-$ 末态; (b) $\gamma\gamma\mu^+\mu^-$ 末态

过程 $\psi' \to X$ 的分支比由下式确定:

$$B\left(\psi' \to X\right) = \frac{n_S\left[\psi' \to X \to Y\right]}{N_{\psi'} \cdot Br\left(X \to Y\right) \cdot \varepsilon\left[\psi' \to X \to Y\right]} \equiv \frac{n_S}{N_R \cdot Br \cdot \varepsilon}, \qquad (2.2.28)$$

这里, X 代表信号 $\eta J/\psi$; Y 代表所测量的末态 $\gamma\gamma e^+ e^-$ 和 $\gamma\gamma\mu^+\mu^-$. $Br\left(X \to Y\right)$ 代表 $\eta J/\psi \to \gamma\gamma e^+ e^-, \gamma\gamma\mu^+\mu^-$ 的衰变分支比, 可由粒子数据表 [1] 查出. $\varepsilon\left[\psi' \to X \to Y\right]$ 是谱仪对于信号事例 $\psi' \to \eta J/\psi \to \gamma\gamma e^+ e^-, \gamma\gamma\mu^+\mu^-$ 的探测效率, 利用信号事例的 MC 模拟数据通过同样的事例判选流程可以得到 ε 的值. ψ' 粒子总数 $N_{\psi'}$ 利用 ψ' 粒子单举强子末态的研究加以确定 [26]. n_S 是拟合区间内的信号事例数 n_S^{obs} 的期望值.

为了求得信号事例数期望值 n_S, 注意到信号事例数 n_S^{obs} 的泊松分布性质, 需要利用**扩展极大似然法** (extended maximum likelihood) 对 $M_{\gamma\gamma}$ 数据集进行拟合分析 (参见 4.3.3 节关于扩展极大似然法的讨论). 拟合区间 $[L, H]$ 内拟合变量 $M_{\gamma\gamma}$ **实验分布**的概率密度 $f\left(M_{\gamma\gamma}\right)$ 使用的理论模型是如下的**实验分布函数** (参见 3.10.1 节的讨论):

$$f\left(M_{\gamma\gamma}, \boldsymbol{\theta}\right) = w_S f_S\left(M_{\gamma\gamma}, \boldsymbol{\theta}_S\right) + \left(1 - w_S\right) f_B\left(M_{\gamma\gamma}, \boldsymbol{\theta}_B\right), \qquad (2.2.29)$$

其中 $\boldsymbol{\theta} = [n_S, w_S, \boldsymbol{\theta}_S, \boldsymbol{\theta}_B]$, w_S 是拟合区间内信号事例数期望值 n_S 占总事例数期望值 n 的比例; $n_S = w_S n$, $f_S\left(M_{\gamma\gamma}, \boldsymbol{\theta}_S\right)$ 和 $f_B\left(M_{\gamma\gamma}, \boldsymbol{\theta}_B\right)$ 分别是描述拟合区间 $[L, H]$ 内信号和本底的 $M_{\gamma\gamma}$ 分布的概率密度函数. $f_S\left(M_{\gamma\gamma}, \boldsymbol{\theta}_S\right)$ 和 $f_B\left(M_{\gamma\gamma}, \boldsymbol{\theta}_B\right)$ 的函数形式必须已知, $\boldsymbol{\theta}_S$、$\boldsymbol{\theta}_B$ 则可以是待估计的参数. 如果探测效率 ε 在拟合区间内为常数, $f_S\left(M_{\gamma\gamma}\right)$ 可以表述为描述共振态本征质量分布 $M'_{\gamma\gamma}$ 的归一化 $BW\left(M'_{\gamma\gamma}\right)$ 函数与探测器对于本征质量 $M'_{\gamma\gamma}$ 的质量分辨函数 $r\left(M'_{\gamma\gamma}, M_{\gamma\gamma}\right)$ 的卷积. 对于窄共

振态信号, 如图 2.12 所示, 共振态 η 的半高宽 $\Gamma = 1.31\text{keV}$ 比实验分辨函数的半高宽 (约 7MeV) 小 3 个量级, BW $(M'_{\gamma\gamma})$ 函数可近似为 δ 函数, 于是 $f_S(M_{\gamma\gamma})$ 有如下形式 (参见式 (3.10.5)):

$$f_S(M_{\gamma\gamma}) \cong \frac{r(m_\eta, M_{\gamma\gamma})}{\int_L^H r(m_\eta, M_{\gamma\gamma})\,\mathrm{d}M_{\gamma\gamma}}. \tag{2.2.30}$$

式中, m_η 是共振态 η 的本征质量中心值; $r(m_\eta, M_{\gamma\gamma})$ 是探测器对于 m_η 的质量分辨函数. 由 3.4.2 节和 3.10.1 节的讨论可知, 对于信号事例 $\psi' \to \eta\text{J}/\psi$, 其概率密度函数 $f_S(M_{\gamma\gamma})$ 的分布形式可以相当精确地确定. 本底来自于 $\psi' \to \eta\text{J}/\psi$ 之外的一切过程的污染, 利用相应的 MC 模拟数据通过同样的事例判选可以获得 $f_B(M_{\gamma\gamma})$ 的分布. 另一种途径是图 2.12 中远离共振峰的两侧 "边带区" 的 $M_{\gamma\gamma}$ 数据集直接拟合出 $f_B(M_{\gamma\gamma})$ 的**分布参数** θ_B(分布参数的概念见 3.1.1 节). 与 $f_S(M_{\gamma\gamma})$ 相比, $f_B(M_{\gamma\gamma})$ 分布的不确定性要大得多. 在高能物理实验中, 对于信号事例, 其拟合变量的分布性质一般有精确的理论描述或预期, 而本底来自于除信号事例之外的一切可能的过程, 其拟合变量的分布性质的精确描述极为困难, 所以描述本底的分布性质的模型有较大的不确定性, 这种情形在高能物理实验中具有普遍性.

对于实验测定的拟合变量数据集为散点图数据的情形, 观测值样本 $M_{\gamma\gamma-i}(i = 1, \cdots, n^{\text{obs}})$ 的联合概率密度, 即**扩展似然函数** (extended maximum likelihood function) 的对数可表示为

$$\ln L(\boldsymbol{\theta}) = -\frac{n_S(\boldsymbol{\theta})}{w_S} + \sum_{i=1}^{n^{\text{obs}}} \ln\left[\frac{n_S(\boldsymbol{\theta})}{w_S} \cdot f(M_{\gamma\gamma-i}, \boldsymbol{\theta})\right], \tag{2.2.31}$$

其中 $\boldsymbol{\theta} = [n_S, w_S, \boldsymbol{\theta}_S, \boldsymbol{\theta}_B]$, $\boldsymbol{\theta}_S = m_\eta$.

对于 $M_{\gamma\gamma}$ 数据集为直方图数据的情形, 拟合区间内总事例数为 n^{obs}, 其期望值为 n, 直方图子区间数为 J, 子区间 $j(j = 1, \cdots, J)$ 中的观测事例数为 n_j^{obs}. 不考虑与待拟合参数 $\boldsymbol{\theta}$ 无关的项, 扩展似然函数的对数可表示为

$$\ln L(\boldsymbol{\theta}) = \sum_{j=1}^{J} n_j^{\text{obs}} \ln n_j - \frac{n_S(\boldsymbol{\theta})}{w_S}, \tag{2.2.32}$$

其中

$$n_j = \frac{n_S(\boldsymbol{\theta})}{w_S} \int_{\Delta M_{\gamma\gamma-j}} f(M_{\gamma\gamma}, \boldsymbol{\theta})\mathrm{d}M_{\gamma\gamma}, \qquad \frac{n_S(\boldsymbol{\theta})}{w_S} = \sum_{j=1}^{J} n_j ,$$

n_j 是 n_j^{obs} 的期望值.

利用最优化的计算机程序对似然函数求极大可得到参数 $\boldsymbol{\theta}$(包括 n_S) 的估计值及其**拟合误差** (fitting error), 利用式 (3.1.4) 可求得 n_S 的统计误差 (参见 3.1.2 节的讨论), 代入式 (2.2.28) 即求得分支比 B 及其统计误差.

2. 实验结果取决于信号事例特征量的分布

许多粒子反应或粒子衰变的参数直接依赖于特定物理量的分布特性. 以衰变 $J/\psi \to \Lambda\overline{\Lambda}$ 为例, 其末态 $\Lambda\overline{\Lambda}$ 本征角分布 $\cos\theta_0$ 的理论表式为

$$\frac{\mathrm{d}N}{\mathrm{d}\cos\theta_0} = N_0 \left(1 + \alpha\cos^2\theta_0\right), \tag{2.2.33a}$$

式中, N_0 是 J/ψ 粒子个数. 需要注意的是, 实验数据给定的是 $\cos\theta$ 分布, 即 $\cos\theta_0$ 的实验分布, 其中包含了探测器对于 $\cos\theta_0$ 的实验分辨函数和探测效率对于 $\cos\theta_0$ 分布的畸变. 如果以 $\cos\theta$ 作为拟合变量, 则实验数据的拟合模型应为

$$\frac{\mathrm{d}N}{\mathrm{d}\cos\theta} = N_0 \left(1 + \alpha \cdot e_c^2 \cdot \cos^2\theta\right), \tag{2.2.33b}$$

式中, e_c 是 $\cos\theta$ 分布对于 $\cos\theta_0$ 分布的修正因子, 是 $\cos\theta$ 的函数. $e_c(\cos\theta)$ 可以利用 MC 模拟计算得到. 利用角分布参数 α 为已知值的 $J/\psi \to \Lambda\overline{\Lambda}$ 产生子产生大量事例获得式 (2.2.33a) 所示的 $\cos\theta_0$ 本征角分布, 这些事例经过探测器模拟和信号事例判选流程后即获得实验数据, 由此即得到式 (2.2.33b) 所示的 $\cos\theta$ 角分布, 对比这两个分布可得修正因子 $e_c(\cos\theta)$. 因此将 $J/\psi \to \Lambda\overline{\Lambda}$ 信号事例的 $\cos\theta$ 实验数据集用式 (2.2.33b) 理论模型拟合, 即可求得参数 α 及其统计误差.

图 2.13 是 BES 合作组利用 $5.8 \times 10^7 J/\psi$ 粒子衰变经过特征变量截断值判选后得到的 $J/\psi \to \Lambda\overline{\Lambda}$ 候选事例的 $\cos\theta$ 分布 (已经过探测效率修正, 即图中的事例数相当于探测效率等于 100%)[27]. 需要指出的是, 在 $J/\psi \to \Lambda\overline{\Lambda}$ 候选事例中是混有其他过程本底的, 这些本底事例的 $\cos\theta$ 分布可以用相应的 MC 模拟数据通过同样的分析流程加以扣除.

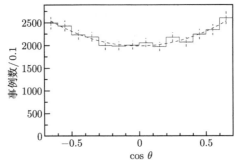

图 2.13　$J/\psi \to \Lambda\overline{\Lambda}$ 候选事例的 $\cos\theta$ 分布. 数据点直方图是观测数据及误差, 曲线是拟合值

由以上讨论可见, 对于两类测量问题 (一类是实验结果取决于观测信号事例数, 另一类是实验结果依赖于信号事例的某一特征变量的分布), 都需要对判选后的候选信号事例特定的特征变量 (即拟合变量) 的分布进行拟合, 扣除其中的本底贡献, 求出信号的分布, 从而求得待测参数值及其统计误差.

通常应用的拟合方法是极大似然法 (逐事例拟合和直方图拟合) 和最小二乘法 (参见文献 [9] 第 8、9 章和本书 4.3、4.4 节). 最小二乘法要求将事例合并到若干子区间中, 导致事例信息的部分损失, 而且要求每个子区间中的事例数服从正态分布, 这在许多情形下并不是一个好的近似. 因此, 只要条件允许 (即能够知道拟合变量的概率密度的形式, 可以包含待定参数), 应当利用极大似然拟合, 特别是逐事例的极大似然拟合 (避免将事例合并到若干子区间这一要求所导致的信息损失). 对于观测事例数服从泊松分布的随机变量的情形, 则需要利用扩展极大似然拟合, 这样得出的结果才具有正确的统计意义.

候选信号事例集的特征变量分布的分析和拟合的进一步讨论, 特别是多维分布的分析、拟合问题的讨论参见 3.10 节.

2.2.6 系统误差分析

待测物理量实验测量结果的系统误差分析属于整个实验分析流程的第 3 阶段, 系统误差的确定依赖于实验所研究的具体过程和待测量的物理量. 关于系统误差的一般性讨论参见 3.1 节.

1. 实验结果取决于观测信号事例数

对于粒子反应截面和共振态衰变分支比的测量, 实验结果取决于观测信号事例总数 (期望值). 物理结果的系统误差由完整的分析流程中可导致物理结果产生误差的各种因素所决定.

以共振态衰变 $\psi' \to X$ 分支比的测量为例来说明. 待测物理量是分支比 B 及其误差, 因此根据式 (2.2.28), 实验最感兴趣的是求得信号事例数期望值 n_S 这一参数及其误差的数值. 误差包含统计误差和系统误差两部分 (参见 3.1 节). 为了获得这些参数, 需要利用其他参数 (比如本例中的 θ_S、θ_B) 的知识并参与拟合变量 $M_{\gamma\gamma}$ 的实验数据与其理论模型之间的拟合. 除实验最感兴趣的参数之外需要用到的所有其他参数 (包括它们的分布特征) 都称为**冗余参数**. 冗余参数的误差也会对主要感兴趣的待测参数的总误差有贡献. θ_S、θ_B 也是冗余参数, 而且具有不确定性, 因为拟合变量 $M_{\gamma\gamma}$ 实验分布的概率密度 $f(M_{\gamma\gamma})$ 使用的理论模型与其真实分布可能存在差异, 由此导致 n_S 的拟合值与其真值的差异需计入待测参数的系统误差. 此外, 在分支比 B 计算式 (2.2.28) 中, 参数 N_R、Br 和 ε 都取为固定常数, 实际上它们都有自身的误差 (不确定性), 从而影响分支比 B 的总误差, 因而也是冗余参数, 它们的贡献也需计入 B 的系统误差之内. 这些参数并不参与拟合变量

$M_{\gamma\gamma}$ 的实验数据与其理论模型之间的拟合, 它们需要通过其他辅助测量或查阅粒子数据表获得, 称为**输入参数**.

由式 (2.2.28) 可知, $N_{\psi'}$、$Br(\mathrm{X} \to \mathrm{Y})$、$\varepsilon[\psi' \to \mathrm{X} \to \mathrm{Y}]$ 的误差都构成待测分支比 $B(\psi' \to \mathrm{X})$ 的系统误差. 需要特别指出, 拟合得到的 n_{S} 值是一个常数, 需要考虑它的系统误差对分支比系统误差的贡献. 此外, 还应考虑实验数据经过事例分析流程后求得的待测参数值与其真值可能存在系统性的偏差. 所以, 共振态衰变分支比的系统误差需要考虑的因素包括

- 共振态 ψ' 粒子数 $N_{\psi'}$ 的总误差 $\sigma_{N_{\psi'}}$;
- 计算中用到的次级衰变分支比 $Br(\mathrm{X} \to \mathrm{Y})$ 的总误差 σ_{Br};
- 信号事例探测效率的总误差 σ_{ε};
- 描述信号和本底概率密度的理论模型函数 $f_{\mathrm{S}}(u, \boldsymbol{\theta}_{\mathrm{S}})$ 和 $f_{\mathrm{B}}(u, \boldsymbol{\theta}_{\mathrm{B}})$(括号中的 u 代表拟合变量) 的不确定性导致的 n_{S} 的系统误差 $\sigma_{n_{\mathrm{S}},\mathrm{sys}}$;
- 分析流程的输入/输出 (相对) 误差 $\sigma_{\mathrm{in/out}}^{\mathrm{rel}}$.

于是, 由式 (2.2.28) 和误差传播公式可知, 分支比 $B(\psi' \to \mathrm{X})$ 的系统误差可表示为

$$\frac{\sigma_{\mathrm{B},\mathrm{sys}}^2}{B^2} = \frac{\sigma_{N_{\psi'}}^2}{N_{\psi'}^2} + \frac{\sigma_{Br}^2}{Br^2} + \frac{\sigma_{\varepsilon}^2}{\varepsilon^2} + \frac{\sigma_{n_{\mathrm{S}},\mathrm{sys}}^2}{n_{\mathrm{S}}^2} + \left(\sigma_{\mathrm{in/out}}^{\mathrm{rel}}\right)^2. \tag{2.2.34}$$

该表式中假定 N_{ψ}'、$Br(\mathrm{X} \to \mathrm{Y})$、$\varepsilon[\psi' \to \mathrm{X} \to \mathrm{Y}]$、$n_{\mathrm{S}}$ 的确定是相互独立的; 如果存在关联性, 则应当加上相应的关联项. 一般而言, 导致系统误差的这些因素基本互不关联, 或关联很弱 (见 3.1.4 节的讨论), 故式 (2.2.34) 估计得到的系统误差是相当好的近似.

现在讨论如何确定 n_{S} 的系统误差 $\sigma_{n_{\mathrm{S}},\mathrm{sys}}$, 其他各项误差的确定参见 3.1.2 节的阐述. 可以认为 $\sigma_{n_{\mathrm{S}},\mathrm{sys}}$ 来源于式 (2.2.29) 拟合变量实验分布

$$f(u, \boldsymbol{\theta}) = w_{\mathrm{S}} f_{\mathrm{S}}(u, \boldsymbol{\theta}_{\mathrm{S}}) + (1 - w_{\mathrm{S}}) f_{\mathrm{B}}(u, \boldsymbol{\theta}_{\mathrm{B}})$$

中描述信号和本底概率密度所使用的理论模型函数 $f_{\mathrm{S}}(u, \boldsymbol{\theta}_{\mathrm{S}})$ 和 $f_{\mathrm{B}}(u, \boldsymbol{\theta}_{\mathrm{B}})$ 与其真实分布之间的差异, 所以 $f_{\mathrm{S}}(u, \boldsymbol{\theta}_{\mathrm{S}})$ 和 $f_{\mathrm{B}}(u, \boldsymbol{\theta}_{\mathrm{B}})$ 可能需要不同形式的函数来测试其准确性. 对于两种情形分别按下述方式处理.

方式一: 固定 $f_{\mathrm{S}}(u, \boldsymbol{\theta}_{\mathrm{S}})$ 的函数形式, $f_{\mathrm{B}}(u, \boldsymbol{\theta}_{\mathrm{B}})$ 采用多种不同的理论模型

如 2.2.5 节所述, 如果所研究的物理过程已有理论公式的精确描述和大量实验的精确测定 (例如 $\psi' \to \eta \mathrm{J}/\psi$ 衰变), 则其信号事例概率密度函数 $f_{\mathrm{S}}(u)$ 的分布形式可以相当精确地确定. 而本底来自于除信号事例之外的一切可能的过程, 其拟合变量 $f_{\mathrm{B}}(u)$ 的分布性质的精确描述极为困难, 所以描述 $f_{\mathrm{B}}(u)$ 的模型有较大的不确定性. 于是 $f_{\mathrm{S}}(u)$ 可以固定, $f_{\mathrm{B}}(u)$ 可以选择 K 种形式 $f_{\mathrm{B}}^{(1,\cdots,K)}(u)$.

利用 K 种组合 $(f_S(u), f_B^{(1,\cdots,K)}(u))$ 构成 K 个拟合变量实验分布函数理论模型 $f^{(1,\cdots,K)}(u)$ 与拟合变量 u 的数据集进行拟合, 得到 n_S 的 K 个数值. 利用皮尔逊 χ^2 检验进行拟合优度检验求得 K 个 χ^2 值, 将其中 χ^2 值最小的理论模型 $f^{(j)}(u)$ 对应的 n_S 表示为 $n_S^{(0)}$, 并认定为信号事例数期望值的解值, 其余 $K-1$ 种组合构成拟合变量实验分布函数理论模型与拟合变量 u 的数据集进行拟合, 得到 n_S 的 $K-1$ 个数值 $n_S^{(1,2,\cdots,K-1)}$, n_S 的系统误差 $\sigma_{n_S,\text{sys}}$ 可用下式估计:

$$\sigma_{n_S,\text{sys}} = \frac{\sum_{i=1}^{K-1}\left|n_S^{(i)} - n_S^{(0)}\right|}{K-1}. \tag{2.2.35}$$

例如, 对于 $K=2$ 的情形 ($f_B(u)$ 有两种理论模型), $\sigma_{n_S,\text{sys}} = \left|n_S^{(1)} - n_S^{(0)}\right|$.

方式二: $f_S(u,\boldsymbol{\theta}_S)$ 和 $f_B(u,\boldsymbol{\theta}_B)$ 均采用多种不同的理论模型

如果所研究的物理过程是否存在尚属未知或者了解甚少, 因而没有理论公式的精确描述, 则 $f_S(u,\boldsymbol{\theta}_S)$ 和 $f_B(u,\boldsymbol{\theta}_B)$ 均需采用不同的理论模型进行尝试. 例如寻找新粒子的实验就属于这种情形. 假定有两种信号和本底的理论模型函数 $f_S^{(1,2)}(u)$ 和 $f_B^{(1,2)}(u)$, 则需要用 4 种组合 $\left(f_S^{(1)}, f_B^{(1)}\right)$, $\left(f_S^{(1)}, f_B^{(2)}\right)$, $\left(f_S^{(2)}, f_B^{(1)}\right)$, $\left(f_S^{(2)}, f_B^{(2)}\right)$ 构成的 $f(u)$ 与拟合变量 u 的数据集进行拟合, 从而求得 n_S 的 $K=4$ 个数值. 这种情形下, 信号事例期望值 n_S 及其系统误差 $\sigma_{n_S,\text{sys}}$ 的求解与方式一相同, 且适用于 K 为大于等于 2 的正整数的所有场合.

以上关于 n_S 的系统误差 $\sigma_{n_S,\text{sys}}$ 的确定方法同样适用于 $\boldsymbol{\theta} = [n_S, w_S, \boldsymbol{\theta}_S, \boldsymbol{\theta}_B]$ 的其他分量 θ_i 的系统误差 $\sigma_{\theta_i,\text{sys}}$ 的确定.

由式 (2.2.26) 和式 (2.2.27) 的比较可知, 反应 $e^+e^- \to f$ 的玻恩截面的系统误差可表示为

$$\frac{\sigma_{\sigma_{B,\text{sys}}}^2}{\sigma_B^2} = \frac{\sigma_{L_{\text{int}}}^2}{L_{\text{int}}^2} + \frac{\sigma_\varepsilon^2}{\varepsilon^2} + \frac{\sigma_{n_S,\text{sys}}^2}{n_S^2} + \left(\sigma_{\text{rad}}^{\text{rel}}\right)^2 + \left(\sigma_{\text{in/out}}^{\text{rel}}\right)^2, \tag{2.2.36}$$

式中, L_{int} 是对撞机积分亮度; ε 是探测器对 $e^+e^- \to f$ 事例的探测效率; n_S 为信号事例数期望值; $\sigma_{n_S,\text{sys}}$ 表示 n_S 估计值的系统误差; $\sigma_{\text{in/out}}^{\text{rel}}$ 是分析流程的输入/输出 (相对) 误差; $\sigma_{\text{rad}}^{\text{rel}}$ 是辐射修正因子 (包括真空极化)$1+\delta$ 的 (相对) 误差.

由以上讨论可知, 除了分析流程的输入/输出 (相对) 误差之外, 待测物理量的系统误差与其计算公式用到的所有冗余参数的不确定性紧密相关. 这种根据冗余参数的不确定性估计系统误差的方法, 在实验分析中经常使用.

2. 实验结果取决于信号事例特征量的分布

许多粒子反应或粒子衰变的参数直接依赖于特定物理量 (拟合变量) 的分布特性, 例如衰变 $J/\psi \to \Lambda\overline{\Lambda}$ 末态角分布参数 α 需由 $J/\psi \to \Lambda\overline{\Lambda}$ 信号事例的特征变量 (拟合变量)$\cos\theta$ 的数据集与其实验分布函数的拟合求得 (参见式 (2.2.33b)). 由于拟合变量的数据集中包含了信号事例的统计涨落, 所以数据集对于理论模型 (实验分布函数) 的拟合中所求参数 α 的拟合误差就反映了参数 α 的统计误差. 除此之外, 凡是在事例分析流程中导致实验分布函数发生变化的一切因素都是系统误差的来源. 所以, 我们在分支比或截面测量中所需考虑的系统误差来源在这里也都需要考虑到, 因为它们都会导致实验分布函数发生变化. 当然, 如果某些因素的贡献比其他因素的贡献呈量级的小, 则可以忽略.

与实验结果取决于观测到的信号事例总数的系统误差确定相比, 这里系统误差的确定更麻烦一些. 首先要确定某一因素的不确定性造成的拟合变量实验分布函数的变化, 然后将拟合变量数据集对变化了的实验分布函数重新拟合, 找出与参数的原拟合值的差别, 该差值即是该因素对于参数的系统误差的贡献.

第 3 章　高能物理实验分析的一些要素

第 2 章中我们概略地描述了高能物理实验分析的一般步骤, 介绍了选择信号事例的一种常用而简单的方法——截断值判选法, 并将它应用于粒子物理实验的数据分析. 在本章中, 我们将对粒子物理实验分析的一些要素进行较为详细的讨论, 它们对于保证分析的正确进行、获得正确的实验结果、对于实验结果具有正确的理解都是至关重要的.

3.1　误差、统计误差和系统误差

3.1.1　误差的定义

粒子物理实验的目的通常是对于一个或多个感兴趣的物理量进行测量并获得其结果. 假定实验的直接测量对象是随机变量 u, 它的概率密度函数表示为 $f(u;\theta)$ 或 $f(u;\boldsymbol{\theta})$, 其中的 θ(或 $\boldsymbol{\theta}$) 是表征随机变量 u 概率分布的**数字特征** (例如期望值、中值、方差、标准差、各阶矩等), 称为随机变量 u 的**分布参数**或**参数**. 通常参数 θ(或 $\boldsymbol{\theta}$) 即是我们感兴趣的待测物理量, 或者与待测物理量有直接的联系. 对随机变量 u 进行 n 次测量获得 u 的容量 n 的样本 $\boldsymbol{u} = \{u_1,\cdots,u_n\}$. 数据分析通常是对一个 (或多个) 感兴趣的参数 θ(或 $\boldsymbol{\theta}$) 应用实验数据样本 $\boldsymbol{u}$ 构建相应的**估计量** $\hat{\theta}(\boldsymbol{u})$ 或 $\hat{\boldsymbol{\theta}}(\boldsymbol{u})$ 进行估计. 在经典概率论中, 参数 θ(或 $\boldsymbol{\theta}$) 是固定的常数. 但是, 参数的估计量 $\hat{\theta}(\boldsymbol{u})$ 或 $\hat{\boldsymbol{\theta}}(\boldsymbol{u})$ 是随机变量 u 的函数, 本身也是随机变量, 它们有自身的分布. 对于一个特定的实验, 一个物理量 θ(待测参数) 的测量结果通常表示为

$$\hat{\theta}^{+\sigma_+}_{-\sigma_-}, \tag{3.1.1}$$

式中, 参数的点估计 $\hat{\theta}$ 称为参数 θ 的**名义值** (nominal value) 或**测量值** (点估计的概念参见第 4 章); 区间 $\left[\hat{\theta}-\sigma_-,\hat{\theta}+\sigma_+\right]$ 包含参数 θ 真值的概率为 0.6827, 区间 $\left[\hat{\theta}+\sigma_+,\infty\right)$ 和 $\left(-\infty,\hat{\theta}-\sigma_-\right]$ 包含参数 θ 真值的概率均等于 $(1-0.6827)/2$, 即 $\left[\hat{\theta}-\sigma_-,\hat{\theta}+\sigma_+\right]$ 是概率意义上的**中心区间** (区间估计的概念参见第 5 章); σ_+ 和 σ_- 称为 (**标准**) **上误差**和 (**标准**) **下误差**, 当估计量 $\hat{\theta}(\boldsymbol{u})$ 为对称分布时, **标准误差** (standard error)$\sigma_+ = \sigma_- = \sigma$. 这里的概率是指**经典概率**, 或称**频度概率** (frequentist probability).

需要特别指出, 参数 θ 的**标准误差** σ_+、σ_-、σ 与随机变量 u 的**标准差** σ_u (standard deviation) 是两个不同的概念. σ_u 定义为

$$\sigma_u^2 \equiv V(u) = \begin{cases} \displaystyle\sum_i (u_i - \mu)^2 p(u_i), \\ \displaystyle\int_{\Omega_u} (u - \mu)^2 f(u)\,\mathrm{d}u, \end{cases}$$

$V(u)$ 的两个表式分别对应于 u 是离散变量和连续变量两种情形. 绝大多数情形下, σ_u 与 σ_+、σ_-、σ 数值上不相等.

还需要指出, 参数 θ 的标准误差 σ_+、σ_-、σ 与估计量 $\hat{\theta}$ 的标准差 $\sigma_{\hat{\theta}}$ 只有当估计量 $\hat{\theta}(u)$ 为期望值等于 θ 的正态分布时才相等, 因为这种情形下区间 $\left[\hat{\theta} - \sigma_{\hat{\theta}}, \hat{\theta} + \sigma_{\hat{\theta}}\right]$ 包含参数 θ 真值的概率为 0.6827, 且有 $\sigma_+ = \sigma_- = \sigma = \sigma_{\hat{\theta}}$(参见 5.1.2 节). 对于估计量 $\hat{\theta}(u)$ 的其他分布, 一般 σ_+、σ_-、$\sigma \neq \sigma_{\hat{\theta}}$.

σ_+、σ_-、σ 有两部分来源: **统计误差** σ_{st} 和系统误差 σ_{sys}, 因此, 待测参数的测量结果可表示为

$$\hat{\theta}^{+\sigma_+}_{-\sigma_-} = \hat{\theta}^{+\sigma_{\mathrm{st}+} + \sigma_{\mathrm{sys}+}}_{-\sigma_{\mathrm{st}-} - \sigma_{\mathrm{sys}-}}. \tag{3.1.2}$$

统计误差反映的是随机变量 u 的样本 $\boldsymbol{u} = \{u_1, \cdots, u_n\}$ 的样本 (容) 量 n 的有限性导致待测参数估计值 $\hat{\theta}(u)$ 的不确定性. **格里汶科定理**证明了, 对任意一个随机变量 u, 当其样本容量 $n \to \infty$ 时, 其样本分布函数 $F_n^*(u)$ 逼近 u 的总体分布函数 $F(u)$, 则样本密度分布 (函数)$f_n^*(u)$ 逼近概率密度函数 $f(u)$. 实验中样本容量 n 总是有限值, 利用有限数据样本 $\boldsymbol{u} = (u_1, \cdots, u_n)^{\mathrm{T}}$ 和估计量 $\hat{\theta}(\boldsymbol{u})$ 来估计参数 θ 时, 实际上是利用样本分布函数 $F_n^*(\boldsymbol{u})$ 代替了 u 的总体分布函数 $F(u)$, 这种近似导致估计值 $\hat{\theta}$ 对其真值 θ 存在误差. 这一误差是 $F_n^*(u)$ 对于 $F(u)$ 存在统计涨落而造成的, 故而即为 $\hat{\theta}$ 的统计误差. 根据以上分析, 我们可以对随机变量分布参数估计值的统计误差给出更为明确的定义: 随机变量 u 的有限数据样本确定的样本分布函数 $F_n^*(u)$ 对于总体分布函数 $F(u)$ 形状的统计涨落导致随机变量分布参数估计值的误差称为**统计误差**. 统计误差的这一定义显然适用于一切随机变量分布参数的估计值而并不局限于高能物理领域. 由于样本分布函数 $F_n^*(u)$ 是由随机变量的数据样本构造的, 统计误差的这一定义将其数值的确定与数据样本和总体分布函数的拟合计算直接联系了起来.

显然, 随机变量分布参数不能直接测量, 需由随机变量样本的直接观测值通过统计推断来估计, 由于样本容量的有限性才导致统计误差. 对于随机变量的每一个特定样本, 其观测物理量的数值是一常数, 可以直接测量, 其测量值只有测量误差, 属于我们下面立即会提到的系统误差的来源之一. 例如一个特定的不稳定

粒子的衰变时间是一常量, 其测量误差只包含系统误差; 而该类不稳定粒子的寿命是一个分布参数, 需要根据该类粒子的衰变时间概率分布通过统计推断加以估计, 其估计量的测定值包含统计误差和系统误差.

若随机变量 u 的样本数据集是在仅包含感兴趣的信号事例的情形下获取, 其数值为其**真值**[①], 且 u 的概率密度函数 $f_S(u, \boldsymbol{\theta}_S)$ 的理论模型与其真值分布相符合, 那么 u 的数据集与其理论模型分布之间的拟合给定的信号事例分布参数 $\boldsymbol{\theta}_S$ 的拟合误差即是其**统计误差**.

但这种情形在实验中不存在, 原因如下: 由 2.2.5 节的叙述可知, 高能物理实验的数据分析需要通过某一 (或多个) **拟合变量**的数据集与拟合变量的理论模型分布之间的拟合来完成, 例如 $\psi' \to \eta J/\psi$ 分支比测量中拟合变量 $M_{\gamma\gamma}$ 数据集与式 (2.2.29) 描述的理论模型分布之间的拟合, $M_{\gamma\gamma}$ 即是上述的拟合变量 u, 经过事例判选后得到的候选信号事例的 $M_{\gamma\gamma}$ 数据集即是拟合变量 u 的随机样本 $\boldsymbol{u} = (u_1, \cdots, u_n)^{\mathrm{T}}$. 但实验收集的数据样本同时包含信号事例和本底事例, 后者的存在使得利用 $\hat{\theta}(\boldsymbol{u})$ 来估计我们感兴趣参数信号事例的参数 $\boldsymbol{\theta}_S$ 时, 其拟合误差除统计误差外, 还增加了额外的系统误差. 其次, 实验感兴趣的是粒子反应 (或衰变) 的末态粒子自身物理性质的物理量的分布 (例如四动量、共振态衰变末态粒子不变质量), 称之为**本征值**分布, 用随机变量 x 表示. 这些物理量需由探测器测量, 探测器测量具有不确定性, 经过探测器后给出的拟合变量 u 的分布是反映探测器性能的实验分辨函数 $r(x, u)$ 与本征值分布 $g(x)$ 的综合结果. 这一效应同样增加了参数 $\boldsymbol{\theta}_S$ 估计的额外系统误差. 此外系统误差还存在其他来源, 3.1.3 节和 3.1.4 节将对此作进一步的讨论.

系统误差定义为统计误差之外的所有误差的总和. 应当指出, 这里的 "所有误差" 不包括由分析方法和实验数据记录的差错导致的错误. 一般情形下, 系统误差的来源与 $\hat{\theta}$ 的分布性质相独立, 因此, 统计误差与系统误差相互独立, 总误差由统计误差平方与系统误差平方求和再开方算得, 即

$$\sigma^2 = \sigma_{\mathrm{st}}^2 + \sigma_{\mathrm{sys}}^2. \tag{3.1.3}$$

待测参数及其误差的估计是统计学中参数的点估计和区间估计问题. 存在着不同的点估计和区间估计方法, 相应地对于同一个待测参数会给出不同的估计及误差. 在实际问题中, 一个待测参数的确定牵涉到许多观测量, 由于问题的复杂性, 对不同的观测量会使用不同的点估计和区间估计方法 (参见第 4、5 章), 参数的测量值 $\hat{\theta}$ 和 σ 可能是应用了多个不同的点估计和区间估计方法的 "混合" 结果.

---

① 所谓随机变量样本的真值, 是指该变量样本的数值具有绝对的准确度 (无任何误差), 或者即使它对应的物理量 (比如描述基本粒子性能的动量、能量、共振态的质量、不稳定粒子的衰变时间等) 具有量子化的最小间隔 Δ, 但测量该物理量的任何工具或装置的测量误差均远大于 Δ, 从而样本的真值可以认为是无误差的. 本书中均采用这一约定.

3.1.2　统计误差的确定

1. 随机变量参数统计误差的确定

待测参数 θ 统计误差的确定依赖于实验所研究的具体过程和待测参数的性质. θ 通常应用拟合变量 u 的实验数据样本 $\boldsymbol{u}$ 构建估计量 $\hat{\theta}(\boldsymbol{u})$ 进行估计. 由 2.2.5 节的叙述可知, 高能物理实验的数据分析都需要通过某一 (或多个) 拟合变量的数据集与拟合变量的理论模型分布之间的拟合来完成, $\psi' \to \eta J/\psi$ 分支比测量的例子中, 两光子不变质量 $M_{\gamma\gamma}$ 即是上述的拟合变量 u, 经过事例判选后得到的候选信号事例的 $M_{\gamma\gamma}$ 数据集即是拟合变量 u 的随机样本 $\boldsymbol{u} = (u_1, \cdots, u_n)^{\mathrm{T}}$. $M_{\gamma\gamma}$(以下改写为 u) 的概率密度函数 $f(u)$ 的理论模型由式 (2.2.29) 的实验分布函数描述:

$$f(u, \boldsymbol{\theta}) = w_{\mathrm{S}} f_{\mathrm{S}}(u, \boldsymbol{\theta}_{\mathrm{S}}) + (1 - w_{\mathrm{S}}) f_{\mathrm{B}}(u, \boldsymbol{\theta}_{\mathrm{B}}),$$

$\boldsymbol{\theta} = [n_{\mathrm{S}}, w_{\mathrm{S}}, \boldsymbol{\theta}_{\mathrm{S}}, \boldsymbol{\theta}_{\mathrm{B}}]$. 利用扩展极大似然法进行拟合变量 u 的实验数据样本 $\boldsymbol{u}$ 与实验分布函数理论模型之间的拟合, 可获得参数 $\boldsymbol{\theta}$ 的估计值及其误差.

u 的实验分布函数 $f(u, \boldsymbol{\theta})$ 可表示为粒子物理描述共振态 η 本征质量分布 x 的 $\mathrm{BW}(m_\eta, \Gamma)$ 函数与探测器对于 x 的分辨函数 $r(x, u)$ 的卷积, 这里 m_η 和 Γ 分别是共振态 η 的中心质量和宽度. 因此, u 的实验数据样本 $\boldsymbol{u}$ 构成的样本分布函数 $F_n^*(u)$ 既包含了粒子物理关于 (信号事例) 共振态 η 本征质量分布 x 的信息, 也包含了探测器关于 x 测量精度 $r(x, u)$ 的信息 (参见 3.4.1 节关于实验分辨函数的讨论). 这种情形在高能物理实验中具有普遍性, 表征粒子反应 (衰变) 性质的物理量 (本征值 x) 都需经过探测器进行测量, 故实验测得的均是本征值 x 经过实验分辨函数 $r(x, u)$ 变换之后的数值 u, 因此实验数据集既包含所研究的物理过程的物理量 (本征值) 的信息, 也包含探测器关于该物理量测量精度的信息.

这种情形下, 利用实验获得的样本分布函数 $F_n^*(u)$ 与总体分布函数 $F(u)$ 的理论预期值之间的拟合来估计待测参数 $\boldsymbol{\theta}$ 时, 其**拟合误差** $\sigma_{\mathrm{fit}}(\boldsymbol{\theta})$ 既与数据样本容量的有限性相关, 也与探测器对本征值随机变量 x 的实验分辨函数 $r(u, x)$ 的准确性相关. $r(u, x)$ 的不确定性导致 $\boldsymbol{\theta}$ 的数值存在系统误差, 利用不同的 $r(u, x)$ 形式以 (2.2.6) 节描述的类似方式施行数据样本与理论模型的拟合可以确定 x 分布参数 $\boldsymbol{\theta}$ 的系统误差, 这是估计系统误差的另一种可采用的方式. 实验感兴趣的待测参数 $\boldsymbol{\theta}$ 通常是 x 的分布参数的函数, 或者就是某个参数本身. 随机变量 x 的任一分布参数 θ_i(例如描述共振态 η 本征质量分布 x 的 $\mathrm{BW}(m_\eta, \Gamma)$ 函数中的 m_η) 的拟合误差 $\sigma_{\mathrm{fit}}(\theta_i) \equiv \sigma_{\theta_i, \mathrm{fit}}$ 可表示为

$$\sigma_{\theta_i, \mathrm{fit}}^2 = \sigma_{\theta_i, \mathrm{st}}^2 + \sigma_{\theta_i, \mathrm{sys}}^2 \tag{3.1.4}$$

式中 θ_i 是 $\boldsymbol{\theta}$ 的任一分量. 统计误差 $\sigma_{\theta_i,\mathrm{st}}$ 与实验分辨函数 $r(u,x)$ 的不准确性导致的系统误差 $\sigma_{\theta_i,\mathrm{sys}}$ 相互独立.

于是 $\boldsymbol{\theta} = [n_\mathrm{S}, w_\mathrm{S}, \boldsymbol{\theta}_\mathrm{S}, \boldsymbol{\theta}_\mathrm{B}]$ 的任意分量 θ_i 的统计误差 $\sigma_{\theta_i,\mathrm{st}}$, 可以由系统误差 $\sigma_{\theta_i,\mathrm{sys}}$、拟合误差 $\sigma_{\theta_i,\mathrm{fit}}$ 根据式 (3.1.4) 求得.

由此可见, 为了获得准确的统计误差数值, 需要提高 MC 模拟计算中 $r(x,u)$ 理论模型的准确性. 为此, 在 MC 模拟中编写探测器结构和物质成分的软件时, 应当尽可能将所有的细节准确地加以描述, 将探测器对各种粒子的响应准确地加以描述, 用各种粒子的产生子产生 MC 模拟数据, 并与其对应的实验数据进行对比, 如有差别可增加修正因子以修正 MC 模拟数据使之与实验数据相一致, 于是式 (3.1.4) 右端的系统误差 $\sigma_{\theta_i,\mathrm{sys}}$ 可以忽略, 拟合误差直接给出待测参数的统计误差.

不同的实验中, 利用样本分布函数 $F_n^*(u)$ 与总体分布函数 $F(u)$ 的理论预期值之间的拟合来计算实验感兴趣的待测参数 $\boldsymbol{\theta}$ 时, 情况可能更为复杂, 与此相关的进一步的讨论参见 3.4.4 节和 3.10.1 节的阐述.

高能物理实验甄选出的候选信号事例总是包含信号事例和本底事例两部分, 通过拟合变量数据集与理论模型之间的拟合获得式 (2.2.29) 中参数 $\boldsymbol{\theta}$ 的估计值及其统计误差, $\boldsymbol{\theta}$ 同时包含了信号事例和本底事例的分布参数. 信号事例和本底事例来自不同的随机过程, 因此相互独立. 故而, 与信号事例分布相关的参数 (上例中的 $\boldsymbol{\theta}_\mathrm{S}, n_\mathrm{S}$) 的统计误差由信号事例数的有限容量决定, 与本底事例分布相关的参数 ($\boldsymbol{\theta}_\mathrm{B}$ 和本底事例数期望值 $n_\mathrm{B} = n_\mathrm{S}(1/w_\mathrm{S} - 1)$) 的统计误差由本底事例数的有限容量决定.

2. 包含多个参数的物理量的统计误差和系统误差

高能物理实验中一种普遍存在的现象是一项实验研究中的待测物理量取决于多个参数, 通常只有一个参数是最重要的感兴趣参数, 需要通过拟合变量的实验分布与理论分布之间的拟合给定. 例如待测物理量分支比 $B(\psi' \to \eta \mathrm{J}/\psi)$ 由式 (2.2.28) 计算, 通过拟合变量的实验分布与理论分布之间的拟合给定了最重要的感兴趣参数信号事例期望值 n_S, 以及冗余参数 $\boldsymbol{\theta}_\mathrm{S}$、$\boldsymbol{\theta}_\mathrm{B}$, 通过其他辅助测量或查阅粒子数据表获得的输入参数 N_R、$Br(\eta \to \gamma\gamma)$ 和 ε 也是冗余参数. 冗余参数存在自身的误差 (包括统计和系统误差). 在计算分支比 $B(\psi' \to \eta \mathrm{J}/\psi)$ 的数值和统计误差时, 冗余参数都取其期望值, n_S 则取为拟合值及其统计误差值. 计算分支比 B 的系统误差时, 需考虑所有输入参数的总误差 (包括统计和系统误差) 的贡献; 2.2.6 节中已给出了 n_S 的系统误差 $\sigma_{n_\mathrm{S},\mathrm{sys}}$ 的表式; 分析流程的输入/输出 (相对) 误差 $\sigma_{\mathrm{in/out}}^{\mathrm{rel}}$ 的计算参见 3.1.4 节的阐述. 式 (2.2.34) 即是按照该方式处理 $B(\psi' \to \mathrm{X})$ 系统误差的, 这种做法对于待测物理量取决于多个参数的实验具有普遍性.

3. 测量数据与理论模型的最优拟合

最优拟合通常是使描述物理问题的一个特定函数——称为目标函数——达到极大或极小. 目标函数 $f(\boldsymbol{\theta})$ 是待测参数 $\boldsymbol{\theta}$ 的函数. 例如利用测量数据对理论模型的未知参数进行估计的极大似然法和最小二乘法, 就是认为使似然函数达到极大和使最小二乘函数 Q^2 达到极小的参数值是最优估计值 (参见第 4 章). 函数的求极小与极大是完全相当的运算, 对目标函数 $f(\boldsymbol{\theta})$ 求极大, 相当于对目标函数 $-f(\boldsymbol{\theta})$ 求极小.

最优化 (或极小化) 方法已发展成为应用数学的一个专门分支, 希望深入了解这一方法的读者应参阅有关的书籍和文献. 文献 [8] 第 13 章和文献 [9] 第 15 章对极小化方法作了简明的介绍.

函数极小化问题一般可表述为求**目标函数** $f(\boldsymbol{\theta})$ 达到极小时自变量 $\boldsymbol{\theta}$ 的值 $\boldsymbol{\theta}^*$, 即

$$\min f(\boldsymbol{\theta}) = f(\boldsymbol{\theta}^*). \tag{3.1.5}$$

在极大似然法中, **目标函数** $f(\boldsymbol{\theta}) = -L(\boldsymbol{\theta})$, 参数 $\boldsymbol{\theta}$ 的极大似然估计值 $\hat{\boldsymbol{\theta}}$ 满足

$$\min[-L(\boldsymbol{\theta})] = -L(\hat{\boldsymbol{\theta}});$$

而在最小二乘法中, 则应有

$$\min[Q^2(\boldsymbol{\theta})] = Q^2(\hat{\boldsymbol{\theta}}).$$

从数学分析知道, 若目标函数 $f(\boldsymbol{\theta})$ 存在连续的一阶偏导数, 变量值 $\boldsymbol{\theta}^*$ 为 $f(\boldsymbol{\theta})$ 稳定点的必要条件是函数在 $\boldsymbol{\theta}^*$ 点的梯度向量等于 $\mathbf{0}$, 即

$$\nabla f(\boldsymbol{\theta}^*) = \left(\frac{\partial f(\boldsymbol{\theta})}{\partial \theta_1}, \frac{\partial f(\boldsymbol{\theta})}{\partial \theta_2}, \cdots, \frac{\partial f(\boldsymbol{\theta})}{\partial \theta_n} \right)^{\mathrm{T}}_{\boldsymbol{\theta}=\boldsymbol{\theta}^*} = \mathbf{0}. \tag{3.1.6}$$

为了对目标函数极小化, 它在某一点 $\boldsymbol{\theta}_0$ 附近的行为利用泰勒级数来逼近

$$f(\boldsymbol{\theta}) \approx f(\boldsymbol{\theta}_0) + (\boldsymbol{\theta} - \boldsymbol{\theta}_0)^{\mathrm{T}} \nabla f(\boldsymbol{\theta}_0)$$
$$+ \frac{1}{2}(\boldsymbol{\theta} - \boldsymbol{\theta}_0)^{\mathrm{T}} \nabla^2 f(\boldsymbol{\theta}_0)(\boldsymbol{\theta} - \boldsymbol{\theta}_0) + \cdots, \tag{3.1.7}$$

其中, $\nabla^2 f(\boldsymbol{\theta}_0)$ 是目标函数 $f(\boldsymbol{\theta})$ 在 $\boldsymbol{\theta}_0$ 点的二阶导数矩阵, 也称为**黑塞** (Hesse) **矩阵**. 这是一个 $n \times n$ 对称方阵 (n 是 $\boldsymbol{\theta}$ 的分量个数), 其元素是

$$H_{ij}(\boldsymbol{\theta})_{\boldsymbol{\theta}=\boldsymbol{\theta}^*} \equiv \left. \frac{\partial^2 f(\boldsymbol{\theta})}{\partial \theta_i \partial \theta_j} \right|_{\boldsymbol{\theta}=\boldsymbol{\theta}^*}, \quad i, j = 1, 2, \cdots, n. \tag{3.1.8}$$

式 (3.1.7) 右边级数的第一项是常数, 对极小点的确定不能提供任何信息. 第二项是函数在 $\boldsymbol{\theta}_0$ 点的梯度, 它指示出函数在该点附近上升或下降最快的方向; 当函数处于稳定点时, 其梯度值为 0, 即如式 (3.1.6) 所示. $\boldsymbol{\theta}^*$ 成为 $f(\boldsymbol{\theta})$ 的极小点的充分条件是除了式 (3.1.6) 成立之外, 还要求 $f(\boldsymbol{\theta})$ 在 $\boldsymbol{\theta}^*$ 点的黑塞矩阵为**正定矩阵**. 所谓矩阵 A 为正定, 是指对于任何向量 $\boldsymbol{x} \neq \boldsymbol{0}$, 总有

$$\boldsymbol{x}^{\mathrm{T}} A \boldsymbol{x} > 0. \tag{3.1.9}$$

通过黑塞矩阵的正定性来判断稳定点是极小点在数学上是很重要的, 但在许多实际问题中, 由于种种原因 (如目标函数无法用解析函数表示, 二阶偏导数难以求出等) 很难实现, 这时可从所得的解就问题本身作出判断.

由以上所述可知, 求函数极小值的问题可化为求解

$$\nabla f(\boldsymbol{\theta}) = 0$$

的问题, 这是含 n 个未知变量、n 个方程组成的方程组. 除了目标函数是二次函数, 该方程组是线性方程组, 可以求得解析解之外, 一般情形下这是非线性方程组, 很难用解析方法求解. 有时, 目标函数的行为可能十分复杂和奇特, 甚至无法写出一阶导数的解析形式. 所以求极小值一般用数值方法, 其中最常见的是迭代法, 其基本思想如下: 首先给出极小值点的估计初值 $\boldsymbol{\theta}_0$, 然后根据某种算法计算一系列的 $\boldsymbol{\theta}_k (k = 1, 2, \cdots)$, 使得点列 $\{\boldsymbol{\theta}_k\}$ 的极限就是 $f(\boldsymbol{\theta})$ 的一个极小值点 $\boldsymbol{\theta}^*$.

求得目标函数 $f(\boldsymbol{\theta})$ 的近似极小值点 $\boldsymbol{\theta}_k^*$ 后, 余下的问题是确定 $\boldsymbol{\theta}_k^*$ 对于实际极小值点 $\boldsymbol{\theta}^*$ 的误差, 它可由 $\boldsymbol{\theta}$ 的协方差矩阵及求出的 $\boldsymbol{\theta}_k^*$ 求得.

如果参数是用极大似然法估计的, 当子样容量 n 很大, 似然函数为渐近的多维正态分布或极大似然估计量是充分、有效估计量时, 参数 $\boldsymbol{\theta}$ 的极大似然估计 $\hat{\boldsymbol{\theta}}$ 的协方差矩阵有简单的形式 (参见 4.3.1 节式 (4.3.6))

$$V_{ij}^{-1}(\hat{\boldsymbol{\theta}}) = \left(-\frac{\partial^2 \ln L}{\partial \theta_i \partial \theta_j} \right)_{\boldsymbol{\theta} = \hat{\boldsymbol{\theta}}}. \tag{3.1.10}$$

如果是最小二乘估计问题, Q^2 是参数 $\boldsymbol{\theta}$ 的二次函数, 则有 (参见 4.4.1 节式 (4.4.6))

$$V_{ij}^{-1}(\hat{\boldsymbol{\theta}}) = \frac{1}{2} \left(\frac{\partial^2 Q^2}{\partial \theta_1 \partial \theta_j} \right)_{\boldsymbol{\theta} = \hat{\boldsymbol{\theta}}}. \tag{3.1.11}$$

该式对非线性模型、Q^2 不是 $\boldsymbol{\theta}$ 的二次函数的情形式也近似适用. 当使用极小化方法的记号时, 目标函数 $f(\boldsymbol{\theta})$ 对应于 $-\ln L(\boldsymbol{\theta})$(极大似然法) 和 $Q^2(\boldsymbol{\theta})$(最小二乘法), 因此有

$$V_{ij}^{-1}(\boldsymbol{\theta}^*) \propto \left. \frac{\partial^2 f}{\partial \theta_i \partial \theta_j} \right|_{\boldsymbol{\theta} = \boldsymbol{\theta}^*} \equiv H_{ij}(\boldsymbol{\theta})_{\boldsymbol{\theta} = \boldsymbol{\theta}^*}. \tag{3.1.12}$$

可见 $\boldsymbol{\theta}^*$ 的协方差矩阵的逆阵正好是目标函数的二阶导数矩阵 (黑塞矩阵) 在极小值点 $\boldsymbol{\theta}^*$ 处的值. $\boldsymbol{\theta}^*$ 的各分量 $\theta_1^*, \theta_2^*, \cdots, \theta_n^*$ 的标准差由 $\boldsymbol{\theta}^*$ 协方差矩阵各对角元素的平方根表示. 如果将 $\boldsymbol{\theta}^*$ 的各分量 $\theta_1^*, \theta_2^*, \cdots, \theta_n^*$ 的标准差视为参数的标准误差, 问题就归结为求黑塞矩阵的逆在 $\boldsymbol{\theta}^*$ 处的值 $H^{-1}(\boldsymbol{\theta}^*)$.

对于在算法中已给出黑塞矩阵的极小化方法, 如牛顿法、共轭方向法和变尺度法, 参数误差的确定就十分简单. 对于无法求出黑塞矩阵的极小化方法, 参数误差的确定要寻求别的途径.

在极大似然法和最小二乘法中, 超表面 $\ln L(\boldsymbol{\theta})$ 与超平面 $\ln L = \ln L_{\max} - a$(极大似然法) 或超表面 $Q^2(\boldsymbol{\theta})$ 与超平面 $Q^2 = Q_{\min}^2 + a$(最小二乘法) 相截所围成的区域对应于一定标准差的置信域 (参见 4.3.1 节式 (4.3.9) 和 4.4.1 节式 (4.4.8)). 例如, 对于一个参数的特定情况, 利用极小化方法的记号, 最小二乘法中一个标准差的置信区间 $[\theta_1, \theta_2]$ 可由下式确定 $(f(\theta) = Q^2(\theta))$:

$$f(\theta_1) = f(\theta_2) = f(\theta^*) + 1;$$

类似地, 对于极大似然法 $(f(\theta) = -\ln L(\theta))$, 则是

$$f(\theta_1) = f(\theta_2) = f(\theta^*) + 0.5.$$

这种方法可以推广, 用以对一般目标函数的参数最优值作误差估计, 即找出满足

$$f(\theta_1) = f(\theta_2) = f(\theta^*) + a \tag{3.1.13}$$

的点 θ_1、θ_2, 其中常数 a 的选择是使得能给出所需要的置信区间, 即置信概率等于或接近 0.6827.

在一般情形下, 目标函数 $f(\theta)$ 在极小值 θ^* 附近可用二次函数 $\varphi(\theta) = A + B\theta + C\theta^2$ 作为近似, 这时满足式 (3.1.13) 的 θ_1、θ_2 是一元二次方程的两个根, 因而容易求出. 如果目标函数比较复杂, 在极小值点附近不能用二次函数作为近似, 则 θ_1、θ_2 的确定就不那么简单.

在欧洲核子研究中心 (CERN) 的计算机程序库极小化程序包 MINUIT 中 (参见文献 [36] 中程序包 D506 的详细描述 Long Write-up, 以及增补文件 Function Minimization, Interpretation of Errors), 参数的误差是用下述技巧寻找的: 设已求出目标函数 $f(\boldsymbol{\theta})$ 的极小值点近似值 $\boldsymbol{\theta}^* = \{\theta_1^*, \theta_2^* \cdots, \theta_n^*\}$, 对应的函数值 $f(\boldsymbol{\theta}^*)$ 记为 f^0, 则 θ_i^* 的上端误差 $\sigma_{\mathrm{u}}(\theta_i^*)$ 和下端误差 $\sigma_{\mathrm{l}}(\theta_i^*)$ 由下式确定:

$$f(\theta_1^*, \cdots, \theta_{i-1}^*, \theta_i^* + \sigma_{\mathrm{u}}(\theta_i^*), \theta_{i+1}^*, \cdots, \theta_n^*) = f^0 + a,$$
$$f(\theta_1^*, \cdots, \theta_{i-1}^*, \theta_i^* - \sigma_{\mathrm{l}}(\theta_i^*), \theta_{i+1}^*, \cdots, \theta_n^*) = f^0 + a, \tag{3.1.14}$$
$$i = 1, 2, \cdots, n.$$

考察图 3.1, 图中函数极小值点为 θ_i^* (只考虑 θ_i 的变化, 其余分量皆为极小值点保持不变). 首先给定一个上端误差的初值 $\sigma_u^0(\theta_i^*)$, 由此确定一条二次曲线 (抛物线)

$$f(\theta_i) = f^0 + 2(\sigma_u^0)^{-2} \cdot (\theta_i - \theta_i^*)^2,$$

它与直线 $f = f^0 + a$ 相交于点 B, 由 B 点引一条垂直于 θ_i 轴的直线与目标函数曲线 $f(\theta_i)$ 相交于 B' 点. 然后可构成一条经过极小值 A 以及 B' 的抛物线, 它与直线 $f = f^0 + a$ 相交于 C, 与 C 具有相同 θ_i 值的函数点为 C'. 再构成一条通过 $AB'C'$ 的抛物线, 与直线 $f = f^0 + a$ 交于 D, 相应的函数点为 D'. 然后由 $B'C'D'$ 构成抛物线, 与直线 $f = f^0 + a$ 交于 E, 相应的函数点为 E'. 如此迭代下去, 由最后三个函数点求出一个新函数点, 直到求出一个新的函数点 K', 满足

$$\left| f(\theta_K') - (f^0 + a) \right| < \varepsilon$$

为止, ε 是某个给定的常数, 这时从 A 到 K 之间的距离即为所求的 $\sigma_u(\theta_i^*)$. 通过类似的步骤向 θ_i 减小的方向可求得 $\sigma_l(\theta_i^*)$. 这种方法可以估计目标函数行为相当奇特时的参数误差, 但显然计算过程是比较费时的.

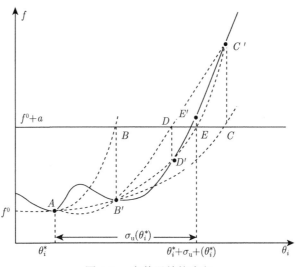

图 3.1 参数误差的确定

综上所述, 待测参数 $\boldsymbol{\theta}$ 的统计误差是通过 **目标函数** $f(\boldsymbol{\theta})$ 在极小值 $\boldsymbol{\theta}^*$ 附近的行为来确定的. 它反映的是待测参数 $\boldsymbol{\theta}$ 的估计量 $\boldsymbol{\theta}^*$ (随机变量) 的分布行为, 或者说 $\boldsymbol{\theta}^*$ 的统计涨落行为. 对于每一个参数而言, 统计误差区间 $[\theta_i^* - \sigma_l(\theta_i^*), \theta_i^* +$

$\sigma_{\mathrm{u}}(\theta_i^*)]$ 包含参数 θ_i 真值的概率应等于或接近 0.6827. 所以, 确定统计误差的大小实际上是一个区间估计问题, 利用不同的方法 (极大似然法、最小二乘法以及其他方法) 估计统计误差区间会得到不同的统计误差值 (参见第 4、5 章). 常用的最小二乘估计给出相等的 σ_l、σ_u 值; 极大似然估计给出不相等的 σ_l、σ_u 值, 但在大样本容量情形下似然函数趋近多维正态分布, 有 $\sigma_l \cong \sigma_u$ 的对称统计误差区间. 其他的一些区间估计方法涉及较为复杂的计算, 详见第 5 章的讨论.

　　在实验测量中, **目标函数** $f(\theta)$ 通常反映某一 (或多个) 特征变量的数据集与理论模型分布之间的一致性, 例如利用测量数据对理论模型的未知参数进行估计的极大似然法和最小二乘法, 就是认为使似然函数达到极大和使最小二乘函数 Q^2 达到极小的参数值是最优估计值, 也就是使观测数据与理论模型达到最优拟合. 从数理统计的观点而言, 极大似然法是最重要的参数估计的一般方法, 特别是扩展极大似然估计同时利用了随机变量 x 的样本测量值 x_i 的信息和样本容量 n 的泊松分布的信息, 将后一信息考虑在拟合过程中可获得统计意义上更合理的结果, 因此在粒子物理实验中广为使用.

3.1.3　系统误差的来源和归类

　　由 3.1.2 节的讨论可知, 信号事例待测参数的系统误差是一切非直接源自候选信号事例数据样本中信号事例分布统计涨落的误差. 系统误差的分析和确定往往是实验分析最后阶段的工作, 而且是最难以处理和最费事的工作之一. 在粒子物理实验中, 系统误差的来源通常包括:

　　(1) 触发效率和重建效率了解的不确定性;

　　(2) 探测器分辨函数的不确定性;

　　(3) 描述物理过程的理论模型的不确定性及其模拟的误差;

　　(4) MC 模拟事例数有限性导致的统计误差;

　　(5) 分析软件和拟合程序计算结果的近似性 (计算方法的近似性和计算舍入 (rounding) 误差);

　　(6) 分析方法不精确性导致的误差;

　　(7) 分析者对于分析方法和分析结果的人为偏向;

　　　　　　　……

　　系统误差的确定依赖于具体的测量对象和具体的分析方法, 没有一种普遍适用的 "处方" 能够处理所有测量的系统误差问题, 因而需要根据具体问题进行具体的分析. 原则上, 系统误差的分析需要将数据产生到获得最后结果的整个过程中所有可能导致结果产生误差的一切因素考虑在内, 因此涉及的因素非常多, 逐一地对于每一因素进行研究显然十分复杂, 不可能做到. 好在, 对于粒子物理实验而言, 如第 2 章所述, 实验分析的各个步骤存在一定的规律, 因而可以将系统误差归为若干类, 考虑了这几类因素对于实验结果的系统误差, 最后将它们综合起来就可以获得总的系统误差. 这就使得系统误差的分析能够遵循一定的途径, 不至于遗漏而造成错误. 系统误差的最后一项来源尤其难以评估, 本书第 9 章讨论的盲分析对于避免这类人为的偏差提供了一种相对有效的途径.

就粒子物理实验而言, 系统误差可以归纳为以下几类:

(1) 信号事例探测效率的误差;

(2) 描述信号和本底过程的理论模型的不确定性导致信号事例总数期望值的误差;

(3) 计算待测物理量用到的外部输入参数的误差;

(4) 分析流程的输入/输出误差.

3.1.4 各类系统误差的确定

下面我们来阐述, 这几类误差各包含了哪些因素的贡献以及确定的方法.

1. 信号事例探测效率的误差

实验测定的对象是一定物理过程的某个物理量, 因此必须通过某种事例分析流程将该物理过程的事例 (信号事例) 的一部分从实验产生的全部事例中挑选出来. 事例分析流程选出的信号事例数占实验期间产生的全部信号事例数的比例称为**信号事例探测效率**或**信号探测效率**. 显然信号探测效率的误差直接或间接影响到该信号过程待测参数的精度, 构成系统误差的一个重要组成部分. 例如, 由式 (2.2.26) 和式 (2.2.27) 可以知道, 信号探测效率的误差是反应截面和共振态衰变分支比测量中系统误差的重要成分之一.

由第 2 章的讨论可知, 信号探测效率 ε_{s} 可表示为

$$\varepsilon_{\mathrm{s}} = \varepsilon_{\mathrm{trg}} \cdot \varepsilon_{\mathrm{rec}} \cdot \varepsilon_{\mathrm{sel}}, \tag{3.1.15}$$

式中, **信号触发效率** $\varepsilon_{\mathrm{trg}}$ 表示实验的触发和在线记录系统记录到的信号事例占实验期间产生的全部信号事例的比例; **信号重建效率** $\varepsilon_{\mathrm{rec}}$ 表示探测器数据通过重建软件后的信号事例占重建前信号事例的比例; **信号判选效率** $\varepsilon_{\mathrm{sel}}$ 表示信号事例通过事例判选后占判选前信号事例的比例. 由于实验的触发和在线记录、实验的刻度和重建、事例的离线判选是相互独立进行的, 所以信号探测效率 ε_{s} 的误差可表示为

$$\frac{\sigma\left(\varepsilon_{\mathrm{s}}\right)^{2}}{\varepsilon_{\mathrm{s}}^{2}} = \frac{\sigma\left(\varepsilon_{\mathrm{trg}}\right)^{2}}{\varepsilon_{\mathrm{trg}}^{2}} + \frac{\sigma\left(\varepsilon_{\mathrm{rec}}\right)^{2}}{\varepsilon_{\mathrm{rec}}^{2}} + \frac{\sigma\left(\varepsilon_{\mathrm{sel}}\right)^{2}}{\varepsilon_{\mathrm{sel}}^{2}}. \tag{3.1.16}$$

信号触发效率 $\varepsilon_{\mathrm{trg}}$ 及其误差 $\sigma\left(\varepsilon_{\mathrm{trg}}\right)$ 可以利用信号事例的 MC 事例产生子来确定. 事例产生子产生的事例信息通过探测器模拟给出信号事例的探测器模拟

数据, 这些模拟数据通过模拟触发系统性能的模拟软件后, 触发成功的比例即等于信号事例的触发效率, 触发模拟软件中可以加入模拟触发电子学中不稳定因素 (特别是噪声) 的随机分布, 由此确定触发效率的误差. 模拟信号事例数应当充分大, 使得统计涨落导致的触发效率误差足够小甚至可以忽略 (参见 3.2 节关于事例判选效率及其误差的讨论). 利用数据控制样本 (参见 2.2.2 节和 3.9 节的讨论) 确定 $\varepsilon_{\mathrm{trg}}$ 及其误差也是实际可行的, 并且可能更接近 $\varepsilon_{\mathrm{trg}}$ 及其误差的真值, 需要注意的是控制样本应当具有高的纯度以及大的统计量. 由于信号触发效率 $\varepsilon_{\mathrm{trg}}$ 及其误差 $\sigma\left(\varepsilon_{\mathrm{trg}}\right)$ 的研究需要了解触发系统的具体结构和性能, 这里不做一般性的讨论. 文献 [28] 讨论了 BES I 实验触发效率的研究, 文献 [29] 具体论述了 BES III 实验 J/ψ 和 ψ′ 取数期间对于正负电子巴巴散射事例、J/ψ 和 ψ′ 衰变的强子和 μ 子对末态事例、ψ′ → π⁺π⁻J/ψ → π⁺π⁻l⁺l⁻ 事例的触发效率的研究, 感兴趣的读者可以阅读.

信号重建效率 $\varepsilon_{\mathrm{rec}}$ 及其误差 $\sigma\left(\varepsilon_{\mathrm{rec}}\right)$ 也可以利用信号事例的 MC 事例产生子来确定. 信号事例的探测器模拟数据通过重建软件后重建成功的比例给出重建物理量的重建效率及其误差, 例如带电粒子径迹效率、γ 光子探测效率、次级顶点重建效率, 等等. 结合信号事例判选中利用的这些重建信息, 可以求得信号重建效率 $\varepsilon_{\mathrm{rec}}$ 及其误差, 其中的误差来源于探测器模拟的不完善和重建方法的不完善. 模拟信号事例数应当充分大, 这使得统计涨落导致的重建效率误差足够小甚至可以忽略. 利用数据控制样本 (参见 2.2.2 节和 3.9 节的讨论) 确定 $\varepsilon_{\mathrm{rec}}$ 及其误差也是实际可行的, 并且可能更接近 $\varepsilon_{\mathrm{rec}}$ 及其误差的真值, 需要注意的是控制样本应当具有高的纯度以及大的统计量. 由于信号重建效率 $\varepsilon_{\mathrm{rec}}$ 及其误差 $\sigma\left(\varepsilon_{\mathrm{rec}}\right)$ 的研究需要了解重建软件的具体细节, 这里不做一般性的讨论. 文献 [16] 详细讨论了带电粒子径迹重建和顶点重建的方法, 文献 [14] 具体讨论了 BES I 和 BES II 实验中的径迹重建问题, 感兴趣的读者可以阅读.

信号判选效率 $\varepsilon_{\mathrm{sel}}$ 通常也是利用信号事例的 MC 事例产生子来确定的. 设事例产生子产生的信号事例数在事例判选前为 N_{g}, 通过事例判选后留下 N_{s} 个事例, 则 $\varepsilon_{\mathrm{sel}} = N_{\mathrm{s}}N_{\mathrm{g}}$. 关于信号判选效率的误差 $\sigma\left(\varepsilon_{\mathrm{sel}}\right)$, 首先, N_{g} 是有限数, 这种有限性导致信号判选效率的误差为 (见 3.2 节的讨论)

$$\sigma_{\mathrm{st}}\left(\varepsilon_{\mathrm{sel}}\right) \cong \sqrt{\frac{\varepsilon_{\mathrm{sel}}(1-\varepsilon_{\mathrm{sel}})}{N_{\mathrm{g}}}}. \tag{3.1.17}$$

$\sigma_{\mathrm{st}}\left(\varepsilon_{\mathrm{sel}}\right)$ 可以通过增大模拟信号事例数 N_{g} 来减小. 此外, 事例产生子利用理论模型描述物理过程, 理论模型的描述一般与真实的物理过程存在偏差, 从而导致 $\varepsilon_{\mathrm{sel}}$

的另一项误差 $\sigma_{\mathrm{dis}}(\varepsilon_{\mathrm{sel}})$. 显然, $\sigma_{\mathrm{dis}}(\varepsilon_{\mathrm{sel}})$ 与 $\sigma_{\mathrm{st}}(\varepsilon_{\mathrm{sel}})$ 不相关联, 即有

$$\sigma^2(\varepsilon_{\mathrm{sel}}) = \sigma_{\mathrm{st}}^2(\varepsilon_{\mathrm{sel}}) + \sigma_{\mathrm{dis}}^2(\varepsilon_{\mathrm{sel}}). \tag{3.1.18}$$

$\sigma_{\mathrm{dis}}(\varepsilon_{\mathrm{sel}})$ 的估计可以这样来考虑. 对于信号事例, 各特征变量本征值的分布一般有精确的理论描述或预期, 由此构成的拟合变量的本征值 (例如 2.2.5 节 $\psi' \to \mathrm{X}$ 的分支比测量中拟合变量 $M_{\gamma\gamma}$ 相对应的本征值 $M'_{\gamma\gamma}$) 的分布是其真值的相当精确的近似. 当考虑探测器对拟合变量实验分辨的效应时, 利用信号事例产生子产生足够多的 MC 模拟事例, 如果探测器模拟和探测器原始数据的刻度和重建足够准确, 经过与实验相同的事例判选流程所获得的拟合变量的实验分布函数中的信号事例的概率密度函数 (例如式 (2.2.29) 中的 f_{s}) 是其真值的相当精确的近似. 这种情形下 $\sigma(\varepsilon_{\mathrm{sel}}) \cong \sigma_{\mathrm{st}}(\varepsilon_{\mathrm{sel}})$ 是足够好的近似.

$\sigma_{\mathrm{dis}}(\varepsilon_{\mathrm{sel}})$ 的确定是相当困难的, 因为利用截断法判选信号事例时, 对于多个特征变量进行了截断选择, 如果理论模型的各特征变量的分布与真实的信号过程的相应分布有差别, 则截断选择会导致信号判选效率的差别. 理论模型的各特征变量的分布容易获得, 问题在于真实的信号过程的相应分布如何获得. 事实上, 真实的信号过程的相应分布是未知的, 因为真实的信号过程恰恰是我们当前正在研究的对象.

信号模拟分布–近似实验分布对比法是确定 $\sigma_{\mathrm{dis}}(\varepsilon_{\mathrm{sel}})$ 的方法之一. 让描述本底过程的单举产生子产生的事例数与实验积分亮度等价 (亮度归一), 这些事例通过探测器模拟以及与实验相同的事例判选流程后得到模拟观测本底事例集 (其定义见 2.2.5 节). 将实验数据的观测事例集的特征变量分布扣除模拟观测本底事例集的特征变量分布视为该特征变量的信号近似实验分布, 将后者与模拟观测信号事例集的特征变量分布的差别导致的信号判选效率 $\varepsilon_{\mathrm{sel}}$ 的差别作为 $\varepsilon_{\mathrm{sel}}$ 的系统误差. 这种做法有两个缺陷. 其一, 描述本底过程的单举产生子一般而言比较粗糙, 因此, 只有在实验观测事例集中本底污染比较小的情形下使用该方法才比较可靠. 其二, 如果实验观测事例集样本量比较小, 该法确定的 $\sigma_{\mathrm{dis}}(\varepsilon_{\mathrm{sel}})$ 中包含了较大的统计涨落的贡献. 因此只有在实验观测事例集样本量充分大的情形下本方法才是实际可行的.

模型预期平均法是 $\sigma_{\mathrm{dis}}(\varepsilon_{\mathrm{sel}})$ 的另一种确定方法, 该方法仅适用于对于所测量的信号过程的理论描述很不精确、又存在不同的理论模型的特殊情形. 利用不同的理论模型的事例产生子产生模拟数据, 求得不同的 $\varepsilon_{\mathrm{sel}}$ 值. 对于存在两种模型的情形, 如果有一种模型被已有的实验证明更为可靠或使用得更为广泛, 则其 $\varepsilon_{\mathrm{sel}}$ 值作为名义值, 两种模型的差值作为误差; 如果两种模型无从了解其可靠性的差别, 则它们的均值作为 $\varepsilon_{\mathrm{sel}}$ 的名义值. 对于多个理论模型的情形, $\varepsilon_{\mathrm{sel}}$ 名义值的获得与上述相同, 最大差值 (或差值之半) 作为 $\sigma_{\mathrm{dis}}(\varepsilon_{\mathrm{sel}})$. 这种方法的优点是原

则上 MC 模拟事例数可以产生得尽可能多, 以减小有限统计量造成的统计涨落的影响. 其缺陷是仅利用了理论模型 MC 模拟数据, 完全忽视了实验数据在确定系统误差中的作用. 一般地, 该方法在满足条件的控制样本无法得到的情形下才会使用.

因为利用截断法判选信号事例时, 对于多个特征变量进行了截断选择, 因此对于每个特征变量的截断选择需要用适当的方法估计其系统误差, 这些方法的种类可以是各不相同的. 这些特征变量之间可能相互关联或不关联, 相应地, 其系统误差可能相互关联或不关联. 在估计信号判选导致的总系统误差 $\sigma_{\mathrm{dis}}(\varepsilon_{\mathrm{sel}})$ 时, 需要考虑各个特征变量的关联性质 (见 3.1.5 节的讨论).

2. 信号和本底过程理论模型的不确定性导致的误差

高能物理实验需要通过拟合区间内的候选信号事例的特征变量 u(拟合变量) 的实验数据与式 (2.2.29) 所示的理论模型 $f(u,\boldsymbol{\theta}) = w_{\mathrm{S}}f_{\mathrm{S}}(u,\boldsymbol{\theta}_{\mathrm{S}}) + (1-w_{\mathrm{S}})f_{\mathrm{B}}(u,\boldsymbol{\theta}_{\mathrm{B}})$ 之间的拟合来完成. 2.2.6 节已经介绍了理论模型 $f_{\mathrm{S}}(u,\boldsymbol{\theta}_{\mathrm{S}})$ 和 $f_{\mathrm{B}}(u,\boldsymbol{\theta}_{\mathrm{B}})$ 的不确定性导致的 n_{S} 的系统误差 $\sigma_{n_{\mathrm{S}},\mathrm{sys}}$ 的求解方法. 现在介绍本底模型理论的选择方法.

确定本底分布的常用方法之一是利用单举 (inclusive)MC 模拟数据, 即实验中反应所产生的信号事例之外的一切事例的 MC 模拟数据. 这种模拟可利用不同的理论模型, 或同一模型的不同参数的产生子. 在无法确定哪一个产生子产生的事例具有更合理的本底分布, 而它们与实验观测的本底分布的符合程度 (利用 χ^2 检验) 又比较相近的情形下, 可以利用它们作为不同 $f_{\mathrm{B}}(u,\boldsymbol{\theta}_{\mathrm{B}})$ 的选项来构成不同的理论模型 $f(u,\boldsymbol{\theta})$.

确定本底分布的另一种常用方法是经验性的**边带区** (side band) 本底扣除法. 这种情形下假定信号峰下的本底与峰两侧的边带区的本底服从同一形式的函数分布. 这一假设可以利用大样本的本底单举 MC 模拟数据加以验证, 如果在信号峰下出现异常还可以对此加以修正. 这种函数分布的选择是经验性的, 具有不确定性; 同样, 边带区不同宽度的选择带有经验性. 通常利用不同的边带区宽度、不同的本底函数形式作为 $f_{\mathrm{B}}(u,\boldsymbol{\theta}_{\mathrm{B}})$ 的选项来构成不同的理论模型 $f(u,\boldsymbol{\theta})$, 例如利用三阶 (到变量的平方项) 和四阶 (到变量的立方项) 多项式都可以拟合类似的平滑本底而获得合理的 χ^2 值. 边带区本底扣除法的优点在于利用了实验数据来确定本底的形状, 它消除了本底单举 MC 模拟中的不精确性导致的误差, 并自动包含了 2.2.2 节中提到的探测器电子学噪声和束流管道中粒子束流–气体相互作用对本底的贡献, 这一贡献利用单举 MC 模拟数据描述本底是难以做到的.

从以上讨论可以看到, 信号和本底分布理论模型的确定与信号效率的确定是不相关联的, 因而理论模型函数 $f_{\mathrm{S}}(u,\boldsymbol{\theta}_{\mathrm{S}})$ 和 $f_{\mathrm{B}}(u,\boldsymbol{\theta}_{\mathrm{B}})$ 的不确定性导致的 n_{S} 的

系统误差 $\sigma_{n_\mathrm{S},\mathrm{sys}}$ 与信号探测效率的误差 $\sigma\left(\varepsilon_\mathrm{s}\right)$ 不相关联。

3. 计算待测物理量用到的外部输入参数的误差

除了信号和本底需要加以研究之外, 为了获得待测物理量, 还需要利用本项测量之外的若干外部参数. 例如测量 $\psi' \to \mathrm{X}$ 的分支比的公式 (2.2.28)

$$B\left(\psi' \to \mathrm{X}\right) = \frac{n_\mathrm{S}\left[\psi' \to \mathrm{X} \to \mathrm{Y}\right]}{N_{\psi'} \cdot Br\left(\mathrm{X} \to \mathrm{Y}\right) \cdot \varepsilon\left[\psi' \to \mathrm{X} \to \mathrm{Y}\right]}$$

中, $N_{\psi'}$ 和 $Br\left(\mathrm{X} \to \mathrm{Y}\right)$ 都是本项测量不能直接测量的外部输入参数, 其中的 Br $\left(\mathrm{X} \to \mathrm{Y}\right)$ 可以查粒子数据表 [1], $N_{\psi'}$ 则需要专门的研究加以确定. 显然, 这些外部输入参数的误差独立于本项研究中确定的 $\sigma\left(\varepsilon_\mathrm{s}\right)$ 和 $\sigma_{n_\mathrm{S},\mathrm{sys}}$.

4. 分析流程的输入/输出误差

实验数据经过完整的事例分析流程后求得的待测物理量值与其真值可能存在系统性的偏离. 这种偏离可以用输入/输出检验来确定, 即利用比例与真实数据相一致的 (信号 + 本底)MC 模拟样本通过探测器模拟和事例分析流程, 求得待测物理量输出值 C_out, 模拟样本的产生子中待测物理量输入值 C_in 为已知, 则分析流程对于待测物理量 C 的输入/输出 (相对) 误差定义为

$$\sigma_\mathrm{in/out}^\mathrm{rel} = \frac{|C_\mathrm{out} - C_\mathrm{in}|}{C_\mathrm{in}}. \tag{3.1.19}$$

C_in、C_out 之间出现偏差的原因十分复杂, 而且与待测物理量本身的性质有关. 由于 C_in、C_out 之间出现偏差牵涉整个分析流程, 因此与许多环节相关联. 对于如能量、动量、时间等物理量的测量, 偏差的出现与实验的刻度、重建软件系统中用到的探测器刻度常数的准确性、实验束流能量测量准确性直接相关. 这类偏差一般与事例分析的拟合模型和拟合程序相独立或者相关性很小. 与此不同, 对于信号或本底事例数的确定, 偏差的出现与拟合模型的准确性、拟合程序的无偏性直接相关.

为了避免这种可能存在的系统性偏离, 一般需要做两项检查. 首先, 比例与真实数据相一致的 (信号 + 本底)MC 模拟样本量应当尽可能大, 比如等于实验数据的 10 倍或以上, 检查与待测物理量相关的各个测量值的分布, 理解并比较各个分布的重要特征. 实验数据与 MC 模拟的各个分布的性质必须在统计涨落范围内一致. 如果发现不一致, 必须找出原因, 并通过适当的修改 (例如修改探测器刻度常数、修改拟合模型和拟合程序等) 以达到两者统计意义上的一致. 完成这项工作一般能大大减小原先存在的系统性偏差. 其次, 还需要做另一项检查. 对于拟合程序导致的偏差, 当统计量增大时, 这类偏差会减小, 所以大统计量 MC 的检查对这

类偏差不敏感. 为此, 需要产生大量 (例如 20~100 组)MC 模拟样本, 每一模拟样本的事例数与实验样本事例数相近. 由这些 MC 模拟样本所获得的待测参数输出值形成一个分布, 该分布的期望值才是正确的参数输出值 C_{out}. 如果拟合程序无偏, $C_{\text{out}} \pm \sigma_{C_{\text{out}}}$ 应当与 C_{in} 在误差范围内一致. 可以由两种方法来处理分析流程的输入/输出误差, 一种是利用式 (3.1.19) 作为实验对于 C 的输入/输出误差; 另一种是对实验输出值 $C_{\text{out}}^{\text{ex}}$ 进行修正:

$$\tilde{C}_{\text{out}}^{\text{ex}} = C_{\text{out}}^{\text{ex}} - C_{\text{out}}^{\text{MC}} + C_{\text{in}}^{\text{MC}} \tag{3.1.20}$$

将修正值 $\tilde{C}_{\text{out}}^{\text{ex}}$ 作为物理量的实验测定值, 这将大大减小或基本消除 C 的输入/输出误差.

　　在确定分析流程的输入/输出误差的过程中, 信号探测效率、本底事例期望值和外部输入参数应该利用同一组固定常数, 这时, 分析流程的输入/输出误差导致的待测物理量系统误差与信号探测效率的误差、本底事例期望值的误差、外部输入参数的误差导致的待测物理量系统误差相互之间是弱关联或相互独立的, 这对于各类系统误差合并为总的系统误差带来了很大的方便.

3.1.5　误差的合并

　　大多数情形下, 各类系统误差必须合并为总的系统误差, 然后与统计误差合并为总误差.

　　对于只测量一个物理量 y 的情形, 这种合并比较简单. 令 y 是 n 个测定值及误差已知的参数 $\boldsymbol{x} = (x_1, x_2, \cdots, x_n)^{\text{T}}$ 的函数, $\boldsymbol{x}$ 的测量误差由其协方差矩阵 $V(\boldsymbol{x})$ 表示:

$$V(\boldsymbol{x}) = \begin{pmatrix} \sigma_1^2 & \rho_{12}\sigma_1\sigma_2 & \cdots & \rho_{1n}\sigma_1\sigma_n \\ \rho_{21}\sigma_2\sigma_1 & \sigma_2^2 & \cdots & \rho_{2n}\sigma_2\sigma_n \\ \vdots & \vdots & \vdots & \vdots \\ \rho_{n1}\sigma_n\sigma_1 & \rho_{n2}\sigma_n\sigma_2 & \cdots & \sigma_n^2 \end{pmatrix}, \tag{3.1.21}$$

式中, σ_i 为 x_i 的误差; ρ_{ij} 为 x_i、x_j 间的关联系数. y 的方差可表示为

$$\sigma^2(y) \approx \sum_{i=1}^{n} \left(\frac{\partial y}{\partial x_i}\right)_{\boldsymbol{x}=\boldsymbol{\mu}}^2 \cdot \sigma_i^2 + 2 \sum_{i<j,j=2}^{n} \left(\frac{\partial y}{\partial x_i} \cdot \frac{\partial y}{\partial x_j}\right)_{\boldsymbol{x}=\boldsymbol{\mu}} \cdot \rho_{ij}\sigma_i\sigma_j, \tag{3.1.22}$$

式中, $\boldsymbol{\mu}$ 为 $\boldsymbol{x}$ 的期望值, 它是未知的, 实际计算时可用 $\boldsymbol{x}$ 的一组实验测量值作为近似. 例如, 对于相互关联的各特征变量的截断导致的误差合并为 $\sigma_{\text{dis}}(\varepsilon_{\text{sel}})$ 的情形, 可用该公式加以估计. 这种情形下, x_i 表示用于事例判选的第 i 个特征变量.

当各特征变量相互独立或不相关联时, y 的方差可表示为

$$\sigma^2\left(y\right) \approx \sum_{i=1}^{n} \left(\frac{\partial y}{\partial x_i}\right)^2_{\boldsymbol{x}=\boldsymbol{\mu}} \cdot \sigma_i^2. \tag{3.1.23}$$

又比如根据式 (2.2.28) 表示的过程 $\psi' \to X$ 的分支比测量中信号探测效率的误差、信号和本底分布的理论模型的不确定性导致 n_S 估计的系统误差、外部输入参数的误差、分析流程的输入/输出误差导致的分支比系统误差的合并属于这类情形. 可以看到, 式 (3.1.21) 的协方差矩阵 $V(\boldsymbol{x})$ 实际上表示的是冗余参数 $\boldsymbol{x} = (x_1, x_2, \cdots, x_n)^{\mathrm{T}}$ 的分布特性. 应用式 (3.1.23) 立即求得分支比 $B\left(\psi' \to X\right)$ 的系统误差:

$$\frac{\sigma_{\mathrm{B,sys}}^2}{B^2} = \frac{\sigma_{N_{\psi'}}^2}{N_{\psi'}^2} + \frac{\sigma_{Br}^2}{Br^2} + \frac{\sigma_\varepsilon^2}{\varepsilon^2} + \frac{\sigma_{n_S,\mathrm{sys}}^2}{n_S^2} + \left(\sigma_{\mathrm{in/out}}^{\mathrm{rel}}\right)^2. \tag{3.1.24}$$

统计误差与系统误差相互独立, 故总误差可表示为

$$\sigma_{\mathrm{t}}^2\left(y\right) = \sigma_{\mathrm{sta}}^2\left(y\right) + \sigma_{\mathrm{sys}}^2\left(y\right). \tag{3.1.25}$$

对于同一项分析同时测量 $m > 1$ 个物理量的情形, m 个测定量可用直接测定值矢量 $\boldsymbol{x}$ 的函数 $\boldsymbol{y} = (y_1, y_2, \cdots, y_m)^{\mathrm{T}}$ 表示

$$y_k = y_k(x_1, x_2, \cdots, x_n) = y_k(\boldsymbol{x}), \qquad k = 1, 2, \cdots, m. \tag{3.1.26}$$

m 个测定量的误差由协方差矩阵

$$V(\boldsymbol{y}) = SV(\boldsymbol{x})S^{\mathrm{T}} \tag{3.1.27}$$

确定. 其中, $m \times n$ 阶偏导数矩阵 S 的元素为

$$S_{ki} = \left(\frac{\partial y_k}{\partial x_i}\right)_{\boldsymbol{x}=\boldsymbol{\mu}}, \qquad k = 1, 2, \cdots, m; i = 1, 2, \cdots, n, \tag{3.1.28}$$

当利用式 (3.1.23) 或式 (3.1.27) 估计误差时, 需要知道偏导数 $\partial y/\partial x_i, i = 1, 2, \cdots, n$ 或 $\partial y_k/\partial x_i, k = 1, \cdots, m, i = 1, 2, \cdots, n$.

我们先讨论关联系数 ρ_{ij} 的确定. 对于利用特征变量截断法判选候选信号事例求得信号判选效率的情形, 特征变量 x_i 与 x_j 之间的关联系数 ρ_{ij} 可以利用 MC 模拟信号事例集经过事例判选后获得的候选信号事例集 (信号事例模拟观测事例

集) 的样本关联系数 R_{ij} 来估计

$$R_{ij} = \frac{\sum\limits_{k=1}^{K} x_{ik} x_{jk} - K \bar{x}_i \bar{x}_j}{\left(\sum\limits_{k=1}^{K} x_{ik}^2 - K \bar{x}_i^2 \right)^{1/2} \left(\sum\limits_{k=1}^{K} x_{jk}^2 - K \bar{x}_j^2 \right)^{1/2}}, \tag{3.1.29}$$

其中, K 是观测事例集事例数; x_{ik} 是第 k 个事例的特征变量 x_i 值; $\bar{x}_i$ 是 x_i 的样本平均

$$\bar{x}_i = \frac{1}{K} \sum_{k=1}^{K} x_{ik}. \tag{3.1.30}$$

利用有限事例数的事例集确定的样本关联系数 R 是有误差的. 为了估计 R 的误差 σ_R, 必须知道 R 或 R 的函数的分布特性. 任意两个随机变量的样本关联系数 R 的严格分布是未知的. 为此, 我们假定两个特征变量服从二维正态分布, 定义统计量

$$Z \equiv \frac{1}{2} \ln \frac{1+R}{1-R}. \tag{3.1.31}$$

当 K 充分大时, 有 (参见文献 [8] 第 182 页)

$$Z \sim N \left(\frac{1}{2} \ln \frac{1+\rho}{1-\rho} + \frac{\rho}{2(K-1)}, \frac{1}{K-3} \right), \tag{3.1.32}$$

即 Z 服从正态分布, 标准差为 $\sigma_Z = 1/\sqrt{K-3}$, 根据式 (3.1.31) 并利用误差传播公式, 立即可得

$$\sigma_R^{\text{rel}} \equiv \frac{\sigma_R}{R} = \frac{(1-R^2)\sigma_Z}{R} = \frac{(1-R^2)}{R\sqrt{K-3}}, \tag{3.1.33}$$

可见, 样本关联系数 R 的精度 σ_R^{rel}(相对误差) 大致反比于 $\sqrt{K}$. 因此当观测事例集事例数 K 不充分大时, 关联系数的估计值比较粗糙. 应当指出, 这一结果是在两个特征变量服从二维正态分布的假定下给出的, 这一假定与实际分布当然有差距, 但当 K 充分大时是一个好的近似, 给出了样本关联系数 R 精度的一个大致估计. 原则上, 模拟数据集样本量不受限制 (只要计算机机时容许). 根据式 (3.1.33), 容易求得 R 达到一定的精度 σ_R^{rel} 所需的模拟数据集样本量 K 的估计:

$$K = 3 + \left(\frac{1-R^2}{R\sigma_R^{\text{rel}}} \right)^2. \tag{3.1.34}$$

现在讨论偏导数 $\partial y / \partial x_i$ 的确定.

如果待测物理量 y 与特征变量 $\boldsymbol{x}$ 的函数关系已知, 可以求得偏导数 $\partial y / \partial x_i$. 不过实际情形中两者的显式函数关系往往是未知的, 这时可以利用数值差分作为偏导数的近似. 对于利用特征变量截断法判选候选信号事例的情形, 偏导数 $\partial y / \partial x_i$ 同样可以利用信号事例模拟观测事例集来估计. 如果候选信号事例集是对特征变量 $\boldsymbol{x}$ 进行单侧截断值 $\boldsymbol{x}^{\mathrm{cut}}$ 判选后获得的, 定义

$$
\begin{aligned}
\boldsymbol{x}_i^{\mathrm{cut}+} &= \left\{ x_1^{\mathrm{cut}}, \cdots, x_{i-1}^{\mathrm{cut}}, x_i^{\mathrm{cut}+}, x_{i+1}^{\mathrm{cut}}, \cdots, x_n^{\mathrm{cut}} \right\}, \\
\boldsymbol{x}_i^{\mathrm{cut}-} &= \left\{ x_1^{\mathrm{cut}}, \cdots, x_{i-1}^{\mathrm{cut}}, x_i^{\mathrm{cut}-}, x_{i+1}^{\mathrm{cut}}, \cdots, x_n^{\mathrm{cut}} \right\},
\end{aligned} \quad i = 1, 2, \cdots, n. \quad (3.1.35)
$$

式中, $x_i^{\mathrm{cut}+} = x_i^{\mathrm{cut}} + \Delta x_i, x_i^{\mathrm{cut}-} = x_i^{\mathrm{cut}} - \Delta x_i, \Delta x_i$ 为一小量. 在实际的数据分析中, Δx_i 的大小可取为特征变量 x_i 的测量误差 σ_i. 当 Δx_i 合理地小时, 近似地有

$$
\left(\frac{\partial y}{\partial x_i} \right)_{\boldsymbol{x}=\boldsymbol{x}^{\mathrm{cut}}} \cong \frac{y\left(\boldsymbol{x}_i^{\mathrm{cut}+}\right) - y\left(\boldsymbol{x}_i^{\mathrm{cut}-}\right)}{2\Delta x_i}, \quad i = 1, 2, \cdots, n. \quad (3.1.36)
$$

如果候选信号事例集是对特征变量 $\boldsymbol{x}$ 进行双侧截断值 $\boldsymbol{x}^{\mathrm{cut}} = \left[\boldsymbol{x}^{\mathrm{cut\_l}}, \boldsymbol{x}^{\mathrm{cut\_u}}\right]$ 判选后获得的, 定义

$$
\begin{aligned}
\boldsymbol{x}_i^{\mathrm{cut\_l}+} &= \left\{ \left[x_1^{\mathrm{cut\_l}}, x_1^{\mathrm{cut\_u}}\right], \cdots, \left[x_{i-1}^{\mathrm{cut\_l}}, x_{i-1}^{\mathrm{cut\_u}}\right], \right. \\
&\quad \left. \left[x_i^{\mathrm{cut\_l}+}, x_i^{\mathrm{cut\_u}}\right], \left[x_{i+1}^{\mathrm{cut\_l}}, x_{i+1}^{\mathrm{cut\_u}}\right], \cdots, \left[x_n^{\mathrm{cut\_l}}, x_n^{\mathrm{cut\_u}}\right] \right\}, \\
\boldsymbol{x}_i^{\mathrm{cut\_l}-} &= \left\{ \left[x_1^{\mathrm{cut\_l}}, x_1^{\mathrm{cut\_u}}\right], \cdots, \left[x_{i-1}^{\mathrm{cut\_l}}, x_{i-1}^{\mathrm{cut\_u}}\right], \right. \\
&\quad \left. \left[x_i^{\mathrm{cut\_l}-}, x_i^{\mathrm{cut\_u}}\right], \left[x_{i+1}^{\mathrm{cut\_l}}, x_{i+1}^{\mathrm{cut\_u}}\right], \cdots, \left[x_n^{\mathrm{cut\_l}}, x_n^{\mathrm{cut\_u}}\right] \right\}, \\
& i = 1, 2, \cdots, n.
\end{aligned} \quad (3.1.37)
$$

式中, $x_i^{\mathrm{cut\_l}+} = x_i^{\mathrm{cut\_l}} + \Delta x_i, x_i^{\mathrm{cut\_l}-} = x_i^{\mathrm{cut\_l}} - \Delta x_i.$ 以类似的方式定义

$$
\begin{aligned}
\boldsymbol{x}_i^{\mathrm{cut\_u}+} &= \left\{ \left[x_1^{\mathrm{cut\_l}}, x_1^{\mathrm{cut\_u}}\right], \cdots, \left[x_{i-1}^{\mathrm{cut\_l}}, x_{i-1}^{\mathrm{cut\_u}}\right], \left[x_i^{\mathrm{cut\_l}}, x_i^{\mathrm{cut\_u}+}\right], \right. \\
&\quad \left. \left[x_{i+1}^{\mathrm{cut\_l}}, x_{i+1}^{\mathrm{cut\_u}}\right], \cdots, \left[x_n^{\mathrm{cut\_l}}, x_n^{\mathrm{cut\_u}}\right] \right\}, \\
\boldsymbol{x}_i^{\mathrm{cut\_u}-} &= \left\{ \left[x_1^{\mathrm{cut\_l}}, x_1^{\mathrm{cut\_u}}\right], \cdots, \left[x_{i-1}^{\mathrm{cut\_l}}, x_{i-1}^{\mathrm{cut\_u}}\right], \left[x_i^{\mathrm{cut\_l}}, x_i^{\mathrm{cut\_u}-}\right], \right. \\
&\quad \left. \left[x_{i+1}^{\mathrm{cut\_l}}, x_{i+1}^{\mathrm{cut\_u}}\right], \cdots, \left[x_n^{\mathrm{cut\_l}}, x_n^{\mathrm{cut\_u}}\right] \right\}, \\
& i = 1, 2, \cdots, n.
\end{aligned} \quad (3.1.38)
$$

式中, $x_i^{\mathrm{cut\_u}+} = x_i^{\mathrm{cut\_u}} + \Delta x_i, x_i^{\mathrm{cut\_u}-} = x_i^{\mathrm{cut\_u}} - \Delta x_i.$ 当 Δx_i 合理地小时, 近似地有

$$
\begin{aligned}
\left(\frac{\partial y}{\partial x_i} \right)_{\boldsymbol{x}=\boldsymbol{x}^{\mathrm{cut}}} \cong &\frac{y\left(\boldsymbol{x}_i^{\mathrm{cut\_u}+}\right) - y\left(\boldsymbol{x}_i^{\mathrm{cut\_u}-}\right)}{2\Delta x_i} \\
&- \frac{y\left(\boldsymbol{x}_i^{\mathrm{cut\_l}+}\right) - y\left(\boldsymbol{x}_i^{\mathrm{cut\_l}-}\right)}{2\Delta x_i}, i = 1, 2, \cdots, n.
\end{aligned} \quad (3.1.39)
$$

对于同一项分析同时测量 $m > 1$ 个物理量的情形, 偏导数 $\partial y_k / \partial x_i (k = 1, \cdots, m)$ 可用类似的方法估计.

当观测事例集事例数 K 不充分大时, 偏导数估计会不精确. 因此, 需要用样本量充分大的信号事例模拟观测事例集来估计偏导数以改善其精度.

3.2　效率及其误差

3.2.1　探测器探测效率

在 1.2 节中我们已经阐明, 一个粒子穿过探测器时得到一次计数的概率称为探测效率 ε, 它等于二项分布的参数 $p = E(s)/n$, 其中 s 是探测器记到的计数, 服从参数 n、p 的二项分布随机变量, $E(s)$ 是 s 的期望值, n 是穿过探测器的粒子数. 现在我们从估计理论的观点来讨论探测效率问题. 将二项分布的概率表式 (1.2.4) 视为似然函数, 应用极大似然原理 (见 4.3 节) 容易求得 p 的极大似然点估计为 $\hat{s}/n$, $\hat{s}$ 是随机变量 s 的实验观测值. 因为有限次测量确定的 ε 是有误差的, 其误差可以利用二项分布的极限性质来估计. 当 n 充分大时 (实际测量效率时, 这一条件通常是满足的), 二项分布随机变量 s 逼近正态分布 [7]

$$s \sim N\left(\mu, \sigma^2\right), \quad \mu \to np, \quad \sigma^2 \to np(1-p).$$

则探测效率估计量 $\varepsilon = s/n$ 同样逼近正态分布

$$\varepsilon \sim N\left(\mu_\varepsilon, \sigma_\varepsilon^2\right), \quad \mu_\varepsilon \to p, \quad \sigma_\varepsilon^2 \to p(1-p)/n.$$

根据 5.1.2 节的讨论可知, 当参数 θ 的估计量 $\hat{\theta}$ 服从期望值 θ 的正态分布时, 参数测定值的标准误差 (standard error) 就等于 $\hat{\theta}$ 的标准差 (standard deviation). 故探测效率的标准误差为

$$\sigma_\varepsilon = \sqrt{\frac{p(1-p)}{n}} \cong \sqrt{\frac{\varepsilon(1-\varepsilon)}{n}} = \frac{\hat{s}}{n} \cdot \sqrt{\frac{1}{\hat{s}} - \frac{1}{n}}. \tag{3.2.1}$$

探测效率的相对误差则为

$$\sigma_\varepsilon^{\mathrm{rel}} \equiv \frac{\sigma_\varepsilon}{\varepsilon} = \sqrt{\frac{1}{\hat{s}} - \frac{1}{n}}. \tag{3.2.2}$$

应当指出, 式 (3.2.1) 表示的探测效率的标准误差是比较粗糙的, 特别是在 $\hat{s} = 0$、n 的极端情形下, 探测效率的标准误差变为 0, 这在物理上是不正确的. 关于探测效率标准误差的更深入的讨论参见 5.7 节.

3.2.2 粒子径迹探测效率

一条粒子径迹一般需用多层探测器来探测. 设一粒子径迹穿过 n 层探测器, 每层包含 m 个子层, 当每一层中至少有 k 个子层探测器有击中信号时, 就认为探测到了该粒子径迹. 求该粒子探测系统的粒子径迹探测效率及其误差 $\varepsilon_t \pm \sigma_t$.

(1) 各子探测器探测效率及其误差均不相等.

设第 i 层第 j 子层探测器效率为 ε_{ij}, 其误差为 σ_{ij}. 第 i 层的 m 个子层至少有 k 个探测器有击中信号的概率表示为 $P_i\left(r \geqslant k\right)$, 则径迹探测效率为

$$\varepsilon_t = \prod_{i=1}^{n} P_i\left(r \geqslant k\right), \tag{3.2.3}$$

对其求导则有

$$\frac{\partial \varepsilon_t}{\partial \varepsilon_{ij}} = \frac{\partial P_i\left(r \geqslant k\right)}{\partial \varepsilon_{ij}} \prod_{l=1, l\neq i}^{n} P_l\left(r \geqslant k\right). \tag{3.2.4}$$

应用误差传播公式, 考虑到 ε_{ij} 的独立性, 径迹探测效率 ε_t 的误差为

$$\sigma_t^2 = \sum_{i=1}^{n} \sum_{j=1}^{m} \left(\frac{\partial \varepsilon_t}{\partial \varepsilon_{ij}}\right)^2 \sigma_{ij}^2. \tag{3.2.5}$$

根据具体的 m, k 值, 容易写出 $P_i\left(r \geqslant k\right)$ 的具体表式, 例如, 当 $m=3, k=2$ 时, 有

$$P_i(r \geqslant 2) = \varepsilon_{i1}\varepsilon_{i2}\varepsilon_{i3} + \varepsilon_{i1}\varepsilon_{i2}\left(1-\varepsilon_{i3}\right) + \varepsilon_{i1}\varepsilon_{i3}\left(1-\varepsilon_{i2}\right)$$
$$+ \varepsilon_{i2}\varepsilon_{i3}\left(1-\varepsilon_{i1}\right), \quad i=1,2,\cdots,n. \tag{3.2.6}$$

据此可按照式 (3.2.3)~ 式 (3.2.6) 计算粒子径迹探测效率及其误差 $\varepsilon_t \pm \sigma_t$.

(2) 各子探测器探测效率及其误差相等, 即 $\varepsilon_{ij}=\varepsilon, \sigma_{ij}=\sigma$.

这种情形下, 每层内有 r 个子探测器成功探测 (有击中信号) 的概率服从参数 m, ε 的二项分布, 故每层内至少有 k 个子探测器成功探测的概率为

$$P_i\left(r \geqslant k\right) = P\left(r \geqslant k\right) = \sum_{r=k}^{m} C_m^r \varepsilon^r \left(1-\varepsilon\right)^{m-r}, \tag{3.2.7}$$

径迹探测效率为

$$\varepsilon_t = [P\left(r \geqslant k\right)]^n = \left[\sum_{r=k}^{m} C_m^r \varepsilon^r \left(1-\varepsilon\right)^{m-r}\right]^n. \tag{3.2.8}$$

式 (3.2.4) 变为

$$\frac{\partial \varepsilon_{\mathrm{t}}}{\partial \varepsilon_{ij}} = P^{n-1}\left(r \geqslant k\right)\frac{\partial P_i\left(r \geqslant k\right)}{\partial \varepsilon_{ij}},$$

式 (3.2.5) 变为

$$\sigma_{\mathrm{t}}^2 = \sum_{i=1}^{n}\sum_{j=1}^{m}\left(\frac{\partial \varepsilon_{\mathrm{t}}}{\partial \varepsilon_{ij}}\right)^2 \sigma_{ij}^2 = \sigma^2 P^{2(n-1)}\left(r \geqslant k\right)\sum_{i=1}^{n}\sum_{j=1}^{m}\left(\frac{\partial P_i\left(r \geqslant k\right)}{\partial \varepsilon_{ij}}\right)^2.$$

而

$$\frac{\partial P_i\left(r \geqslant k\right)}{\partial \varepsilon_{ij}} = C_{m-1}^{k-1}\varepsilon^{k-1}\left(1-\varepsilon\right)^{m-k},$$

故得到

$$\sigma_{\mathrm{t}} = \sigma\sqrt{nm}P^{(n-1)}\left(r \geqslant k\right)C_{m-1}^{k-1}\varepsilon^{k-1}\left(1-\varepsilon\right)^{m-k}. \tag{3.2.9}$$

例如，取 $n=3, m=3, k=2, \varepsilon=0.95$, 代入以上公式可得

$$P\left(r \geqslant 2\right) = 0.99275, \quad \varepsilon_{\mathrm{t}} = \left[P\left(r \geqslant 2\right)\right]^3 = 0.9784,$$

$$\sigma_{\mathrm{t}} = \sigma \times 3 \times 0.99275^2 \times 2 \times 0.95 \times 0.05 = 0.281\sigma.$$

可见径迹探测效率达到 97.84%, 其误差仅为子探测器探测效率误差 σ 的约 28%.

如果各子探测器探测效率及其误差均不相等, 但相互之间差别不大, 一种近似的简单做法是将加权平均 $\bar{\varepsilon}, \bar{\sigma}$ 代替式 (3.2.8) 和式 (3.2.9) 中的 ε, σ 即可求得 $\varepsilon_{\mathrm{t}}, \sigma_{\mathrm{t}}$:

$$\omega_{ij} = \frac{1}{\sigma_{ij}^2}, \quad \bar{\varepsilon} = \frac{\displaystyle\sum_{i=1}^{n}\sum_{j=1}^{m}\omega_{ij}\varepsilon_{ij}}{\displaystyle\sum_{i=1}^{n}\sum_{j=1}^{m}\omega_{ij}}, \quad \bar{\sigma} = \frac{1}{\sqrt{\displaystyle\sum_{i=1}^{n}\sum_{j=1}^{m}\omega_{ij}}}. \tag{3.2.10}$$

3.2.3   事例判选效率

我们应用某种事例判选规则, 从 n 个事例中判选出 r 个类信号事例, 对于总事例数 n 为常数和泊松变量两种情形分别讨论如下.

1. 总事例数 n 为常数

当我们用蒙特卡罗事例产生子来产生事例样本, 所产生的事例数 n 是可以人为确定的常数. 应用某种事例判选规则来判选事例, 事例或者被判为类信号事例, 或者被判为类本底事例. 显然类信号事例数 s 是服从参数 n, p 的二项分布随机变

量, 其中 p 是一个事例样本被判为一个类信号事例的概率, 即事例选择效率. 当 n 充分大, 用频率作为概率的近似, 即判选效率 $\varepsilon \cong \hat{s}/n$, ε 的误差和相对误差亦用式 (3.2.1) 和式 (3.2.2) 估计.

2. 总事例数 n 为泊松变量

这种情形是粒子物理实验中实际遇到的情形. 我们在 1.4 节中已经阐明, $t = 0$ 时刻 n_0 个不稳定粒子在 $t \to t + \Delta t$ 时间间隔内粒子衰变的计数 n 服从泊松分布; 无论是固定靶还是对撞机, 任何时间间隔内产生的特定反应事例数服从泊松分布. 因此, 不论我们用来确定某种信号事例判选效率的事例样本来自于粒子衰变还是粒子反应, 或者两者兼而有之, 事例样本总数总是泊松变量的一个观测值.

当总事例数 n 为一确定值时, 类信号事例数 s 由二项分布给出:

$$B(s; n, p) = \frac{n!}{s! b!} p^s q^b, \quad s + b = n, q = 1 - p,$$

其中, p 是一个样本事例判选为一个类信号事例的概率, 即事例判选效率; b 是类本底事例数. 对于总事例数 n 服从期望值 μ 的泊松分布的情形, 关于 3 个变量 s、b、n 的联合概率可表示为

$$P(s, b, n) = B(s; n, p) \cdot P(n; \mu)$$

$$= \frac{n!}{s! b!} p^s q^b \cdot \frac{1}{n!} \mu^n \mathrm{e}^{-\mu} = \left[\frac{1}{s!} (\mu p)^s \mathrm{e}^{-\mu p} \right] \cdot \left[\frac{1}{b!} (\mu q)^b \mathrm{e}^{-\mu q} \right]. \quad (3.2.11)$$

该式是对于变量 s(期望值 $\mu p \equiv \mu_s$) 和变量 b(期望值 $\mu q \equiv \mu_b$) 的两个泊松概率的乘积:

$$P(s, b, n) = P(s; \mu p) \cdot P(b; \mu q). \quad (3.2.12)$$

也就是说, 如果 s 和 b 是两个相互独立的泊松变量, 则立即可得出式 (3.2.12) 的概率表达式. 于是 {s 服从参数 n, p 的二项分布和 n 服从参数 μ 的泊松变量} 等价于 {s 和 b 为两个独立的、参数为 μp 和 μq 的泊松变量}. 式 (3.2.12) 指明了粒子物理实验中一个非常重要的、普遍适用的事实: 用任意一种确定的事例判选规则, 从事例数服从参数 μ 的泊松分布的样本中选出的类信号事例数是一个参数 μp 的泊松变量, 其中的二项分布参数 p 即是事例判选效率. 这种情形下, p 可表示为随机变量 s 和 n 的期望值之比:

$$p = \frac{\mu_s}{\mu_n}. \quad (3.2.13)$$

实验中如何利用实验测定值来估计判选效率 p 及其标准误差留待 5.7 节讨论.

3.3   粒 子 鉴 别

我们在第 2 章中讲到, 一个实验测量的数据分析的第一阶段是利用实验数据集判选出候选的信号事例. 实验中探测器直接测量的粒子只有有限的几种, 例如在 BES 实验中为 $\gamma, e^{\pm}, \mu^{\pm}, \pi^{\pm}, K^{\pm}, p, \bar{p}$. 对于特定的信号事例, 其末态的粒子种类和数量是特定的, 所以事例判选的第一步就是将包含这些特定末态粒子的事例从全部的实验数据集中遴选出来, 这恰恰是粒子鉴别需要完成的任务.

粒子鉴别的实现依赖于实验装置中用到的各种探测器. 粒子物理实验中常用的探测器通常包括径迹室、电磁量能器、飞行时间计数器、切连科夫计数器、外围的 μ 计数器、强子量能器等. 径迹室测量带电粒子径迹, 结合磁场的信息可给出相当精确的粒子动量值; 它还可以对带电粒子的电离能量损失进行多次测量, 由于在相同动量下不同的粒子有不同的电离能量损失值, 故后者可以作为粒子鉴别的一个特征变量. 电磁量能器测量粒子的沉积能量及其分布, 很容易将电磁簇射粒子 (e,γ) 与其他粒子区分开来. 飞行时间计数器测量粒子在某一径迹段中的飞行时间, 与动量和飞行距离的信息配合可算得粒子速度, 从而得到粒子质量 (即种类). 切连科夫计数器测量带电粒子速度, 从而鉴别粒子. 外围的 μ 计数器利用 μ 子的高贯穿性能来鉴别 μ 子. 强子量能器则利用强子的簇射特征来鉴别强子. 显然, 粒子鉴别需要用到多种探测器的信息, 粒子鉴别能力的强弱取决于具体的探测器种类及其性能. 原则上, 使用的探测器信息越多, 探测器的性能越好, 粒子鉴别能力越强, 即粒子鉴别的正确率越高, 误判率越低.

本节我们以北京谱仪 Ⅲ (BES Ⅲ)[30] 正负电子对撞实验为例来讨论粒子鉴别问题. 我们这里所指的粒子鉴别, 特指带电粒子 $e^{\pm}, \mu^{\pm}, \pi^{\pm}, K^{\pm}, p, \bar{p}$ 的鉴别, 不包括 γ 光子的鉴别, 因为 γ 光子很容易根据它在电磁量能器中的能量沉积信息和在径迹室中不留下径迹信息而加以确定. 粒子鉴别的目的, 是根据探测器测量到的一根带电径迹的特征参数, 确定该径迹是何种粒子产生的.

3.3.1   用于带电粒子鉴别的特征变量

BES Ⅲ 探测器的许多子探测器都分成桶部和端盖两部分. 为简单起见, 下面的讨论限于桶部的子探测器. 实验用于带电粒子鉴别的特征变量如下.

1. 径迹动量和飞行方向信息

43 层信号丝构成的漂移室测量带电粒子的飞行轨迹, 根据带电粒子在 BES Ⅲ 均匀螺线管 1T 磁场的偏转半径值 R 可确定其动量 p 和飞行方向的极角 ϑ:

$$p_t(\text{GeV}/c) = 3 \times 10^{-3} B(\text{T}) R(\text{cm}),$$
$$p = p_t/|\sin\vartheta|. \tag{3.3.1}$$

我们用径迹动量 p 和横动量 p_t 等价地表示其动量和飞行方向. 径迹在漂移室中的有效丝层击中数 N_{layer} 与 p 和 p_t 一起作为漂移室的特征变量用于粒子鉴别. 漂移室单层信号丝对于径迹位置的测定精度在垂直于正负电子束流的方向为 $130\ \mu m$, 由此使得动量的确定亦有误差, 当动量为 $p = 1\ GeV/c$ 时, 其相对误差为 $\sigma_p/p = 0.5\%$.

2. dE/dx 信息

所谓 dE/dx 是指带电粒子通过介质时的电离能量损失. 速度 β 的带电粒子通过介质时的平均电离能量损失由 Bethe-Bloch 方程描述:

$$-\frac{dE}{dx} = Kz^2 \frac{Z}{A\beta^2} \left\{ \frac{1}{2} \ln\left(\frac{2m_e c^2 \beta^2 \gamma^2 T_{max}}{I^2} \right) - \beta^2 - \frac{\delta}{2} \right\}, \tag{3.3.2}$$

式中各符号的定义见文献 [1]. 在薄层介质中, 特别是 BES 主漂移室的薄层气体介质中, 由于碰撞过程存在统计涨落, dE/dx 是很宽的 Landau 分布[31]. 单位电荷的带电粒子通过厚度为 t (g/cm^2) 的物质时, 其最可几能量损失由 Landau 公式给出:

$$E_{prob} = \frac{2\pi n e^4 t}{m_e v^2 \rho} \left\{ \ln\left(\frac{2m_e v^2 \left(2\pi n e^4 t / m_e v^2 \rho\right)}{I^2 \left(1 - \beta^2\right)} \right) - \beta^2 + 0.198 - \delta \right\}, \tag{3.3.3}$$

式中, n, ρ, I 和 t 分别为介质单位体积中的电子数、物质密度、平均电离电势和介质的有效厚度; e 和 m_e 分别为电子电荷和质量; $v = \beta c$ 为带电粒子速度; δ 为密度效应引起的修正. 对于特定的介质, 带电粒子的电离能损是其速度 β 的函数. 在同样的动量下, 不同粒子 (质量不同) 的速度 β 不同, 因而通过介质时其最可几能量损失也不相同, 这样就可以将 dE/dx 信息作为鉴别粒子的特征量.

对于 BES 主漂移室的工作气体 ($89\% Ar + 10\% CO_2 + 1\% CH_4$), 式 (3.3.3) 可简化为[32]

$$E_{prob} = \frac{125x}{\beta^2} \left(8.226 + \ln x + 2\ln \gamma - \beta^2 - \delta \right), \tag{3.3.4}$$

式中, x 是以 cm 为单位的气体取样厚度.

在 BES 实验中, 在主漂移室的 43 层信号丝层中对粒子径迹的 dE/dx 进行了多次测量, 这些测量值反映了 Landau 分布的形态. 去除 30% 的数值最高的 dE/dx 观测值, 将余下的观测值求平均, 可求得所谓的**截断平均值**. 实验研究发现[32], 截断平均值的分布近似为正态分布, 其相对宽度较小, 其最可几值与理论最可几值相一致. 因此在粒子鉴别中使用的实际上是 dE/dx 的归一化截断平均值, 即 1 cm 工作气体的截断平均值, 因为它具有更好的粒子鉴别精度, 它的正态分布性质在数据分析中更易于处理. 归一化截断平均值可作为 1 cm 工作气体的最可几电离能量损失 $(dE/dx)_{prob}$ 的很好的近似.

BES Ⅲ 漂移室的带电粒子脉冲幅度 PH 的动量分布如图 3.2 所示[33], PH 与 $(dE/dx)_{prob}$ 只差一个固定的常数因子. 图中每种粒子的分布均为有一定宽度的带状, 其宽度反映了电离能量损失的统计不确定性和探测器的有限探测能力, 称为 dE/dx 分辨, 其数值约为 6%~7%. 由图可见, 动量 0.2 GeV/c 以下的 e, μ, π 不能用 dE/dx 加以鉴别. 类似地, 动量 0.9 GeV/c 以上的 μ, π, K, 1 GeV/c 以上的 e, p, 以及 0.6 GeV/c 附近的 e, K 不能用 dE/dx 加以鉴别, 而 μ, π 之间由于质量过于接近, 在所有动量都不能用 dE/dx 加以鉴别.

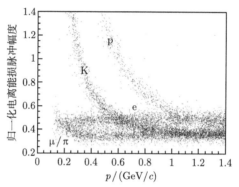

图 3.2　BES Ⅲ 漂移室的带电粒子脉冲幅度的动量分布

量 $\chi_{i,dE/dx}$ 用来定义测得的 $(dE/dx)_{prob}$ 相对于假设粒子为 i 的 $(dE/dx)_{prob}$ 预期值的偏离:

$$\chi_{i,dE/dx} = \frac{(dE/dx)_{meas} - (dE/dx)_{i,exp}}{\sigma_{i,dE/dx}}, \tag{3.3.5}$$

式中, $i =$ e, μ, π, K, p, (dE/dx) 指的是 $(dE/dx)_{prob}$, $\sigma_{i,dE/dx}$ 表示对于粒子 i 的 dE/dx 分辨. $\chi_{i,dE/dx}$ 近似地服从标准正态分布, 如果 $\chi_{i,dE/dx}$ 绝对值越小, 径迹为粒子 i 的可能性越大. 因此利用 $\chi_{i,dE/dx}$ 的值能够进行粒子鉴别. 粒子 i 的 $(dE/dx)_{prob}$ 预期值 $(dE/dx)_{t,exp}$ 及其分辨 $\sigma_{i,dE/dx}$ 可以利用粒子 i 的实验控制样本或蒙特卡罗模拟样本加以确定.

3. 飞行时间计数器信息

粒子的飞行时间 t_{TOF} 表示在谱仪对撞中心产生的粒子从开始飞行到击中飞行时间计数器 (TOF) 之间的时间间隔. TOF 测到的粒子速度 $\beta_{TOF}c$ 和质量平方

$m_{\rm TOF}^2$ 可由下式计算：

$$\beta_{\rm TOF} = \frac{L}{ct_{\rm TOF}}, \quad m_{\rm TOF}^2 = p^2 \frac{1 - \beta_{\rm TOF}^2}{\beta_{\rm TOF}^2}, \tag{3.3.6}$$

式中, L 是飞行距离, 由漂移室测得的径迹击中点拟合磁场作用下形成的螺旋线长度求得. 图 3.3 给出了 BES Ⅲ 的 TOF 系统对不同粒子的 $m_{\rm TOF}^2$ 随动量的分布. 由于 TOF 对飞行时间 $t_{\rm TOF}$ 的测量存在误差, 因此对同一种粒子, 该分布都是一条带, 带的宽度表征了测量精度, 它由 TOF 的时间分辨 (两层 TOF 的时间分辨测定值为 $\sigma_{\rm TOF} \leqslant (87.9 \pm 3.9)$ps) 决定. 显然, 对于不同的粒子, 其 $m_{\rm TOF}^2$ 是不同的, 因此 $m_{\rm TOF}^2$ 可作为粒子鉴别的特征量. 此外, 径迹击中 TOF 系统的 z 向位置 $z_{\rm TOF}$ 亦作为 TOF 系统提供的粒子鉴别特征量. 由图 3.3 可见, $m_{\rm TOF}^2$ 在图中所示的动量范围内对 e, μ, π 没有鉴别能力, 但能够将 p 和 K 与 e, μ, π 清晰地区分开来.

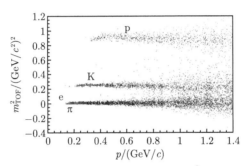

图 3.3　BES Ⅲ 的 TOF 系统对不同粒子的 $m_{\rm TOF}^2$ 随动量的分布

量 $\chi_{i,{\rm TOF}}$ 用来定义测得的飞行时间相对于粒子 i 的飞行时间预期值的偏离：

$$\chi_{i,{\rm TOF}} = \frac{t_{\rm meas} - t_{i,{\rm exp}}}{\sigma_{i,t_{\rm TOF}}}, \tag{3.3.7}$$

式中, $i = {\rm e}, \mu, \pi, {\rm K}, {\rm p}$,

$$t_{i,{\rm exp}} = L \left\{ \left(\frac{m_i}{p} \right)^2 + 1 \right\}^{1/2}. \tag{3.3.8}$$

$\chi_{i,{\rm TOF}}$ 近似地服从标准正态分布, 如果 $\chi_{i,{\rm TOF}}$ 绝对值越小, 径迹为粒子 i 的可能性越大. 因此利用 $\chi_{i,{\rm TOF}}$ 的值能够进行粒子鉴别. 粒子 i 的飞行时间预期值 $t_{i,{\rm exp}}$ 及其分辨 $\sigma_{i,t_{\rm TOF}}$ 可以利用粒子 i 的实验控制样本或蒙特卡罗模拟样本加以确定.

4. CsI(Tl) 电磁量能器信息

由 6272 块 CsI(Tl) 晶体构成的电磁量能器 (简写为 EMC) 可以对光子和带电粒子在其中的沉积能量进行测量. EMC 的能量分辨和空间分辨分别为 2.5% 和 0.6 cm(1 GeV 处). 不同的带电粒子在 EMC 的沉积能量不同, 因而在 EMC 中簇射形状不同, 这是 EMC 能够鉴别电子、μ 子与强子 (π, K, p) 的物理基础. 电子和正电子在量能器中由于电磁簇射几乎损失其全部能量, 因而其沉积能量–径迹动量比值 (E_{dep}/p) 接近于 1; 最小电离粒子 μ 正入射电磁量能器时其沉积能量约为 0.165 GeV(π 与其类似). 因此 E_{dep}/p 可以作为粒子鉴别的一个特征变量. 电磁簇射的形状可由以下几个特征量来表征:

E_{seed}: 带电粒子击中 EMC, 沉积能量最大的那块中心晶体中的沉积能量.

$E_{3\times3}$: 中心晶体周围 3×3 块晶体阵列中的沉积能量和.

$E_{5\times5}$: 中心晶体周围 5×5 块晶体阵列中的沉积能量和.

μ_2: 能量沉积的二阶中心矩, 定义为

$$\mu_2 = \frac{\sum_i E_i \cdot d_i^2}{\sum_i E_i}, \tag{3.3.9}$$

其中, E_i 是径迹在第 i 块晶体中的沉积能量, d_i 是该晶体与所有晶体沉积能量的重心之间的距离. 图 3.4 是 BES III 的 EMC 系统对粒子 e, μ, π 鉴别提供的信息的图示. 由图可见, 这几个特征量亦可用于粒子鉴别. 原则上, 与 dE/dx 和 TOF 类似, 可以构建量能器的 χ_i 变量来进行粒子鉴别.

5. μ 探测器信息

由 9 层阻性板室 (简称 RPC) 以及 8 层轭铁构成的 μ 探测器处于 BES III 的最外层, 每层阻性板室的平均探测效率为 95%, 空间分辨 (即粒子击中点的测量不确定性) 为 16.6 mm.

电子的能量几乎全部被量能器吸收, 不能到达 μ 探测器. 大部分强子穿过量能器后被第一层轭铁吸收; μ 子则有较强的穿透力而被 μ 探测器记录下来. 强子中的 π 有一定的概率能到达 μ 探测器, 但它的贯穿深度 L_{dep} 比 μ 子小. 一般 μ 子在一层阻性板室的读出条上只有一个击中, 而 π 如果在 μ 探测器中发生强子簇射则在一层中可有多次击中. 用 $n_{\mu hit}$ 表示 9 层阻性板室中最大的单层击中数, 因此 L_{dep} 和 $n_{\mu hit}$ 被用作鉴别粒子的特征量. 图 3.5 给出 BES III 的 μ 探测器系统对动量 0.8~1.5 GeV/c 范围内 μ, π 的 L_{dep} 和 $n_{\mu hit}$ 分布的信息.

原则上, 与 dE/dx 和 TOF 类似, 可以构建 μ 探测器的 χ_i 变量来进行粒子鉴别.

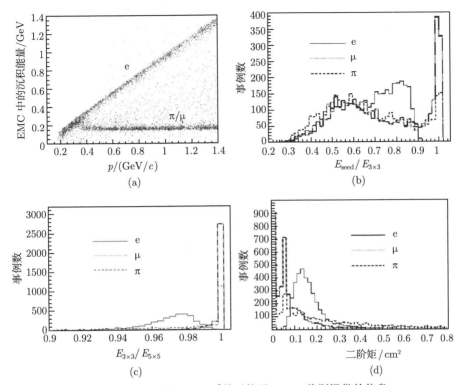

图 3.4 BES Ⅲ 的 EMC 系统对粒子 e,μ,π 鉴别提供的信息

(a) 沉积能量的动量分布; (b) $E_{\text{seed}}/E_{3\times 3}$ 的分布; (c) $E_{3\times 3}/E_{5\times 5}$ 的分布; (d) 二阶矩 μ_2 的分布

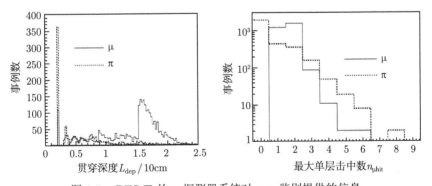

图 3.5 BES Ⅲ 的 μ 探测器系统对 μ,π 鉴别提供的信息

3.3.2 带电粒子鉴别的 χ^2 方法

设 $\chi_j\ (j=1,2,\cdots,n)$ 是 n 个独立的标准正态分布随机变量, 则它们的平方和 $\chi^2 = \sum_{j=1}^{n} \chi_j^2$ 服从自由度 n 的 χ^2 分布. 据 3.3.1 节的讨论, 如果同时利用 $\mathrm{d}E/\mathrm{d}x$ 和 TOF 进行粒子鉴别, 可以构建 $\chi_i^2 = \chi_{i,\mathrm{d}E/\mathrm{d}x}^2 + \chi_{i,\mathrm{TOF}}^2, i = \mathrm{e},\mu,\pi,\mathrm{K},\mathrm{p},$

由于 $\chi_{i,\mathrm{d}E/\mathrm{d}x}$ 和 $\chi_{i,\mathrm{TOF}}$ 均为标准正态分布随机变量, 故 χ_i^2 服从自由度 $n= 2$ 的 χ^2 分布. 如果径迹是粒子 i 所产生, 则相应的 χ_i^2 应该小. 因此, 可以根据 χ_i^2 $(i = \mathrm{e},\mu,\pi,\mathrm{K},\mathrm{p})$ 值的大小来判别粒子的种类. 例如, 满足以下条件的径迹可以判别为 K 介子:

$$\chi_{\mathrm{K}}^2 < \chi_{\mathrm{e}}^2, \chi_{\mu}^2, \chi_{\pi}^2, \chi_{\mathrm{p}}^2. \tag{3.3.10}$$

统计学上, χ^2 分布观测值为 χ_i^2 对应的**置信水平**或**置信概率** $\mathrm{CL}\left(\chi_i^2\right)$ 定义为

$$\mathrm{CL}\left(\chi_i^2\right) = \int_{\chi_i^2}^{\infty} P\left(x,n\right)\mathrm{d}x, \tag{3.3.11}$$

式中, $P\left(x,n\right)$ 是自由度 n 的 χ^2 分布的概率密度函数. 小的 χ_i^2 值对应于大的 $\mathrm{CL}\left(\chi_i^2\right)$, 所以式 (3.3.10) 的粒子鉴别条件亦可改写为

$$\mathrm{CL}_{\mathrm{K}} > \mathrm{CL}_{\mathrm{e}}, \mathrm{CL}_{\mu}, \mathrm{CL}_{\pi}, \mathrm{CL}_{\mathrm{p}}. \tag{3.3.12}$$

上述关系可以直接推广到任意多个独立鉴别变量 (n 为任意正整数) 的情形.

3.3.3　带电粒子鉴别的似然函数方法

一种子探测器对于每一种带电粒子的响应可以用特征变量的概率密度函数 (PDF) 来表征, 这些特征变量具有带电粒子鉴别能力, 如我们在 3.3.1 节中介绍的那些特征变量. 用符号 H 标志待鉴别的粒子种类, 即 $H = \mathrm{e}^{\pm},\mu^{\pm},\pi^{\pm},\mathrm{K}^{\pm},\mathrm{p},\bar{\mathrm{p}}$, 矢量 $\boldsymbol{y}$ 标记特征变量, 即 $\boldsymbol{y} = (\mathrm{d}E/\mathrm{d}x, \mathrm{TOF}, E_{\mathrm{dep}}/p,\cdots)$, 则 $P\left(\boldsymbol{y};p,H\right)\mathrm{d}\boldsymbol{y}$ 表示种类 H、动量 p 的一条径迹在探测器中测量值落在 $(\boldsymbol{y},\boldsymbol{y}+\mathrm{d}\boldsymbol{y})$ 内的概率. 依照 PDF 的定义, 对于任一种粒子, $P\left(\boldsymbol{y};p,H\right)$ 应当是归一的, 即

$$\int P\left(\boldsymbol{y};p,H\right)\mathrm{d}\boldsymbol{y} = 1, \quad H = \mathrm{e}^{\pm},\mu^{\pm},\pi^{\pm},\mathrm{K}^{\pm},\mathrm{p},\bar{\mathrm{p}}. \tag{3.3.13}$$

这里, 粒子动量 p 视为假设的一部分.

矢量 $\boldsymbol{y}$ 可以用来描述一种子探测器的一个特征变量或几个特征变量, 也可以同时描述多种子探测器的多个特征变量. 对于多个特征变量的情形, 不同的特征变量之间可能存在关联. 数据分析中最容易处理的情况是各特征变量相互独立或者关联很弱, 因此, 用于粒子鉴别的各特征变量应当按这样的要求去选择.

概率密度函数 $P\left(\boldsymbol{y};p,H\right)$ 可以利用控制样本数据来求得. 例如, 在 BES 实验中利用反应 $\mathrm{e}^+ + \mathrm{e}^- \to \mathrm{e}^+ + \mathrm{e}^- + \gamma$ 容易获得各种动量值的 $\mathrm{e}^+, \mathrm{e}^-$ 样本, 利用它们

在各子探测器中的特征变量值, 即可求得 e^+, e^- 的概率密度函数 $P(\boldsymbol{y}; p, H)$. 对于难以获得大量控制样本数据的粒子或动量范围, 可以利用蒙特卡罗模拟来求得相应的概率密度函数 $P(\boldsymbol{y}; p, H)$.

实验测量中, 种类 H、动量 p 的一条径迹在探测器中测量值为 $\boldsymbol{y}$ 的似然函数表示为 $L(H; p, \boldsymbol{y})$. 似然函数 $L(H; p, \boldsymbol{y})$ 与概率密度函数 $P(\boldsymbol{y}; p, H)$ 在函数形式上相同, 但含义有差别: 概率密度函数是特定假设 (p, H) 下观测值 $\boldsymbol{y}$ 的函数, 似然函数是特定动量和特定观测值 $(p, \boldsymbol{y})$ 下粒子种类 H 的函数. 因此, 如果观测到一条特定动量和特定观测值 $(p, \boldsymbol{y})$ 的径迹, 它对于不同的粒子种类有不同的似然值, 它们代表了该径迹来自于不同种类粒子的相对可能性的大小. 例如, 观测到一条动量和观测值 $(p_{\text{obs}}, \boldsymbol{y}_{\text{obs}})$ 的径迹, 该径迹来自于 K^+, π^+ 的相对可能性的大小可以用 $L(K^+; p_{\text{obs}}, \boldsymbol{y}_{\text{obs}}), L(\pi^+; p_{\text{obs}}, \boldsymbol{y}_{\text{obs}})$ 来表示. 在粒子鉴别中, 我们可以直接比较 $L(K^+; p_{\text{obs}}, \boldsymbol{y}_{\text{obs}}), L(\pi^+; p_{\text{obs}}, \boldsymbol{y}_{\text{obs}})$ 的大小来确定该径迹是 K^+ 还是 π^+, 或者对似然比

$$\frac{L(K^+; p_{\text{obs}}, \boldsymbol{y}_{\text{obs}})}{L(\pi^+; p_{\text{obs}}, \boldsymbol{y}_{\text{obs}})}, \quad \frac{L(K^+; p_{\text{obs}}, \boldsymbol{y}_{\text{obs}})}{L(K^+; p_{\text{obs}}, \boldsymbol{y}_{\text{obs}}) + L(\pi^+; p_{\text{obs}}, \boldsymbol{y}_{\text{obs}})} \tag{3.3.14}$$

设置某个截断值来判定该径迹是 K^+ 还是 π^+.

3.3.4 带电粒子鉴别的神经网络方法

1. 人工神经网络

人工神经网络 [34] 是对人脑神经网络的结构、特性以及功能进行理论抽象、简化和模拟而构建的一种信息处理系统, 是由大量人工神经元通过丰富和完善的连接而构成的自适应非线性动态系统. 多层前向神经网络是其中发展较早且应用广泛的一种, 在粒子鉴别中也得到了广泛的应用.

图 3.6 是一个四层前向神经网络结构示意图, 图中的圆圈表示人工神经元. 第一层为输入层, 最后一层为输出层, 中间各层为隐含层, 可以有多个隐含层. 输入层的神经元为输入节点, 其他各层为计算单元. 输入节点的个数与用于粒子鉴别的特征变量维数 n 相等, 它们直接将 n 个输入变量值传输到下一层的各个神经元. 每个计算单元可接受前一层所有节点的输入, 但只有一个输出, 该输出耦合到下一层的所有神经元. 同一层内的节点之间没有相互作用. 输出层神经元的个数等于待识别的模式的种类数 c. 对于 $c=2$ 的两类模式识别问题, 输出层神经元的个数可以为 1, 其二值输出 $(0,1)$ 或 $(-1,+1)$ 表示两种不同模式的判别结果. 隐含层的节点数没有明确的规则可以遵循, 一般来说, 问题越复杂, 需要的单元数越多. 对于第 k 层的第 j 个神经元, 它接受第 $k-1$ 层的 n_{k-1} 个输入值 $x_i^{k-1}(i=$

$1, 2, \cdots, n_{k-1}$), 给第 $k+1$ 层的每个神经元以输出值 x_j^k:

$$x_j^k = A \left(w_{0j}^k + \sum_{i=1}^{n_{k-1}} w_{ij}^k \cdot x_i^{k-1} \right), \tag{3.3.15}$$

其中, w_{ij}^k 表示 $k-1$ 层的神经元 i 与 k 层的神经元 j 之间的连接权值; w_{0j}^k 表示 k 层的神经元 j 的阈值; A 称为激活函数, 表示神经元对于输入值的响应, 典型的激活函数为 Sigmoid 函数

$$A(s) = \frac{1}{1 + e^{-s}}, \tag{3.3.16}$$

它的形状见图 3.7.

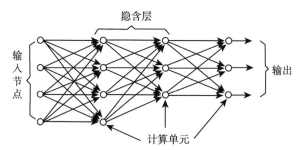

图 3.6   四层前向神经网络结构示意图

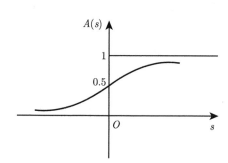

图 3.7   Sigmoid 激活函数

当输入某个类别已知的样本的特征输入向量 $\boldsymbol{x} = (x_1, x_2, \cdots, x_n)^{\mathrm{T}}$ 时, 神经网络计算的结果为输出层的单元 r 的输出值, 用 O_r 表示. 假定我们期望此样本的输出值用 $\hat{O}_r$ 表示, 神经网络对于此样本的输出误差 E 可表示为

$$E = \sum_{r=1}^{c} E_r = \sum_{r=1}^{c} \frac{1}{2} \left(O_r - \hat{O}_r \right)^2. \tag{3.3.17}$$

我们的目标是寻找一组各层 (包括隐含层和输出层) 的权矩阵 $\boldsymbol{w}_{ij}^k$ ($i = 0, 1, \cdots,$ $n_{k-1}; j = 1, 2, \cdots, J_k; k = 2, 3, \cdots, K$), 使得误差目标函数 E 达到极小. 其中 n_{k-1} 表示 $k-1$ 层神经元的个数, J_k 为第 k 层的神经元个数, K 为神经网络的层数. 权矩阵的选择和调整的要求是, 用已知类别的样本集作为训练集, 当输入 r 类样本时, 网络输出层第 r 单元的输出值 $O_r = 1$, 其他单元的输出值为零. 这一过程称为神经网络的学习或训练过程.

多层前馈网络的学习算法比较复杂, 其主要困难在于中间的隐含层不直接与网络的输出连接, 无法直接计算其误差. 为了解决这一问题, 提出了误差逆传播 (Back-Propogation, BP) 算法 [35]. 其主要思想是从后向前 (逆向) 传播输出层的误差, 以间接算出隐含层的输出误差. 算法分为两个阶段: 第一阶段 (正向过程), 输入信息从输入层经过隐含层到输出层逐层计算各单元的输出值; 第二阶段 (误差逆传播过程), 输出误差逐层从后向前算出隐含层各单元的输出误差, 并用此误差修正各层之间的权值. 利用误差逆传播算法的多层前馈网络常称为 BP 网络. 已经证明, 利用 Sigmoid 函数作为激活函数的三层 BP 网络可以以任意精度逼近任意连续函数. 也就是说, 三层 BP 网络原则上可以解决任意非线性的分类问题. 这是 BP 网络的一个显著优点, 也使得它在分类器中得到广泛的应用.

2. 带电粒子鉴别的神经网络的架构

为了鉴别 e, μ, π, K, p 五类粒子, 基于物理考虑和网络运行的有效性, BES III 的粒子鉴别被分成三个部分: μ 子的判选, 电子的判选, 以及强子之间的鉴别. BES III 的粒子鉴别采用了一种新的网络架构, 即首先将各子探测器的信息单独处理, 然后再耦合在一起, 给出被判别粒子的种类. 其优点是降低了网络的规模, 而且避免了不同探测器信息之间虚假关联的产生. 整个网络分为初级和次级两层 (见图 3.8). 初级网络有 4 个子网络 $N_{dE/dx}$、N_{TOF}、N_{EMC}、N_{MUC}, 编号 1、2、3、4, 分别处理 4 个子探测器各自的粒子鉴别信息, 并产生相应的关于粒子种类的输出信息 $O_{dE/dx}$、O_{TOF}、O_{EMC}、O_{MUC}. 这些输出作为次级网络的输入. 次级网络有 9 个子网络 N_d、N_{dt}、N_{de}、N_{dm}、N_{dte}、N_{dtm}、N_{dem}、N_{dtem}、N_{em}, 编号 5、6、7、8、9、10、11、12、13, 它们关于粒子种类的输出结果分别表示为 O_d、O_{dt}、O_{de}、O_{dm}、O_{dte}、O_{dtm}、O_{dem}、O_{dtem}、O_{em}. 对于 e, μ, π, K, p 五类粒子, 这 13 个子网的期望输出值分别为 1、2、3、4、5. 但是由于性能的局限, 实际输出对于期望输出存在偏离. 偏离越小, 网络的粒子鉴别性能越好. 12 个子网都是包含一个隐含层的前馈网络, 采用误差逆传播算法, 激活函数采用 Sigmoid 函数. 唯一的例外是 5 号子网, 它是没有隐含层的单层网络. 13 个子网的有关参数见表 3.1.

进一步, 子网络 8、10~13 用于 μ 子的判选, 子网络 7、9 用于电子的判选, 子网络 5、6 用于强子之间的鉴别. 后面将会讲到, 经过测试, 最终是用粒子鉴别性能最优的子网络 13、9、6 实行 μ 子、电子的判选和强子之间的鉴别, 它们的输出作为整个网络关于粒子种类的结果 O_{mu}、O_{electron} 和 O_{hadron}. 这些输出值经过最后的判选被确定为 5 类粒子, 即输出值在 0.1~1.4 之间判为电子, 在 1.8~2.3 之间判为 μ 子, 在 2.5~3.5 之间判为 π, 在 3.5~4.5 之间判为 K, 大于 4.5 判为质子.

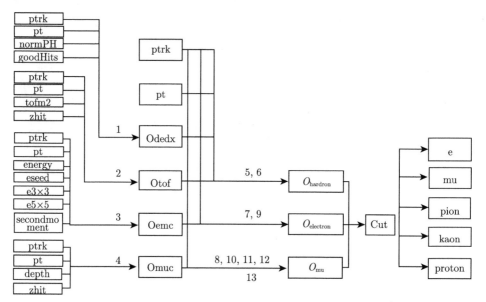

图 3.8   BESⅢ 的粒子鉴别网络的架构

表 3.1   BES Ⅲ 粒子鉴别神经网络的 13 个子网的参数

编号	子网名称	训练样本粒子种类	输入特征变量	隐含层神经元数目
1	$N_{\mathrm{d}E/\mathrm{d}z}$	e, μ, π, K, p	$p, p_t, \mathrm{PH}, N_{\mathrm{layer}}$	20
2	N_{TOF}	e, π, K, p	$p, p_t m_{\mathrm{TOF}}^2, z_{\mathrm{TOF}}$	8
3	N_{EMC}	e, μ, π	$p, p_t, E_{\mathrm{seed}}, E_{3\times3}, E_{5\times5}, \mu_2$	10
4	N_{MUC}	μ, π	$p, p_t, L_{\mathrm{dep}}, n_{\mu\mathrm{hit}}$	8
5	N_{d}	π, K, p	$O_{\mathrm{d}E/\mathrm{d}x}$	0
6	N_{dt}	π, K, p	$p, p_t, O_{\mathrm{d}E/\mathrm{d}x}, O_{\mathrm{TOF}}$	8
7	N_{de}	e, μ, π	$p, p_t, O_{\mathrm{d}E/\mathrm{d}x}, O_{\mathrm{EMC}}$	8
8	N_{dm}	μ, π	$p, p_t, O_{\mathrm{d}E/\mathrm{d}x}, O_{\mathrm{MUC}}$	8
9	N_{dte}	e, μ, π	$p, p_t, O_{\mathrm{d}E/\mathrm{d}x}, O_{\mathrm{TOF}}, O_{\mathrm{EMC}}$	10
10	N_{dtm}	μ, π	$p, p_t, O_{\mathrm{d}E/\mathrm{d}x}, O_{\mathrm{TOF}}, O_{\mathrm{MUC}}$	10
11	N_{dem}	μ, π	$p, p_t, O_{\mathrm{d}E/\mathrm{d}x}, O_{\mathrm{TOF}}, O_{\mathrm{MUC}}$	10
12	N_{dtem}	μ, π	$p, p_t, O_{\mathrm{d}E/\mathrm{d}x}, O_{\mathrm{TOF}}, O_{\mathrm{EMC}}, O_{\mathrm{MUC}}$	12
13	N_{em}	μ, π	$p, p_t, O_{\mathrm{EMC}}, O_{\mathrm{MUC}}$	8

注: 名称带有波浪下划线的子网被最终用于粒子鉴别.

前面已经提到, 12 个子网都是包含一个隐含层的前馈网络, 隐含层神经元个数的确定要考虑诸多因素, 如输入输出神经元的个数、训练样本的大小、学习所要逼近的函数复杂程度、网络的具体架构、网络算法等. 采用的准则是在不降低粒子鉴别效果的前提下利用尽可能少的隐含层神经元数目. 通过实际的测试, 采用一个 "$2n$" 规则, 即隐含层神经元数目等于输入层神经元个数 (即输入特征变量个数) 的 2 倍. 除了对子网 1 的隐含层神经元数目作了专门的调整, 其他子网隐含层神经元数目都符合这一规则.

3. 网络的训练和粒子鉴别效果

各子网所用的训练样本的粒子种类已经列于表 3.1, 它们是根据各子探测器的鉴别能力和不同粒子在该子探测器中容易混淆的程度而决定的. 子网的训练样本是每种粒子样本量 50000 (区分正、反粒子), 在 0.1~1.6 GeV/c 动量区间和 $\cos\vartheta$ (−0.83~0.83) 方向区间内随机地产生均匀分布的单个粒子. 用训练样本确定了 13 个子网各自的连接权和阈值后, 用与训练样本同样数量、同样性质, 但随机数种子不同的检测样本来检测网络的性能.

4 个初级子网的粒子鉴别性能见图 3.9. 由图可见, 子网 $N_{\mathrm{d}E/\mathrm{d}x}$ 对于 μ 和 π 几乎没有鉴别能力, 对于 e, μ/π, K, p 有鉴别能力, 但其鉴别能力在不同的动量处有所不同. 在 200 MeV 附近 e, μ/π 混淆在一起, 600 MeV 附近 e, μ/π, K 混淆在一起, 1200 MeV 附近 μ/π, K, p 混淆在一起. 子网 N_{TOF} 同样对于 μ 和 π 几乎没有鉴别能力, 但对 600 MeV 以下 e, μ/π 的鉴别有重要贡献, 同时具有很强的 e/μ/π, K, p 鉴别能力, 特别对于质子, 其输出值非常接近于期望值 5. 子网 N_{EMC} 对于 400 MeV 以上的 μ 和 π 具有较好的分辨能力. 对于 300 MeV 以上的电子, 其输出值非常接近于期望值 1, 可以与 μ 和 π 清晰地区分开来. 子网 N_{MUC} 对于 500 MeV 以上的 μ 和 π 具有较好的分辨能力. 其下界 500 MeV 是由于只有动量高于此值的 μ 子才能穿透 μ 子探测器前面的物质.

对于次级子网的检测结果表明, 用于 μ 子判选的子网络 8、10~13 中, 子网络 13 即 N_{em} 性能最优. 判选电子的子网络 7、9 中, 子网络 9 即 N_{dte} 性能较好. 用于强子之间鉴别的子网络 5、6 中则选用鉴别能力强的 6 号子网 N_{dt}. 这 3 个子网的鉴别性能见图 3.10. 我们注意到, 这 3 个子网对于 e, μ, π, K, p 5 类粒子的输出值随着动量的变化比 4 个初级子网要平稳得多, 而且相当接近它们的期望值 1、2、3、4、5, 这是由于综合了各子网的粒子鉴别能力后, 大大提高了整个网络的粒子鉴别的正确性和稳定性.

最后次级网络的输出作为整个网络关于粒子种类的输出值, 用 5 类粒子的检测样本确定了粒子种类的判据为: 输出值在 0.1~1.4 之间判为电子, 在 1.8~2.3 之间判为 μ 子, 在 2.5~3.5 之间判为 π, 在 3.5~4.5 之间判为 K, 大于 4.5 判为质子. 依照这样的判据, 网络对于 e, μ, π, K, p 五种粒子的判选效率和误判率如图 3.11 和图 3.12 所示. 由图可见, 当动量高于 800 MeV 时, μ 子的判选效率约 90%, 来自 π 的污染率约 5% 并随动量的增加而减小, 来自 K 的污染率随动量的增加而增大.

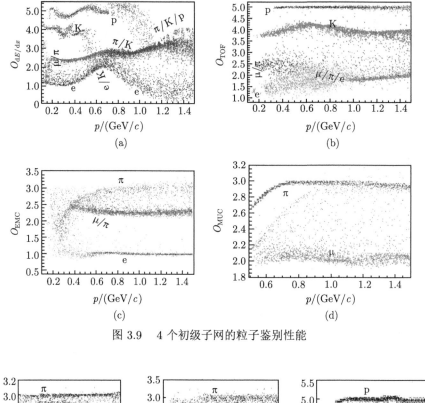

图 3.9　4 个初级子网的粒子鉴别性能

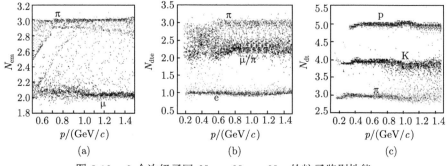

图 3.10　3 个次级子网 N_{em}、N_{dte}、N_{dt} 的粒子鉴别性能

对于电子的判选从动量 200 MeV 开始效率即达 90%, 并随动量的增加而增大. 在动量 0.25~1.5 GeV 范围内, 来自 π 的污染率小于 1%. 对于强子的鉴别中, 质子的判选效率在整个动量范围内接近 100%, 来自 π 和 K 的污染率很小; π 和

K 在低动量端 (<0.9 GeV) 有相当高的判选效率, 相互之间的污染率比较低; 但随着动量的增加, 效率逐渐降低而相互间的污染率增大.

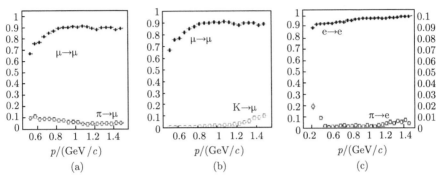

图 3.11 BES Ⅲ 粒子鉴别网络对 μ 和 e 的判选效率和误判率

(c) 中, π 误判为 e 的误判率由图右侧的纵坐标数字给定

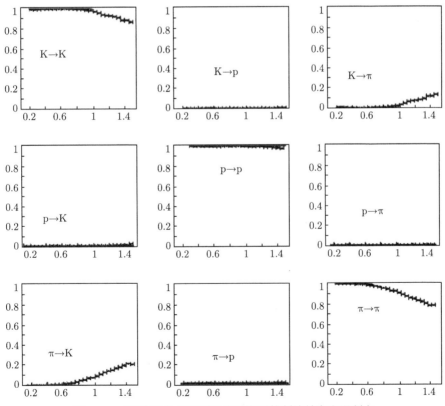

图 3.12 BES Ⅲ 粒子鉴别网络对强子的判选效率和误判率

横坐标为粒子动量 p(单位 GeV/c)

3.4   实 验 分 布

设用某种装置测量某个物理量, 且该物理量是个随机变量, 它所服从的分布称为原分布. 由于实验测量存在误差, 或测量装置对该物理量的探测效率不等于 1, 实验测到的数据不能直接反映原分布的行为. 只有考虑导致原分布发生畸变的诸因素, 对原分布作适当的修正得到**实验分布**, 才能与测量数据进行比较. 因此, 实验分布是原分布和导致测量畸变诸因素的分布的某种叠加. 本节将简要讨论测量数据与实验分布的比较和拟合.

3.4.1   实验分辨函数

原分布畸变的重要来源之一是测量误差. 由于测量误差的存在, 对于物理量的真值 x, 测定值 x' 可能与 x 不同. 我们用**实验分辨函数** $r(x, x')$ 描述测量误差, 它表示待测量真值为 x 而得到测定值为 x' 的概率. $r(x, x')$ 是归一化的, 即对于任意 x 满足

$$\int_{\Omega_{x'}} r(x, x')\mathrm{d}x' = 1, \tag{3.4.1}$$

其中, $\Omega_{x'}$ 表示 x' 的值域. 当实验测量的物理量是一随机变量 X 时, 它的概率密度 (原分布) 为 $f(x)$, 那么实验测定值对应的概率密度 (**实验分布**) 为

$$g(x') = \int_{\Omega_x} r(x, x')f(x)\mathrm{d}x, \tag{3.4.2}$$

其中, Ω_x 是随机变量 X 的值域. 由于实验分辨函数 (测量误差) 的存在, 原分布概率密度等于零的区域, 实验分布 $g(x')$ 却可以是有限值, 这表明实验测定值 x' 可以出现在真值 x 根本不可能出现的区域.

δ 函数是一种行为奇特的函数. 当原分布 $f(x)$ 或实验分辨函数 $r(x, x')$ 可用 δ 函数描述时, 实验分布 $g(x')$ 具有简单的形式. 如果实验分辨函数与原分布相比非常窄, 即对量 X 的测定误差比 X 的标准差小很多, 分辨函数 $r(x, x')$ 可近似地用 δ 函数描述, 即 $r(x, x') = \delta(x - x')$, 则有

$$g(x') = \int_{\Omega_x} \delta(x - x')f(x)\mathrm{d}x = f(x'),$$

即实验分布与原分布相同. 反之, 若对量 X 的测定误差比 X 的标准差大得多, 那么原分布可近似地视为 δ 函数: $f(x) = \delta(x - x_0)$, 其中 x_0 是原分布 $f(x)$ 中的描述位置的参数, 这时有

$$g(x') = \int_{\Omega_x} \delta(x - x_0)r(x, x')\mathrm{d}x = r(x_0, x'),$$

即实验分布具有实验分辨函数的形状, 保留了原分布的位置参数 x_0 的信息, 但丢失了描述原分布形状的信息.

1. 典型的实验分辨函数

1) 正态实验分辨函数

根据中心极限定理, 实验测量误差往往服从正态分布. 当真值 x 的实验测量值用 x' 表示时, 实验分辨函数可写成

$$r(x, x') = \frac{1}{\sqrt{2\pi}R} \exp\left[-\frac{(x'-x)^2}{2R^2}\right], \tag{3.4.3}$$

标准差 R 是由测量仪器的精度决定的常数. 实验分布于是为

$$g(x') = \int_{\Omega_x} \frac{1}{\sqrt{2\pi}R} \exp\left[-\frac{(x'-x)^2}{2R^2}\right] \cdot f(x)\mathrm{d}x, \tag{3.4.4}$$

$g(x')$ 是原分布 $f(x)$ 与正态实验分辨函数的卷积.

2) 双高斯实验分辨函数

实际测量到的实验分辨函数常常不能用单个高斯分布很好地描述, 而用两个高斯函数的叠加却能很好地描述实验分辨函数 (参见 3.4.4 节的讨论). 当真值为 x 而测定值为 x', 实验分辨函数可表示为

$$r(x, x') = \sum_{i=1}^{2} \frac{\alpha_i}{\sqrt{2\pi}\sigma_i} \exp\left[-\frac{(x'-x-x_i)^2}{2\sigma_i^2}\right], \tag{3.4.5}$$

其中, σ_i 为第 i 个高斯函数的标准差, α_i 为第 i 个高斯函数的权因子, x_i 为真值 x 等于 0 时两个高斯函数的期望值, α_i 和 x_i 满足关系式

$$\sum_i \alpha_i = 1, \quad \sum_i \alpha_i x_i = 0. \tag{3.4.6}$$

2. 典型的原分布、实验分辨函数形成的实验分布

下面讨论实验中经常遇到的几种原分布、实验分辨函数形成的实验分布.

1) 指数原分布和正态实验分辨函数

例如, 不稳定粒子衰变时间的原分布服从指数律

$$f(t) = \lambda\mathrm{e}^{-\lambda t}, \quad 0 \leqslant t < \infty.$$

假定时间 t 的测量误差为正态分布 (式 (3.4.3) 中 $x, x' \to t, t'$), 作变换 $\tau = t' - t$, 则实验分布为

$$g(t') = \int_0^\infty \lambda \mathrm{e}^{-\lambda t} \frac{1}{\sqrt{2\pi}R} \mathrm{e}^{-\frac{(t'-t)^2}{2R^2}} \mathrm{d}t = \int_{-\infty}^{t'} \frac{\lambda \mathrm{e}^{-\lambda t'}}{\sqrt{2\pi}R} \mathrm{e}^{-\frac{\tau^2 - 2R^2 \lambda \tau}{2R^2}} \mathrm{d}\tau$$

$$= \lambda \exp\left[\frac{R^2 \lambda^2}{2} - \lambda t'\right] \int_{-\infty}^{t'} \frac{1}{\sqrt{2\pi}R} \cdot \exp\left[-\frac{(\tau - R^2 \lambda)^2}{2R^2}\right] \mathrm{d}\tau$$

$$= \lambda \exp\left[\frac{R^2 \lambda^2}{2} - \lambda t'\right] \Phi\left(\frac{t'}{R} - \lambda R\right), \quad 0 \leqslant t' < \infty, \tag{3.4.7}$$

其中, Φ 是累积标准正态函数. 当 $R \to 0$ 时, $g(t') \to \lambda \exp(-\lambda t')$, 即实验分布与原分布一致. 而当 t' 很大时, 满足

$$\frac{t'}{R} - \lambda R > 3,$$

则有 $\Phi\left(\frac{t'}{R} - \lambda R\right) \approx 1$, 故

$$g(t') \approx \lambda \exp\left[\frac{R^2 \lambda^2}{2} - \lambda t'\right],$$

等式两边取对数:

$$\ln g(t') = \ln\left(\lambda \mathrm{e}^{-\lambda t'} \cdot \mathrm{e}^{\frac{R^2 \lambda^2}{2}}\right)$$

$$= \ln f(t') + \frac{R^2 \lambda^2}{2} = a - \lambda t', \tag{3.4.8}$$

其中, a 是某个常数. 因此, 对数坐标上, 在

$$\frac{t'}{R} - \lambda R > 3$$

处, 原分布 $f(t)$ 和实验分布 $g(t')$ 是平行的直线. 这一性质可用来从实验分布 (实验数据) 直接确定指数原分布的参数 λ(如不稳定粒子的衰变常数). 图 3.13 画出了 $\lambda = 1, 2$ 的指数原分布 ($R=0$) 和不同 R 值的实验分布.

2) 正态原分布和正态实验分辨函数

设待测量 X 的原分布为均值 x_0, 标准差 σ_0 的正态分布

$$f(x) = \frac{1}{\sqrt{2\pi}\sigma_0} \mathrm{e}^{-\frac{(x-x_0)^2}{2\sigma_0^2}}, \quad -\infty < x < \infty,$$

分辨函数由式 (3.4.3) 表示. 实验分布经推导, 得

$$g\left(x'\right) = \frac{1}{\sqrt{2\pi\left(\sigma_0^2 + R^2\right)}} \mathrm{e}^{-\frac{(x'-x_0)^2}{2(\sigma_0^2 + R^2)}}, \quad -\infty < x' < \infty, \tag{3.4.9}$$

即实验分布亦为正态函数, 数学期望与原分布相同, 方差等于原分布和分辨函数方差之和.

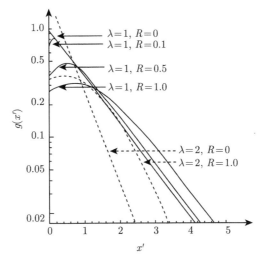

图 3.13　指数原分布 ($R=0$) 和正态实验分辨函数形成的实验分布 ($R \neq 0$)

R 是正态实验分辨函数的标准差

3) 原分布和分辨函数均为布雷特–维格纳分布

原分布和实验分辨函数的形式为 (关于布雷特–维格纳分布, 详见 3.7 节)

$$f\left(x\right) = \frac{\Gamma}{2\pi} \frac{1}{\left(x - x_0\right)^2 + \Gamma^2/4}, \quad -\infty < x < \infty;$$

$$r\left(x, x'\right) = \frac{R}{2\pi} \frac{1}{\left(x - x'\right)^2 + R^2/4}, \quad -\infty < x' < \infty.$$

由式 (3.4.2) 求出实验分布为

$$g\left(x'\right) = \frac{\Gamma + R}{2\pi} \frac{1}{\left(x' - x_0\right)^2 + \left(\Gamma + R\right)^2\big/4}, \quad -\infty < x' < \infty, \tag{3.4.10}$$

即实验分布仍为布雷特–维格纳曲线, 峰值位置与原分布峰值位置 x_0 相同, 但峰宽度为原分布和实验分辨函数宽度之和 $\Gamma + R$.

4) 原分布为均匀分布, 分辨函数为正态分布

原分布形式是

$$f\left(x\right) = \frac{1}{b-a}, \quad a \leqslant x \leqslant b,$$

实验分辨函数如式 (3.4.3) 所示. 实验分布是

$$g\left(x'\right) = \frac{1}{\sqrt{2\pi}R\left(b-a\right)} \int_a^b \mathrm{e}^{-\frac{(x'-x)^2}{2R^2}} \mathrm{d}x,$$

作变量代换 $u = \left(x - x'\right)/R$, 则有

$$g\left(x'\right) = \frac{1}{\sqrt{2\pi}\left(b-a\right)} \int_{\frac{a-x'}{R}}^{\frac{b-x'}{R}} \mathrm{e}^{-\frac{u^2}{2}} \mathrm{d}u$$

$$= \frac{1}{b-a} \left[\varPhi\left(\frac{b-x'}{R}\right) - \varPhi\left(\frac{a-x'}{R}\right)\right]. \tag{3.4.11}$$

$g\left(x'\right)$ 对于 $x' = x'_{\mathrm{m}} \equiv \dfrac{a+b}{2}$ 为对称, 且在此点达到极大

$$g\left(x'_{\mathrm{m}}\right) = \frac{1}{b-a} \left[\varPhi\left(\frac{b-x'_{\mathrm{m}}}{R}\right) - \varPhi\left(\frac{a-x'_{\mathrm{m}}}{R}\right)\right]$$

$$= \frac{1}{b-a} \left[\varPhi\left(\frac{b-a}{2R}\right) - \varPhi\left(\frac{a-b}{2R}\right)\right]$$

$$= \frac{1}{b-a} \left[2\varPhi\left(\frac{b-a}{2R}\right) - 1\right]. \tag{3.4.12}$$

当 $\dfrac{b-a}{2R} > 3$ 时, $\varPhi\left(\dfrac{b-a}{2R}\right) \approx 1$, 则 $g\left(x'_{\mathrm{m}}\right) \approx \dfrac{1}{b-a}$. 图 3.14 是 $a = 0$, $b = 6$, $R = 1$ 时的原分布 $f\left(x\right)$ 和实验分布 $g(x')$ 的图形.

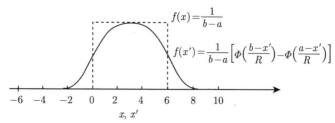

图 3.14   均匀原分布 $f(x)$ 和正态实验分辨函数形成的实验分布 $f(x')$

5) 布雷特–维格纳原分布和正态实验分辨函数

根据式 (3.4.2), 此时归一化实验分布为

$$g\left(x'\right) = \frac{\Gamma/2}{\sqrt{2\pi^3}R} \int_{-\infty}^{\infty} \exp\left[-\frac{(x-x')^2}{2R^2}\right] \cdot \frac{1}{(x-x_0)^2 + \Gamma^2/4} \mathrm{d}x.$$

作变量代换:

$$t = \frac{x'-x}{\sqrt{2}R}, \quad p = \frac{x'-x_0}{\sqrt{2}R}, \quad q = \frac{\Gamma/2}{\sqrt{2}R}, \tag{3.4.13}$$

立即有

$$g\left(x'\right) \equiv V\left(x'\right) = \frac{1}{\sqrt{2\pi}R} \cdot \frac{q}{\pi} \int_{-\infty}^{\infty} \frac{\mathrm{e}^{-t^2}}{(p-t)^2 + q^2} \mathrm{d}t \equiv \frac{H\left(p,q\right)}{\sqrt{2\pi}R}, \tag{3.4.14}$$

$g\left(x'\right) \equiv V\left(x'\right)$ 称为归一化 **Voigt 谱线** (Voigt line profile), 函数 $H\left(p,q\right)$ 称为 **Voigt 函数**或谱形加宽函数 (line broadening function). 当式 (3.4.14) 量 p 中的 x_0 等于 0 时, 称为中心 Voigt 函数; x_0 不等于 0 时则称为非中心 Voigt 函数. Voigt 函数可由复变量 $z = p + \mathrm{i}q$ 的误差函数 $w(z)$ 的实部求得, $w(z)$ 定义为

$$w\left(z\right) \equiv \mathrm{e}^{-z^2}\mathrm{erfc}\left(-\mathrm{i}z\right) = \mathrm{e}^{-z^2}\left[1 + \mathrm{ierfi}\left(z\right)\right], \tag{3.4.15}$$

因此有

$$g\left(x'\right) = \frac{1}{R\sqrt{2\pi}}\mathrm{Re}w\left(z\right), \tag{3.4.16}$$

复变量误差函数 (complex error function)$w(z)$ 可由现成的数学程序包计算, 例如西欧核子中心 (CERN) 计算机程序库 [36] 的子程序 C335:CWERF.

几种不同 R 和 Γ 值的函数 $g\left(x'\right)$ 的图形见图 3.15. 图中曲线 1 对应于 $R=1.53$, $\Gamma = 0.00$ 的正态实验分辨函数, 曲线 4 对应于 $R = 0.00, \Gamma=3.60$ 的布雷特–维格纳原分布. 曲线 2 对应于 $R=1.30$, $\Gamma = 1.00$ 的实验分布, 曲线 3 对应于 $R=1.00$, $\Gamma = 2.00$ 的实验分布.

Voigt 函数的半高宽 (FWHM) W_V 与正态函数半高宽 $W_\mathrm{G} = 2R\sqrt{2\ln 2}$ 和布雷特–维格纳函数半高宽 $W_\mathrm{BW} = \Gamma$ 有如下的近似关系 (精确到相对误差小于 0.02%)[37]:

$$W_\mathrm{V} = 0.5346W_\mathrm{BW} + \sqrt{0.2166W_\mathrm{BW}^2 + W_\mathrm{G}^2}. \tag{3.4.17}$$

当 Voigt 函数为纯正态分布 ($W_\mathrm{BW} = 0$) 时, 该式计算的宽度无误差; 当 Voigt 函数为纯布雷特–维格纳分布 ($W_\mathrm{G} = 0$) 时, 该式计算的宽度相对误差仅为 3.05×10^{-6}.

这样, 当我们已知正态分辨函数的半高宽 W_G 和实验分布 $g(x')$ 的半高宽 W_V 时, 便可由式 (3.4.17) 求得原分布布雷特–维格纳函数的半高宽 W_{BW}:

$$W_{BW} = \frac{1}{a^2 - b}\left[aW_V - \sqrt{(a^2 - b)W_G^2 + bW_V^2}\right], \quad a = 0.5346, \quad b = 0.2166.$$

$$(3.4.18)$$

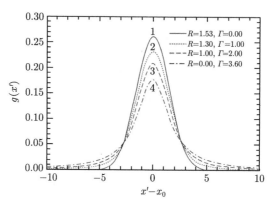

图 3.15　　布雷特–维格纳原分布和正态实验分辨函数形成的实验分布 $g(x')$

　　布雷特–维格纳原分布和正态实验分辨函数构成的实验分布在核物理和粒子物理中有重要的应用. 例如, 实验中观测到的粒子共振态的质量分布往往是这样的实验分布, 因为粒子共振态的本征质量分布 (原分布) 用布雷特–维格纳分布描述, 而共振态的质量测量分辨通常用正态分辨函数描述.

3.4.2　探测效率

　　利用某测量仪器记录某种事件, 对于一个已经实际发生的这类事件, 仪器可能记录到, 也可能没有记录到. 仪器记录到一个真实事件的概率通常称为它的探测效率. 例如, 用闪烁计数器测量某放射源辐射的 γ 光子 (图 3.16), 当 γ 光子穿过闪烁体时, γ 光子与闪烁体发生作用的概率由核物理的知识得知为

$$\varepsilon = 1 - e^{-\mu l},$$

其中, μ 是闪烁体的线性吸收系数, 与 γ 光子能量有关, l 是该 γ 光子在闪烁体内飞过的距离. 当 γ 光子与闪烁体发生作用, 则在其中损失能量, 使闪烁体产生荧光, 被光电倍增管转化为电信号而被电子仪器记录, 即测量到了一个 γ 光子. 因此, 该装置对 γ 光子的探测效率即为上式所示的 ε.

　　由这一例子可以知道探测效率有两个特点: 首先, 仪器对测量对象的探测效率总是小于等于 1; 其次, 探测效率往往是个变量, 比如上例中 ε 是 μ 和 l 的函

数. 一般地, 探测效率往往依赖于所测物理量 X(随机变量) 以及其他变量 Y. 当 X 取不同值时, 探测效率也不同, 因此, 实验测量中仪器的探测效率对原分布会造成畸变. 对于探测效率造成的畸变一般有两种不同的处理方式:

(1) 严格方法. 考虑探测效率对于原分布的修正得到实验分布, 与测量数据直接比较.

(2) 近似方法. 将测量数据乘上权因子, 使之适应原分布, 与原分布比较.

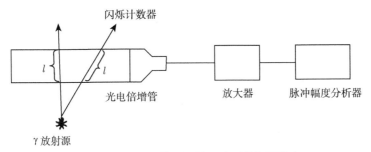

图 3.16 闪烁计数器测量 γ 光子的探测效率

首先讨论第一种方法. 令被测物理量 X (随机变量) 的值域为 Ω_x, 在 $X = x$ 处的探测效率用 $\varepsilon(x, y)$ 表示, y 是与探测效率有关的其他变量. 按照探测效率的定义, 有

$$0 \leqslant \varepsilon(x, y) \leqslant 1, \quad x \in \Omega_x, \tag{3.4.19}$$

令 Ω_y 是 y 的取值域, 实验分布可表示为

$$g(x) = \frac{\displaystyle\int_{\Omega_y} f(x)\varepsilon(x, y) P(y|x)\,\mathrm{d}y}{\displaystyle\int_{\Omega_x}\int_{\Omega_y} f(x)\varepsilon(x, y) P(y|x)\,\mathrm{d}y\mathrm{d}x}, \tag{3.4.20}$$

其中 $P(y|x)$ 是 $X = x$ 的条件下变量 Y 取值 y 的条件概率, $f(x)$ 为原分布的概率密度. 当 X 与 Y 相互独立时, 式 (3.4.20) 简化为

$$g(x) = \frac{\displaystyle\int_{\Omega_y} f(x)f(y)\,\varepsilon(x, y)\,\mathrm{d}y}{\displaystyle\int_{\Omega_x}\int_{\Omega_y} f(x)f(y)\,\varepsilon(x, y)\,\mathrm{d}y\mathrm{d}x}; \tag{3.4.21}$$

如果探测效率仅与 X 有关, 则进一步简化为

$$g(x) = \frac{f(x)\varepsilon(x)}{\displaystyle\int_{\Omega_x} f(x)\varepsilon(x)\,\mathrm{d}x}. \tag{3.4.22}$$

实验分布 $g(x)$ 的上述三个表达式中的分母都是为了满足归一化条件

$$\int_{\Omega_x} g(x)\mathrm{d}x = 1.$$

某些原分布 (正态分布、指数分布、布雷特–维格纳分布等) 是无界或半无界的, 而实验分布的一个特征是任何测量值只可能是有限值. 设被测的物理量 (随机变量) 的概率密度为 $f(x)(-\infty < x < \infty)$, 实验测量 x 的上、下界分别为 A 和 B. 这可以看成探测效率的一种特殊情形, 即 $\varepsilon(x > A) = \varepsilon(x < B) = 0, \varepsilon(B \leqslant x \leqslant A) = 1$, 这样的实验分布是**截断分布**. 根据式 (3.4.22), 截断分布可表示为

$$g(x) = \frac{f(x)}{\int_B^A f(x)\mathrm{d}x} = \frac{f(x)}{F(A) - F(B)}, \quad B \leqslant x \leqslant A. \tag{3.4.23}$$

它的累积分布函数为

$$G(x) = \int_B^x g(t)\mathrm{d}t = \frac{F(x) - F(B)}{F(A) - F(B)}.$$

显然, 这个截断分布函数是归一的, 因为

$$G(A) = \int_B^A g(x)\mathrm{d}x = 1.$$

在核物理和粒子物理中观测有限区间内的共振曲线要用到截断布雷特–维格纳分布. 另一个常见的例子是不稳定粒子的衰变时间, 原则上它服从 $0 \leqslant t < \infty$ 的指数分布

$$f(t) = \lambda\mathrm{e}^{-\lambda t}.$$

实际测量中只能测到某个最大值 t_{m}, 于是实验分布为一截断分布

$$g(t) = \frac{\lambda\mathrm{e}^{-\lambda t}}{\int_0^{t_{\mathrm{m}}} \lambda\mathrm{e}^{-\lambda t}\mathrm{d}t} = \frac{\lambda\mathrm{e}^{-\lambda t}}{1 - \mathrm{e}^{-\lambda t_{\mathrm{m}}}}.$$

第二种途径即近似方法的主要想法如下. 如果在被测物理量 X(随机变量) 取值 x_i 处观测到一个事件, 由于在该处的探测效率是 $\varepsilon(x_i, y_i)$, 那么当探测效率等于 1(这时观测值反映 X 的原分布) 时, 实际上应当存在

$$w_i = \frac{1}{\varepsilon(x_i, y_i)} \tag{3.4.24}$$

个事件, w_i 称为**权因子**. 可见, 若在 $x_i (i = 1, 2, \cdots)$ 各观测到一个事件, 那么对应的 $w_i (i = 1, 2, \cdots)$ 应当是原分布的较好的描述. 这种方法只是近似地正确, 但由于它比较简单, 实际中也经常使用.

3.4.3 考虑实验分辨和探测效率的实验分布

实际的实验测量中, 测得的实验分布同时包含实验分辨函数和探测效率的贡献. 我们这里假定探测效率仅与原分布的随机变量 X 有关, 即 $\varepsilon = \varepsilon(x)$. 根据式 (3.4.2) 和式 (3.4.22) 易知, 实验分布的归一化概率密度 $g(x')$ 此时应为

$$g(x') = \frac{\int_{\Omega_x} r(x, x') f(x) \varepsilon(x) \mathrm{d}x}{\int_{\Omega'_{x'}} \int_{\Omega_x} r(x, x') f(x) \varepsilon(x) \mathrm{d}x \mathrm{d}x'}, \tag{3.4.25}$$

式中, $\Omega'_{x'}$ 是实验分辨函数 $r(x, x')$ 中变量 x' 的定义域.

如果测得的实验分布 (用 $h(x')$ 表示) 已经进行了效率修正, 即

$$h(x') = g(x')/\varepsilon(x'), \tag{3.4.26}$$

式中, $\varepsilon(x')$ 为 x' 处的探测效率, 则有

$$h(x') = \int_{\Omega_x} r(x, x') f(x) \mathrm{d}x. \tag{3.4.27}$$

这种效率修正的实验分布 $h(x')$ 在实验分析中经常遇到.

对于 3.4.2 节中探测效率 ε 的其他函数形式, 其实验分布的归一化概率密度可以写出类似的表达式, 这里不再赘述.

3.4.4 实验分辨和探测效率的复杂性导致的困难及其解决方法

当实验测量的物理量是一随机变量 X 时, 它的概率密度 (原分布) 为 $f(x)$, 当考虑实验分辨和探测效率的效应时, 实验测定值 (拟合变量) x' 对应的实验分布概率密度如式 (3.4.25) 所示. 与式 (2.2.29) 表示的拟合变量 $M_{\gamma\gamma}$ 的实验分布表式 $f(M_{\gamma\gamma}, \boldsymbol{\theta})$ 对比, 可知拟合变量 x' 的实验分布 (概率密度函数 (PDF)) $g(x', \boldsymbol{\theta})$ 使用的理论模型是如下的实验分布函数:

$$g(x', \boldsymbol{\theta}) = w_{\mathrm{S}} g_{\mathrm{S}}(x', \boldsymbol{\theta}_{\mathrm{S}}) + (1 - w_{\mathrm{S}}) g_{\mathrm{B}}(x', \boldsymbol{\theta}_{\mathrm{B}}), \tag{3.4.28}$$

其中, $\boldsymbol{\theta} = [n_{\mathrm{S}}, w_{\mathrm{S}}, \boldsymbol{\theta}_{\mathrm{S}}, \boldsymbol{\theta}_{\mathrm{B}}]$, w_{S} 是拟合区间内信号事例数期望值 n_{S} 占总事例数期望值 n 的比例, $n_{\mathrm{S}} = w_{\mathrm{S}} n$; $g_{\mathrm{S}}(x', \boldsymbol{\theta}_{\mathrm{S}})$ 和 $g_{\mathrm{B}}(x', \boldsymbol{\theta}_{\mathrm{B}})$ 分别是描述拟合区间内信号和

本底的 x' 分布的 PDF. 数据分析是通过拟合变量 x' 的测量数据集与其实验分布理论模型的拟合来实现的. $g_S(x', \boldsymbol{\theta}_S)$ 与实验感兴趣的信号事例原分布 $f_S(x, \boldsymbol{\theta}_S)$ 的参数 $\boldsymbol{\theta}_S$ 有关, 也与探测器分辨函数 $r(x, x')$ 和探测效率 $\varepsilon(x)$ 有关.

在拟合变量 x' 的实验分布理论模型表式 (3.4.25) 中, 探测器分辨函数 $r(x, x')$ 和探测效率 $\varepsilon(x)$ 对于不同种类、不同四动量的粒子都被处理为具有相同的形式, 这显然是一种简单化的处理, 与真实的情形不相符, 但是对于不同种类、不同四动量的粒子给出 $r(x, x')$ 和 $\varepsilon(x)$ 的精确表达式过于复杂, 无法做到. 所以, 实际使用中是基于它们的某种平均值, 由此会导致实验给出的信号事例的分布参数值与其真值有所偏离, 这构成信号事例 PDF 理论模型 $g_S(x', \boldsymbol{\theta}_S)$ 不精确导致的系统误差.

可以采用如下的方法尽可能减小这种系统误差.

1) 利用 MC 模拟生成 $g_S(x', \boldsymbol{\theta}_S)$ 理论模型

利用所研究的信号事例产生子, 产生大量 MC 模拟信号事例, 通过与实验相同的探测器模拟、刻度和重建、信号事例判选等过程, 获得信号事例的拟合变量 x' 的 MC 模拟数据及其 PDF 理论模型 $g_S^{MC}(x', \boldsymbol{\theta}_S)$. 只要上述过程的模拟是正确的, $g_S^{MC}(x', \boldsymbol{\theta}_S)$ 应当是实验数据集的相应分布 $g_S(x', \boldsymbol{\theta}_S)$ 的好的近似, 因此无须通过 $r(x, x')$ 和 $\varepsilon(x)$ 而可直接获得信号事例 x' 分布的 PDF, 从而避免 $r(x, x')$ 和 $\varepsilon(x)$ 的复杂性导致的系统误差. 如果利用 $g_S^{MC}(x', \boldsymbol{\theta}_S)$ 代入式 (3.4.28) 中的 $g_S(x', \boldsymbol{\theta}_S)$ 计算得到的 x' 的实验分布与信号峰值区数据集的分布之间的一致程度达不到拟合优度检验的要求 (参见 7.2 节), 可以根据经验对其 $g_S^{MC}(x', \boldsymbol{\theta}_S)$ 作适当的调节以达到这一要求, 毕竟模型预期与数据的一致是模型正确性的最终依据.

2) 利用拟合变量 x' 的数据集生成 $g_S(x', \boldsymbol{\theta}_S)$ 理论模型

该方法仅适用于本底事例的 x' 分布为形状确定的平滑分布的特殊情形 (例如图 2.12 所示的 $M_{\gamma\gamma}$ 本底分布). 采用此方法需要依靠经验用函数 $(1 - w_S) g_B^{DT}(x', \boldsymbol{\theta}_B)$ 拟合边带区的 x' 分布数据 (w_S 作为待定参数), 使其符合拟合优度检验的要求, $g_B^{DT}(x', \boldsymbol{\theta}_B)$ 应当是实验数据集的相应分布 $g_B(x', \boldsymbol{\theta}_B)$ 的好的近似. 然后, 依靠经验确定描述信号事例 x' 分布的函数形式 $g_S^{DT}(x', \boldsymbol{\theta}_S)$, 利用函数 $w_S g_S^{DT}(x', \boldsymbol{\theta}_S) + (1 - w_S) g_B^{DT}(x', \boldsymbol{\theta}_B)$ 拟合整个拟合区间内的 x' 分布数据, 使其符合拟合优度检验的要求, 基于 x' 数据集确定的 "准信号事例数" 分布 PDF 理论模型 $g_S^{DT}(x', \boldsymbol{\theta}_S)$ 应当是实验数据集的相应分布 $g_S(x', \boldsymbol{\theta}_S)$ 的好的近似, 同样无须通过 $r(x, x')$ 和 $\varepsilon(x)$ 而可直接获得信号事例 x' 分布的 PDF.

3.4.5   复合概率密度

实验测量的物理量可能是若干个物理过程的共同贡献. 若这些物理过程都是随机过程, 则可用随机变量描述并有相应的概率密度. 在这种情形下, 实验分布显

然是描述各随机过程的概率密度的某种叠加, 称为**复合概率密度**. 设第 j 过程的概率密度记为 $f_j(x;\boldsymbol{\theta}_j)(j=1,2,\cdots)$, X 为所测的物理量 (随机变量), $\boldsymbol{\theta}_j$ 是只与第 j 个过程有关的一个或几个参量, 则 X 的概率密度可表示为

$$f(x;\boldsymbol{\alpha},\boldsymbol{\theta}) = \sum_j \alpha_j f_j(x;\boldsymbol{\theta}_j), \qquad (3.4.29)$$

其中, α_j 表示第 j 个过程对待测物理量贡献的相对权因子, 其取值应使 $f(x;\boldsymbol{\alpha},\boldsymbol{\theta})$ 满足归一化条件

$$\int_{\Omega_x} f(x;\boldsymbol{\alpha},\boldsymbol{\theta})\mathrm{d}x = 1. \qquad (3.4.30)$$

在许多物理问题中, 虽然测出的物理量涉及多种物理过程, 但实验者只对其中的一种过程感兴趣, 其余过程的贡献仅仅是感兴趣的有用 "信号" 的背景或称为本底. 由 $f(x;\boldsymbol{\theta})$ 的表达式可以看到, 为了对感兴趣的过程进行研究, 必须对各种本底的分布亦有清楚的了解. 但实际上, 这一点往往是很难或无法做到的. 在这种情况下, 通常的做法是适当设计实验装置和实验数据的选取方法, 使本底的贡献比有用事例的贡献小得多, 再加上对本底分布的大致估计, 可减小本底对实验结果的误差.

我们以粒子反应 $\pi^+\mathrm{p} \to \pi^+\mathrm{p}\pi^+\pi^-\pi^0$ 为例, 该反应可产生共振态 $\eta(549)$ 和 $\omega(783)$, 也就是说, 其中包含下述事例:

$$\pi^+\mathrm{p}\to\pi^+\mathrm{p}\eta \qquad \pi^+\mathrm{p}\to\pi^+\mathrm{p}\omega$$
$$\phantom{\pi^+\mathrm{p}\to}{\,}_{\hookrightarrow\pi^+\pi^-\pi^0,} \qquad \phantom{\pi^+\mathrm{p}\to}{\,}_{\hookrightarrow\pi^+\pi^-\pi^0.}$$

由于 η,ω 的寿命极短, 在实验中, 仪器观测到的只是末态粒子 $\pi^+\mathrm{p}\pi^+\pi^-\pi^0$. 如果测量总电荷为 0 的三个 π 介子系统的不变质量谱, 由于 η,ω 的产生, 在它们的质量

$$M_\eta = 549 \text{ MeV}, \quad M_\omega = 783 \text{ MeV}$$

附近出现明显的峰, 而在其他质量值附近则是相对平坦的本底 (图 3.17). 因此, 中性 3π 系统不变质量 M 的概率密度由三部分组成: 描述 η 共振和 ω 共振的两个布雷特–维格纳函数 BW_η 和 BW_ω, 以及描述本底的函数 B, 即

$$f(M;\boldsymbol{\alpha}) = \alpha_\eta \mathrm{BW}_\eta(M;M_\eta,\Gamma_\eta) + \alpha_\omega \mathrm{BW}_\omega(M;M_\omega,\Gamma_\omega) + \alpha_B B(M).$$

如果实验测量只在有限的质量区间 (M_A, M_B) 内进行, 实验装置对于质量测量的分辨函数为 $r(M,M')$, 则实验测量得到的实验分布为

$$g(M';\boldsymbol{\alpha}) = \int_{M_A}^{M_B} f(M;\boldsymbol{\alpha}) r(M,M')\,\mathrm{d}M \Big/ \int_{M_A}^{M_B}\int_{M_A}^{M_B} f(M;\boldsymbol{\alpha}) r(M,M')\,\mathrm{d}M\mathrm{d}M'.$$

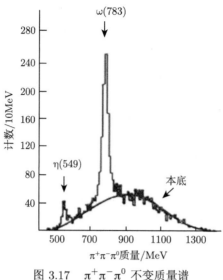

图 3.17　$\pi^+\pi^-\pi^0$ 不变质量谱

在许多情形下, 复合分布对于测量装置的分辨函数的描述亦是有用的. 虽然测量装置的分辨函数往往用正态分布描述, 但是实际测量到的实验分辨函数常常不能用单个正态分布很好地描述, 而用两个正态函数的叠加却能很好地描述 (参见 3.4.1 节). 更一般地, 假定实验分辨函数 $r(x, x')$ 可表示为复合分布:

$$r\left(x, x'\right) = \sum_{i=1}^{n} \alpha_i r_i\left(x, x'\right), \tag{3.4.31}$$

其中, $r_i\left(x, x'\right)(i = 1, 2, \cdots, n)$ 为相互独立的 n 个随机变量的概率密度, m_i, σ_i 分别为相应的期望值和标准差; α_i 为 $r_i(x, x')$ 的权因子, $\sum_i \alpha_i = 1$. 令实验分辨函数 $r(x, x')$ 的期望值和方差分别为 m, σ^2, 立即可得

$$
\begin{aligned}
m &= \int x \cdot r\left(x, x'\right) \mathrm{d}x = \sum_{i=1}^{n} \alpha_i \int x \cdot r_i\left(x, x'\right) \mathrm{d}x = \sum_{i=1}^{n} \alpha_i m_i, \\
\sigma^2 &= V\left(\sum_{i=1}^{n} \alpha_i r_i\left(x, x'\right)\right) = \sum_{i=1}^{n} \alpha_i^2 \sigma_i^2.
\end{aligned}
\tag{3.4.32}
$$

于是实验分辨函数 $r(x, x')$ 的期望值和方差可由各成分的期望值和方差 m_i, σ_i^2 及权因子 α_i 求得.

3.4.6 几种特殊的概率密度

粒子物理实验的数据分析中, 描写实验分布的概率密度会经常使用几种特殊的函数形式. 这里简单介绍如下.

1. ARGUS 函数

ARGUS 函数具有如下的函数形式:

$$q\left(m; m_0, \xi\right) = f_{\text{norm}} \cdot m \sqrt{1 - \left(\frac{m}{m_0}\right)^2} \cdot \mathrm{e}^{\xi\left(1 - \left(\frac{m}{m_0}\right)^2\right)} \cdot \theta\left(m < m_0\right), \quad (3.4.33)$$

式中, $\theta\left(m < m_0\right) = 1, \theta\left(m \geqslant m_0\right) = 0$, 即 m_0 是变量 m 分布的最大截止值, ξ 是描述分布平坦部分倾斜度的参数, f_{norm} 是归一化因子. ARGUS 函数因 ARGUS 合作组首次应用于实验分析而得名 [38]. $m_0 = 5.29, \xi = -50$ 的 ARGUS 函数如图 3.18 所示. ARGUS 函数的形状低端平坦缓变, 高端陡然下降而截止, 它通常用来描述有极大截止值的、平坦的本底形状. 在 $\mathrm{e^+e^-}$ 对撞束产生 $\mathrm{D\overline{D}}$ 末态时, 利用束流约束质量谱 (参见 3.5 节) 来重建 $\mathrm{D}, \overline{\mathrm{D}}$ 介子信号, 其本底分布通常用 ARGUS 函数描述 (参见 3.10.1 节的讨论).

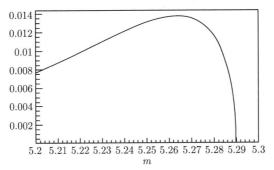

图 3.18 $m_0 = 5.29, \xi = -50$ 的 ARGUS 函数

纵坐标是式 (3.4.33) 中 $f_{\text{norm}} = 1$ 时的 q 值

2. CB 函数

CB 函数是 Crystal Ball 函数的简称, 它具有如下的函数形式:

$$q\left(m; m_0, \sigma, \alpha, n\right) = \begin{cases} f_{\text{norm}} \cdot \mathrm{e}^{-\frac{(m - m_0)^2}{2\sigma^2}}, & m > m_0 - \alpha\sigma; \\ f_{\text{norm}} \cdot \dfrac{\left(\dfrac{n}{\alpha}\right)^n \mathrm{e}^{-\frac{\alpha^2}{2}}}{\left(\dfrac{m_0 - m}{\sigma} + \dfrac{n}{\alpha} - \alpha\right)^n}, & m \leqslant m_0 - \alpha\sigma. \end{cases}$$

$$(3.4.34)$$

CB 函数因 Crystal Ball 合作组首次应用于实验分析而得名 [39−41]. 变量 m 分布的最大值在 $m = m_0$ 处, α 和 n 是可调参数, σ 是高斯函数中表征方差的参数, f_{norm} 是归一化因子. CB 函数分布的高端为高斯型, 而低端有长尾巴, 形状如图 3.19 所示. CB 函数可以用来拟合两光子不变质量谱中的 π^0 信号, 或拟合 $\overline{\text{D}}^0$ 介子束流约束质量谱中的 $\overline{\text{D}}^0$ 信号 (参见 3.10.1 节的讨论).

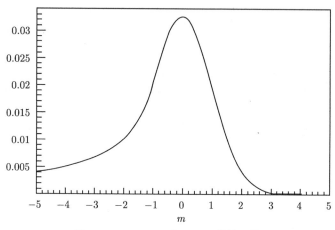

图 3.19　$m_0 = 0$ 时 CB 函数的形状

纵坐标是式 (3.4.34) 中 $f_{\text{norm}} = 1$ 时的 q 值

3. Novosibirsk 函数

Novosibirsk 函数具有如下的函数形式 [42]:

$$q\left(m; m_0, \sigma, t\right) = f_{\text{norm}} \cdot \mathrm{e}^{-\frac{1}{2}\left(\frac{(\ln Q)^2}{t^2} + t^2\right)},$$

$$Q = 1 + t\frac{(m - m_0)}{\sigma} \cdot \frac{\sinh(t\sqrt{\ln 4})}{t\sqrt{\ln 4}} \tag{3.4.35}$$

其中, m_0 是峰值位置, $\sigma(> 0)$ 表征峰的宽度, t 是描述分布尾巴的参数, f_{norm} 是归一化因子. 该函数的形状如图 3.20 所示, 它可以视为具有不对称尾巴的 "高斯分布". 当 $t > 0$, 函数低端上升至峰值迅速, 而峰值向高端下降较为缓慢 (见图 3.20); $t < 0$, 函数低端上升至峰值缓慢, 而峰值向高端下降较为迅速. Novosibirsk 函数可以用来描述量能器中 γ 光子的沉积能量分布和 $\pi^0 \to \gamma\gamma$ 的两光子不变质量分布 [43].

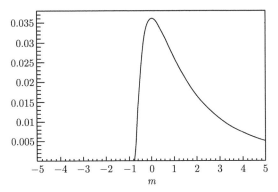

图 3.20 $m_0 = 0, t > 0$ 的 Novosibirsk 函数形状

纵坐标是式 (3.4.35) 中 $f_{\text{norm}} = 1$ 时的 q 值

4. 对数正态分布函数

对数正态分布概率密度函数具有如下的函数形式:

$$f(x) = \begin{cases} \dfrac{1}{\sqrt{2\pi}\sigma} \cdot \dfrac{1}{x} \mathrm{e}^{-\frac{(\ln x - \mu)^2}{2\sigma^2}}, & x \geqslant 0, \\[3mm] 0, & x < 0. \end{cases} \tag{3.4.36}$$

其中, μ 为实数, σ 为大于 0 的实数. 几种不同 μ, σ 值的对数正态分布的概率密度示于图 3.21.

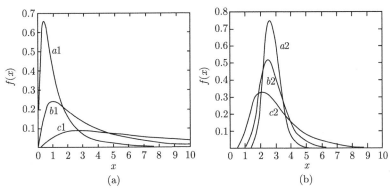

图 3.21   (a) $\sigma = 1, \mu = 1, 2, 3$ 的对数正态分布的概率密度分别由曲线 $a1, b1, c1$ 表示;
(b) $\sigma = 0.2, 0.3, 0.5, \mu = 1$ 的对数正态分布概率密度分别由曲线 $a2, b2, c2$ 表示

对数正态分布的其他性质如下.
期望值:

$$\mathrm{e}^{\left(\mu + \sigma^2/2\right)},$$

方差:

$$\mathrm{e}^{\left(2\mu+\sigma^2\right)}\left(\mathrm{e}^{\sigma^2}-1\right),$$

最可几值:

$$\mathrm{e}^{\left(\mu-\sigma^2\right)}.$$

对数正态分布对应于这样的随机变量: 它的对数是服从正态分布的随机变量, 即令 $y = \ln x$, 则 y 服从正态分布: $y \sim N(\mu, \sigma^2)$.

证明 $x \in (0, \infty)$, 则有 $y \in (-\infty, \infty)$.

$$\mathrm{d}y = \frac{1}{x}\mathrm{d}x \to \frac{\mathrm{d}x}{\mathrm{d}y} = x,$$

$$g(y) = f(x(y))\left|\frac{\mathrm{d}x(y)}{\mathrm{d}y}\right| = \frac{1}{\sqrt{2\pi}\sigma x}\mathrm{e}^{-\frac{(\ln x-\mu)^2}{2\sigma^2}} \cdot x = \frac{1}{\sqrt{2\pi}\sigma}\mathrm{e}^{-\frac{(y-\mu)^2}{2\sigma^2}}.$$

对数正态分布仅当 $x \geqslant 0$ 时概率密度 $f(x)$ 才大于 0, 这一特点对于物理分析中系统误差的处理十分有利. 例如在 5.5.4 节和 5.6.2 节的关于系统误差的讨论中, 本底事例数期望值和信号探测效率都考虑为具有某种分布的冗余参数, 根据物理要求, 本底事例数期望值和信号探测效率必须为非负值, 因此对数正态分布是这两个冗余参数分布的比较合理的选择之一.

3.5   共振态和不可探测粒子的重建和寻找

一些粒子的寿命极短, 称为共振态, 它们一旦产生几乎立即衰变为两个或更多的粒子, 典型的例子如 $\pi^0 \to \gamma\gamma, \eta \to \gamma\gamma, \omega \to \pi^+\pi^-\pi^0$ 等. 由于共振态的迅速衰变, 故反应或衰变末态中只能观测到它们的衰变产物. 许多尚未发现或有待证实的新粒子, 往往都是共振态. 此外, 一些粒子与探测器物质 (几乎) 不发生作用, 因此探测器不能给出它们存在的直接信号. 例如, 在北京谱仪正负电子对撞实验中, 属于这类的粒子有 ν, K_L^0, n, $\bar{n}$ 等. 利用衰变或反应末态可探测粒子的测量数据来确定不可直接观测的粒子或共振态的方法称为**重建** (reconstruction). 因此, 不可探测粒子和共振态的重建和寻找是实验数据分析中经常需要处理的问题. 下面我们叙述几种常用的方法.

3.5.1   不变质量谱

共振态是否存在的信息可由所谓的不变质量谱得到. 粒子物理告诉我们, 若共振态 A(质量 M_A) 衰变为 j 个末态粒子, 它们可以是长寿命或稳定的粒子 (它们的能量和动量可以被探测) 或已被重建的共振态或不可测粒子 (本节中所述的末态粒子均适用此含义):

$$A \to 1 + 2 + \cdots + j. \tag{3.5.1}$$

各粒子的四动量分别记为 $p_A, p_1, \cdots, p_j$. 粒子四动量定义为一个四维矢量 $p = (E, i\boldsymbol{p})$, E 为粒子能量, $\boldsymbol{p}$ 为粒子的动量. 这 j 个粒子的四动量之和的平方称为它们的**不变质量**平方, 并恰好等于母粒子 A 的质量平方:

$$M_A^2 \equiv \left(\sum_j p_j\right)^2 = \left(\sum_j E_j\right)^2 - \left(\sum_j \boldsymbol{p}_j\right)^2. \tag{3.5.2}$$

它是洛伦兹变换下的不变量, 即在不同的惯性系中 M_A^2 值不变. 按照这一性质, 可以根据两个光子的不变质量是否等于 π^0 或 η 的质量来判断 π^0 或 η 是否存在, 根据 $\pi^+\pi^-\pi^0$ 的不变质量是否等于 ω 的质量来判断 ω 是否存在, 等等.

当共振态的末态产物中存在光子, 不变质量平方的计算需要考虑到对于光子存在关系式 $p_\gamma = E_\gamma$. 例如, 对于 π^0 或 η 的两光子衰变, 有

$$
\begin{aligned}
M_{\gamma_1\gamma_2}^2 &= \left(\sum_{j=1,2} E_j\right)^2 - \left(\sum_{j=1,2} \boldsymbol{p}_j\right)^2 \\
&= (E_1 + E_2)^2 - \left(E_1^2 + E_2^2 + 2E_1 E_2 \cos\theta\right) \\
&= 2E_1 E_2 (1 - \cos\theta),
\end{aligned}
\tag{3.5.3}
$$

式中, θ 是两个光子飞行方向间的夹角. 对于 $\rho^+ \to \pi^+\gamma$ 的单光子衰变, 有

$$
\begin{aligned}
M_{\rho^+}^2 &= \left(E_{\pi^+} + E_\gamma\right)^2 - \left(p_{\pi^+}^2 + p_\gamma^2 + 2p_{\pi^+} p_\gamma \cos\theta_{\pi^+\gamma}\right) \\
&= m_{\pi^+}^2 + 2E_\gamma \left(E_{\pi^+} - p_{\pi^+} \cos\theta_{\pi^+\gamma}\right).
\end{aligned}
\tag{3.5.4}
$$

而对于 $m \to m_1 + m_2$ 的粒子衰变, 则有

$$
\begin{aligned}
M_m^2 &= (E_1 + E_2)^2 - \left(p_1^2 + p_2^2 + 2p_1 p_2 \cos\theta_{12}\right) \\
&= m_1^2 + m_2^2 + 2E_1 E_2 - 2p_1 p_2 \cos\theta_{12}.
\end{aligned}
\tag{3.5.5}
$$

图 3.22 显示了北京谱仪 (BES) 实验 $\psi' \to \pi^+\pi^-\pi^0\pi^+\pi^-$ 候选事例的 $\pi^+\pi^-\pi^0$ 不变质量谱 [44]. 在 782MeV 处出现的尖峰指示了共振态 ω(衰变为 $\pi^+\pi^-\pi^0$) 的存在; 该峰的宽度由 ω 的本征宽度和探测谱仪对于 $\pi^+\pi^-\pi^0$ 不变质量测量的质量分辨所决定. ω 的本征宽度由布雷特–维格纳共振公式决定 (见 3.7 节), $\pi^+\pi^-\pi^0$ 不变质量的质量分辨由探测谱仪对于带电粒子动量测量的不确定性和对于光子能量测量的不确定性决定. 图 3.22 中的 ω 峰实际上是 ω 的布雷特–维格纳共振质量分布函数与 $\pi^+\pi^-\pi^0$ 不变质量分辨函数的卷积.

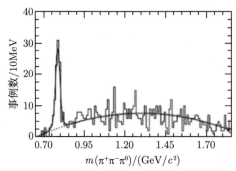

图 3.22　BES 实验 $\psi' \to \pi^+\pi^-\pi^0\pi^+\pi^-$ 候选事例的 $\pi^+\pi^-\pi^0$ 不变质量谱

3.5.2　达里兹图

考虑共振态 A(质量 m) 的三粒子衰变:

$$A \to 1 + 2 + 3.$$

利用不变质量平方可以描述三粒子衰变中各粒子能量、动量之间的关系:

$$M_{12}^2 \equiv (p_1 + p_2)^2 = m^2 + m_3^2 - 2mE_3,$$
$$M_{23}^2 \equiv (p_2 + p_3)^2 = m^2 + m_1^2 - 2mE_1, \qquad (3.5.6)$$
$$M_{13}^2 \equiv (p_1 + p_3)^2 = m^2 + m_2^2 - 2mE_2.$$

衰变的 M_{12}^2, M_{13}^2 可以用图形表示, 以 M_{12}^2 和 M_{13}^2 作为两个坐标轴, 平面上的每一个点表示一个衰变事例, 如图 3.23 所示, 这样的图形称为**达里兹图** (Dalitz plot), 衰变事例总是局限于一定区域 G 之内, 区域 G 内的事例数的密度分布状况和区域 G 的大小决定了衰变产物粒子 1, 2, 3 的能量、动量值及其相互关系. 在粒子物理中, 达里兹图是描述粒子衰变或反应各运动学变量之间关系的常用方法.

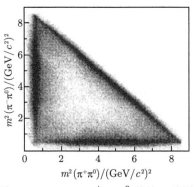

图 3.23　$J/\psi \to \pi^+\pi^-\pi^0$ 的达里兹图

如果共振态 A 不通过中间亚稳态直接衰变为粒子 1, 2, 3, 反应仅由能量和动量守恒决定, 描述这类反应的理论称为**相空间模型**, 它预期在区域 G 内事例数密度分布为一常数:

$$f\left(M_{12}^2, M_{13}^2\right) = \pi^2/4m^2, \tag{3.5.7}$$

这种情形下, 运动学变量 M_{12}^2, M_{13}^2 是随机变量.

粒子物理学预期, 如果 A 通过某个中间亚稳态衰变为粒子 1, 2, 3, 即

$$A \to B+3$$
$$\textstyle\llcorner\!\longrightarrow 1+2,$$

那么区域 G 内事例数的密度分布是不均匀的, 在某个 M_{12}^2 值附近出现密集区, 该 M_{12}^2 与中间态 B 的质量相对应, 利用这种方法很容易找到短寿命的共振态. 例如图 3.23 是 $J/\psi \to \pi^+\pi^-\pi^0$ 事例的达里兹图 [45]. 如果通过 $J/\psi \to \pi^+\pi^-\pi^0$ 产生 (均匀相空间), 事例的密度呈均匀分布. 但实际数据在 $M_{12}^2 = M_{13}^2 = M_{23}^2 = 0.60\mathrm{GeV}^2$ 处事例很多, 表明存在 $M_{12} = M_{13} = M_{23} = 0.77\mathrm{GeV}$ 的共振态 $\rho^\pm, \rho^0$:

$$J/\psi \to \rho^\pm\pi^\mp, \quad \rho^\pm \to \pi^\pm\pi^0,$$
$$J/\psi \to \rho^0\pi^0, \quad \rho^0 \to \pi^+\pi^-.$$

这表明达里兹图中的密度分布对于显示衰变中是否存在中间共振态是极其方便、简捷的方式. 达里兹图的另一个好处是一张图中可以同时显示不同末态的多种中间共振态 (这里是 $\rho^\pm \to \pi^\pm\pi^0, \rho^0 \to \pi^+\pi^-$ 三种中间态), 但如果要确定每种中间共振态的事例数, 则需要投影到其对应的不变质量谱再进行拟合, 或者通过复杂的分波分析.

也可以选择另外一对运动学变量作为随机变量, 如 M_{12} 和 M_{13}. 根据多维随机变量概率密度的变换公式, 其变换雅可比行列式为

$$J\left(\frac{M_{12}^2, M_{13}^2}{M_{12}, M_{13}}\right) = \begin{vmatrix} \dfrac{\partial M_{12}^2}{\partial M_{12}} & \dfrac{\partial M_{13}^2}{\partial M_{12}} \\[3mm] \dfrac{\partial M_{12}^2}{\partial M_{13}} & \dfrac{\partial M_{13}^2}{\partial M_{13}} \end{vmatrix} = \begin{vmatrix} 2M_{12} & 0 \\ 0 & 2M_{13} \end{vmatrix} = 4M_{12}M_{13},$$

对于相空间模型, 以 M_{12}, M_{13} 为随机变量的概率密度则为

$$g\left(M_{12}, M_{13}\right) = \left| J\left(\frac{M_{12}^2, M_{13}^2}{M_{12}, M_{13}}\right) \right| f\left(M_{12}^2, M_{13}^2\right) = \frac{\pi^2}{m^2} M_{12} M_{13}.$$

可见相空间模型的概率密度 $g\left(M_{12}, M_{13}\right)$ 不是常数, 这表示相空间模型预期的结果用 M_{12}^2, M_{13}^2 作坐标轴来标绘比用 M_{12}, M_{13} 作坐标轴来标绘要简明和直接.

也可用末态粒子 2, 3 的能量作为随机变量, 这时雅可比行列式为

$$J\left(\frac{M_{12}^2, M_{13}^2}{E_2, E_3}\right) = \begin{vmatrix} 0 & -2m \\ -2m & 0 \end{vmatrix} = -4m^2,$$

相应的相空间模型概率密度为

$$h\left(E_2, E_3\right) = |J| \cdot f\left(M_{12}^2, M_{13}^2\right) = \pi^2.$$

因此, 用 E_2, E_3 作为坐标轴, 相空间模型预期的事例数密度是常数, 故利用末态粒子 2, 3 的能量标绘来识别是否存在中间共振态也是方便的.

3.5.3　反冲质量谱

若共振态 A (已知能量为 E_A) 衰变为 k 个粒子

$$A \to 1 + \cdots + j + (j+1) + \cdots + k,$$

则粒子系统 $(1, 2, \cdots, j)$ 的**反冲质量** (recoil mass) 定义为

$$M_{1,2,\cdots,j}^{\mathrm{rec}} = \left[\left(E_A - \sum_{i=1}^{j} E_i\right)^2 - \left(\sum_{i=1}^{j} \boldsymbol{p}_i\right)^2\right]^{1/2}. \tag{3.5.8}$$

如果粒子系统 $(j+1, \cdots, k)$ 是中间共振态 B 的衰变产物:

$$B \to (j+1) + \cdots + k,$$

则反冲质量 $M_{1,2,\cdots,j}^{\mathrm{rec}}$ 等于中间共振态 B 的质量 M_B. 所以利用反冲质量可以重建中间共振态 B. 图 3.24 显示了 BES 实验 $\psi' \to \pi^+\pi^- l^+ l^- (l = \mathrm{e}, \mu)$ 候选事例的 $\pi^+\pi^-$ 反冲质量谱 [46]. 在 3.1 GeV 附近的峰指示了共振态 J/ψ (衰变为 $l^+ l^-, l = \mathrm{e}, \mu$) 的存在, 该峰的形状由 J/ψ 共振态布雷特–维格纳质量分布函数与 $\pi^+\pi^-$ 反冲质量分辨函数的卷积描述.

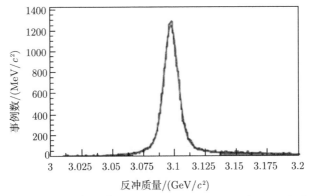

图 3.24 $\psi' \to \pi^+\pi^- l^+ l^- (l = \mathrm{e}, \mu)$ 候选事例的 $\pi^+\pi^-$ 反冲质量谱

3.5.4 丢失质量谱

不可探测粒子的存在信息可用**丢失质量** (missing mass) 谱给出.

若粒子 A(已知能量为 E_A) 衰变为 j 个粒子:

$$A \to 1 + 2 + \cdots + j, \tag{3.5.9}$$

其中粒子 j 是不可探测粒子, 那么粒子 j 的质量 (如果粒子 j 是 0 质量粒子, 例如中微子, 则为粒子 j 的能量) 等于粒子 $1, 2, \cdots, j-1$ 的丢失质量 $M_{1,2,\cdots,j-1}^{\mathrm{miss}}$:

$$M_{1,2,\cdots,j-1}^{\mathrm{miss}} = \left[\left(E_A - \sum_{i=1}^{j-1} E_i \right)^2 - \left(\sum_{i=1}^{j-1} \boldsymbol{p}_i \right)^2 \right]^{1/2}. \tag{3.5.10}$$

例如, 北京谱仪实验中, 粒子反应 $\psi' \to \mathrm{p}\pi^-\bar{\mathrm{n}}$ 的不可探测粒子 $\bar{\mathrm{n}}$ 的存在可利用可探测粒子 p, π^- 的丢失质量是否与 $\bar{\mathrm{n}}$ 的质量相接近来推断. 图 3.25 显示了 BES 实验 $\psi' \to \mathrm{p}\pi^-\bar{\mathrm{n}}$ 候选事例的 $\mathrm{p}\pi^-$ 丢失质量谱 [47], 该峰的形状由 $\bar{\mathrm{n}}$ 的布雷特–维格纳质量分布函数与 $\mathrm{p}\pi^-$ 丢失质量分辨函数的卷积描述. 在 940MeV(反中子质量) 附近出现的峰指示了谱仪不能直接探测的反中子的存在. 因此, 在研究末态包含不可探测粒子的反应时, 可利用丢失质量来显示它的存在.

3.5.5 束流约束质量谱

束流约束质量 (beam constrianed mass) 是利用 $\mathrm{e}^+\mathrm{e}^- \to \psi(3770) \to \mathrm{D}\bar{\mathrm{D}}$ 反应研究 D 介子物理经常用到的一个特征变量. 在正负束流能量相等的 $\mathrm{e}^+\mathrm{e}^-$ 对撞束实验中, 该反应产生的两个 D 介子能量相等, 动量数值相等而方向相反, D 介子能量等于束流能量 E_{b}.

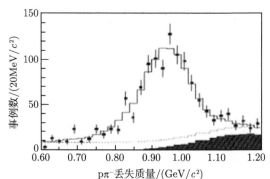

图 3.25　$\psi' \to \mathrm{p}\pi^-\bar{\mathrm{n}}$ 候选事例的 $\mathrm{p}\pi^-$ 丢失质量谱

实验点表示数据, 直方图表示实验数据拟合结果, 虚线表示拟合本底

D (或 $\bar{\mathrm{D}}$) 介子有多种衰变模式, 其中分支比较大且容易重建 D 介子质量的衰变末态是 $mKn\pi(m, n = 1, 2, \cdots)$, 其中 K 包括 $\mathrm{K}^\pm, \mathrm{K}_\mathrm{S}^0, \pi$ 包括 $\pi^\pm, \pi^0$. 确定 D 介子的存在可以利用其衰变末态子粒子的不变质量 M_{inv} 等于 D 介子质量的性质 (见式 (3.5.2)):

$$M_{\mathrm{inv}}^2 \equiv \left(\sum_i p_i \right)^2 = \left(\sum_i E_i \right)^2 - \left(\sum_i \boldsymbol{p}_i \right)^2,$$

其中, $p = (E, \mathrm{i}\boldsymbol{p})$ 为四动量, E 为粒子能量, $\boldsymbol{p}$ 为粒子动量; 下标 i 表征 D 介子衰变的各末态粒子. $\mathrm{D}\bar{\mathrm{D}}$ 信号事例会在不变质量谱的 $M_{\mathrm{inv}} = M_{\mathrm{D}}(M_{\mathrm{D}}$ 是 D 介子质量) 处形成事例分布的峰型结构. 在 BESⅢ 实验中, D 介子信号 M_{inv} 谱的典型质量分辨是 $6 \sim 8\mathrm{MeV}$ (末态只包含带电粒子) 和 $\sim 12\ \mathrm{MeV}$ (末态包含带电粒子和一个 π^0) (参见文献 [15] 21.2.2 节).

利用束流约束质量可以改善 D 介子的重建品质. D 介子的束流约束质量 M_{BC} 定义为

$$M_{\mathrm{BC}}^2 = E_{\mathrm{b}}^2 - p_{\mathrm{D}}^2 = E_{\mathrm{b}}^2 - \left(\sum_i \boldsymbol{p}_i \right)^2, \tag{3.5.11}$$

式中, p_{D} 是 D($\bar{\mathrm{D}}$) 介子动量, E_{b} 是 $\mathrm{e}^+\mathrm{e}^-$ 对撞束的束流能量. D 介子的束流约束质量 M_{BC} 谱呈现为中心值等于 D 介子质量的峰型分布, 峰的宽度反映了探测装置对于 D 介子的质量分辨. 如果不考虑探测器测量误差, D 介子能量 (能量分辨为 0) $E_{\mathrm{D}} = \sum_i E_i$ 等于束流能量 E_{b}, 则 D 介子不变质量平方 M_{inv}^2 与式 (3.5.11) 的束流约束质量平方 M_{BC}^2 是相同的. 但考虑到测量误差, D 介子的 M_{inv} 谱与 M_{BC} 谱就会有明显的差别. 根据式 (3.5.11) 容易计算 D 介子 M_{BC} 谱的

分辨:

$$\sigma\left(M_{\mathrm{BC}}\right)=\frac{1}{M_{\mathrm{BC}}}\left(E_{\mathrm{b}}\sigma\left(E_{\mathrm{b}}\right)+p_{\mathrm{D}}\sigma\left(p_{\mathrm{D}}\right)\right).\tag{3.5.12}$$

在 BES III 实验 $e^+e^-\rightarrow\psi(3770)\rightarrow D\bar{D}$ 反应中, 束流能散 $\sigma\left(E_{\mathrm{b}}\right)\sim0.9\ \mathrm{MeV}$, $p_{\mathrm{D}}\simeq270\ \mathrm{MeV}\left(D^0\right)$ 或 $242\ \mathrm{MeV}\left(D^{\pm}\right)$, 动量分辨 $\sigma\left(p_{\mathrm{D}}\right)\simeq5\ \mathrm{MeV}$, 因此 D 介子 M_{BC} 谱的分辨 $\sigma\left(M_{\mathrm{BC}}\right)=1.2\sim2\ \mathrm{MeV}$, 比 D 介子不变质量 M_{inv} 谱的典型质量分辨 $6\sim12\ \mathrm{MeV}$ 要小得多. 正是由于这一原因, 在 e^+e^- 对撞束实验中研究 $D\bar{D}$ 反应时, 通常利用束流约束质量谱来重建 D, $\bar{D}$ 介子.

D 介子物理经常用到的另一个特征变量是能量差 ΔE, 其定义是

$$\Delta E=E_{\mathrm{b}}-E_{\mathrm{D}}=E_{\mathrm{b}}-\sum_i E_i.\tag{3.5.13}$$

对于正确的 D 介子衰变末态粒子的组合, ΔE 谱是以 0 为中心的窄峰, 峰的宽度表征探测器对于 D 介子的能量分辨. 对于错误的 D 介子衰变末态粒子的组合, ΔE 谱是偏离 0 的分布.

由此可见, 在 D 介子物理中, 将束流约束质量 M_{BC} 约束在 D 介子质量附近, 或将 ΔE 约束在 0 附近, 或者同时施加这两种约束, 可以明显地提高 D 介子信号事例选择的信号–噪声比.

图 3.26 显示了 BES II 实验 [48] 测量 D^0 和 D^+ 强子弱衰变分支比中的 ΔE 分布, 图中所示的 ΔE 截断在分析中用来压低错误的 D 介子衰变末态粒子组合

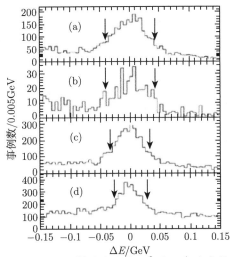

图 3.26 $\psi(3770)\rightarrow D\bar{D}$ 中产生的 D^0 和 D^+ 衰变的 ΔE 分布
(a) $D^0\rightarrow K^-\pi^+$;
(b) $D^+\rightarrow\overline{K}^0\pi^+$; (c) $D^+\rightarrow K^-\pi^+\pi^+$; (d) $D^0\rightarrow K^-\pi^+\pi^+\pi^-$

导致的本底. 图 3.27 显示了同一实验中的束流约束质量 $M_{\rm BC}$ 的分布, D 介子信号呈现峰型, 而本底是宽阔的平坦分布.

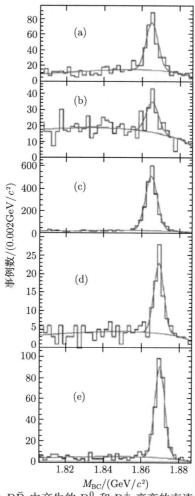

图 3.27 $\psi(3770) \to {\rm D\bar{D}}$ 中产生的 ${\rm D^0}$ 和 ${\rm D^+}$ 衰变的束流约束质量 $M_{\rm BC}$ 分布
(a) ${\rm D^0} \to {\rm K^-K^+}$; (b) ${\rm D^0} \to \pi^-\pi^+$; (c) ${\rm D^0} \to {\rm K^-\pi^+}$; (d) ${\rm D^+} \to {\rm \overline{K}^0 K^+}$; (e) ${\rm D^+} \to {\rm \overline{K}^0\pi^+}$

3.5.6 特征变量 $U_{\rm miss}$

若粒子 A(已知能量为 E_A) 衰变为 k 个粒子:

$$A \to 1 + 2 + \cdots + j + (j+1) + \cdots + k,$$

其中, 粒子 $(1, 2, \cdots, j)$ 为带电粒子, 径迹探测器可直接测量其动量, 粒子 $(j+1,$

$\cdots, k)$ 探测器不能直接测量其动量 (丢失粒子). 粒子 A 的丢失能量 E_{miss} 定义为

$$E_{\text{miss}} = E_A - \sum_{i=1}^{j} E_i = E_A - \sum_{i=1}^{j} \sqrt{m_i^2 + p_i^2}, \qquad (3.5.14)$$

即丢失粒子的能量之和. 考虑到动量测量存在误差, E_{miss} 是以丢失粒子能量和为中心的峰型分布, 分布的宽度反映了探测器的动量测量误差. 粒子 A 的丢失动量 $\boldsymbol{p}_{\text{miss}}$ 定义为

$$\boldsymbol{p}_{\text{miss}} = -\sum_{i=1}^{j} \boldsymbol{p}_i, \qquad (3.5.15)$$

即丢失粒子的动量之和, 同样它也是以其真值为中心的峰型分布. 粒子 A 的 U_{miss} 定义为 [49]

$$U_{\text{miss}} \equiv E_{\text{miss}} - |\boldsymbol{p}_{\text{miss}}|. \qquad (3.5.16)$$

带电粒子系统的丢失质量 M_{miss} 可表示为

$$M_{\text{miss}} = \sqrt{E_{\text{miss}}^2 - |\boldsymbol{p}_{\text{miss}}|^2} = \sqrt{U_{\text{miss}} (E_{\text{miss}} + |\boldsymbol{p}_{\text{miss}}|)}. \qquad (3.5.17)$$

由此式可见, 丢失质量 M_{miss} 越大, U_{miss} 越大. 由于不直接测量动量的丢失粒子系统的信息在 U_{miss} 中得到了反映, 所以, 对于研究衰变末态中包含探测器不能直接测量的粒子 (例如 ν, n) 的过程, U_{miss} 是一个很合适的特征变量.

数据分析中, 利用 U_{miss} 的性质, 可以降低本底, 提高所研究的信号道选择的信号–噪声比. 例如, 图 3.28 显示了 BES 实验中 J/ψ 衰变为一对正反带电粒子加上一个或几个中性粒子的几种衰变过程的 U_{miss} 分布 [50], 在计算 U_{miss} 时, 正反带电粒子被指定为 $\pi^+\pi^-$. 可以看到, 对于末态为正确的带电粒子组合 $\pi^+\pi^-$ 且丢失质量为 0 的衰变过程 (a), U_{miss} 为中心值为 0 的峰型分布. 对于末态为正确的带电粒子组合 $\pi^+\pi^-$ 但丢失质量不为 0 的衰变过程 (b)、(c), 或末态为错误的带电粒子组合 K^+K^- 的衰变过程 (d), U_{miss} 为中心值偏离 0 的峰型分布. 如果需要选择的信号过程是 $J/\psi \to \gamma\pi^+\pi^-$, 则利用事例判选条件 $|U_{\text{miss}}| < C$(例如 $C = 0.15$ GeV) 可以保留大部分信号事例, 大大压低衰变过程 (c)、(d) 的本底污染. 衰变过程 (b) 的本底污染需要用其他方法压低.

BES 实验 [51] 利用 3.773 GeV 的 e^+e^- 对撞数据研究了 $D^0 \to K^-e^+\nu_e$ 和 $D^0 \to \pi^-e^+\nu_e$ 衰变过程. D^0 这两个衰变末态中包含探测器不能直接测量的粒子 ν, 所以 U_{miss} 是一个可用来判选信号事例的合适的特征变量.

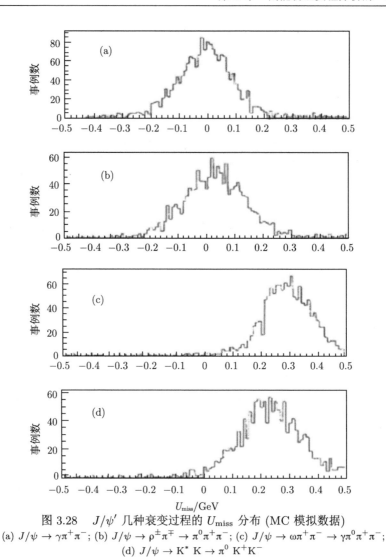

图 3.28 J/ψ' 几种衰变过程的 U_{miss} 分布 (MC 模拟数据)
(a) $J/\psi \to \gamma\pi^+\pi^-$; (b) $J/\psi \to \rho^\pm\pi^\mp \to \pi^0\pi^+\pi^-$; (c) $J/\psi \to \omega\pi^+\pi^- \to \gamma\pi^0\pi^+\pi^-$;
(d) $J/\psi \to K^* K \to \pi^0 K^+K^-$

图 3.29 显示了 $D^0 \to K^-e^+\nu_e$ 和 $D^0 \to \pi^-e^+\nu_e$ 衰变过程的 U_{miss} 分布. 其中 (a)、(b) 是末态带电粒子被正确地选定时的 $D^0 \to K^-e^+\nu_e$ 和 $D^0 \to \pi^-e^+\nu_e$ 衰变过程的 U_{miss} 分布, 呈现以 0 为中心的峰型; (c)、(d) 是末态带电粒子被错误地选定时的 $D^0 \to \pi^-e^+\nu_e$ 和 $D^0 \to K^-e^+\nu_e$ 衰变过程的 U_{miss} 分布, 呈现峰型分布但中心值偏离 0. 在实验数据中, $D^0 \to K^-e^+\nu_e$ 和 $D^0 \to \pi^-e^+\nu_e$ 衰变过程是同时存在的, 由于 K 和 π 可能互相误判, 所以这两种过程互相形成对方的本底. 由图可见, 对于每一种过程, 利用事例判选条件 $|U_{\text{miss}}| < C$ (例如 $C = 3\sigma_{U_{\text{miss}}}$, $\sigma_{U_{\text{miss}}}$ 是图 3.29(a)、(b) 中 U_{miss} 分布的标准偏差), 可以压低对方过程导致的本底污染,

而对信号过程仍有相当高的选择效率.

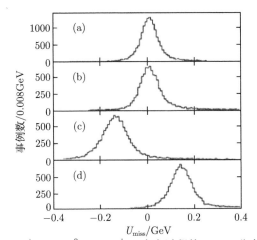

图 3.29 $D^0 \to K^- e^+ \nu_e$ 和 $D^0 \to \pi^- e^+ \nu_e$ 衰变过程的 U_{miss} 分布 (MC 模拟数据)
(a) $D^0 \to K^- e^+ \nu_e$, 正确的 $K^+ e^-$ 组合; (b) $D^0 \to \pi^- e^+ \nu_e$, 正确的 $\pi^+ e^-$ 组合; (c) $D^0 \to \pi^- e^+ \nu_e$, 被错误地指定为 $K^+ e^-$ 组合; (d) $D^0 \to K^- e^+ \nu_e$, 被错误地指定为 $\pi^+ e^-$ 组合

3.6 运动学拟合

粒子物理实验数据分析中, 需要确定反应或衰变事例中所有粒子的四动量. 在粒子物理实验中, 粒子的四动量由探测器给出的信息加以计算. 例如, 考虑 $e^+ e^-$ 对撞实验中螺旋管产生 Z 向均匀磁场的情形, 假定对撞产生的末态粒子 (带电粒子和光子) 起始于对撞点 $(0,0,0)$. 利用径迹室中测定的带电粒子螺旋线径迹可以测量对撞区产生的末态带电粒子径迹的方向 (极角 θ 和方位角 φ) 和垂直于束流方向平面上的横动量 $p_\perp$,

$$\boldsymbol{x} = (x_1, x_2, x_3) = \left(\varphi, \frac{1}{p_\perp}, \cot\theta\right). \qquad (3.6.1)$$

利用电磁量能器中电磁簇射重心位置和信号幅度可以确定光子的方向 (θ, φ) 及其沉积能量 E:

$$\boldsymbol{x} = (x_1, x_2, x_3) = (\varphi, \cos\theta, E), \qquad (3.6.2)$$

式中, $\boldsymbol{x}$ 表示带电粒子或光子的测量值向量. $\boldsymbol{x}$ 的测量误差用误差矩阵表示:

$$V_x = \begin{pmatrix} \sigma_{x_1}^2 & \mathrm{cov}\,(x_1, x_2) & \mathrm{cov}\,(x_1, x_3) \\ \mathrm{cov}\,(x_2, x_1) & \sigma_{x_2}^2 & \mathrm{cov}\,(x_2, x_3) \\ \mathrm{cov}\,(x_3, x_1) & \mathrm{cov}\,(x_3, x_2) & \sigma_{x_3}^2 \end{pmatrix}. \qquad (3.6.3)$$

粒子 (包括光子) 的 "动量" $\boldsymbol{p} = (p_x, p_y, p_z)$ 可以由 $\boldsymbol{x}$ 的测量值直接求得. 对带电粒子为

$$p_x = \frac{\cos x_1}{x_2}, \quad p_y = \frac{\sin x_1}{x_2}, \quad p_z = \frac{x_3}{x_2}, \tag{3.6.4}$$

对光子为

$$p_x = x_3\sqrt{1 - x_2^2}\cos x_1, \quad p_y = x_3\sqrt{1 - x_2^2}\sin x_1, \quad p_z = x_3 x_2. \tag{3.6.5}$$

动量的误差由动量误差矩阵确定:

$$V_p = D_p V_x D_p^{\mathrm{T}} \tag{3.6.6}$$

其中

$$V_p = \begin{pmatrix} \sigma_{p_x}^2 & \mathrm{cov}\,(p_x, p_y) & \mathrm{cov}\,(p_x, p_z) \\ \mathrm{cov}\,(p_y, p_x) & \sigma_{p_y}^2 & \mathrm{cov}\,(p_y, p_z) \\ \mathrm{cov}\,(p_z, p_x) & \mathrm{cov}\,(p_z, p_y) & \sigma_{p_z}^2 \end{pmatrix}, \tag{3.6.7}$$

变换矩阵为

$$D_p = \begin{pmatrix} \dfrac{\partial p_x}{\partial x_1} & \dfrac{\partial p_x}{\partial x_2} & \dfrac{\partial p_x}{\partial x_3} \\ \dfrac{\partial p_y}{\partial x_1} & \dfrac{\partial p_y}{\partial x_2} & \dfrac{\partial p_y}{\partial x_3} \\ \dfrac{\partial p_z}{\partial x_1} & \dfrac{\partial p_z}{\partial x_2} & \dfrac{\partial p_z}{\partial x_3} \end{pmatrix}. \tag{3.6.8}$$

这样, 我们就可以求出该事例中所有可测量的末态粒子的动量值及其误差. 末态粒子的质量 (即种类) 可以利用前面讨论的粒子鉴别加以确定.

可以看到末态粒子动量的误差完全由探测器的性能所决定.

有没有可能对粒子动量的测定误差加以改进呢? 答案是肯定的. 这里我们需要借助于粒子反应或衰变所必须遵从的**运动学约束**关系. 在粒子物理实验中, 最广泛使用的是反应前后四动量守恒关系 (即能量、动量守恒), 它提供了对于运动学变量的四个独立的约束方程. 此外, 当末态存在短寿命共振态并立即衰变时, 可利用衰变子粒子不变质量必须等于母粒子质量的约束. 当利用这些约束方程以及原测量值重新进行最小二乘估计时, 得到原测量值的**拟合值**, 这一步骤称为**运动学拟合**. 拟合值比原测量值更接近真值, 拟合值的误差小于原测量值的误差, 也就是说, 运动学拟合可以改善粒子动量的 "测量精度", 从而能够改善我们所需要测量的物理量的精度. 这是运动学拟合在粒子物理实验分析得到广泛应用的原因.

3.6.1 存在不可测变量的运动学拟合

我们来讨论存在不可测变量的运动学约束拟合问题.

设观测值向量为 $\boldsymbol{y} = \{y_1, y_2, \cdots, y_N\}$, 测量误差由其协方差矩阵 $V_{\boldsymbol{y}}$ 表示, $\boldsymbol{y}$ 和 $V_{\boldsymbol{y}}$ 均为已知. $\boldsymbol{y}$ 的真值 $\boldsymbol{\eta} = \{\eta_1, \eta_2, \cdots, \eta_N\}$ 是未知的待估计参数. 此外, 还存在一组 J 个不可直接测量的变量 $\boldsymbol{\xi} = \{\xi_1, \xi_2, \cdots, \xi_J\}$, N 个可测定参数 $\boldsymbol{\eta}$ 和 J 个不可测定参数 $\boldsymbol{\xi}$ 是相关的, 满足一组 K 个约束方程

$$f_k(\boldsymbol{\eta}, \boldsymbol{\xi}) = 0, \quad k = 1, 2, \cdots, K.$$

要求参数 $\boldsymbol{\eta}$ 和 $\boldsymbol{\xi}$ 的估计值 $\hat{\boldsymbol{\eta}}$ 和 $\hat{\boldsymbol{\xi}}$ 及其误差.

按照最小二乘原理, 未知量 $\boldsymbol{\eta}$ 和 $\boldsymbol{\xi}$ 的最好估计应使下式得以满足:

$$\chi^2(\boldsymbol{\eta}) = (\boldsymbol{y} - \boldsymbol{\eta})^{\mathrm{T}} V_{\boldsymbol{y}}^{-1}(\boldsymbol{y} - \boldsymbol{\eta}) = \text{minimum} ,$$
$$\boldsymbol{f}(\boldsymbol{\eta}, \boldsymbol{\xi}) = \boldsymbol{0}.$$
(3.6.9)

$\boldsymbol{f}(\boldsymbol{\eta}, \boldsymbol{\xi}) = \boldsymbol{0}$ 一般是非线性约束方程, 式 (3.6.9) 一般利用拉格朗日乘子法求解. 引入 K 个拉格朗日乘子 $\boldsymbol{\lambda} = \{\lambda_1, \lambda_2, \cdots, \lambda_k\}$, 约束极小化问题可以重新表述为无约束极小化问题:

$$\chi^2(\boldsymbol{\eta}, \boldsymbol{\xi}, \boldsymbol{\lambda}) = (\boldsymbol{y} - \boldsymbol{\eta})^{\mathrm{T}} V_{\boldsymbol{y}}^{-1}(\boldsymbol{y} - \boldsymbol{\eta}) + 2\boldsymbol{\lambda}^{\mathrm{T}} \boldsymbol{f}(\boldsymbol{\eta}, \boldsymbol{\xi}) = \text{minimum}. \qquad (3.6.10)$$

现在共有 $N + J + K$ 个未知参数, 令 χ^2 对所有这些未知参数的偏导数等于 0, 得到如下的一组方程:

$$\nabla_{\eta}\chi^2 = V_{\boldsymbol{y}}^{-1}(\boldsymbol{\eta} - \boldsymbol{y}) + 2F_{\boldsymbol{\eta}}^{\mathrm{T}}\boldsymbol{\lambda} = \boldsymbol{0} \qquad (N \text{ 个方程}),$$
$$\nabla_{\xi}\chi^2 = F_{\boldsymbol{\xi}}^{\mathrm{T}}\boldsymbol{\lambda} = \boldsymbol{0} \qquad (J \text{ 个方程}), \qquad (3.6.11)$$
$$\nabla_{\lambda}\chi^2 = \boldsymbol{f}(\boldsymbol{\eta}, \boldsymbol{\xi}) = \boldsymbol{0} \qquad (K \text{ 个方程}).$$

其中, 矩阵 $F_{\boldsymbol{\eta}}(K \times N$ 维) 和 $F_{\boldsymbol{\xi}}(K \times J$ 维) 定义为

$$(F_{\boldsymbol{\eta}})_{ki} = \frac{\partial f_k}{\partial \eta_i}, \quad (F_{\boldsymbol{\xi}})_{kj} = \frac{\partial f_k}{\partial \xi_j}. \qquad (3.6.12)$$

一般情形下, $N + J + K$ 个未知参数的方程组 (3.6.11) 必须用迭代法求解. 假定已进行了 ν 次迭代, $N + J + K$ 个未知参数的近似解表为 $\boldsymbol{\eta}^{\nu}, \boldsymbol{\xi}^{\nu}, \boldsymbol{\lambda}^{\nu}$, 相应的 χ^2

值用 $\chi^2(\nu)$ 表示. 利用下式进行 $\nu + 1$ 次迭代:

$$\boldsymbol{\xi}^{\nu+1} = \boldsymbol{\xi}^{\nu} - \left(F_{\boldsymbol{\xi}}^{\mathrm{T}} S^{-1} F_{\boldsymbol{\xi}}\right)^{-1} F_{\boldsymbol{\xi}}^{\mathrm{T}} S^{-1} \boldsymbol{r}, \tag{3.6.13}$$

$$\boldsymbol{\lambda}^{\nu+1} = S^{-1} \left[\boldsymbol{r} + F_{\boldsymbol{\xi}} \left(\boldsymbol{\xi}^{\nu+1} - \boldsymbol{\xi}^{\nu}\right)\right], \tag{3.6.14}$$

$$\boldsymbol{\eta}^{\nu+1} = \boldsymbol{y} - V_{\boldsymbol{y}} F_{\boldsymbol{\eta}}^{T} \boldsymbol{\lambda}^{\nu+1}, \tag{3.6.15}$$

式中

$$\boldsymbol{r} \equiv \boldsymbol{f}^{\nu} + F_{\boldsymbol{\eta}}^{\nu} \left(\boldsymbol{y} - \boldsymbol{\eta}^{\nu}\right), \tag{3.6.16}$$

$$S \equiv F_{\boldsymbol{\eta}}^{\nu} V_{\boldsymbol{y}} \left(F_{\boldsymbol{\eta}}^{\mathrm{T}}\right)^{\nu}, \tag{3.6.17}$$

S 是 $K \times K$ 阶对称矩阵, $\boldsymbol{r}$ 是 N 个分量的向量. 可以证明 (文献 [9] 第九章 9.8 节), 迭代后的近似解 $\boldsymbol{\eta}^{\nu+1}, \boldsymbol{\xi}^{\nu+1}, \boldsymbol{\lambda}^{\nu+1}$ 是比 $\boldsymbol{\eta}^{\nu}, \boldsymbol{\xi}^{\nu}, \boldsymbol{\lambda}^{\nu}$ 更好的近似, 也即 $\chi^2(\nu + 1) < \chi^2(\nu)$, 并当迭代不断进行下去时收敛向 $\chi^2_{\min}$, 从而得到 $\boldsymbol{\eta}, \boldsymbol{\xi}, \boldsymbol{\lambda}$ 的最小二乘估计.

在式 (3.6.13)~ 式 (3.6.15) 的表达式中, 矩阵 $F_{\boldsymbol{\eta}}, F_{\boldsymbol{\xi}}, S$ 和矢量 $\boldsymbol{r}$ 是在点 $(\boldsymbol{\eta}^{\nu}, \boldsymbol{\xi}^{\nu})$ 计算的, 而且 S 和 $F_{\boldsymbol{\xi}}^{\mathrm{T}} S^{-1} F_{\boldsymbol{\xi}}$ 的逆矩阵必须存在.

为了使得达到 $\chi^2_{\min}$ 所需的迭代次数尽可能少, 选择一组好的迭代初始值 $\boldsymbol{\eta}^0, \boldsymbol{\xi}^0$ 十分重要. 对于可测量的参数 $\boldsymbol{\eta}$, 初始值可选为测量值 $\boldsymbol{\eta}^0 = \boldsymbol{y}$; 对于不可测量的未知参数 $\boldsymbol{\xi}$, 初始值 $\boldsymbol{\xi}^0$ 可由 $\boldsymbol{\eta}^0$ (代替 $\boldsymbol{\eta}$) 代入最容易计算的约束方程得到.

假定根据以上描述的迭代步骤在第 $\nu + 1$ 次迭代后的未知参数值 $\boldsymbol{\eta}^{\nu+1}, \boldsymbol{\xi}^{\nu+1}$ 是满意的估计值, 即

$$\hat{\boldsymbol{\eta}} = \boldsymbol{\eta}^{\nu+1}, \quad \hat{\boldsymbol{\xi}} = \boldsymbol{\xi}^{\nu+1}.$$

经过计算, $\hat{\boldsymbol{\eta}}$ 和 $\hat{\boldsymbol{\xi}}$ 的误差可表示为 (文献 [9] 第九章 9.8 节)

$$V_{\hat{\boldsymbol{\eta}}} = V_{\boldsymbol{y}} \left[I_N - \left(G - HUH^{\mathrm{T}}\right) V_{\boldsymbol{y}}\right],$$

$$V_{\hat{\boldsymbol{\xi}}} = U,$$

$$\mathrm{cov}(\hat{\boldsymbol{\eta}}, \hat{\boldsymbol{\xi}}) = -V_{\boldsymbol{y}} H U. \tag{3.6.18}$$

其中

$$G \equiv F_{\boldsymbol{\eta}}^{\mathrm{T}} S^{-1} F_{\boldsymbol{\eta}}, \quad H \equiv F_{\boldsymbol{\eta}}^{\mathrm{T}} S^{-1} F_{\boldsymbol{\xi}}, \quad U^{-1} \equiv F_{\boldsymbol{\xi}}^{\mathrm{T}} S^{-1} F_{\boldsymbol{\xi}}, \tag{3.6.19}$$

从这些误差公式可以知道, 一般拟合值 $\hat{\boldsymbol{\eta}}$ 的误差 ($V_{\hat{\boldsymbol{\eta}}}$ 的对角元素) 小于观测值 $\boldsymbol{y}$ 的误差; 同时, 即使测量是相互独立的, 拟合值之间也将是相关的, 因为协方差矩阵一般有不等于 0 的非对角项.

我们用两个例子来说明存在不可测变量的运动学约束拟合问题的处理过程.

1. V^0 事例的运动学拟合

设在探测器中观测中性粒子 Λ^0 的衰变:

$$\Lambda^0 \to p^+ + \pi^-,$$

探测器中看不到中性粒子 Λ^0 的径迹, 只能看到它的衰变粒子 (带电粒子) p^+ 和 π^- 形成的径迹, 这两条径迹形成英文字母 V 形, 称为 V^0 事例, 如图 3.30 所示.

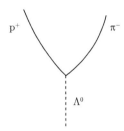

图 3.30 Λ^0 粒子衰变在探测器中形成的径迹

假定以 Λ^0 衰变点 (即 p^+ 和 π^- 两条带电径迹的交点) 为坐标原点, 探测器处于 Z 方向的磁场中. 通过径迹的曲率半径求出了 p^+ 和 π^- 的动量 p_p, p_π, 倾角 (dip angle) λ_p, λ_π 和方位角 ϕ_p, ϕ_π 的近似值, 以及这几个变量的协方差矩阵. **倾角** 定义为径迹切线与 XY 平面之间的夹角. 现在要求 Λ^0 粒子的三个未知参数 (不可测量的参数)

$$\boldsymbol{\xi} = \{p_\Lambda, \lambda_\Lambda, \phi_\Lambda\}$$

和六个可测量的参数

$$\boldsymbol{\eta} = \{p_p, \lambda_p, \phi_p, p_\pi, \lambda_\pi, \phi_\pi\}$$

的最小二乘估计.

按照物理规律, 衰变过程必须满足动量守恒和能量守恒定律, 于是有

$$f_1 = -p_\Lambda \cos\lambda_\Lambda \cos\phi_\Lambda + p_p \cos\lambda_p \cos\phi_p + p_\pi \cos\lambda_\pi \cos\phi_\pi = 0,$$

$$f_2 = -p_\Lambda \cos\lambda_\Lambda \sin\phi_\Lambda + p_p \cos\lambda_p \sin\phi_p + p_\pi \cos\lambda_\pi \sin\phi_\pi = 0,$$

$$f_3 = -p_\Lambda \sin\lambda_\Lambda + p_p \sin\lambda_p + p_\pi \sin\lambda_\pi = 0,$$

$$f_4 = -\sqrt{p_\Lambda^2 + m_\Lambda^2} + \sqrt{p_p^2 + m_p^2} + \sqrt{p_\pi^2 + m_\pi^2} = 0;$$

其中, m_Λ, m_p, m_π 分别表示 Λ^0, p^+, π^- 的静止质量, 是已知常数. 因为问题含有三个不可测量的未知参数的四个约束条件, 实际上独立的约束条件只有一个. 可以看到, 这些约束对于待估计的参数 $\boldsymbol{\xi}, \boldsymbol{\eta}$ 是非线性的.

根据式 (3.6.12) 的定义, 矩阵 $F_{\boldsymbol{\eta}}$(4×6 阶) 和 $F_{\boldsymbol{\xi}}$(4×3 阶) 是四个约束函数 $f_k(k = 1, 2, 3, 4)$ 对可测量的六个未知参数 $\boldsymbol{\eta}$ 和不可测量的三个参数 $\boldsymbol{\xi}$ 求偏导数求得, 具体形式为

$$
F_{\boldsymbol{\eta}} = \begin{bmatrix}
\cos\lambda_{\mathrm{p}}\cos\phi_{\mathrm{p}} & -p_{\mathrm{p}}\sin\lambda_{\mathrm{p}}\cos\phi_{\mathrm{p}} & -p_{\mathrm{p}}\cos\lambda_{\mathrm{p}}\sin\phi_{\mathrm{p}} \\
\cos\lambda_{\mathrm{p}}\sin\phi_{\mathrm{p}} & -p_{\mathrm{p}}\sin\lambda_{\mathrm{p}}\sin\phi_{\mathrm{p}} & p_{\mathrm{p}}\cos\lambda_{\mathrm{p}}\cos\phi_{\mathrm{p}} \\
\sin\lambda_{\mathrm{p}} & p_{\mathrm{p}}\cos\lambda_{\mathrm{p}} & 0 \\
\dfrac{p_{\mathrm{p}}}{\sqrt{p_{\mathrm{p}}^2 + m_{\mathrm{p}}^2}} & 0 & 0
\end{bmatrix}
$$

$$
\begin{bmatrix}
\cos\lambda_{\pi}\cos\phi_{\pi} & -p_{\pi}\sin\lambda_{\pi}\cos\phi_{\pi} & -p_{\pi}\cos\lambda_{\pi}\sin\phi_{\pi} \\
\cos\lambda_{\pi}\sin\phi_{\pi} & -p_{\pi}\sin\lambda_{\pi}\sin\phi_{\pi} & p_{\pi}\cos\lambda_{\pi}\cos\phi_{\pi} \\
\sin\lambda_{\pi} & p_{\pi}\cos\lambda_{\pi} & 0 \\
\dfrac{p_{\pi}}{\sqrt{p_{\pi}^2 + m_{\pi}^2}} & 0 & 0
\end{bmatrix}
$$

$$
F_{\boldsymbol{\xi}} = \begin{bmatrix}
-\cos\lambda_{\Lambda}\cos\phi_{\Lambda} & p_{\Lambda}\sin\lambda_{\Lambda}\cos\phi_{\Lambda} & p_{\Lambda}\cos\lambda_{\Lambda}\sin\phi_{\Lambda} \\
-\cos\lambda_{\Lambda}\sin\phi_{\Lambda} & p_{\Lambda}\sin\lambda_{\Lambda}\sin\phi_{\Lambda} & -p_{\Lambda}\cos\lambda_{\Lambda}\cos\phi_{\Lambda} \\
-\sin\lambda_{\Lambda} & -p_{\Lambda}\cos\lambda_{\Lambda} & 0 \\
\dfrac{-p_{\Lambda}}{\sqrt{p_{\Lambda} + m_{\Lambda}}} & 0 & 0
\end{bmatrix}
$$

为了进行迭代, 参数 $\boldsymbol{\eta}$ 的初始值 $\boldsymbol{\eta}^0$ 取为等于测量值 $\boldsymbol{Y}$, 即

$$
\boldsymbol{\eta}^0 = \boldsymbol{Y} = \left\{ p_{\mathrm{p}}^0, \lambda_{\mathrm{p}}^0, \phi_{\mathrm{p}}^0, p_{\pi}^0, \lambda_{\pi}^0, \phi_{\pi}^0 \right\},
$$

代入约束方程 $f_1 = 0, f_2 = 0, f_3 = 0$, 可求得 $\boldsymbol{\xi}$ 的初始值 $\boldsymbol{\xi}^0 = \left\{ p_{\Lambda}^0, \lambda_{\Lambda}^0, \phi_{\Lambda}^0 \right\}$. 从 f_1, f_2, f_3 来确定 $\boldsymbol{\xi}^0$ 是因为它们的表达式比较简单, $\boldsymbol{\xi}^0$ 容易求出; f_4 的表达式含参数的根号项, 处理起来要麻烦得多. 这样选定的 $\boldsymbol{\eta}^0$ 和 $\boldsymbol{\xi}^0$ 显然使动量守恒定律得到满足 $\left(f_1^0 = f_2^0 = f_3^0 = 0 \right)$, 但约束函数 f_4^0 则不一定等于 0 . 于是根据式 (3.6.16) 将有矢量 $\boldsymbol{r}$ 的初值

$$
\boldsymbol{r}^0 = \boldsymbol{f}^0 = \left(0, 0, 0, f_4^0 \right).
$$

利用式 (3.6.17), 将近似值 $\left(\boldsymbol{\eta}^0, \boldsymbol{\xi}^0 \right)$ 代入 $F_{\boldsymbol{\eta}}, F_{\boldsymbol{\xi}}$, 可求出矩阵 $F_{\boldsymbol{\eta}}^0, F_{\boldsymbol{\xi}}^0$ 以及 4×4 阶矩阵

$$
S = F_{\boldsymbol{\eta}}^0 V \left(F_{\boldsymbol{\eta}}^0 \right)^{\mathrm{T}}.
$$

求出 S 的逆阵 S^{-1} 之后, 由式 (3.6.13)~ 式 (3.6.15) 可求得 $\boldsymbol{\xi}^1, \boldsymbol{\lambda}^1, \boldsymbol{\eta}^1$ 的值, 这就容易求出 $\chi^2(1)$. 重复以上迭代过程, 直到找出满意的 $\chi^2_{\min}$ 为止, 其对应的 $\hat{\boldsymbol{\xi}}, \hat{\boldsymbol{\lambda}}, \hat{\boldsymbol{\eta}}$ 即为问题的解. 最后根据式 (3.6.18) 和式 (3.6.19) 计算出 $\hat{\boldsymbol{\eta}}$ 和 $\hat{\boldsymbol{\xi}}$ 的误差.

2. BES 实验 $\psi' \to \gamma_1\gamma_2\gamma_3$ 事例的运动学拟合

这一测量中 [52], 9 个可测量的参数是

$$\boldsymbol{\eta} = \left\{ \phi_1, \tan\lambda_1, \sqrt{E_1}, \phi_2, \tan\lambda_2, \sqrt{E_2}, \phi_3, \tan\lambda_3, \sqrt{E_3} \right\},$$

式中, E_1, E_2, E_3 是量能器测得的 3 个光子的能量. 3 个光子的产生点是 e^+e^- 的对撞点, 对于大量的 e^+e^- 对撞, 对撞点服从三维高斯分布, $\sigma_x \approx 0.9$ mm, $\sigma_y \approx 0.05$ mm, $\sigma_z \approx 4.0$ cm, 与光子在量能器第一层的击中点的位置分辨 (~2.1cm) 相比, 对撞点 X, Y 方向的弥散相当小, 对于每一个事例, 对撞点 X, Y 坐标值可以用平均值 x_0, y_0 来代替而不至于影响 $\phi, \tan\lambda$ 的测量精度. 但对撞点 Z 方向的弥散相当大, 必须逐个事例确定其位置 z_0, 也即本分析中有 1 个未知参数 (不可测量的参数)

$$\boldsymbol{\xi} = \{z_0\}.$$

于是, 能动量守恒给出

$$f_1 = p_{1x} + p_{2x} + p_{3x} = 0,$$

$$f_2 = p_{1y} + p_{2y} + p_{3y} = 0,$$

$$f_3 = p_{1z} + p_{2z} + p_{3z} = 0,$$

$$f_4 = E_1 + E_2 + E_3 - E_{cm} = 0,$$

其中

$$p_{ix} = E_i \cos\lambda_i \cos\phi_i,$$

$$p_{iy} = E_i \cos\lambda_i \sin\phi_i,$$

$$p_{iz} = E_i \sin\lambda_i.$$

矩阵 $F_{\boldsymbol{\eta}}(4 \times 9$ 阶) 和 $F_{\boldsymbol{\xi}}(4 \times 1$ 阶) 的形式为

$$F_{\boldsymbol{\eta}} =$$

$$\begin{bmatrix} -p_{1y} & a_1 p_{1x} & b_1 p_{1x} & -p_{2y} & a_2 p_{2x} & b_2 p_{2x} & -p_{3y} & a_3 p_{3x} & b_3 p_{3x} \\ p_{1x} & a_1 p_{1y} & b_1 p_{1y} & p_{2x} & a_2 p_{2y} & b_2 p_{2y} & p_{3x} & a_3 p_{3y} & b_3 p_{3y} \\ 0 & a_1 p_{1z}+p_{1xy} & b_1 p_{1z} & 0 & a_2 p_{2z}+p_{2xy} & b_2 p_{2z} & 0 & a_3 p_{3z}+p_{3xy} & b_3 p_{3z} \\ 0 & 0 & 2\sqrt{E_1} & 0 & 0 & 2\sqrt{E_2} & 0 & 0 & 2\sqrt{E_3} \end{bmatrix},$$

其中

$$a_i = -\tan\lambda_i / \left(1 + \tan^2\lambda_i\right),$$

$$b_i = 2/\sqrt{E_i}, \quad p_{ixy} = E_i\cos\lambda_i, \quad i = 1,2,3;$$

$$F_{\boldsymbol{\xi}} = \begin{pmatrix} \displaystyle\sum_{i=1}^{3} \frac{R_i E_i \cos\phi_i\,(z_i - z_0)}{\sqrt{\left[R_i^2 + (z_i - z_0)^2\right]^3}} \\[4mm] \displaystyle\sum_{i=1}^{3} \frac{R_i E_i \sin\phi_i\,(z_i - z_0)}{\sqrt{\left[R_i^2 + (z_i - z_0)^2\right]^3}} \\[4mm] \displaystyle\sum_{i=1}^{3} \frac{-R_i^2 E_i}{\sqrt{\left[R_i^2 + (z_i - z_0)^2\right]^3}} \\[4mm] 0 \end{pmatrix},$$

其中, R_i 是对撞点到量能器第一层击中点距离在 ϕ 方向的投影, z_i 是在 Z 方向的投影. 参数 $\boldsymbol{\eta}$ 的初始值 $\boldsymbol{\eta}^0$ 取为等于测量值 $\boldsymbol{Y}$, 即

$$\boldsymbol{\eta}^0 = \boldsymbol{Y} = \left\{\phi_1^0, \tan\lambda_1^0, \sqrt{E_1^0}, \phi_2^0, \tan\lambda_2^0, \sqrt{E_2^0}, \phi_3^0, \tan\lambda_3^0, \sqrt{E_3^0}\right\},$$

$\boldsymbol{\xi}$ 的初始值取 $\boldsymbol{\xi}^0 = \{0\}$. 以后的步骤与上一个例子完全相同.

由于存在一个不可测的参数 $\boldsymbol{\xi} = \{z_0\}$, 所以这里是 3C 拟合. MC 模拟表明, 对于 BES 实验 $\psi'' \to \gamma_1\gamma_2\gamma_3$ 事例应用同样的事例判选条件, 当 $z_0 = 0$ cm, 4 cm, 10 cm 时, 3C 拟合的信号事例的选择效率均为 $\sim 4.3\%$, 而通常的 4C 拟合 (z_0 不作为拟合参数而是作为常数) 的信号事例选择效率分别为 $\sim 4.3\%$、4.1% 和 $<1\%$. 可见对于 $\psi'' \to \gamma_1\gamma_2\gamma_3$ 这类纯中性末态事例, 在 e^+e^- 对撞实验的典型束团条件下 (Z 向束团较长), 将每个事例的对撞点 Z 向坐标作为待拟合参数的做法能够提高信号事例的选择效率. 对于末态存在 2 条以上带电径迹的事例, 由于一般径迹室能够精确地测定径迹参数, 可以由多条径迹的交点求得每个事例的顶点三维位置, 所以事例顶点的三维位置成为可测量的参数.

3.6.2　无不可测变量的运动学拟合

无不可测变量的运动学约束拟合问题的求解可由 3.6.1 节的推导中去除 J 个不可测定参数 $\boldsymbol{\xi}$ 及其相关项直接得到.

按照最小二乘原理, 现在未知量 $\boldsymbol{\eta}$ 的最好估计应使下式得以满足:

$$\chi^2(\boldsymbol{\eta}) = (\boldsymbol{y} - \boldsymbol{\eta})^{\mathrm{T}} V_{\boldsymbol{y}}^{-1} (\boldsymbol{y} - \boldsymbol{\eta}) = \text{minimum} ,$$

$$\boldsymbol{f}(\boldsymbol{\eta}) = \boldsymbol{0}. \tag{3.6.20}$$

引入 K 个拉格朗日乘子 $\boldsymbol{\lambda} = \{\lambda_1, \lambda_2, \cdots, \lambda_k\}$, 约束极小化问题可以重新表述为无约束极小化问题:

$$\chi^2(\boldsymbol{\eta}, \boldsymbol{\xi}, \boldsymbol{\lambda}) = (\boldsymbol{y} - \boldsymbol{\eta})^{\mathrm{T}} V_{\boldsymbol{y}}^{-1} (\boldsymbol{y} - \boldsymbol{\eta}) + 2\boldsymbol{\lambda}^{\mathrm{T}} \boldsymbol{f}(\boldsymbol{\eta}) = \text{minimum}. \tag{3.6.21}$$

现在共有 $N + K$ 个未知参数, 令 χ^2 对所有这些未知参数的偏导数等于 0, 得到如下的一组方程:

$$\nabla_\eta \chi^2 = V_{\boldsymbol{y}}^{-1}(\boldsymbol{\eta} - \boldsymbol{y}) + 2F_{\boldsymbol{\eta}}^{\mathrm{T}} \boldsymbol{\lambda} = \boldsymbol{0} \qquad (N \text{ 个方程}),$$

$$\nabla_\lambda \chi^2 = \boldsymbol{f}(\boldsymbol{\eta}) = \boldsymbol{0} \qquad (K \text{ 个方程}). \tag{3.6.22}$$

其中, 矩阵 $F_{\boldsymbol{\eta}}(K \times N \text{ 维})$ 定义为

$$(F_{\boldsymbol{\eta}})_{ki} = \frac{\partial f_k}{\partial \eta_i}. \tag{3.6.23}$$

$N + K$ 个未知参数的方程组 (3.6.22) 用迭代法求解. 假定已进行了 ν 次迭代, $N + K$ 个未知参数的近似解表为 $\boldsymbol{\eta}^\nu$, $\boldsymbol{\lambda}^\nu$, 相应的 χ^2 值用 $\chi^2(\nu)$ 表示. 利用下式进行 $\nu + 1$ 次迭代:

$$\boldsymbol{\lambda}^{\nu+1} = S^{-1}\boldsymbol{r}, \tag{3.6.24}$$

$$\boldsymbol{\eta}^{\nu+1} = \boldsymbol{y} - V_{\boldsymbol{y}} F_{\boldsymbol{\eta}}^{\mathrm{T}} \boldsymbol{\lambda}^{\nu+1}, \tag{3.6.25}$$

式中

$$\boldsymbol{r} \equiv \boldsymbol{f}^\nu + F_{\boldsymbol{\eta}}^\nu (\boldsymbol{y} - \boldsymbol{\eta}^\nu) , \tag{3.6.26}$$

$$S \equiv F_{\boldsymbol{\eta}}^\nu V_{\boldsymbol{y}} \left(F_{\boldsymbol{\eta}}^{\mathrm{T}}\right)^\nu , \tag{3.6.27}$$

S 是 $K \times K$ 阶对称矩阵, $\boldsymbol{r}$ 是 N 个分量的向量. 迭代后的近似解 $\boldsymbol{\eta}^{\nu+1}, \boldsymbol{\lambda}^{\nu+1}$ 是比 $\boldsymbol{\eta}^\nu, \boldsymbol{\lambda}^\nu$ 更好的近似, 也即 $\chi^2(\nu + 1) < \chi^2(\nu)$, 并当迭代不断进行下去时收敛向 $\chi^2_{\min}$, 从而得到 $\boldsymbol{\eta}, \boldsymbol{\lambda}$ 的最小二乘估计.

在式 (3.6.24) 和式 (3.6.25) 的表达式中, 矩阵 $F_{\boldsymbol{\eta}}, S$ 和矢量 $\boldsymbol{r}$ 是在点 $\boldsymbol{\eta}^\nu$ 计算的, 而且 S 的逆矩阵必须存在.

为了使得达到 $\chi^2_{\min}$ 所需的迭代次数尽可能少, 初值可选为测量值 $\boldsymbol{\eta}^0 = \boldsymbol{y}$.

假定根据以上描述的迭代步骤在第 $\nu + 1$ 次迭代后的未知参数值 $\boldsymbol{\eta}^{\nu+1}$ 是满意的估计值 $\hat{\boldsymbol{\eta}}$, 则 $\hat{\boldsymbol{\eta}}$ 的误差可表示为

$$V_{\hat{\boldsymbol{\eta}}} = V_{\boldsymbol{y}} \left[I_N - F_{\boldsymbol{\eta}}^{\mathrm{T}} S^{-1} F_{\boldsymbol{\eta}} V_{\boldsymbol{y}} \right]. \tag{3.6.28}$$

从该误差公式可以知道, 一般地, 拟合值 $\hat{\boldsymbol{\eta}}$ 的误差 ($V_{\hat{\boldsymbol{\eta}}}$ 的对角元素) 小于观测值 $\boldsymbol{y}$ 的误差; 同时, 即使测量是相互独立的, 但拟合值之间也将是相关的, 因为协方差矩阵一般有不等于 0 的非对角项.

3.6.3   运动学拟合中的自由度

设观测值向量为 $\boldsymbol{y} = \{y_1, y_2, \cdots, y_N\}$, 测量误差由其协方差矩阵 $V_{\boldsymbol{y}}$ 表示. 对于线性或非线性最小二乘估计问题, 如果 N 值很大且 N 个测量值是多维正态变量, 即测量误差 $\boldsymbol{\varepsilon} = \boldsymbol{Y} - \boldsymbol{\eta}$ 是均值为 $\boldsymbol{0}$ 的多维正态变量, 并且存在非奇异 (行列式不为 0) 的协方差矩阵 $V_{\boldsymbol{y}}$, 则对于 L 个待定未知参数、存在 K 个线性或非线性约束的情形, 量

$$\chi^2_{\min}(\boldsymbol{\eta}) = (\boldsymbol{y} - \hat{\boldsymbol{\eta}})^{\mathrm{T}} V_{\boldsymbol{y}}^{-1} (\boldsymbol{y} - \hat{\boldsymbol{\eta}}) \tag{3.6.29}$$

是 (近似的) 自由度 $N - L + K$ 的 χ^2 变量.

对于 3.6.2 节所述的运动学拟合问题, 即设观测值向量为 $\boldsymbol{Y} = \{Y_1, Y_2, \cdots, Y_N\}$, 它的真值 $\boldsymbol{\eta} = \{\eta_1, \eta_2, \cdots, \eta_N\}$ 是未知的待估计参数. 此外, 还存在一组 J 个不可直接测量的变量 $\boldsymbol{\xi} = \{\xi_1, \xi_2, \cdots, \xi_J\}$, N 个可测定参数 $\boldsymbol{\eta}$ 和 J 个不可测定参数 $\boldsymbol{\xi}$ 是相关的, 满足一组 K 个约束方程. 这时总的待估计参数个数为 $L = N + J$, 所以有近似关系

$$\chi^2_{\min} \sim \chi^2(N - L + K) = \chi^2(K - J),$$

即 $\chi^2_{\min}$ 近似地为**自由度 $K - J$** 的 χ^2 变量. 如果不存在不可直接测量的变量, 即 $J = 0$, 则有

$$\chi^2_{\min} \sim \chi^2(K),$$

$\chi^2_{\min}$ 近似地为自由度 K 的 χ^2 变量. 不论是否存在约束, $\chi^2_{\min}$ 的自由度总是等于独立的约束方程数 ($K - J$ 或 K).

在粒子物理学中, 粒子反应或衰变须服从能量和动量守恒, 这相当于 $K = 4$ 个独立的非线性约束方程. $J = 0$ 情形下, 利用能量和动量守恒约束方程求得观测值向量 $\boldsymbol{Y}$ 的真值 $\boldsymbol{\eta}$ 称为 **4C 运动学拟合**, 这里 C 是 Constraint(约束) 的简写. 在 $J \neq 0$ 的情形下, 因为含有 J 个不可测量的未知参数, 独立的约束条件只有 $4 - J(J \leqslant 4)$ 个, 称为 $(4 - J)$C 运动学拟合. 例如, 3.6.1 节 V^0 事例的运动

学分析中有 $J = 3$ 个不可测量的未知参数 $\boldsymbol{\xi} = \{p_\Lambda, \lambda_\Lambda, \phi_\Lambda\}$, 故问题为 1C 运动学拟合.

如果考虑粒子反应或衰变末态中存在 r 个共振态, 这相当于附加了 r 个独立约束, 加上能量和动量守恒共有 $K = 4 + r$ 个约束方程, 问题变为 $(4 + r - J)$C 拟合. 例如, 研究反应

$$\psi' \to \gamma_d \eta'_c \to \gamma_d K^+ K^- \pi^0 \to \gamma_d K^+ K^- \gamma\gamma,$$

其中, γ_d 表示初级辐射光子. 如果要求末态粒子 $\gamma_d K^+ K^- \gamma\gamma$ 中的两个光子必须形成一个 π^0, $K^+ K^- \pi^0$ 必须形成一个 η'_c 粒子, 则 $r = 2$. 附加的两个约束方程是

$$M_{\gamma\gamma}^2 = M_{\pi^0}^2, \quad M_{K^+K^-\pi^0}^2 = M_{\eta'_c}^2,$$

其中, $M_{\gamma\gamma}^2, M_{K^+K^-\pi^0}^2$ 是不变质量, $M_{\pi^0} \cong 135\text{MeV}$ 和 $M_{\eta'_c} \cong 3637\text{MeV}$ 是已知量. 这时, 问题变为 6C 拟合.

在上述衰变中, 末态的三个光子中的两个 γ 能量比较高, 可以测量得比较准确; 而 γ_d 能量仅为 50MeV 左右, 限于测量仪器 (量能器) 的精度, 其能量测量值不够精确, 即其相对误差明显大于其他粒子和光子测量值的相对误差. 利用约束方程进行最小二乘估计的目的是使待估计参数的拟合值更接近于真值, 但如果使用测量误差过大的测量值将使这种功能大大降低. 因此这种情形下可以不采用 γ_d 的能量测量值 (但仍采用 γ_d 的方向测量值), 这时观测值个数 N 比待估计参数个数 L 少了 1, 相当于存在一个不可直接测量的变量, 即 $J = 1$, 于是问题变为 5C 拟合.

综合以上讨论, 在运动学拟合中, 量 $\chi_{\min}^2(\boldsymbol{\eta}) = (\boldsymbol{y} - \hat{\boldsymbol{\eta}})^{\mathrm{T}} V_{\boldsymbol{y}}^{-1} (\boldsymbol{y} - \hat{\boldsymbol{\eta}})$ 是 (近似的) 自由度 n_{dof} 的 χ^2 变量:

$$\chi_{\min}^2(\boldsymbol{\eta}) \sim \chi^2(n_{\mathrm{dof}}), \quad n_{\mathrm{dof}} = 4 + r - J, \tag{3.6.30}$$

其中, J 是不可测量 (或不测量) 的变量数目, r 是粒子反应或衰变末态中立即衰变而在分析中加以重建的共振态数目.

拟合的合理性可用 Pull 分布来检验. 观测值变量 y_i 的 **Pull 量**定义为 [4]

$$Z_i = \frac{y_i - \hat{\eta}_i}{\sqrt{\sigma^2(y_i) - \sigma^2(\hat{\eta}_i)}}. \tag{3.6.31}$$

如果各个观测值变量 y_i 的 Pull 量 Z_i 都接近于标准正态分布, 则拟合是合理的. 否则, 说明其中的若干个变量的测定值或误差矩阵与真实值存在偏离, 或者测量值的正态假定不准确, 需要进行适当的修正.

3.6.4　运动学拟合用于粒子鉴别

我们在 3.3.2 节带电粒子鉴别的 χ^2 方法中提到, 如果同时利用 $\mathrm{d}E/\mathrm{d}x$ 和 TOF 进行粒子鉴别, 可以构建 $\chi_i^2 = \chi_{i,\mathrm{d}E/\mathrm{d}x}^2 + \chi_{i,\mathrm{TOF}}^2 (i = \mathrm{e}, \mu, \pi, \mathrm{K}, \mathrm{p})$, 由于 $\chi_{i,\mathrm{d}E/\mathrm{d}x}$ 和 $\chi_{i,\mathrm{TOF}}$ 均为标准正态分布随机变量, 故 χ_i^2 服从自由度 $n = 2$ 的 χ^2 分布. 如果径迹是粒子 i 所产生, 则相应的 χ_i^2 应该小. 因此, 可以根据 $\chi_i^2 (i = \mathrm{e}, \mu, \pi, \mathrm{K}, \mathrm{p})$ 值的大小来判别粒子的种类.

在运动学拟合中, 量 $\chi_{\mathrm{fit}}^2 \equiv \chi_{\mathrm{min}}^2(\boldsymbol{\eta}) = (\boldsymbol{y} - \hat{\boldsymbol{\eta}})^\mathrm{T} V_{\boldsymbol{y}}^{-1} (\boldsymbol{y} - \hat{\boldsymbol{\eta}})$ 表征了测量值 $\boldsymbol{y}$ 与拟合值 $\hat{\boldsymbol{\eta}}$ 之间整体一致性的程度, 即拟合优度. 对于一个合理的拟合, 应该有 $\chi_{\mathrm{fit}}^2 \sim \chi^2(n_{\mathrm{dof}}), n_{\mathrm{dof}} = 4 + r - J$. 由于对粒子质量 m_i 的判断有不确定性, 我们可以对末态所有粒子质量 m_i 的不同假设进行运动学拟合, 求得相应的不同 χ_{fit}^2 值, 显然 χ_{fit}^2 值较小的假设有较大的正确性概率. 据此, 为了获得较可靠的粒子识别, 可以综合利用运动学拟合、$\mathrm{d}E/\mathrm{d}x$ 和 TOF(以及其他探测器) 的信息, 选取

$$\chi^2 = \sum_i \chi_{i,\mathrm{d}E/\mathrm{d}x}^2 + \sum_i \chi_{i,\mathrm{TOF}}^2 + \cdots + \chi_{\mathrm{fit}}^2, \quad i = \mathrm{e}, \mu, \pi, \mathrm{K}, \mathrm{p} \tag{3.6.32}$$

最小的那组粒子假设.

3.7　布雷特-维格纳共振公式

在全部基本粒子中, 一大部分粒子都属于所谓的 **共振态**, 即寿命极短的粒子. 因此研究共振态的性质是粒子物理实验的重要目的. 所谓共振, 就是其产生截面或质量分布对于其峰值呈现一种峰型的分布. 共振态截面或质量分布通常利用称为布雷特-维格纳 (BW) 函数的参数化公式加以描述. 共振态截面公式需要根据相空间积分 (反应过程的运动学部分) 结合传播子 (反应过程的动力学部分) 导出. 由于确定实验中共振态的产额必须用到 BW 函数来拟合实验数据, 所以我们在这里对于 BW 函数的形式做一简要的讨论.

1. 窄共振近似的 BW 截面公式

考虑共振态宽度非常窄且为常数的情形, 共振态的传播子函数为

$$\Delta_{\mathrm{BW}}(s) = \frac{1}{s - m_0^2 + \mathrm{i} m_0 \Gamma_0}, \tag{3.7.1}$$

式中, $\sqrt{s}$ 是反应粒子的质心系能量 (在共振态衰变时, 是衰变的子粒子的不变质量, 所以也可以写为 m), m_0 和 Γ_0 分别是共振态的 (中心) 质量和宽度, 相应的截面公式为

$$\sigma(s) = \sigma_{\mathrm{max}} \cdot \frac{m_0^2 \Gamma_0^2}{(s - m_0^2)^2 + m_0^2 \Gamma_0^2}, \tag{3.7.2}$$

式中, $\sigma_{\max}$ 是截面的极大值. 式 (3.7.2) 即为**相对论性不变形式的布雷特–维格纳共振截面公式**. 对于窄共振, 注意到式 (3.7.2) 中分式对 $\sigma(s)$ 的贡献在 $\sqrt{s} \sim m_0$ 附近贡献很大, 取近似 $\sqrt{s} \sim m_0$, 则有

$$\left(s - m_0^2\right)^2 = \left(\sqrt{s} + m_0\right)^2 \left(\sqrt{s} - m_0\right)^2 \cong 4m_0^2 \left(\sqrt{s} - m_0\right)^2.$$

式 (3.7.2) 中分式的分子、分母同时除以因子 $4m_0^2$ 则得出**非相对论性不变形式的布雷特–维格纳共振截面公式**:

$$\sigma(s) = \sigma_{\max} \cdot \frac{\Gamma_0^2/4}{\left(\sqrt{s} - m_0\right)^2 + \Gamma_0^2/4}. \tag{3.7.3}$$

如果写成 (归一化) 概率密度函数, 则与式 (2.2.21) 具有相同的形式:

$$\mathrm{BW}(E_{\mathrm{cm}}; m_0, \Gamma_0) = \frac{\Gamma_0}{2\pi} \frac{1}{(E_{\mathrm{cm}} - m_0)^2 + \Gamma_0^2/4},$$

$$E_{\mathrm{cm}} \equiv \sqrt{s}, \quad -\infty < E_{\mathrm{cm}} < \infty. \tag{3.7.3a}$$

2. 非窄共振的 BW 截面公式

对于比较宽的共振, 窄共振近似不再适用. 一般形式的 BW 函数需要将宽度对于能量 s 的依赖考虑在内, 即共振态的传播子函数为

$$\Delta_{\mathrm{BW}}(s) = \frac{1}{s - m_0^2 + \mathrm{i}\sqrt{s}\Gamma(s)}, \tag{3.7.4}$$

式中, $\Gamma(s)$ 不再是常数, 而是 s 的函数; 共振截面公式则写为

$$\sigma(s) = \sigma_{\max} \cdot \frac{m_0^2 \Gamma^2(s)}{\left(s - m_0^2\right)^2 + m_0^2 \Gamma^2(s)}, \tag{3.7.5}$$

或

$$\sigma(s) = \sigma_{\max} \cdot \frac{\Gamma^2(s)/4}{\left(\sqrt{s} - m_0\right)^2 + \Gamma^2(s)/4}. \tag{3.7.6}$$

$\Gamma(s)$ 的形式, 需要考虑具体反应 (或衰变) 的相空间和动力学, 有各种不同的参数化模型进行计算. 对于 Blatt-Weisskopf 形状因子的质量依赖宽度[53], $\Gamma(s) \equiv \Gamma(m)$ 的形式为

$$\Gamma(m) = \Gamma_0 \frac{m}{m_0} \left(\frac{k(m)}{k(m_0)}\right)^{2J+1} \frac{F_J(Rk(m))}{F_J(Rk(m_0))},$$

$$k(m) = \frac{m}{2} \left(1 - \frac{(m_a + m_b)^2}{m^2}\right)^{1/2} \left(1 - \frac{(m_a - m_b)^2}{m^2}\right)^{1/2}, \tag{3.7.7}$$

式中, m_0 是共振态质量, Γ_0 是其宽度, J 是其自旋, R 是相互作用半径, m_a, m_b 是共振态衰变子粒子质量, 函数 F_J 是自旋依赖的 Blatt-Weisskopf 形状因子:

$$F_{J=0}(x) = 1, \quad F_{J=1}(x) = \frac{1}{1+x^2}, \quad F_{J=2}(x) = \frac{1}{9+3x^2+x^4}. \tag{3.7.8}$$

该模型下 ρ 介子的质量分布如图 3.31 所示, 相应的参数是 $m_0 = 0.77\ \text{GeV}/c^2$, $\Gamma_0 = 0.15\ \text{GeV}, J = 1, R = 3.0\ \text{GeV}^{-1}, m_a = m_b = 0.135\ \text{GeV}/c^2$.

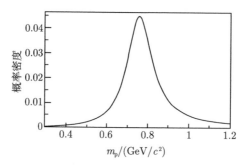

图 3.31　ρ 介子的质量分布

宽度 Γ 考虑了 Blatt-Weisskopf 形状因子的质量依赖

　　文献 [54] 及其中引用的参考文献给出了一些实验组对于某些共振态使用的 $\Gamma(s)$ 的形式. 下面, 我们给出 BES 实验对一些特定共振态使用的 $\Gamma(s)$ 的形式.

(1) 对于共振态 $K^*(892)^0 \to K^\pm\pi^\mp, \Gamma(s)$ 的形式为 [55]

$$\Gamma(s) = \Gamma_0 \frac{m_0}{m} \frac{1+r^2 p_0^2}{1+r^2 p^2} \left[\frac{p}{p_0}\right]^{2J+1},$$

式中, m(即 $\sqrt{s}$) 是 Kπ 系统的不变质量, p 是 $K^*(892)^0$ 质心系中衰变子粒子的动量, p_0 是共振质量 m_0 处的 p 值, J 是共振态的角动量, $\left(1+r^2 p_0^2\right)/\left(1+r^2 p^2\right)$ 是势垒因子, r 是作用半径, 可利用 $K^-\pi^+$ 散射实验测得的值 [56]:

$$r = (3.4 \pm 0.6 \pm 0.3)(\text{GeV}/c)^{-1}.$$

(2) 对于共振态 $D^0 \to K_S^0 K^+ K^-$, BES 实验使用的 $\Gamma(s)$ 的形式为 [57]

$$\Gamma(s) = \Gamma_0 \frac{m_0}{m} \left[\frac{p}{p_0}\right]^{2J+1} \frac{F_X^2(p)}{F_X^2(p_0)},$$

式中, p 是共振态质心系中衰变子粒子的最大动量, F_X^2 是形状因子.

(3) 对于衰变 $\psi' \to \pi^+ \pi^- J/\psi$ 中共振态 σ 的形成, $\Gamma(s)$ 的可利用的形式有 [58]

$$\Gamma(s) = \Gamma_0 \sqrt{1 - 4m_\pi^2/s},$$

$$\Gamma(s) = \Gamma_0 \frac{s}{m_0^2} \sqrt{1 - 4m_\pi^2/s},$$

$$\Gamma(s) = g_1 \frac{\rho_{\pi\pi}(s)}{\rho_{\pi\pi}(m_0^2)} + g_2 \frac{\rho_{4\pi}(s)}{\rho_{4\pi}(m_0^2)}.$$

最后一个式子中各个符号的意义参见文献 [59].

3. 共振产生而后衰变的 BW 截面公式

如果共振态通过 i 道产生, 经由 j 道衰变, 则截面公式 (3.7.2) 和 (3.7.3) 需要乘以因子 f_{ij}:

$$f_{ij} = \frac{\Gamma_i \Gamma_j}{\Gamma^2}, \tag{3.7.9}$$

式中, Γ_i, Γ_j 分别是共振态通过 i 道和 j 道衰变的分宽度, Γ 是共振态的总宽度, 且有 $\Gamma = \sum_i \Gamma_i$, 求和遍及共振态的所有衰变道.

例如在 $e^+ e^-$ 对撞实验中, 产生角动量 J 的共振态 R, 后者再衰变为末态 f, 则其布雷特–维格纳共振截面公式为

$$\sigma(s) \equiv \sigma\left(e^+ e^- \to R \to f\right) = \frac{4\pi(2J+1)\Gamma_{ee}\Gamma_f}{\left(s - m_0^2\right)^2 + m_0^2 \Gamma^2}, \tag{3.7.10}$$

式中, Γ_{ee}, Γ_f 分别是共振态 R 衰变为末态 $e^+ e^-$ 和 f 的分宽度. 相应的 $\sigma_{\max}$ 为

$$\sigma_{\max} = \frac{4\pi(2J+1)}{m_0^2}.$$

对于共振态 $J/\psi, \psi', \psi''$, 角动量 $J = 1, e^+ e^-$ 对撞的产生截面于是为

$$\sigma(s) \equiv \sigma\left(e^+ e^- \to J/\psi, \psi', \psi''\right) = \frac{12\pi \Gamma_{ee} \Gamma_{J/\psi, \psi', \psi''}}{\left(s - m_0^2\right)^2 + m_0^2 \Gamma_{J/\psi, \psi', \psi''}^2}. \tag{3.7.11}$$

$J/\psi, \psi'$ 的总宽度分别为 93 keV 和 304 keV, 皆为窄共振, 总宽度对于 s 的依赖很小. ψ'' 是总宽度约 27.2 MeV 的较宽的共振, 需要考虑宽度对于 s 的依赖. ψ'' 的衰变末态可以区分为 $D\bar{D}$ (包括 $D^0 \bar{D}^0$ 和 $D^+ D^-$) 和非 $D\bar{D}$ 两部分, 因此 ψ'' 的总

宽度 $\Gamma_{\psi''}(s)$ 可表示为 [60]

$$\Gamma_{\psi''}(s) = \Gamma_{\psi''}^0 \frac{\left[\dfrac{p_{\mathrm{D^0}}^3}{1+(rp_{\mathrm{D^0}})^2} + \dfrac{p_{\mathrm{D^\pm}}^3}{1+(rp_{\mathrm{D^\pm}})^2} + C_{\mathrm{non\text{-}D\bar{D}}}\right]}{\left[\dfrac{p_{\mathrm{D^0}}^3}{1+(rp_{\mathrm{D^0}})^2} + \dfrac{p_{\mathrm{D^\pm}}^3}{1+(rp_{\mathrm{D^\pm}})^2} + C_{\mathrm{non\text{-}D\bar{D}}}\right]_{s=m_{\psi''}}}, \tag{3.7.12}$$

式中, $\Gamma_{\psi''}^0$ 是粒子物理手册 (*Particle Physics Booklet*)[1] 给定的 ψ'' 宽度值, p 是 ψ'' 质心系中衰变子粒子的动量, $C_{\mathrm{non\text{-}D\bar{D}}}$ 是非 $\mathrm{D\bar{D}}$ 部分的贡献, 正比于非 $\mathrm{D\bar{D}}$ 衰变的部分宽度. 利用式 (3.7.11) 和式 (3.7.12) 对实验测得的 ψ'' 共振谱线进行拟合, 可以实验地确定 ψ'' 的非 $\mathrm{D\bar{D}}$ 衰变的部分宽度及分支比.

3.8   信号效率的确定, 事例产生子

3.8.1   信号效率的确定

假设实验总共产生了 N_{S} 个我们想要研究的信号过程事例, 经过实验的事例分析流程后, 最终测量到 n_{S} 个信号事例, 则探测装置对于该**信号的探测效率**定义为

$$\varepsilon_{\mathrm{S}} = n_{\mathrm{S}}/N_{\mathrm{S}}. \tag{3.8.1}$$

由于真实实验中的信号过程事例数 N_{S} 无法知道, 为了求出信号过程的探测效率, 我们只能根据关于该作用过程的已有理论知识, 对其进行完整的 MC 模拟, 即按照该过程所需遵循的所有规律给出每个事例的所有粒子的四动量, 产生大量的信号事例模拟样本 (假定为 N_{MC} 个模拟事例). 使这些模拟事例样本通过与实验数据相同的事例分析流程, 得到 n_{MC} 个事例, 则**信号的模拟探测效率**定义为

$$\varepsilon_{\mathrm{S,MC}} = n_{\mathrm{MC}}/N_{\mathrm{MC}}. \tag{3.8.2}$$

如果我们对于信号过程的理论了解足够精确, 那么可以用 $\varepsilon_{\mathrm{S,MC}}$ 作为 ε_{S} 的近似. $\varepsilon_{\mathrm{S,MC}}$ 与 ε_{S} 的一致性可以由信号事例 MC 模拟样本与真实数据选出的信号事例样本的各种分布的比较 (例如 χ^2 一致性检验) 来确定. 各种分布的一致性检验还可以给出 $\varepsilon_{\mathrm{S,MC}}$ 与 ε_{S} 差别的估计.

在 3.1.5 节中我们提到, 信号探测效率 ε_{S} 可表示为

$$\varepsilon_{\mathrm{S}} = \varepsilon_{\mathrm{trg}} \cdot \varepsilon_{\mathrm{rec}} \cdot \varepsilon_{\mathrm{sel}}, \tag{3.8.3}$$

式中, 信号触发效率 $\varepsilon_{\mathrm{trg}}$ 表示实验的触发和在线记录系统记录到的信号事例占实验期间产生的全部信号事例的比例, 信号重建效率 $\varepsilon_{\mathrm{rec}}$ 表示探测器数据通过重建

软件后的信号事例占重建前信号事例的比例, 信号判选效率 ε_{sel} 表示信号事例通过事例判选后占判选前信号事例的比例, ε_{sel} 就是我们在 2.2.1 节中讨论过的 ε_{SS}, 即一个信号事例被分类器判为一个候选信号事例的概率. 经过事例分析流程, 我们能得到的是最终测量到的 n_{S} 个信号事例, 除以信号的探测效率 ε_{S} 后, 就可以求得粒子反应所产生的 "原始" 信号事例数 N_{S}.

3.8.2 事例产生子

我们在 2.2.2 节中已经提到, 根据信号过程的已有理论知识, 对其进行完整的 MC 模拟, 即按照该过程所需遵循的所有规律给出每个事例的所有粒子的四动量, 产生大量的信号事例模拟样本, 这一工作由粒子反应 (或衰变) 的**事例产生子** (event generator) 来完成. 它依赖于粒子物理对所研究的粒子反应的理论了解. 粒子物理对电磁相互作用过程有很精确的理论描述, 因此电磁相互作用过程的产生子一般比较精确可信; 对于强作用的理论描述要粗糙得多, 因此涉及强作用的粒子反应的产生子精确性比较差.

在实验分析中, 信号的探测效率 ε_{S} 用信号的模拟探测效率 $\varepsilon_{\text{S,MC}}$ 作为近似, 两者的差别由信号事例 MC 模拟样本与真实数据选出的信号事例样本的各种分布的一致性所决定, 也就是由信号事例产生子所依据的理论描述是否精确地反映了物理过程本身的规律所决定. 因此, 这种理论描述的正确性和精确性直接决定了信号的探测效率, 从而直接决定了实验结果的正确性和精确性.

在北京正负电子对撞机上工作的北京谱仪 (BES) 实验研究质心系能量 1.5~5.6GeV 能区的 τ-粲物理, 自 1989 年运行以来, 至今已有 35 年历史. BES 的发展大致可以分为三个阶段, 第一阶段自 1989 年到 1998 年, 称为 BES I[12,61,62]; 第二阶段 BESI 经过升级改造称为 BES II[14,63], 自 1998 年至 2008 年; 第三阶段 BESII 经过升级改造称为 BES III[15,64], 自 2008 年至今, 其间 BEPC 亦升级改造为 BEPC II, 其目标亮度为 $L = 10^{33} \text{cm}^{-2} \cdot \text{s}^{-1}$. 随着加速器亮度的升高和探测器分辨的改善, 实验研究的精度得到明显的提高. 显然对于产生子的精确性也相应地提高了. BES 实验研究的是 τ-粲能区的 e^+e^- 对撞物理, 显然需要利用 e^+e^- 湮灭反应产生的各种末态的事例产生子. 下面我们对于 BES III 实验中事例产生子的情况做一简单介绍.

1. KKMC 和 BesEvtGen

BES III 实验的产生子程序包[65]采用 KKMC+BesEvtGen 架构来模拟 e^+e^- 湮灭产生粲偶素衰变事例. e^+e^- 湮灭产生粲偶素的过程可以用图 3.32 来描述. 正、负电子在湮灭之前可以辐射光子, 这一效应称为**辐射修正**. 辐射修正在 e^+e^- 对撞实验中十分重要, 在数据分析中必须考虑. KKMC 模拟 e^+e^- 湮灭直到 $c\bar{c}$ 粲偶素的产生, 其中考虑了辐射修正效应和正、负电子束流的能散效应.

KKMC[66,67] 基于电弱作用的标准模型对于 $e^+e^- \to f\bar{f}+n\gamma(f = \mu, \tau, d, u, s, c, b)$ 过程的描述, 适用能区为 τ 轻子对产生阈值直到 1TeV, 因此适用于 BES 的实验分析. KKMC 适用于共振态 $J/\psi, \psi(2S), \psi(3770), \psi(4030), \psi(4160), \psi(4415)$, 以及低质量的共振态 $\rho, \rho', \rho'', \omega, \omega', \varphi, \varphi'$ 等的产生. 关于程序包的细节, 参见 KKMC 网页 [68].

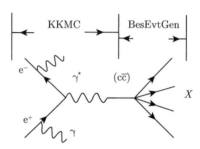

图 3.32　BES III 实验事例产生子程序包的架构

BesEvtGen[69] 是根据 BaBar 和 CLEO 实验的产生子程序包 EvtGen[70], 按照 BES III 实验的需要进一步扩充的事例产生子. EvtGen 的功能是按照用户指定的模型, 产生特定的衰变事例 (包括系列衰变). EvtGen 能够容易地与别的产生子链接, 比如 PYTHIA(见后文)、PHOTOS 等. PHOTOS[71] 模拟衰变中的单光子 (韧致辐射) 辐射修正, 它可与产生衰变的其他程序链接处理辐射修正问题. BesEvtGen 在 EvtGen 的基础上增加了自旋 3/2 重子末态, 增加了约 30 种模型模拟 τ-粲物理的**遍举衰变** (exclusive decay). 这些模型中的振幅是利用**螺旋度振幅** (Helisity amplitude) 方法构建的, 要求 P 宇称守恒. 功能最强的模型之一是 DIY 模型, 它可以按照用户提供的振幅来产生任意的衰变事例. 另一类有用的模型利用直方图分布来产生相应的衰变事例, 例如 MassH1、MassH2 和 Body3, 它们分别对应于利用一维直方图、达里兹图 (Dalitz plot) 产生事例, 以及利用达里兹图加上 2 个角分布图来产生 3 体衰变事例. BesEvtGen 可以与其他单举 (inclusive) 事例产生子 (例如 PYTHIA, LUNDCHARM) 链接 (见后文), 来产生给定共振态的所有可能末态的衰变事例.

2. 产生子 Bhlumi, Bhwide 和 Babayaga

产生子 Bhlumi[72] 和 Bhwide[73] 用来产生 $e^+e^- \to e^+e^- + n\gamma$ Bhabha 散射事例. Bhlumi 适合于产生小角度 ($\theta < 6°$) 的事例, Bhwide 适合于产生大角度 ($\theta > 6°$) 的事例. Bhlumi 的精度在 LEP1 实验中达到 0.11%, 在 LEP2 实验中达到 0.25%. Bhwide 的精度在 Z 粒子质量处达到 0.3%, 在 LEP2 实验中达到 1.5%. 文献作者没有给出它们在 τ-粲能区的精度, 需要进行实验的检验.

Babayaga[74] 是一个能量 12GeV 以下 $e^+e^- \to e^+e^-, \mu^+\mu^-, \pi^+\pi^-, \gamma\gamma$ 事例的产生子. Babayaga 的理论精度是 0.1%, 在 BES Ⅲ 中使用的版本是 V3.5 [75]. 由于其高的精度, 常常用于 e^+e^- 对撞机中确定亮度.

运行以上这些产生子时, 用户需要在作业选择文件 (job option file) 中给定 e^+e^- 质心系能量, 以及电子、正电子和光子的能量截断值.

3. 单举事例产生子 PYTHIA 和 LUNDCHARM

PYTHIA [76] 程序包广泛用于高能 $e^+e^-, p\bar{p}, ep$ 对撞实验中作为单举事例产生子, 该程序包包含了 QCD 级联和强子化的描述. 所谓**单举事例产生子**, 是指该程序包按照所依据的理论, 将指定的相互作用 (例如 e^+e^- 湮灭) 所产生的一切可能末态按截面 (或衰变分支比) 大小成比例地产生末态事例数. PYTHIA 之前描述部分子系统强子化的是 Lund 弦模型程序包 JETSET[77]. 自 1998 年起, JETSET 作为一个单独的部分组合到 PYTHIA 中. BES Ⅲ 使用该程序包的版本是 PYTHIA 6.4. PYTHIA 程序包的细节可参阅 PYTHIA 的网页 [78].

为了模拟粲偶素 $J/\psi, \psi'$ 的一切可能的衰变末态, 对 Lund 弦模型程序包中的参数进行了调节, 并将模拟结果与 BES Ⅱ 实验数据进行了仔细的对比, 以适应 τ-粲能区的使用. 该程序包称为 LUNDCHARM[79], 被组合到 BesEvtGen 产生子的架构中. BES Ⅲ 实验中进一步利用参数化响应函数与 J/ψ 实验数据的拟合优化了 Lund 弦模型程序的参数 [80]. 在 BesEvtGen 架构中利用 LUNDCHARM 模型产生 $J/\psi, \psi'$ 单举事例的好处在于用户可以控制特定衰变道的衰变分支比. 在 EvtGen 的衰变字典里, 可以指定分支比已知的衰变道, 而未知的衰变道及其分支比可以由 LUNDCHARM 模型自动产生. 当用户调用 LUNDCHARM 时, 在产生 $J/\psi, \psi'$ 完整衰变链事例的同时, $J/\psi, \psi'$ 第一衰变链的结果会读出到 EvtGen 的用户界面, 用户可以检查这里是否包含了已经被指定的分支比已知的衰变道. 可以要求程序只接受 LUNDCHARM 自动产生且不包含已经被指定的衰变道. 这样, 同一个衰变道不至于被重复产生.

3.9　数据控制样本

我们在 3.8 节中提到, 粒子物理实验数据分析中, 通常用 $\varepsilon_{S,MC}$ 作为 ε_S 的近似. $\varepsilon_{S,MC}$ 与 ε_S 的一致性可以由信号事例 MC 模拟样本与真实数据选出的信号事例样本的各种分布的比较来确定. 所谓 "数据控制样本", 就是指从实验数据中经过特定的事例判选条件选出的特定类型的事例样本. 显然, 对于数据控制样本应当有两个基本的要求: 第一, 样本具有真实性, 即控制样本中的事例确实就是我们想要的特定类型的事例; 第二, 高统计性, 即有足够多的事例, 以能够给出各种特征量的精确的分布, 与对应的 MC 模拟分布进行比较.

基于这两个要求, 用以产生控制样本的反应或衰变通常需要满足以下条件:

(1) 实验数据中必须包含足够多的该类事例, 即有较大的反应截面或衰变分支比, 保证经过事例判选条件后选出的控制样本有足够大的统计量.

(2) 该类事例的判选必须易于实现, 并且判选后的控制样本中本底的比例很低, 比如明显低于本实验中各种所研究的反应或衰变道测量结果的典型相对误差 (比如所研究的测量结果的相对误差在 5% 量级, 控制样本中本底的比例在 0.1% 量级), 以保证控制样本中本底的存在对于所研究的测量结果的系统误差的贡献基本上不需要考虑.

对于某个特定的反应或衰变, 如果能够获得符合上述要求的数据控制样本, 那么与它的 MC 模拟样本比较, 我们相信数据控制样本更接近于真实的事例. 原因在于: 第一, 产生子 (除了理论精度非常高的纯电磁作用过程) 不可能精确地描述相互作用, 特别是强作用模型有相当大的误差; 第二, MC 方法不可能精确地描述电子学噪声、束流本底的影响, 而这些因素的影响在数据控制样本中是自然而然地存在的. 因此数据控制样本可以作为检验 MC 模拟的一种标准参考样本, 两者的差别可以作为系统误差的一种度量.

控制样本在信号效率系统误差的确定中得到广泛的应用. 下面我们进行略微具体的讨论.

1. 径迹重建效率误差

带电粒子径迹是利用粒子在径迹室中的击中通过重建软件重建出来的. 对于特定的粒子 (例如 p, p̄), 利用 MC 模拟数据和对应的控制样本的数据, 通过重建软件可以获得各自的重建效率. 这两者的差异可以视为该类粒子的径迹重建效率的误差. 各种带电粒子、光子的 MC 模拟数据和控制样本都是容易获得的. 例如, $J/\psi \to \pi^+\pi^- p\bar{p}$ 控制样本中的 p, p̄ 可以用来研究 p, p̄ 重建效率的误差. 图 3.33 显示了 BES Ⅲ 实验中 p, p̄ 重建效率的控制样本数据与 MC 模拟值之比随着径

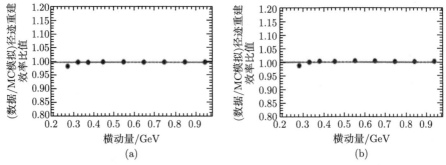

图 3.33　p(a) 和 p̄(b) 重建效率的控制样本数据与 MC 模拟值之比随着径迹横动量的分布

迹横动量的变化 [81]. 利用这种方法可以得出各种粒子重建效率的误差. 带电粒子重建效率的误差对于末态包含带电粒子的过程显然是信号效率系统误差的一个来源.

2. 光子重建效率误差

光子是利用粒子在量能器中的簇射信息通过光子重建软件重建出来的. 利用 MC 模拟数据和对应的控制样本的数据, 通过重建软件可以获得各自的重建效率. 两者的差异可以视为光子重建效率的误差. 例如, $\psi' \to \pi^0\pi^0 J/\psi, J/\psi \to \rho^0\pi^0$ 控制样本可以用来研究光子重建效率的误差. 图 3.34 显示了 BES Ⅲ 实验中光子重建效率的控制样本数据与 MC 模拟值, 以及两者比值随光子能量的变化 [81]. 光子重建效率的误差对于末态包含光子的过程构成信号效率系统误差的一个来源.

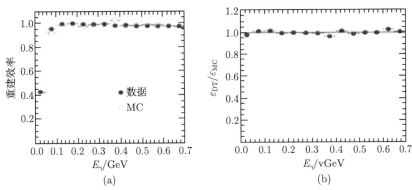

图 3.34　光子重建效率的控制样本数据与 MC 模拟值 (a)、两者比值 (b) 随光子能量的分布

3. 粒子鉴别效率误差

粒子鉴别是通过粒子鉴别程序或粒子鉴别条件实现的. 利用 MC 模拟数据和对应的控制样本的数据, 通过粒子鉴别程序或条件可以获得各自的效率, 两者的差异可以视为粒子鉴别效率的误差. 例如, $J/\psi \to \pi^+\pi^-p\bar{p}$ 控制样本可以用来研究 p, $\bar{p}$ 粒子鉴别效率的误差. 图 3.35 显示了 BES Ⅲ 实验中 p, $\bar{p}$ 粒子鉴别效率的控制样本数据与 MC 模拟值之比随动量的变化 [81]. 粒子鉴别效率的误差对于信号事例判选中应用了粒子鉴别条件的过程构成信号效率系统误差的一个来源.

4. 运动学拟合截断值导致的误差

数据分析中常常利用运动学拟合方法来选择信号事例、压低本底的污染. 通常信号事例在运动学拟合中其 χ^2 分布倾向于 χ^2 值的低端, 而本底则倾向于 χ^2 值的高端, 因此往往利用 $\chi^2 < \chi^2_{\text{cut}}$ 的条件来压低本底, χ^2_{cut} 即是截断值.

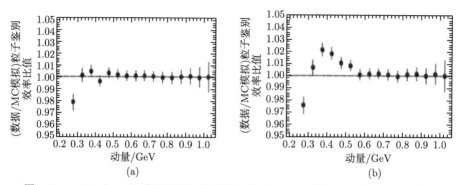

图 3.35　p(a) 和 p̄(b) 鉴别效率的控制样本数据与 MC 模拟值之比随动量的分布

　　由 3.6 节的讨论可知, 运动学拟合是根据带电粒子的螺旋线参数进行拟合计算的. 对于所研究的特定末态的同样的带电粒子, MC 模拟和对应的控制样本所得到的螺旋线参数会有所不同, 相应的 χ^2 分布也有所不同, 因此对于同样的截断值 χ^2_{cut} 得到的信号选择效率会有所不同. 如前所述, 数据控制样本可以作为检验 MC 模拟的一种标准参考样本, 所以需要用带电粒子的控制样本对 MC 模拟数据获得的带电粒子的螺旋线参数进行修正.

　　图 3.36 显示了 BES III 实验的 $\psi' \to \gamma\eta_c(2S)/\chi_{cJ} \to \gamma p\bar{p}$(上图) 和 $\psi' \to$

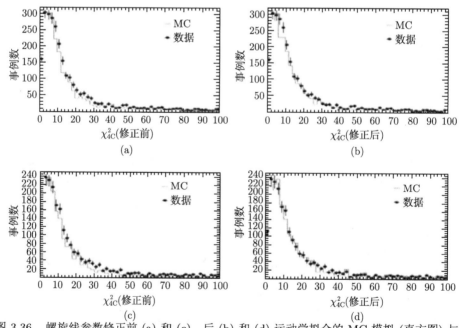

图 3.36　螺旋线参数修正前 (a) 和 (c)、后 (b) 和 (d) 运动学拟合的 MC 模拟 (直方图) 与实验信号事例 (黑点) 的 χ^2_{4C} 分布的比较

(a) 和 (b) 表示 $\psi' \to \gamma\eta_c(2S)/\chi_{cJ} \to \gamma p\bar{p}$ 过程, (c) 和 (d) 表示 $\psi' \to \pi^0 h_c \to \pi^0 p\bar{p}$ 过程

$\pi^0 h_c \to \pi^0 p\bar{p}$(下图) 两个反应道的运动学拟合的 χ^2_{4C} 分布 [81]. 其中带误差杆的点对应于经过事例判选选出的信号事例; 左图和右图中的直方图分别对应于螺旋线参数经过控制样本修正前和修正后的 MC 模拟数据. 可以看到, 数据与修正后的 MC 模拟数据符合得更好, 特别是在 χ^2 值较大的区域. 所以, 可以将修正前后的 MC 模拟数据的 χ^2_{4C} 分布的不同导致的信号选择效率的差别作为运动学拟合条件的系统误差. 运动学拟合条件的系统误差对于信号选择中应用了运动学拟合截断值 χ^2_{cut} 的分析而言, 构成信号效率系统误差来源之一.

3.10 信号分布和本底分布的拟合

我们在 2.2.5 节中提到, 在完成了事例判选之后, 全部事例被分类为类信号事例集和类本底事例集, 其中的类本底事例集被丢弃, 留下类 (或候选) 信号事例集进行进一步的分析处理. 该阶段的目标是, 通过候选信号事例某个 (或某些) 特征变量分布的分析和拟合, 将误判的本底事例的污染剔除出去, 求得信号事例特征变量的分布和大小, 由此导出待测参数的估计及其误差. 所以, 这一阶段的主要工作是候选信号事例特征变量分布的分析和拟合.

3.10.1 一维分布

许多实验测量中, 实验待测参数是通过信号事例判选后获得的类信号事例集的一个特征变量分布的分析和拟合求出的. 也就是说, 待测参数是通过一维分布的分析和拟合求出的. 我们仍以 2.2.5 节讨论过的 $\psi' \to \eta J/\psi$ 的分支比测量为例 [25], 测量的衰变末态是 $\gamma\gamma e^+e^-$ 和 $\gamma\gamma\mu^+\mu^-$. 经过事例判选 (其中包括要求轻子对不变质量约束到 J/ψ 粒子的质量) 之后, 候选信号事例的特征量——两光子不变质量 $M_{\gamma\gamma}$ 的分布如图 2.12 所示. 图中可以明显地看到 548MeV 处的峰对应于 $\eta J/\psi$ 信号, 以及峰下平滑曲线对应的本底. 通过 $M_{\gamma\gamma}$ 数据集与理论分布的拟合求得其中 $\eta J/\psi$ 的信号事例数, 可导出实验待测参数即 $\psi' \to \eta J/\psi$ 的分支比.

设拟合的特征变量为 u, 拟合区间 (拟合区间的概念见 2.2.5 节的讨论) 内候选信号事例的特征变量分布概率密度为 $g(u)$, 则有

$$g(u) = w_S g_S(u) + (1 - w_S) g_B(u) \tag{3.10.1}$$

其中, $g_S(u)$ 和 $g_B(u)$ 分别是描述拟合区间内信号和本底分布的归一化密度函数, w_S 是拟合区间内的信号事例数期望值 n_S 与观测总事例数 n^{obs} 的期望值 n 的比值:

$$n_S = w_S n. \tag{3.10.2}$$

观测值样本 $u_i(i = 1, 2, \cdots, n^{\mathrm{obs}})$ 的联合概率密度即扩展似然函数的对数可表示为 (参见 2.2.5 节的讨论)

$$\ln L\left(\boldsymbol{\theta}\right) = -\frac{n_{\mathrm{S}}\left(\boldsymbol{\theta}\right)}{w_{\mathrm{S}}} + \sum_{i=1}^{n^{\mathrm{obs}}} \ln\left[\frac{n_{\mathrm{S}}\left(\boldsymbol{\theta}\right)}{w_{\mathrm{S}}} \cdot g\left(u_i, \boldsymbol{\theta}\right)\right], \tag{3.10.3}$$

其中, $\boldsymbol{\theta} = [n_{\mathrm{S}}, w_{\mathrm{S}}, \boldsymbol{\theta}_{\mathrm{S}}, \boldsymbol{\theta}_{\mathrm{B}}]$. 对扩展似然函数求极大即可得到 n_{S} 的拟合值及其拟合误差, 以及 $g_{\mathrm{S}}(u)$ 和 $g_{\mathrm{B}}(u)$ 中的未知参数 $\boldsymbol{\theta}_{\mathrm{S}}, \boldsymbol{\theta}_{\mathrm{B}}$.

可见, 这里的中心问题是描述拟合区间内信号和本底分布的归一化密度函数 $g_{\mathrm{S}}(u)$ 和 $g_{\mathrm{B}}(u)$ 形式的确定. 需要强调指出的是, $g_{\mathrm{S}}(u)$ 和 $g_{\mathrm{B}}(u)$ 都是实验分布, 需要考虑实验分辨函数 $r(x, u)$ 和探测效率 $\varepsilon(x)$ 对于原分布 $f(x)$ 的畸变 (参见 3.4.3 节):

$$g(u) = \frac{\displaystyle\int_{\Omega_x} r(x, u) f(x) \varepsilon(x)\, \mathrm{d}x}{\displaystyle\int_{\Omega_u} \int_{\Omega_x} r(x, u) f(x) \varepsilon(x)\, \mathrm{d}x\mathrm{d}u}. \tag{3.10.4}$$

1. 信号归一化密度函数的确定

描述信号的归一化密度函数 $g_{\mathrm{S}}(u)$ 由信号的物理性质所决定. 在许多物理问题中, 信号事例往往包含共振态, 例如在 BES 合作组测量 $\psi' \to \eta J/\psi$ 分支比的例子中, 信号事例中包含共振态 η. 共振态迅速衰变为子粒子, 描写共振态质量分布 (原分布 $f(x) = f(M_{\mathrm{inv}})$) 的是式 (2.2.21) 所示的布雷特–维格纳函数 $\mathrm{BW}(M_{\mathrm{inv}}; m_{\mathrm{R}}, \Gamma_{\mathrm{R}})$, 其中 M_{inv} 是衰变子粒子的本征不变质量, $m_{\mathrm{R}}, \Gamma_{\mathrm{R}}$ 分别是共振态 R 的名义质量 (共振态质量分布中心值) 和宽度. 故信号的实验分布 u 的归一化密度函数 $g_{\mathrm{S}}(u)$ 可表示为

$$g_{\mathrm{S}}(u) = \frac{\displaystyle\int_{-\infty}^{\infty} r(x, u) f(x) \varepsilon(x)\, \mathrm{d}x}{\displaystyle\int_{L}^{H} \int_{-\infty}^{\infty} r(x, u) f(x) \varepsilon(x)\, \mathrm{d}x\mathrm{d}u}, \tag{3.10.5}$$

式中, H 和 L 是实验分布 u 的拟合区间的上、下界.

对于窄共振态信号, 如图 2.12 所示, 共振态 η 的 $\mathrm{BW}(x)$ 的半高宽 $\Gamma = 1.31\mathrm{keV}$ 比实验分辨函数 $r(x, u)$ 的半高宽 (约 7MeV) 小 3 个量级, $\mathrm{BW}(x)$ 可用 $\delta(u = m_{\mathrm{R}})$ 作为近似, 则上式可简化为

$$g_{\mathrm{S}}(u) = \frac{\displaystyle\int_{-\infty}^{\infty} r(x, u)\, \delta(m_{\mathrm{R}})\, \varepsilon(m_{\mathrm{R}})\, \mathrm{d}x}{\displaystyle\int_{L}^{H} \int_{-\infty}^{\infty} r(x, u)\, \delta(m_{\mathrm{R}})\, \varepsilon(m_{\mathrm{R}})\, \mathrm{d}x\mathrm{d}u} \cong \frac{r(m_{\mathrm{R}}, u)}{\displaystyle\int_{L}^{H} r(m_{\mathrm{R}}, u)\, \mathrm{d}u}. \tag{3.10.6}$$

实验测得的实验分布 u 数据集利用式 (3.10.5) 所示的 $g_{\mathrm{S}}(u)$ 代入式 (3.10.1) 进行拟合, 可以求得原分布 $\mathrm{BW}(M_{\mathrm{inv}}; m_{\mathrm{R}}, \Gamma_{\mathrm{R}})$ 的参数 $m_{\mathrm{R}}, \Gamma_{\mathrm{R}}$, 即共振态的中心质量和宽度. 若用式 (3.10.6) 所示的 $g_{\mathrm{S}}(u)$ 进行拟合, 则只能得到共振态中心质量 m_{R} 的信息.

信号的归一化密度函数 $g_S(u)$ 的确定可以有不同的方案, 如 2.2.5 节所述, 如果信号的 $g_S(u)$ 已有理论公式的描述 (例如 $\psi' \to \eta J/\psi$ 衰变), 则其信号事例概率密度函数 $f_S(u)$ 的分布形式容易确定. 方案 1: 利用 MC 模拟生成 $g_S(u)$ 的分布; 方案 2: 利用 3.4.3 节所述的方法 (考虑实验分辨和探测效率的实验分布) 生成 $g_S(u)$ 的分布. 方案 2 需要用到探测效率 $\varepsilon(x)$ 和实验分辨函数 $r(x, u)$ 的解析表式, 但对于不同种类、不同四动量的粒子给出 $r(x, u)$ 的精确表达式过于复杂, 无法做到, 所采用的 $g_S(u)$ 理论模型实际上是基于 $r(x, u)$ 和 $\varepsilon(x)$ 的某种平均值, 与 $g_S(u)$ 的真值可能有所偏离而导致误差. 从而产生了第 3 种方案: 根据拟合变量 u 的数据集分布的形状经验地确定. 这一方式对信号的 $g_S(u)$ 缺乏精确的理论公式描述的情形亦适用, 但要求本底形状平滑且可用解析函数很好地描述 (例如图 2.12 所示的 $\psi' \to \eta J/\psi$ 候选事例 $M_{\gamma\gamma}$ 的分布). 将拟合变量 u 的事例集数据扣除本底后视为信号事例的数据, 用适当的经验函数进行拟合且符合拟合优度检验的一致性要求, 该经验函数可认为是 $g_S(u)$ 相当好的理论模型. 只要用它构造的实验分布函数 $g(u)$ 能够与 u 的数据集很好地拟合, 所确定的信号事例数就是正确的, 这种经验方法同样可得出正确的实验测量值. 这 3 种方案生成的 $g_S(u)$ 模型与选定的 $g_B(u)$ 模型构成拟合变量 $g(u)$ 的理论模型, 与 u 的事例集数据拟合, 就可根据 2.2.6 节描述的方法与式 (2.2.34) 和式 (2.2.35) 求得问题的解.

究竟采用哪一种方案的 $g_S(u)$ 理论模型、利用一种还是多种方案的 $g_S(u)$ 理论模型构成拟合变量 $g(u)$ 的理论模型来求解需视所研究的问题而定. 这 3 种方案各有其长处和短处. 方案 1 和方案 2 都要求对所研究的过程有精确的理论公式描述, 探测器对于各种粒子的测量性能有精确的描述. 方案 1 的实施还需要花费大量的计算机内存和机时, 方案 2 则需要处理对于不同种类、不同四动量的粒子给出 $r(x, u)$ 的精确表达式过于复杂的困难. 只有在处理好这些问题后, 才能给出精确的 $g_S(u)$ 理论模型. 方案 3 则依赖于根据边带区确定的本底分布函数 (下面将立即讨论这一方法) 的准确性, 且假定信号峰下的本底可由该函数描述, 带有明显的经验性, 缺乏与所研究的信号的物理性质的直接理论对应.

一种合理的观点是: 最优方案应该使得式 (3.10.1) 描述的理论模型预期的 u 的分布与实验数据集给定的 u 的分布具有最好的一致性. 基于这一看法可以认为, 利用拟合优度的皮尔逊 χ^2 检验得出的 χ^2 值最小的方案是最优方案.

直接用方案 3 生成 $g_S(u)$ 理论模型的一个实例是 BES Ⅲ 实验利用 $\psi(3770)$ 数据对 $D^0 \to K^-(\pi^-)\mu^+\nu_\mu$ 分支比的测量 [82]. 一种用来拟合不对称共振峰不变质量谱的函数形式是 CB 函数 (参见 3.4.5 节的讨论). 例如, CB 函数可以用来拟合两光子不变质量谱中的 π^0 信号, 或拟合 $\bar{D}^0$ 介子束流约束质量谱中的 $\bar{D}^0$ 信号. 图 3.37 显示了该分支比的测量中 [82], 用 $K^+\pi^-\pi^0\pi^0$, $K^+\pi^-\pi^-\pi^+\pi^0$ 末态的 M_{BC} 标绘来标记类信号事例集的 $\bar{D}^0$ 信号, 在 $M_{\bar{D}^0} \cong 1865$ MeV 处的峰型结构是

$\bar{\mathrm{D}}^0$ 介子的信号, 其中的信号拟合函数即是 CB 函数, 表征峰位的参数 m 此时等于 $M_{\bar{\mathrm{D}}^0} \cong 1865\mathrm{MeV}$. 描述本底分布的则是 ARGUS 函数 (参见 3.4.5 节).

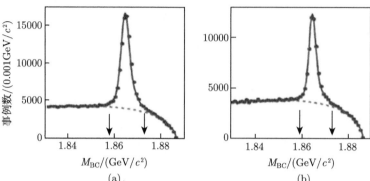

图 3.37 $\bar{\mathrm{D}}^0 \to \mathrm{K}^+\pi^-\pi^0\pi^0$(a) 和 $\bar{\mathrm{D}}^0 \to \mathrm{K}^+\pi^-\pi^-\pi^+\pi^0$(b) 候选事例集的 M_{BC} 分布

$M_{\bar{\mathrm{D}}^0} \cong 1865\mathrm{MeV}$ 处的峰型结构是 $\bar{\mathrm{D}}^0$ 介子的信号, 信号拟合函数是 CB 函数. 下部的平缓分布是本底, 本底拟合函数是 ARGUS 函数

2. 本底归一化密度函数的确定

与信号密度函数 $g_{\mathrm{S}}(u)$ 仅仅由信号的物理性质所决定, 因而相对比较单一不同, 本底牵涉到信号之外的一切过程, 因而 $g_{\mathrm{B}}(u)$ 的确定需要考虑的因素比较多.

$g_{\mathrm{B}}(u)$ 确定的常用方法之一是利用单举 (inclusive)MC 模拟数据. 我们用具体例子来解释单举 MC 模拟的含义. 假定我们要测量 $\psi' \to f$ 的分支比, 其中 f 是一特定末态, 可以利用程序包 LUNDCHARM 产生 ψ' 的一切可能的衰变末态 (参见 3.8 节), BES Ⅲ 产生子程序包架构还容许将信号过程从产生子中除去, 于是其输出的事例是 $\psi' \to f$ 之外的所有事例, 这些事例构成 $\psi' \to f$ 信号事例的本底. 这些事例通过探测器模拟后形成单举 MC 模拟数据, 如果产生子的物理模型是正确的, 它们通过信号事例的全部判选要求后留下的事例就应当与候选信号事例集中的本底事例集相吻合.

利用 $\mathrm{e}^+\mathrm{e}^-$ 对撞束流研究共振态 R 某一特定衰变末态 ($\mathrm{e}^+\mathrm{e}^- \to \mathrm{R} \to \mathrm{f}$) 的信号过程时, 即使束流质心能量等于共振态 R 的质量, 即 $E_{\mathrm{cm}} = 2E_b = M_{\mathrm{R}}$, 也需要考虑到所获取的数据不仅包含共振态 R 的贡献, 还包含 $\mathrm{e}^+\mathrm{e}^- \to \gamma^* \to \mathrm{q}\bar{\mathrm{q}} \to \mathrm{f}$ 连续态的贡献, 后者构成 $\mathrm{R} \to \mathrm{f}$ 信号事例的本底.

这类连续态本底可以用描述 $\mathrm{e}^+\mathrm{e}^- \to \gamma^* \to \mathrm{q}\bar{\mathrm{q}} \to \mathrm{f}$ 过程的 MC 产生子模拟数据来求得, 但也可以利用连续区 (质心能量不等于共振态 R 的质量) 的实验数据来求得. 这里需要考虑两种效应导致的差异: 获取连续区的实验数据的质心能量与共振态 R 的质量不同; 连续区的实验数据的积分亮度与共振态 R 的实验数据的积分亮度不同.

BES 合作组利用所谓的**变量变换**和**亮度–截面归一因子**来处理这两种效应导致的差异 [81]. 假定进行本底拟合的是特征变量 u 的分布, u_{th} 是 u 的阈值, 变量变换公式是

$$u^{\mathrm{C}} \rightarrow u^{\mathrm{R}} \equiv a\left(u^{\mathrm{C}} - u_{\mathrm{th}}\right) + u_{\mathrm{th}}, \quad a = \frac{E_{\mathrm{cm}}^{\mathrm{R}} - u_{\mathrm{th}}}{E_{\mathrm{cm}}^{\mathrm{C}} - u_{\mathrm{th}}}, \tag{3.10.7}$$

式中, u^{C} 是连续态取数时特征变量 u 的值, u^{R} 是变换到共振态能量时的对应值, $E_{\mathrm{cm}}^{\mathrm{R}}, E_{\mathrm{cm}}^{\mathrm{C}}$ 分别是共振态和连续态取数时的质心系能量. 例如 BES 合作组研究衰变 $\psi' \rightarrow \gamma\eta_{\mathrm{c}}', \eta' \rightarrow \mathrm{K}_{\mathrm{S}}^0 \mathrm{K}^\pm \pi^\mp$, 信号和本底事例数是利用特征变量 $M_{\mathrm{inv}}\left(\mathrm{K}_{\mathrm{S}}^0 \mathrm{K}^\pm \pi^\mp\right)$ 的信号和本底分布的拟合求得的 [83], 特征变量 u 的阈值 u_{th} 等于 $\mathrm{K}_{\mathrm{S}}^0 \mathrm{K}^\pm \pi^\mp$ 系统的质量阈值 $1.13086~\mathrm{GeV}/c^2$. 这一变换将 $E_{\mathrm{cm}}^{\mathrm{C}}$ (3.65 GeV) 处取数获得的事例的特征变量值 u^{C} 移动到 $E_{\mathrm{cm}}^{\mathrm{R}}$ (3.686 GeV) 处取数获得的事例的特征变量值 u^{R}. 亮度–截面归一因子 f_{C} 则为

$$f_{\mathrm{C}} = \frac{L_{\mathrm{int}}^{\mathrm{R}}}{L_{\mathrm{int}}^{\mathrm{C}}}\left(\frac{E_{\mathrm{cm}}^{\mathrm{C}}}{E_{\mathrm{cm}}^{\mathrm{R}}}\right)^2 \tag{3.10.8}$$

其中, $L_{\mathrm{int}}^{\mathrm{R}}, L_{\mathrm{int}}^{\mathrm{C}}$ 分别是共振态和连续态取数时的积分亮度, 该式右面的平方项是考虑到 $\mathrm{e}^+\mathrm{e}^- \rightarrow \gamma^* \rightarrow \mathrm{q}\bar{\mathrm{q}} \rightarrow \mathrm{f}$ 连续态截面随着质心系能量平方下降的规律 [12]. f_{C} 的作用是将 u^{C} 处的一个事例变换为 u^{R} 处的 f_{C} 个事例.

$g_{\mathrm{B}}(u)$ 确定的另一种常用方法是经验性的本底的**边带区** (side band) 扣除法. 仍以 BES 合作组测量 $\psi' \rightarrow \eta J/\psi$ 分支比为例, 从图 2.12 可以看到, 548 MeV 处的峰对应于 $\eta J/\psi$ 信号, 峰下平滑曲线对应于本底. 这种情形下, 我们可以不追究产生本底的物理来源, 而假定峰下的本底与峰两侧的边带区的本底服从同一形式的函数分布. 这样, 就可以利用拟合区间内边带区的数据拟合出本底分布的归一化密度函数 $g_{\mathrm{B}}(u)$. 由于 "峰下的本底与峰两侧的边带区的本底服从同一形式的函数分布" 这一假定具有主观性, 因此这样确定的本底存在不确定性, 通常需要利用不同的本底函数形式、不同的边带区宽度来确定本底的系统误差.

拟合本底分布的常用函数形式之一是多项式, 其阶数根据本底分布经验地确定. 对于某些特定的过程, 本底分布常用特定的函数形式加以描述. BES Ⅲ 实验利用 $\psi(3770)$ 数据对 $\mathrm{D}^0 \rightarrow \mathrm{K}^-\left(\pi^-\right)\mu^+\nu_\mu$ 分支比的测量中 [82], 图 3.37 中所示的缓变本底即是用 ARGUS 函数拟合的, 截止值 m_0(在图中是 M_{BC} 的截止值) 等于 $\mathrm{e}^+\mathrm{e}^-$ 对撞束的束流能量 $E_\mathrm{b} = M_{\psi(3770)}/2 \cong 1885~\mathrm{MeV}$. ARGUS 函数描述的本底形式在 $\mathrm{e}^+\mathrm{e}^-$ 对撞束的 D 介子物理研究中是具有典型意义的, 因而得到了广泛的应用.

3.10.2 多维分布

许多实验测量中, 实验待测参数是通过信号事例判选后获得的候选信号事例集的多个特征变量分布的分析和拟合求出的. 也就是说, 待测参数是通过多维分

布的分析和拟合求出的. 这种情形下, 文献 [84] 提出的利用事例概率权值实现**本底的多变量边带扣除**是求得待测参数的一种适当方法.

我们从一个具体的实验问题来阐述该方法的原理和应用.

我们希望通过 $\gamma p \to p\omega, \omega \to \pi^+\pi^-\pi^0$ 反应来测量称为自旋密度矩阵的 3 个可测量的矩阵元 (对束流和靶都是非极化的情形), 习惯上选择为 $\rho_{00}^0, \rho_{1-1}^0$ 和 $\mathrm{Re}\,\rho_{10}^0$. 这 3 个待测参数可以通过检查 ω 静止系中衰变产物 $\pi^+\pi^-\pi^0$ 的分布来获得. 我们选择在螺旋度系统中进行研究, 该系统中 z 轴定义为 ω 在反应质心系中的方向, y 轴是产生平面的法线方向, x 轴由 $\hat{x} = \hat{y} \times \hat{z}$ 给定. 衰变角 θ, ϕ 分别是 ω 静止系中衰变平面法线的极角和方位角, 即向量 $(\boldsymbol{p}_{\pi^+} \times \boldsymbol{p}_{\pi^-})$ 的角度. 由于 ω 是自旋宇称为 $J^P = 1^-$ 的矢量粒子, ω 静止系中的 ω 衰变角分布由下式给定[85]:

$$W(\theta, \phi) = \frac{1}{2}\left(1 - \rho_{00}^0\right) + \frac{1}{2}\left(3\rho_{00}^0 - 1\right)\cos^2\theta$$
$$- \rho_{1-1}^0 \sin^2\theta \cos 2\phi - \sqrt{2}\,\mathrm{Re}\,\rho_{10}^0 \sin 2\theta \cos\phi, \tag{3.10.9}$$

由此式可知, 待测参数 $\rho_{00}^0, \rho_{1-1}^0$ 和 $\mathrm{Re}\,\rho_{10}^0$ 需要通过二维分布 $W(\theta, \phi)$ 的理论预期与实验数据的拟合来求得, 因此这是一个多维分布的分析拟合问题.

假定我们能够用探测器信息重建末态为 $p\pi^+\pi^-\pi^0$ 的事例. 这种末态事例至少有两种来源: $\gamma p \to p\omega, \omega \to \pi^+\pi^-\pi^0$ 信号过程和 $\gamma p \to p\pi^+\pi^-\pi^0$ 本底过程. 在经过事例判选后, 我们可以画出候选信号事例集的 $\pi^+\pi^-\pi^0$ 系统不变质量 $m_{3\pi}$ 的分布, 其形状如图 3.38 中的直方图所示. 783MeV 附近的峰是信号过程的贡献, 而相对平坦的分布则是本底过程的贡献. 没有任何事例判选规则能够逐事例地将信号事例 (ω 事例) 和本底事例 (非 ω 事例) 区分开, 即候选信号事例集中存在**不可消** (irreducible) 本底, 因此无法直接得到纯信号事例的 $W(\theta, \phi)$ 分布来导出待测参数 $\rho_{00}^0, \rho_{1-1}^0$ 和 $\mathrm{Re}\,\rho_{10}^0$.

这种情形下, 利用事例概率权值是求得待测参数的一种适当方法.

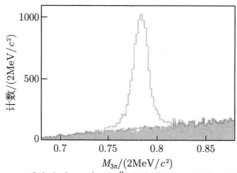

图 3.38 γp 反应产生 $p\pi^+\pi^-\pi^0$ 末态的 $m_{3\pi}$ 分布 (MC 模拟)

直方图为全部 20000 事例, 10000 本底事例用阴影直方图表示, 虚线表示全部 20000 事例乘以权值 $(1 - Q)$

1. 基本原理

利用事例概率权值实现本底的多变量边带扣除来求得待测参数方法的原理如下. 考察一个由 n 个事例组成的数据集, 每一事例由随机向量 $\boldsymbol{\xi}$(m 个分量, $m \geqslant 2$) 描述 (上例中是事例判选后得到的候选信号事例的 $m_{3\pi}$ 和衰变角 θ, ϕ). 数据集包含 n_{S} 个信号事例, n_{B} 个本底事例. 信号和本底分布是 $\boldsymbol{\xi}$ 的函数, 分别表示为 $S(\boldsymbol{\xi})$ 和 $B(\boldsymbol{\xi})$. 需要知道信号和本底关于一个特征变量的函数形式 (容许有未知参数), 这一变量称为**参考变量**, 记为 ξ_{r} (问题中的 $m_{3\pi}$); 其他变量则是**非参考变量** (问题中的 θ, ϕ), 非参考变量与待测参数 $\boldsymbol{c}$ (问题中的 $\rho_{00}^0, \rho_{1-1}^0$ 和 $\mathrm{Re}\,\rho_{10}^0$) 的导出直接相关.

假定对于我们上面的问题, 信号对于 ξ_{r} 的函数依赖可以用描述质量分辨的高斯函数与描述共振态 ω 质量分布的 BW 函数的卷积来表示, 本底的 ξ_{r} 依赖可以用多项式函数表示. 这两种情形下, 本方法容许存在未知参数 (例如, 高斯函数的宽度). 这些未知参数可以根据非参考变量而改变. 例如, 描述 $m_{3\pi}$ 质量的高斯函数的宽度可以依赖于 ω 粒子衰变产物的实验室系角度.

假定我们能够从候选信号事例集中清晰地区分信号事例和本底事例, 则似然函数可定义为

$$L = \prod_{i}^{n_{\mathrm{S}}} W(\boldsymbol{\xi}_i), \tag{3.10.10}$$

其中, n_{S} 是信号事例数, W 是**信号事例集**特征变量 $\boldsymbol{\xi}$ 的概率密度函数 (PDF), 其函数形式中包含的待定参数即问题中的待测参数 $\boldsymbol{c}$, 该 PDF 的形式可根据信号事例的物理产生机制理论模型来确定, 例如问题中的 PDF 即是式 (3.10.9) 中的 $W(\theta, \phi)$. 通过量

$$-\ln L = -\sum_{i}^{n_{\mathrm{S}}} \ln W(\boldsymbol{\xi}_i) \tag{3.10.11}$$

的极小化可求得 W 中的未知参数 $\boldsymbol{c}$ (即问题中的待测参数) 的估计量.

但实际情形是候选信号事例集中不可能逐事例地、清晰地区分信号和本底, 这时, 可以利用 $\boldsymbol{Q}$ 因子将式 (3.10.11) 改写为

$$-\ln L = -\sum_{i}^{n} Q_i \ln W(\boldsymbol{\xi}_i) \tag{3.10.12}$$

来达到同样的目的, 求和遍及包括信号和本底在内的全部 n 个事例. Q 因子表示一个事例来源于信号样本的概率, 它实际上是对于每一个事例在似然函数中的贡献赋予一个权值, 所以 Q 因子也称为**事例概率权值**. 对于式 (3.10.12) 的 $-\ln L$

求极小可导出 W 中的未知参数 c(即问题中的待测参数) 的估计量, 于是问题得解.

利用式 (3.10.12) 代替式 (3.10.11) 来确定待测参数的好处是, 对于事例判选后获得的候选信号事例集不需要区分信号事例和本底事例. 对于不可约本底的情形, 这两者的区分是不可能做到的, 因而这一优点特别重要.

现在, 余下的问题就是如何确定 Q 因子.

2. Q 因子的确定

下面来讨论 Q 因子的确定方法.

任意两个事例 i, j 之间的距离 d_{ij} 定义为

$$d_{ij}^2 = \sum_{k \neq r} \left[\frac{\xi_k^i - \xi_k^j}{\sigma_k} \right]^2, \tag{3.10.13}$$

其中, σ_k 是第 k 个变量在其相空间分布中的方均根值 (RMS)(例如, 上面的问题中, 非参考变量 θ, ϕ 的相空间分别是 $[0, \pi]$ 和 $[-\pi, \pi]$). 求和遍及除 ξ_r 外的所有变量. 距离 d_{ij} 称为**归一化欧氏距离**, 或**归一化距离**. 这里, 相当于采用了 σ_k 作为变量相空间中欧氏距离的一种**度规** (metric) 或**尺度因子**.

对每一个事例, 按照式 (3.10.13) 逐一计算它与数据集中所有其他事例之间的距离, 保留 n_c 个归一化距离最短的最近邻事例 (包括该事例在内). 收集最近邻事例的超球体的直径称为**关联距离** (correlation distance). n_c 的值对于不同的物理问题应该是可变的, 需要根据 MC 模拟研究加以确定, 这一点将在下面讨论. 用 $f(\xi_r, \boldsymbol{\alpha})$ 表示这 n_c 个事例的参考变量 ξ_r 分布的 PDF, 则有

$$f(\xi_r, \boldsymbol{\alpha}) = \frac{F_S(\xi_r, \boldsymbol{\alpha}) + F_B(\xi_r, \boldsymbol{\alpha})}{\int [F_S(\xi_r, \boldsymbol{\alpha}) + F_B(\xi_r, \boldsymbol{\alpha})] \, \mathrm{d}\xi_r}, \tag{3.10.14}$$

其中, F_S 和 F_B 描述信号和本底对于 ξ_r(问题中的 $m_{3\pi}$) 的函数依赖, $\boldsymbol{\alpha}$ 是 F_S 和 F_B 参数化形式中的未知参数. 例如, 问题中的 F_S 可以是 $u \cdot \mathrm{BW}(m_{3\pi}) \otimes G$, u 是待定常数, BW 是归一化布雷特–维格纳函数, G 是 $m_{3\pi}$ 的高斯质量分辨函数, $\otimes$ 表示卷积运算; F_B 可以是线性本底函数 $b_0 + b_1 m_{3\pi}$; $\boldsymbol{\alpha}$ 是未知参数, $\boldsymbol{\alpha} = (u, b_0, b_1)$. 这些分布的归一化处理是, 对任意给定的一组估计量 $\hat{\boldsymbol{\alpha}}$, 满足以下关系:

$$\int F_S(\xi_r, \hat{\boldsymbol{\alpha}}) \, \mathrm{d}\xi_r = n_{\mathrm{sig}}, \quad \int F_B(\xi_r, \hat{\boldsymbol{\alpha}}) \, \mathrm{d}\xi_r = n_{\mathrm{bkgd}}, \tag{3.10.15}$$

其中, $n_{\mathrm{sig}}(n_{\mathrm{bkgd}})$ 是 n_c 个最近邻事例样本中的信号 (本底) 事例数.

然后, 利用逐事例的极大似然法拟合, 即对量

$$-\ln L_i = -\sum_{j=1}^{n_c} \ln f\left(\xi_r^j, \boldsymbol{\alpha}_i\right) \tag{3.10.16}$$

极小化, 求得事例 i 的 n_c 个最近邻事例极大似然拟合得到的参数估计量 $\hat{\boldsymbol{\alpha}}_i$. 这时, 事例 i 的 Q 因子由下式计算:

$$Q_i = \frac{F_S\left(\xi_r^i, \hat{\boldsymbol{\alpha}}_i\right)}{F_S\left(\xi_r^i, \hat{\boldsymbol{\alpha}}_i\right) + F_B\left(\xi_r^i, \hat{\boldsymbol{\alpha}}_i\right)}, \tag{3.10.17}$$

其中, ξ_r^i 是事例 i 的参考变量值. 由于对每个事例 i 利用其 n_c 个最近邻事例进行拟合来确定 $\hat{\boldsymbol{\alpha}}_i$ 值, 所获得的估计量是围绕事例 i 的超球体处的局域值. 于是, 如果 $\hat{\boldsymbol{\alpha}}_i$ 随非参考变量而变化, 只要信号和本底的非参考变量分布在关联距离的尺度上变化不那么大, 这些变化对 Q 因子的影响在式 (3.10.18) 中已自动考虑在内.

Q 因子误差的确定是同样重要的, 我们据此可以得出待测物理量的误差估计. 从每一事例拟合导出的 $\boldsymbol{\alpha}$ 的协方差矩阵 $C_{\boldsymbol{\alpha}}$ 可用于计算 Q 的不确定性:

$$\sigma_Q^2 = \sum_{kl} \frac{\partial Q}{\partial \alpha_k} \left(C_{\boldsymbol{\alpha}}^{-1}\right)_{kl} \frac{\partial Q}{\partial \alpha_l}. \tag{3.10.18}$$

由以上讨论可以看到, Q 因子的确定是在参考变量 ξ_r 的一维空间中实现的, 只需要利用信号和本底的 ξ_r 分布的参数化函数形式. 非参考变量的多维信息对于待定参数的影响通过度规和 n_c 的选择体现出来.

在此后的分析步骤中, Q 因子可以作为事例的权值来获得信号分布. 例如, Q 因子可以用于数据逐事例的极大似然拟合, 来提取物理观测量的值. 通过计算对数似然值的加权和, 拟合中自动实现了本底扣除, 不需要对数据进行分区的运算. 对于多维问题, 不对数据进行分区运算是极为必须的. 唯一需要提供的输入信息是信号和本底参考变量 PDF 的参数化函数形式, 并容许 PDF 存在未知参数. 这些参数是由非参考变量局域地确定的, 因此, 在非参考变量分布中这些参数是可变的, 这些变化也不需要参数化. 方法也不需要信号和本底非参考变量分布的先验知识.

需要指出, 利用事例概率权值求待测参数的方法有 3 个假定. 首先, 参考变量与其他变量之间互不相关. 原则上, 这一限制在某些分析中是可以克服的. 同时假定, 信号和本底之间不存在量子力学意义上的干涉. 最后一个假定是, 信号和本底的非参考变量的分布在关联距离尺度内变化得不快.

3. 度规和 n_c 的选择

式 (3.10.13) 中所使用的度规对于许多高能物理分析是足够了, 但是某些情形下它可能不是最优的选择. 我们叙述的方法能够有效使用的前提是, 在关联距离的尺度上, 信号和本底的非参考变量分布的变化应当不太大, 其中关联距离由信号和本底的 PDF、度规和 n_c 值所决定, 因为变化太大会导致信号某些精细结构的损失. 如果某些非参考变量的分布预期或已观测到很明显的变化, 那么需要利用能够处理这种情况的度规. 因此, 对于某些分析, 可能需要在度规中对不同的变量赋予不相同的权值, 或者构建一个完全不同的度规. 例如, 用下式代替式 (3.10.13) 来计算距离 d_{ij}:

$$d_{ij}^2 = \sum_{k \neq r} w_k \left[\frac{\xi_k^i - \xi_k^j}{\sigma_k} \right]^2, \tag{3.10.13a}$$

其中, w_k 是对于第 k 个变量 ξ_k 的权因子. 我们可以将这种情形与数据进行分区分析的情形进行比较. 考察一个二维分析, 其中已知物理量随变量 x 变化迅速, 随变量 y 变化缓慢. 这种情形下, 我们可以对数据在 x 方向分区比较窄, 在 y 方向分区比较宽来进行数据分析. 在我们的方法中, 这种不对称的分区类似于度规中的不等权值.

最近邻事例数 n_c 的选择取决于具体的分析问题, 特别是取决于有多少个未知参数以及 F_S 和 F_B 的函数形式. 选择 n_c 值需要考虑两个相互竞争的约束因素: 比值 n_c/n 必须足够小, 以便反映描述信号和本底对于 ξ_r 的函数分布 F_S 和 F_B 的精细结构; 同时 n_c 值又应充分大, 以保证 Q 因子的相对误差不太大. 预期 Q 因子不确定性随 n_c 的减小而增加.

不可能给出对所有分析均有效的确定度规和 n_c 值的普适方法, 而必须利用实验数据和 MC 模拟数据进行具体的研究. 度规和 n_c 值的合理选择必须不影响待测参数的值. 后面的应用实例中有关于度规和 n_c 值的合理选择的具体讨论.

4. 小结

根据以上讨论可以清楚地看到, 利用事例概率权值求得待测参数方法的关键是赋予候选信号事例集的每一事例一个 Q 因子, 代表该事例源自信号事例的概率. 该方法将本底的边带扣除方法推广向高维的情形而无需对数据分区. Q 因子可以在此后的分析中作为事例权值, 使得特征变量的分布接近于真实的信号分布. 例如, Q 因子可作为似然函数的权值用于逐事例的极大似然拟合. 在此拟合中, 本底的扣除是自动实现的. 这些特征使得本方法特别适合于候选信号事例集同时包含信号和本底的**分波分析** (Partial Wave Analysis, PWA), 在那种情形下, 逐事例的极大似然拟合是必须的. 为了实现对于数据的完整的分波分析, 需要将任何影响分波振幅的运动学变量都包含进相关的变量 $\boldsymbol{\xi}$ 之内, 利用我们的方法获得 Q 因子. 然后, 由分波构建似然函数, 对 $-\ln L$ 进行极小化运算. 文献 [86] 给出了这样的一个实例.

本方法适用于信号和本底的分布未知情形下的分析、拟合. 唯一的要求是, 信号和本底的分布能够利用 (至少) 一个变量 (参考变量) 进行参数化, 该变量与其余的变量不相关联. 这一不相关联的限制也许能够加以克服 (将关联在 PDF 中加以考虑), 但这一问题在这里没有详加讨论, 因为其解决方法因问题而异. 本方法亦不需要信号和本底关于其他非参考变量的分布的知识.

本方法的有效性取决于两个特定量的选择: 度规和最近邻事例数 n_c. 度规的选择会影响怎样来选定 n_c 个最近邻事例. 选择 n_c 值时需要考虑两个相互竞争的约束因素: 比值 n_c/n 必须足够小, 以便提取精细结构; 同时 n_c 值又应充分大, 以保证 Q 因子的相对误差不太大. 显然, 这两个约束因素使得本方法只适合于候选信号事例数 n 足够大的实验分析. 没有办法来定量地确定哪一种是最优的度规方案, 因此度规和 n_c 值的选择也需要进行专门的研究, 一般而言, 必须利用数据和 MC 模拟数据加以研究. 在实际问题中, 任何合理的选择应当不影响从数据提取到的待测参数的值. 关联距离随着非参考变量而变化, 这使得误差的正确处理成为一个复杂的任务. 因此, 由数据提取的待测参数误差的准确性也应当利用 MC 方法加以证实. 注意到这些事项, 利用本方法时, 一个重要的先决条件是利用 MC 模拟数据进行详尽的研究.

5. 应用实例

利用 $\gamma p \to p\omega, \omega \to \pi^+\pi^-\pi^0$ 反应来测量自旋密度矩阵的 3 个矩阵元的问题作为本方法的应用实例. 我们通过产生信号 (ω 事例) 和本底 (非 ω 事例) 的各 10000 个 MC 事例来构建 MC 模拟数据. 假定信号与本底不相干涉, MC 数据亦按不干涉的情形产生. $\pi^+\pi^-\pi^0$ 不变质量将作为参考变量 $\xi_r \equiv m_{3\pi}$. 分析目的在于提取矩阵元 $\boldsymbol{c} = \{\rho_{00}^0, \rho_{1-1}^0, \mathrm{Re}\,\rho_{10}^0\}$, 我们将利用式 (3.10.9) 来达到此目的, 因此只有 θ, ϕ 角是相关变量, 故我们有 $\boldsymbol{\xi} = (m_{3\pi}, \cos\theta, \phi)$. 在 MC 模拟产生时, 对于信号事例, ω 静止系中的 ω 衰变角分布由式 (3.10.9) 给定, 并选择以下的 $\rho_{MM'}^0$ 值:

$$\rho_{00}^0 = 0.65, \tag{3.10.19a}$$

$$\rho_{1-1}^0 = 0.05, \tag{3.10.19b}$$

$$\mathrm{Re}\,\rho_{10}^0 = 0.10; \tag{3.10.19c}$$

对于本底事例, 选择权值为 $m_{3\pi}$ 线性函数的 3 体相空间模型来产生其衰变角:

$$W(\theta, \phi) = \frac{1}{6\pi}(1 + |\sin\theta\cos\phi|). \tag{3.10.20}$$

应当指出, 在利用事例概率权值求待测参数的过程中, 并不需要具有式 (3.10.20) 的知识. 图 3.38 显示了产生的全部事例和本底事例的 $\pi^+\pi^-\pi^0$ 不变质量谱.

相关的运动学变量 $\phi, \cos\theta$ 的方均根值 (RMS) 分别为

$$\sigma_\phi^2 = \int_{-\pi}^{\pi} \phi^2 \mathrm{d}\phi = 2\pi^3/3, \tag{3.10.21a}$$

$$\sigma_{\cos\theta}^2 = \int_{-1}^{1} \cos^2\theta \, \mathrm{d}\cos\theta = 2/3. \tag{3.10.21b}$$

两点间的距离 d_{ij} 满足

$$d_{ij}^2 = \frac{3}{2}\left[(\cos\theta_i - \cos\theta_j)^2 + \frac{(\phi_i - \phi_j)^2}{\pi^3}\right]. \tag{3.10.22}$$

信号和本底对于 $m_{3\pi}$ 的函数依赖为

$$F_\mathrm{S}(m_{3\pi}, \boldsymbol{\alpha}) = s \cdot V(m_{3\pi}, m_\omega, \Gamma_\omega, \sigma), \tag{3.10.23a}$$

$$F_\mathrm{B}(m_{3\pi}, \boldsymbol{\alpha}) = b_1 m_{3\pi} + b_0, \tag{3.10.23b}$$

其中, s 是信号事例数, $m_\omega = 782.56 \ \mathrm{MeV}/c^2, \Gamma_\omega = 8.44 \ \mathrm{MeV}, \sigma = 5 \ \mathrm{MeV}$ 是探测器对于 $m_{3\pi}$ 的质量分辨率, $\boldsymbol{\alpha} = (s, b_1, b_0)$ 是未知参数,

$$V(m_{3\pi}, m_\omega, \Gamma_\omega, \sigma) = \frac{1}{\sqrt{2\pi}\sigma} \mathrm{Re}\left[w\left(\frac{1}{2\sqrt{\sigma}}(m_{3\pi} - m_\omega) + \mathrm{i}\frac{\Gamma_\omega}{2\sqrt{2}\sigma}\right)\right] \tag{3.10.24}$$

是高斯函数与归一化 BW 函数的卷积, 即归一化 Voigt 函数, 其中 $w(z)$ 是复误差函数.

为了按照式 (3.10.17) 计算每个事例的 Q 因子, 需要确定每个事例的最近邻事例数 n_c. 最近邻事例数取决于具体的分析问题, 特别是取决于有多少个未知参数以及 F_S 和 F_B 的函数形式. 对于目前较为简单的情形, $n_\mathrm{c} = 100$ 就足够好了. 对每一模拟事例, 根据式 (3.10.22) 给出的 d_{ij} 找出其 n_c 个最近邻事例 (同时含有信号和本底事例), 利用式 (3.10.16) 和 CERNLIB 的 MINUIT 程序包 [87] 进行逐事例的极大似然拟合来确定估计量 $\hat{\boldsymbol{\alpha}}_i$. 然后根据式 (3.10.17) 计算 Q 因子, 按照式 (3.10.18) 计算误差.

图 3.38 显示了 MC 产生的 (阴影直方图) 和根据模拟数据提取的 (虚线) 本底 $m_{3\pi}$ 谱 (对所有衰变角积分) 的比较, 一致性相当好, 但我们需要知道比整体符

合更多的细节. MC 产生的信号与拟合的信号直方图的 $(\phi, \cos\theta)$ 二维 χ^2 比较给出 $\chi^2/\mathrm{ndf} = 0.65$ (ndf 是自由度). 这一比较足以显示本方法对于信号–本底具有相当好的分辨品质. 还可以比较由拟合理论分布提取的 Q 因子 Q_{calc} 以及 MC 模拟产生数据时用到的 Q 因子 Q_{gen}. 图 3.39 显示了 Q_{calc} 与 Q_{gen} 有很好的一致性.

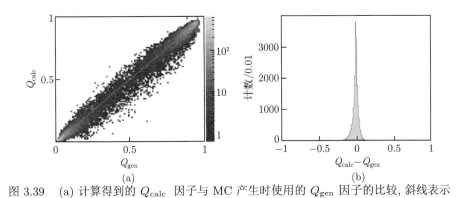

图 3.39　(a) 计算得到的 Q_{calc} 因子与 MC 产生时使用的 Q_{gen} 因子的比较, 斜线表示
$Q_{\mathrm{calc}} = Q_{\mathrm{gen}}$；(b) $Q_{\mathrm{calc}} - Q_{\mathrm{gen}}$

为了检查误差, 我们选择将数据投影于 $\cos\theta$ 的一维分布. 这是为了避免二维分布中的统计量限制导致的统计误差. 图 3.40 显示了 MC 产生的和拟合计算的 $\cos\theta$ 分布之间的比较, 一致性极好.

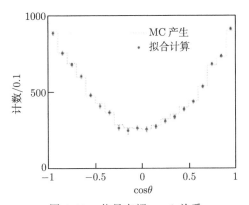

图 3.40　信号产额-$\cos\theta$ 关系
直方图是所产生的信号事例; 数据点是以 Q 因子为权值的全部产生事例

为了提取自旋密度矩阵元, 根据式 (3.10.12), 现在的对数似然值是

$$-\ln L = -\sum_{i}^{n} Q_i \ln W\left(\theta_i, \phi_i\right),\qquad(3.10.25)$$

其中的 $W(\theta_i, \phi_i)$ 由式 (3.10.9) 确定, Q_i 由式 (3.10.17) 确定. 将每一个事例的 θ_i, ϕ_i "测量值" 代入式 (3.10.25), 对 $-\ln L$ 求极小, 可得

$$\rho_{00}^0 = 0.659 \pm 0.011, \tag{3.10.26a}$$

$$\rho_{1-1}^0 = 0.044 \pm 0.008, \tag{3.10.26b}$$

$$\mathrm{Re}\,\rho_{10}^0 = 0.108 \pm 0.007, \tag{3.10.26c}$$

式中误差为从拟合的协方差矩阵求得的纯统计误差. 这些从拟合提取的自旋密度矩阵元的数值与式 (3.10.19) 所示的产生 MC 模拟数据时使用的值在误差范围内一致. 为了证明统计不确定性的准确性, 我们产生了 100 组数据样本, 对每一数据样本独立进行相同的分析步骤. 所获得的自旋密度矩阵元的 Pull 分布示于图 3.41. 该分布的均值和标准差与预期值一致. 因此, 所提取的观测量不存在系统性偏差, 根据拟合得到的统计不确定性是正确的.

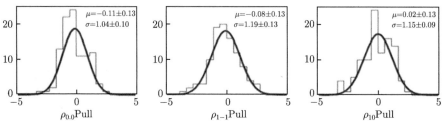

图 3.41　根据信号和本底的 PDF 产生的 100 组数据样本提取的自旋密度矩阵元的 Pull 分布
分布的均值和标准差与预期值 (0 和 1) 一致

下面我们来检查度规和 n_c 值 (用以确定 Q 因子的最近邻事例数) 对于结果的影响. 如前所述, 不可能给出对所有分析均有效的确定度规和 n_c 值的普适方法, 而必须利用数据和 MC 模拟数据进行具体的研究. 图 3.42(a) 显示了不同 n_c 值下 Q 因子平均的相对不确定性. 如预期的那样, 该不确定性随 n_c 的减小而增加. 要想该不确定性尽可能小, 就要选择大的 n_c 值. 但若 n_c 值与 n 之比接近于 1, 则该方法将在大部分相空间中求平均. 这会导致分布的精细结构的丢失. 因此选择 n_c 值时需要考虑两个相互竞争的约束因素: 比值 n_c/n 必须足够小, 以便提取精细结构; 同时 n_c 值又应充分大, 以保证 Q 因子的相对误差不太大.

图 3.42 (a) 显示了 $n_c < 100$ 时 Q 因子统计涨落变大的情形. 图 3.42 (b) 显示了不同 n_c 值时收集最近邻事例的超球的平均半径 (ϕ 和 $\cos\theta$). 我们得出的结论是 $n_c \leqslant 200$ 对应的超球已经足够小了. 因此选择 $100 \leqslant n_c \leqslant 200$ 可同时满足提取精细结构和保证 Q 因子的相对误差不太大这两个要求. $n_c = 100$ 和 $n_c = 200$ 对应的 Q 因子值在误差范围内一致. 因此 n_c 值的这两种选择重建出来的信号分

布是统计地一致的. 利用 $n_c = 200$ 求得的 Q 因子提取的自旋密度矩阵元列于表 3.2. 数值与用 $n_c = 100$ 求得的值接近, 在统计不确定性范围内一致.

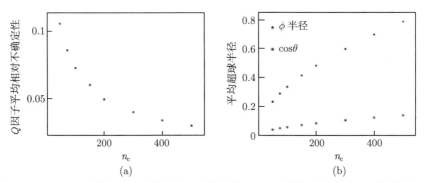

图 3.42　Q 因子平均相对不确定性与 n_c 的关系 (a) 及平均超球半径与 n_c 的关系 (b)

表 3.2　产生时和拟合得到的 $\rho^0_{MM'}$ 值

	产生值	拟合值	$n_c = 100$ [“σ”, “变量域”, “可变度规”]	$n_c = 200$ [“σ”]
ρ^0_{00}	0.65	0.649	[0.659, 0.656, 0.657]	0.656
ρ^0_{1-1}	0.05	0.043	[0.044, 0.044, 0.043]	0.042
Re ρ^0_{10}	0.10	0.103	[0.108, 0.108, 0.107]	0.107

注: 表中 “产生值” 表示 MC 模拟时使用的值, “拟合值” 表示通过拟合所产生的信号事例 (不加权) 提取的结果. “σ” 表示利用变量的 RMS 作为度规 σ, 式 (3.10.13) 计算获得的结果. “变量域” 表示利用整个变量域作为度规, 即 $\sigma_\phi = 2\pi, \sigma_{\cos\theta} = 2$ 获得的结果. “可变度规” 表示利用式 (3.10.27) 构建的度规获得的结果. 每种拟合条件下所提取的物理量的统计不确定性为 $\sigma_{00} = 0.011, \sigma_{1-1} = 0.008, \sigma_{10} = 0.007$.

　　现在来检查选择不同度规导致的效应. 式 (3.10.13) 中利用了变量的 σ 作为事例之间距离的度规. 另一种可能的选择是利用变量域作为距离的度规, 即用 2 代替 $\sigma_{\cos\theta}$, 用 2π 代替 σ_ϕ. 这两种度规重建的信号分布是统计地一致的. 利用这些度规求得 Q 因子, 提取的自旋密度矩阵元列于表 3.2, 其结果与式 (3.10.26) 的结果接近.

　　就本例而言, 不存在将变量的函数依赖施加于度规的物理动机, 但是, 为了进一步说明方法的稳健性, 我们用下述物理量替换式 (3.10.13) 中的 σ:

$$\sigma_\phi^2 \to \left(\frac{2\pi^3}{3}\right)\left(1 - \frac{3\phi^2}{4\pi^2}\right), \quad \sigma_{\cos\theta}^2 \to \left(\frac{2}{3}\right)\left(1 - \frac{3}{4}\cos^2\theta\right). \quad (3.10.27)$$

利用这一变量代换度规算得的 Q 因子提取的自旋密度矩阵元亦列于表 3.2, 其结果与其他两种结果十分接近. 因此, 只要度规和 n_c 的选择遵从前面讨论过的特定约束, 提取的观测量是稳定的.

第 4 章 参 数 估 计

粒子物理实验的目的通常是对一个或多个感兴趣的物理量进行测量并获得其结果. 假定实验的直接测量对象是随机变量 x, 它的概率密度函数 $f(x;\theta)$ 或 $f(x;\boldsymbol{\theta})$ 中的参数 $\theta(\boldsymbol{\theta})$ 就是我们感兴趣的待测物理量. 对随机变量 x 进行 n 次测量获得 x 的容量 n 的样本 $\boldsymbol{x} = \{x_1, x_2, \cdots, x_n\}$. 数据分析通常是对一个 (或多个) 感兴趣的物理量 θ(或 $\boldsymbol{\theta}$) 应用实验数据样本 $\boldsymbol{x}$ 构建相应的估计量 $\hat{\theta}(\boldsymbol{x})$ 或 $\hat{\boldsymbol{\theta}}(\boldsymbol{x})$ 进行估计. 对于一个特定的实验, 一个物理量 θ(待测参数) 的测量结果通常表示为

$$\theta = \hat{\theta}^{+\sigma_+}_{-\sigma_-}.$$

式中, 估计值 $\hat{\theta}$ 称为参数 θ 的**名义值**或**测量值**; 区间 $\left[\hat{\theta} - \sigma_-, \hat{\theta} + \sigma_+\right]$ 包含参数 θ 真值的概率为 0.6827. 在经典的概率理论中, 参数估计值 $\hat{\theta}$ 的确定属于参数的点估计问题, σ_+, σ_- 的确定属于参数的区间估计问题. 本章讨论参数的点估计, 区间估计问题则留待第 5 章讨论.

4.1 估计量的性质

未知参数 θ 是利用数据样本 $\boldsymbol{x}$ 的某个函数 $\hat{\theta}(\boldsymbol{x})$ 来估计的, $\hat{\theta}$ 为参数 θ 的**估计量**. 由于随机变量 x 的随机样本 $\boldsymbol{x} = (x_1, x_2, \cdots, x_n)^{\mathrm{T}}$ 也是随机变量, 对 $\boldsymbol{x}$ 一组特定的观测值, 估计量 $\hat{\theta}$ 的数值称为**估计值**. 对于估计量和估计值, 将使用同样的记号 $\hat{\theta}$. 一个好的估计量应当具有一致性、无偏性和有效性等性质.

参数估计量的一致性是指: 当观测次数 n 无限增大时, 它的估计值 $\hat{\theta}$ 收敛到参数的真值 θ. 估计量的一致性是样本容量 n 趋于无穷时的极限性质, 而无偏性是估计量在 n 为有限值时的性质, 即要求估计量的数学期望等于未知参数的真值: $E(\hat{\theta}) = \theta$. 在估计量为有偏的情形下, 即 $E(\hat{\theta}) = \theta + b(\theta)$, 估计量的**偏差** (bias)$b(\theta)$ 应当是已知的或能够用某种方法加以确定.

对于不同的估计量而言, 方差的大小可以作为它们的有效性的尺度. 当随机变量 x 满足**正规条件**, 即 x 的取值域 (样本空间) 与参数 θ 无关时, 数据样本的联合概率密度 (似然函数)$L(\boldsymbol{x}|\theta) = \prod_{i=1}^{n} f(x_i, \theta)$ 对于 θ 的一阶、二阶导数存在, 则存在参数的一个估计量, 它的方差达到一个最小的下界, 称为**方差下界**, 用符号

MVB (minimum variance bound) 表示. 达到方差下界的估计量称为最小方差估计量, 或**有效估计量**. 方差下界由克拉默-拉奥 (Cramer-Rao) 不等式给出:

$$\text{MVB} = \frac{1 + \dfrac{\partial b}{\partial \theta}}{I(\theta)}, \tag{4.1.1}$$

式中, $I(\theta)$ 是**费希尔 (Fisher) 信息量**:

$$I(\theta) = E\left[\left(\frac{\partial \ln L}{\partial \theta}\right)^2\right] = \int \left(\frac{\partial \ln L}{\partial \theta}\right)^2 L \mathrm{d}\boldsymbol{x} = E\left(-\frac{\partial^2 \ln L}{\partial \theta^2}\right) = \int \left(-\frac{\partial^2 \ln L}{\partial \theta^2}\right) L \mathrm{d}\boldsymbol{x}. \tag{4.1.2}$$

一个估计量 $\hat{\theta}$ 的有效性定义为方差下界与该估计量的方差 $V(\hat{\theta})$ 之比: $e(\hat{\theta}) = \text{MVB}/V(\hat{\theta})$. 显然, 我们希望参数的估计量的有效性接近或等于 1. 由于估计量 $\hat{\theta}$ 的**均方误差** (mean square error, MSE) 同时考虑了估计量的方差和偏差导致的不确定性, 所以将它定义为

$$\text{MSE} = E\left[\left(\hat{\theta} - \theta\right)^2\right] = V\left(\hat{\theta}\right) + b^2. \tag{4.1.3}$$

4.2 期望值和方差的估计

期望值和方差是一个随机变量最重要的性质. 假定要根据随机变量 x 的一组测量值 $\boldsymbol{x} = (x_1, x_2, \cdots, x_n)^\mathrm{T}$ 来估计 x 的期望值 μ 及其方差 σ^2. $x_i(i = 1, 2, \cdots, n)$ 是 n 个独立的随机变量, 它们有同样的未知期望值 μ 和方差 σ^2. 这相应于在同一个实验中对同一个变量 x 作 n 次独立的测量. 于是 μ, σ^2 的一致、无偏估计为**样本平均** $\bar{x}$ 和**样本方差** S^2:

$$\hat{\mu} = \overline{x} = \frac{1}{n}\sum_{i=1}^{n} x_i, \tag{4.2.1}$$

$$\hat{\sigma}^2 = S^2 = \frac{1}{n-1}\sum_{i=1}^{n}(x_i - \bar{x})^2 = \frac{1}{n-1}\left(\sum_{i=1}^{n} x_i^2 - n\bar{x}^2\right). \tag{4.2.2}$$

当 x 的期望值 μ 为已知时, 方差 σ^2 的一致、无偏估计量为

$$\hat{\sigma}^2 = \frac{1}{n}\sum_{i=1}^{n}(x_i - \mu)^2 = \frac{1}{n}\left(\sum_{i=1}^{n} x_i^2 - n\mu^2\right), \tag{4.2.3}$$

它比期望值未知情形下的式 (4.2.2) 给出方差 σ^2 更好的估计.

$\hat{\mu}$ 的方差为 σ^2/n, 而 $\hat{\sigma}^2$ 的方差为

$$V(\hat{\sigma}^2) = \frac{1}{n}\left(m_4 - \frac{n-3}{n-1}\sigma^4\right), \tag{4.2.4}$$

其中, m_4 是 x 的四阶中心矩.

在粒子物理实验测量中, 随机变量 x 往往服从二项分布、泊松分布或正态分布, 容易证明, 这时样本平均是随机变量 x 期望值 μ 的一致、无偏、有效估计量.

当 x 为正态变量时, 式 (4.2.3) 给出期望值 μ 为已知时方差 σ^2 的有效估计, 而样本方差 S^2 给出期望值 μ 为未知时方差 σ^2 的渐近有效估计. 同样, 当 x 为正态变量时, 式 (4.2.4) 变为 $V(\hat{\sigma}^2) = 2\sigma^4/(n-1)(n \geqslant 2)$. 当 n 很大时, $\hat{\sigma}$ 的标准偏差为 $\sigma/\sqrt{2n}$.

如果 $x_i(i = 1, 2, \cdots, n)$ 有不同但已知的误差, 这相应于不同的 n 个实验以不同的误差测量同一个物理量的情形. 假定 x_i 可考虑为正态变量 $N(\mu, \sigma_i^2)$, 则物理量 μ 的无偏估计为**样本加权平均**:

$$\hat{\mu} = \frac{1}{\omega}\sum_{i=1}^{n}\omega_i x_i, \tag{4.2.5}$$

式中, $\omega_i = 1/\sigma_i^2$, $\omega = \sum_i \omega_i$, $\hat{\mu}$ 的标准差为 $1/\sqrt{\omega}$.

4.3   极大似然估计

从数理统计的观点而言, 极大似然法是最重要的参数估计的一般方法, 因为参数的极大似然估计量有许多好的品质.

4.3.1   参数及其方差的常规极大似然估计

设 $x_i(i = 1, 2, \cdots, n)$ 是随机变量 x 的一组 n 个独立的测量, x 的概率密度函数为 $f(x, \boldsymbol{\theta})$, 其中 $\boldsymbol{\theta} = (\theta_1, \theta_2, \cdots, \theta_k)^{\mathrm{T}}$ 是待定的 k 个未知参数, 则参数 $\boldsymbol{\theta}$ 的**极大似然估计量** $\hat{\boldsymbol{\theta}}(\boldsymbol{x})$ 是使似然函数 $L(\boldsymbol{x}|\boldsymbol{\theta})$ 达到极大的参数 $\boldsymbol{\theta}$ 的值:

$$L(\boldsymbol{x}|\boldsymbol{\theta}) = \prod_{i=1}^{n} f(x_i; \boldsymbol{\theta}). \tag{4.3.1}$$

因为似然函数 $L(\boldsymbol{x}|\boldsymbol{\theta})$ 达到极大时其对数 $\ln L$ 也达到极大, 而通常对于 $\ln L$ 求极大的运算比较容易, 因此极大似然估计量可从解**似然方程**求得:

$$\frac{\partial \ln L}{\partial \theta_i} = 0, \quad i = 1, 2, \cdots, k. \tag{4.3.2}$$

极大似然估计量具有参数变换下的不变性, 即设参数 $\boldsymbol{\theta}$ 的极大似然估计量为 $\hat{\boldsymbol{\theta}}$, 若选择 $\boldsymbol{\theta}$ 的任意单值函数 $g(\boldsymbol{\theta})$ 作为待估计参数, 其极大似然估计量为 $\hat{g}(\boldsymbol{\theta})$, 则有 $\hat{g}(\boldsymbol{\theta}) = g(\hat{\boldsymbol{\theta}})$. 这样, 选择 $\boldsymbol{\theta}$ 的任意单值函数 (包括 $\boldsymbol{\theta}$ 自身) 作为待估计参数都能得到 $\boldsymbol{\theta}$ 的相同估计值 $\hat{\boldsymbol{\theta}}$. 同时, 极大似然估计量是渐近无偏的. 当似然函数满足正规条件时, 极大似然估计量是一致估计量. 如果参数 $\boldsymbol{\theta}$ 或其函数存在有效估计量, 则它一定是极大似然估计量, 似然方程给出唯一解; 若参数 $\boldsymbol{\theta}$ 或其函数不存在有效估计量, 则极大似然估计量 $\hat{\boldsymbol{\theta}}$ 具有可能的最小方差. 对于大样本且似然函数满足正规条件的情形, $\hat{\boldsymbol{\theta}}$ 渐近地服从多维正态分布, 其期望值为参数真值, 方差达到其方差下界 (MVB).

参数 $\boldsymbol{\theta}$ 的极大似然估计 $\hat{\boldsymbol{\theta}}$ 只给出参数 $\boldsymbol{\theta}$ 的估计值, 为了了解参数 $\boldsymbol{\theta}$ 的误差, 必须知道 $\hat{\boldsymbol{\theta}}$ 的方差. 对于任意的样本容量 n, 参数 $\hat{\theta}_i$ 和 $\hat{\theta}_j$ 之间的协方差的表式为

$$V_{ij}(\hat{\boldsymbol{\theta}}) = \int (\hat{\theta}_i - \theta_i)(\hat{\theta}_j - \theta_j) L(\boldsymbol{x}|\boldsymbol{\theta}) \mathrm{d}\boldsymbol{x}, \quad i, j = 1, \cdots, k. \tag{4.3.3}$$

该积分的计算有时相当困难, 但一般情形下总可以用数值计算求得. 对于极大似然估计 $\hat{\theta}$ 为单个参数的有效估计量的情形, $\hat{\theta}$ 的方差的下述表式对任意样本容量 n 都是适用的:

$$V(\hat{\theta}) = \frac{\left(1 + \dfrac{\partial b}{\partial \theta}\right)^2}{\left(-\dfrac{\partial^2 \ln L}{\partial \theta^2}\right)_{\theta = \hat{\theta}}}. \tag{4.3.4}$$

特别地, 若 $\hat{\theta}$ 为无偏有效估计量, 则有

$$V(\hat{\theta}) = \frac{1}{\left(-\dfrac{\partial^2 \ln L}{\partial \theta^2}\right)_{\theta = \hat{\theta}}}. \tag{4.3.5}$$

对样本容量 n 很大和有 k 个未知参数的情形, 若存在 $\boldsymbol{\theta}$ 的 k 个联合、充分统计量, 则极大似然估计 $\hat{\boldsymbol{\theta}}$ 协方差矩阵的逆阵的元素可用下式计算:

$$V_{ij}^{-1}(\hat{\boldsymbol{\theta}}) = \left(-\frac{\partial^2 \ln L}{\partial \theta_i \partial \theta_j}\right)_{\boldsymbol{\theta} = \hat{\boldsymbol{\theta}}}, \quad i, j = 1, \cdots, k. \tag{4.3.6}$$

此外, 对于大样本且似然函数满足正规条件的情形, $\hat{\boldsymbol{\theta}}$ 渐近地服从多维正态分布, 于是有

$$V_{ij}^{-1}(\hat{\boldsymbol{\theta}}) = E\left(-\frac{\partial^2 \ln L(\boldsymbol{x}|\boldsymbol{\theta})}{\partial \theta_i \partial \theta_j}\right)_{\boldsymbol{\theta} = \hat{\boldsymbol{\theta}}} = \int \left(-\frac{\partial^2 \ln L(\boldsymbol{x}|\boldsymbol{\theta})}{\partial \theta_i \partial \theta_j}\right)_{\boldsymbol{\theta} = \hat{\boldsymbol{\theta}}} L \mathrm{d}\boldsymbol{x}, \quad i, j = 1, \cdots, k. \tag{4.3.7}$$

或者, 我们可以利用随机变量 x 的概率密度 $f(x, \boldsymbol{\theta})$ 来计算协方差矩阵元:

$$V_{ij}^{-1}(\hat{\boldsymbol{\theta}}) = n \int \frac{1}{n} \left(\frac{\partial f}{\partial \theta_i} \right) \left(\frac{\partial f}{\partial \theta_j} \right) \mathrm{d}x, \quad i, j = 1, \cdots, k. \tag{4.3.8}$$

该式的计算不需要随机变量 x 的测量数据, 因而在实验的设计阶段作误差估计特别有用.

如果 x 为正态随机变量, 或样本量 n 充分大, 则似然函数为渐近正态分布, 且 $\ln L$ 为参数 $\boldsymbol{\theta}$ 的二次型函数, 则确定参数 $\boldsymbol{\theta}$ 的 m 倍标准偏差的区域由 $\boldsymbol{\theta}'$ 的边界给出:

$$\ln L(\boldsymbol{\theta}') = \ln L_{\max} - \frac{m^2}{2}, \tag{4.3.9}$$

式中 $L_{\max}$ 是 L 的极大值. 该边界在 θ_i 轴上的投影给出 θ_i 的 m 倍标准偏差**似然区间**. 若 $\ln L$ 不是参数 $\boldsymbol{\theta}$ 的二次型函数, 则式 (4.3.9) 只能给出近似的 m 倍标准偏差似然区间; 若取 $m = 1$, 则给出 θ_i 的不对称的正、负误差, 即 $\sigma_+(\theta_i) \neq \sigma_-(\theta_i)$, $i = 1, \cdots, k$.

4.3.2　直方图数据的常规极大似然估计

当随机变量 x 的测量数据个数 n(样本容量) 很大时, 通常表示为**直方图数据**. 当 n 为常数时, 直方图第 i 个子区间中出现 $n_i(i = 1, \cdots, m)$ 个测量值的联合概率密度 (似然函数) 可表示为多项分布

$$L(n_1, \cdots, n_m \,|\, \boldsymbol{\theta}) = n! \prod_{i=1}^{m} \frac{1}{n_i!} p_i^{n_i}, \tag{4.3.10}$$

第 i 个子区间中出现 1 个测量值的概率用 x 的概率密度 $f(x \,|\, \boldsymbol{\theta})$ 计算

$$p_i = p_i(\boldsymbol{\theta}) = \int_{\Delta x_i} f(x \,|\, \boldsymbol{\theta}) \mathrm{d}x, \tag{4.3.11}$$

于是似然方程变为

$$\frac{\partial \ln L}{\partial \theta_i} \bigg|_{\boldsymbol{\theta}=\hat{\boldsymbol{\theta}}} = \frac{\partial}{\partial \theta_i} \left[\sum_{i=1}^{m} n_i \ln p_i(\boldsymbol{\theta}) \right]_{\boldsymbol{\theta}=\hat{\boldsymbol{\theta}}} = 0, \quad i = 1, \cdots, m, \tag{4.3.12}$$

求解该组似然方程可得极大似然估计 $\boldsymbol{\theta}$.

4.3.3 扩展极大似然估计

对于逐事例的数据样本, 即每一 $x_i, i = 1, \cdots, n$ 是随机变量 x 的一组 n 个独立的测量值, 若随机变量 x 的测量数据个数 n 不为常数, 而应考虑为期望值为 ν 的随机变量, 则似然函数应为常规的似然函数与观测到 n 个事例的泊松概率之积:

$$L(\nu, \boldsymbol{\theta}) = \frac{\nu^n}{n!} e^{-\nu} \prod_{i=1}^{n} f(x_i, \boldsymbol{\theta}), \tag{4.3.13}$$

称为**扩展似然函数**. 参数 $\boldsymbol{\theta}$ 的极大似然估计由下列似然方程的解求得:

$$\frac{\partial \ln L(\nu, \boldsymbol{\theta})}{\partial \theta_j} = 0, \quad j = 1, \cdots, k, \tag{4.3.14}$$

$$\frac{\partial \ln L(\nu, \boldsymbol{\theta})}{\partial \nu} = 0. \tag{4.3.15}$$

当泊松均值 ν 与参数 $\boldsymbol{\theta}$ 无关时, 方程 (4.3.13)、(4.3.15) 给出 $\hat{\nu} = n$, 即期望事例数估计值 $\hat{\nu}$ 与事例数观测值 n 相同, 方程 (4.3.14) 的解 $\hat{\boldsymbol{\theta}}$ 与常规的似然方程 (4.3.1)、(4.3.2) 的解相同. 如果 ν 是参数 $\boldsymbol{\theta}$ 的函数, 则似然方程变为 (略去与 $\boldsymbol{\theta}$ 无关的项)

$$\ln L(\boldsymbol{\theta}) = -\nu(\boldsymbol{\theta}) + \sum_{i=1}^{n} \ln \left[\nu(\boldsymbol{\theta}) \cdot f(x_i, \boldsymbol{\theta}) \right]. \tag{4.3.16}$$

较之常规极大似然估计, 扩展似然函数导出的关于 ν 和参数 $\boldsymbol{\theta}$ 的估计是更优的估计, 且有更合理的方差, 因为它同时利用了随机变量 x 的样本测量值 x_i 的信息和样本容量 n 的泊松分布的信息.

对直方图数据样本, 令第 i 个子区间中出现 $n_i (i = 1, \cdots, m)$ 个测量值, 其扩展似然函数为

$$L(n_1, \cdots, n_m \,|\boldsymbol{\theta}) = \prod_{i=1}^{m} \frac{1}{n_i!} \nu_i^{n_i} \mathrm{e}^{-\nu_i}, \tag{4.3.17}$$

其中, ν_i 由 x 的概率密度在 i 子区间内的积分表示:

$$\nu_i = \nu \int_{\Delta x_i} f(x\,|\boldsymbol{\theta}) \mathrm{d}x, \quad \nu = \sum_{i=1}^{m} \nu_i. \tag{4.3.18}$$

当泊松期望值 ν 与参数 $\boldsymbol{\theta}$ 无关时, 似然方程变为

$$\left(\frac{\partial \ln L}{\partial \theta_j} \right)_{\boldsymbol{\theta} = \hat{\boldsymbol{\theta}}} = \frac{\partial}{\partial \theta_j} \left(\sum_{i=1}^{m} n_i \ln \nu_i \right)_{\boldsymbol{\theta} = \hat{\boldsymbol{\theta}}} = 0, \quad j = 1, \cdots, m, \tag{4.3.19}$$

它与方程 (4.3.12) 形式相同, 不过 $p_i(\boldsymbol{\theta})$ 用 $\nu_i(\boldsymbol{\theta})$ 代替, 而且 $\hat{\nu} = n$. 如果 ν 是参数 $\boldsymbol{\theta}$ 的函数, 则似然方程变为

$$\left(\frac{\partial \ln L}{\partial \theta_j}\right)_{\boldsymbol{\theta}=\hat{\boldsymbol{\theta}}} = \frac{\partial}{\partial \theta_j}\left(\sum_{i=1}^{m} n_i \ln \nu_i - \nu\right)_{\boldsymbol{\theta}=\hat{\boldsymbol{\theta}}} = 0, \quad j = 1, \cdots, m. \tag{4.3.20}$$

同样, 较之常规极大似然估计, 扩展似然函数导出的关于 ν 和参数 $\boldsymbol{\theta}$ 的估计是更优的估计且有更合理的方差, 因为它同时利用了随机变量 x 的样本测量值 x_i 的信息和样本容量 n 的泊松分布的信息.

如 2.2.5 节中指明的, 粒子物理中物理规律描述的往往是随机过程的平均行为, 因此表述这些规律的公式中的物理量往往是随机变量的期望值. 实验测定的典型物理量是不稳定粒子的衰变分支比和粒子反应截面 (参见式 (2.2.26) 和式 (2.2.27)), 它们由信号事例数和反应事例数的期望值决定, 而特定的一次实验测得的信号事例数和反应事例数只是泊松变量的一个随机样本值. 在这种情形下, 利用常规极大似然估计和 4.4 节将要讨论的最小二乘估计求得的衰变分支比和粒子反应截面值都是有偏差的, 只有利用扩展似然函数式 (4.3.13) 和式 (4.3.17) 求得的衰变分支比和粒子反应截面值才是无偏估计量.

式 (4.3.13) 和式 (4.3.17) 的扩展似然函数是针对随机变量 x 的测量数据个数 n 为服从均值 ν 的泊松变量而给定的, 因为这种情形在高能物理实验中是极其普遍的现象. 如果 n 为服从其他分布的随机变量, 可以按照类似的方式写出其对应的扩展似然函数. 例如, 若 n 为服从正态分布的随机变量 $N(\nu, \sigma^2, \boldsymbol{\theta})$, 对于逐事例的数据样本, 其对应的扩展似然函数形式为

$$L(\nu, \sigma^2, \boldsymbol{\theta}) = \frac{1}{\sqrt{2\pi}\sigma}\mathrm{e}^{-\frac{(n-\nu)^2}{2\sigma^2}}\prod_{i=1}^{n} f(x_i, \boldsymbol{\theta}), \tag{4.3.21}$$

参数 $\nu, \sigma, \boldsymbol{\theta}$ 的极大似然估计由下列似然方程组的解求得:

$$\frac{\partial \ln L(\nu, \sigma^2, \boldsymbol{\theta})}{\partial \theta_j} = 0, \quad j = 1, \cdots, k,$$

$$\frac{\partial \ln L(\nu, \sigma^2, \boldsymbol{\theta})}{\partial \nu} = 0,$$

$$\frac{\partial \ln L(\nu, \sigma^2, \boldsymbol{\theta})}{\partial \sigma} = 0.$$

对直方图数据, 其扩展似然函数为

$$L(n_1, \cdots, n_m | \boldsymbol{\theta}) = \prod_{i=1}^{m} \frac{1}{\sqrt{2\pi}\sigma}\mathrm{e}^{-\frac{(n_i-\nu_i)^2}{2\sigma^2}}, \tag{4.3.22}$$

ν_i 和 ν 由式 (4.3.18) 给定. 求解下列似然方程组可得参数 $\sigma, \boldsymbol{\theta}$ 的极大似然估计:

$$\left(\frac{\partial \ln L}{\partial \theta_j}\right)_{\boldsymbol{\theta}=\hat{\boldsymbol{\theta}}} = 0, \quad j = 1, \cdots, m,$$

$$\left(\frac{\partial \ln L}{\partial \sigma}\right)_{\sigma=\hat{\sigma}} = 0.$$

4.3.4 不同过程比例的极大似然估计

在高能物理实验中, 实验者选定的数据样本中包含不同种类的事例, 分析者所要研究的通常是称为信号的一种感兴趣事例, 其余的都被称为本底事例. 于是实验者选定的候选信号事例数据样本被区分为信号和本底两种不同的过程, 这在实验分析中极为常见, 因此这里专门加以讨论.

在这种情形下, 4.3.1 节到 4.3.3 节中的公式依然适用, 只需要将随机变量 x 的概率密度函数 $f(x, \boldsymbol{\theta})$ 写为如下形式:

$$f(x, \boldsymbol{\theta}) = w_{\mathrm{S}} f_{\mathrm{S}}(x, \boldsymbol{\theta}_{\mathrm{S}}) + (1 - w_{\mathrm{S}}) f_{\mathrm{B}}(x, \boldsymbol{\theta}_{\mathrm{B}}), \tag{4.3.23}$$

其中, $f_{\mathrm{S}}(x, \boldsymbol{\theta}_{\mathrm{S}})$ 和 $f_{\mathrm{B}}(x, \boldsymbol{\theta}_{\mathrm{B}})$ 分别表示信号和本底的概率密度函数, 其形式需已知但可包含待定的未知参数; w_{S} 表示信号过程占全部过程的比例. 在常规极大似然估计中, w_{S} 为数据样本中信号事例数与观测到的全部事例数 n 之比; 在扩展极大似然估计中, w_{S} 为信号事例数期望值 ν_{S} 与全部事例数期望值 ν 之比. 参数 $\boldsymbol{\theta}$ 包含 ν、w_{S} 及 $\boldsymbol{\theta}_{\mathrm{S}}$ 和 $\boldsymbol{\theta}_{\mathrm{B}}$ 等待定参数.

利用这种方法估计两种不同过程比例的条件是 $f_{\mathrm{S}}(x, \boldsymbol{\theta}_{\mathrm{S}})$ 和 $f_{\mathrm{B}}(x, \boldsymbol{\theta}_{\mathrm{B}})$ 的分布形状必须存在差异, 差异越显著, 比例的确定越准确, 即 w_{S} 的估计误差越小.

4.4 最小二乘估计

4.4.1 参数及其方差的最小二乘估计

在 n 个观测点 $\boldsymbol{x} = (x_1, \cdots, x_n)^{\mathrm{T}}$ 通过测量得到一组 n 个观测值 $\boldsymbol{y} = (y_1, \cdots, y_n)^{\mathrm{T}}$, 相应的观测值真值 $\boldsymbol{\eta} = (\eta_1, \cdots, \eta_n)^{\mathrm{T}}$ 为未知, 它由某个理论模型给定其预期值: $\eta_i = f(x_i, \boldsymbol{\theta})$, $i = 1, \cdots, n$, 其中 $\boldsymbol{\theta} = (\theta_1, \cdots, \theta_k)^{\mathrm{T}}$ 是待定的参数. $\boldsymbol{\theta}$ 的最小二乘估计可由最小二乘函数 $Q^2(\boldsymbol{\theta})$ 的极小值求得:

$$Q^2(\boldsymbol{\theta}) = [\boldsymbol{y} - \boldsymbol{\eta}(\boldsymbol{\theta})]^{\mathrm{T}} V^{-1} [\boldsymbol{y} - \boldsymbol{\eta}(\boldsymbol{\theta})] = \sum_{i=1}^{n} \sum_{j=1}^{n} (y_i - \eta_i) V_{ij}^{-1} (y_j - \eta_j), \tag{4.4.1}$$

式中, $V_{ij} = \mathrm{cov}(y_i, y_j)$ 是观测值 $\boldsymbol{y}$ 的协方差矩阵 V 的矩阵元. 当 $y_i, i = 1, \cdots, n$ 为 n 个相互独立的测量时, 最小二乘函数有简单的形式

$$Q^2(\boldsymbol{\theta}) = \sum_{i=1}^{n} \left(\frac{y_i - \eta_i}{\sigma_i} \right)^2, \tag{4.4.2}$$

其中, σ_i 是测量值 y_i 的误差. 一种常见的情形是 y_i 为泊松变量, 则 σ_i^2 等于预期值 η_i, 或可用测量值 y_i 作为近似. 如果 $y_i, i = 1, \cdots, n$ 为 n 个独立的正态变量, $y_i \sim N(\eta_i, \sigma_i^2)$, 则 $\boldsymbol{y}$ 的似然函数为 $L(\boldsymbol{\theta}) \propto \exp\left[-\dfrac{1}{2} \sum\limits_{i=1}^{n} \left(\dfrac{y_i - \eta_i}{\sigma_i} \right)^2 \right]$. 这时 $L(\boldsymbol{\theta})$ 对于 $\boldsymbol{\theta}$ 求极大与最小二乘函数 $Q^2(\boldsymbol{\theta}) = \sum\limits_{i=1}^{n} \left(\dfrac{y_i - \eta_i}{\sigma_i} \right)^2$ 对于 $\boldsymbol{\theta}$ 求极小等价, 即参数 $\boldsymbol{\theta}$ 的极大似然估计与最小二乘估计相等.

对于**线性最小二乘估计**问题, 即 $f(x_i, \boldsymbol{\theta})$ 是参数 $\boldsymbol{\theta}$ 的线性函数的情形:

$$f(x_i, \boldsymbol{\theta}) = \sum_{j=1}^{k} a_{ij}\theta_j, \quad i = 1, \cdots, n, \ k < n, \tag{4.4.3}$$

其中, a_{ij} 等于 x_i^{j-1} 或 x_i 的 $(j-1)$ 阶勒让德多项式 $(j = 1, 2, \cdots, k)$, 对最小二乘函数 $Q^2(\boldsymbol{\theta})$ 求极小简化为解一组 k 个线性方程. 定义 a_{ij} 为 $n \times k$ 阶矩阵 A 的矩阵元, 对最小二乘函数 $Q^2(\boldsymbol{\theta})$ 求极小得到参数 $\boldsymbol{\theta}$ 的最小二乘估计:

$$\hat{\boldsymbol{\theta}} = (A^{\mathrm{T}} V^{-1} A)^{-1} A^{\mathrm{T}} V^{-1} \boldsymbol{y}. \tag{4.4.4}$$

最小二乘估计量 $\hat{\boldsymbol{\theta}}$ 的协方差为

$$V(\hat{\boldsymbol{\theta}}) = (A^{\mathrm{T}} V^{-1} A)^{-1}, \tag{4.4.5}$$

或等价地

$$\left(V^{-1}(\hat{\boldsymbol{\theta}}) \right)_{ij} = \left(\frac{1}{2} \frac{\partial^2 Q^2}{\partial \theta_i \partial \theta_j} \right)_{\boldsymbol{\theta} = \hat{\boldsymbol{\theta}}} = \sum_{l,m=1}^{n} a_{li} a_{mj} (V^{-1})_{lm}, \quad i, j = 1, \cdots, k. \tag{4.4.6}$$

当 $y_i, i = 1, \cdots, n$ 为 n 个相互独立的测量时, 协方差矩阵 V 为对角矩阵, 非对角矩阵元等于 0, 则上式简化为

$$\left(V^{-1}(\hat{\boldsymbol{\theta}}) \right)_{ij} = \sum_{m=1}^{n} a_{mi} a_{mj} / \sigma_m^2, \quad i, j = 1, \cdots, k.$$

线性最小二乘估计量提供了参数的严格解, 而且具有理论上的最优性质: 唯一性、无偏性和最小方差.

将 $Q^2(\boldsymbol{\theta})$ 函数在极小点 $\boldsymbol{\theta} = \hat{\boldsymbol{\theta}}$ 的邻域作泰勒展开, 对于线性模型, 在协方差矩阵 $V(\boldsymbol{y})$ 与参数 $\boldsymbol{\theta}$ 无关的条件下, $Q^2(\boldsymbol{\theta})$ 是 $\boldsymbol{\theta}$ 的二次函数, $Q^2(\boldsymbol{\theta})$ 只含两项, 即

$$
\begin{aligned}
Q^2(\boldsymbol{\theta}) &= Q_{\min}^2 + \frac{1}{2} \sum_{i,\,j} \left(\frac{\partial^2 Q^2}{\partial \theta_i \partial \theta_j} \right)_{\boldsymbol{\theta}=\hat{\boldsymbol{\theta}}} (\theta_i - \hat{\theta}_i)(\theta_j - \hat{\theta}_j) \\
&= Q_{\min}^2 + (\boldsymbol{\theta} - \hat{\boldsymbol{\theta}})^{\mathrm{T}} V^{-1}(\hat{\boldsymbol{\theta}})(\boldsymbol{\theta} - \hat{\boldsymbol{\theta}}).
\end{aligned}
\tag{4.4.7}
$$

当观测值服从期望值为真值的正态分布时, $Q^2(\boldsymbol{\theta})$ 超表面与超平面

$$
Q^2(\boldsymbol{\theta}) = Q^2(\hat{\boldsymbol{\theta}}) + m^2 = Q_{\min}^2 + m^2
\tag{4.4.8}
$$

的截线构成了参数 $\boldsymbol{\theta} = (\theta_1, \cdots, \theta_k)^{\mathrm{T}}$ 的超椭圆联合置信域, 该截线在 θ_i 轴上的投影构成 $\hat{\theta}_i$ 的 m 倍标准偏差置信区间. 这时, 最小二乘函数的极小值

$$
Q_{\min}^2(\boldsymbol{\theta}) = \sum_{i=1}^{n} \sum_{j=1}^{n} (y_i - \hat{\eta}_i) V_{ij}^{-1} (y_j - \hat{\eta}_j)
\tag{4.4.9}
$$

服从自由度 $n-k$ 的 χ^2 分布, 这表示最小二乘估计得到的 $Q_{\min}^2$ 是测量值 $\boldsymbol{y}$ 与其拟合值 $\hat{\boldsymbol{\eta}}$ 之间一致性的一种定量表述, 即 $Q_{\min}^2$ 代表了拟合的优度.

对于非线性最小二乘估计问题, 即 $f(x_i, \boldsymbol{\theta})$ 是参数 $\boldsymbol{\theta}$ 的非线性函数的情形, 通常对最小二乘函数 $Q^2(\boldsymbol{\theta})$ 求极小需要通过迭代方法来实现, 所得到的 $\hat{\boldsymbol{\theta}}$ 只是参数 $\boldsymbol{\theta}$ 的近似值. 非线性最小二乘估计量是有偏估计量, 其方差不可能达到最小方差界, 而且它的 $Q_{\min}^2$ 的分布是未知的. 但是, 在样本容量 n 足够大的情形下, 最小二乘估计量是渐近无偏的, 且其 $Q_{\min}^2$ 近似地服从自由度 $n-k$ 的 χ^2 分布.

4.4.2 直方图数据的最小二乘估计

当随机变量 x 的样本容量 n 很大时, 通常表示为直方图数据. 假定直方图第 i 个子区间中出现 $n_i(i=1,\cdots,m)$ 个测量值, 理论模型的相应预期值为

$$
f_i(\boldsymbol{\theta}) = n p_i, \quad p_i(\boldsymbol{\theta}) = \int_{\Delta x_i} g(x|\boldsymbol{\theta}) \mathrm{d}x,
\tag{4.4.10}
$$

其中, $g(x|\boldsymbol{\theta})$ 为随机变量 x 的概率密度; $\boldsymbol{\theta}$ 为待定参数. 归一化要求 $\sum\limits_{i=1}^{m} p_i = 1$ 意味着

$$
\sum_{i=1}^{m} n_i = \sum_{i=1}^{m} f_i(\boldsymbol{\theta}) = n.
\tag{4.4.11}
$$

容易证明, 最小二乘函数 $Q^2(\boldsymbol{\theta})$ 具有如下形式:

$$Q^2(\boldsymbol{\theta}) = \sum_{i=1}^{m} \frac{(n_i - np_i)^2}{np_i} = \sum_{i=1}^{m} \frac{(n_i - f_i)^2}{f_i}. \tag{4.4.12}$$

对该最小二乘函数求极小得到参数 $\boldsymbol{\theta}$ 的最小二乘估计, 通常这需要用数值迭代方法求解. 这里 n_i 为均值 np_i 的泊松变量, 当 n 充分大时, n_i 可用期望值和方差均等于 $np_i = f_i$ 的正态变量作为近似. 于是 $(n_i - f_i)/\sqrt{f_i}$ 或 $(n_i - f_i)/\sqrt{n_i}$ 近似地为标准正态变量, 相应地 $Q^2_{\min}(\boldsymbol{\theta})$ 近似地服从 $\chi^2(m-1)$ 分布. 这里自由度为 $m-1$ 是由于存在约束方程 (4.4.11) 的缘故.

4.4.3 约束的最小二乘估计

在参数估计问题中, 在观测值 y_i 的真值 $\eta_i, i = 1, \cdots, n$ 之间可能存在一组约束方程. 典型的例子是粒子反应或衰变的运动学分析中能量、动量守恒律构成了限制各末态粒子四动量之间的一组约束. 在这样的测量中, 对一些物理量以一定的精度加以测定 (例如带电径迹的动量和方向), 对另一些量则没有加以测量 (例如中子、中微子的动量和方向). 现在参数估计的目的是寻找特定的运动学假设所构成的约束条件下的最小二乘估计, 它能给出未测量的物理量的估计及已测物理量的拟合值, 是真值的更好的估计.

1) 存在不可测变量

设观测值为 $\boldsymbol{y} = (y_1, \cdots, y_n)^{\mathrm{T}}$, 测量误差由其协方差矩阵 $V(\boldsymbol{y})$ 表示, 它的真值 $\boldsymbol{\eta} = (\eta_1, \cdots, \eta_n)^{\mathrm{T}}$ 是未知的待估计参数. 此外, 还存在一组 J 个不可直接测量的变量 $\boldsymbol{\xi} = (\xi_1, \cdots, \xi_J)^{\mathrm{T}}$, n 个可测定参数 $\boldsymbol{\eta}$ 和 J 个不可测定参数 $\boldsymbol{\xi}$ 是相关的, 满足一组 K 个约束方程

$$f_k(\boldsymbol{\eta}, \boldsymbol{\xi}) = 0, \quad k = 1, 2, \cdots, K.$$

要求参数 $\boldsymbol{\eta}$ 和 $\boldsymbol{\xi}$ 的估计值 $\hat{\boldsymbol{\eta}}$ 和 $\hat{\boldsymbol{\xi}}$ 及其误差.

该问题的最小二乘估计求解过程见 3.6.1 节的讨论, 相关的公式见式 (3.6.9)~ 式 (3.6.19).

2) 无不可测变量

无不可测变量的运动学约束拟合问题的求解可由 3.6.1 节的推导去除 J 个不可测定参数 $\boldsymbol{\xi}$ 及其相关项直接得到. 该问题的最小二乘估计求解过程见 3.6.2 节, 相关的公式见式 (3.6.20)~ 式 (3.6.28).

3) 约束的最小二乘估计中的自由度

对于线性约束的线性最小二乘估计问题, 并且测量值 $\boldsymbol{y}$ 为多维正态变量, 则 $Q^2_{\min}$ 服从自由度 $K-J$ 的 χ^2 分布; 对于非线性约束的非线性最小二乘估计问题,

或者测量值 y 不是多维正态变量, 当 n 充分大时, $Q_{\min}^2$ 可近似地视为 $\chi^2(K-J)$ 变量.

在粒子反应或衰变的运动学分析中, 如果对所有末态粒子的径迹参数都做了测量 (没有不测量的参数), 能量、动量守恒律构成了限制各末态粒子四动量之间的一组 4 个约束方程, 这时应用约束的最小二乘估计 (称为 4C 运动学拟合) 可得到测量值真值 $\boldsymbol{\eta}$ 的更好的估计值, $Q_{\min}^2$ 可近似地视为 $\chi^2(4)$ 变量. 如果存在 J 个不可直接测量的径迹参数 (如中子、中微子的动量和方向), 并且存在 r 个中间共振态, 它们衰变出的末态粒子的不变质量要等于母粒子的质量, 这时应用约束的最小二乘估计称为 $(4+r-J)$C 运动学拟合, $Q_{\min}^2$ 可近似地视为 $\chi^2(4+r-J)$ 变量.

第 5 章 区间估计, 置信区间和置信限

设实验测量的是随机变量 x, $\boldsymbol{x} = (x_1, \cdots, x_n)^{\mathrm{T}}$ 为容量为 n 的数据样本, x 的概率密度函数为 $f(x, \theta)$, 其中 θ 是待估计的未知参数. 区间估计的任务是通过观测样本推断一个随机区间, 它包含未知参数 θ 真值的概率为一给定常数 γ. 该区间通常称为参数 θ 涵盖概率 γ 的**置信区间**. 当一个实验报道参数 θ 的实验测量结果时, 通常在报道参数 θ 的点估计的同时, 还需报道某种置信区间, 因为后者反映了该实验测量的统计精度. 最常见的情形是给出 θ 的估计值 $\hat{\theta}$ 及**标准误差** (standard error) 的估计 $\sigma(\hat{\theta}$ 为对称分布) 或 $\sigma_+, \sigma_-(\hat{\theta}$ 为不对称分布). 如果参数 θ 存在物理边界 (不失一般性, 本章中假定其边界为下界且数值为 0), 并且一个实验测量对于参数 θ 的估计值接近其物理边界, 则其置信区间估计的一般方法会遇到困难, 需要用特殊方法加以处理.

5.1 经典置信区间

5.1.1 置信区间的 Neyman 方法

经典方法的基本思想是奈曼 (J. Neyman) 提出的, 所以也称为**奈曼 (Neyman) 方法**[88]. 假定实验对一个未知参数 θ 进行测量, 利用观测值 $\boldsymbol{x}$ 通过某种方法 (如极大似然法) 构建一个函数 $\hat{\theta}(\boldsymbol{x})$ 作为未知参数 θ 的估计量. 所谓区间估计问题, 是要从估计量的实验观测值 $\hat{\theta}(\boldsymbol{x})$(对于估计量 (estimator) 和估计值 (estimate) 使用同样的符号 $\hat{\theta}(\boldsymbol{x})$) 来确定 θ 的一个区间 $\theta \in [\theta_l, \theta_u]$, 满足

$$P\left(\theta \in [\theta_l, \theta_u]\right) = \gamma, \tag{5.1.1}$$

γ 称为**置信水平** (confidence level, CL), 它表示参数 θ 落入区间 $[\theta_l, \theta_u]$ 的概率, 也称为**涵盖概率** (coverage). 这里 $\theta_l\left(\hat{\theta}\right), \theta_u\left(\hat{\theta}\right)$ 是实验观测值 $\hat{\theta}(\boldsymbol{x})$ 的函数. 在 θ-$\hat{\theta}$ 的标绘上, 对于一个确定的置信水平 γ, 满足式 (5.1.1) 的置信区间形成一个**置信带** (confidence belt), 如图 5.1 所示.

置信水平 γ 的置信带是这样构造的, 对任一特定的 θ 值, 找到相应的 $\hat{\theta}$ 接受区间 $\left[\hat{\theta}_l, \hat{\theta}_u\right]$ 满足关系式

$$P\left(\hat{\theta} \in \left[\hat{\theta}_l, \hat{\theta}_u\right] | \theta\right) = \gamma \equiv 1 - \alpha, \tag{5.1.2}$$

这里, 我们假定 $\hat{\theta}_l, \hat{\theta}_u$ 是 θ 的**单调增函数** (如果 $\hat{\theta}$ 是 θ 的一个好的估计量, 这一点通常是满足的). 所有可能的 θ 值相应的 $\hat{\theta}$ 接受区间 $\left[\hat{\theta}_l, \hat{\theta}_u\right]$ 的集合即构成置信水平 γ 的置信带.

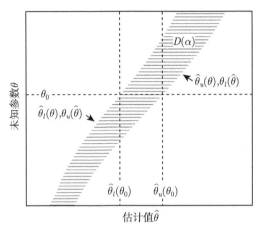

图 5.1　未知参数 θ 和估计值 $\hat{\theta}$ 的置信水平 γ 的置信带

$\hat{\theta}_l(\theta)$ 和 $\theta_u(\hat{\theta})$ 互为反函数, $\hat{\theta}_u(\theta)$ 和 $\theta_l(\hat{\theta})$ 互为反函数

现在假定 θ 的真值是 θ_0(图 5.1). 由图可见, 当且仅当 $\hat{\theta}$ 位于 $\hat{\theta}_l(\theta_0)$ 和 $\hat{\theta}_u(\theta_0)$ 之间时, θ_0 才位于 $\theta_u\left(\hat{\theta}\right)$ 和 $\theta_l\left(\hat{\theta}\right)$ 之间. 这两个事件具有相同的概率, 且对任意 θ_0 均成立, 因此可以舍弃下标 0, 得到

$$\gamma = P\left(\hat{\theta}_l(\theta) < \hat{\theta} < \hat{\theta}_u(\theta)\right) = P\left(\theta_l\left(\hat{\theta}\right) < \theta < \theta_u\left(\hat{\theta}\right)\right). \tag{5.1.3}$$

在这一概率表述中, θ 的置信区间的两个端点 $\theta_l\left(\hat{\theta}\right)$ 和 $\theta_u\left(\hat{\theta}\right)$ 是随机变量, 而 θ 是一个未知常数. 如果同样的实验重复多次, 随机区间 $[\theta_l, \theta_u]$ 会变化, $[\theta_l, \theta_u]$ 覆盖真值 θ 的实验次数占全部实验次数的比例是 γ.

显然, 满足式 (5.1.2) 的接受区间有无穷多个. 通常使用的中心置信区间和上 (下) 限置信区间则是唯一确定的. 参数 θ 的**中心置信区间**, 是指 $\left[\hat{\theta}_l, \hat{\theta}_u\right]$ 满足

$$P\left(\hat{\theta} < \hat{\theta}_l \mid \theta\right) = P\left(\hat{\theta} > \hat{\theta}_u \mid \theta\right) = \frac{1-\gamma}{2} \equiv \frac{\alpha}{2}; \tag{5.1.4a}$$

而参数 θ 的**下限置信区间** $\left(-\infty, \hat{\theta}_{\mathrm{up}}\right]$ 和**上限置信区间** $\left[\hat{\theta}_{\mathrm{lo}}, \infty\right)$ 定义为 (图 5.2)

$$P\left(\hat{\theta} < \hat{\theta}_{\mathrm{up}} \mid \theta\right) = \gamma, \quad P\left(\hat{\theta} > \hat{\theta}_{\mathrm{lo}} \mid \theta\right) = \gamma. \tag{5.1.5a}$$

对于任一观测值 $\hat{\theta}$, 这样确定的中心置信区间满足

$$P\left(\theta < \theta_l \,\middle|\, \hat{\theta}\right) = P\left(\theta > \theta_u \,\middle|\, \hat{\theta}\right) = \frac{1-\gamma}{2} \equiv \frac{\alpha}{2}, \qquad (5.1.6a)$$

而下限置信区间 $(-\infty, \theta_{\text{lo}}]$ 和上限置信区间 $[\theta_{\text{up}}, \infty)$ 满足

$$P\left(\theta > \theta_{\text{lo}} \,\middle|\, \hat{\theta}\right) = \gamma, \quad P\left(\theta < \theta_{\text{up}} \,\middle|\, \hat{\theta}\right) = \gamma. \qquad (5.1.7a)$$

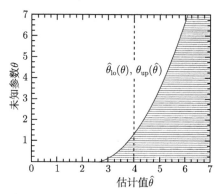

图 5.2　未知参数 θ 置信水平 γ 的上限置信带 (阴线区)

$\hat{\theta}_{\text{lo}}(\theta)$ 与 $\theta_{\text{up}}(\hat{\theta})$ 互为反函数

当估计量 (随机变量)$\hat{\theta}$ 是离散型时, 不可能找到对一切 θ 严格满足式 (5.1.4a) 的 $\left[\hat{\theta}_l(\theta), \hat{\theta}_u(\theta)\right]$ 和严格满足式 (5.1.5a) 的 $\hat{\theta}_{\text{lo}}, \hat{\theta}_{\text{up}}$. 这种情形下, 我们构建一个概率 $P\left(\hat{\theta}_l < \hat{\theta} < \hat{\theta}_u\right) \geqslant \gamma$ 的置信带. 这样生成的置信区间包含参数真值的概率大于等于 γ. 这时, 式 (5.1.4a)$\sim$ 式 (5.1.7a) 改写为

$$P\left(\hat{\theta} < \hat{\theta}_l \,|\, \theta\right), P\left(\hat{\theta} > \hat{\theta}_u \,|\, \theta\right) \leqslant \frac{1-\gamma}{2} \equiv \frac{\alpha}{2}, \qquad (5.1.4b)$$

$$P\left(\hat{\theta} < \hat{\theta}_{\text{up}} \,|\, \theta\right) \geqslant \gamma, \quad P\left(\hat{\theta} > \hat{\theta}_{\text{lo}} \,|\, \theta\right) \geqslant \gamma. \qquad (5.1.5b)$$

$$P\left(\theta < \theta_l \,\middle|\, \hat{\theta}\right), \quad P\left(\theta > \theta_u \,\middle|\, \hat{\theta}\right) \leqslant \frac{1-\gamma}{2} \equiv \frac{\alpha}{2}, \qquad (5.1.6b)$$

$$P\left(\theta > \theta_{\text{lo}} \,\middle|\, \hat{\theta}\right) \geqslant \gamma, \quad P\left(\theta < \theta_{\text{up}} \,\middle|\, \hat{\theta}\right) \geqslant \gamma. \qquad (5.1.7b)$$

当我们完成了置信水平 γ 的置信带的构造之后, 对估计量任一特定的实验观测值 $\hat{\theta}_0$, 画一条平行于 θ 轴的直线 $\hat{\theta} = \hat{\theta}_0$, 可由它与置信带的交点求得未知参量

θ 的中心置信区间 $[\theta_l, \theta_u]$ 或限值 $\theta_{\mathrm{lo}}, \theta_{\mathrm{up}}$. 于是未知参数 θ 的区间估计问题实际上是置信带的构造问题, 为此必须了解估计量 $\hat{\theta}$ 的概率密度函数与待估计参数 θ 之间的关系.

这里, 我们要着重地重复一下 3.1 节已经定义了的标准误差的概念. 若实验测定的参数 θ 的估计值为 $\hat{\theta}$, 置信水平 $\gamma = 0.6827$ 对应的置信区间命名为 $[\theta_l^*, \theta_u^*]$, 则参数 θ 的实验测量结果通常表示为

$$\hat{\theta}_{-\sigma_-}^{+\sigma_+}, \quad \sigma_+ = \theta_u^* - \hat{\theta}, \quad \sigma_- = \hat{\theta} - \theta_l^*, \tag{5.1.8}$$

式中, $\hat{\theta}$ 称为参数 θ 的**名义值** (nominal value), 有时也称为中心值 (central value), 事实上 $\hat{\theta}$ 不一定位于 $[\theta_l^*, \theta_u^*]$ 的中心, 故中心值这一名称容易造成误导, 不推荐使用; σ_+, σ_- 称为标准 (正、负) 误差, 当 $\sigma_+ = \sigma_- = \sigma$ 时称为标准误差. 需要指出的是, $[\theta_l^*, \theta_u^*]$ 是置信水平 $\gamma = 0.6827$ 的置信区间, 既可能是中心置信区间, 也可能是上限置信区间, 要视实验数据而定, 这一点将在 5.5 节加以讨论.

5.1.2 正态估计量的 Neyman 置信区间

首先讨论一种常见的物理测量问题, 即实验中参数 θ 的估计值 $\hat{\theta}$ 服从正态分布, 它的方差 σ^2 已知, 其期望值是待估计的未知参数 θ. 这时概率密度函数为

$$P\left(\hat{\theta} \mid \theta\right) = \frac{1}{\sqrt{2\pi}\sigma} \exp\left[-\frac{\left(\hat{\theta} - \theta\right)^2}{2\sigma^2}\right], \tag{5.1.9}$$

我们的目的是根据估计值 $\hat{\theta}$ 确定 θ 的概率量 $\gamma \equiv 1 - \alpha$ 的置信区间. 对于中心置信区间有

$$\gamma \equiv 1 - \alpha = \frac{1}{\sqrt{2\pi}\sigma} \int_{\theta-\delta}^{\theta+\delta} \mathrm{e}^{-\frac{(\hat{\theta}-\theta)^2}{2\sigma^2}} \mathrm{d}\hat{\theta} = 2\Phi\left(\frac{\delta}{\sigma}\right) - 1 \equiv \mathrm{erf}\left(\frac{\delta}{\sqrt{2}\sigma}\right), \tag{5.1.10}$$

式中, $\Phi(y)$ 表示标准正态变量的累积分布函数; $\mathrm{erf}(y)$ 为**误差函数**. 该式表示估计值 $\hat{\theta}$ 落入区间 $\theta \pm \delta$ 的概率为 $\gamma = 1 - \alpha$. 由式 (5.1.9) 正态概率密度对于 $\hat{\theta}$ 和 θ 的对称性可知, 它也表示参数 θ 落入区间 $\hat{\theta} \pm \delta$ 的概率为 $\gamma = 1 - \alpha$. 当选择 $\delta = \sigma$ 时, 相应的区间为 1 倍标准差区间, 置信概率为 $\gamma = 1 - \alpha = 68.27\%$. 对照式 (5.1.8) 关于测量值标准误差的定义, 可以得出一个重要结论: 当参数 θ 的估计量 $\hat{\theta}$ 服从期望值 θ 的正态分布, 实验结果表示为中心置信区间时, 参数 θ 测定值的标准误差就等于估计量 $\hat{\theta}$ 的标准差. 与此同时, 应当注意到与此相关的一个重要事实: 如果参数 θ 的估计量 $\hat{\theta}$ 不是正态分布变量, 一般地参数 θ 测定值的标准误差不等于 $\hat{\theta}$ 的标准差, 而是需要根据式 (5.1.8) 加以计算.

表 5.1 列出了常用的 δ 值及与之对应的 α 值. δ 值及对应的 α 值之间的关系亦可用自由度为 1 的 χ^2 分布的累积分布函数来表示

$$\gamma \equiv 1 - \alpha = F\left(\chi^2; n = 1\right), \tag{5.1.11}$$

式中, $\chi^2 = (\delta/\sigma)^2$, 自由度 $n = 1$. $\alpha = 1 - F\left(\chi^2; n\right)$ 可利用 χ^2 累积分布表计算, 或利用 ROOT 函数 Tmath :: Prob 求得 [89].

表 5.1　正态分布中 $\pm\delta$ 以外区域的积分概率 α

α	δ	α	δ
0.3173	1σ	0.2	1.28σ
0.0455	2σ	0.1	1.64σ
0.0027	3σ	0.05	1.96σ
6.3×10^{-5}	4σ	0.01	2.58σ
5.7×10^{-7}	5σ	0.001	3.29σ
2.0×10^{-9}	6σ	0.0001	3.89σ

5.1.3　泊松观测值的 Neyman 置信区间

在 e^+e^- 对撞实验中, 当积分亮度为 L 时, 令产生截面 σ 的反应产生的事例数为 n, 则 n 为期望值 $s = L\sigma$ 的泊松变量. 类似地, 在 e^+e^- 对撞实验中产生的共振态, 例如 J/ψ 粒子, 以某种分支比衰变为某种末态, 该末态事例数 n 亦服从泊松分布, 其期望值 $s = B \cdot N_{J/\psi}$, B 为衰变分支比, $N_{J/\psi}$ 为 e^+e^- 对撞产生的 J/ψ 粒子数的期望值. 事实上, 在加速器实验中, 任意特定的粒子反应或衰变的事例率服从泊松分布 (参见 1.4.3 节的讨论), 而一个实验中对于一个特定的粒子反应或衰变的事例数只有一个测量值, 我们只能用这个测量值对事例数泊松分布的期望值 s 进行统计推断, 因为期望值 s 才是待测的参数. 虽然也可以将事例数 n 分成若干份, 变成 "多次" 测量, 但根据泊松加法定理, 由于总事例数相等, 结果的统计涨落没有变化, 这种人为的分割对于结果精度的改善没有任何作用.

假定一个实验中某种信号事例的某个特征变量的分布 (例如几个末态粒子的不变质量分布) 会集中于某个特定的区间, 称为信号区间. 假定信号区间内观测到的事例数 n 完全来自信号的贡献, 即不存在本底, 则 n 服从期望值 s 的泊松分布:

$$P(n|s) = \frac{s^n e^{-s}}{n!}. \tag{5.1.12}$$

利用极大似然法可知, 实验测得的实际事例数 n 是期望值 s 的极大似然估计. 根据式 (5.1.4b), 对一特定的 s 值, 置信水平 $\gamma = 1 - \alpha$ 的中心区间 $[n_l, n_u]$ 的上、下

限由下式求得:

$$\sum_{n=0}^{n_l} P(n|s) \leqslant \frac{\alpha}{2}, \quad \sum_{n=n_u+1}^{\infty} P(n|s) \leqslant \frac{\alpha}{2}; \tag{5.1.13}$$

而根据式 (5.1.5b), 待测参数期望值 s 的下限置信区间 $(-\infty, n_{\rm up}]$ 的上限 $n_{\rm up}$ 和上限置信区间 $[n_{\rm lo}, \infty)$ 的下限 $n_{\rm lo}$ 由下式求得:

$$\sum_{n=n_{\rm up}+1}^{\infty} P(n|s) \leqslant \alpha, \quad \sum_{n=0}^{n_{\rm lo}} P(n|s) \leqslant \alpha. \tag{5.1.14}$$

对于所有可能的 s 值作这样的计算得到的区间的集合构成中心置信带和单侧置信带. 式中的不等式号是为了保证在离散分布的情形下实际的置信概率大于等于所要求的置信概率.

泊松分布与 χ^2 分布之间存在下述关系[5]:

$$\sum_{n=0}^{n'} P(n|s) = \int_{2s}^{\infty} f_{\chi^2}\left(y; 2\left(n'+1\right)\right) \mathrm{d}y \tag{5.1.15}$$
$$= 1 - F_{\chi^2}\left(2s; 2\left(n'+1\right)\right),$$

式中, $f_{\chi^2}\left(y; 2\left(n'+1\right)\right)$ 是自由度 $2\left(n'+1\right)$ 的 χ^2 分布的概率密度; $F_{\chi^2}\left(2s; 2\left(n'+1\right)\right)$ 是累积分布函数.

利用式 (5.1.15) 的泊松分布与 χ^2 分布之间的关系, 可导出特定观测值 n 下泊松分布期望值 s 的置信水平 $1-\alpha$ 的下侧和上侧 (单侧) 置信限 $s_{\rm lo}, s_{\rm up}$ 分别为

$$s_{\rm lo} = \frac{1}{2}q_\alpha\left(2n\right) = \frac{1}{2}\chi^2_{1-\alpha}\left(2n\right), \tag{5.1.16}$$

$$s_{\rm up} = \frac{1}{2}q_{1-\alpha}[2(n+1)] = \frac{1}{2}\chi^2_\alpha\left[2\left(n+1\right)\right], \tag{5.1.17}$$

式中 $q_\alpha\left(n\right)$ 是 $\chi^2\left(n\right)$ 分布的 **α 分位数** (quantile), 即累积 $\chi^2\left(n\right)$ 分布函数的反函数. 对任意随机变量 $x \in \mathbf{R}$, 其 α 分位数 q_α 定义为

$$q_\alpha \equiv F^{-1}\left(\alpha\right) = \inf\{x \in R : \alpha \leqslant F\left(x\right)\}, \tag{5.1.18}$$

式中 R 是 x 的变量域, $\inf\{x\}$ 表示 x 的下确界. 若 x 为连续随机变量, 则有

$$\alpha = F\left(q_\alpha\right).$$

注意到 $\chi^2\left(n\right)$ 分布的**上侧α 分位数** $\chi^2_\alpha\left(n\right)$ 定义为

$$F\left(\chi_\alpha^2;n\right) = \int_0^{\chi_\alpha^2(n)} f(y;n)\mathrm{d}y = 1 - \alpha,$$

故 $q_\alpha(n)$ 与 $\chi^2(n)$ 分布的上侧分位数之间存在如下关系:

$$q_\alpha(n) = \chi_{1-\alpha}^2(n).$$

$q_\alpha(n)$(或 $F_{\chi^2}^{-1}$) 可由 CERNLIB[36] 的子程序 CHISIN 计算得到, 或利用 ROOT 的子程序 Tmath ::ChisquareQuantile 计算 [89].

置信水平 $1 - \alpha$ 的中心置信区间的上、下限 s_u, s_l 可通过令式 (5.1.16) 和式 (5.1.17) 中的 α 代之以 $\alpha/2$ 算出, 即

$$s_l = \frac{1}{2}q_{\frac{\alpha}{2}}(2n) = \frac{1}{2}\chi_{1-\frac{\alpha}{2}}^2(2n), \tag{5.1.19}$$

$$s_u = \frac{1}{2}q_{1-\frac{\alpha}{2}}[2(n+1)] = \frac{1}{2}\chi_{\frac{\alpha}{2}}^2[2(n+1)]. \tag{5.1.20}$$

$n = 0 \to 10$、s 的置信水平 $\gamma = 1 - \alpha$ 的下侧和上侧 (单侧) 置信限 $s_{\mathrm{lo}}, s_{\mathrm{up}}$ 见表 5.2, 而中心置信区间的下侧和上侧置信限 s_l, s_u 则列于表 5.3 中.

一种重要的特殊情形是观测事例数 $n = 0$, 这时下限 s_{lo} 和 s_l 无法由式 (5.1.16) 和式 (5.1.19) 确定, 因为 χ^2 分布的自由度不能为 0, s_{lo} 取为最小的可能值 0. 上限值 s_{up} 的含义是指, 如果泊松分布的期望值为 s_{up}(例如 2.30), 则观测到 0 个事例的概率为 α(例如 0.1).

表 5.2 s 的置信水平 $\gamma=1-\alpha$ 的下侧和上侧 (单侧) 置信限 $s_{\mathrm{lo}}, s_{\mathrm{up}}$

n	s_{lo}			s_{up}		
	$\alpha = 0.1$	$\alpha = 0.05$	$\alpha = 0.01$	$\alpha = 0.1$	$\alpha = 0.05$	$\alpha = 0.01$
0	–	–	–	2.30	3.00	4.61
1	0.105	0.051	0.010	3.89	4.74	6.64
2	0.532	0.355	0.149	5.32	6.30	8.41
3	1.10	0.818	0.436	6.68	7.75	10.04
4	1.74	1.37	0.823	7.99	9.15	11.60
5	2.43	1.97	1.28	9.27	10.51	13.11
6	3.15	2.61	1.79	10.53	11.84	14.57
7	3.89	3.29	2.33	11.77	13.15	16.00
8	4.66	3.98	2.91	12.99	14.43	17.40
9	5.43	4.70	3.51	14.21	15.71	18.78
10	6.22	5.43	4.13	15.41	16.96	20.14

表 5.3 s 的置信水平 $\gamma=1-\alpha$ 的中心置信区间下侧和上侧置信限 s_l, s_u

n	s_l			s_u		
	$\alpha=0.1$	$\alpha=0.05$	$\alpha=0.01$	$\alpha=0.1$	$\alpha=0.05$	$\alpha=0.01$
0	−	−	−	3.00	3.69	5.30
1	0.051	0.025	0.005	4.74	5.57	7.43
2	0.355	0.242	0.104	6.30	7.23	9.27
3	0.818	0.619	0.339	7.75	8.77	10.98
4	1.37	1.09	0.672	9.15	10.24	12.59
5	1.97	1.62	1.08	10.51	11.67	14.15
6	2.61	2.20	1.54	11.84	13.06	15.66
7	3.29	2.82	2.04	13.15	14.43	17.14
8	3.98	3.46	2.57	14.43	15.77	18.58
9	4.70	4.12	3.13	15.71	17.09	20.00
10	5.43	4.80	3.72	16.96	18.39	21.40

通常, 信号区间内观测到的事例数同时包含了本底和信号 (如果存在的话) 的贡献. 假定本底事例数期望值已知为 b, 则信号区间内观测到的事例数为 n 的概率服从期望值 $s+b$ 的泊松分布:

$$P(n|s) = \frac{(s+b)^n \mathrm{e}^{-(s+b)}}{n!}. \tag{5.1.21}$$

这种情形下, 只需将 s 代之以 $s+b$, 前面的陈述和式 (5.1.13)~ 式 (5.1.19) 都适用. 写为显著表达式, 即 s 的置信水平 $\gamma=1-\alpha$ 的下侧和上侧 (单侧) 置信限 $s_{\mathrm{lo}}, s_{\mathrm{up}}$ 及中心置信区间的下侧和上侧置信限 s_l, s_u 分别为

$$s_{\mathrm{lo}} + b = \frac{1}{2}q_\alpha(2n) = \frac{1}{2}\chi^2_{1-\alpha}(2n), \tag{5.1.22}$$

$$s_{\mathrm{up}} + b = \frac{1}{2}q_{1-\alpha}[2(n+1)] = \frac{1}{2}\chi^2_\alpha[2(n+1)], \tag{5.1.23}$$

$$s_l + b = \frac{1}{2}q_{\frac{\alpha}{2}}(2n) = \frac{1}{2}\chi^2_{1-\frac{\alpha}{2}}(2n), \tag{5.1.24}$$

$$s_u + b = \frac{1}{2}q_{1-\frac{\alpha}{2}}[2(n+1)] = \frac{1}{2}\chi^2_{\frac{\alpha}{2}}[2(n+1)]. \tag{5.1.25}$$

5.2 利用似然函数作区间估计, 似然区间

为了利用似然函数对未知参数作区间估计, 我们需要对似然函数的含义作必要的引申. 对于总体 $f(x|\theta)$ 的一个子样 $\boldsymbol{x}=(x_1,\cdots,x_n)^{\mathrm{T}}$, 待估计参数 θ 的不同数值所对应的似然函数值 $L(\boldsymbol{x}|\theta)=\prod_{i=1}^{n}f(x_i|\theta)$ 可视为 θ 取该数值之**可信**

度 (degree of belief) 的度量, 即未知参数 θ 取作一可能值 θ' 的可信度正比于 $L(\boldsymbol{x}\,|\theta')$. 于是参数 θ 真值落在区间 $[\theta_a,\,\theta_b]$ 内的可信度 γ 可定义为

$$\gamma = \frac{\displaystyle\int_{\theta_a}^{\theta_b} L(\boldsymbol{x}\,|\theta)\mathrm{d}\theta}{\displaystyle\int_{-\infty}^{\infty} L(\boldsymbol{x}\,|\theta)\mathrm{d}\theta}. \tag{5.2.1}$$

在该定义下, 参数 θ 真值落在 $(-\infty,\infty)$ 的可信度等于 1. 式 (5.2.1) 的定义在形式上可表示为

$$P(\theta_a \leqslant \theta \leqslant \theta_b) = \gamma, \tag{5.2.2}$$

即与置信水平 γ 的置信区间的概率表达式 (5.1.1) 有相同的形式. 利用这种方法按照似然函数定义的区间 $[\theta_a,\theta_b]$ 称为**似然区间**, γ 表示参数 θ 落在 $[\theta_a,\theta_b]$ 范围内的可信度, 由式 (5.2.1) 求出.

应当强调指出, 似然区间与 5.1 节中阐述的经典置信区间在实际含义上是不同的, 似然区间的可信度与置信区间的置信度并不相等 (样本容量充分大时近似相等). 由于实验分析中往往利用极大似然法进行区间估计, 并且直接将似然区间的可信度视为 "置信水平", 这种提醒还是必要的, 特别是当样本量有限时, 两者的差别可能比较明显.

5.2.1　单个参数的似然区间

似然函数满足正规条件且子样容量趋于无穷时, 似然函数 $L(\boldsymbol{x}\,|\theta)=\prod\limits_{i=1}^{n} f(x_i\,|\theta)$ 与子样值 $x_1, x_2, \cdots, x_n$ 无关, 且具有 θ 的正态分布的形式, 分布的均值为极大似然估计 $\hat{\theta}$, 方差 σ^2 达到最小方差界, 即

$$L(\boldsymbol{x}\,|\theta) \to L(\theta) = L_{\max}\mathrm{e}^{-\frac{1}{2}Q},$$

或等价地

$$\ln L(\theta) = \ln L_{\max} - \frac{1}{2}Q, \tag{5.2.3}$$

$$Q = \left(\frac{\theta - \hat{\theta}}{\sigma}\right)^2, \tag{5.2.4}$$

即 $\ln L(\theta)$ 是 θ 的抛物线型函数.

对于这样的渐近正态似然函数, 或者说抛物线型 $\ln L$ 函数, 很容易求出有一定可信度的似然区间 $[\theta_a, \theta_b]$

$$P(\theta_a \leqslant \theta \leqslant \theta_b) = \Phi\left(\frac{\theta_b - \hat{\theta}}{\sigma}\right) - \Phi\left(\frac{\theta_a - \hat{\theta}}{\sigma}\right), \tag{5.2.5}$$

其中, Φ 是累积标准正态函数. 通常选择对于极大似然估计 $\hat{\theta}$ 为对称的**中心似然区间**, 因为对于一定的可信度 γ, 这一中心似然区间的长度最短. 正态似然函数在该似然区间的左部和右部的积分都等于 $\frac{1}{2}(1-\gamma)$, 于是表达式为

$$P(\hat{\theta} - m\sigma \leqslant \theta \leqslant \hat{\theta} + m\sigma) = 2\Phi(m) - 1 \equiv \gamma \tag{5.2.6}$$

对应于可信度 γ, 中心 $\hat{\theta}$ 的 $\pm m$ 个标准差的对称似然区间为 $[\hat{\theta} - m\sigma, \hat{\theta} + m\sigma]$. 这一似然区间可以在 $L(\theta) - \theta$ 或 $\ln L(\theta) - \theta$ 的标绘上用图像法确定. 如图 5.3 (a) 所示, 抛物线 $\ln L = \ln L_{\max} - \frac{Q}{2}$ 与直线 $\ln L = \ln L_{\max} - \frac{m^2}{2}$ 的两个交点对应的 θ 值即等于 $\hat{\theta} - m\sigma$ 和 $\hat{\theta} + m\sigma$, 给出参数 θ 的 $m\sigma$ 似然区间. 这一似然区间可用公式表示为

$$\ln L\left(\hat{\theta} \pm m\sigma\right) = \ln L_{\max} - \frac{m^2}{2}. \tag{5.2.7}$$

特别对 $m = 1, 2, 3$, 似然区间的可信度分别是 0.683, 0.954, 0.997. m 与可信度 γ 之间的关系是

$$m = \Phi^{-1}\left(\frac{1+\gamma}{2}\right),$$

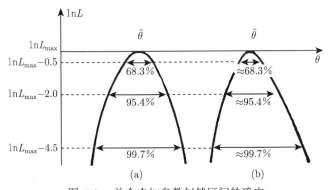

图 5.3　单个未知参数似然区间的确定

(a) 对称的抛物线型 $\ln L(\theta)$ 函数; (b) 不对称的 $\ln L(\theta)$ 函数

其中, $\Phi^{-1}(y)$ 是标准正态分布的分位数, 即标准正态累积分布函数 $\Phi(y)$ 的反函数. 对于渐近正态似然函数, 似然区间的可信度与置信区间的置信度非常接近. 因此, 参数的结果表示成 $\hat{\theta} \pm \sigma$, 似然区间 $\left[\hat{\theta} - \sigma, \hat{\theta} + \sigma\right]$ 的可信度为 0.683, 被认为非常接近置信水平 0.683.

当似然函数不是正态曲线时, 上述方法也可用来确定似然区间. 假定似然函数 $L_\theta(\boldsymbol{x} | \theta)$ 是参数 θ 的连续单峰函数, 而且存在某个与 θ 一一对应的变换

$$g = g(\theta),$$

它可将似然函数 L_θ 变换为均值为 $\bar{g}$、方差为 1 的正态分布, 即

$$L_g(\boldsymbol{x} | g) \propto \mathrm{e}^{-\frac{1}{2}(g - \bar{g})^2}.$$

根据极大似然估计在参数变换下的不变性, $g(\theta)$ 的极大似然解为

$$\hat{g} = g(\hat{\theta}).$$

这样就可按正态似然函数求似然区间的方法从 $L_g(\boldsymbol{x} | g)$ 寻找出 $\hat{g}$ 的可信度 γ 的似然区间, 若将后者记为 $[g_a, g_b]$, 则从 $g = g(\theta)$ 的逆变换可求得参数 θ 的可信度 γ 的似然区间 $[\theta_a, \theta_b]$.

由此可见, 当似然函数不是正态型时, 首先要通过一个变换将似然函数转化为正态型函数, 求得该函数的似然区间后, 再通过逆变换求出参数 θ 的似然区间. 但事实上这种变换——逆变换的步骤是不必要的. 我们知道, 似然函数表示得到一个特定子样 $x_1, x_2, \cdots, x_n$ 的联合概率, 这一概率对于参数 θ 是直接用它自身来表示, 还是通过它的一一对应的函数 $g(\theta)$ 来表示是完全相同的. 换言之, 对于任何 θ, 必定有

$$L_\theta(\boldsymbol{x} | \theta) = L_g(\boldsymbol{x} | g(\theta)). \tag{5.2.8}$$

对于正态的似然函数 $L_g(\boldsymbol{x} | g)$, 可以通过它与直线

$$L_g = L_g(\max)\mathrm{e}^{-m^2/2}$$

的两个交点找到 $\hat{g}$ 的 $m\sigma$ 的似然区间, 然后通过 $\theta - g(\theta)$ 的逆变换求得参数 θ 的相应似然区间. 而通过 $L_\theta(\boldsymbol{x} | \theta)$ 与

$$L_\theta = L_\theta(\max)\mathrm{e}^{-m^2/2}$$

的交点则可直接找出参数 θ 的 $m\sigma$ 似然区间 $\left[\hat{\theta} - c, \hat{\theta} + d\right]$, 即

$$\ln L\left(\hat{\theta}_{-c}^{+d}\right) = \ln L_{\max} - \frac{m^2}{2}. \tag{5.2.9}$$

严格地说, 上述说法只是近似正确, 因为不能保证变换函数 $g(\theta)$ 一定存在, 它有赖于总体概率密度的函数形式和子样观测值. 不过在实际问题中, 只要 $\ln L(\boldsymbol{x}\,|\theta)$ 在所关心的参数取值域内是单峰函数, 而且与抛物线的差别不很大, 我们就可以求得由式 (5.2.9) 表示的近似的 $m\sigma$ 似然区间, 如图 5.3 (b) 所示.

由对数似然函数 $\ln L(\theta)$ 与直线 $\ln L_{\max} - m^2/2$ 的交点求参数 θ 的 $m\sigma$ 似然区间这一方法极为简单, 因此被许多物理学家采用.

另一种方法是直接由似然函数的显著积分求似然区间. 选择参数 θ 的两个值 $\theta_a < \theta_b$, 使得下式成立:

$$\frac{1}{C}\int_{-\infty}^{\theta_a} L(\boldsymbol{x}\,|\theta)\mathrm{d}\theta = \frac{1}{C}\int_{\theta_b}^{\infty} L(\boldsymbol{x}\,|\theta)\mathrm{d}\theta = \frac{1}{2}(1-\gamma),$$

$$C = \int_{-\infty}^{\infty} L(\boldsymbol{x}\,|\theta)\mathrm{d}\theta,$$

根据式 (5.2.1) 对似然区间的定义, $[\theta_a, \theta_b]$ 是参数 θ 的可信度 γ 的中心似然区间.

在似然函数曲线高度不对称的情形下, 似然区间对于 θ 的点估计 $\hat{\theta}$ 也是高度不对称的, 这种情形下同时给出点估计 $\hat{\theta}$ 和区间估计 $[\theta_a, \theta_b]$ 能提供较为全面的信息.

除了似然函数具有正态形式的理想情况之外, 一般地从似然函数确定的可信度 γ 的似然区间不一定是长度最短的区间. 如果希望找到一定可信度的最短区间, 应当找到某个变换函数, 将似然函数变换为接近于正态形式, 这样求得的区间经逆变换后得到的参数 θ 似然区间接近于最短区间. 5.2.2 节将讨论这种变换的一个示例.

5.2.2 由巴特勒特函数求置信区间

可以证明 (例如参见文献 [9], 8.3.6 节, 文献 [4, 90]), 随机变量

$$S(\theta) \equiv u = \frac{\partial \ln L}{\partial \theta} \bigg/ \left[E\left(-\frac{\partial^2 \ln L}{\partial \theta^2} \right) \right]^{1/2} \tag{5.2.10}$$

当 $n \to \infty$ 时服从 $N(0,1)$ 分布. $S(\theta)$ 称为**巴特勒特 (Bartlett) 函数**. 式 (5.2.10) 中的期望值项在 $\theta = \theta_0$ 处计算, 由于真值 θ_0 未知, 用极大似然估计量 $\theta = \hat{\theta}$ 处的值作为近似. 当样本容量 n 为充分大的有限值时, 可利用 $S(\theta)$ 的正态分布性质来求得参数 θ 的给定置信水平的置信区间. 进一步推导得出, 极大似然估计 $\hat{\theta}$ 服从期望值 θ_0 的正态分布, 即

$$\frac{\hat{\theta}-\theta_0}{\sqrt{V\left(\hat{\theta}\right)}} \sim N(0,1), \quad V\left(\hat{\theta}\right) = \left[E\left(-\frac{\partial^2 \ln L}{\partial \theta^2} \right) \right]_{\theta=\hat{\theta}}^{-1}. \tag{5.2.11}$$

对于样本容量 n 为有限值的小样问题, 更为适用的函数是

$$S_\gamma(\theta) \equiv S(\theta) - \frac{1}{6}\gamma_1(S(\theta)^2 - 1), \tag{5.2.12}$$

当 n 为有限值时, $S_\gamma(\theta)$ 渐近地服从 $N(0,1)$ 分布. 其中不对称系数 γ_1 利用 $\dfrac{\partial \ln L}{\partial \theta}$ 的二阶和三阶中心矩定义

$$\gamma_1 \equiv \frac{\mu_3}{(\mu_2)^{3/2}},$$

$$\mu_2 = V\left(\frac{\partial \ln L}{\partial \theta}\right) = E\left[\left(\frac{\partial \ln L}{\partial \theta}\right)^2\right] = E\left(-\frac{\partial^2 \ln L}{\partial \theta^2}\right),$$

$$\mu_3 = E\left[\left(\frac{\partial \ln L}{\partial \theta}\right)^3\right] = 2E\left(\frac{\partial^3 \ln L}{\partial \theta^3}\right) + 3\frac{\partial}{\partial \theta}E\left(-\frac{\partial^2 \ln L}{\partial \theta^2}\right).$$

以上表达式中的期望值运算都是对联合概率密度 $L(\boldsymbol{x}\,|\theta)$ 在样本空间 (而非参数空间) 内进行的, 例如

$$\mu_2 = E\left(-\frac{\partial^2 \ln L}{\partial \theta^2}\right) = -\int \left(\frac{\partial^2 \ln L}{\partial \theta^2}\right) \cdot L(\boldsymbol{x}\,|\theta)\mathrm{d}\boldsymbol{x}.$$

巴特勒特函数 $S(\theta)$ 和 $S_\gamma(\theta)$ 通常是参数 θ 及其估计量 $\hat{\theta}$ 的函数, 即 $S(\theta, \hat{\theta})$ 和 $S_\gamma(\theta, \hat{\theta})$. 由于当 n 很大时巴特勒特函数趋近于 $N(0,1)$ 分布, 利用 $S(\theta, \hat{\theta})$ 和 $S_\gamma(\theta, \hat{\theta})$ 的正态分布概率表述, 可以变换为参数 θ 的概率表述, 从而求得参数 θ 的置信区间. 需要强调指出, 利用巴特勒特函数进行区间估计求得的是 (经典) 置信区间, 而非似然区间.

示例   不稳定粒子平均寿命的置信区间.

为了说明巴特勒特函数的应用, 考察不稳定粒子平均寿命的问题.

对于无限大的探测器, 粒子飞行时间的概率密度为

$$f(t\,|\tau) = \frac{1}{\tau}\mathrm{e}^{-t/\tau}.$$

对于飞行时间 t 的 n 个观测值 t_i, $i = 1, 2, \cdots, n$, 似然函数为

$$\ln L = \ln \prod_{i=1}^{n} \frac{1}{\tau}\mathrm{e}^{-t_i/\tau} = -n\ln\tau - \frac{n\bar{t}}{\tau},$$

极大似然估计是

$$\hat{\tau} = \bar{t} = \frac{1}{n}\sum_{i=1}^{n} t_i.$$

显然有

$$\frac{\partial \ln L}{\partial \tau} = \frac{n}{\tau^2}\left(\hat{\tau} - \tau\right),$$

$$\frac{\partial}{\partial \tau}\left(\frac{\partial \ln L}{\partial \tau}\right) = \frac{2n\left(\hat{\tau} - \tau\right) - n}{\tau^2} \cong \frac{-n}{\tau^2},$$

这里用到了近似关系 $\hat{\tau} \simeq \tau$, 于是有

$$E\left(-\frac{\partial^2 \ln L}{\partial \tau^2}\right) = -\int \left(\frac{\partial^2 \ln L}{\partial \tau^2}\right) \cdot L(t\,|\tau)\mathrm{d}t = \int \frac{n}{\tau^2} \cdot L(t\,|\tau)\mathrm{d}t = \frac{n}{\tau^2}.$$

还可求出不对称系数为 $\gamma_1 = 2/\sqrt{n}$, 因此巴特勒特函数的形式为

$$S(\tau) = \frac{\hat{\tau} - \tau}{\tau/\sqrt{n}}, \tag{5.2.13}$$

以及

$$S_\gamma(\tau) = \frac{\hat{\tau} - \tau}{\tau/\sqrt{n}} - \frac{1}{3\sqrt{n}}\left[\left(\frac{\hat{\tau} - \tau}{\tau/\sqrt{n}}\right)^2 - 1\right]. \tag{5.2.14}$$

其中, 当 n 很大时 $S(\tau)$ 趋近于 $N(0, 1)$ 分布, 因此有如下的概率表达式:

$$P\left(-m \leqslant \frac{\hat{\tau} - \tau}{\tau/\sqrt{n}} \leqslant m\right) = 2\Phi(m) - 1, \tag{5.2.15}$$

式 (5.2.15) 可变换为参数 τ 的概率表述

$$P\left(\frac{\hat{\tau}}{1 + \dfrac{m}{\sqrt{n}}} \leqslant \tau \leqslant \frac{\hat{\tau}}{1 - \dfrac{m}{\sqrt{n}}}\right) = 2\Phi(m) - 1.$$

因此, 参数 τ 的置信水平 $2\Phi(m) - 1$ 的 $m\sigma$ 置信区间可表示为

$$\left[\frac{\hat{\tau}}{1 + \dfrac{m}{\sqrt{n}}}, \quad \frac{\hat{\tau}}{1 - \dfrac{m}{\sqrt{n}}}\right]. \tag{5.2.16}$$

如果用 $S_\gamma(\tau)$ 写出类似于式 (5.2.15) 的概率表述, 则有

$$P\left\{-m \leqslant \frac{\hat{\tau} - \tau}{\tau/\sqrt{n}} - \frac{1}{3\sqrt{n}}\left[\left(\frac{\hat{\tau} - \tau}{\tau/\sqrt{n}}\right)^2 - 1\right] \leqslant m\right\} = 2\Phi(m) - 1. \tag{5.2.17}$$

为了将上式变换为参数 τ 的概率表述, 求出 τ 的置信区间的上、下限, 对上 (下) 限值要解一个二次方程, 每个方程有两个解. 因为当 $n \to \infty$ 时, $S_\gamma(\tau) \to S(\tau)$, 所以只能取其中一个 $n \to \infty$ 时与式 (5.2.16) 的上、下限相同的那个解. 所得的结果是

$$P\left\{\frac{2\hat{\tau}}{5 - \sqrt{9 - \dfrac{12m}{\sqrt{n}} + \dfrac{4}{n}}} \leqslant \tau \leqslant \frac{2\hat{\tau}}{5 - \sqrt{9 + \dfrac{12m}{\sqrt{n}} + \dfrac{4}{n}}}\right\} = 2\Phi(m) - 1,$$

故参数 τ 的置信水平 $2\Phi(m) - 1$ 的 $m\sigma$ 置信区间为

$$\left[\frac{2\hat{\tau}}{5 - \sqrt{9 - \dfrac{12m}{\sqrt{n}} + \dfrac{4}{n}}}, \quad \frac{2\hat{\tau}}{5 - \sqrt{9 + \dfrac{12m}{\sqrt{n}} + \dfrac{4}{n}}}\right]. \tag{5.2.18}$$

与式 (5.2.16) 的区间相比, 式 (5.2.18) 所确定的区间长度较短, 而且对于 $\tau = \hat{\tau}$ 较为对称.

式 (5.2.16) 和式 (5.2.18) 给定的区间是从参数 τ 的某个特定函数 (巴特勒特函数) 的概率表述作适当的逆变换求出的, 它们表示参数 τ 的真值包含在一定区间内的概率, 因而该区间是严格的置信区间. 它们比从似然函数导出的似然区间要精确.

5.2.3   多个参数的似然域

设总体含有 k 个未知参数 $\boldsymbol{\theta} = \{\theta_1, \theta_2, \cdots, \theta_k\}$, 为了确定这 k 个参数的可信度 γ 的似然域, 必须根据 k 维似然函数 $L = L(\boldsymbol{x}|\theta_1, \cdots, \theta_k)$ 写出对于 $\boldsymbol{\theta}$ 的如下概率表述:

$$P(\theta_1^a \leqslant \theta_1 \leqslant \theta_1^b, \cdots, \theta_k^a \leqslant \theta_k \leqslant \theta_k^b) = \gamma. \tag{5.2.19}$$

于是 $[\theta_i^a, \theta_i^b](i = 1, 2, \cdots, k)$ 构成了 $\boldsymbol{\theta}$ 的可信度为 γ 的联合似然域.

假定 $\boldsymbol{\theta}$ 的极大似然估计记为 $\hat{\boldsymbol{\theta}}$, 可将 $\ln L$ 在 $\boldsymbol{\theta} = \hat{\boldsymbol{\theta}}$ 的邻域作泰勒展开

$$\ln L = \ln L|_{\boldsymbol{\theta} = \hat{\boldsymbol{\theta}}} + \sum_{i=1}^{k} \frac{\partial \ln L}{\partial \theta_i}\bigg|_{\boldsymbol{\theta} = \hat{\boldsymbol{\theta}}} (\theta_i - \hat{\theta}_i)$$

$$+ \frac{1}{2} \sum_{i=1}^{k} \sum_{j=1}^{k} \frac{\partial^2 \ln L}{\partial \theta_i \partial \theta_j}\bigg|_{\boldsymbol{\theta} = \hat{\boldsymbol{\theta}}} (\theta_i - \hat{\theta}_i)(\theta_j - \hat{\theta}_j) + \cdots.$$

由于 $\hat{\theta}_i$ 是似然方程 $\dfrac{\partial \ln L}{\partial \theta_i} = 0 (i = 1, 2, \cdots, k)$ 的解, 故上式右边第二项为 0. 如果子样容量充分大, 则有

$$V_{ij}^{-1}(\hat{\boldsymbol{\theta}}) = \left(-\frac{\partial^2 \ln L}{\partial \theta_i \partial \theta_j} \right)_{\boldsymbol{\theta} = \hat{\boldsymbol{\theta}}},$$

于是

$$\ln L = \ln L_{\max} - \frac{1}{2} \sum_{i=1}^{k} \sum_{j=1}^{k} (\theta_i - \hat{\theta}_i) V_{ij}^{-1}(\hat{\boldsymbol{\theta}})(\theta_j - \hat{\theta}_j) + \cdots. \qquad (5.2.20)$$

当略去高次项, 就得出似然函数具有渐近正态分布的形式

$$L(\boldsymbol{\theta}) = L_{\max} \exp\left[-\frac{1}{2}(\boldsymbol{\theta} - \hat{\boldsymbol{\theta}})^{\mathrm{T}} V^{-1}(\boldsymbol{\theta})(\boldsymbol{\theta} - \hat{\boldsymbol{\theta}}) \right], \qquad (5.2.21)$$

其中 $V^{-1}(\boldsymbol{\theta})$ 代替了 $V^{-1}(\hat{\boldsymbol{\theta}})$.

多维正态似然函数 $L(\boldsymbol{\theta})$ 的超表面与超平面 $L = L_{\max}\mathrm{e}^{-Q_\gamma/2}$ 的截线是似然函数等于某一常数的等值线, 该等值线限定了 $\boldsymbol{\theta}$ 参数空间中的一个超椭圆区域. 式 (5.2.21) 中的

$$Q = (\boldsymbol{\theta} - \hat{\boldsymbol{\theta}})^{\mathrm{T}} V^{-1}(\boldsymbol{\theta})(\boldsymbol{\theta} - \hat{\boldsymbol{\theta}}) \qquad (5.2.22)$$

是服从 $\chi^2(k)$ 的随机变量, 因此可以通过对 $\chi^2(k)$ 的概率密度求积分得到 Q 取 $0 \sim Q_\gamma$ 数值的概率

$$P(Q \leqslant Q_\gamma) = \int_0^{Q_\gamma} f(Q;\ v = k)\mathrm{d}Q = F(Q = Q_\gamma; v = k) = \gamma, \qquad (5.2.23)$$

其中, f 和 F 分别是 $\chi^2(k)$ 的概率密度函数和累积分布函数. 显然, $Q \leqslant Q_\gamma$ 相当于 k 个参数 $\{\theta_1, \cdots, \theta_k\}$ 同时位于超椭圆 $Q = Q_\gamma$ 区域内. 这个超椭圆由超表面 $\ln L(\boldsymbol{\theta})$ 与超平面 $\ln L = \ln L_{\max} - \dfrac{Q_\gamma}{2}$ 的截线求得, 超椭圆中心位于 $\boldsymbol{\theta} = \hat{\boldsymbol{\theta}}$. 这个超椭圆等值线是 k 个参数 $\theta_1, \theta_2, \cdots, \theta_k$ 的可信度 γ 的联合似然域的边界, γ 值可根据式 (5.2.23) 由 χ^2 分布表确定.

式 (5.2.23) 也可改写为

$$Q_\gamma = F^{-1}(\gamma; k), \qquad (5.2.24)$$

Q_γ 是 $\chi^2(k)$ 分布的 γ 分位数, $F^{-1}(\gamma; k)$ 是 $\chi^2(k)$ 累积分布函数的反函数 (定义见式 (5.1.18)). 表 5.4 给出了不同 Q_γ 值、不同待估计参数个数 k 对应的可信度

γ 的数值. 对于一定的 Q_γ 值, 随着待估计参数个数 k 增多, 可信度 γ 的数值迅速下降. 表 5.5 给出了不同可信度 γ、不同待估计参数个数 k 对应的 Q_γ 值, 随着参数增多, 为了得到相同的可信度 γ, Q_γ 值迅速增大.

表 5.4　不同 Q_γ 值、不同待估计参数个数 k 对应的可信度 γ

Q_γ	γ				
	$k=1$	$k=2$	$k=3$	$k=4$	$k=5$
1.0	0.683	0.393	0.199	0.090	0.037
2.0	0.843	0.632	0.428	0.264	0.151
4.0	0.954	0.865	0.739	0.594	0.451
9.0	0.997	0.989	0.971	0.939	0.891

表 5.5　不同可信度 γ、不同待估计参数个数 k 对应的 Q_γ 值

γ	Q_γ				
	$k=1$	$k=2$	$k=3$	$k=4$	$k=5$
0.683	1.00	2.30	3.53	4.72	5.89
0.90	2.71	4.61	6.25	7.78	9.24
0.95	3.84	5.99	7.82	9.49	11.1
0.99	6.63	9.21	11.3	13.3	15.1

5.3　用最小二乘法求置信区间

在讨论最小二乘法对未知参数作区间估计之前, 首先回顾一下 4.4 节已经导出而下面还将用到的一些结果.

对于参数 $\boldsymbol{\theta}$ 的线性模型 (即 $\boldsymbol{\eta} = A\boldsymbol{\theta}$, A 是系数矩阵), 最小二乘 Q^2 函数的一般表达式为

$$Q^2(\boldsymbol{\theta}) = (\boldsymbol{y} - A\boldsymbol{\theta})^{\mathrm{T}} V^{-1}(\boldsymbol{y})(\boldsymbol{y} - A\boldsymbol{\theta}).$$

如果测量值向量 $\boldsymbol{y}$ 的协方差矩阵 $V(\boldsymbol{y})$ 与待估计参数 $\boldsymbol{\theta}$ 无关, 则 $\boldsymbol{\theta}$ 的最小二乘估计及其方差可表示为

$$\hat{\boldsymbol{\theta}} = (A^{\mathrm{T}} V^{-1} A)^{-1} A^{\mathrm{T}} V^{-1} \boldsymbol{y}, \quad V(\hat{\boldsymbol{\theta}}) = (A^{\mathrm{T}} V^{-1} A)^{-1}.$$

最小二乘 Q^2 函数与加权残差平方和 $Q_{\min}^2$ 有如下关系:

$$Q^2(\boldsymbol{\theta}) = Q_{\min}^2 + (\boldsymbol{\theta} - \hat{\boldsymbol{\theta}})^{\mathrm{T}} V^{-1}(\hat{\boldsymbol{\theta}})(\boldsymbol{\theta} - \hat{\boldsymbol{\theta}}) \equiv Q_{\min}^2 + Q_p, \tag{5.3.1}$$

(参见 4.4.1 节). 该式是利用最小二乘法确定未知参数 $\boldsymbol{\theta}$ 置信区间的一个基本关系式.

当观测值矢量 $\boldsymbol{y}$ 是期望值为真值 $\boldsymbol{\eta} = A\boldsymbol{\theta}$ 的多维正态分布时, 估计值 $\hat{\boldsymbol{\theta}}$(它是 $\boldsymbol{y}$ 的线性函数) 也将服从正态分布, 这时式 (5.3.1) 中的三个项 $Q^2(\boldsymbol{\theta})$、$Q_{\min}^2$ 和 $Q_p \equiv (\boldsymbol{\theta} - \hat{\boldsymbol{\theta}})^{\mathrm{T}} V^{-1}(\hat{\boldsymbol{\theta}})(\boldsymbol{\theta} - \hat{\boldsymbol{\theta}})$ 都是 χ^2 变量. 例如, 当观测值 $\boldsymbol{y} = \{y_1, \cdots, y_N\}$ 之间相互独立时, $Q^2(\boldsymbol{\theta})$ 服从 $\chi^2(N)$ 分布. 若存在 L 个独立的待估计参数 (参数之间不存在约束方程), 则 $Q_{\min}^2 \sim \chi^2(N - L)$; 若参数间存在 K 个独立的线性约束, 则 $Q_{\min}^2 \sim \chi^2(N - L + K)$. 由 χ^2 分布的可加性可知, 在存在约束和不存在约束这两种情形下, 式 (5.3.1) 的第三项分别为 $\chi^2(L)$ 和 $\chi^2(L - K)$ 变量. 一般我们所要寻找的置信区间是由 $Q^2(\boldsymbol{\theta})$ 表面与平面

$$Q^2(\boldsymbol{\theta}) = Q_{\min}^2 + Q_\gamma \tag{5.3.2}$$

的截线求得, 这里 Q_γ 是某个常数. 该置信区间包含参数 $\boldsymbol{\theta}$ 真值的概率量由自由度等于独立的待估计参数个数 (L 或 $L - K$) 的 χ^2 分布和 Q_γ 值决定.

如果 $Q^2(\boldsymbol{\theta})$ 不是参数 $\boldsymbol{\theta}$ 的二次函数, 例如, 描述测量值真值 $\boldsymbol{\eta}$ 的理论模型不是参数 $\boldsymbol{\theta}$ 的线性函数, 或者测量值向量 $\boldsymbol{y}$ 的协方差矩阵 $V(\boldsymbol{y})$ 不独立于参数 $\boldsymbol{\theta}$, 或者约束不是线性的, 这时, $Q^2(\boldsymbol{\theta})$ 的严格分布是未知的, 故利用式 (5.3.2) 来确定置信区间不是严格正确的. 但习惯上仍使用这种方法来建立参数的近似置信区间.

5.3.1 单个参数的置信区间

当参数估计问题只含一个未知参数时, 将 $Q^2(\theta)$ 函数在极小点 $\theta = \hat{\theta}$ 作泰勒展开, 由于在该点一阶导数等于 0, 所以有

$$Q^2(\theta) = Q_{\min}^2 + \frac{1}{2} \frac{\mathrm{d}^2 Q^2}{\mathrm{d}\theta^2}\bigg|_{\theta=\hat{\theta}} (\theta - \hat{\theta})^2 + \cdots . \tag{5.3.3}$$

为了保证所求得的 $Q_{\min}^2$ 是 $Q^2(\theta)$ 的极小值, Q^2 对 θ 的二阶导数在 $\theta = \hat{\theta}$ 点的值应大于 0.

对于线性最小二乘估计问题, 并且观测值的协方差矩阵等于常数 (与参数 θ 无关), 则函数 $Q^2(\theta)$ 是参数 θ 的二次函数 (见关于 Q^2 的一般表示式 (4.4.1)), 这时, Q^2 对 θ 的二阶导数等于常数, 泰勒级数式 (5.3.3) 中只包含两项

$$Q^2(\theta) = Q_{\min}^2 + \frac{1}{2} \frac{\mathrm{d}^2 Q^2}{\mathrm{d}\theta^2}\bigg|_{\theta=\hat{\theta}} (\theta - \hat{\theta})^2 . \tag{5.3.4}$$

这是一个关于 θ 的抛物线方程. 从式 (5.3.1) 可知, 这时应有

$$Q^2(\theta) = Q^2_{\min} + \frac{1}{V(\hat{\theta})}(\theta - \hat{\theta})^2 . \tag{5.3.5}$$

比较式 (5.3.4) 和式 (5.3.5) 立即得到

$$V(\hat{\theta}) = 2\left(\frac{\mathrm{d}^2 Q^2}{\mathrm{d}\theta^2}\right)^{-1}_{\theta = \hat{\theta}} . \tag{5.3.6}$$

对于非线性最小二乘估计问题, 或者 $Q^2(\theta)$ 函数不是严格的抛物线方程的一般情况, 仍可从式 (5.3.6) 找到估计值 $\hat{\theta}$ 的近似方差, 只要式 (5.3.3) 中的高次项很小, 上述结果就是相当好的近似.

如果观测值是期望值为真值 η 的正态分布, 可以通过 (严格的或近似的) 抛物型函数 $Q^2(\theta)$ 与直线

$$Q^2(\theta) = Q^2_{\min} + Q_\gamma \tag{5.3.7}$$

的两个相交点来求出 (严格的或近似的)θ 的置信区间. Q_γ 的值为 1^2, 2^2, 3^2, 对应于置信概率 68.3%, 95.4%, 99.7%. 当 $Q^2(\theta)$ 是 θ 的严格二次 (抛物型) 函数时, 这对应于一个、二个和三个标准差 $(1\sigma, 2\sigma, 3\sigma)$ 的置信区间. 式 (5.3.7) 可以改写为

$$Q^2(\hat{\theta}^{+d}_{-c}) = Q^2_{\min} + m^2, \tag{5.3.8}$$

表示参数 θ 的 $m\sigma$ 置信区间为 $\left[\hat{\theta} - c, \hat{\theta} + d\right]$.

5.3.2　多个参数的置信域

5.3.1 节的讨论可以直接推广到多个参数的估计问题. 将 $Q^2(\boldsymbol{\theta})$ 函数在极小点 $\boldsymbol{\theta} = \hat{\boldsymbol{\theta}}$ 的邻域作泰勒展开

$$Q^2(\boldsymbol{\theta}) = Q^2_{\min} + \frac{1}{2}\sum_{i,j}\left(\frac{\partial^2 Q^2}{\partial \theta_i \partial \theta_j}\right)_{\boldsymbol{\theta} = \hat{\boldsymbol{\theta}}}(\theta_i - \hat{\theta}_i)(\theta_j - \hat{\theta}_j) + \cdots . \tag{5.3.9}$$

对于线性模型, 在协方差矩阵 $V(\boldsymbol{y})$ 与参数 $\boldsymbol{\theta}$ 无关的条件下, $Q^2(\boldsymbol{\theta})$ 是 $\boldsymbol{\theta}$ 的二次函数, $Q^2(\boldsymbol{\theta})$ 只包含两项

$$Q^2(\boldsymbol{\theta}) = Q^2_{\min} + \frac{1}{2}\sum_{i,j}\left(\frac{\partial^2 Q^2}{\partial \theta_i \partial \theta_j}\right)_{\boldsymbol{\theta} = \hat{\boldsymbol{\theta}}}(\theta_i - \hat{\theta}_i)(\theta_j - \hat{\theta}_j) , \tag{5.3.10}$$

从而估计值的协方差矩阵可表示为

$$V_{ij}^{-1}(\hat{\boldsymbol{\theta}}) = \frac{1}{2}\left(\frac{\partial^2 Q^2}{\partial\theta_i\partial\theta_j}\right)_{\boldsymbol{\theta}=\hat{\boldsymbol{\theta}}}. \tag{5.3.11}$$

在不满足上述两项条件时, 式 (5.3.11) 只是近似正确.

在观测值服从期望值为真值的正态分布并满足上述两项条件这种最简单情形下, 式 (5.3.10) 右边的第二项是 $\chi^2(L-K)$ 变量, L 是待估计参数的个数, K 是独立的线性约束方程个数. 特别地, 当只有两个独立参数 ($L-K=2$) 时, $Q^2(\boldsymbol{\theta})$ 表面和一组平面

$$Q^2(\boldsymbol{\theta}) = Q_{\min}^2 + Q_\gamma$$

(Q_γ 取不同常数值) 的截线构成一组同心椭圆, 这组同心椭圆确定了两个参数的联合置信域, 该置信域包含参数 $\boldsymbol{\theta}$ 真值的概率量由 $\chi^2(2)$ 和 Q_γ 的数值决定. 当 $Q_\gamma = 1^2,\ 2^2,\ 3^2$ 时, 求得的椭圆置信域的联合置信概率量分别为 39.3%, 86.5% 和 98.9%.

在一般的多个未知参数的估计问题中, $Q^2(\boldsymbol{\theta})$ 超表面与超平面

$$Q^2(\boldsymbol{\theta}) = Q_{\min}^2 + Q_\gamma \tag{5.3.12}$$

的截线构成了参数 $\boldsymbol{\theta} = \{\theta_1, \cdots, \theta_L\}$ 的超椭圆联合置信域, 置信概率 γ 由 $\chi^2(\nu)$ 的概率密度的积分 (下限为 0, 上限为 Q_γ) 给定:

$$P(Q_p \leqslant Q_\gamma) = \int_0^{Q_\gamma} f(Q;\ v)\mathrm{d}Q = F(Q=Q_\gamma; v) = \gamma, \tag{5.3.13}$$

对于 L 个独立的待估计参数, 有参数之间不存在约束方程和存在 K 个独立的线性约束两种情形, $\chi^2(\nu)$ 分布的自由度分别为 $\nu = L$ 和 $\nu = L - K$. 对于同样的 Q_γ 值, 独立参数越多, 对应的置信概率越小; 反之, 要保持相同的置信概率, 独立参数越多, Q_γ 值就越大.

比较式 (5.3.13) 与式 (5.2.23), 两者有相似的形式, 因此表 5.4 和表 5.5 同样适用于最小二乘法对多个未知参数作区间估计的情形, 不过现在 γ 代表联合置信域的置信水平, 而不是极大似然法中的似然域可信度.

对于非线性模型的估计问题, 置信域仍由式 (5.3.12) 确定, 不论 $Q^2(\boldsymbol{\theta})$ 是不是参数的二次函数, 也不论观测值是否服从正态分布, 置信概率都可由相应自由度的 χ^2 分布概率密度积分来估计 (下限为 $-\infty$, 上限为给定值 Q_γ, 其中 $Q_\gamma = 1$ 对应的置信域相当于参数的标准误差). 显然, 这些都只是近似的结果, 近似程度的好坏取决于 $Q^2(\boldsymbol{\theta})$ 表达式中 $\boldsymbol{\theta}$ 高次项的大小, 以及观测的分布对于正态的偏离程度.

5.4　Neyman 区间、似然区间和巴特勒特区间的对比

我们在 5.1 节中提到, 若参数 θ 的实验测定值表示为

$$\hat{\theta}^{+\sigma_+}_{-\sigma_-}, \quad \sigma_+ = \theta_+ - \hat{\theta}, \quad \sigma_- = \hat{\theta} - \theta_-. \tag{5.4.1}$$

则区间 $[\theta_-, \theta_+]$ 是用 Neyman 方法构建的置信水平 $\gamma = 0.6827$ 的经典置信区间. σ_+, σ_- 称为标准 (正、负) 误差, 当 $\sigma_+ = \sigma_- = \sigma$ 时称为标准误差. 我们在 5.2 节中也已经提到, 利用似然函数作区间估计来报道参数的 "标准误差" 只是一种近似, 因为它是基于似然区间而不是置信区间. 巴特勒特方法虽然基于经典方法来确定置信区间及其相应的标准误差, 但由于应用了巴特勒特函数的正态近似, 其精确性很大程度上取决于样本量的大小.

Barlow[91] 对于测量值服从指数分布和泊松分布这两种情形, 比较了这三种方法确定的 "标准误差" 之间的差异. 由于粒子衰变时间 (或衰变距离) 的分布服从指数分布, 实验中收集到的特定反应或衰变事例数服从泊松分布, 所以这些 "标准误差" 之间的差异对于正确理解实验结果 (如衰变分支比、反应截面) 的误差是很有必要的.

1) 寿命测量

粒子的衰变时间 t 服从指数分布:

$$p(t; \tau) = \frac{1}{\tau} e^{-t/\tau}. \tag{5.4.2}$$

N 个测量值 $t_1, \cdots, t_N$ 的对数似然函数为

$$\ln L = -\frac{N\bar{t}}{\tau} - N \ln \tau, \quad \bar{t} \equiv \frac{1}{N} \sum_{i=1}^{N} t_i, \tag{5.4.3}$$

其中, $\bar{t}$ 是子样平均. 上式对 τ 求导并令为 0 得到极大似然解 $\hat{\tau} = \bar{t}$ 及 $\ln(\hat{\tau}) = -N(1 + \ln \bar{t})$.

$\bar{t}$ 的概率分布可求得为 [92]

$$p(\bar{t}; \tau) = \frac{N^N \bar{t}^{N-1}}{\tau^N (N-1)!} e^{-N\bar{t}/\tau}. \tag{5.4.4}$$

直接计算可得积分概率

$$P(\bar{t}; \tau) \equiv \int_0^{\bar{t}} p(\bar{t}'; \tau) \, d\bar{t}' = 1 - e^{-N\bar{t}/\tau} \sum_{j=0}^{N-1} \frac{N^j \bar{t}^j}{j! \tau^j}. \tag{5.4.5}$$

对于置信水平 $\gamma = 0.6827$ 的 Neyman 置信区间 $[\tau_-, \tau_+]$, 应满足

$$P(\bar{t}; \tau_-) = \frac{1+\gamma}{2} = 0.8414, \quad P(\bar{t}; \tau_+) = \frac{1-\gamma}{2} = 0.1587, \tag{5.4.6}$$

因此, 对于一定的 N 和 $\bar{t}$ 值, 可找出符合式 (5.4.6) 的 τ_- 和 τ_+. 根据式 (5.4.1) 可求得标准误差为

$$\sigma_- = \bar{t} - \tau_-, \quad \sigma_+ = \tau_+ - \bar{t}. \tag{5.4.7}$$

不同的 N 和 $\bar{t}$ 值对应的 σ_-, σ_+ 列于表 5.6 的第 2、3 两列.

对于可信度 $\gamma = 0.6827$ 的似然区间 $[\tau_-, \tau_+]$, τ_- 和 τ_+ 是下述方程的两个解:

$$N - \frac{N\bar{t}}{\tau} - N\ln\left(\frac{\tau}{\bar{t}}\right) = -\frac{1}{2}. \tag{5.4.8}$$

不同的 N 和 $\bar{t}$ 值对应的 σ_-, σ_+ 列于表 5.6 的第 4、5 两列.

表 5.6　寿命测量中, 三种方法确定的 "标准误差" σ_-, σ_+

N	Exact		$\Delta\ln L = -\dfrac{1}{2}$		Bartlett	
	σ_-	σ_+	σ_-	σ_+	σ_-	σ_+
1	0.457	4.787	0.576	2.314	0.500	∞
2	0.394	1.824	0.469	1.228	0.414	2.414
3	0.353	1.194	0.410	0.894	0.366	1.366
4	0.324	0.918	0.370	0.725	0.333	1.000
5	0.302	0.760	0.340	0.621	0.309	0.809
6	0.284	0.657	0.318	0.550	0.290	0.690
7	0.270	0.584	0.299	0.497	0.274	0.608
8	0.257	0.529	0.284	0.456	0.261	0.547
9	0.247	0.486	0.271	0.423	0.250	0.500
10	0.237	0.451	0.260	0.396	0.240	0.463
15	0.203	0.343	0.219	0.310	0.205	0.348
20	0.182	0.285	0.194	0.261	0.183	0.288
25	0.166	0.248	0.176	0.230	0.167	0.250
50	0.124	0.164	0.129	0.156	0.124	0.165
100	0.0908	0.1109	0.0937	0.1070	0.0909	0.1111
250	0.0594	0.0675	0.0607	0.0660	0.0595	0.0675
500	0.0428	0.0468	0.0434	0.0461	0.0428	0.0468
1000	0.0306	0.0326	0.0310	0.0323	0.0307	0.0327

注: Exact 指 Neyman 方法, $\Delta\ln L = -1/2$ 指似然函数方法, Bartlett 指 Bartlett 方法. N 为测量次数.

对于巴特勒特方法, 由式 (5.2.13) 可知, 这时巴特勒特函数的形式为

$$S(\tau) = \frac{\bar{t} - \tau}{\tau/\sqrt{N}}.$$

近似地认为 $S(\tau)$ 服从标准正态分布, 则知道 τ 服从期望值 $\bar{t}$, 标准差 $\tau/\sqrt{N}$ 的正态分布. 因此, 对于一定的 N 和 $\bar{t}$ 值, 置信水平 $\gamma = 0.6827$ 的 Neyman 置信区间 $[\tau_-, \tau_+]$ 满足

$$\bar{t} = \tau_+ - \frac{\tau_+}{\sqrt{N}}, \quad \bar{t} = \tau_- + \frac{\tau_-}{\sqrt{N}},$$

亦即

$$\sigma_- = \frac{\bar{t}}{\sqrt{N}+1}, \quad \sigma_+ = \frac{\bar{t}}{\sqrt{N}-1}. \tag{5.4.9}$$

不同的 N 和 $\bar{t}$ 值对应的 σ_-, σ_+ 列于表 5.6 的第 6、7 两列.

　　表 5.6 的结果以直观的方式示于图 5.4 中.

　　由图 5.4 和表 5.6 可见, 巴特勒特方法的结果与 Neyman 方法十分接近, 而似然函数法结果则与 Neyman 方法相去较远. 在 $N = 100$ 样本量的情形下, 两者相差达 3.5% 的水平.

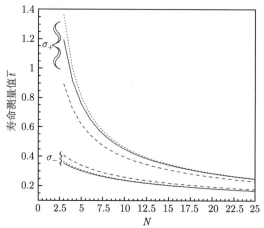

图 5.4　寿命测量中, 三种方法确定的 "标准误差" σ_-, σ_+

横坐标 N 为测量次数. 实线为 Neyman 方法, 虚线为似然函数方法, 点线为 Bartlett 方法

2) 泊松期望值测量

若期望值为 μ 的泊松过程观察到 N 个事例, 其概率分布为

$$p(N; \mu) = \frac{\mu^N}{N!} \mathrm{e}^{-\mu}. \tag{5.4.10}$$

令 $\partial \ln p(N; \mu)/\partial \mu = 0$, 则求得极大似然估计 $\hat{\mu}$ 就等于 N.

对于置信水平 $\gamma = 0.6827$ 的 Neyman 置信区间 $[\mu_-, \mu_+]$, 应满足

$$\sum_{r=0}^{N-1} \mathrm{e}^{-\mu_-} \frac{\mu_-^r}{r!} = \frac{1+\gamma}{2} = 0.8414, \quad \sum_{r=0}^{N} \mathrm{e}^{-\mu_+} \frac{\mu_+^r}{r!} = \frac{1-\gamma}{2} = 0.1587, \quad (5.4.11)$$

根据式 (5.4.1) 可求得标准误差为

$$\sigma_- = N - \mu_-, \quad \sigma_+ = \mu_+ - N. \tag{5.4.12}$$

不同的 N 值对应的 σ_-, σ_+ 列于表 5.7 的第 2、3 两列.

对于可信度 $\gamma = 0.6827$ 的似然区间 $[\mu_-, \mu_+]$, 因为

$$\ln p\,(N; \mu) = -\ln N! + N \ln \mu - \mu,$$

在 $\hat\mu = N$ 处 $\ln p\,(N; \mu)$ 达到极大值 $\ln p_{\mathrm{m}}\,(N; \mu)$:

$$\ln p_{\mathrm{m}}\,(N; \mu) = -\ln N! + N \ln N - N.$$

μ_- 和 μ_+ 是满足

$$\ln p\,(N; \mu) - \ln p_{\mathrm{m}}\,(N; \mu) = -\frac{1}{2}$$

处的 μ 值, 故 μ_- 和 $\mu_+ (\mu_+ > \mu_-)$ 是下述方程的两个解:

$$N - \mu + N \ln\left(\frac{\mu}{N}\right) = -\frac{1}{2}. \tag{5.4.13}$$

不同的 N 值对应的 σ_-, σ_+ 列于表 5.7 的第 4、5 两列.

为了利用巴特勒特方法计算 σ_-, σ_+, 根据式 (5.4.10) 所示的泊松概率和式 (5.2.10) 求得巴特勒特函数为

$$S\,(\mu) = \frac{N - \mu}{\sqrt{\mu}} \sim N\,(0, 1). \tag{5.4.14}$$

由巴特勒特函数正态性可得置信水平 0.6827 置信区间下限 μ_- 和上限 μ_+ 的表达式分别为

$$N - \mu_- = \sqrt{\mu_-}, \quad \mu_+ - N = \sqrt{\mu_+},$$

经简单的直接计算得到

$$\sigma_- = \sqrt{N + \frac{1}{4}} - \frac{1}{2}, \quad \sigma_+ = \sqrt{N + \frac{1}{4}} + \frac{1}{2}.$$

表 5.7   泊松期望值测量中, 三种方法确定的 "标准误差" σ_-, σ_+

N	Exact		$\Delta \ln L = -\dfrac{1}{2}$		Bartlett	
	σ_-	σ_+	σ_-	σ_+	σ_-	σ_+
1	0.827	2.299	0.698	1.358	1.118	2.118
2	1.292	2.637	1.102	1.765	1.500	2.500
3	1.633	2.918	1.416	2.080	1.803	2.803
4	1.914	3.162	1.682	2.346	2.062	3.062
5	2.159	3.382	1.916	2.581	2.291	3.291
6	2.380	3.583	2.128	2.794	2.500	3.500
7	2.581	3.770	2.323	2.989	2.693	3.693
8	2.768	3.944	2.505	3.171	2.872	3.872
9	2.943	4.110	2.676	3.342	3.041	4.041
10	3.108	4.266	2.838	3.504	3.202	4.202
15	3.829	4.958	3.547	4.213	3.905	4.905
20	4.434	5.546	4.145	4.811	4.500	5.500
25	4.966	6.066	4.672	5.339	5.025	6.025
50	7.046	8.117	6.742	7.408	7.089	8.089
100	9.982	11.03	9.669	10.34	10.01	11.01
250	15.80	16.83	15.48	16.15	15.82	16.82
500	22.35	23.37	22.03	22.70	22.37	23.37
1000	31.61	32.63	31.29	31.96	31.63	32.63

注: Exact 指 Neyman 方法, $\Delta \ln L = -1/2$ 指似然函数方法, Bartlett 指 Bartlett 方法. N 为事例数.

考虑到巴特勒特正态函数的连续性和泊松概率的离散性, 为了保证置信区间涵盖概率大于等于名义概率 0.6827, 需要对上述 σ_-, σ_+ 加上 1/2 这个因子, 因此, 巴特勒特方法给出

$$\sigma_- = \sqrt{N + \frac{1}{4}}, \quad \sigma_+ = \sqrt{N + \frac{1}{4}} + 1. \tag{5.4.15}$$

不同的 N 值对应的 σ_-, σ_+ 列于表 5.7 的第 6、7 两列.

表 5.7 的结果以直观的方式示于图 5.5 中.

由图 5.5 和表 5.7 可见, 巴特勒特方法的结果与 Neyman 方法接近, 而似然函数法结果则与 Neyman 方法相去甚远. 即使事例数达到 100, 两者相差达 6.3% 的水平.

图 5.6 显示了寿命测量和泊松期望值测量中, 三种方法确定的 "标准误差" 相应区间的实际涵盖概率. 对于寿命测量, Neyman 区间的实际涵盖概率 $\gamma = 0.6827$, 即满足我们的名义要求; 巴特勒特区间 $\gamma > 0.6827$, 即涵盖概率过度; 似然

区间则涵盖概率不足. 对于泊松期望值测量, Neyman 区间和巴特勒特区间涵盖概率过度, 这是由于泊松分布的离散性要求涵盖概率大于等于名义概率所致; 似然区间的某些 N 值涵盖概率不足, 某些 N 值涵盖概率过度, 平均值大体接近名义值 $\gamma = 0.6827$. 但这一现象并不是将似然区间的涵盖概率视为接近名义值的理由, 因为对于具体的一项实验, N 值是确定的, 对于这一确定的 N 值, 实验者通常并不检查似然区间究竟是涵盖概率不足还是过度. 由于利用似然区间来确定 "置信区间" 和 "标准误差" 在许多实验中被采用, 人们应当清楚, 这样的 "标准误差" 对应的区间与涵盖概率 0.6827 的中心置信区间是有显著差别的.

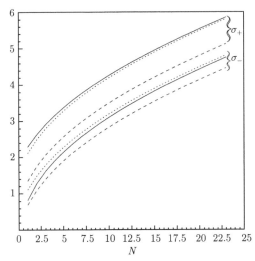

图 5.5   泊松期望值测量中, 三种方法确定的 "标准误差"σ_-, σ_+

实线为 Neyman 方法, 虚线为似然函数方法, 点线为 Bartlett 方法. 横坐标 N 为事例数

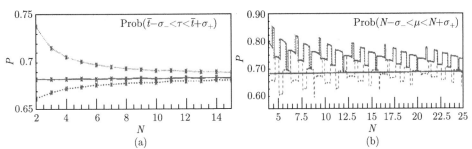

图 5.6   寿命测量 (a) 和泊松期望值测量 (b) 中, Neyman 区间 (实线)、似然区间 (虚线) 和 Bartlett 区间 (点线) 的实际涵盖概率 P

横坐标 N 为测量次数或事例数

5.5　接近物理边界的参数置信区间

5.5.1　经典方法的困难

当参数只能取一个有限范围内的数值时, Neyman 置信区间的构建和诠释会发生困难. 一个重要的例子是高斯变量均值由于物理的原因被限制为非负值. 例如, 当中微子质量平方用 $\hat{m}^2 = \hat{E}^2 - \hat{p}^2$ 来估计 ($\hat{E}$ 和 $\hat{p}$ 分别是能量和动量的相互独立的高斯分布估计值), 就属于这种情形. 由于物理的需要, m^2 真值被约束为非负值, 但 $\hat{E}$ 和 $\hat{p}$ 的随机误差有可能使估计值 $\hat{m}^2$ 为负.

另一个重要的例子是实验是对一个泊松分布的事例数 n 进行计数. 假定期望值 $E[n] = \nu$ 等于 $s+b$, s 和 b 分别是信号和本底过程 (均服从泊松分布) 的期望值, 且 b 是已知常数, 那么 $\hat{s} = n - b$ 是 s 的无偏估计量. 在高本底 (b 值大)、小信号 (s 值小) 的情形下估计值 $\hat{s}$ 有可能落入负值区.

这两种情形的共同特点在于待估计参数 (中微子质量 m 和信号事例数期望值 s) 必须大于等于物理边界值 0; 而在实验中, 由于统计涨落和实验分辨的存在, 实验测量 (估计) 值可能十分接近甚至小于 0.

当参数估计值接近物理边界时, 我们倾向于报道单侧置信限 (通常是上限). 然而, 如果参数的估计值离物理边界较远, 我们倾向于报道 (双侧) 中心置信区间. 对于一个特定实验, 究竟是报道参数的中心置信区间还是报道上限区间, 没有现成答案, 需要根据实际情况加以决定. 我们用一个实际例子来说明这种情形. BES 合作组利用 e^+e^- 对撞机测量质心能量 $E_{cm} = 3650\mathrm{MeV}$, $3686\mathrm{MeV}$, $3773\mathrm{MeV}$ 处 $e^+e^- \to \rho\eta'$ 的反应截面[93], 当不考虑辐射修正和真空极化时, 截面可以由下式计算:

$$\sigma = n_{sig}/(L\varepsilon)$$

式中, n_{sig} 是观测到的 $e^+e^- \to \rho\eta'$ 反应信号事例数, L 是对撞机的积分亮度, ε 是探测器对该反应末态 $\rho\eta'$ 的探测效率. L,ε 都是可测量的已知量, 则待测量 σ 完全由 n_{sig} 所决定. 在实验分析中, 先从反应末态中选出一个 ρ 粒子, 研究 ρ 反冲的 $\eta\pi^+\pi^-$ 不变质量谱 $M_{\eta\pi^+\pi^-}$ (η' 粒子可衰变为 $\eta\pi^+\pi^-$ 末态) 可以知道是否存在 η' 粒子. 图 5.7(a)~(c) 分别是 $E_{cm} = 3650\mathrm{MeV}$, $3686\mathrm{MeV}$, $3773\mathrm{MeV}$ 的 $M_{\eta\pi^+\pi^-}$ 分布, (b) 中存在 $M_{\eta\pi^+\pi^-} \sim 958\mathrm{MeV}$($\eta'$ 粒子的质量) 的一个小峰, 表明存在 η' 粒子, 而 (a)、(c) 中看不到 η' 质量峰. 此外, 从图 5.7(b)、(c) 中可见, 在 η' 信号区间里 (取为 η' 粒子质量 958MeV 左右各 50MeV 的区间, 相应于 $M_{\eta\pi^+\pi^-}$ 不变质量正态分布标准偏差的 ±2.5 倍) 显然存在本底的贡献. 根据以上实验观测可知, 在 $E_{cm} = 3686\mathrm{MeV}$ 处, 在 η' 信号区间内 $e^+e^- \to \rho\eta'$ 信号事例数 n_{sig} 是一个有限的正数, 实验可给出反应截面 σ 的测量值及误差, 而在 $E_{cm} = 3650\mathrm{MeV}$, $3773\mathrm{MeV}$

处, $n_{\rm sig}$ 可能是一个非常接近零的小数, 实验只能给出一定置信水平下反应截面的上限. 这里 $n_{\rm sig}$ 最小只可能是零, 在对 $n_{\rm sig}$ 的真值进行参数估计时, 必须考虑这一物理约束.

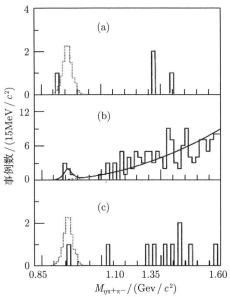

图 5.7 $E_{\rm cm} = 3650{\rm MeV(a)}, 3686{\rm MeV(b)}, 3773{\rm MeV(c)}$ 处 $e^+e^- \to \rho\eta'$ 候选事例的 $M_{\eta\pi^+\pi^-}$ 不变质量谱

图中虚线所示的峰表示, 如果存在 $\eta' \to \pi^+\pi^-$ 衰变形成的峰, 其相应的位置和形状

以下就参数估计值 (实验观测值) 服从正态分布和泊松分布这两种典型情况加以讨论.

1) 观测值服从正态分布

假定待估计的是未知参数 μ, 实验中的观测值 (μ 的估计值)x 服从期望值 μ 的正态分布, 而且 x 的方差 σ^2 已知 (不失一般性, 这里假定 $\sigma = 1$), 故观测值与未知参数之间的概率密度函数为

$$P(x|\mu) = \frac{1}{\sqrt{2\pi}} \exp\left[-\frac{(x-\mu)^2}{2}\right], \tag{5.5.1}$$

而且 μ 的物理下界为 0(μ 为 $\geqslant 0$ 的正数). 知道了概率密度函数式 (5.5.1), 根据确定 Neyman 置信区间的式 (5.1.4a)～ 式 (5.1.7a) 可画出 $\gamma = 90\%$ 的中心置信带和上限置信带, 如图 5.8(a)、(b) 所示.

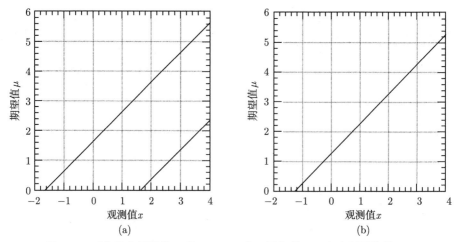

图 5.8   正态分布期望值 μ 的$\gamma = 90\%$中心置信带 (a) 和上限置信带 (b)

对于一个特定的实验测量值 x, 究竟是报道 μ 的中心区间 $[\mu_1, \mu_2]$ 还是上限区间 $[0, \mu_{\mathrm{up}}]$, 到目前为止没有答案, 需要由实验者根据某种附加的要求来确定. 实验者通常采取如下的方式来决定: 若 $x \geqslant 3\sigma$ 报道中心区间, 因为 x 大于等于 3 倍标准差的情形下, 实验测量值 x 仅仅是由于统计涨落导致的可能性很低, 而由于信号的存在所产生的可能性很大; 若测量值 $x < 3\sigma$, 报道 90%上限区间, 即认为实验测量值 x 仅仅是由于统计涨落导致的可能性应当加以考虑. 我们称这种方式为基于观测值的**决策切换** (flip-flopping). 根据这种策略确定的置信带如图 5.9 所示.

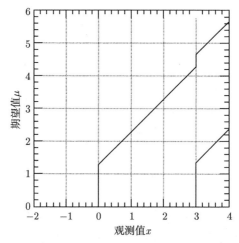

图 5.9   正态假设下决策切换策略相应的 $\gamma = 90\%$置信带

根据这种决策切换策略构造的置信带存在两个缺陷. 第一个缺陷是涵盖概率不足, 即对于待估计参量 μ 的某些值, 其涵盖概率小于所规定的 γ 值. 例如, 当 $\mu = 2.0$ 时, 由图 5.9 确定的接收区间为 $x_1 = 2 - 1.28$ 和 $x_2 = 2 + 1.64$, 这一区间内的概率含量 $\int_{x_1}^{x_2} P(x|\mu = 2.0)\mathrm{d}x = 0.85$, 没有达到规定的 $\gamma = 90\%$ 置信水平的要求. 经典方法确定的置信带的另一个缺陷是所谓的**空集**问题. 例如, 当观测值 $x = -1.8$(这在实验中是可能出现的) 时, 从图 5.9 中找不到相应的 $[\mu_1, \mu_2]$ 或 μ_{up} 值, 即 μ 的置信水平 90% 的置信区域是空集, 或者说对于观测值 $x = -1.8$, 用经典方法推断得到的期望值落在了物理上不容许的区域.

2) 观测值服从泊松分布

假定观测值 x(现改写为观测总事例数 n), 服从期望值 $\mu + b$ 的泊松分布

$$P(n\,|\mu) = \frac{(\mu + b)^n \mathrm{e}^{-(\mu + b)}}{n!}, \tag{5.5.2}$$

其中待估计的信号事例数服从泊松分布, 期望值为 μ; 本底事例数则服从期望值 b(已知值) 的泊松分布. 利用式 (5.5.2) 泊松分布的性质可计算出一定置信水平 γ, 一定 b 值的置信带 (参见式 (5.1.22)~ 式 (5.1.25)). 例如, 图 5.10 给出了 $\gamma \geqslant 0.9$, $b = 3.0$ 的中心置信带和上限置信带.

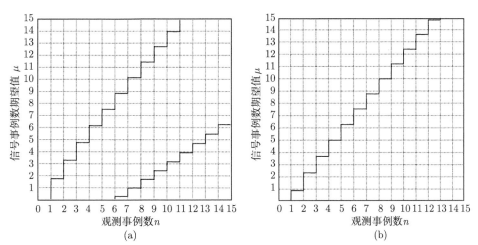

图 5.10   泊松变量的 $\gamma \geqslant 90\%$ 的中心置信带 (a) 和上限置信带 (b)

本底期望值 $b = 3.0$

但利用图 5.10 的置信带来确定一定 n 值对应的待估计参数 μ 的置信区间时, 也会出现正态分布观测量中类似的问题. 现在的决策切换策略是: 当 $n \geqslant 3b$ 时报道中心置信区间, 因为这时可认为观察到 n 个事例仅仅是由于本底涨落所造成的

可能性很低; 当 $n < 3b$ 时则报道 $\gamma = 90\%$ 上限置信区间, 因为这种情形下应当考虑观测到 n 个事例仅仅是由于本底涨落所造成的可能性. 但利用这样的策略来确定 μ 的置信带时, 首先, 同样会导致实际涵盖概率低于名义涵盖概率量; 其次, 同样存在空集的困难. 例如, 当 $b = 3$ 时, 观测值 $n = 0$, μ 的 $\gamma = 90\%$ 置信区间为空集.

由此可以得出结论, 在许多实验中, 实验观测量往往服从正态分布或泊松分布, 在这种情形下, 对于我们所讨论的待估计参数接近物理边界的区间估计问题, 经典方法既不能在报道待估计参数的中心置信区间或是上限置信区间之间作出合理的选择, 又存在涵盖概率不足和空集的缺陷, 因此不是一种适宜的区间估计方法, 有必要发展新的方法来处理这类区间估计问题.

5.5.2   F-C 方法

Feldman 和 Cousins[94] 建议的一种区间估计方法 (**Feldman-Cousins(F-C) 方法**) 可以克服经典方法的以上困难和缺陷. 其基本思想是按照似然比大小的顺序对概率密度求和, 以满足式 (5.1.4a)~ 式 (5.1.7a) 和式 (5.1.4b)~ 式 (5.1.7b) 的要求构造置信带. 对于规定的置信水平 γ, 这一方法根据实验测量值 (估计值) 的大小可自动确定对于待估计参数应该报道中心置信区间还是应报道上限, 因此这一方法被称为**似然比顺序求和** (likelihood ratio ordering) 方法或**统一方法** (unified approach).

我们首先从观测值为泊松变量的情况出发来讨论该方法的基本思想, 然后推广到正态分布观测值的情况.

1) 泊松观测值的 F-C 方法

按照式 (5.5.2) 定义的泊松概率分布, 对任一给定的观测总事例数 n 和已知的平均本底 b, 使概率 $P(n|\mu)$ 达到极大的那个 μ 值定义为 μ_{best}, 即

$$P(n|\mu_{\text{best}}) > P(n|\mu), \quad \mu \neq \mu_{\text{best}}. \tag{5.5.3}$$

又根据物理边界约束要求 $\mu_{\text{best}} \geqslant 0$(即待估计参数值必须 $\geqslant 0$), 可得到 μ_{best} 的表达式为

$$\mu_{\text{best}}(n, b) = \max(0, n - b). \tag{5.5.4}$$

定义**似然比**为

$$R(\mu, n) \equiv \frac{P(n|\mu)}{P(n|\mu_{\text{best}})} = \left(\frac{\mu + b}{\mu_{\text{best}} + b}\right)^n e^{\mu_{\text{best}} - \mu}, \tag{5.5.5}$$

于是对任一特定的 μ 值, 其置信区间 $[n_1, n_2]$ 可以这样求得: 首先用式 (5.5.5) 算出所有可能的观测值 $n = 0, 1, 2, \cdots$ 对应的似然比 $R(\mu, n)$ 值, 按 R 值从大到小

的顺序决定每个观测值的**秩** (rank)r, 即 R 值最大的 n 值其秩 r 定义为 1, R 值次大的 n 值其 $r = 2$, 等等; 然后按 r 从小到大的顺序对观测值 n 的概率 $P(n|\mu)$ 求和, 直到满足

$$\sum_r P(n(r)|\mu) \geqslant \gamma, \tag{5.5.6}$$

$n(r)$ 中的最小值 n_1 和最大值 n_2 即构成该 μ 值对应的置信水平 γ 的置信区间. 对所有 μ 值算出相应的 n_1 和 n_2, 即构成了置信水平 γ 的置信带.

作为例子, 表 5.8 列出了信号期望值 $\mu = 0.5$, 本底 $b=3$ 的泊松变量置信水平 $\gamma = 90\%$ 置信区间的构造过程中用到的各个量的数值, 给出的结果是置信区间为 $[n_1, n_2] = [0, 6]$.

利用似然比顺序求和方法, 编制了计算机程序, 计算了 $\gamma = 0.6827, 0.90, 0.95, 0.99$, 本底事例数期望值 $b = 0 \sim 15$, 观测总事例数 $n = 0 \sim 20$ 情况下的信号事例期望值 μ 的置信区间, 列于书末附表 10.1 到表 10.4. 其中置信区间上、下限的精度好于 0.01. 图 5.11 则给出平均本底 $b = 3.0$ 时置信水平 $\gamma = 90\%$ 泊松变量的置信带.

表 5.8　信号期望值 $\mu = 0.5$, 本底 $b=3$ 的泊松变量置信水平 $\gamma=90\%$ 置信区间的构造

n	$P(n|\mu)$	μ_{best}	$P(n|\mu_{\text{best}})$	R	秩	置信区间
0	0.030	0.	0.050	0.607	6	是
1	0.106	0.	0.149	0.708	5	是
2	0.185	0.	0.224	0.826	3	是
3	0.216	0.	0.224	0.963	2	是
4	0.189	1.	0.195	0.966	1	是
5	0.132	2.	0.175	0.753	4	是
6	0.077	3.	0.161	0.480	7	是
7	0.039	4.	0.149	0.259		
8	0.017	5.	0.140	0.121		
9	0.007	6.	0.132	0.050		
10	0.002	7.	0.125	0.018		
11	0.001	8.	0.119	0.006		

与经典方法的相应置信带图 5.10 相比较, 对于大的观测值 n, 两者的结果是相近的, 似然比方法给出的区间近似于经典方法的中心置信区间. 当观测值 n 比较小, 与本底期望值 b 接近时, 似然比方法自动给出 μ 的上限, 即 μ 的下限为 0. 例如, 在图 5.11 中, 当 $n \leqslant 5$ 时, μ 的下限均为零. 对于任何观测值 n, 似然比方法确定的置信水平 γ 的置信区间的上、下限是唯一的, 它的涵盖概率量要求由式 (5.5.6) 得到了保证, 而且不会出现空集的问题. 因此, 似然比方法克服了经典方法涵盖概率不足和存在空集的缺陷.

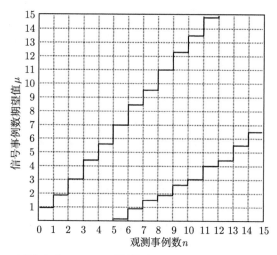

图 5.11   平均本底 $b = 3.0$ 时置信水平 $\gamma = 90\%$ 泊松变量的置信带

2) 正态观测值的 F-C 方法

泊松变量的似然比顺序求和方法能以相似的方式应用于实验观测值 (未知参数 μ 的估计值)x 服从期望值 μ 的正态分布的情形. 按照式 (5.5.1) 定义的正态分布, 对任一给定的观测值 x, 使 $P(x|\mu)$ 达到极大的那个 μ 值定义为 μ_{best}, 即

$$P(x|\mu_{\mathrm{best}}) = \max P(x|\mu);   \tag{5.5.7}$$

并根据物理边界要求 $\mu_{\mathrm{best}} \geqslant 0$, 可得到 μ_{best} 的表达式

$$\mu_{\mathrm{best}} = \max(0, x),   \tag{5.5.8}$$

于是有

$$P(x|\mu_{\mathrm{best}}) = \begin{cases} \dfrac{1}{\sqrt{2\pi}}, & x \geqslant 0, \\[2mm] \exp\left(-\dfrac{x^2}{2}\right) \bigg/ \sqrt{2\pi}, & x < 0. \end{cases}   \tag{5.5.9}$$

似然比 $R(x)$ 定义为

$$R(x) = \begin{cases} \dfrac{P(x|\mu)}{P(x|\mu_{\mathrm{best}})} = \exp\dfrac{(x-\mu)^2}{2}, & x \geqslant 0, \\[2mm] \exp\left(x\mu - \dfrac{\mu^2}{2}\right), & x < 0. \end{cases}   \tag{5.5.10}$$

对于任一给定的 μ 值, 置信水平 γ 的置信区间 $[x_1, x_2]$ 由

$$\int_{x_1}^{x_2} \frac{1}{\sqrt{2\pi}} \exp\left[-\frac{(x-\mu)^2}{2}\right] \mathrm{d}x = \gamma, \quad R(x_1) = R(x_2)   \tag{5.5.11}$$

决定. 对所有可能的 μ 值求出相应的置信区间 $[x_1, x_2]$, 就构成置信水平 γ 的置信带.

Feldman 和 Cousins 利用数值方法求解式 (5.5.11), 对于观测值 $x \in (-3, 3)$ 的情形, $\gamma = 68.27\%, 90\%, 95\%, 99\%$ 的置信区间 $[\mu_1, \mu_2]$ 的数值列于书末**附表 11**, 其中 $\mu_1 = 0$ 相当于上限置信区间.

图 5.12 给出了正态变量期望值 μ 的置信水平 $\gamma = 0.90$ 的置信带. 由图 5.12 可见, 当测量值 $x \leqslant 1.28$ 时, μ 的置信区间下界为 0, 则应报道 90% 置信水平的上限值; 反之, 当 $x > 1.28$ 时, 则应报道 $\mu^{+\sigma_u}_{-\sigma_l}$ 的实验结果, σ_u, σ_l 是相应的正、负误差.

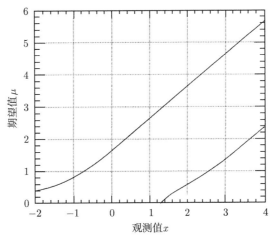

图 5.12 正态变量期望值 μ 的置信水平 $\gamma=90\%$ 的置信带

纵、横坐标数值均以观测值 x 正态变量的标准差为单位

似然比方法构造的 $\gamma = 0.90$ 的置信带 (图 5.12) 与经典方法构造的对应置信带 (图 5.9) 相比较, 对于观测值 x 大的区域, 两者的置信区间 $[\mu_1, \mu_2]$ 是相近的; 而在 $x \leqslant 0$ 和 $x \approx 0$ 的区域两者有明显的差别. 在似然比顺序求和方法中, 上限和中心置信区是自然形成的, 式 (5.5.11) 保证了置信带有正确的涵盖概率量, 不存在空集的困难, 因而克服了经典方法中的缺陷.

5.5.3 改进的 F-C 方法

似然比顺序求和方法虽然解决了经典方法中的困难, 但在实际应用中发现它仍有缺陷. 例如, 对于观测值服从泊松分布的情形, 当观测事例数 n 小于平均本底 b 时, 对应于一定置信水平 γ 的信号事例的置信区间上限依赖于平均本底 b 的大小. 举一个具体例子, 观测总事例数 $n = 0$, 当 $b = 0, 1, 2, 3, 4$ 时, 信号事例的

$\gamma = 0.90$ 的置信区间分别为 (0~2.44), (0~1.61), (0~ 1.26), (0~1.08), (0~1.01). 但从实际出发来考虑问题, 既然总的观测事例数 $n = 0$, 实际的信号事例数和本底事例数的期望值都应当是零, 这时的置信区间基本上不应随预期的平均本底 b 而变化.

为了克服似然比顺序求和方法的这一缺陷, Roe 和 Woodroofe[95] 提出了一个改进方案, 其基本思想是, 对于任一特定观测总事例数 n, 本底事例数不可能大于 n. 将这一要求考虑到置信区间的构造上, 原来的概率密度函数

$$p(n)_{\mu+b} = \frac{(\mu + b)^n \mathrm{e}^{-(\mu+b)}}{n!} \tag{5.5.12}$$

要用条件概率密度 $q_{\mu+b}^n(k)$ 代替

$$q_{\mu+b}^n(k) = \begin{cases} \dfrac{p(k)_{\mu+b}}{\displaystyle\sum_{j=0}^{n} p(j)_b}, & k < n, \\ \dfrac{\displaystyle\sum_{j=0}^{n} p(j)_b p(k-j)_\mu}{\displaystyle\sum_{j=0}^{n} p(j)_b}, & k > n. \end{cases} \tag{5.5.13}$$

这里, $q_{\mu+b}^n(k)$ 表示本底事例数 $b \leqslant n$ 条件下观察到总事例数为 k 的概率. 类似于似然比顺序求和方法, 对给定观测值 n, 使 $q_{\mu+b}^n(k)$ 达到极大的那个 μ 值定义为 μ_{best}, 即满足

$$q_{\mu_{\mathrm{best}}+b}^n(k) > q_{\mu+b}^n(k), \tag{5.5.14}$$

则似然比定义为

$$\tilde{R}^n(\mu, k) = \frac{q_{\mu+b}^n(k)}{q_{\mu_{\mathrm{best}}+b}^n(k)}. \tag{5.5.15}$$

然后按照似然比顺序求和方法中的步骤可构造特定置信水平 γ 相应的置信带.

对于 $b = 3, \gamma = 0.90$ 的特定情况, 似然比顺序求和方法和改进方案求出的置信带见图 5.13, 相应的数值见表 5.9, 两者的差别主要出现在总观测事例数 n 比较小的区域, 改进方案构造的置信区间比较宽. 特别是对于 $n = 0$ 的情况, 改进方案给出的 $b = 3$ 对应的 $\gamma = 0.90$ 的 μ 的上限为 $\mu_{\mathrm{up}} = 2.42$, 与似然比顺序求和方法中 $n = 0$, $b = 0$ 的 $\gamma = 0.90\mu$ 的上限 $\mu_{\mathrm{up}} = 2.44$ 相近, 而比 $n = 0, b = 3$ 的 $\gamma = 0.90$ 上限 $\mu_{\mathrm{up}} = 1.08$ 要大得多.

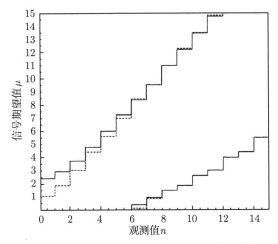

图 5.13 似然比顺序求和方法 (虚线) 和改进方案 (实线) 构造的置信带的比较

观测值服从泊松分布, $\gamma = 0.90, b = 3$

表 5.9 似然比顺序求和方法和改进方案构造的置信带的比较 ($b=3$, $\gamma=0.90$)

n	似然比顺序求和方法		改进方案	
	μ_1	μ_2	μ_1	μ_2
0	0.0	1.08	0.0	2.42
1	0.0	1.88	0.0	2.94
2	0.0	3.04	0.0	3.74
3	0.0	4.42	0.0	4.78
4	0.0	5.60	0.0	6.00
5	0.0	6.99	0.0	7.26
6	0.15	8.47	0.42	8.40
7	0.89	9.53	0.96	9.56
8	1.51	11.0	1.52	11.0
9	1.88	12.3	1.88	12.22
10	2.63	13.5	2.64	13.46

5.5.4 系统误差的考虑

在本节前面的讨论中, 对于泊松总体, 我们都假定信号区内本底事例数服从期望值 b 的泊松分布, 且 b 为已知; 信号事例数服从期望值 μ 的泊松分布.

在许多实际问题中, 本底事例数期望值 b 具有不确定性. 例如, 5.5.1 节所举的例子中, 图 5.7 信号区内的本底事例数期望值 b 可以由信号区外的本底事例数分布确定. 由于信号区外的本底事例数很少, 或者其分布有相当明显的涨落, 因此本底函数的行为有明显的不确定性, 相应地, 信号区内的本底事例数期望值 b 有不确定性, 或者说, 期望值 b 存在系统误差. 在考虑 b 存在系统误差的情况下,

Conrad[96] 提出, 在对信号事例数期望值 μ 作区间估计时, 其概率密度函数的形式应为

$$q(n)_{\mu+b} = \frac{1}{\sqrt{2\pi}\sigma_b} \int_0^\infty p(n)_{\mu+b'} \mathrm{e}^{-(b-b')^2/2\sigma_b^2} \mathrm{d}b', \qquad (5.5.16)$$

其中 $p(n)_{\mu+b}$ 的定义见式 (5.5.12); σ_b 是 b 的标准离差.

　　5.5.1 节所举的例子中, 反应截面由 $\sigma = n_{\mathrm{sig}}/(L\varepsilon)$ 确定, 其中 ε 是探测装置对所研究的反应 (这里是 $\mathrm{e^+e^-} \to \rho\eta'$) 信号事例的探测效率. 类似地, 探测效率 ε 的确定也会有系统误差, 这就会导致反应截面的不确定性. 当考虑探测效率 ε 的系统误差时, 概率密度函数的形式应进一步修改为

$$q(n)_{\mu+b} = \frac{1}{\sqrt{2\pi}\sigma_b\sigma_\varepsilon} \int_0^\infty \int_0^\infty p(n)_{\mu\varepsilon'+b'} \mathrm{e}^{-(b-b')^2/2\sigma_b^2} \mathrm{e}^{-(1-\varepsilon')^2/2\sigma_\varepsilon^2} \mathrm{d}b'\mathrm{d}\varepsilon', \quad (5.5.17)$$

其中, σ_ε 是信号事例探测效率 ε 的 (相对) 系统误差. 利用式 (5.5.16) 和式 (5.5.17) 的概率密度函数, 再按照 5.5.2 节和 5.5.3 节叙述的 (改进的) 似然比顺序求和方法, 即可求得信号事例数期望值的置信区间.

　　在式 (5.5.16) 和式 (5.5.17) 的概率密度函数表式中, 系统误差的分布被假定为正态分布. 原则上, 其他分布的系统误差相应的概率密度函数也可以按类似于式 (5.5.16) 和式 (5.5.17) 的方式得到.

　　按照以上原则, Conrad 等编制了计算机程序包 POLE(poissonian limit estimator, 参见文献 [97]), 可计算 $n \leqslant 100$, $\mu \leqslant 50$ 情形下, 用经典方法、似然比顺序求和方法或改进的似然比顺序求和方法构造的置信带, 系统误差的分布可以是正态分布、对数-正态分布或均匀分布.

　　本节关于系统误差仅仅考虑了探测效率 ε 和本底事例数期望值 b 这两个冗余参数不确定性的效应. 事实上, 根据 3.1.3 节的讨论, 应当考虑的冗余参数还包括外部输入参数, 例如实验取数期间对撞机的积分亮度 L. 当冗余参数个数增加时, 概率密度函数呈现高维积分的形式, 这将大大增加计算的复杂性和计算机机时. 同时, 各个冗余参数的概率密度的选择基本上依靠经验函数, 这样计算得到的系统误差的准确程度取决于经验函数与冗余参数的真实概率密度的相似程度. 此外, 还需要考虑分析流程的输入/输出误差导致的待测参数的系统误差效应, 这部分贡献难以用解析函数的形式加以描述, 需要利用 3.1.4 节描述的方法加以修正, 以减小或基本消除这一误差. 所以, 应用上述方法确定信号事例数期望值的置信区间时, 必须考虑到这些局限并加以修正.

5.6 贝叶斯信度区间

在经典统计的区间估计问题中, 设实验测量的是随机变量 x, 它的概率密度函数为 $f(x, \boldsymbol{\theta})$, 其中 $\boldsymbol{\theta}$ 是 (一个或多个) 待估计的未知参数, 它 (们) 被认为是一个 (组) 常数. 实验得到的是随机变量 x 的一组测量值 $\boldsymbol{x} = (x_1, \cdots, x_n)^{\mathrm{T}}$, 即容量为 n 的数据样本. 区间估计的任务是通过观测样本 $\boldsymbol{x}$ 来推断一个随机区间, 它包含未知参数 $\boldsymbol{\theta}$ 真值的概率为一给定常数 γ. 该区间通常称为参数 $\boldsymbol{\theta}$ 涵盖概率 γ 的置信区间. 在贝叶斯 (Bayes) 统计 (例如参见文献 [9] 中第 13 章, 或文献 [98~100]) 中, 概率被赋予与经典概率不同的含义. 事件 A 的**贝叶斯概率**定义为观测主体对一个单次试验中事件 A 发生可能性大小的信任程度, 或称**信度** (degree of belief), 它表示观测主体对于事件发生的不确定性的一种主观判断. 在贝叶斯统计的参数区间估计中, 未知参数 $\boldsymbol{\theta}$ 不再是固定常数, 而是一随机变量.

贝叶斯统计中一切统计推断 (包括参数的区间估计) 都是根据**后验概率密度** (posterior probability density) 做出的. 后验概率密度根据**贝叶斯公式**确定:

$$h(\boldsymbol{\theta}|\boldsymbol{x}) = \frac{L(\boldsymbol{x}|\boldsymbol{\theta})\pi(\boldsymbol{\theta})}{\int L(\boldsymbol{x}|\boldsymbol{\theta}')\pi(\boldsymbol{\theta}')\,d\boldsymbol{\theta}'} \equiv \frac{L(\boldsymbol{x}|\boldsymbol{\theta})\pi(\boldsymbol{\theta})}{q(\boldsymbol{x})}, \tag{5.6.1}$$

式中, $L(\boldsymbol{x}|\boldsymbol{\theta})$ 是似然函数, 它反映了实验观测样本 $\boldsymbol{x}$ 关于待估计参数 $\boldsymbol{\theta}$ 的信息; $\pi(\boldsymbol{\theta})$ 为**先验概率密度** (prior probability density), 它反映了实验者对于参数 $\boldsymbol{\theta}$ 在实验测量之前具有的知识. 后验概率密度则是这两种信息的综合. 式 (5.6.1) 中, $\boldsymbol{x}$ 的边沿概率密度 $q(\boldsymbol{x})$ 与参数 $\boldsymbol{\theta}$ 无关, 在 $h(\boldsymbol{\theta}|\boldsymbol{x})$ 中仅仅起到归一化常数的作用. 在许多实际问题中, 只需要利用关系式

$$h(\boldsymbol{\theta}|\boldsymbol{x}) \propto L(\boldsymbol{x}|\boldsymbol{\theta})\pi(\boldsymbol{\theta}) \tag{5.6.2}$$

就可以进行统计推断.

5.6.1 先验密度

由于对参数 $\boldsymbol{\theta}$ 所作的任何推断必须而且只能基于参数 $\boldsymbol{\theta}$ 的后验分布 $h(\boldsymbol{\theta}|\boldsymbol{x})$, 而它又直接取决于先验分布 $\pi(\boldsymbol{\theta})$, 显然先验分布的选择就成为一个极为重要的问题.

1) 贝叶斯先验分布

贝叶斯认为先验分布应在参数 $\boldsymbol{\theta}$ 的取值区域 Θ 内均匀分布, 即

$$\pi(\boldsymbol{\theta}) = c \quad \text{或} \quad \pi(\boldsymbol{\theta}) \propto 1, \quad \boldsymbol{\theta} \in \Theta. \tag{5.6.3}$$

贝叶斯先验分布又可称为**同等无知假设**, 即认为参数 $\boldsymbol{\theta}$ 在其取值区域内取任意值有同等的可能性. 这样的先验分布除了参数的取值区域之外没有给出 $\boldsymbol{\theta}$ 的信息, 因而称为无信息先验分布.

在贝叶斯先验分布下, 利用式 (5.6.2) 并考虑到似然函数是归一化的, 故有

$$h(\boldsymbol{\theta}|\boldsymbol{x}) = L(\boldsymbol{x}|\boldsymbol{\theta}), \tag{5.6.4}$$

即后验密度等于似然函数.

先验分布的贝叶斯假设中存在一个矛盾, 即若先验分布对 $\boldsymbol{\theta}$ 是同等无知的, 那么它对 $\boldsymbol{\theta}$ 的任意函数 $g(\boldsymbol{\theta})$ 也应当是同等无知的. 如果对参数 $\boldsymbol{\theta}$ 选用均匀分布, 则当以 $\boldsymbol{\theta}$ 的函数 $g(\boldsymbol{\theta})$ 作为参数时, 也应该选用均匀分布. 然而, 当 $\boldsymbol{\theta}$ 为均匀分布时, 一般地 $g(\boldsymbol{\theta})$ 不为均匀分布; 反之亦然.

2) Jeffreys 原则

克服贝叶斯先验分布中矛盾的方法之一是利用构造无信息先验分布的 **Jeffreys 不变性原则**[101], 在这种情形下, 先验分布 $\pi(\boldsymbol{\theta})$ 的形式为

$$\pi(\boldsymbol{\theta}) \propto |I(\boldsymbol{\theta})|^{1/2}, \tag{5.6.5}$$

对于 $\boldsymbol{\theta}$ 为 k 维矢量的情形, $I(\boldsymbol{\theta})$ 是 $k \times k$ 费希尔 **(Fisher)** 信息矩阵, 其矩阵元为

$$[I(\boldsymbol{\theta})]_{ij} = -E\left\{\frac{\partial^2[\ln L(\boldsymbol{x}|\boldsymbol{\theta})]}{\partial\theta_i\partial\theta_j}\right\} = -\int\frac{\partial^2[\ln L(\boldsymbol{x}|\boldsymbol{\theta})]}{\partial\theta_i\partial\theta_j}L(\boldsymbol{x}|\boldsymbol{\theta})\mathrm{d}\boldsymbol{x}. \tag{5.6.6}$$

可以证明, Jeffreys 先验密度在参数变换下是不变的. 应当指出的是, Jeffreys 先验密度中包含了似然函数, 因而包含了描述测量值的模型自身的信息. 例如, 对于测量值服从均值 μ 的正态分布的情形, Jeffreys 先验密度等于常数; 对于测量值服从期望值 μ 的泊松分布的情形, Jeffreys 先验密度是 $\pi(\mu) \propto 1/\sqrt{\mu}$.

5.6.2 系统误差的处理, 冗余参数

贝叶斯统计提供了将系统误差加入到参数的区间估计结果中去的处理方法. 假设描述观测值的模型同时依赖于感兴趣的参数 $\boldsymbol{\theta}$ 及**冗余参数** (nuisance parameter)$\boldsymbol{\nu}$, 对于后者我们大致知道其名义值及分布的标准差 σ_ν. 冗余参数分布的常用形式是以名义值作为均值, 标准差为 σ_ν 的正态分布. 对于参数 $\boldsymbol{\theta}$ 约束为非负值的情形, 虽然可以将正态分布的负值部分切除以满足非负性要求, 更自然的做法是采用对数-正态分布来保证非负性, 然后, 将似然函数、先验密度和后验密度都视为 $\boldsymbol{\theta}$ 和 $\boldsymbol{\nu}$ 的函数. 对于冗余参数 $\boldsymbol{\nu}$ 作积分可求得 $\boldsymbol{\theta}$ 的后验密度:

$$h(\boldsymbol{\theta}|\boldsymbol{x}) = \int h(\boldsymbol{\theta},\boldsymbol{\nu}|\boldsymbol{x})\mathrm{d}\boldsymbol{\nu}. \tag{5.6.7}$$

假定 $\boldsymbol{\theta}$ 和 $\boldsymbol{\nu}$ 的联合概率密度 $h(\boldsymbol{\theta}, \boldsymbol{\nu}|\boldsymbol{x})$ 对于 $\boldsymbol{\theta}$ 和 $\boldsymbol{\nu}$ 是因子化的, 对于 $\boldsymbol{\nu}$ 作积分等价于用**边沿似然函数** (marginal likelihood)

$$L_{\mathrm{m}}(\boldsymbol{x}|\boldsymbol{\theta}) = \int L(\boldsymbol{x}|\boldsymbol{\theta}, \boldsymbol{\nu})\pi(\boldsymbol{\nu})\mathrm{d}\boldsymbol{\nu} \qquad (5.6.8)$$

代替式 (5.6.1) 中的似然函数 $L(\boldsymbol{x}|\boldsymbol{\theta})$, 可以求得后验密度[102], 即

$$h(\boldsymbol{\theta}|\boldsymbol{x}) = \frac{L_{\mathrm{m}}(\boldsymbol{x}|\boldsymbol{\theta})\pi(\boldsymbol{\theta})}{\int L_{\mathrm{m}}(\boldsymbol{x}|\boldsymbol{\theta}')\pi(\boldsymbol{\theta}')\,\mathrm{d}\boldsymbol{\theta}'} \equiv \frac{L_m(\boldsymbol{x}|\boldsymbol{\theta})\pi(\boldsymbol{\theta})}{q_m(\boldsymbol{x})}. \qquad (5.6.9)$$

边沿似然函数同样可应用于 5.2 节描述的利用似然函数作区间估计的情形, 以将冗余参数的不确定性导致的参数系统误差包含在内. 这种方法具有经典/贝叶斯统计的混合性质.

需要注意的是, 5.5.4 节提及的冗余参数 $\boldsymbol{\nu}$ 为多维向量情形下计算结果的复杂性和准确性问题, 以及分析流程的输入/输出误差导致的待测参数的系统误差难以用解析函数的形式加以描述这些困难同样存在, 需要利用 3.1.4 节描述的方法加以修正.

5.6.3 贝叶斯区间估计

对于待定参数 θ, 给定**信度概率** (credible probability) 或**信度水平** (credible level, CL) γ, 满足下式的区间 $[\theta_l, \theta_u]$ 即为贝叶斯信度区间 (credible interval):

$$P(\theta_l \leqslant \theta \leqslant \theta_u|\boldsymbol{x}) = \gamma, \quad \theta \text{为连续量} \qquad (5.6.10)$$

$$P(\theta_l \leqslant \theta \leqslant \theta_u|\boldsymbol{x}) \geqslant \gamma, \quad \theta \text{为离散量} \qquad (5.6.11)$$

因此, 贝叶斯信度区间的概率含义十分清晰, 没有任何含糊之处.

对于给定的信度水平 γ, 式 (5.6.10)~ 式 (5.6.11) 定义的信度区间有无穷多个. 因此, 对于给定的信度水平 γ, 如何求得贝叶斯意义下的最优区间仍然是一个问题.

设参数 θ 具有后验分布 $h(\theta|\boldsymbol{x})$, $\boldsymbol{x}$ 是样本观测值, 对于给定的信度水平 γ, 若存在区间 I, 满足下列条件:

$$P[\theta \in I|\boldsymbol{x}] = \int_I h(\theta|\boldsymbol{x})\mathrm{d}\theta = \gamma, \quad \theta \text{为连续量} \qquad (5.6.12)$$

$$P[\theta \in I|\boldsymbol{x}] = \sum_{\theta_i \in I} h(\theta_i|\boldsymbol{x}) \geqslant \gamma, \quad \theta \text{为离散量} \qquad (5.6.13)$$

且对任意 $\theta_1 \in I$, $\theta_2 \notin I$, 总有

$$h(\theta_1|\boldsymbol{x}) \geqslant h(\theta_2|\boldsymbol{x}), \tag{5.6.14}$$

则称 I 是参数 θ 的信度水平 γ 的**最大后验密度 (highest posterior density, HPD) 区间**估计. 式 (5.6.14) 表示区间 I 内集中了后验密度取值尽可能大的点, 因此 θ 的 HPD 区间是给定信度水平 γ 下长度最短的区间. 一般认为 HPD 区间是贝叶斯意义下的最优区间估计.

对于给定的信度水平 γ, 由下式决定参数 θ 的**贝叶斯信度区间上限**θ_{up}:

$$P[\theta \leqslant \theta_{\text{up}}|\boldsymbol{x}] = \int_{\theta \leqslant \theta_{\text{up}}} h(\theta|\boldsymbol{x})\mathrm{d}\theta = \gamma, \quad \theta\text{为连续量}, \tag{5.6.15}$$

$$P[\theta \leqslant \theta_{\text{up}}|\boldsymbol{x}] = \sum_{\theta_i \leqslant \theta_{\text{up}}} h(\theta_i|\boldsymbol{x}) \geqslant \gamma, \quad \theta\text{为离散量}, \tag{5.6.16}$$

也可以构建**中心信度区间**$[\theta_l, \theta_u]$:

$$P[\theta \leqslant \theta_l|\boldsymbol{x}] = P[\theta \geqslant \theta_u|\boldsymbol{x}] = \frac{1-\gamma}{2}, \quad \theta\text{为连续量}, \tag{5.6.17}$$

$$P[\theta \leqslant \theta_l|\boldsymbol{x}], P[\theta \geqslant \theta_u|\boldsymbol{x}] \leqslant \frac{1-\gamma}{2}, \quad \theta\text{为离散量}. \tag{5.6.18}$$

当后验密度 $h(\theta|\boldsymbol{x})$ 为单峰、对称函数时, 中心信度区间即是 HPD 区间.

经典统计学中 Neyman 区间的构建有时是相当困难的, 但寻求参数 θ 的贝叶斯信度区间只需要知道 θ 的后验分布, 不需要再去寻求其他的分布. 两者相比较, 贝叶斯信度区间的构建较为简单. 但需要指出, 贝叶斯信度区间的确定依赖于后验分布, 从而也依赖于先验分布. 如果选择不同的先验分布, 对于同样的信度概率, 其贝叶斯信度区间是不同的. 此外, 需要强调的是经典置信区间置信概率 γ(或 CL) 与贝叶斯信度区间的信度概率 γ(或 CL) 的含义是不相同的, 当两者取相同值时, 置信区间和信度区间的长度可以是不同的.

1) 正态总体均值的信度区间

设 $\boldsymbol{x} = (x_1, \cdots, x_n)^{\mathrm{T}}$ 为正态总体 $N(\mu, \sigma^2)$ 的随机子样, σ^2 已知, μ 为未知参数. 选取贝叶斯先验密度即 $\pi(\mu) \propto 1$, 求 μ 的信度概率 $\gamma = 1 - \alpha$ 的信度区间.

似然函数 $L(\boldsymbol{X}|\mu)$ 为

$$L(\boldsymbol{x}|\mu) = \prod_{i=1}^{n} N(x_i; \mu, \sigma^2) \propto \exp\left[-\frac{1}{2\sigma^2}\sum_{i=1}^{n}(\mu - x_i)^2\right]$$

$$\propto \exp\left[-\frac{n}{2\sigma^2}(\mu^2 - 2\mu\bar{x} + \bar{x}^2)\right] \times \exp\left[-\frac{n}{2\sigma^2}\left(\frac{1}{n}\sum_{i=1}^{n}x_i^2 - \bar{x}^2\right)\right],$$

式中 $\bar{x} = \sum\limits_{i=1}^{n} x_i/n$ 为子样平均. 略去与未知参数 μ 无关的系数, 有

$$L(\boldsymbol{x}|\mu) \propto \exp\left[-\frac{1}{2\sigma^2/n}(\bar{x}-\mu)^2\right].$$

在贝叶斯先验密度下, 由式 (5.6.4) 知后验密度就等于似然函数, 故得

$$h(\mu|\bar{x}) = N\left(\bar{x}, \frac{\sigma^2}{n}\right),$$

即 $(\mu - \bar{x})/\sqrt{\sigma^2/n} \sim N(0,1)$, 故有

$$P\left\{|\frac{\mu-\bar{x}}{\sigma/\sqrt{n}}| \leqslant z_{\alpha/2}\right\} = 1 - \alpha = \gamma,$$

其中 $z_{\alpha/2}$ 是标准正态分布的双侧 α 分位数. 由此得到 μ 的信度概率 $\gamma = 1 - \alpha$ 的信度区间为

$$\left[\bar{x} - z_{\alpha/2}\frac{\sigma}{\sqrt{n}}, \bar{x} + z_{\alpha/2}\frac{\sigma}{\sqrt{n}}\right].$$

此区间与经典方法得到的置信区间一致, 它实质上反映了在贝叶斯先验密度下没有任何先验信息可利用, 只能靠样本提供的信息来估计置信区间.

2) 观测值服从泊松分布的信度区间

设信号区间内信号事例数为期望值 s 的泊松变量, 期望值 s 为待估计参数. 这时, 该区间内观测事例数 n 为期望值 $s+b$ 的泊松变量, 即观测到 n 个事例的概率为

$$p(n|s)_b = \mathrm{e}^{-(s+b)}\frac{(s+b)^n}{n!}. \tag{5.6.19}$$

目前情形下 $p(n|s)_b$ 为给定 s 条件下观测到 n 个事例的条件概率, 亦即式 (5.6.1) 中的似然函数 $L(\boldsymbol{x}|\theta) = L(n|s)$, 故后验概率为

$$h(s|n) = \frac{p(n|s)_b \pi(s)}{\displaystyle\int_0^\infty p(n|s)_b \pi(s)\mathrm{d}s}, \tag{5.6.20}$$

$\pi(s)$ 是无信息先验概率:

$$\pi(s) \propto \frac{1}{(s+b)^m}, \quad s \geqslant 0, \quad b \geqslant 0, \quad 0 \leqslant m \leqslant 1, \tag{5.6.21}$$

$m=0$ 对应于贝叶斯先验分布, $m=0.5$ 对应于 $1/\sqrt{s+b}$ 先验分布 (Jeffrey先验分布), $m=1$ 对应于 $1/(s+b)$ 先验分布 (Jaynes[103] 及 Box 和 Tiao[104] 不变先验分布). 若选择不同的 m 值, 则得到不同的信度区间. 文献 [105] 对不同的 m 值得到不同的信度区间进行了讨论, 图 5.14 显示了本底期望值 $b=3$ 的泊松变量,

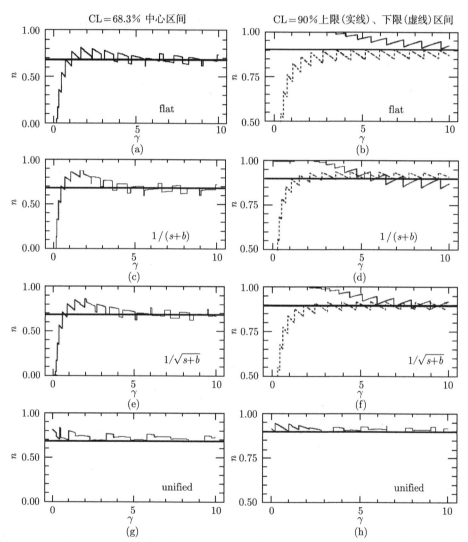

图 5.14　F-C(unified) 区间置信水平 CL 与 3 种先验分布 ($m=0,0.5,1$) 构建的贝叶斯信度区间信度水平 CL 数值相等的情形下, 两者所对应的置信概率 (γ) 的比较. 图中的纵坐标为 γ, 横坐标为观测事例数 n

本底期望值 $b=3$. 图中 flat 对应于贝叶斯先验分布 $\pi(s)\propto 1$

CL=68.3％中心区间和 CL=90％上限 (实线)、下限 (虚线) 区间两种情形下, 3 种先验分布 $(m = 0, 0.5, 1)$ 构建的、信度水平 (CL) 的贝叶斯信度区间与置信水平 (CL) 的 FC(unified) 区间所对应的置信概率 (γ) 的比较. 可以看到, 对于 $m = 0.5, 1$ 两种先验分布, 在 $n \geqslant 1$ 的情形下, 信度水平 CL 的贝叶斯信度区间的实际置信概率与所要求的名义置信概率 γ 基本相同.

在先验分布为 $\pi(s) \propto \dfrac{1}{(s+b)^m}$ 的情形下, 有

$$h(s|n) = \frac{(s+b)^{n-m}\mathrm{e}^{-(s+b)}}{\Gamma(n-m+1, b)}, \tag{5.6.22}$$

其中, $\Gamma(x, b)$ 是不完全 Γ 函数:

$$\Gamma(x, b) = \int_b^\infty s^{x-1}\mathrm{e}^{-s}\mathrm{d}s, \quad x > 0, b > 0. \tag{5.6.23}$$

因此可求得信度水平 $\mathrm{CL} = 1 - \alpha$ 的中心区间 $[s_l, s_u]$:

$$\int_0^{s_l} h(s|n)\mathrm{d}s = \frac{\alpha}{2} = \int_{s_u}^\infty h(s|n)\mathrm{d}s, \tag{5.6.24}$$

以及上限 s_{up}:

$$1 - \alpha = \int_0^{s_{\mathrm{up}}} h(s|n)\mathrm{d}s. \tag{5.6.25}$$

将式 (5.6.22) 代入上式求得

$$\alpha = \frac{\Gamma(n-m+1, s_{\mathrm{up}}+b)}{\Gamma(n-m+1, b)}. \tag{5.6.26}$$

当先验概率为均匀分布 $(m = 0)$ 时, 上式变为

$$\alpha = \mathrm{e}^{-s_{\mathrm{up}}}\frac{\displaystyle\sum_{i=0}^n \frac{(s_{\mathrm{up}}+b)^i}{i!}}{\displaystyle\sum_{i=0}^n \frac{b^i}{i!}}. \tag{5.6.27}$$

该式需数值求解, 步骤如下: 式 (5.6.27) 可改写为

$$s_{\mathrm{up}} = \ln I(s_{\mathrm{up}}) - \ln \alpha,$$

其中

$$I(s_{\mathrm{up}}) = \frac{\displaystyle\sum_{i=0}^{n} \frac{(s_{\mathrm{up}} + b)^i}{i!}}{\displaystyle\sum_{i=0}^{n} \frac{b^i}{i!}}.$$

通过对目标函数

$$F = |s_{\mathrm{up}} - \ln I + \ln \alpha| \quad \text{或} \quad F = (s_{\mathrm{up}} - \ln I + \ln \alpha)^2$$

求极小可得到上限 s_{up} 的解.

最大后验密度 (HPD) 信度区间 R 则由下式求得

$$1 - \alpha = \int_{\mathrm{R}} h(s|n)\mathrm{d}s, \tag{5.6.28}$$

其中对任意 $s_1 \in \mathbf{R}$ 和 $s_2 \notin \mathbf{R}$, 下述不等式成立

$$h(s_1|n) \geqslant h(s_2|n). \tag{5.6.29}$$

如前所述, 若给定 CL, HPD 区间 $[s_1, s_{\mathrm{u}}]$ 长度最短, 而且根据测量数据会自动给出信度区间或上限, 无须人为地加以规定.

现在考虑包含系统误差情形下贝叶斯 HPD 置信区间和置信上限 s_{up} 的确定. 需要考虑两类系统误差: 本底事例期望值 b 不是常数, 而是服从某种分布; 信号事例探测效率不是常数, 而是服从某种分布, 即本底事例期望值和信号事例探测效率是 5.6.2 节描述的冗余参数. 这时后验概率中的似然函数不能用简单的泊松分布表示, 而需要用式 (5.6.8) 的边沿似然函数

$$p_{\mathrm{m}}(n|s)_b = \int p(n|s)_b \pi(\boldsymbol{\nu})\mathrm{d}\boldsymbol{\nu} \tag{5.6.30}$$

代替, 其中 $\boldsymbol{\nu}$ 是冗余参数. 如果只考虑本底的系统误差, 本底期望值 (改为 b' 表示) 不再是常数, 而是冗余参数, 其概率密度表示为 $f_{b'}(b, \sigma_b)$, 其期望值为 b, 而标准差为 σ_b, 则泊松概率密度 $p(n|s)_b$ 需修改为

$$p_{\mathrm{m}}(n|s)_b = \int_0^\infty p(n|s)_{b'} \cdot f_{b'}(b, \sigma_b)\mathrm{d}b'. \tag{5.6.31}$$

如果同时考虑信号效率和本底的系统误差, 且两者独立, 相对信号效率 (冗余参数)ε 的概率密度可表示为 $f_\varepsilon(1, \sigma_\varepsilon)$, 其期望值为 1, 标准差为 σ_ε, 则泊松概率密

度 $p(n|s)_b$ 需修改为

$$p_{\mathrm{m}}(n|s)_b = \int_0^\infty \int_0^\infty p(n|s\varepsilon)_{b'} f_{b'}(b, \sigma_b) f_\varepsilon(1, \sigma_\varepsilon) \mathrm{d}b' \mathrm{d}\varepsilon, \qquad (5.6.32)$$

式中, $p(n|s\varepsilon)_{b'}$ 与式 (5.6.19) 相同, 但 b 用 b' 代替, s 用 $s\varepsilon$ 代替.

式 (5.6.20) 中的 $p(n|s)_b$ 用式 (5.6.31) 或式 (5.3.32) 的 $p_{\mathrm{m}}(n|s)_b$ 代入即求得后验概率 $h(s|n)$, 其余步骤相同.

文献 [106] 讨论了对于泊松观测量需考虑系统误差的情形, 利用贝叶斯方法确定置信上限 S_{up} 的方法, 编制了计算上限的 FORTRAN 程序包 BPULE (Bayesian Upper Limit Estimator). 文献 [107] 则讨论了泊松观测量情形下贝叶斯信度区间的构建问题, 并编制了计算贝叶斯 HPD 信度区间和上限的 FORTRAN 程序包 BPOCI (Bayesian POissonian Credible Interval)[108]. 图 5.15 是观测事例数 $n = 8$ 情形下用 BPOCI 程序包算得的后验分布 $h(s|n)$ 与信号事例数期望值 s 的函数关系, 本底服从期望值 $b = 2$, $\sigma_b = 0.3b$ 的正态分布, 由此求得的 HPD 信度区间 (CL = 0.9) 为 [2.07, 11.77].

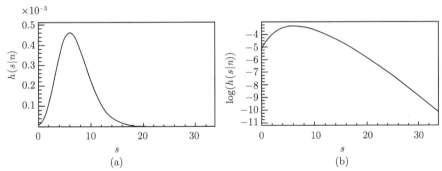

图 5.15 BPOCI 程序包算得的后验分布 $h(s|n)$ 与 s 的函数关系

$n = 8$, (a) 为线性坐标, (b) 为对数坐标. 利用均匀分布先验密度 (即 $m = 0$), 本底服从期望值 $b = 2$,
$\sigma_b = 0.3b$ 的正态分布

书末的附表 12 给出了先验分布为均匀分布情形下, 信度水平 68.27%、90% 和 95% 对应的信号区内信号泊松事例数期望值 s 的 HPD 信度区间.

若给定信度概率, 贝叶斯 HPD 区间长度最短, 而且根据测量数据会自动给出信度区间或上限, 而无须人为地加以规定; 同时, 式 (5.6.12) 和式 (5.6.13) 保证了不存在信度概率不足的问题, 也不存在空集, 因此贝叶斯 HPD 区间克服了经典统计 Neyman 方法在小信号区间估计中的涵盖概率不足和存在空集的缺陷. 对比 FC 置信区间的附表 10 和贝叶斯 HPD 区间的附表 12 可以发现, 对于泊松观测

量中 n 接近或小于 b 的情形, 贝叶斯 HPD 区间对于本底期望值 b 的依赖要远小于 FC 方法确定的置信区间对于 b 的依赖.

我们在 5.5.4 节中曾提及, Conrad 等编制的程序包 POLE 可计算经典方法、似然比顺序求和方法或改进的似然比顺序求和方法构造的置信带, 并且考虑了探测效率 ε 和本底事例数期望值 b 的不确定性导致的系统误差的效应, 但是并非所有冗余参数导致的系统误差效应都得到了考虑. 这一问题在贝叶斯估计方法中同样存在, 需要对计算结果进行相应的修正.

5.7 二项分布参数的区间估计

二项分布参数 p 的区间估计问题在粒子物理实验中具有重要的意义. 如我们在 3.2 节中提到的, 二项分布参数 p 在实验测量中可以表示探测器探测效率或事例判选效率, 它们需要利用实验观测量来求得其估计值及其误差. 显然, 这些效率的估计值及其误差的正确性和精度会直接影响实验结果的正确性和精度.

如 3.2 节所述, 对二项分布参数 p 进行区间估计的实验可以分为两类. 一类是事例总数 n 为一确定值, 其中 "成功" 的事例数 s 为二项分布随机变量:

$$B(s; n, p) = \frac{n!}{s! b!} p^s q^b, \quad s + b = n, q = 1 - p, \tag{5.7.1}$$

需要利用随机变量 s 的观测值 $\hat{s}$ 和已知常数 n 对 p 进行点估计和区间估计. 探测器探测效率的确定和利用蒙特卡罗事例产生子来产生事例样本以确定事例判选效率属于这种情形. 另一类是事例总数 n 为期望值 μ 的泊松变量, 利用实验数据确定事例判选效率则属于这种情形. 这时, 关于 3 个变量 s、b、n 的联合概率可表示为 s 和 b 为两个独立的、期望值为 $\mu p \equiv \mu_s$ 和 $\mu q \equiv \mu_b$ 的泊松概率的乘积, 即

$$P(s, b, n) = B(s; n, p) \cdot P(n; \mu) = P(s; \mu p) \cdot P(b; \mu q). \tag{5.7.2}$$

在这种情形下, p 可表示为随机变量 s 和 n 的期望值之比:

$$p = \frac{\mu_s}{\mu}. \tag{5.7.3}$$

定义两个泊松期望值比 λ 为

$$\lambda = \frac{\mu_s}{\mu_b}, \tag{5.7.4}$$

考虑到

$$\mu = \mu_s + \mu_b, \tag{5.7.5}$$

立即得到二项分布参数 p 与泊松期望值比 λ 之间的关系:

$$p = \frac{\mu_s}{\mu} = \frac{\lambda}{\lambda + 1} = 1 - \frac{1}{\lambda + 1}. \tag{5.7.6}$$

在这样的实验中, 实验得到的测量值是两个相互独立的泊松变量 s 和 b 的观测值 $\hat{s}$ 和 $\hat{b}$(或泊松变量 n 的观测值 $\hat{n}$, 因为 $\hat{n} = \hat{s} + \hat{b}$). 可以通过这些观测量构建参数 λ 的置信区间, 然后利用关系式 (5.7.6) 求得二项分布参数 p 的置信区间.

二项分布参数 p 的区间估计有许多种[109], 这里我们仅介绍具有代表性的几种.

5.7.1 二项分布参数 p 的置信区间

1) Clopper-Pearson(C-P) 区间

按照 5.1.1 节叙述的构建置信区间的经典方法, 考虑到二项分布的离散性, 参数 p 的置信水平 $\gamma = 1 - \alpha$ 的中心置信区间为 $[p_l, p_u]$:

$$p_l(\gamma) = B_{\alpha/2}(\hat{s}, n - \hat{s} + 1), \quad p_u(\gamma) = B_{1-\alpha/2}(\hat{s} + 1, n - \hat{s}), \tag{5.7.7}$$

其中, $B_\alpha(\nu_1, \nu_2)$ 表示自由度 ν_1, ν_2 的贝塔 (Beta) 分布的 α 分位数. 该区间称为参数 p 的 **Clopper-Pearson(C-P) 区间**[110]. 贝塔分布和 F 分布的 α 分位数之间存在以下关系[111]:

$$B_\alpha(\nu_1, \nu_2) = \left[1 + \frac{\nu_2}{\nu_1}q_{1-\alpha}(2\nu_2, 2\nu_1)\right]^{-1}, \tag{5.7.8}$$

考虑到 $F(\nu_1, \nu_2)$ 分布的 a 分位数 $q_\alpha(\nu_1, \nu_2)$ 与其上侧 $1 - \alpha$ 分位数 $f_{1-\alpha}(\nu_1, \nu_2)$ 之间的关系:

$$\alpha = \int_0^{q_\alpha(\nu_1, \nu_2)} f(y; \nu_1, \nu_2)\mathrm{d}y = \int_0^{f_{1-\alpha}(\nu_1, \nu_2)} f(y; \nu_1, \nu_2)\mathrm{d}y,$$

式中, $f(y; \nu_1, \nu_2)$ 为自由度 (ν_1, ν_2) 的 F 分布随机变量 y 的概率密度, 可得

$$q_\alpha(\nu_1, \nu_2) = f_{1-\alpha}(\nu_1, \nu_2). \tag{5.7.9}$$

由式 (5.7.7)~ 式 (5.7.9) 容易求得

$$\begin{aligned} p_l(\gamma) &= \left[1 + \frac{n - \hat{s} + 1}{\hat{s}}f_{\alpha/2}(2(n - \hat{s} + 1), 2\hat{s})\right]^{-1}, \\ p_u(\gamma) &= \left[1 + \frac{n - \hat{s}}{\hat{s} + 1}f_{1-\alpha/2}(2(n - \hat{s}), 2(\hat{s} + 1))\right]^{-1}. \end{aligned} \tag{5.7.10}$$

$F\left(\nu_1, \nu_2\right)$ 分布的上侧 a 分位数 $f_\alpha\left(\nu_1, \nu_2\right)$ 可查阅文献 [112] 中的表格或本书附录的附表 9. 对 $\hat{s} = 0$, 设定 $p_l\left(\gamma\right) = 0$; 对 $\hat{s} = n$, 设定 $p_u\left(\gamma\right) = 1$. C-P 区间的显著特征是实际涵盖概率总是大于等于名义置信水平, 因而涵盖概率过度. 对于需要确保置信区间的置信水平要求的使用者而言, C-P 区间是十分安全的. 但是在实际使用中由于涵盖概率过度, 显得过于保守.

将式 (5.7.1) 所示的概率表式视为似然函数, 参数 p 的极大似然估计为

$$\hat{p} = \hat{s}/n. \tag{5.7.11}$$

于是根据式 (3.1.1), 参数 p 的实验测量的名义值及其标准误差可表示为

$$\hat{p}_{-\sigma_-}^{+\sigma_+}, \quad \sigma_+ = p_u\left(\gamma = 0.6827\right) - \hat{p}, \quad \sigma_- = \hat{p} - p_l\left(\gamma = 0.6827\right). \tag{5.7.12}$$

2) L-R 区间

5.5.2 节阐述的似然比顺序求和方法同样可用于二项分布参数 p 的置信区间的构建 [113], 这里我们将其简称为**似然比 (L-R) 区间**.

定义似然比为

$$R\left(p, s\right) = \frac{B\left(s; n, p\right)}{B\left(s; n, \left(\frac{s}{n}\right)\right)} = \frac{p^s\left(1-p\right)^{n-s}}{\left(\frac{s}{n}\right)^s\left(1-\frac{s}{n}\right)^{n-s}}. \tag{5.7.13}$$

给定 n 值, 对任一特定的 p 值, 其置信水平 γ 的置信区间 $[s_l, s_u]$ 可以这样求得: 首先用式 (5.7.13) 算出所有可能的观测值 $s = 0, 1, 2, \cdots$ 对应的似然比 $R(p, s)$ 值, 按 R 值从大到小的顺序决定每个观测值的秩 (rank)r, 即 R 值最大的 n 值其秩 r 定义为 1, R 值次大的 n 值其 $r = 2$, 等等; 然后按 r 从小到大的顺序对观测值 s 的概率 $B(s; n, p)$ 求和, 直到满足

$$\sum_r B\left(s(r); n, p\right) \geqslant \gamma, \tag{5.7.14}$$

$s(r)$ 中的最小值 s_1 和最大值 s_2 即构成该 p 值对应的置信水平 γ 的置信区间. 应当指出, 当 $s = 0, n$ 时, $B\left(s; n, (s/n)\right) = 0$, 无法计算似然比 R. 这时分别利用 $s + 0.5$ 和 $s - 0.5$ 代替 s 计算 (s/n) 和 $B\left(s; n, (s/n)\right)$ 值得出似然比 R, 这是对离散分布概率的修正.

对所有 p 值算出相应的 s_l 和 s_u, 即构成了给定 n 值的置信水平 γ 的 $p - s$ 置信带. 在事例数 n 的实验中, 如果观察到 $\hat{s}$ 个有效事例, 该置信带与直线 $s = \hat{s}$ 的两个交点对应的 $[p_l, p_u]$ 即为二项分布参数 p 的名义置信水平 γ 的 L-R 区间.

作为例子, 表 5.10 列出了参数 $p = 0.3$, 总数 $n = 10$ 的二项分布变量 s 的置信水平 $\gamma = 68.27\%$ 置信区间的构造过程中用到的各个量的数值, 给出的结果是置信区间为 $[s_l, s_u] = [2, 4]$, 对应的涵盖概率是 0.701.

表 5.10　参数 $p=0.3$, 总数 $n=10$ 的二项分布变量 s 的置信水平 $\gamma=68.27\%$ 置信区间的构建

s	$B(s; n, p)$	s/n	$B(s; n, (s/n))$	R	秩 r	置信区间内
0	0.0282	0.	0.5987	0.047		
1	0.1211	0.1	0.3874	0.313		
2	0.2335	0.2	0.3020	0.773	3	是
3	0.2668	0.3	0.2668	1	1	是
4	0.2001	0.4	0.2508	0.798	2	是
5	0.1029	0.5	0.2461	0.418		
6	0.0368	0.6	0.2508	0.147		
7	0.0090	0.7	0.2668	0.034		
8	0.0014	0.8	0.3020	0.004		
9	0.0001	0.9	0.3874	0.000		
10	0.0000	1.0	0	0.000		

与 C-P 区间类似, L-R 区间实际涵盖概率总是大于等于名义置信水平, 在这种意义上, 这两种区间被称为 "严格" 的置信区间. 不过 L-R 区间涵盖概率过度的程度比 C-P 区间涵盖概率过度的程度要轻, 图 5.16 显示了名义置信水平 68.27% 的 C-P 区间和 L-R 区间的涵盖概率 ($n = 10$), 由该图可以看到所述的特点, 并且这一特点对于所有的 $\hat{s}, n$ 值是具有典型性的. L-R 区间长度要短于 C-P 区间, 在实际使用中这是一个优点; 但 L-R 区间的构建步骤较为繁复, 而 C-P 区间根据式 (5.7.7) 可以直接计算求得.

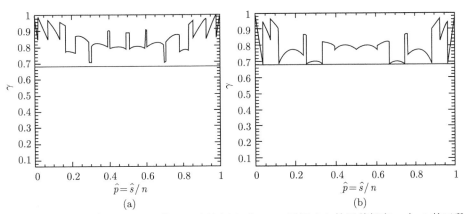

图 5.16　名义置信水平 68.27% 的 C-P 区间 (a) 和 L-R 区间 (b) 的涵盖概率 γ 与 $\hat{p}$ 的函数关系 ($n = 10$)

3) Wald 区间

Wald 区间是一种计算简单、使用相当广泛但精确性较差的近似置信区间 [113]. 它将二项分布考虑为正态近似 (在 n 充分大的情形下是好的近似), 并将估计值 $\hat{p}$ 代入 $p(1-p)$ 计算方差, 得到 p 的置信水平 $\gamma = 1 - \alpha$ 的中心置信区间为

$$\hat{p} \pm Z_{\alpha/2} \sqrt{\frac{\hat{p}(1-\hat{p})}{n}}, \tag{5.7.15}$$

式中, $Z_{\alpha/2}$ 是标准正态分布的双侧 α 分位数. 事实上, 式 (3.2.1) 所示的探测效率的标准误差就是根据 Wald 区间推定的, 因为当涵盖概率 $\gamma = 1 - \alpha = 0.6827$ 时, 对应于 $Z_{\alpha/2} = 1$.

Wald 区间有较明显的缺陷. 当总事例数 n 不够充分大时, Wald 区间的涵盖概率低于名义置信水平, 而且随着 n 的变化 (固定 $\hat{p}$) 或随着 $\hat{p}$ 的变化 (固定 n) 涵盖概率急剧地振荡, 这一点由图 5.17 和图 5.18 可以明显地看出, 当 $\hat{p}$ 接近于 0 或 1 时, Wald 区间的涵盖概率明显低于名义置信水平. 图 5.19 表明, 当 $\hat{p}$ 值很小, 即使 n 相当大, Wald 区间的涵盖概率仍明显低于名义置信水平, 这对应于事例判选效率很低的情形, 在某些高能物理实验中, 这是可能发生的.

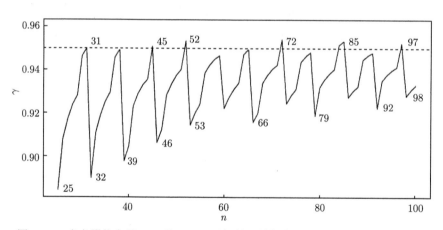

图 5.17　名义置信水平 95% 的 Wald 区间的涵盖概率 γ 与 n 的关系 $(\hat{p} = 0.2)$

4) Wilson 区间

参数 p 的置信水平 $\gamma = 1 - \alpha$ 的 **Wilson 区间**[114] 为

$$\frac{\hat{p} + T/2}{1 + T} \pm \frac{\sqrt{\hat{p}(1-\hat{p})T + T^2/4}}{1 + T}, \quad T = \frac{(Z_{\alpha/2})^2}{n}. \tag{5.7.16}$$

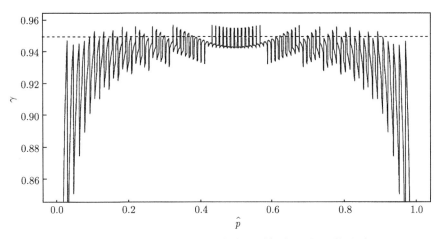

图 5.18 名义置信水平 95％的 Wald 区间的涵盖概率 γ 与 $\hat{p}$ 的关系 ($n = 100$)

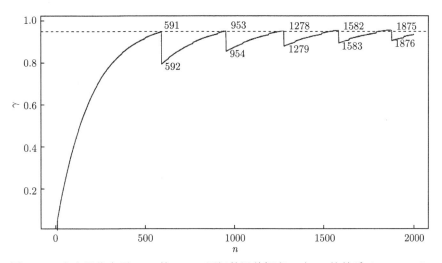

图 5.19 名义置信水平 95％的 Wald 区间的涵盖概率 γ 与 n 的关系 ($\hat{p} = 0.005$)

Wilson 区间与 Wald 区间相比是更好的近似. Wilson 区间的涵盖概率虽然有时可能低于名义置信水平, 但平均地高于 Wald 区间的涵盖概率且接近于名义置信水平. 图 5.20 显示了 Wald 区间与 Wilson 区间 ($n = 10$) 涵盖概率的对比, 对于所有的 n 值, 这种对比具有典型性. 需要指出, Wilson 区间的中点 (参数 p 的估计值) 不同于 Wald 区间的中点, 在 $\hat{s} = 0, n$ 的极端情形下, Wilson 区间的参数 p 的估计值不等于 0 和 1. 这一点可以这样理解: 当 n 次试验中成功的次数 $\hat{s} = 0$ 时, $n+1$ 次试验中成功的次数 $\hat{s}$ 有可能不等于 0; 当 n 次试验中成功的次数 $\hat{s} = n$ 时, $n+1$ 次试验中成功的次数 $\hat{s}$ 有可能不等于 $n+1$; 在估计参数 p 值时必须将这些可能性考虑在内. 在 $\hat{s}=0, n$ 的极端情形下, 参数 p 的 Wilson 区间长度不为 0, 这一点也具有物理上的合理性. 特别是在置信水平 $\gamma=1-\alpha=0.6827$ 的情形下, 当 $\hat{s}=0$ 时, 参数 p 的估计值及其误差均为 $1/[2(n+1)]$; 当 $\hat{s}=n$ 时, 参数 p 的估计值及其误差分别为 $(2n+1)/[2(n+1)]$ 和 $1/[2(n+1)]$. 由于具有上述优点, 因此在估计二项参数 p 的近似方法中, 我们推荐使用 Wilson 区间而不是常用的 Wald 区间.

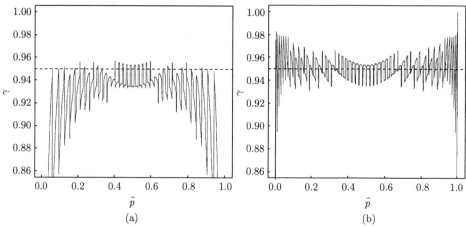

图 5.20   名义置信水平 95% 的 Wald 区间 (a) 和 Wilson 区间 (b) 的涵盖概率 γ 与 $\hat{p}$ 的关系 $(n=10)$

5.7.2   由泊松期望值比 λ 推断 p 的置信区间

对于 {s 服从参数 n, p 的二项分布和 n 服从参数 μ 的泊松变量} 亦即 {s 和 b 为独立的、参数 $\mu p \equiv \mu_s$ 和 $\mu q \equiv \mu_b$ 的泊松变量} 的情形, 通过泊松期望值比 $\lambda=\mu_s/\mu_b$ 的区间估计来推定二项分布参数 p 的置信区间. Price 和 Bonett[115] 考察了泊松期望值比 λ 区间估计的不同解法后, 认为利用所谓的**调整 Wald 对数-线性模型** (adjusted Wald log-linear model) 来确定参数 λ 的置信区间是比较合理的选择. 计算 λ 置信水平 $\gamma=1-\alpha$ 置信区间的公式是

$$\frac{\hat{s}+0.5}{\hat{b}+0.5}\exp\left(\pm Z_{\alpha/2}\sqrt{\frac{1}{\hat{s}+0.5}+\frac{1}{\hat{b}+0.5}}\right). \tag{5.7.17}$$

括号中正号对应于 λ 的上限 λ_u, 括号中负号对应于 λ 的下限 λ_l. 利用变换式 (5.7.6) 容易求得二项分布参数 p 对应的上、下限:

$$p_u=1-\frac{1}{\lambda_u+1}, \quad p_l=1-\frac{1}{\lambda_l+1}. \tag{5.7.18}$$

这样确定的二项分布参数 p 的置信区间简称为 **L-W 区间**, 其涵盖概率很少低于名义的置信水平 γ, 而且区间宽度比 C-P 区间要窄. p 的估计值可取为

$$\hat{p} = 1 - \frac{1}{\lambda_0 + 1}, \quad \lambda_0 = \frac{\hat{s} + 0.5}{\hat{b} + 0.5},$$

亦即

$$\hat{p} = \frac{\hat{s} + 0.5}{\hat{s} + \hat{b} + 1} = \frac{\hat{s} + 0.5}{\hat{n} + 1}. \tag{5.7.19}$$

在 $\hat{s} = 0, \hat{n}$ 的极端情形下, 由式 (5.7.19) 可知, 参数 p 的估计值分别为 > 0 和 < 1 的值; 由式 (5.7.17) 可知, 参数 p 的置信区间长度不为 0, 这些都具有物理上的合理性. 特别地, 当 $\hat{s} = 0$ 时, 参数 p 的估计值为 $1/[2(\hat{n}+1)]$, 当 $\hat{s} = \hat{n}$ 时, 参数 p 的估计值为 $(2\hat{n}+1)/[2(\hat{n}+1)]$, 与 Wilson 区间的估计值相等.

作为本节的结束, 我们对二项分布参数 p 的区间估计提出以下建议:

(1) 当 n 比较大, 可以利用近似方法进行估计时, 对于 n 为固定常数的情形推荐使用 Wilson 区间, 对于 n 为泊松变量的情形推荐使用 L-W 区间, 因为它们的涵盖概率平均地与名义置信水平相近. 在 $\hat{s} = 0, n$ 的极端情形下, 参数 p 的估计值分别为 > 0 和 < 1 的值, 参数 p 的置信区间长度不为 0, 这些都具有物理上的合理性.

(2) 对于置信区间必须严格满足名义置信水平要求的场合, 应当使用 C-P 区间或似然比 L-R 区间.

5.8 衰变分支比的估计

在粒子物理实验中, 测量短寿命粒子衰变分支比是一项重要的工作, 因此本节专门讨论这一问题. 我们讨论一种特定的、但在粒子物理实验中会经常遇到的情形. 在分支比测量实验中, 利用某个特定的选择判据, 从实验原始数据中选择出与待测分支比相对应的信号道的候选信号事例, 后者包含真正的信号事例和本底事例两部分. 在一个适当的运动学变量 (特征变量) 的实验观测谱的信号区内, 信号事例的谱型和本底事例的谱型具有显著的差异, 并且通常可以利用蒙特卡罗模拟或实验的控制样本 (control sample) 数据求得. 这样, 可以通过特征变量谱的拟合来求得信号事例数, 从而得到待测的分支比.

为了便于说明问题, 我们以 2.2.5 节中叙述过的 BES 实验 $\psi' \to \eta J/\psi$ 分支比测量为例 [24]. 实验测量的末态是 $\gamma\gamma e^+ e^-$ 和 $\gamma\gamma \mu^+ \mu^-$ 事例, 将轻子对的不变质量约束为 J/ψ 质量后, 可得到候选信号事例的特征量—两光子不变质量 $M_{\gamma\gamma}$ 的分布, 如图 2.12 所示. 图中 548MeV 处的峰对应于 $\psi' \to \eta J/\psi$ 信号, 而平滑的宽分

布则对应于本底. 如果信号函数和本底函数已知, 则通过实验观测到的两光子不变质量 $M_{\gamma\gamma}$ 谱的拟合可以确定信号事例数, 从而计算出分支比. 分支比的计算公式是

$$B\,(\mathrm{R} \to \mathrm{X}) = \frac{N_s\,(\mathrm{R} \to \mathrm{X} \to \mathrm{Y})}{N_{\mathrm{R}} \cdot \varepsilon\,(\mathrm{R} \to \mathrm{X} \to \mathrm{Y}) \cdot Br\,(\mathrm{X} \to \mathrm{Y})},$$

式中, R 标记衰变粒子 ψ', X 标记 $\eta \mathrm{J}/\psi$, Y 标记 $\gamma\gamma \mathrm{e}^+\mathrm{e}^-$ 或 $\gamma\gamma\mu^+\mu^-$, N_{R} 是原始数据中包含的粒子 R 的全部衰变事例数, ε 是信号事例的探测效率, 假定 $Br\,(\mathrm{X} \to \mathrm{Y})$、$N_{\mathrm{R}}$ 和 ε 通过其他测量为已知. N_s 是本实验中观测信号事例数的期望值, 于是分支比公式可写为 (符号已做了简化)

$$B = \frac{N_s}{N_{\mathrm{R}} \cdot \varepsilon \cdot Br} \equiv \frac{N_s}{A}. \tag{5.8.1}$$

上述利用信号区间中候选事例的某一特征 (运动学) 变量的实验测量谱 (这里是两光子的不变质量谱) 进行拟合求得信号事例数的方法, 在分支比或截面的测定中是典型的常见方法之一. 利用实验测量谱数据构建相应的最小二乘 (χ^2) 函数或似然函数, 通过 χ^2 函数的极小化或似然函数的极大化求得分支比的估计.

χ^2 函数或似然函数的构建方式取决于实验所提供的特征变量观测谱形式. 下面根据特征变量观测谱的不同形式阐述分支比估计的不同方法.

5.8.1   分支比估计的最小二乘法

设实验测量给出特征变量 m 的信号区内的直方图数据, 信号区内的实验观测总事例数为 N, 直方图子区间数为 J, 子区间 $j(j = 1, \cdots, J)$ 中的观测事例数为 n_j, 最小二乘函数 χ^2 定义为

$$\chi^2 = \sum_{j=1}^{J} \frac{(n_j - Np_j)^2}{Np_j}, \tag{5.8.2}$$

其中, p_j 是一个事例出现在子区间 j 中的概率:

$$p_j = p_j(\boldsymbol{\theta}) = \int_{\Delta m_j} f(m|\boldsymbol{\theta})\mathrm{d}m, \tag{5.8.3}$$

$f(m|\boldsymbol{\theta})$ 为实验中信号区内信号候选事例特征变量 m 的概率密度:

$$f(m|\boldsymbol{\theta}) = w_s f_s(m|\boldsymbol{\theta}_s) + (1 - w_s)f_b(m|\boldsymbol{\theta}_b), \tag{5.8.4}$$

式中, $\boldsymbol{\theta}_s$ 和 $\boldsymbol{\theta}_b$ 分别是描述信号区间内信号和本底的概率密度 f_s 和 f_b 的参数 (可以是多个参数), f_s 和 f_b 的函数形式为已知; w_s 表示信号区间内观测到的信号事例占观测总事例数的比例, 即 $N_s = w_s N$. 由式 (5.8.1) 可得

$$f(m \mid \boldsymbol{\theta}) = \frac{A}{N} B \cdot f_s(m \mid \boldsymbol{\theta}_s) + \left(1 - \frac{A}{N} B\right) f_b(m \mid \boldsymbol{\theta}_b). \qquad (5.8.5)$$

这时, 式 (5.8.2) 所示的 χ^2 表式中的未知参数 $\boldsymbol{\theta}$ 包括 $\boldsymbol{\theta}_s, \boldsymbol{\theta}_b$ 和 B. 利用最优化程序包对函数 χ^2 求极小可求得未知参数 $\boldsymbol{\theta}$ 的估计值 $\hat{\boldsymbol{\theta}}$(包括分支比估计 $\hat{B}$) 及其统计误差 (包括 B 的统计误差 $\sigma_{B,st}$).

如果实验测量给出特征变量 m 的散点图数据, 则首先要变换成直方图数据后, 再通过上述步骤求得未知参数 $\boldsymbol{\theta}$ 的估计值 $\hat{\boldsymbol{\theta}}$ 及其统计误差, 这一散点图——直方图变换会损失部分测量信息, 从而增加估计值的误差.

5.8.2 分支比估计的极大似然法

1) 常规极大似然法

首先讨论实验谱为直方图数据的情形.

设实验测量给出特征变量 m 的直方图数据, 信号区间内的实验观测总事例数为 N, 直方图子区间数为 J, 子区间 j $(j = 1, \cdots, J)$ 中的观测事例数为 n_j. 第 j 个子区间内观测到 n_j 个事例 $(j = 1, \cdots, J)$ 的联合概率为多项分布函数:

$$L(n_1, \cdots, n_J \mid \boldsymbol{\theta}) = N! \prod_{j=1}^{J} \frac{1}{n_j!} p_j^{n_j}, \qquad (5.8.6)$$

p_j 由式 (5.8.3) 计算, 其中的 $f(m \mid \boldsymbol{\theta})$ 由式 (5.8.5) 表示. 不考虑与待拟合参数 $\boldsymbol{\theta}$ 无关的项, 有

$$\ln L(\boldsymbol{\theta}) = \sum_{j=1}^{J} n_j \ln p_j(m \mid \boldsymbol{\theta}). \qquad (5.8.7)$$

似然函数中的未知参数 $\boldsymbol{\theta}$ 包括 $\boldsymbol{\theta}_s, \boldsymbol{\theta}_b$ 和 B.

利用最优化程序包对变量 $\ln L$ 求极大可求得未知参数 $\boldsymbol{\theta}$ 的估计值 $\hat{\boldsymbol{\theta}}$(包括分支比估计 $\hat{B}$) 及其统计误差 (包括 B 的统计误差 $\sigma_{B,st}$).

然后讨论实验谱为散点图数据的情形.

令实验散点图的实验观测事例数为 N, 这 N 个事例出现在 $m_1, \cdots, m_N$ 处, 其信号区间内的概率密度仍然如式 (5.8.5) 所描述. N 个事例的似然函数为

$$
\begin{aligned}
L\left(m_{1}, \cdots, m_{N} \mid \boldsymbol{\theta}\right) &= \prod_{i=1}^{N}\left[f\left(m_{i} \mid \boldsymbol{\theta}\right)\right] \\
&= \prod_{i=1}^{N}\left[\frac{A}{N} B \cdot f_{s}\left(m \mid \boldsymbol{\theta}_{s}\right)+\left(1-\frac{A}{N} B\right) f_{b}\left(m \mid \boldsymbol{\theta}_{b}\right)\right].
\end{aligned}
\tag{5.8.8}
$$

其对数似然函数为

$$
\ln L(\boldsymbol{\theta})=\sum_{i=1}^{N} \ln \left[\frac{A}{N} B \cdot f_{s}\left(m \mid \boldsymbol{\theta}_{s}\right)+\left(1-\frac{A}{N} B\right) f_{b}\left(m \mid \boldsymbol{\theta}_{b}\right)\right].
\tag{5.8.9}
$$

似然函数中的未知参数 $\boldsymbol{\theta}$ 包括 $\boldsymbol{\theta}_{s}, \boldsymbol{\theta}_{b}$ 和 B. 利用最优化程序包对变量 $\ln L$ 求极大可求得未知参数 $\boldsymbol{\theta}$ 的估计值 $\hat{\boldsymbol{\theta}}$ (包括分支比估计 $\hat{B}$) 及其统计误差 (包括 B 的统计误差 $\sigma_{B, st}$).

2) 扩展极大似然法

首先讨论实验谱为直方图数据的情形.

设实验测量给出特征变量 m 的直方图数据, 信号区间内的实验观测总事例数为 N, 直方图子区间数为 J, 子区间 $j(j=1, \cdots, J)$ 中的观测事例数为 n_{j}. 其扩展似然函数为

$$
L\left(n_{1}, \cdots, n_{J} \mid \boldsymbol{\theta}\right)=\prod_{j=1}^{J} \frac{1}{n_{j}!} \lambda_{j}^{n_{j}} \mathrm{e}^{-\lambda_{j}},
\tag{5.8.10}
$$

其中, λ_{j} 由 m 的概率密度在 j 子区间内的积分表示:

$$
\lambda_{j}=\lambda \int_{\Delta m_{j}} f(m \mid \boldsymbol{\theta}) \mathrm{d} m, \quad \lambda=\sum_{j=1}^{J} \lambda_{j}.
\tag{5.8.11}
$$

λ 是信号区内的实验观测总事例数 N(泊松变量) 的期望值.

在扩展极大似然法中, 式 (5.8.1) 中信号区内的观测信号事例数 N_{s} 实际上应考虑为一个随机变量, 故应改为其期望值 λ_{s}, 因此式 (5.8.1) 需用下式代替

$$
\lambda_{s}=A B, \quad A \equiv N_{\mathrm{R}} \cdot \varepsilon \cdot B r.
\tag{5.8.12}
$$

式 (5.8.4) 表示的概率密度 $f(m \mid \boldsymbol{\theta})$ 中的 w_{s} 现在为

$$
w_{s}=\lambda_{s} / \lambda.
\tag{5.8.13}
$$

代入式 (5.8.4) 得

$$
f(m \mid \boldsymbol{\theta})=\frac{A}{\lambda} B \cdot f_{s}\left(m \mid \boldsymbol{\theta}_{s}\right)+\left(1-\frac{A}{\lambda} B\right) f_{b}\left(m \mid \boldsymbol{\theta}_{b}\right).
\tag{5.8.14}
$$

不考虑与待拟合参数 $\boldsymbol{\theta}$ 无关的项, 有

$$\ln L(\boldsymbol{\theta}) = \sum_{j=1}^{J} n_j \ln \lambda_j - \lambda. \tag{5.8.15}$$

然后, 对于实验谱为散点图数据的情形, 扩展似然函数为

$$L(m_1, \cdots, m_N \mid \boldsymbol{\theta}) = \mathrm{e}^{-\lambda} \frac{\lambda^N}{N!} \prod_{i=1}^{N} f(m_i \mid \boldsymbol{\theta}),$$

将式 (5.8.14) 代入上式并略去不依赖于 $\boldsymbol{\theta}$ 的项, 可得

$$L(\boldsymbol{\theta}) = \mathrm{e}^{-\lambda} \prod_{i=1}^{N} [AB \cdot f_s(m_i \mid \boldsymbol{\theta}_s) + (\lambda - AB) f_b(m_i \mid \boldsymbol{\theta}_b)], \tag{5.8.16}$$

从而有

$$\ln L(\boldsymbol{\theta}) = -\lambda + \sum_{i=1}^{N} \ln [AB \cdot f_s(m_i \mid \boldsymbol{\theta}_s) + (\lambda - AB) f_b(m_i \mid \boldsymbol{\theta}_b)]. \tag{5.8.17}$$

似然函数中的未知参数 $\boldsymbol{\theta}$ 包括 $\boldsymbol{\theta}_s, \boldsymbol{\theta}_b, \lambda$ 和 B. 利用最优化程序包对变量 $\ln L$ 求极大可求得未知参数 $\boldsymbol{\theta}$ 的估计值 $\hat{\boldsymbol{\theta}}$ (包括分支比估计 $\hat{B}$) 及其统计误差 (包括 B 的统计误差 $\sigma_{B,st}$).

应当强调指出, 如 4.3.3 节所述, 高能物理实验中经事例判选后获得的候选信号事例数是一个泊松变量, 通过特征变量分布的分析和拟合求得的信号事例数和本底事例数也是泊松变量. 最小二乘法和常规极大似然法利用特定的一次实验测得的信号事例数这一泊松变量的一个随机样本值来计算分支比, 得出的结果都是有偏的. 在这种情形下, 只有利用扩展极大似然法式 (5.8.15) 和式 (5.8.17) 进行数据拟合, 得出的分支比才是无偏估计.

5.8.3 信度区间和上限的确定, 系统误差的考虑

1) 不考虑系统误差时信度区间和上限的确定

现在我们有了未知参数 $\boldsymbol{\theta}$ 的最小二乘估计或极大似然估计 $\hat{\boldsymbol{\theta}}$(包括分支比估计值 $\hat{B}$ 及其统计误差 $\sigma_{B,st}$), 所面临的问题是如何给出分支比的测量结果, 即实验报道分支比 B 的 CL=68.27%区间还是 CL = 90%的上限. 这需要通过某种决策切换策略 [94] 来决定. 例如, 一种常用的决策切换策略是当 $\hat{B} \geqslant 3\sigma_{B,st}$ 时, 以 $\hat{B} \pm \sigma_{B,st}$ 作为估计值的 CL = 68.27%区间; 否则, 给出分支比 B 的 CL = 90%的上限.

当利用贝叶斯方法来确定 B 的上限时, 需要用到似然函数 (见后面的讨论). 因此, 利用最小二乘法进行合并估计时, 如果分支比的测量结果需要报道上限值, 就需要额外再构建似然函数, 这是最小二乘合并估计的一个缺陷.

我们将利用 5.6 节中讨论过的贝叶斯最大后验密度区间来确定分支比 B 的 CL $=68.27\%$ 区间或 CL $= 90\%$ 的上限. 因此, 我们更倾向于利用贝叶斯后验密度作为决策切换策略的依据.

给定信度水平 CL $=\gamma$, 贝叶斯统计下的最优区间称为最大后验密度 (HPD) 区间 [1]. 若参数 B 的后验密度为 $h(B \mid \boldsymbol{n})$, $\boldsymbol{n}$ 是样本观测值, 则参数 B 的信度水平 γ 的 HPD 区间 R 满足以下条件:

$$P(B \in R \mid \boldsymbol{n}) = \int_R h(B \mid \boldsymbol{n})\mathrm{d}B = \gamma, \tag{5.8.18}$$

且对任意 $B_1 \in R, B_2 \notin R$, 总有

$$h(B_1 \mid \boldsymbol{n}) \geqslant h(B_2 \mid \boldsymbol{n}). \tag{5.8.19}$$

HPD 区间是给定信度水平 γ 的长度最短的区间.

参数 B 的信度水平 γ 的上限 B_{up} 则为

$$P(B \leqslant B_{\mathrm{up}} \mid \boldsymbol{n}) = \int_{B \leqslant B_{\mathrm{up}}} h(B \mid \boldsymbol{n})\mathrm{d}B = \gamma. \tag{5.8.20}$$

对于我们讨论的参数 B 是分支比的情形, 这里 $\boldsymbol{n}$ 表示实验的观测谱数据. 对于实验谱为直方图和散点图这两种情形, 根据式 (5.8.6) 和式 (5.8.8) 可知

$$\begin{aligned} \boldsymbol{n} &= \{n_1, \cdots, n_J\}, \\ \boldsymbol{n} &= \{m_1, \cdots, m_N\}. \end{aligned} \tag{5.8.21}$$

$h(B \mid \boldsymbol{n})$ 是 B 的后验概率密度:

$$h(B \mid \boldsymbol{n}) = \frac{L(\boldsymbol{n} \mid B)\pi(B)}{\int L(\boldsymbol{n} \mid B)\pi(B)\mathrm{d}B}, \tag{5.8.22}$$

式中, $L(\boldsymbol{n} \mid B)$ 表示根据式 (5.8.6)、式 (5.8.8)、式 (5.8.10)、式 (5.8.16) 计算似然函数时, 给定 B 值, 参数 $\boldsymbol{\theta}$ 中除 B 之外的参数都取 $\ln L$ 达到极大时的估计值 $\hat{\boldsymbol{\theta}}$; $\pi(B)$ 为先验概率密度, 常用的 $\pi(B)$ 是 B 的物理允许变量域 [0,1] 内的均匀分

布概率密度, 将 $\pi(B)$ 代入式 (5.8.22) 即得

$$h(B \mid \boldsymbol{n}) = \frac{L(\boldsymbol{n} \mid B)}{\displaystyle\int_0^1 L(\boldsymbol{n} \mid B)\mathrm{d}B}. \tag{5.8.23}$$

我们根据以下策略来确定给出估计值 B 的 68.27% 信度区间还是 CL = 90% 的上限. 如果满足式 (5.8.24) 的 $\gamma = 90\%$ 的 HPD 区间 $R_{0.9}$ 存在:

$$R_{0.9} \in \left[\tilde{B}_l, \tilde{B}_u\right], \quad \tilde{B}_l < \tilde{B}_u, \quad h\left(\tilde{B}_l|\boldsymbol{n}\right) = h\left(\tilde{B}_u|\boldsymbol{n}\right), \quad \tilde{B}_l \in [0,1], \quad \tilde{B}_u \in [0,1], \tag{5.8.24}$$

则实验结果报道估计值 B 的 68.27% 信度区间 $R_{0.6827}$:

$$R_{0.6827} \in [B_l, B_u], \quad B_l < B_u, \quad h\left(B_l|\boldsymbol{n}\right) = h\left(B_u|\boldsymbol{n}\right), \quad B_l \in [0,1], \quad B_u \in [0,1], \tag{5.8.25}$$

且有

$$B = \hat{B}_{-\sigma_-}^{+\sigma_+}, \quad \sigma_+ = B_u - \hat{B}, \quad \sigma_- = \hat{B} - B_l, \tag{5.8.26}$$

其中 $\hat{B}$ 是参数 B 的极大似然估计. 如果满足式 (5.8.24) 的 $R_{0.9}$ 不存在, 则根据式 (5.8.20) 给出 CL = 90% 的上限.

对于后验密度 $h(B \mid \boldsymbol{n})$ 为分支比物理区间 $B \in [0,1]$ 内单峰凸函数的情形 (大多数分支比测量实验满足这一条件), 满足式 (5.8.24) 的 HPD 区间 $R_{0.9}$ 是否存在可由下列判据来判定:

$$\begin{aligned} h(B = 0 \mid \boldsymbol{n}) &\geqslant h\left(B_{\mathrm{up}}(\mathrm{CL} = 0.9) \mid \boldsymbol{n}\right), \quad R_{0.9} \text{ 不存在;} \\ h(B = 0 \mid \boldsymbol{n}) &< h\left(B_{\mathrm{up}}(\mathrm{CL} = 0.9) \mid \boldsymbol{n}\right), \quad R_{0.9} \text{ 存在.} \end{aligned} \tag{5.8.27}$$

这种贝叶斯后验密度决策切换策略可用图 5.21 来表示, 其中 (a) 为 $R_{0.9}$ 不存在的情形, 实验只能报道分支比 B 的 90% 上限 $B_{\mathrm{up}}(\mathrm{CL} = 0.9)$; (b) 则对应于 $R_{0.9}$ 存在的情形, 实验可报道分支比 B 的 68.27% 信度区间 $R_{0.6827} \in [B_l, B_u]$.

应当指出, 这样确定的信度区间或上限都没有包括 B 的系统误差的贡献.

2) 考虑系统误差时信度区间和上限的确定

根据 2.2.6 节的讨论, 分支比测量中系统误差可表示为 (参见式 (2.2.34))

$$\frac{\sigma_{B,\mathrm{sys}}^2}{B^2} = \frac{\sigma_{N_\mathrm{R}}^2}{N_\mathrm{R}^2} + \frac{\sigma_{Br}^2}{Br^2} + \frac{\sigma_\varepsilon^2}{\varepsilon^2} + \frac{\sigma_{N_s,\mathrm{sys}}^2}{N_s^2} + \left(\sigma_{\mathrm{in/out}}^{\mathrm{rel}}\right)^2. \tag{5.8.28a}$$

其中, $\sigma_{B,\mathrm{sys}}, \sigma_\varepsilon$ 是实验对于 B, ε 系统误差的估计; N_s 是实验信号区中的信号事例数期望值; $\sigma_{N_s,\mathrm{sys}}$ 是 N_s 估计值的系统误差 (参见 2.2.6 节关于式 (2.2.34) 的讨

论); $\sigma_{\mathrm{in/out}}^{\mathrm{rel}}$ 是分析流程对于待测分支比 B 的输入/输出 (相对) 误差. 对于利用扩展极大似然法的情形, 上式中的 $\sigma_{N_s,\mathrm{sys}}^2/N_s^2$ 应代之以 $\sigma_{\lambda_s,\mathrm{sys}}^2/\lambda_s^2$, 即分支比测量中的系统误差表示为

$$\frac{\sigma_{B,\mathrm{sys}}^2}{B^2} = \frac{\sigma_{N_{\mathrm{R}}}^2}{N_{\mathrm{R}}^2} + \frac{\sigma_{Br}^2}{Br^2} + \frac{\sigma_\varepsilon^2}{\varepsilon^2} + \frac{\sigma_{\lambda_s,\mathrm{sys}}^2}{\lambda_s^2} + \left(\sigma_{\mathrm{in/out}}^{\mathrm{rel}}\right)^2, \tag{5.8.28b}$$

其中, $\sigma_{\lambda_s,\mathrm{sys}}$ 是 λ_s 估计值的系统误差.

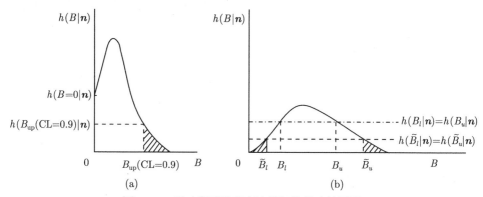

图 5.21　贝叶斯后验密度决策切换策略的图示

(a) 满足式 (5.8.24) 的 HPD 区间 $R_{0.9}$ 不存在, 报道分支比 B 的 90% 上限 B_{up} (CL =0.9). 图中划斜线区域的面积为 $1 - \mathrm{CL} = 0.1$. (b) $R_{0.9}$ 存在, 报道分支比 B 的 68.27% 信度区间 $R_{0.6827} \in [B_l, B_u]$. 图中 $h(B|\boldsymbol{n})$ 在区间 $[B_l, B_u]$ 内的积分等于信度 $\mathrm{CL} = 0.6827$, 划斜线的两个区域面积之和为 $1 - \mathrm{CL} = 0.1$

　　当需要考虑系统误差时, 为了精确地描述测量数据, 似然函数不但依赖于感兴趣的参数 B, 同时还依赖于一个称为冗余参数的附加参数 ν, 即似然函数同时为 B 和 ν 的函数, 用 $L(\boldsymbol{n} \mid B, \nu)$ 表示 [1]. 这里参数 ν 代表 B 的总系统误差, 即 B 的系统误差的效应利用冗余参数 ν 的概率密度 $g(\nu)$ 来描述, 通常可用均值为名义值 ν 的正态分布 $G\left(\nu, \sigma_\nu^2\right)$ 作为 $g(\nu)$ 的模型, σ_ν 为某个标准离差值, 这里取分支比为 ν 时的系统误差值 $\sigma_{\nu,\mathrm{sys}}$. 于是 $L(\boldsymbol{n} \mid B, \nu)$ 可表示为

$$L(\boldsymbol{n} \mid B, \nu) = L(\boldsymbol{n} \mid \nu) \cdot \frac{1}{\sqrt{2\pi}\sigma_{\nu,\mathrm{sys}}} \exp\left[-\frac{(\nu - B)^2}{2\sigma_{\nu,\mathrm{sys}}^2}\right], \tag{5.8.29}$$

这时, 式 (5.8.23) 中的似然函数 $L(\boldsymbol{n} \mid B)$ 需要代之以

$$\tilde{L}(\boldsymbol{n} \mid B) = \int_0^1 \left\{ L(\boldsymbol{n} \mid \nu) \cdot \frac{1}{\sqrt{2\pi}\sigma_{\nu,\mathrm{sys}}} \exp\left[-\frac{(\nu - B)^2}{2\sigma_{\nu,\mathrm{sys}}^2}\right] \right\} \mathrm{d}\nu. \tag{5.8.30}$$

因此, 当考虑系统误差后, 仍然可用式 (5.8.23)~ 式 (5.8.26) 来确定估计值 B 的 68.27％信度区间, 用式 (5.8.20) 和式 (5.8.23) 来确定 B 的信度水平 CL=90％的上限, 不过其中的后验密度 $h(B \mid \boldsymbol{n})$ 的表达式为

$$h(B \mid \boldsymbol{n}) = \frac{\tilde{L}(\boldsymbol{n} \mid B)}{\displaystyle\int_0^1 \tilde{L}(\boldsymbol{n} \mid B)\mathrm{d}B}. \tag{5.8.31}$$

这样求得的 B 的 68.27％信度区间或 CL $= 90$％的上限同时包含了统计误差和系统误差的贡献.

值得指出, 当 $\sigma_{\nu,\mathrm{sys}}$ 取为某个常数时, 例如 ν 等于 B 的极大似然估计值 $\hat{B}$ 时的系统误差 $\sigma_{\hat{B},\mathrm{sys}}$, 当 $\nu \to 0$ 和 $\nu \to 1$ 时正态分布的 $g(\nu)$ 出现下端和上端截断. 在这种情形下, 选择对数正态分布或伽马分布作为 $g(\nu)$ 能够避免下端截断, 因为此时 $\nu \in [0, \infty)$; 选择贝塔分布作为 $g(\nu)$ 能够避免下端和上端截断, 因为此时 $\nu \in [0, 1]$. 但是, 如果 $\sigma_{\nu,\mathrm{sys}}$ 取为 ν 的某个函数, 例如 $\sigma_{\nu,\mathrm{sys}} = \tilde{\sigma}_{\nu,\mathrm{sys}} \cdot \nu$, $\tilde{\sigma}_{\nu,\mathrm{sys}}$ 是一个常数, 表示分支比为 ν 时的相对误差, 则当 $\nu \to 0$ 时正态分布 $G\left(\nu, \sigma_\nu^2\right) \to 0$, 从而避免了下端截断, 而当 $\hat{B} \ll 1$ 时, 上端截断可以忽略.

还应当指出, 如 3.1.1 节所述, 系统误差是统计误差之外的一切测量误差, 用一个冗余参数 ν 的概率密度 $g(\nu)$ 来描述分支比的系统误差效应, 是一种经验性的近似, 这样计算得到的系统误差的准确程度取决于经验函数与冗余参数的真实概率密度的相似程度. 此外, 还需要考虑分析流程的输入/输出误差导致的待测参数的系统误差效应, 这部分贡献难以用解析函数的形式进行描述, 需要利用 3.1.4 节描述的方法加以修正, 以减小或基本消除这一误差.

5.8.4 小结

粒子物理实验中利用实验测量谱数据构建相应的最小二乘 (χ^2) 函数或似然函数, 通过 χ^2 函数的极小化或似然函数的极大化可求得分支比的估计. 分支比的测量结果可能是报道 CL=68.27％中心区间, 也可能是 CL=90％的上限.

分支比估计的最小二乘法只适用于实验特征变量谱为直方图的情形, 当观测谱为散点图数据时, 必须合并为直方图才能够使用, 而这一步骤会丢失部分测量信息导致附加的误差. 最小二乘法隐含了每一子区间内事例数服从正态分布的要求, 这只对每一子区间内事例数足够大的情形才是好的近似. 此外, 对于分支比应当表示为上限的情形, 需要额外构建似然函数来进行上限的估计, 因此增加了额外的工作量. 与此不同, 常规极大似然法同时适用于特征变量谱为直方图或散点图数据的情形, 对于每一子区间内事例数也没有要求. 但是最小二乘法和常规极大似然法都没有考虑到每一特定实验测量得到的信号事例数只是泊松变量的一个

随机样本而非期望值这一因素, 因此得出的分支比都是有偏的, 只有扩展极大似然法给出分支比的正确估计. 对于分支比需要表示为上限的情形, 可以直接利用已存在的似然函数, 通过贝叶斯方法可估计考虑或不考虑系统误差情形下的上限值. 根据以上分析, 自然得出结论: 利用扩展极大似然法进行分支比估计能得出更为可靠的结果.

第 6 章　多个测量值的合并估计

在粒子物理实验中, 对于同一个物理参数 (例如某个粒子衰变到特定末态的分支比), 通常会有不同的实验进行测量, 或者同一实验通过不同的过程进行测量. 将这些不同测量的结果进行统计意义上的合并, 通常会获得比单个测量结果更高的精度和可信度.

然而这些实验中有些只报道参数的结果及误差, 但所用的拟合方法 (极大似然法或最小二乘法) 及相关的概率分布的信息却难以获得; 参数的误差可能是对称的或不对称的; 参数的结果可能是 68.27% 中心置信区间, 也可能是单侧置信限 (例如上限). 有些实验虽然给出了相关的概率分布的信息, 但可能用了不同的拟合方法; 信号事例的数据可能是直方图数据或散点图数据, 或者是子区间划分不同的直方图数据. 测量同一个物理参数的多个实验的结果有可能是相互独立的, 但也可能是 (部分) 关联的. 因此, 同一参数多个测量值的合并估计并不是一个简单的工作. 本章中我们阐述合并估计的几种典型的处理方法, 它们中的每一种只是在特定的条件下适用. 对于情况复杂的实际问题, 可能需要利用它们的适当组合才能处理.

鉴于信号的拟合通常利用极大似然法和最小二乘法, 所以 6.1 节和 6.2 节分别讨论极大似然合并估计和最小二乘合并估计; 6.3 节则专门讨论粒子衰变分支比的合并估计, 因为分支比的测量是粒子物理实验测量的重要课题.

6.1　多个测量值的极大似然合并估计

6.1.1　各实验似然函数已知时的合并估计

1) 一般方法

设两个相互独立的实验中各自的一组观测分别用 $\boldsymbol{x} = \{x_1, \cdots, x_n\}$ 和 $\boldsymbol{y} = \{y_1, \cdots, y_m\}$ 表示, 观测量 x 和 y 是相互独立的随机变量, 它们的总体分布分别是 $f_1(x \,|\, \theta)$ 和 $f_2(y \,|\, \theta)$, 依赖于同一个未知参数 θ, 即实验所要确定的物理量, 相应的似然函数分别是 $L(\boldsymbol{x} \,|\, \theta)$ 和 $L(\boldsymbol{y} \,|\, \theta)$. 这样, 对于这两个实验, 所有观测值 $\boldsymbol{x}$ 和 $\boldsymbol{y}$ 的联合似然函数可表示为

$$L(\boldsymbol{x}, \boldsymbol{y} \,|\, \theta) = \prod_{i=1}^{n} f_1(x_i \,|\, \theta) \prod_{j=1}^{m} f_2(y_j \,|\, \theta) = L(\boldsymbol{x} \,|\, \theta) \cdot L(\boldsymbol{y} \,|\, \theta). \tag{6.1.1}$$

利用该似然函数, 可通过似然方程求得 θ 的极大似然估计 $\hat{\theta}$,

$$\frac{\partial}{\partial\theta}\ln L(\boldsymbol{x},\boldsymbol{y}|\theta) = \frac{\partial}{\partial\theta}\left[\sum_{i=1}^{n}\ln f_x(x_i|\theta) + \sum_{j=1}^{m}\ln f_y(y_j|\theta)\right]_{\theta=\hat{\theta}} = 0.$$

$\hat{\theta}$ 即是两个实验对参数 θ 的 **合并估计**. 利用式 (6.1.1) 的似然函数, 可以根据第 5 章中阐述的方法进行区间估计, 确定给定置信水平的置信区间, 特别是确定 $\hat{\theta}$ 的标准误差.

以上步骤可以直接推广到多个相互独立的实验测量的情况.

2) 正态型似然函数

在两个实验的总体分布是独立的正态分布的情形下, 联合似然函数为两个正态函数的乘积, 两个相互独立的实验结果的合并特别简单.

两个独立的实验 X 和 Y 测量同一物理量 μ, 可视为两个总体期望值 (未知量) 相等, 两个实验中变量 x 和 y 的总体方差 σ_x^2, σ_y^2 不等但为已知. 令 $x_i, i = 1, \cdots, n$ 和 $y_j, j = 1, \cdots, m$ 是两个实验的测量值, n, m 是两个实验中测量值个数 (子样容量), 故联合似然函数式 (6.1.1) 可写成

$$\begin{aligned}
L(\boldsymbol{x},\boldsymbol{y}|\mu) = &\prod_{i=1}^{n}\frac{1}{\sqrt{2\pi}\sigma_x}\exp\left[-\frac{1}{2}\left(\frac{x_i-\mu}{\sigma_x}\right)^2\right] \\
&\times \prod_{j=1}^{m}\frac{1}{\sqrt{2\pi}\sigma_y}\exp\left[-\frac{1}{2}\left(\frac{y_j-\mu}{\sigma_y}\right)^2\right],
\end{aligned} \tag{6.1.2}$$

似然方程为

$$\frac{\partial\ln L}{\partial\mu} = \sum_{i=1}^{n}\frac{x_i-\mu}{\sigma_x^2} + \sum_{j=1}^{m}\frac{y_j-\mu}{\sigma_y^2},$$

由此求得两个实验对 μ 的合并极大似然估计

$$\hat{\mu} = \frac{\dfrac{n}{\sigma_x^2}\bar{x} + \dfrac{m}{\sigma_y^2}\bar{y}}{\dfrac{n}{\sigma_x^2} + \dfrac{m}{\sigma_y^2}}, \tag{6.1.3}$$

其中

$$\bar{x} = \frac{1}{n}\sum_{i=1}^{n}x_i, \quad \bar{y} = \frac{1}{m}\sum_{j=1}^{m}y_j$$

是两个实验各自对期望值 μ 的极大似然估计. $\hat{\mu}$ 的方差是

$$V(\hat{\mu}) = \cfrac{1}{\sum\limits_{i=1}^{n} \cfrac{1}{\sigma_x^2} + \sum\limits_{j=1}^{m} \cfrac{1}{\sigma_y^2}} = \cfrac{1}{\cfrac{n}{\sigma_x^2} + \cfrac{m}{\sigma_y^2}}. \tag{6.1.4}$$

用 $\hat{\mu}_{\bar{x}}, \hat{\sigma}_{\bar{x}}$ 表示整个实验 X (n 次测量) 对于物理量 μ 的测量值及其标准误差 (对于正态分布, 标准差等于标准误差), 则有

$$\hat{\mu}_{\bar{x}} = \bar{x}, \quad \hat{\sigma}_{\bar{x}} = \frac{\sigma_x}{\sqrt{n}}. \tag{6.1.5}$$

类似地, 对于实验 Y, 有

$$\hat{\mu}_{\bar{y}} = \bar{y}, \quad \hat{\sigma}_{\bar{y}} = \frac{\sigma_y}{\sqrt{m}}. \tag{6.1.6}$$

于是式 (6.1.3) 和式 (6.1.4) 可改写为

$$\hat{\mu} = \cfrac{\cfrac{1}{\hat{\sigma}_{\bar{x}}^2}\hat{\mu}_{\bar{x}} + \cfrac{1}{\hat{\sigma}_{\bar{y}}^2}\hat{\mu}_{\bar{y}}}{\cfrac{1}{\hat{\sigma}_{\bar{x}}^2} + \cfrac{1}{\hat{\sigma}_{\bar{y}}^2}}, \quad V(\hat{\mu}) = \cfrac{1}{\cfrac{1}{\hat{\sigma}_{\bar{x}}^2} + \cfrac{1}{\hat{\sigma}_{\bar{y}}^2}}. \tag{6.1.7}$$

更为一般的情况是, 两个独立的实验测量总体分布都是 (或近似地) 正态分布, 虽然测量同一个物理量 (总体期望值), 但测量误差不同而且未知. 虽然可根据式 (6.1.2) 的似然函数对 μ, σ_x, σ_y 求偏导数写出似然方程, 但不能得到 μ, σ_x, σ_y 的解析解. 我们可采用如下方法求出合并的极大似然估计 $\hat{\mu}$ 及其方差 $V(\hat{\mu})$. 首先求出两个实验中各自随机变量 x 和 y 的期望值和方差的同时估计

$$\hat{\mu}_x = \bar{x}, \quad \hat{\sigma}_x^2 = \frac{1}{n}\sum_{i=1}^{n}(x_i - \bar{x})^2;$$

$$\hat{\mu}_y = \bar{y}, \quad \hat{\sigma}_y^2 = \frac{1}{m}\sum_{j=1}^{m}(y_j - \bar{y})^2. \tag{6.1.8}$$

这样, 合并的极大似然估计 $\hat{\mu}$ 及其方差 $V(\hat{\mu})$ 与式 (6.1.3) 和式 (6.1.4) 有类似的形式:

$$\hat{\mu} = \cfrac{\cfrac{n}{\hat{\sigma}_x^2}\bar{x} + \cfrac{m}{\hat{\sigma}_y^2}\bar{y}}{\cfrac{n}{\hat{\sigma}_x^2} + \cfrac{m}{\hat{\sigma}_y^2}}, \quad V(\hat{\mu}) = \cfrac{1}{\cfrac{n}{\hat{\sigma}_x^2} + \cfrac{m}{\hat{\sigma}_y^2}}.$$

同样可利用式 (6.1.5) 和式 (6.1.6) 定义两个实验, 对于 μ 的测量值及其误差 (σ_x, σ_y 分别用 $\hat{\sigma}_x, \hat{\sigma}_y$ 代替), 则两个实验的合并估计亦可用式 (6.1.7) 表示.

对于多个实验测定同一个物理量, 可按上述原则作类似的推导, 得出合并估计值及其误差 $\hat{\mu}, \sigma_{\hat{\mu}}$:

$$\hat{\mu} = \frac{\sum\limits_{i=1}^{n} \dfrac{\mu_i}{\sigma_i^2}}{\sum\limits_{i=1}^{n} \dfrac{1}{\sigma_i^2}}, \quad \sigma_{\hat{\mu}}^2 \equiv V(\hat{\mu}) = \frac{1}{\sum\limits_{i=1}^{n} \dfrac{1}{\sigma_i^2}}, \tag{6.1.9}$$

式中, μ_i, σ_i 是第 i 个实验对于物理量 μ 的测量值及其测量误差.

6.1.2　各实验似然函数未知时的合并估计

在许多情形下, 实验测量中的概率密度往往并不确切地知道. 对同一个待估计参数 θ, 不同的实验只是报道其测量结果 $\mu_{-\sigma^-}^{+\sigma^+}$. 应当认为, 对该实验而言, μ 是 θ 的最佳估计, 而 $(\mu - \sigma^-, \mu + \sigma^+)$ 是可信度为 68.3% 的似然区间. 因此, 怎样从几个实验的测量值 $\mu_i, \sigma_i^+, \sigma_i^- (i = 1, \cdots, n)$ 求得参数 θ 的正确的合并估计 μ, σ^+, σ^-, 是一个需要解决的问题.

Barlow[116] 建议利用实验测量值 $\mu_i, \sigma_i^+, \sigma_i^-$ 构造参数化的似然函数来逼近实验中的实际似然函数. 尝试了多种形式的参数化似然函数之后, 发现**宽度可变的正态函数**是比较好的选择, 即真值为 μ, 而测量值为 $\mu_i, \sigma_i^+, \sigma_i^-$ 的似然函数可以用下述形式的正态函数来逼近:

$$\ln L(\mu_i|\mu) = -\frac{(\mu - \mu_i)^2}{2V_i(\mu)}, \tag{6.1.10}$$

对于**线性离差正态函数**方案

$$V_i(\mu) = [\sigma_i(\mu)]^2, \quad \sigma_i(\mu) = \sigma_i + \sigma_i'(\mu - \mu_i), \tag{6.1.11}$$

$$\sigma_i = \frac{2\sigma_i^+ \sigma_i^-}{\sigma_i^+ + \sigma_i^-}, \quad \sigma_i' = \frac{\sigma_i^+ - \sigma_i^-}{\sigma_i^+ + \sigma_i^-}, \tag{6.1.12}$$

即标准离差 $\sigma_i(\mu)$ 在真值 μ 附近是线性变化的. 当 $\sigma_i^+ = \sigma_i^-$ 时, 正、负误差对称, 此时有 $\sigma_i' = 0$, $\sigma_i(\mu) = \sigma_i^+ = \sigma_i^-$, 回复到通常的正态似然函数的情形.

对于**线性方差正态函数**方案

$$V_i(\mu) = V_i + V_i'(\mu - \mu_i), \tag{6.1.13}$$

$$V_i = \sigma_i^+ \sigma_i^-, \quad V_i' = \sigma_i^+ - \sigma_i^-, \tag{6.1.14}$$

即方差 $V_i(\mu)$ 在真值 μ 附近是线性变化的. 同样, 在正、负误差对称的情况下, $\sigma_i^+ = \sigma_i^-$, 则关系式 $V_i = (\sigma_i^+)^2 = (\sigma_i^-)^2$, $V_i' = 0$ 成立, 回复到正态似然函数的情形.

1) 同一物理量多次测量的合并估计

对同一物理量 μ 的 n 个不同测量值 $\mu_i, \sigma_i^+, \sigma_i^- (i = 1, \cdots, n)$, 其联合似然函数为

$$\ln L(\mu) = -\frac{1}{2} \sum_i \frac{(\mu - \mu_i)^2}{V_i(\mu)}, \tag{6.1.15}$$

物理量 μ 的最佳估计 $\hat{\mu}$ 由该似然函数的极大值位置决定. 对于线性离差正态似然函数方案, $\hat{\mu}$ 的解为

$$\hat{\mu} = \frac{\displaystyle\sum_i \omega_i \mu_i}{\displaystyle\sum_i \omega_i}, \tag{6.1.16}$$

$$\omega_i = \frac{\sigma_i}{[\sigma_i + \sigma_i'(\hat{\mu} - \mu_i)]^3}. \tag{6.1.17}$$

我们注意到 $\hat{\mu}$ 的表达式与 n 次独立测量时正态总体期望值 $\hat{\mu}$ 的极大似然估计形式相同, 只不过权因子稍有不同而已 (见式 (6.1.9)). 对于线性方差正态似然函数方案, $\hat{\mu}$ 的解为

$$\hat{\mu} = \frac{\displaystyle\sum_i \omega_i \left[\mu_i - \frac{V_i'}{2V_i}(\hat{\mu} - \mu_i)^2\right]}{\displaystyle\sum_i \omega_i}, \tag{6.1.18}$$

$$\omega_i = V_i/[V_i + V_i'(\hat{\mu} - \mu_i)]^2. \tag{6.1.19}$$

作为一个例子, 图 6.1 给出了我们构造的参数化似然函数与泊松分布似然函数 (期望值 $\mu = 5$) 的对比, 图 6.2 给出了参数化似然函数与对数正态分布似然函数 ($x = \ln y$, y 是 $\mu = 8$, $\sigma = 3$ 的正态变量) 的对比. 由图可见, 离差可变或者方差可变的正态似然函数所确定的可信度 68.3% 的正、负误差与这两种原分布似然函数确定的正、负误差的数值是极为接近的. 由于对数正态分布, 特别是泊松分布对于描述子样容量较小的实验的似然函数往往是相当好的近似, 这就说明了参数化似然函数确定的正、负误差一般是相当精确的. 但是由图也可以看到, 对于高的可信度, 如 95.4% (相应于 $\Delta \ln L = -2$), 参数化似然函数方案确定的正、负误差与实际值就有比较明显的差别, 这也表明了这种方法适用范围的局限.

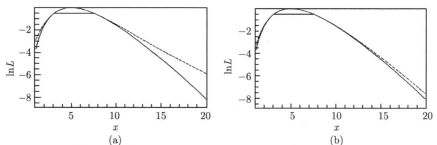

图 6.1   参数化似然函数 (虚线) 与泊松分布似然函数 (期望值 $\mu = 5$, 用实线表示) 的对比
$\triangle \ln L = -1/2$ 的横线确定可信度 68.3%的似然区间. (a) 线性离差似然函数方案; (b) 线性方差似然函数方案

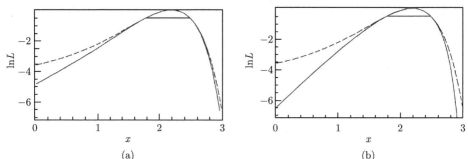

图 6.2   参数化似然函数 (虚线) 与对数正态分布似然函数 ($x = \ln y$, y 是 $\mu = 8$, $\sigma = 3$ 的正态变量, 用实线表示) 的对比

(a) 线性离差正态似然函数方案; (b) 线性方差似然函数方案

式 (6.1.16) 和式 (6.1.17) 与式 (6.1.18) 和式 (6.1.19) 各是一组非线性方程组, $\hat{\mu}$ 需要用迭代法求得数值解. $\hat{\mu}$ 的初值 $\hat{\mu}(0)$ 可取为 $\dfrac{1}{n} \sum\limits_i \mu_i$, 代入 ω_i 表达式右端中的 $\hat{\mu}$ 计算 $\omega_i^{(0)}$, 再代入 $\hat{\mu}$ 的表达式的右边计算 $\hat{\mu}(1)$. 与 $\hat{\mu}(0)$ 相比, $\hat{\mu}(1)$ 应当是 $\hat{\mu}$ 的更好的近似. 经过 k 次迭代后, 如满足

$$|\hat{\mu}(k+1) - \hat{\mu}(k)| < 10^{-6} L,$$

即可认为达到收敛, $\hat{\mu}(k+1)$ 可取为 $\hat{\mu}$ 的解. 这里 L 定义为区间 $(\mu_l - 3\sigma_l^-, \mu_u + 3\sigma_u^+)$ 的长度, μ_l 是 n 个测量值 μ_i 中的最小值, 而 μ_u 是最大值.

求得了 μ 的估计值 $\hat{\mu}$ 后, 其正、负误差 σ^+, σ^- 仍需数值地求解. 受正态总体期望值误差式 (6.1.9) 的启发, 正、负误差的初值可由下式决定:

$$\sigma^+(0) = \left[\sum_i \frac{1}{(\sigma_i^+)^2} \right]^{-\frac{1}{2}}, \quad \sigma^-(0) = \left[\sum_i \frac{1}{(\sigma_i^-)^2} \right]^{-\frac{1}{2}}. \tag{6.1.20}$$

计算 $\Delta \ln L(\hat{\mu}(0))^{+/-} = \ln L(\hat{\mu}(0))^{+/-} \ln L(\hat{\mu})$ (其中 $\hat{\mu}(0)^{+} = \hat{\mu} + \sigma^{+}(0)$, $\hat{\mu}(0)^{-} = \hat{\mu} - \sigma^{-}(0)$), 看它们与 $-1/2$ 相差多大, 再调节 $\hat{\mu}(1)^{+/-}$ 的值, 如此迭代, 使 $\Delta \ln L(\hat{\mu}(k))^{+/-}$ 与 $-1/2$ 的差别小于一个给定小量 (例如 0.5×10^{-7}), 即可认为结果收敛, $\hat{\mu}(k)^{+/-}$ 对应的 $\sigma^{+/-}(k)$ 即是 $\sigma^{+/-}$ 的正确估计.

将 μ 的估计值 $\hat{\mu}$ 代入式 (6.1.15) 求得 $\ln L(\hat{\mu})$, 它代表了不同测量结果用同一个理论模型描述时的差异程度, 即等同于皮尔逊拟合优度检验中的 χ^2 变量观测值, 可以用自由度 $n-1$ 的 χ^2 分布作拟合优度检验.

示例 同一物理量多次测量的合并估计.

设对同一物理量有 3 个测量结果: $1.9^{+0.7}_{-0.5}$, $2.4^{+0.8}_{-0.6}$, $3.1^{+0.5}_{-0.4}$, 求该物理量期望值和不对称误差的合并估计.

利用可变宽度参数化正态函数逼近的似然函数 (线性离差方案), 3 个测量结果可用图 6.3 中的 3 条实线来表示. 图中上下两条水平线的 $\ln L$ 值差别为 -0.5, 可以看到每条似然函数曲线与下直线的两个交点正确地反映了每个测量结果的正、负误差; 虚线是 3 条实线的合并结果, 其极大值对应于合并期望值, 与下水平线的两个交点表示合并结果的正、负误差, 数字结果是 $2.76^{+0.29}_{-0.27}$.

作为比较, 如果用正态近似多次测量的加权平均公式

$$\hat{\mu} = \frac{\sum_{i=1}^{n} \frac{\mu_i}{\sigma_i^2}}{\sum_{i=1}^{n} \frac{1}{\sigma_i^2}} = \frac{\sum_{i=1}^{n} w_i \mu_i}{\sum_{i=1}^{n} w_i}, \quad V(\hat{\mu}) = \frac{1}{\sum_{i=1}^{n} \frac{1}{\sigma_i^2}} = \frac{1}{\sum_{i=1}^{n} w_i}$$

(计算 $\hat{\mu}$ 时, $\sigma_i = (\sigma_i^+ + \sigma_i^-)/2$; $V^{+/-}(\hat{\mu})$ 则用 σ_i^+ 和 σ_i^- 分别计算) 计算, 所得结果是 $2.61^{+0.34}_{-0.28}$, 与正确结果 $2.76^{+0.29}_{-0.27}$ 差别较大.

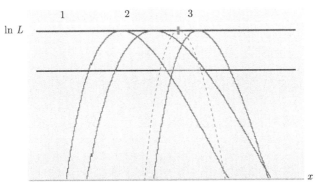

图 6.3 同一量的 3 个测量值 (具有不对称误差) 的合并估计

2) 多个物理量不对称误差的合并估计

现在再来讨论另外一种经常遇到的问题——两个 (或多个) 物理量不对称误差的合并估计问题. 假设待测的物理量需要从实验测定的某种分布来确定, 该分布中的事例 (子样) 除了待测物理量的信号之外, 还包含有其他过程的污染 (称之为本底) 事例, 而且本底的来源不止一种. 我们只知道若干种本底各自的测量值及其不对称误差, 问题是怎样求得所有本底的总误差, 因为这一信息对于确定信号 (即待测物理量) 的大小及误差至关重要. 例如, 每项本底事例数 N_i 的测量值及其不对称误差为 $\mu_i, \sigma_i^+, \sigma_i^-$ $(i = 1, \cdots, n)$, 要求总的本底事例数 $N = \sum\limits_{i=1}^{n} N_i$ 的期望值 μ 及其误差. 显然期望值用 $\mu = \sum\limits_{i=1}^{n} \mu_i$ 来估计, 误差则通过以下方法求得.

对于 n 项本底来源, 用 $x_i (i = 1, 2, \cdots, n)$ 表示本底测量值与其期望值间的差别, 即离差. 与式 (6.1.15) 类似, 我们可构造这 n 次测量的联合似然函数

$$\ln L(\boldsymbol{x}) = -\frac{1}{2} \sum_{i=1}^{n} \left(\frac{x_i}{\sigma_i + \sigma_i' x_i} \right)^2, \tag{6.1.21}$$

或

$$\ln L(\boldsymbol{x}) = -\frac{1}{2} \sum_{i=1}^{n} \frac{x_i^2}{V_i + V_i' x_i}, \tag{6.1.22}$$

其中 σ_i, σ_i', V_i 和 V_i' 由式 (6.1.12) 和式 (6.1.14) 确定, n 项测量离差 x_i 之总和表示为

$$u = \sum_{i=1}^{n} x_i. \tag{6.1.23}$$

为了找到 u 的似然函数 $L(u)$, 对似然函数 $\ln L(\boldsymbol{x})$ 在约束方程 (6.1.23) 条件下求极大值, 利用不定乘子法得到的解是

$$x_i = \frac{u \omega_i}{\sum\limits_{i=1}^{n} \omega_i}, \tag{6.1.24}$$

$$\omega_i = \frac{(\sigma_i + \sigma_i' x_i)^3}{2\sigma_i} \quad \text{或} \quad \omega_i = \frac{(V_i + V_i' x_i)^2}{2V_i + V_i' x_i}. \tag{6.1.25}$$

这是一组非线性方程, $L(u)$ 可用以下方法逐点地计算出来. 以 $u_0 = 0$ 作为起点, 这时 $x_i = 0, i = 1, 2, \cdots, n$. 由式 (6.1.21) 和式 (6.1.22) 知 $\ln L(u_0 = 0) = 0$. 将

u 的值增加一个小量变为 u_1, 利用式 (6.1.24) 和式 (6.1.25) 迭代逐次逼近, 直到计算出 u_1 相应的 x_i 值为止, 于是代入式 (6.1.21) 和式 (6.1.22) 计算出 u_1 处的 $\ln L(u_1)$ 值. 如此重复便可计算出整条 $L(u)$-u 曲线, 再利用 $\Delta \ln(u) = -\dfrac{1}{2}$ 的关系就可求得 n 项本底的正负总误差.

示例 多个物理量不对称误差的合并估计.

设对两个物理量的测量值为 $4^{+2.346}_{-1.682}$, $5^{+2.581}_{-1.916}$, 求两者之和的合并估计.

显然两个物理量之和的中心值为 9, 用上面的方法 (线性离差方案) 求得正、负误差, 最后结果是 $9^{+3.333}_{-2.668}$.

事实上, $4^{+2.346}_{-1.682}$ 和 $5^{+2.581}_{-1.916}$ 分别是对于期望值为 4 和 5 的泊松变量利用参数化似然函数方法确定的正负误差, 两者之和应服从期望值为 9 的泊松分布, 其精确结果是 $9^{+3.342}_{-2.676}$, 与上面的合并结果比较, 差别小于 0.3%.

表 6.1 给出不同的测量值之和用参数化似然函数方法确定的正、负误差, 表中的输入值只列出了中心值, 它们对应的正、负误差是利用参数化似然函数方法确定的正负误差, 例如输入值 4+5 对应于 $4^{+2.346}_{-1.682} \oplus 5^{+2.581}_{-1.916}$. 用参数化似然函数方法确定的正、负误差与精确值 $\sigma_- = 2.676$, $\sigma_+ = 3.342$ 的差别都很小. 在两次测量结果合并的情形下, 相对误差 < 1%.

表 6.1 线性离差和线性方差正态近似确定的正负误差 σ_+、σ_-

输入值	线性离差方案		线性方差方案	
	σ_-	σ_+	σ_-	σ_+
4+5	2.653	3.310	2.668	3.333
3+6	2.653	3.310	2.668	3.333
2+7	2.653	3.310	2.668	3.333
1+8	2.654	3.313	2.668	3.333
3+3+3	2.630	3.278	2.659	3.323
1+1+1+1+1+1+1+1+1	2.500	3.098	2.610	3.270

注: 期望值为 9 的泊松分布, 置信概率 68.27% 的区间是 $9^{+3.342}_{-2.676}$.

本节讨论的利用参数化似然函数方法进行多次测量的不对称误差合并计算已编为程序包, 读者可从网页 http://www.slac.stanford.edu/~barlow/statistics.html[117] 下载.

6.2 多个测量值的最小二乘合并估计

若实验在 N 个观测点 $x_1, \cdots, x_N$ 得到测量值 $y_1, \cdots, y_N$, 相应的测量值真值 $\eta_1, \cdots, \eta_N$ 为未知. 假定理论模型

$$\eta_i = f(\theta_1, \cdots, \theta_L; x_i), \quad L \leqslant N$$

描述了真值 η_i 与 x_i 的函数关系, 该函数与待估计的未知参数 $\boldsymbol{\theta} = \{\theta_1, \cdots, \theta_L\}$ 相关, 则最小二乘原理告诉我们, $\boldsymbol{\theta}$ 的最优估计值是使

$$Q^2 = \sum_{i=1}^{N} \sum_{j=1}^{N} (y_i - \eta_i)(V^{-1}(\boldsymbol{y}))_{ij}(y_j - \eta_j) \tag{6.2.1}$$

达到极小的参数值 $\hat{\boldsymbol{\theta}}$, 其中 $V(\boldsymbol{y})$ 是 N 个观测值 $y_1, \cdots, y_N$ 的协方差矩阵.

　　但是这种解法建立在协方差矩阵 $V(\boldsymbol{y})$ 已知的基础之上. 然而实际中存在只知道 $\boldsymbol{y}$ 的数值, 并知道不同的测量值 y_i 之间存在相互关联, 但其协方差矩阵 $V(\boldsymbol{y})$ 不确切知道或无法定量确定的情况. 这样, 此前叙述的方法不能用来求得未知参数 $\boldsymbol{\theta}$ 的估计及其误差.

　　本节将讨论测量值协方差矩阵 $V(\boldsymbol{y})$ 未知情形下估计未知参数及其误差的方法. 我们来讨论一种比较简单的情形. 假定 N 个实验对同一个物理量进行测量得到了 N 个测量值 $y_i \pm \sigma_i (i = 1, \cdots, N)$. 按照惯常的理解, y_i 是第 i 个实验对物理量 η 的最优估计, $y_i \pm \sigma_i$ 确定了 η 的 68.3% 置信度的区间. 我们的问题是怎样从这 N 个测量结果求得物理量及其误差的合并估计.

　　在这一问题中, 观测值真值 η 是一个数值而不是矢量, 而且它本身就是待估计的未知参数. 由上述的一般最小二乘原理可知, 这种情形下 η 的最优估计是通过使

$$Q^2 = \sum_{i=1}^{N} \sum_{j=1}^{N} (y_i - \eta) \left(V^{-1}\right)_{ij} (y_j - \eta) \tag{6.2.2}$$

达到极小来求得, 其解为

$$\hat{\eta} = \left[\sum_{i,j=1}^{N} \left(V^{-1}\right)_{ij}\right]^{-1} \left[\sum_{i,j=1}^{N} \left(V^{-1}\right)_{ij} y_j\right], \tag{6.2.3}$$

而 $\hat{\eta}$ 的方差则为

$$\sigma_{\hat{\eta}}^2 = \left[\sum_{i,j=1}^{N} \left(V^{-1}\right)_{ij}\right]^{-1}. \tag{6.2.4}$$

(见式 (6.2.1), 注意此时仅有一个未知参量 η, 即式中的 η_i 需用 η 代替). 若协方差矩阵 $V(\boldsymbol{y})$ 已知, 据此即可求得物理量及其方差的最优估计 $\hat{\eta}$, $\sigma_{\hat{\eta}}^2$.

　　若这 N 次实验测量结果是相互独立、不相关联的, 协方差矩阵仅对角元不为 0, 式 (6.2.2) 简化为

$$Q^2(\eta) = \sum_{i=1}^{N} \left(\frac{y_i - \eta}{\sigma_i}\right)^2, \tag{6.2.5}$$

η 的最优估计及其方差则为

$$\hat{\eta} = \frac{\sum\limits_{i=1}^{N} \omega_i y_i}{\sum\limits_{i=1}^{N} \omega_i}, \tag{6.2.6}$$

$$\sigma_{\hat{\eta}}^2 = \frac{1}{\sum\limits_{i=1}^{N} \omega_i}, \tag{6.2.7}$$

$$\omega_i = \frac{1}{\sigma_i^2}. \tag{6.2.8}$$

可以看到, 这与利用极大似然法对同一物理量作 N 次独立观测求期望值及其方差的公式 (6.1.9) 完全相同.

假定测量值 y_i 是期望值 η 和方差 σ_η^2 的正态变量, 式 (6.2.5) 表示的 Q^2 是 $N-1$ 个独立的标准正态变量的平方和 (有一个待定参数 η), 因而是自由度 $N-1$ 的 χ^2 变量, $Q^2(\hat{\eta})$ 的期望值为 $N-1$. 可见, 在测量值服从正态分布的假设下, 量 $Q^2(\hat{\eta})$ 的值与自由度 $N-1$ 的差异可以反映不同测量值 Y_i 之间的关联程度. 当 $Q^2(\hat{\eta})$ 接近 $N-1$ 时, 各测量值之间是相互近似独立的; 反之, 若 $Q^2(\hat{\eta})$ 与 $N-1$ 差别明显, 则可能是各次测量报道的误差 σ_i 不精确, 或者各次测量之间存在不可忽略的相互关联. 下面我们来讨论后一种情况.

即使在多次测量存在关联的情形下, 式 (6.2.6) 求得的参数估计值 $\hat{\eta}$ 虽然不一定是最优估计, 但只要每个测量值 y_i 是 η 的无偏估计, 则 $\hat{\eta}$ 也是 η 的无偏估计. 由于我们现在处理的是协方差矩阵未知的情形, 无法用式 (6.2.3) 求得 η 的精确估计, 所以我们仍然用式 (6.2.6) 计算 η 的估计值 $\hat{\eta}$. 以下的讨论集中在如何处理多次测量存在关联, 但协方差矩阵未知条件下方差 $\sigma_{\hat{\eta}}^2$ 的估计问题.

(1) $Q^2(\hat{\eta}) > N - 1$ 的情形.

这种情形对应于多次测量值之间存在负关联, 即协方差矩阵的非对角矩阵元关联系数为负值. 当多次测量相互独立时, 这种情形对应于各次测量的误差 σ_i 可能被过低估计了, 于是利用名义 σ_i 值和式 (6.2.7) 求得的 $\sigma_{\hat{\eta}}^2$ 值将小于真实方差. 文献 [118] 建议的处理方法是定义**标度因子** f 为

$$f = Q^2(\hat{\eta})/(N-1), \tag{6.2.9}$$

将式 (6.2.8) 中的 σ_i^2 用 $f\sigma_i^2$ 代替来求得 $\sigma_{\hat{\eta}}^2$, 这相当于将原来的方差增大了 f 倍. 这样得到的方差可能是偏大的, 因而是保守的. 因为在负关联的情形下, 式

(6.2.7) 求得的方差值大于真实的方差. 这种保守的处理是为了保证实验结果的稳健性 (robustness).

(2) $Q^2(\hat{\eta}) < N - 1$ 的情形.

这种情形对应于多次测量值之间存在正关联, 即协方差矩阵的非对角矩阵元关联系数为正值. 这时用式 (6.2.7) 求得的方差 $\sigma_{\hat{\eta}}^2$ 可能比真实的方差小. 对这种情况文献 [119] 建议的处理方法是建立一个等效的协方差矩阵 C, 其矩阵元为

$$C_{ii} = \sigma_i^2, \quad C_{ij} = f\sigma_i\sigma_j, \quad i \neq j, \quad i,j = 1,\cdots,N, \tag{6.2.10}$$

即认为不同测量之间的关联系数同为正常数 f, f 由下式求得:

$$\chi^2(f) = \sum_{i,j=1}^{N} (y_i - \hat{\eta})(y_j - \hat{\eta})(C^{-1})_{ij} = N - 1. \tag{6.2.11}$$

由此可求得估计量 $\hat{\eta}$ 的方差

$$\sigma_{\hat{\eta}}^2 = \frac{\displaystyle\sum_{i,j=1}^{N} \omega_i\omega_j C_{ij}}{\left(\displaystyle\sum_{i=1}^{N} \omega_i\right)^2}. \tag{6.2.12}$$

当 $f = 0$, $C_{ij} = 0 (i \neq j)$, $\displaystyle\sum_{i,j=1}^{N} \omega_i\omega_j C_{ij} = \sum_{i=1}^{N} \omega_i^2 C_{ii} = \sum_{i=1}^{N} \omega_i$, 式 (6.2.12) 回复到 N 次独立测量情况下 $\sigma_{\hat{\eta}}^2$ 的表达式 (6.2.7).

式 (6.2.12) 可表示为

$$\sigma_{\hat{\eta}}^2 = \frac{\displaystyle\sum_{i,j=1}^{N} \omega_i\omega_j C_{ij}}{\left(\displaystyle\sum_{i=1}^{N} \omega_i\right)^2} = \frac{\displaystyle\sum_{i=1}^{N} \omega_i + 2\sum_{j>i}^{N} \omega_i\omega_j C_{ij}}{\left(\displaystyle\sum_{i=1}^{N} \omega_i\right)^2} = \frac{1}{\displaystyle\sum_{i=1}^{N} \omega_i} + \frac{2\displaystyle\sum_{j>i}^{N} \omega_i\omega_j C_{ij}}{\left(\displaystyle\sum_{i=1}^{N} \omega_i\right)^2},$$

其中右边第一项正是式 (6.2.7), 即不考虑关联情形下的方差估计, 而第二项当 f 大于 0 时恒为正. 故可知, 考虑各测量值之间存在正关联情形下求得的误差恒大于各测量值独立情形下的误差.

示例 强作用常数 α_S 的合并估计[120]

设在不同的质心系能量下测定的强作用常数在 Z^0 粒子质量处的值 $\alpha_S(M_Z)$ 的数据如表 6.2 所示, 不同的质心系能量下测定的 $\alpha_S(M_Z)$ 是根据 α_S 质心系能量的依赖关系推定的, 因此 $\alpha_S(M_Z)$ 的误差都包含了理论 (模型) 误差, 即测量误差是相关的, 试确定它们的合并估计.

表 6.2 强作用常数 $\alpha_S(M_Z)$ 的测量数据

E_{cm}/GeV	$\alpha_S(M_Z)$	σ
183	0.121	0.006
189	0.121	0.005
195	0.122	0.006
201	0.124	0.006
206	0.124	0.006

解 利用协方差未知情形下的解法求解. 先根据多次独立测量的公式 (6.2.6) 求得合并估计

$$\hat{\alpha}_S(M_Z) \equiv \hat{\eta} = \frac{\sum\limits_{i=1}^{N}\omega_i y_i}{\sum\limits_{i=1}^{N}\omega_i} = 122.3 \times 10^{-3}, \quad \omega_i = \frac{1}{\sigma_i^2}.$$

若用独立测量的公式 (6.2.5) 计算 $Q^2(\hat{\eta})$, 则有

$$Q^2(\hat{\eta}) = 0.28 < N - 1 = 4.$$

这种情形对应于多次测量之间存在正关联, 用独立测量的公式 (6.2.7) 计算求得的 $\alpha_S(M_Z)$ 的合并估计误差

$$\sigma_{\hat{\eta}} = \frac{1}{\sqrt{\sum\limits_{i=1}^{N}\omega_i}} = 2.6 \times 10^{-3}$$

可能比真实的方差小.

现在按式 (6.2.10) 建立等效协方差矩阵 C (为计算方便起见, 下面的计算中暂时忽略数据中的因子 10^{-3}, 到最后再加上):

$$C = \begin{pmatrix} 36 & 30f & 36f & 36f & 36f \\ 30f & 25 & 30f & 30f & 30f \\ 36f & 30f & 36 & 36f & 36f \\ 36f & 30f & 36f & 36 & 36f \\ 36f & 30f & 36f & 36f & 36 \end{pmatrix},$$

用软件包 Mathematica 求逆矩阵得

$$C^{-1} = \begin{pmatrix} a & b & d & d & d \\ b & e & b & b & b \\ d & b & a & d & d \\ d & b & d & a & d \\ d & b & d & d & a \end{pmatrix},$$

其中

$$a = \frac{1+3f}{36\left(1+3f-4f^2\right)}, \quad b = \frac{-f}{30\left(1+3f-4f^2\right)},$$
$$d = \frac{-f}{36\left(1+3f-4f^2\right)}, \quad e = \frac{1+3f}{25\left(1+3f-4f^2\right)}.$$

根据式 (6.2.11) 有

$$\chi^2(f) = \sum_{i,j=1}^{N} (y_i - \hat{\eta})(y_j - \hat{\eta})(C^{-1})_{ij} = N - 1 = 4$$

$$= \begin{pmatrix} -1.3 & -1.3 & -0.3 & 1.7 & 1.7 \end{pmatrix} C^{-1} \begin{pmatrix} -1.3 \\ -1.3 \\ -0.3 \\ 1.7 \\ 1.7 \end{pmatrix}.$$

由此可求得 $(f - 0.930679)(f + 0.249979) = 0$, 即 f 有两个解, $f = -0.2500$ 和 $f = 0.9307$. 前面已述, $Q^2(\hat{\eta}) = 0.28 < N - 1 = 4$ 这种情形对应于多次测量之间存在正关联, 所以应取 $f = 0.9307$.

根据式 (6.2.12) 求得估计量 $\hat{\eta}$ 的方差为

$$\sigma_{\hat{\eta}}^2 = \frac{\displaystyle\sum_{i,j=1}^{N} \omega_i \omega_j C_{ij}}{\left(\displaystyle\sum_{i=1}^{N} \omega_i\right)^2} = \frac{1}{\displaystyle\sum_{i=1}^{N} \omega_i} + \frac{2\displaystyle\sum_{j>i}^{N} \omega_i \omega_j C_{ij}}{\left(\displaystyle\sum_{i=1}^{N} \omega_i\right)^2} = 2.6^2 + 24.45 = 31.21.$$

于是有 (现在加上因子 10^{-3})

$$\sigma_{\hat{\eta}} = 5.59 \times 10^{-3}.$$

它比用独立测量的公式 (6.2.7) 计算得到的 $\alpha_S(M_Z)$ 的合并估计误差 $\sigma_{\hat{\eta}} = 2.6 \times 10^{-3}$ 明显要大. 最终得到 $\alpha_S(M_Z)$ 的合并估计及其误差为

$$\hat{\alpha}_S(M_Z) = 0.1223 \pm 0.0056.$$

我们注意到, 5 次测量值的合并估计量 $\hat{\eta}$ 的误差 $\sigma_{\hat{\eta}} = 0.0056$ 与单次测量值的误差 (0.006) 几乎没有什么差别, 这一事实可以这样理解: 因为每一单次测量中包含公共的误差, 这一公共误差占了误差的绝大部分 (这可以由各测量值之间存在着 $f = 0.9307$ 的正关联断定), 而测量次数的增加不可能减小这种公共误差.

6.3 分支比多个测量值的合并估计

在粒子物理实验中, 对于某一短寿命粒子的某一特定末态的衰变分支比, 通常会用不同的实验进行测量, 或者同一实验通过不同的衰变道进行测量. 将这些不同的测量结果进行统计意义上的合并, 通常会获得比单个测量结果更高的精度.

对同一物理量作 I 次独立测量, 获得的观测值为 $x_i \pm \sigma_i, i = 1, 2, \cdots, I$, 假定测量服从正态分布, 则这 I 次独立测量的合并估计为 $\mu \pm \sigma$, 其中

$$\mu = \frac{\displaystyle\sum_{i=1}^{I} \frac{x_i}{\sigma_i^2}}{\displaystyle\sum_{i=1}^{I} \frac{1}{\sigma_i^2}}, \quad \sigma = \frac{1}{\sqrt{\displaystyle\sum_{i=1}^{I} \frac{1}{\sigma_i^2}}}. \tag{6.3.1}$$

一般情形下可以利用该式求得分支比多次测量值的合并估计. 但是在某些情形下, 某些实验由于测量到的特定末态事例数过少, 只能给出一定置信水平下的分支比上限. 这时就无法利用该公式求得不同实验的合并估计.

我们讨论一种特定的、但在粒子物理实验中会经常遇到的情形. 在分支比测量的各单个实验中, 利用某个特定的选择判据, 从实验原始数据中选择出待测分

支比相对应的信号道的候选信号事例, 后者包含真正的信号事例和本底事例两部分. 在一个适当的运动学变量 (特征变量) 的实验观测谱的信号区内, 信号事例的谱型和本底事例的谱型具有显著的差异, 并且通常可以利用 MC 模拟或实验的控制样本 (control sample) 数据求得. 这样, 可以通过特征变量谱的拟合来求得信号事例数, 从而得到待测的分支比.

为了便于说明问题, 我们仍然以 2.2.5 节中叙述过的 BES 实验 $\psi' \to \eta J/\psi$ 分支比测量为例 [25]. 实验测量的末态是 $\gamma\gamma e^+ e^-$ 和 $\gamma\gamma\mu^+\mu^-$ 事例, 将轻子对的不变质量约束为 J/ψ 质量后, 可得到候选信号事例的特征量——两光子不变质量 $M_{\gamma\gamma}$ 的分布如图 2.12 所示. 图中 548MeV 处的峰对应于 $\psi' \longrightarrow \eta J/\psi$ 信号, 而平滑的宽分布则对应于本底. 如果信号函数和本底函数已知, 则通过实验观测到的两光子不变质量 $M_{\gamma\gamma}$ 谱的拟合可以确定信号事例数, 从而计算出分支比. 分支比的计算公式是

$$B\,(\mathrm{R} \to \mathrm{X}) = \frac{N_\mathrm{s}\,(\mathrm{R} \to \mathrm{X} \to \mathrm{Y})}{N_\mathrm{R} \cdot \varepsilon\,(\mathrm{R} \to \mathrm{X} \to \mathrm{Y}) \cdot Br\,(\mathrm{X} \to \mathrm{Y})}. \tag{6.3.2}$$

式中, R 标记衰变粒子 ψ', X 标记 $\eta J/\psi$, Y 标记 $\gamma\gamma e^+ e^-$ 或 $\gamma\gamma\mu^+\mu^-$, N_R 是原始数据中包含的粒子 R 的全部衰变事例数, ε 是信号事例的探测效率, 假定 $Br\,(\mathrm{X} \to \mathrm{Y})$, N_R 和 ε 通过其他测量为已知. N_s 是本实验确定的观测信号事例数期望值, 于是分支比公式可写为 (符号已做了简化)

$$B_i = \frac{N_{is}}{N_{\mathrm{R}i} \cdot \varepsilon_i \cdot Br_i} \equiv \frac{N_{is}}{A_i}, \quad i = 1\,\left(\gamma\gamma e^+ e^-\right), 2\,\left(\gamma\gamma\mu^+\mu^-\right). \tag{6.3.3}$$

这里带下标 i 的符号标记第 i 个实验测量的值, 式 (6.3.3) 的形式很容易推广到多个测量的情形. 该实验中通过 $J/\psi \longrightarrow e^+ e^-$ 和 $J/\psi \longrightarrow \mu^+\mu^-$ 两种衰变方式求得各自的 $\psi' \longrightarrow \eta J/\psi$ 衰变分支比为 2.91 ± 0.12 和 3.06 ± 0.14 (误差均为统计误差). 假定这两个测量是统计意义上独立的, 利用公式 (6.3.1) 可求得两者的合并估计为 2.98 ± 0.09 (误差为统计误差). 但是, 如果其中的一个结果是分支比上限, 则无法进行合并估计.

本节讨论同一分支比的多个测量结果 (包含上限) 的合并估计. 我们给出的方法对于单个测量结果是否用上限来表示没有限制. 利用所有单个实验的实验测量谱数据构建相应的**联合最小二乘 (χ^2) 函数**或**联合似然函数**, 通过联合 χ^2 函数的极小化或联合似然函数的极大化求得分支比的合并估计.

联合 χ^2 函数或联合似然函数的构建方式取决于各个实验所提供的特征变量观测谱形式. 下面根据各个实验特征变量观测谱的不同形式阐述合并估计的不同方法.

6.3.1 合并估计的最小二乘法

设 I 个实验测量同一衰变分支比, I 个实验谱为特征变量 $m_i, i = 1, \cdots, I$ 的直方图数据, 每个实验谱的特征变量 m_i 可以各不相同 (或相同), 各直方图的信号区间和子区间划分亦可以不同 (或相同). 设实验 i 信号区间内的实验观测总事例数为 N_i, 直方图子区间数为 J_i, 子区间 j_i $(i = 1, \cdots, J_i)$ 中的观测事例数为 n_{ij_i}, 联合最小二乘函数 χ^2 定义为

$$\chi^2 = \sum_{i=1}^{I} \chi_i^2 = \sum_{i=1}^{I} \sum_{j_i=1}^{J_i} \frac{(n_{ij_i} - N_i p_{ij_i})^2}{N_i p_{ij_i}}, \tag{6.3.4}$$

其中, p_{ij_i} 是一个事例出现在子区间 j_i 中的概率:

$$p_{ij_i} = p_{ij_i}(\boldsymbol{\theta}_i) = \int_{\Delta m_{j_i}} f_i(m_i|\boldsymbol{\theta}_i)\, \mathrm{d}m_i, \tag{6.3.5}$$

$f_i(m_i|\boldsymbol{\theta}_i)$ 为实验 i 中信号区间内信号候选事例特征变量 m_i 的概率密度:

$$f_i(m_i|\boldsymbol{\theta}_i) = w_{is} f_{is}(m_i|\boldsymbol{\theta}_{is}) + (1 - w_{is}) f_{ib}(m_i|\boldsymbol{\theta}_{ib}). \tag{6.3.6}$$

$\boldsymbol{\theta}_{is}$ 和 $\boldsymbol{\theta}_{ib}$ 分别是描述信号区间内信号和本底的概率密度 f_{is} 和 f_{ib} 的参数 (可以是多个参数), w_{is} 表示信号区间内观测到的信号事例占观测总事例数的比例, 即 $N_{is} = w_{is} N_i$. f_{is} 和 f_{ib} 的形式在实验 i 的数据分析中应当已经知道.

由式 (6.3.3) 可知实验 i 中信号区间内观测到的信号事例数 N_{is} 为

$$N_{is} = A_i B_i, \quad A_i \equiv N_{\mathrm{R}i} \varepsilon_i Br_i, \quad i = 1, \cdots, I. \tag{6.3.7}$$

当进行合并估计时, I 个实验应当有相同的分支比值, 即 $B = B_i$. 由 $N_{is} = w_{is} N_i$ 知 $w_{is} = A_i B / N_i$, 代入式 (6.3.6) 得

$$f_i(m_i|\boldsymbol{\theta}_i) = \frac{A_i}{N_i} B \cdot f_{is}(m_i|\boldsymbol{\theta}_{is}) + \left(1 - \frac{A_i}{N_i} B\right) f_{ib}(m_i|\boldsymbol{\theta}_{ib}). \tag{6.3.8}$$

这时, 式 (6.3.4) 所示的 χ^2 表式中的未知参数 $\boldsymbol{\theta}$ 包括 $\boldsymbol{\theta}_s, \boldsymbol{\theta}_b$ 和 B:

$$\boldsymbol{\theta} = \{B, \boldsymbol{\theta}_s, \boldsymbol{\theta}_b\}, \quad \boldsymbol{\theta}_s = \{\boldsymbol{\theta}_{1s}, \cdots, \boldsymbol{\theta}_{Is}\}, \quad \boldsymbol{\theta}_b = \{\boldsymbol{\theta}_{1b}, \cdots, \boldsymbol{\theta}_{Ib}\}. \tag{6.3.9}$$

利用最优化程序包对函数 χ^2 求极小可求得未知参数 $\boldsymbol{\theta}$ 的估计值 $\hat{\boldsymbol{\theta}}$ (包括分支比合并估计 $\hat{B}$) 及其统计误差 (包括 B 的统计误差 $\sigma_{B,\mathrm{st}}$).

如果 I 个实验谱为特征变量 $m_i, i = 1, \cdots, I$ 的散点图数据, 则首先要变换成直方图数据后, 再通过上述步骤求得未知参数 $\boldsymbol{\theta}$ 的估计值 $\hat{\boldsymbol{\theta}}$ 及其统计误差, 这一散点图-直方图变换会损失部分测量信息从而增加估计值的误差.

6.3.2　合并估计的极大似然法

(1) 常规极大似然法.

首先讨论 I 个实验谱为直方图数据的情形.

设 I 个实验测量同一个分支比, I 个实验谱为特征变量 $m_i, i = 1, \cdots, I$ 的直方图数据, 每个实验谱的特征变量 m_i 可以各不相同 (或相同), 各信号区间和直方图的子区间划分亦可以不同 (或相同). 设实验 i 信号区间内的实验观测总事例数为 N_i, 直方图子区间数为 J_i, 子区间 $j_i (= 1, \cdots, J_i)$ 中的观测事例数为 n_{ij_i}. 第 j_i 个子区间内观测到 n_{ij_i} 个事例 $(j_i = 1, \cdots, J_i)$ 的联合概率为多项分布函数:

$$L_i\left(n_{i1}, \cdots, n_{iJ_i}\right) = N_i! \prod_{j_i=1}^{J_i} \frac{p_{ij_i}\left(m_i|\boldsymbol{\theta}_i\right)^{n_{ij_i}}}{n_{ij_i}!}, \quad i = 1, \cdots, I. \tag{6.3.10}$$

$p_{ij_i}\left(m_i|\boldsymbol{\theta}_i\right)$ 由信号区间内的概率密度 $f_i\left(m_i|\boldsymbol{\theta}_i\right)$ 在第 j_i 子区间中的积分求出:

$$p_{ij_i}\left(m_i|\boldsymbol{\theta}_i\right) = \int_{\Delta m_{j_i}} f_i\left(m_i|\boldsymbol{\theta}_i\right) \mathrm{d}m_i. \tag{6.3.11}$$

$f_i\left(m_i|\boldsymbol{\theta}_i\right)$ 为实验 i 中信号区间内特征变量 m_i 的概率密度, 仍由式 (6.3.8) 描述.

于是, I 个实验的联合似然函数为

$$L(\boldsymbol{\theta}) = \prod_{i=1}^{I} L_i = \prod_{i=1}^{I} \left[N_i! \prod_{j_i=1}^{J_i} \frac{p_{ij_i}\left(m_i|\boldsymbol{\theta}_i\right)^{n_{ij_i}}}{n_{ij_i}!} \right], \tag{6.3.12}$$

不考虑与待拟合参数 $\boldsymbol{\theta}$ 无关的项, 有

$$\ln L = \sum_{i=1}^{I} \sum_{j_i=1}^{J_i} n_{ij_i} \ln p_{ij_i}(m_i|\boldsymbol{\theta}_i). \tag{6.3.13}$$

联合似然函数中的未知参数 $\boldsymbol{\theta}$ 包括 $\boldsymbol{\theta}_\mathrm{s}$, $\boldsymbol{\theta}_\mathrm{b}$ 和 B:

$$\boldsymbol{\theta} = \{B, \boldsymbol{\theta}_\mathrm{s}, \boldsymbol{\theta}_\mathrm{b}\}, \quad \boldsymbol{\theta}_\mathrm{s} = \{\boldsymbol{\theta}_{1\mathrm{s}}, \cdots, \boldsymbol{\theta}_{I\mathrm{s}}\}, \quad \boldsymbol{\theta}_\mathrm{b} = \{\boldsymbol{\theta}_{1\mathrm{b}}, \cdots, \boldsymbol{\theta}_{I\mathrm{b}}\}. \tag{6.3.14}$$

利用最优化程序包对变量 $\ln L$ 求极大可求得未知参数 $\boldsymbol{\theta}$ 的估计值 $\hat{\boldsymbol{\theta}}$ (包括分支比合并估计 $\hat{B}$) 及其统计误差 (包括 B 的统计误差 $\sigma_{B,\mathrm{st}}$). 在最优化计算中, $\boldsymbol{\theta}_\mathrm{s}$, $\boldsymbol{\theta}_\mathrm{b}$ 的初值可取为各个实验中确定的值, 而 B 的初值可利用各个实验确定的 B_i 的某种加权平均.

在各实验 i 信号区间内的观测总事例数 N_i 充分大, 且每个子区间内特征变量 m_i 的概率密度 $f_i(m_i|\boldsymbol{\theta}_i)$ 的变化不显著的情形下, 这类常规极大似然法对于 I

个实验谱为直方图数据的情形可给出相当可靠的分支比合并估计 $\hat{B}$ 及其统计误差 $\sigma_{B,\text{st}}$.

现在来讨论 I 个实验谱为散点图数据的情形.

设 I 个实验测量同一分支比给出的观测谱为不同 (或相同) 特征变量 m_i 在不同 (或相同) 信号区间内的散点图数据. 令实验 i 散点图的观测事例数为 N_i, 这 N_i 个事例出现在 $m_{i1}, \cdots, m_{iN_i}, i = 1, \cdots, I$ 处. 其信号区间内的概率密度仍然如式 (6.3.8) 所描述. I 个实验的观测谱共有 $N \equiv \sum\limits_{i=1}^{I} N_i$ 个事例. 定义 N 个事例的联合似然函数为

$$
\begin{aligned}
L &= L\left(m_{11}, \cdots, m_{1N_1}; \cdots; m_{I1}, \cdots, m_{IN_I} | B, \boldsymbol{\theta}_{\text{s}}, \boldsymbol{\theta}_{\text{b}}\right) \\
&= \prod_{i=1}^{I} L_i\left(m_{i1}, \cdots, m_{iN_i} | B, \boldsymbol{\theta}_{i\text{s}}, \boldsymbol{\theta}_{i\text{b}}\right) \\
&= \prod_{i=1}^{I} \prod_{j=1}^{N_i} \left[\frac{A_i}{N_i} B \cdot f_{i\text{s}}\left(m_{ij} | \boldsymbol{\theta}_{i\text{s}}\right) + \left(1 - \frac{A_i}{N_i} B\right) f_{i\text{b}}\left(m_{ij} | \boldsymbol{\theta}_{i\text{b}}\right)\right].
\end{aligned}
\tag{6.3.15}
$$

其对数似然函数为

$$
\ln L = \sum_{i=1}^{I} \sum_{j=1}^{N_i} \ln\left[\frac{A_i}{N_i} B \cdot f_{i\text{s}}\left(m_{ij} | \boldsymbol{\theta}_{i\text{s}}\right) + \left(1 - \frac{A_i}{N_i} B\right) f_{i\text{b}}\left(m_{ij} | \boldsymbol{\theta}_{i\text{b}}\right)\right].
\tag{6.3.16}
$$

联合似然函数中的未知参数 $\boldsymbol{\theta}$ 包括 $\boldsymbol{\theta}_{\text{s}}, \boldsymbol{\theta}_{\text{b}}$ 和 B, 如式 (6.3.14) 所示. 利用最优化程序包对变量 $\ln L$ 求极大可求得未知参数 $\boldsymbol{\theta}$ 的估计值 $\hat{\boldsymbol{\theta}}$ (包括分支比合并估计 $\hat{B}$) 及其统计误差 (包括 B 的统计误差 $\sigma_{B,\text{st}}$).

(2) 扩展极大似然法.

首先讨论 I 个实验谱为直方图数据的情形.

设 I 个实验测量同一个分支比, I 个实验谱为特征变量 $m_i, i = 1, \cdots, I$ 的直方图数据, 每个实验谱的特征变量 m_i 可以各不相同 (或相同), 各信号区间和直方图的子区间划分亦可以不同 (或相同). 设实验 i 信号区间内的实验观测总事例数为 N_i, 直方图子区间数为 J_i, 子区间 $j_i(= 1, \cdots, J_i)$ 中的观测事例数为 n_{ij_i}. 在扩展极大似然法中, n_{ij_i} 是期望值 λ_{ij_i} 的泊松变量. 第 j_i 个子区间内观测到 n_{ij_i} 个事例 $(j_i = 1, \cdots, J_i)$ 的联合概率为

$$
L_i\left(n_{i1}, \cdots, n_{iJ_i}\right) = \prod_{j_i=1}^{J_i} \frac{1}{n_{ij_i}!} \lambda_{ij_i}^{n_{ij_i}} \text{e}^{-\lambda_{ij_i}},
\tag{6.3.17}
$$

λ_{ij_i} 由信号区间内的概率密度 $f_i\,(m_i|\boldsymbol{\theta}_i)$ 在第 j_i 子区间中的积分求出:

$$\lambda_{ij_i} = \lambda_i \int_{\Delta m_{j_i}} f_i\,(m_i|\boldsymbol{\theta}_i)\,\mathrm{d}m_i, \tag{6.3.18}$$

λ_i 是实验 i 直方图的观测总事例数 N_i (泊松变量) 的期望值:

$$\lambda_i = \sum_{j_i=1}^{J_i} \lambda_{ij_i}. \tag{6.3.19}$$

$f_i\,(m_i|\boldsymbol{\theta}_i)$ 为实验 i 中信号区间内特征变量 m_i 的概率密度, 仍由式 (6.3.6) 描述.

在扩展极大似然法中, 式 (6.3.7) 实验 i 中信号区间内的观测信号事例数 N_{is} 实际上应考虑为一个随机变量, 故应改为其期望值 λ_{is}, 因此式 (6.3.7) 需用下式代替

$$\lambda_{is} = A_i B_i, \quad A_i \equiv N_{\mathrm{R}i}\varepsilon_i Br_i, \quad i = 1, \cdots, I. \tag{6.3.20}$$

特征变量 m_i 的概率密度 $f_i\,(m_i|\boldsymbol{\theta}_i)$ 中的 w_{is} 现在为

$$w_{is} = \lambda_{is}/\lambda_i \tag{6.3.21}$$

当进行合并估计时, I 个实验应当有相同的分支比值, 即 $B = B_i$. 由 $\lambda_{is} = w_{is}\lambda_i$, 知 $w_{is} = A_iB/\lambda_i$, 代入式 (6.3.6) 得

$$f_i\,(m_i|\boldsymbol{\theta}_i) = \frac{A_i}{\lambda_i} B \cdot f_{is}\,(m_i|\boldsymbol{\theta}_{is}) + \left(1 - \frac{A_i}{\lambda_i} B\right) f_{ib}\,(m_i|\boldsymbol{\theta}_{ib}) \tag{6.3.22}$$

I 个实验的联合似然函数定义为

$$L(\boldsymbol{\theta}) = \prod_{i=1}^{I} L_i = \prod_{i=1}^{I} \prod_{j_i=1}^{J_i} \frac{\lambda_{ij_i}\,(m_i|\boldsymbol{\theta}_i)\,\mathrm{e}^{n_{ij_i}}}{n_{ij_i}!}\mathrm{e}^{-\lambda_{ij_i}}, \tag{6.3.23}$$

不考虑与待拟合参数 $\boldsymbol{\theta}$ 无关的项, 有

$$\ln L(\boldsymbol{\theta}) = \sum_{i=1}^{I} \left[\sum_{j_i=1}^{J_i} (n_{ij_i} \ln \lambda_{ij_i}) - \lambda_i \right]. \tag{6.3.24}$$

联合似然函数中的未知参数 $\boldsymbol{\theta}$ 包括 $\boldsymbol{\theta}_{\mathrm{s}}, \boldsymbol{\theta}_{\mathrm{b}}$ 和 $\boldsymbol{\lambda}, B$:

$$\boldsymbol{\theta} = \{B, \boldsymbol{\lambda}, \boldsymbol{\theta}_{\mathrm{s}}, \boldsymbol{\theta}_{\mathrm{b}}\}, \quad \boldsymbol{\lambda} = \{\lambda_1, \cdots, \lambda_I\},$$

$$\boldsymbol{\theta}_{\mathrm{s}} = \{\boldsymbol{\theta}_{1\mathrm{s}}, \cdots, \boldsymbol{\theta}_{I\mathrm{s}}\}, \quad \boldsymbol{\theta}_{\mathrm{b}} = \{\boldsymbol{\theta}_{1\mathrm{b}}, \cdots, \boldsymbol{\theta}_{I\mathrm{b}}\}. \tag{6.3.25}$$

利用最优化程序包对变量 $\ln L$ 求极大可求得未知参数 $\boldsymbol{\theta}$ 的估计值 $\hat{\boldsymbol{\theta}}$ (包括分支比合并估计 $\hat{B}$) 及其统计误差 (包括 B 的统计误差 $\sigma_{B,\mathrm{st}}$). 在最优化计算中, $\boldsymbol{\lambda} = \{\lambda_1, \cdots, \lambda_I\}$ 的初值可取为 $\{N_1, \cdots, N_I\}$, $\boldsymbol{\theta}_{\mathrm{s}}, \boldsymbol{\theta}_{\mathrm{b}}$ 的初值可取为各个实验中确定的值, 而 B 的初值可利用各个实验确定的 B_i 的某种加权平均.

对于 I 个实验谱为散点图数据的情形, 实验 i 的扩展似然函数为

$$L_i\left(m_i|\boldsymbol{\theta}_i, \lambda_i\right) = \mathrm{e}^{-\lambda_i} \frac{\lambda_i^{N_i}}{N_i!} \prod_{j=1}^{N_i} f_i\left(m_{ij}|\boldsymbol{\theta}_i\right),$$

将式 (6.3.22) 代入上式并略去不依赖于 $\boldsymbol{\theta}_i$ 的项, 可得

$$L_i\left(m_i|\boldsymbol{\theta}_i, \lambda_i\right) = \mathrm{e}^{-\lambda_i} \prod_{j=1}^{N_i} [A_i B \cdot f_{i\mathrm{s}}\left(m_{ij}|\boldsymbol{\theta}_{i\mathrm{s}}\right) + (\lambda_i - A_i B) f_{i\mathrm{b}}\left(m_{ij}|\boldsymbol{\theta}_{i\mathrm{b}}\right)]. \quad (6.3.26)$$

因此 I 个实验谱的联合扩展似然函数为

$$\begin{aligned} L(\boldsymbol{\theta}) &= \prod_{i=1}^{I} L\left(m_i|\boldsymbol{\theta}_i, \lambda_i\right) = \prod_{i=1}^{I} \mathrm{e}^{-\lambda_i} \prod_{j=1}^{N_i} [A_i B \cdot f_{i\mathrm{s}}\left(m_{ij}|\boldsymbol{\theta}_{i\mathrm{s}}\right) \\ &\quad + (\lambda_i - A_i B) \cdot f_{i\mathrm{b}}\left(m_{ij}|\boldsymbol{\theta}_{i\mathrm{b}}\right)]. \end{aligned} \quad (6.3.27)$$

从而得

$$\begin{aligned} \ln L(\boldsymbol{\theta}) &= \sum_{i=1}^{I} \ln L_i = -\sum_{i=1}^{I} \lambda_i + \sum_{i=1}^{I} \sum_{j=1}^{N_i} \ln[A_i B \cdot f_{i\mathrm{s}}\left(m_{ij}|\boldsymbol{\theta}_{i\mathrm{s}}\right) \\ &\quad + (\lambda_i - A_i B) f_{i\mathrm{b}}\left(m_{ij}|\boldsymbol{\theta}_{i\mathrm{b}}\right)]. \end{aligned} \quad (6.3.28)$$

联合似然函数中的未知参数 $\boldsymbol{\theta}$ 包括式 (6.3.25) 所示的 $\boldsymbol{\theta}_{\mathrm{s}}, \boldsymbol{\theta}_{\mathrm{b}}$ 和 $\boldsymbol{\lambda}, B$. 利用最优化程序包对变量 $\ln L$ 求极大可求得未知参数 $\boldsymbol{\theta}$ 的估计值 $\hat{\boldsymbol{\theta}}$ (包括分支比合并估计 $\hat{B}$) 及其统计误差 (包括 B 的统计误差 $\sigma_{B,\mathrm{st}}$).

如 5.8.4 节所述, 最小二乘法和常规极大似然法都没有考虑到每一特定实验测量得到的信号事例数只是泊松变量的一个随机样本而非期望值这一因素, 因此得出的分支比都是有偏的, 只有扩展极大似然法估计了信号事例数的期望值, 从而给出了分支比的无偏估计.

6.3.3 信度区间和上限的确定, 系统误差的考虑

(1) 不考虑系统误差时信度区间和上限的确定.

现在, 有了未知参数 $\boldsymbol{\theta}$ 的最小二乘估计或极大似然估计 $\hat{\boldsymbol{\theta}}$ (包括分支比合并

估计值 $\hat{B}$ 及其统计误差 $\sigma_{B,\mathrm{st}}$). 我们面临的问题是如何给出分支比的测量结果, 即实验报道合并估计值 B 的 CL = 68.27% 信度区间还是 CL = 90% 的上限.

我们利用 5.8.3 节叙述过的贝叶斯最大后验密度区间来确定分支比 B 的 CL = 68.27% 信度区间或 CL = 90% 的上限. 因此, 需要利用贝叶斯后验密度作为决策切换策略的依据, 这就要用到似然函数. 当利用最小二乘法进行合并估计时, 需要额外构建似然函数, 这是最小二乘合并估计的一个缺陷.

根据 5.8.3 节的讨论, 现在分支比合并估计 B 的后验概率密度为

$$h(B|\boldsymbol{n}) = \frac{L(\boldsymbol{n}|B)}{\displaystyle\int_0^1 L(\boldsymbol{n}|B)\mathrm{d}B}. \tag{6.3.29}$$

这里 $\boldsymbol{n}$ 表示 I 个实验的观测谱数据. 对于各实验谱为直方图和散点图这两种情形, 根据式 (6.3.10) 和式 (6.3.15) 可知有

$$\begin{aligned}
\boldsymbol{n} &= \{n_{11}, \cdots, n_{1J_1}; \cdots; n_{I1}, \cdots, n_{IJ_I}\}, \\
\boldsymbol{n} &= \{m_{11}, \cdots, m_{1N_1}; \cdots; m_{I1}, \cdots, m_{IN_I}\}.
\end{aligned} \tag{6.3.30}$$

式中, $L(\boldsymbol{n}|B)$ 表示根据式 (6.3.10)、式 (6.3.15)、式 (6.3.23)、式 (6.3.27) 计算似然函数时, 给定 B 值, 参数 $\boldsymbol{\theta}$ 中除 B 之外的参数都取 $\ln L$ 达到极大时的估计值 $\hat{\boldsymbol{\theta}}$. 然后按照式 (5.8.24)~ 式 (5.8.26) 和式 (5.8.20) 可确定分支比合并估计 B 的 68.27% 信度区间或 CL = 90% 的上限.

应当指出, 这样确定的信度区间或上限都没有包括 B 的系统误差的贡献.

(2) 考虑系统误差时信度区间和上限的确定.

为了求得 B 的合并估计的系统误差, 需要考虑 I 个实验测量的关联性.

如果 B 是 I 个实验独立测量的合并结果, B 的系统误差可用多个独立测量的误差合并公式来估计:

$$\sigma_{B,\mathrm{sys}}^2 = \left(\sum_{i=1}^I \sigma_{B_i,\mathrm{sys}}^{-2}\right)^{-1}, \tag{6.3.31}$$

对于利用最小二乘法和常规极大似然法进行合并估计的情形, B 的系统误差可表示为

$$\frac{\sigma_{B_i,\mathrm{sys}}^2}{B_i^2} = \frac{\sigma_{N_{R_i}}^2}{N_{R_i}^2} + \frac{\sigma_{Br_i}^2}{Br_i^2} + \frac{\sigma_{\varepsilon_i}^2}{\varepsilon_i^2} + \frac{\sigma_{N_{is},\mathrm{sys}}^2}{N_{is}^2} + \left(\sigma_{i,\mathrm{in/out}}^{\mathrm{rel}}\right)^2. \tag{6.3.32a}$$

其中, $\sigma_{B_i,\mathrm{sys}}, \sigma_{\varepsilon_i}$ 是第 i 个实验对于 B_i, ε_i 系统误差的估计, N_{is} 是第 i 个实验中的信号事例数观测值, $\sigma_{N_{is},\mathrm{sys}}$ 是 N_{is} 估计值的系统误差 (参见 2.2.6 节关于式 (2.2.34) 的讨论), $\sigma_{i,\mathrm{in/out}}^{\mathrm{rel}}$ 是分析流程对于待测分支比 B_i 的输入/输出 (相对) 误差. 式 (6.3.32a) 等式右边的各个量在第 i 个实验的数据分析中应当已经知道. 就其性质, 第 i 个实验的 $\sigma_{N_{\mathrm{R}_i}}, \sigma_{Br_i}, \sigma_{\varepsilon_i}, \sigma_{N_{is},\mathrm{sys}}, \sigma_{i,\mathrm{in/out}}^{\mathrm{rel}}$ 是相互独立的.

对于利用扩展极大似然法进行合并估计的情形, 式 (6.3.32a) 中的 $\sigma_{N_{is},\mathrm{sys}}^2/N_{is}^2$ 应代之以 $\sigma_{\lambda_{is},\mathrm{sys}}^2/\lambda_{is}^2$, 即有

$$\frac{\sigma_{B_i,\mathrm{sys}}^2}{B_i^2} = \frac{\sigma_{N_{\mathrm{R}_i}}^2}{N_{\mathrm{R}_i}^2} + \frac{\sigma_{Br_i}^2}{Br_i^2} + \frac{\sigma_{\varepsilon_i}^2}{\varepsilon_i^2} + \frac{\sigma_{\lambda_{is},\mathrm{sys}}^2}{\lambda_{is}^2} + \left(\sigma_{i,\mathrm{in/out}}^{\mathrm{rel}}\right)^2. \tag{6.3.32b}$$

其中, $\sigma_{\lambda_{is},\mathrm{sys}}$ 是 λ_{is} 估计值的系统误差.

如果 B 的 I 个实验测量不独立, 在 $\sigma_{B_i,\mathrm{sys}}^2$ 中有相互独立的成分 $\left(\sigma_{B_i,\mathrm{sys}}^2\right)_{\mathrm{uncom}}$ 和相同的成分 $\left(\sigma_{B,\mathrm{sys}}^2\right)_{\mathrm{com}} \equiv \left(\sigma_{B_i,\mathrm{sys}}^2\right)_{\mathrm{com}}$, 则 B 的系统误差可由下式估计:

$$\sigma_{B,\mathrm{sys}}^2 = \left(\sigma_{B,\mathrm{sys}}^2\right)_{\mathrm{uncom}} + \left(\sigma_{B,\mathrm{sys}}^2\right)_{\mathrm{com}}, \tag{6.3.33}$$

$$\left(\sigma_{B,\mathrm{sys}}^2\right)_{\mathrm{uncom}} = \left(\sum_{i=1}^{I} \left(\sigma_{B_i,\mathrm{sys}}^{-2}\right)_{\mathrm{uncom}}\right)^{-1}. \tag{6.3.34}$$

例如, 在前面提到的 BES 实验 $\psi' \longrightarrow \eta J/\psi$ 分支比测量中, 测量的是同一批 ψ' 样本的 $\gamma\gamma \mathrm{e}^+\mathrm{e}^-$ 和 $\gamma\gamma \mu^+\mu^-$ 末态, $\sigma_{N_{\mathrm{R}_i}}^2$ 是相同的成分, 而 $\sigma_{Br_i}, \sigma_{\varepsilon_i}, \sigma_{\lambda_{is},\mathrm{sys}}, \sigma_{i,\mathrm{in/out}}^{\mathrm{rel}}$ 则是相互独立的成分.

有了合并估计 B 的系统误差 $\sigma_{B,\mathrm{sys}}$ 的值, 根据 5.8.3 节的讨论, 可以利用后验密度 $h(B|\boldsymbol{n})$

$$h(B|\boldsymbol{n}) = \frac{\tilde{L}(\boldsymbol{n}|B)}{\displaystyle\int_0^1 \tilde{L}(\boldsymbol{n}|B)\mathrm{d}B}, \tag{6.3.35}$$

$$\tilde{L}(\boldsymbol{n}|B) = \int_0^1 \left[L(\boldsymbol{n}|\nu) \cdot \frac{1}{\sqrt{2\pi}\sigma_{\nu,\mathrm{sys}}} \exp\left(-\frac{(\nu - B)^2}{2\sigma_{\nu,\mathrm{sys}}^2}\right)\right]\mathrm{d}\nu \tag{6.3.36}$$

来确定分支比合并估计值 B 的 68.27% 信度区间或 $\mathrm{CL} = 90\%$ 的上限, 它们同时包含了统计误差和系统误差的贡献. 式中, $\sigma_{\nu,\mathrm{sys}}$ 表示分支比合并估计 $B = \nu$ 时的系统误差, 例如, 可取 ν 等于 B 的极大似然估计值 $\hat{B}$ 时的系统误差 $\sigma_{\hat{B},\mathrm{sys}}$.

如 5.8.3 节末尾所指出的, 用一个冗余参数 ν 的概率密度来描述分支比的系统误差效应, 是一种经验性的近似, 这样计算得到的系统误差的准确程度取决于

经验函数与冗余参数的真实概率密度的相似程度. 此外, 分析流程的输入/输出误差导致的待测参数的系统误差效应, 需利用 3.1.4 节描述的方法加以修正.

6.3.4 小结

粒子物理实验中同一分支比往往由不同的实验进行测量, 单个实验的测量结果可能是报道 CL $= 68.27\%$ 中心区间, 也可能是 CL $= 90\%$ 的上限. 多个实验结果的合并可以提高分支比测量的精度, 但是对仅给出上限的实验结果的合并是一个困难的问题. 本节提出的分支比多个测量的合并估计方法对于单个测量结果是否用上限来表示没有限制. 利用所有单个实验的实验测量谱数据构建相应的联合最小二乘 (χ^2) 函数或联合似然函数, 通过联合 χ^2 函数的极小化或联合似然函数的极大化求得分支比的合并估计.

5.8.4 节中讨论了最小二乘拟合和极大似然拟合方法在分支比估计中的优劣比较, 直方图数据和散点图数据在分支比估计中的优劣比较. 这些讨论在同一分支比多个实验结果的合并估计中同样适用, 这里不再赘述. 结论同样是: 利用扩展极大似然法进行分支比的合并估计能给出更为可靠的结果.

对于 I 个实验测量同一分支比给出的观测谱为同一特征变量 m 在相同信号区间内的子区间划分相同直方图数据的情形, 或者观测谱为 m 在相同信号区间内的一维散点图数据的情形, 这时可以构成 I 个实验的特征变量 m 的 **合并谱**. 这种特殊情形下的分支比合并估计参见文献 [121][①].

---

① 对于利用常规 (扩展) 极大似然法进行合并估计的情形, 该文献中 (38) 式右边最后一项 $\sigma_{N_{ib}}^2/N_{ib}^2$ 应更正为 $\sigma_{N_{is},\text{sys}}^2/N_{is}^2$ ($\sigma_{\lambda_{is},\text{sys}}^2/\lambda_{is}^2$), 其中 $N_{is}(\lambda_{is})$ 是实验 i 信号区中的信号事例期望值, $\sigma_{N_{is},\text{sys}}(\sigma_{\lambda_{is},\text{sys}})$ 是 $N_{is}(\lambda_{is})$ 估计值的系统误差 (参见 6.3.3 节对于式 (6.3.32a) 和式 (6.3.32b) 的阐述).

第 7 章　假设检验和统计显著性

在实验测量中, 除了要得到未知参数的估计值之外, 往往希望了解被测物理量所服从的分布. 被观测的物理量 (随机变量) 的分布函数的确切形式通常是未知的, 只能以假设的方式提出它所服从的分布, 并从统计的观点根据观测值来判断这一假设的合理性. 这类问题称为**统计假设的检验**. 假设检验的内容十分丰富, 希望比较全面了解这方面知识的读者推荐阅读统计书籍中的有关章节 (例如文献 [2~9]). 本章只讨论实验分析中经常用到的似然比检验和拟合优度检验, 最后一节讨论粒子物理实验中与假设检验有关的一个重要概念: 信号的统计显著性.

7.1　似然比检验

设随机变量 x 的概率密度为 $f(x|\boldsymbol{\theta})$, 未知参数 $\boldsymbol{\theta} = \{\theta_1, \cdots, \theta_k\}, \boldsymbol{\theta} \in \Omega, \Omega$ 为参数空间. 假定零假设 H_0 是对 $\theta_1, \cdots, \theta_k$ 中 r 个参数加上 r 个约束条件 (如等于某些常数), 使得 $\boldsymbol{\theta}$ 被限制在参数空间 Ω 的一个子空间 ω 中. 我们的问题是根据随机变量 x 的容量 n 的子样 $\boldsymbol{x} = \{x_1, \cdots, x_n\}$ 来检验假设:

$$H_0 : \boldsymbol{\theta} \in \omega, \quad H_1 : \boldsymbol{\theta} \in \Omega - \omega. \tag{7.1.1}$$

这里 H_1 是人为设定的与 H_0 不同的备择假设, **似然比检验**是检验对于待测的未知参数 $\boldsymbol{\theta}$, 实验数据能否与零假设相容, 能否排除零假设.

对于子样值 $\boldsymbol{x} = \{x_1, \cdots, x_n\}$, 似然函数为

$$L = \prod_{i=1}^{n} f(x_i|\boldsymbol{\theta}).$$

记似然函数在参数空间 Ω 中的极大值为 $L_m(\Omega)$, 而在零假设 H_0 为真的条件下得到的子空间 ω 中似然函数的极大值记为 $L_m(\omega)$. **似然比** λ 定义为

$$\lambda \equiv \frac{L_m(H_0)}{L_m(H_1)} \equiv \frac{L_m(\omega)}{L_m(\Omega)}. \tag{7.1.2}$$

由概率密度的非负性可知, λ 为非负值; 同时, 在子空间 ω 中的极大值 $L_m(\omega)$ 不可能大于整个参数空间 Ω 中的极大值 $L_m(\Omega)$, 故有 $0 \leqslant \lambda \leqslant 1$.

不失一般性, 式 (7.1.1) 所表述的假设通常可写成如下形式:

$$H_0: \quad \vartheta_i = \vartheta_{i0} \quad i = 1, 2, \cdots, r, \quad (\text{表示为 } \boldsymbol{\theta}_r = \boldsymbol{\theta}_{r0});$$

$$\vartheta_j \text{ 不限定}, \quad j = 1, 2, \cdots, s, \quad (\text{表示为 } \boldsymbol{\theta}_s \text{ 不限定}).$$

$$H_1: \quad \vartheta_i \neq \vartheta_{i0} \quad i = 1, 2, \cdots, r, \quad (\text{表示为 } \boldsymbol{\theta}_r \neq \boldsymbol{\theta}_{r0});$$

$$\vartheta_j \text{ 不限定}, \quad j = 1, 2, \cdots, s, (\text{表示为 } \boldsymbol{\theta}_s \text{ 不限定}). \tag{7.1.3}$$

这里原假设限定了参数集的一个子集的数值 ($\boldsymbol{\theta}_r = \boldsymbol{\theta}_{r0}$), 而备择假设 H_1 中这一子集可取 H_0 限定的参数值之外的任意值. 也就是说, r 是备择假设 H_1 与零假设 H_0 的待估计的独立参数个数之差, 或自由度之差. 于是, 现在式 (7.1.2) 定义的似然比是固定 $\boldsymbol{\theta}_r = \boldsymbol{\theta}_{r0}$ 而对 $\boldsymbol{\theta}_s$ 求极大的 $L(\boldsymbol{x}|\boldsymbol{\theta})$ 值与对于全部参数求极大的 $L(\boldsymbol{x}|\boldsymbol{\theta})$ 值之比. 利用上述记号, 似然比可写为

$$\lambda \equiv \frac{L_m(H_0)}{L_m(H_1)} = \frac{L(\boldsymbol{x}|\boldsymbol{\theta}_{r0}, \boldsymbol{\theta}_s'')}{L(\boldsymbol{x}|\boldsymbol{\theta}_r', \boldsymbol{\theta}_s')}, \tag{7.1.4}$$

式中, $\boldsymbol{\theta}_s''$ 是原假设 H_0 限定的参数空间中的极大似然函数对应的 $\boldsymbol{\theta}_s$ 值, 而 $\boldsymbol{\theta}_r', \boldsymbol{\theta}_s'$ 是全部参数空间 $\boldsymbol{\theta}$ 中的极大似然函数对应的 $\boldsymbol{\theta}_r, \boldsymbol{\theta}_s$ 值.

似然比 λ 是观测值 $x_1, x_2, \cdots, x_n$ 的函数. 若 λ 的观测值接近于 1, 那么 H_0 为真时的极大值 $L_m(\omega)$ 与整个参数空间的极大值 $L_m(\Omega)$ 相接近, 这表示 H_0 为真的可能性很大; 反之, 若 λ 很小, 则 H_0 为真的可能性很小. 直观地就可知道, 似然比 λ 是零假设 H_0 的合理的检验统计量.

似然比检验的方法可陈述如下: 令 H_0 为真时, 似然比 λ 的概率密度为 $g(\lambda|H_0)$, 对于给定的显著性水平 α, λ 的临界域由

$$0 < \lambda < \lambda_\alpha \tag{7.1.5}$$

确定, 其中 λ_α 满足

$$\alpha = \int_0^{\lambda_\alpha} g(\lambda|H_0)\mathrm{d}\lambda. \tag{7.1.6}$$

α 是人为设定的接近于 1 的小量. 如果 λ 的观测值落入临界域, 即 $\lambda_{\mathrm{obs}} < \lambda_\alpha$, 则在水平 α 上拒绝零假设 H_0; 反之则不能拒绝 H_0. 需要指出的是, 后者在一般意义上并不等同于接受 H_0.

如果函数 $g(\lambda|H_0)$ 为未知, 只要知道 λ 的某个单调函数的概率密度, 仍然可以进行似然比检验. 设 $y = y(\lambda)$ 是 λ 的单调函数, y 的概率密度 $h(y|H_0)$ 为已知,

则有

$$\alpha = \int_0^{\lambda_\alpha} g(\lambda|H_0)\mathrm{d}\lambda = \int_{y(0)}^{y(\lambda_\alpha)} h(y|H_0)\mathrm{d}y, \tag{7.1.7}$$

求出变量 y 的临界域

$$y(0) < y < y(\lambda_\alpha), \tag{7.1.8}$$

通过 λ 与 $y(\lambda)$ 的逆变换容易求出临界值 λ_α.

通常似然比 λ (或它的函数) 的严格分布是很难找到的, 这时, H_0 的检验问题相当复杂, 一般需要借助于近似方法. 可以证明[3], 如果 H_0 对于全部参数 $\boldsymbol{\theta}$ 中的 $s+r$ 个参数施加了 r 个约束, 当零假设 H_0 为真时, 如子样容量 n 很大, 则统计量

$$-2\ln\lambda \equiv 2\left[\ln L_m\left(H_1\right) - \ln L_m\left(H_0\right)\right] \tag{7.1.9}$$

渐近地服从 $\chi^2(r)$ 分布. 因此, 可利用统计量 $-2\ln\lambda$ 来检验零假设 H_0, 通过 $\chi^2(r)$ 分布概率密度函数的积分来确定 λ 的临界域.

7.2 拟合优度检验

拟合优度检验的是被测物理量分布函数是否可用零假设规定的函数形式来描述. 其中**皮尔逊 χ^2 检验**适用于大样问题的拟合优度检验, 即被测物理量的样本容量很大的情形; 而**科尔莫戈罗夫 (Kolmogorov) 检验**和**斯米尔诺夫-克拉默-冯·米泽斯 (Smirnov-Cramer-von Mises) 检验**则适用于任意样本容量.

7.2.1 皮尔逊 χ^2 检验

假定我们有随机变量 x 的 n 个观测值 $x_i, i = 1, \cdots, n$, 它们落入互不相容的 N 个子区间之内 (第 i 子区间的变量值在 $\Delta x_i = (x_{i-1} \to x_i)$ 之间), 落入 i 子区间的观测值个数记为 n_i(观测频数), 且有 $\sum\limits_{i=1}^N n_i = n$. 一个观测值落入第 i 个子区间的概率为 (当 x 为连续变量)

$$p_i = \int_{\Delta x_i} f(x)\mathrm{d}x, \quad i = 1, \cdots, N, \tag{7.2.1}$$

或 (当 x 为离散变量)

$$p_i = \sum_{j, x_j \in \Delta x_i} q_j, \quad i = 1, \cdots, N. \tag{7.2.2}$$

其中, $f(x)$ 是变量 x 的概率密度, $q_j = P(x = x_j)$.

我们欲检验的假设是

$$H_0 : p_i = p_{0i}, \quad i = 1, \cdots, N, \tag{7.2.3}$$

即 p_i 是否可用某个已知的分布 p_{0i} 来描述. 其中 p_{0i} 应当是归一的:

$$\sum_{i=1}^{N} p_{0i} = 1, \tag{7.2.4}$$

并有

$$p_{0i} = \int_{\Delta x_i} f_0(x)\mathrm{d}x, \quad \text{或} \quad p_{0i} = \sum_{j,\, x_j \in \Delta x_i} q_{0j}, \quad i = 1, \cdots, N. \tag{7.2.5}$$

如果假设 H_0 成立, 第 i 子区间的理论频数为 np_{0i}, 它与实际观测到的频数 n_i 的差别应当合理地小, 因此统计量

$$X^2 \equiv \sum_{i=1}^{N} \frac{(n_i - np_{0i})^2}{np_{0i}} \equiv \frac{1}{n}\sum_{i=1}^{N}\frac{n_i^2}{p_{0i}} - n \tag{7.2.6}$$

可以作为子样观测值与假设 H_0 的分布 p_{0i} 一致性的检验统计量.

　　为了确定临界域, 必须知道统计量 X^2 的分布, 定性地我们可作如下考虑: 在每一子区间中的观测频数 n_i 可考虑为泊松变量, 当 H_0 为真时, 其期望值和方差均为 np_{0i}. 当 np_{0i} 足够大时, 泊松变量近似于期望值和方差等于 np_{0i} 的正态变量 $N(np_{0i}, np_{0i})$, 因此

$$X_i = \frac{n_i - np_{0i}}{\sqrt{np_{0i}}} \sim N(0,1), \quad i = 1, 2, \cdots, N. \tag{7.2.7}$$

X^2 正是这 N 个标准正态变量的平方和, 由于条件 (7.2.4) 的存在, 这 N 个变量中只有 $N-1$ 个是独立的. 因此, X^2 近似地服从 $\chi^2(N-1)$ 分布. 统计量的这一性质称为**皮尔逊定理**: 不论分布 $f_0(x)$ 是何种函数, 当 H_0 为真时, 统计量 X^2 的渐近分布 (当 $n \to \infty$) 是自由度 $N-1$ 的 χ^2 分布. 这一性质与随机变量的分布函数 $f(x)$ 的形式无关, 因此, 这种检验是分布自由的, 适用于任何总体分布的随机变量的拟合优度检验问题.

　　当 H_0 为真时, X^2 近似服从 $\chi^2(N-1)$ 分布. 当 H_0 不为真时, 则观测到的 X^2 值 X_{obs}^2 平均地大于 H_0 为真时的 X_{obs}^2 值, 因此过大的 X_{obs}^2 值意味着应当拒绝假设 H_0. 当满足以下条件时, 在显著性水平 α 上拒绝假设 H_0:

$$X_{\mathrm{obs}}^2 > \chi_{\alpha}^2(N-1), \tag{7.2.8}$$

其中临界值 $\chi_\alpha^2(N-1)$ 由 $\chi^2(N-1)$ 分布的累积分布函数确定:

$$1 - \alpha = \int_0^{\chi_\alpha^2(N-1)} f(y; N-1)\mathrm{d}y. \tag{7.2.9}$$

通常, 假设 H_0 所设定的物理量 x 的分布 p_{0i} (式 (7.2.5)) 中会包含 L 个未定参数. 当利用最小二乘法估计这些参数时, 是通过使式 (7.1.6) 所示的统计量 X^2 达到极小 $X_{\min}^2$ 得到的. 这时 $X_{\min}^2$ 服从 χ^2 分布, 其自由度等于独立观测数 $(N-1)$ 减去待估计的独立参数个数 (L). 这一关系对于观测数个数无穷多、线性最小二乘估计的情形严格正确, 在其他情形下则只是一种近似. 因此, 当假设 H_0 中包含 L 个未定参数, 且用最小二乘法估计这些参数值时, 皮尔逊 χ^2 检验在显著性水平 α 上拒绝假设 H_0 的判别条件为

$$X_{\mathrm{obs}}^2 > \chi_\alpha^2(N-1-L). \tag{7.2.10}$$

由前面的讨论可见, 皮尔逊 χ^2 检验依赖于变量

$$X_i = \frac{n_i - np_{0i}}{\sqrt{np_{0i}}}$$

渐近地服从标准正态分布这一假定 (见式 (7.2.7)), 这就要求落在每一子区间中的事例观测频数 n_i 充分大; 但另一方面, 将 n_i 个观测值归并到同一子区间中, 相当于用随机变量 x 在该子区间中的平均值代替 n_i 个不同的观测值, 这必定导致数据信息的某种损失. 这两者是相互矛盾的. 在实际选择子区间的大小时, 一般遵循的原则是, 在保证每个子区间内的理论频数 $\geqslant 5$ 的条件下, 子区间数目以较多为宜. 当子区间数目不太小 (如 $N-1 \geqslant 6$, N 为子区间数) 时, 在一个或两个子区间中理论频数甚至可以小于 5.

子区间的划分有两种方法. 一种是等宽度划分, 即各子区间宽度相等. 当随机变量 X 的取值域为 $(-\infty, \infty)$ 时, 一般在两端概率密度极低, 故两端的两个子区间取为 $(-\infty, x_1)$ 和 (x_{N-1}, ∞). 这种划分方法的好处是十分简单, 采用得较为广泛. 另一种是等概率划分方法, 即在零假设 H_0 成立的条件下, 使每个子区间内的理论概率相等, $p_{01} = p_{02} = \cdots = p_{0N}$. 当子样容量 n 充分大时, 在等概率划分的条件下, 可以确定出子区间数目 N 的一个最佳值, 使得皮尔逊 χ^2 检验的近似势函数达到极大 (参考文献 [2]). 因此一般说来, 等概率方法在理论上较为优越, 但它的计算较为繁杂, 实际上使用不多.

7.2.2 科尔莫戈罗夫检验

皮尔逊 χ^2 检验无疑是物理学家使用得最普遍的非参数检验方法. 但它只适用于子样容量大的场合, 而且由于将数据归并到 N 个子区间中, 导致某种程度的

信息损失, 降低了检验的有效性. 本节所要阐述的科尔莫戈罗夫检验方法, 避免了对数据的分组划分, 因而更充分地利用了数据的信息; 同时该方法对任何子样容量都适用, 故对小样问题明显地比皮尔逊 χ^2 检验优越. 但是应当注意, 科尔莫戈罗夫检验仅适用于连续随机变量, 并且零假设给定的分布不能包含未知参数.

设将被测物理量 x 的 n 个测量值按数值递增的次序排列:

$$x_1 \leqslant x_2 \leqslant x_3 \leqslant \cdots \leqslant x_n.$$

子样分布函数 $S_n(x)$ 定义为

$$S_n(x) = \begin{cases} 0, & x < x_1, \\ \dfrac{k}{n}, & x_k \leqslant x < x_{k+1}, \quad k = 1, \cdots, n-1, \\ 1, & x_n \leqslant x. \end{cases} \qquad (7.2.11)$$

$S_n(x)$ 是一上升的阶梯函数, 在每一观测值 $x_1, x_2, \cdots, x_n$ 处阶梯增高 $1/n$.

科尔莫戈罗夫检验是利用子样分布函数 $S_n(x)$ 来检验随机变量 x 的分布函数 $F(x)$ 是否具有特定的形式 $F_0(x)$:

$$H_0 : F(x) = F_0(x). \qquad (7.2.12)$$

格里汶科定理证明了, 当 $n \to \infty$ 时, $S_n(x)$ 依概率 1 收敛于累积分布函数 $F(x)$. 可以预期, 若 H_0 为真, 即 x 的累积分布 $F(x) = F_0(x)$, 则在任一 x_k, $k = 1, \cdots, n$ 处, $S_n(x)$ 与 $F_0(x)$ 的值应当十分接近; 相反, 若在某些 x_k 处 $S_n(x)$ 与 $F_0(x)$ 的值差异很大, 则 x 的分布 $F(x)$ 与给定分布 $F_0(x)$ 处处相符的可能性很小, 即原假设很可能不为真. 因此, $S_n(x)$ 与 $F_0(x)$ 的差异可以用来衡量测量数据与假设 H_0 之间的一致性.

我们定义如下三个随机变量来表征 $S_n(x)$ 与 $F_0(x)$ 的差值:

$$D_n^+ = \max_{-\infty < x < +\infty} (S_n(x) - F_0(x)),$$

$$D_n^- = \max_{-\infty < x < +\infty} (F_0(x) - S_n(x)),$$

$$D_n = \max_{-\infty < x < +\infty} |S_n(x) - F_0(x)| = \max(D_n^+, D_n^-). \qquad (7.2.13)$$

若总体 X 的分布 $F(x)$ 为连续函数, 则 D_n^+ 与 D_n^- 有相同的概率分布 [122]. 在子样容量 n 很大的情形下, D_n 和 $D_n^{\pm}$ 的极限分布为

$$\lim_{n \to \infty} P\left(D_n \leqslant \frac{z}{\sqrt{n}}\right) = 1 - 2\sum_{i=1}^{\infty} (-1)^{i-1} \mathrm{e}^{-2i^2 z^2} \quad (z > 0), \qquad (7.2.14)$$

$$\lim_{n \to \infty} P\left(D_n^{\pm} \leqslant \frac{z}{\sqrt{n}}\right) = 1 - \mathrm{e}^{-2z^2} \quad (z > 0), \tag{7.2.15}$$

其中, 符号 $D_n^{\pm}$ 表示该式对 D_n^+ 和 D_n^- 都适用. 由式 (7.2.15) 立即有

$$\lim_{n \to \infty} \left\{ 4n(D_n^{\pm})^2 \leqslant z \right\} = 1 - \mathrm{e}^{-\frac{z}{2}}.$$

与 $\chi^2(n)$ 的累积分布函数对比即知, 当 $n \to \infty$ 时

$$D_n^{\pm} \sim \sqrt{\frac{\chi^2(2)}{4n}}. \tag{7.2.16}$$

可见, 统计量 D_n, D_n^+, D_n^- 的分布与总体分布 $F(x)$ 无关, 且这一结论对任意子样容量 n 皆为正确. 因此, 利用 D_n, D_n^+, D_n^- 作为检验统计量的科尔莫戈罗夫检验是分布自由的, 适用于任何连续总体.

对于不同的备择假设, 需选用不同的检验统计量, 见表 7.1. 当 H_0 为真时, $D_n(D_n^{\pm})$ 接近于 0; 当 H_0 不为真而备择假设 H_1 为真时, $D_n(D_n^{\pm})$ 有增大的趋势. 因此, $D_n(D_n^{\pm})$ 的临界域在其分布的上侧. 给定显著性水平 α, 其临界值 $D_{n,\alpha}^{(\pm)}$ 由

$$P\{D_n^{(\pm)} > D_{n,\alpha}^{(\pm)}\} \leqslant \alpha \tag{7.2.17}$$

给出. 这里, 符号 $D_n^{(\pm)}$ 表示该式对 D_n、D_n^+ 和 D_n^- 都适用. 对于五种不同的显著性水平 α 值, $D_n^{(\pm)}$ 的临界值列于附表 13, 表的最后一行给出了 n 趋于 ∞ 时的临界值 $D_{n,\alpha,n \to \infty}$, 并且总有

$$D_{n,\alpha} < D_{n,\alpha,n \to \infty}.$$

对于单侧备择假设的情形, 当 n 很大时, 还可利用式 (7.2.16) 来确定临界值:

$$D_{n,\alpha}^{(\pm)} = \sqrt{\frac{\chi_\alpha^2(2)}{4n}}, \tag{7.2.18}$$

其中, $\chi_\alpha^2(2)$ 是 $\chi^2(2)$ 分布的上侧 α 分位数.

表 7.1　科尔莫戈罗夫检验中的备择假设和检验统计量

原假设	备择假设	检验统计量	注
$H_0 : F(x) = F_0(x)$	$H_1 : F(x) \neq F_0(x)$	D_n	双侧备择假设
$H_0 : F(x) = F_0(x)$	$H_1 : F(x) > F_0(x)$	D_n^+	单侧备择假设
$H_0 : F(x) = F_0(x)$	$H_1 : F(x) < F_0(x)$	D_n^-	单侧备择假设

这样, 根据一组观测值 $x_1, \cdots, x_n$ 来检验零假设 H_0 就变得十分简单. 对于所需要的备择假设, 选择适当的统计量 D_n 或 D_n^+, D_n^-, 将观测值 $x_1, \cdots, x_n$ 代

入式 (7.2.13) 得到 $D_n^{(\pm)}$ 的实际观测值 $D_{n,\text{obs}}^{(\pm)}$, 如果 $D_{n,\text{obs}}^{(\pm)} > D_{n,\alpha}^{(\pm)}$, 则在显著性水平 α 上拒绝 H_0 而接受备择假设; 反之, 则接受原假设 H_0.

对 $H_1 : F(x) \neq F_0(x)$ 的情形, 式 (7.2.17) 结合式 (7.2.13) 可重新表述为

$$P\left\{S_n(x) - D_{n,\alpha} \leqslant F_0(x) \leqslant S_n + D_{n,\alpha}\right\} \geqslant 1 - \alpha, \text{对所有 } x. \tag{7.2.19}$$

该式表示累积分布函数 $F_0(x)$ 大于 $S_n(x) - D_{n,\alpha}$ 而小于 $S_n(x) + D_{n,\alpha}$ 的概率大于 $1 - \alpha$, 即真的累积分布函数 $F_0(x)$ 落在 $[S_n(x) - D_{n,\alpha}, S_n(x) + D_{n,\alpha}]$ 区域内的置信概率大于 $1 - \alpha$. 这一关系可以用来估计使 $S_n(x)$ 与 $F_0(x)$ 的一致性达到某个设定的精度所需的测量次数 (即子样容量 n). 例如, 要求在置信水平 90% 上, 实验测量得到的分布反映真实分布 $F_0(x)$ 的精度好于 0.20. 因为 D_n 是子样分布与真分布 $F_0(x)$ 的差值, 它是测量值反映 $F_0(x)$ 的精度的直接表示, 所以上述要求相当于 $\alpha = 10\%$, $D_n \leqslant 0.20$. 从附表 13 可以查到, 为了使 $D_n \leqslant 0.20$, 子样容量必须满足 $n > 35$. 也就是说, 36 次测量构成的子样分布与总体真分布的差别在置信水平 90% 时小于 20%. 类似地, 当要求精度好于 0.05 时, 由附表 13 可查得 n 需大于等于 600.

需要强调指出, 科尔莫戈罗夫检验中零假设给定的分布不能包含未知参数. 当总体理论分布包含未知参数, 即为 $F_0(x, \theta)$ 的情形时, 需要用子样 $x_1, x_2, \cdots, x_n$ 来估计参数 θ 得到其估计值 $\hat{\theta}_n$, 但利用 $F_0(x, \hat{\theta}_n)$ 作为理论分布得到的 D_n, D_n^+, D_n^- 统计量不再是分布自由的, 而是与 $F_0(x, \theta)$ 有关. 这样, 式 (7.2.14) 和式 (7.2.15) 的极限分布不再成立, 无法据此确定临界域.

作为科尔莫戈罗夫检验的一个例子, 我们来考察一个低统计实验. 假定观测了中性 K 介子衰变为 $\pi^+ e^- \nu$ 的 30 个事例, 其衰变时间谱如图 7.1(a) 中折线 $S_{30}(t)$ 所示. 希望检验该中性 K 介子是不是 $\overline{\text{K}}^0$. 当认为这些介子是 $\overline{\text{K}}^0$ 时 (零假设 H_0), 衰变时间谱如图 7.1(a) 中的连续曲线 $F_0(t)$ 所示.

从测量和理论曲线确定了

$$D_{30,\text{obs}} = \max_{0 < t < \infty} |S_{30}(t) - F_0(t)| = 0.17.$$

选定显著性水平 $\alpha = 0.10$, 从附表 13 查得

$$D_{30, \alpha=0.10} = 0.21756,$$

因此不能拒绝零假设 H_0.

作为对比, 利用同样的观测数据对 H_0 作皮尔逊 χ^2 检验. 将衰变时间划分为 4 个子区间: 0~3, 3~5, 5~7, 7~18 (单位 0.89×10^{-10} s), 如图 7.1(b) 所示, 这样的划分满足每一子区间内观测频数 $\geqslant 5$ 的要求, 而且每一子区间内的理论概率积分值大致相等. 这时, 式 (7.2.6) 表示的统计量 X^2 渐近地服从 $\chi^2(3)$ 分布, 由 χ^2 分

布表查得

$$\chi^2_{\alpha=0.10}(3) = 6.251,$$

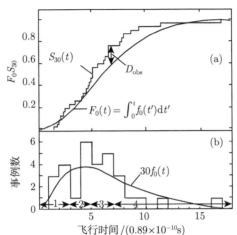

图 7.1　衰变时间谱的理论预期和实验测量值

(a) 累积分布 (科尔莫戈罗夫检验); (b) 微分分布 (皮尔逊 χ^2 检验)

而观测值算出

$$X^2_{\mathrm{obs}} = 3.0 < \chi^2_{0.10}(3),$$

因此, 皮尔逊检验同样得到不能拒绝原假设 H_0 的结论.

7.2.3　斯米尔诺夫-克拉默-冯·米泽斯检验

与科尔莫戈罗夫检验利用子样分布函数和原假设总体累积分布函数之差的极大值作为拟合优度的检验统计量不同, 斯米尔诺夫-克拉默-冯·米泽斯检验利用子样分布函数与原假设总体累积分布函数的偏差 W^2 作为检验统计量, 其定义为

$$W^2 = \int_{-\infty}^{\infty} [S_n(x) - F_0(x)]^2 f_0(x)\,\mathrm{d}x, \tag{7.2.20}$$

其中, $f_0(x)$ 是原假设的概率密度, $F_0(x)$ 是原假设的分布函数. 将式 (7.2.11) 的子样分布函数代入上式, 注意到 $F(-\infty) \equiv 0, F(+\infty) \equiv 1$, 可得 [3]

$$
\begin{aligned}
W^2 &= \int_{-\infty}^{x_1} F_0^2(x)\,\mathrm{d}F_0(x) + \sum_{i=1}^{n-1} \int_{x_i}^{x_{i+1}} \left[\frac{i}{n} - F_0(x)\right]^2 \mathrm{d}F_0(x) \\
&\quad + \int_{x_n}^{\infty} [1 - F_0(x)]^2\,\mathrm{d}F_0(x) \\
&= \frac{1}{12n^2} + \frac{1}{n}\sum_{i=1}^{n} \left[F_0(x_i) - \frac{2i-1}{2n}\right]^2.
\end{aligned} \tag{7.2.21}
$$

该式可用于检验统计量 W^2 的具体计算.

对于一特定的 x 值, $nS_n(x)$ 为期望值 $nF_0(x)$ 的二项分布变量, 故有

$$E\left[S_n\left(x\right)\right] = F_0\left(x\right),$$

$$E\left\{\left[S_n\left(x\right) - F_0\left(x\right)\right]^2\right\} = \frac{1}{n}F_0\left(x\right)\left[1 - F_0\left(x\right)\right].$$

式 (7.2.21) 所示的统计量具有均值和方差:

$$E\left(W^2\right) = \frac{1}{n}\int_0^1 F_0\left(x\right)\left[1 - F_0\left(x\right)\right]\mathrm{d}F_0\left(x\right) = \frac{1}{6n},$$
$$V\left(W^2\right) = E\left(W^4\right) - \left[E\left(W^2\right)\right]^2 = \frac{4n-3}{180n^3}. \tag{7.2.22}$$

即使对于有限的 n 值, 统计量 W^2 的分布亦与总体 X 的分布完全无关, 这一点容易证明. 作变量代换 $Y = F_0(x)$, 统计量 W^2 变成

$$W^2 = \int_0^1 \left[S_n\left(Y\right) - Y\right]^2\mathrm{d}Y,$$

它完全独立于原假设的概率密度 $f_0(x)$, 也即统计量 W^2 的分布与原假设的分布相独立.

斯米尔诺夫证明了 [3], 在 $n \to \infty$ 的极限情形下, 当原假设为真时, nW^2 的特征函数为

$$\varphi\left(t\right) = \left\{(2it)^{1/2}/\sin\left[(2it)^{1/2}\right]\right\}^{1/2}. \tag{7.2.23}$$

Anderson 和 Darling 通过 $\varphi(t)$ 的反演计算了 nW^2 的临界值, 对于某些常用的显著性水平 α, nW^2 临界值列于表 7.2. α 及其对应的 nW^2 临界值的更详细的表见书末的附表 14. Marshall 证明了, nW^2 趋于其极限分布的速度很快, 以至于在 $n \geqslant 3$ 的情形下, 表 7.2 所列的 nW^2 的临界值都是精确的. 因此, 可利用此表基于统计量 W^2 进行关于原假设 $F(x) = F_0(x)$ 的检验. 由 W^2 的定义式 (7.2.20) 可知, nW^2 的临界域在其临界值的上侧.

表 7.2　斯米尔诺夫-克拉默-冯·米泽斯检验统计量 nW^2 的临界值

α	nW^2 的临界值
0.10	0.347
0.05	0.461
0.01	0.743
0.001	1.168

与科尔莫戈罗夫检验相同, 斯米尔诺夫-克拉默-冯·米泽斯检验中零假设给定的分布不能包含未知参数, 否则统计量 nW^2 不再是分布自由的, 式 (7.2.21) 的分布不再成立, 无法据此确定临界域.

7.3 信号的统计显著性

实验测量值通常同时包含信号和本底的贡献, 而且信号和本底的测量都存在统计涨落, 即它们都是随机变量. 当我们在信号区观测到的事例数 n 明显地高于预期的本底事例数 b 时, 我们会判断观测到了信号事例. 例如, 在图 5.7(b) 中不变质量 $m_{\eta\pi^+\pi^-} \approx 958\mathrm{MeV}$ 附近观测到了 η' 粒子的信号. 显然, n 比 b 大得越多, 对于 "观测到了信号事例" 这一判断的可信程度越高. 信号的**统计显著性** (statistical significance) 是物理学家对 "观测到了信号事例" 这一判断的定量化表征.

在讨论信号的统计显著性问题时, 零假设 H_0 通常表示为观察到的实验现象可以只用已知的现象或本底函数圆满地描述, 备择假设 H_1 则表示观察到的实验现象需要用已知的现象或本底函数, 加上未知、待寻找的新信号过程的贡献才能完整地描述. 信号的统计显著性就是观察到的实验现象偏离已知的现象或本底函数, 发现新信号、新过程的定量表征. 信号的统计显著性越高, 发现新过程的可信度越大. 在粒子物理实验中, 基本上达成了一种共识, 如果实验中观察到一种新信号, 其显著性 $S \geqslant 5$, 则可以认为 "发现" 了一种新信号; 当新信号的显著性 $S \geqslant 3$ ($S \geqslant 2$), 则只能说新信号的存在有强 (弱) 的证据. 所以在寻找新现象的实验测量中, 信号的统计显著性尤为重要.

7.3.1 p 值

粒子物理实验中, 对是否观测到信号事例这一判断的定量表征方法之一是给出 p **值**, 它定义为

$$p(u_{\mathrm{obs}}) = P(u \geqslant u_{\mathrm{obs}}|H_0) = \begin{cases} \sum\limits_{u \geqslant u_{\mathrm{obs}}} p_u(H_0), & u \text{ 离散型}; \\ \int_{u \geqslant u_{\mathrm{obs}}} f(u|H_0)\mathrm{d}u, & u \text{ 连续型}. \end{cases} \tag{7.3.1}$$

其中, u 是实验观测量 (随机变量) 或用实验观测量构造的统计量, u_{obs} 是某个实验测量到的 u 值, $p_u(H_0)$ 是零假设 H_0 为真时离散型变量 u 的概率分布, $f(u|H_0)$ 是零假设 H_0 为真时连续型变量 u 的概率密度函数. 不失一般性, 我们设定 u 值越大, H_0 为真的可能性越小, 即 u 的临界域为 $u \geqslant u_\alpha$, 临界值 u_α 为临界域的下限, α 是一人为设定的接近于 1 的小量. p 值是 H_0 为真时 $u \geqslant u_{\mathrm{obs}}$ 的概率. 那么,

$p(u_{\mathrm{obs}})$ 值就是该实验测量值 u_{obs} 与零假设 H_0 不一致性的某种定量表征, $p(u_{\mathrm{obs}})$ 值越小, H_0 为真的可能性越小.

假定存在某种信号事例, 它的 u 值集中地出现在一个特定的区域称为**信号区**. 实验中信号区内观测到的信号事例数可视为期望值 s 的泊松变量, 信号区内观测到的本底事例数可视为期望值 b 的泊松变量, 则信号区内观测到总事例数 n 的概率为

$$f(n; s, b) = \frac{(s+b)^n}{n!} \mathrm{e}^{-(s+b)}. \tag{7.3.2}$$

假定实验观测到的信号区内总事例数为 n_{obs}, 令零假设 H_0 为观测到的事例仅仅是由于本底的贡献, 则相应的 p 值为

$$p(n_{\mathrm{obs}}) = P(n \geqslant n_{\mathrm{obs}}|H_0) = \sum_{n=n_{\mathrm{obs}}}^{\infty} f(n; s=0, b) = 1 - \sum_{n=0}^{n_{\mathrm{obs}}-1} \frac{b^n}{n!} \mathrm{e}^{-b}. \tag{7.3.3}$$

p 值越小, H_0 为真 (观测到的事例仅仅是由于本底的贡献) 的可能性越小. 举一个数值例子: 假定 $b = 0.6, n_{\mathrm{obs}} = 5$, 则相应的 p 值约等于 4×10^{-4}, 这表示实验观测到 $n \geqslant n_{\mathrm{obs}} = 5$ 个事例仅仅是由于本底涨落导致的概率小到只有 4×10^{-4}.

在实际应用中需要注意信号区内平均本底事例数 (即期望值) b 可能存在系统误差. 通常信号区内平均本底事例数是由信号区外附近的本底区 (称为边带区) 的事例数分布确定的, 这实际上隐含着两个假设: 边带区内不包含信号事例, 边带区内事例分布的函数形式能相当好地反映信号区内的本底贡献. 然而实际的测量数据中边带区内观测到的事例数分布往往不够平滑, 边带区的宽度也没有严格的规则加以判定, 而是依赖于实验者对 "边带区内不包含信号事例, 且其事例分布的函数形式能相当好地反映信号区内的本底贡献" 这一假设的主观判断予以确定, 因此存在不确定性, 通常利用不同的本底函数形式、不同的边带区宽度来确定 b 的系统误差. 例如, 在上面的例子中, $b = 0.6$, 假定考虑了系统误差后信号区内平均本底事例数 b 的范围为 $0.5 \sim 0.7$, 则相应的 p 值范围为 $2 \times 10^{-4} \sim 8 \times 10^{-4}$. 作为最后结果, 可以报道 p 值的这一范围, 或者保守地仅仅报道 p 值为 8×10^{-4}.

另一个问题是信号区的宽度. 不同的信号区宽度给出不同的 n_{obs} 和 b 值, 从而得到不同的 p 值. 一般信号区的宽度取得足以包含绝大部分的信号事例 (如果存在的话). 例如, 对于信号的实验分布为正态函数的情形, 信号区间取为 $x_{\mathrm{c}} \pm 2.5\sigma$ 或 $x_{\mathrm{c}} \pm 3\sigma$ 都是合理的选择, 这里 x_{c} 和 σ 分别是正态函数的中心值和标准偏差, 它们分别包含了全部信号事例的 98.8% 和 99.7%. 报道最终结果时推荐同时给出信号区间的宽度和 p 值.

7.3.2 信号统计显著性的定义

p 值表示的是实验观测到的现象仅仅是由于本底涨落导致的概率, 但是实验观测到的现象与待寻找的新现象、新信号之间的关系表达得不直观, 后者通常用信号的统计显著性 S 来表示. 然而在粒子物理实验数据分析的发展过程中, 使用了不同的统计显著性 S 的定义.

(1) "计数实验" 中信号统计显著性的定义.

所谓的**计数实验** (counting experiment), 是指利用信号区内的信号事例数和本底事例数来确定信号统计显著性这样一种做法. 文献 [123, 124] 对于信号统计显著性 S 有如下各种定义:

$$S_1 = \frac{s}{\sqrt{b}}, \tag{7.3.4}$$

$$S_2 = \frac{s}{\sqrt{s+b}}, \tag{7.3.5}$$

$$S_{12} = \sqrt{s+b} - \sqrt{b}, \tag{7.3.6}$$

$$S_{B1} = S_1 - k(\alpha)\sqrt{1 + \frac{s}{b}}, \tag{7.3.7}$$

$$S_{B12} = 2S_{12} - k(\alpha), \tag{7.3.8}$$

$$\int_{-\infty}^{S_N} \frac{1}{\sqrt{2\pi}} \mathrm{e}^{-x^2/2} \mathrm{d}x = \sum_{i=0}^{n-1} \frac{b^i}{i!} \mathrm{e}^{-b}, \tag{7.3.9}$$

其中, s 是信号区内信号事例数的期望值, b 是信号区内本底事例数的期望值, 后者被认为是一个已知值. S 的不同角标表示来源于不同的定义, $k(\alpha)$ 是一个与观察到信号事例的确定程度相关的系数, 对于它们的详细说明请阅读文献 [124].

统计显著性的以上不同定义对应于 s 和 b 的不同假定[125]. 其中, S_1 只考虑本底的涨落, 并假定本底服从期望值和方差均等于 b 的正态分布即 $b \sim N(b,b)$. S_2 认为信号区内观测到的事例总数 n 服从期望值 $s+b$、方差 b 等于本底期望值的正态分布, 即 $n \sim N(s+b,b)$. S_{12} 则假定信号服从 $N(s,s)$ 分布而本底服从 $N(b,b)$ 分布. S_N 假定 n、s、b 是服从期望值 n、s、b 的泊松变量. 因此, 应该按照实验中 n、s、b 所服从的实际分布来选择统计显著性的计算公式.

(2) 用似然函数定义的信号统计显著性.

在许多情形下, 通过实验测量值或它的统计量的分布来检验零假设 H_0 和备择假设 H_1 比简单地通过信号区内的计数来检验要更为准确和精确, 这时, 需要用似然比方法进行检验. 假定 $L(b)$ 和 $L(s+b)$ 分别为用零假设 H_0 和备择假设 H_1 的概率密度构造的似然函数, $L_{\mathrm{m}}(b)$ 和 $L_{\mathrm{m}}(s+b)$ 分别为用 $L(b)$ 和 $L(s+b)$ 拟合实验数据得到的似然函数极大值, I. Narsky[123] 在 $-2\ln[L_\mathrm{m}(b)/L_\mathrm{m}(s+b)]$ 服从自由度为 1 的 χ^2 分布的假定下给出了信号的统计显著性:

$$S = [2(\ln L_\mathrm{m}(s+b) - \ln L_\mathrm{m}(b))]^{1/2}. \tag{7.3.10}$$

似然函数可以取为标准的形式

$$L(s+b) = \prod_{i=1}^{N} [\omega_s f_s(u_i) + (1-\omega_s)f_b(u_i)], \tag{7.3.11}$$

$$L(b) = \prod_{i=1}^{N} f_b(u_i), \tag{7.3.12}$$

其中, N 为实验中信号**拟合区间**内观察到的总事例数 (拟合区间的概念见 2.2.5 节的讨论). 需要特别指出, N 与前面提到的信号区内观测到的总事例数 n 是不同的, 因为实验的信号拟合区间总是比信号区要宽, 所以 N 总大于 n; 式 (7.3.10)~式 (7.3.12) 中 s 和 b 分别表示信号拟合区内的信号和本底事例数, 实验测量值或它的统计量表示为 u, u_i 为第 i 个事例的测量值, $f_s(u)$ 和 $f_b(u)$ 分别表示信号拟合区内信号和本底的概率密度函数, ω_s 为信号事例数的权因子 (占全部 N 个事例的比例).

似然函数也可以取为**扩展似然函数**的形式, 即实验中观察到的总事例数 N 不认为是一常数而认为是一泊松变量, 这就考虑了观察事例数泊松分布的不确定性, 这时的似然函数形式为

$$L(s+b) = \frac{\mathrm{e}^{-(s+b)}}{N!} \prod_{i=1}^{N} [sf_s(u_i) + bf_b(u_i)], \tag{7.3.13}$$

$$L(b) = \frac{\mathrm{e}^{-b}b^N}{N!} \prod_{i=1}^{N} f_b(u_i). \tag{7.3.14}$$

这两个式子中的 s 和 b 分别表示信号拟合区内的信号和本底事例数的期望值, $\omega_s = s/(s+b)$.

(3) 用 p 值定义的信号统计显著性.

由于 p 值表示的是实验数据与零假设之间的不一致性, p 值越小, 零假设为真的可能性越小, 备择假设为真的可能性越大. 因此文献 [126] 将信号显著性与 p 值联系起来, 对信号显著性作了如下的定义:

$$\int_{-S_P}^{S_P} \frac{1}{\sqrt{2\pi}} \mathrm{e}^{-x^2/2} \mathrm{d}x = 1 - P(u \geqslant u_\mathrm{obs}|H_\mathrm{bg}) \equiv 1 - p(u_\mathrm{obs}). \tag{7.3.15}$$

该式的左边是正态分布在 $\pm S_P$ 个标准差 ($\pm S_P \sigma$) 内的积分概率. 在这样的定义下, 相对应的 S 值和 p 值列于表 7.3.

表 7.3 p 值与统计显著性 S 的对应关系

S 值	p 值
1	0.3173
2	0.0455
3	0.0027
4	6.3×10^{-5}
5	5.7×10^{-7}

对于计数实验的情形, p 值为

$$p(n_{\mathrm{obs}}) = P(n \geqslant n_{\mathrm{obs}} | H_0) = \sum_{n=n_{\mathrm{obs}}}^{\infty} \frac{b^n}{n!} \mathrm{e}^{-b} = 1 - \sum_{n=0}^{n_{\mathrm{obs}}-1} \frac{b^n}{n!} \mathrm{e}^{-b}. \tag{7.3.16}$$

代入式 (7.3.15), 立即有

$$\int_{-S_P}^{S_P} \frac{1}{\sqrt{2\pi}} \mathrm{e}^{-x^2/2} \mathrm{d}x = \sum_{n=0}^{n_{\mathrm{obs}}-1} \frac{b^n}{n!} \mathrm{e}^{-b}. \tag{7.3.17}$$

与式 (7.3.9) 比较, 仅仅积分下限有所不同.

对于似然比方法的情形, 如前所述, 假定零假设 H_0 是实验数据仅仅由本底似然函数 $L(b)$ 描述, 备择假设 H_1 是实验数据由 $L(s+b)$ 描述, 假定 $L(b)$ 有 m 个待定参数 (描述本底概率密度 $f_b(u)$ 的参数), $L(s+b)$ 有 $k(>m)$ 个待定参数 (描述本底概率密度 $f_b(u)$ 和信号概率密度 $f_s(u)$ 的参数以及它们之间的相对权因子). H_0 (似然函数 $L(b)$) 是对 H_1(似然函数 $L(s+b)$) 中 k 个待定参数中的 r 个参数加以固定, 或加上了 r 个约束条件; 或者说, r 是备择假设 H_1 与零假设 H_0 的待估计的独立参数个数之差, 或自由度之差, 于是似然比统计量

$$\lambda = L_{\mathrm{m}}(b)/L_{\mathrm{m}}(s+b) \tag{7.3.18}$$

是零假设 H_0 的合理的检验统计量, 这里 $L_{\mathrm{m}}(b)$ 是利用 $L(b)$ 拟合实验数据得到的极大似然函数值. 文献 [3] 证明了, 当 H_0 为真时, 在子样容量很大的情形下, 统计量

$$u = -2 \ln \lambda = 2(\ln L_{\mathrm{m}}(s+b) - \ln L_{\mathrm{m}}(b)) \tag{7.3.19}$$

渐近地服从 $\chi^2(r)$ 分布 (威尔克斯 (Wilks) 定理). 当 λ 的观测值接近于 1 时, H_0 为真的可能性很大; 当 λ 的观测值接近于 0 时, H_0 为真的可能性很小. 所以, λ 的临界域在 λ 值接近 0 的区域, 相应地, u 的临界域在 u 值大的区域. 倘若 u 的实验观测值为 u_{obs}, 则由式 (7.3.1) 知 p 值为

$$p(u_{\text{obs}}) = \int_{u_{\text{obs}}}^{\infty} \chi^2(u;r)\mathrm{d}u, \tag{7.3.20}$$

代入式 (7.3.15) 立即得到利用似然比统计量计算信号统计显著性 S 的表达式

$$\int_{-S_P}^{S_P} \frac{1}{\sqrt{2\pi}} e^{-x^2/2}\mathrm{d}x = \int_0^{u_{\text{obs}}} \chi^2(u;r)\mathrm{d}u. \tag{7.3.21}$$

对于 $r=1$ 的特殊情形, 有

$$\int_{-S_P}^{S_P} \frac{1}{\sqrt{2\pi}} e^{-x^2/2}\mathrm{d}x = \int_0^{u_{\text{obs}}} \chi^2(u;1)\mathrm{d}u = 2\int_0^{\sqrt{u_{\text{obs}}}} \frac{1}{\sqrt{2\pi}} e^{-x^2/2}\mathrm{d}x,$$

立即可得

$$S_P = \sqrt{u_{\text{obs}}} = [2(\ln L_{\mathrm{m}}(s+b) - \ln L_{\mathrm{m}}(b))]^{1/2}, \tag{7.3.22}$$

它与 Narsky 的式 (7.3.10) 完全一致.

由以上讨论可知, 式 (7.3.15) 定义的信号统计显著性无论对于计数实验或似然比方法都是适用的, 因此避免了多重定义. 利用似然比统计量计算信号统计显著性的式 (7.3.21) 的优点在于避免了确定信号区和本底边带区时带来的不确定因素, 但由以上的推导过程可知必须满足大子样容量 (即 N 充分大) 的要求. 对于小子样容量的情形, 仍然应当用式 (7.3.17) 计算信号统计显著性 S.

由于 S 值有多种定义, 因此实验结果的报道中, 在陈述某个信号的统计显著性 S 值为多大时, 应当说明其明确的定义.

(4) 示例.

假定不变质量 $m_{\eta'}$ 分布的实验数据如表 7.4 所示, 试计算信号 η' (958) 的统计显著性 S.

表 7.4　不变质量 $m_{\eta'}$ 分布的实验数据

区间	事例	区间	事例	区间	事例	区间	事例	区间	事例
855		1005		1155	2	1305	3	1455	5
870	1	1020		1170	1	1320	2	1470	4
885		1035	1	1185	3	1335	3	1485	7
900		1050		1200	1	1350	2		
915	1	1065	1	1215	4	1365	4		
930		1080		1230	2	1380	3		
945	3	1095	1	1245	2	1395	5		
960	2	1110	1	1260	3	1410	4		
975	1	1125	2	1275	2	1425	4		
990		1140	1	1290	4	1440	5		

注: 表中 "区间" 中的数字表示区间下限 (MeV), 上限是该数字加 15MeV; "事例" 中无数字表示事例数为 0.

首先用似然比方法计算信号的统计显著性. 实验数据的直方图示于图 7.2, 拟合区间 $[a, b] = [855\text{MeV}, 1500\text{MeV}]$, 子区间宽度为 15MeV. 本底函数和信号函数取为

$$f_b(m) = c_1 + c_2 m + c_3 m^2,$$

$$f_s(m) = N(m_0, \sigma^2) = N(958, 20^2).$$

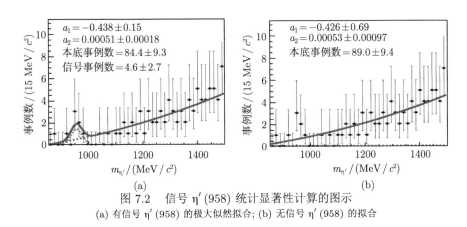

图 7.2 信号 $\eta'(958)$ 统计显著性计算的图示

(a) 有信号 $\eta'(958)$ 的极大似然拟合; (b) 无信号 $\eta'(958)$ 的拟合

极大似然法应用于直方图数据, 第 i 个子区间内事件数为 n_i $(i = 1, 2, \cdots, N)$ 的联合概率 (似然函数) 由多项分布给出:

$$L(n_1, \cdots, n_N \,|\, \boldsymbol{\theta}) = n! \prod_{i=1}^{N} \frac{1}{n_i!} p_i^{n_i},$$

式中, p_i 是第 i 个子区间内出现一个事例的概率. p_i 可由概率密度 $f(x \,|\, \boldsymbol{\theta})$ 在第 i 个子区间内的积分求出:

$$p_i = p_i(\boldsymbol{\theta}) = \int_{\Delta m_i} f(m \,|\, \boldsymbol{\theta}) \mathrm{d}m.$$

于是

$$\ln L(n_1, \cdots, n_N \,|\, \boldsymbol{\theta}) = \sum_{i=1}^{N} n_i \ln p_i(\boldsymbol{\theta}) - \sum_{i=1}^{N} \ln n_i! + \ln n!$$

求 $\ln L(n_1, \cdots, n_N \,|\, \boldsymbol{\theta})$ 的极大值 $\ln L_m$ 时可去除与参数 $\boldsymbol{\theta}$ 无关的项 $\sum\limits_{i=1}^{N} \ln n_i!$ 和 $\ln n!$:

$$\left. \frac{\partial \ln L}{\partial \theta_i} \right|_{\boldsymbol{\theta} = \hat{\boldsymbol{\theta}}} = \frac{\partial}{\partial \theta_i} \left[\sum_{i=1}^{N} n_i \ln p_i(\boldsymbol{\theta}) \right]_{\boldsymbol{\theta} = \hat{\boldsymbol{\theta}}} = 0.$$

对于零假设 H_0, 实验数据仅仅由本底似然函数 $L(b)$ 描述, 由

$$p_i = p_i(\boldsymbol{\theta}) = \int_{\Delta m_i} f_b(m\,|\,\boldsymbol{\theta})\mathrm{d}m,$$

$$\boldsymbol{\theta} = c_1, c_2, c_3,$$

求出极大值 $\ln L_m(b) = 241.975$, $c_1 = 6.14 \times 10^{-6}$, $c_2 = -2.62 \times 10^{-6}$, $c_3 = 3.25 \times 10^{-9}$. 对于备择假设 H_1, 实验数据由 $L(s+b)$ (信号 + 本底) 函数描述, 由

$$p_i = p_i(\boldsymbol{\theta}) = \int_{\Delta m} [w_s f_s + (1-w_s)\,f_b]\mathrm{d}m,$$

$$\boldsymbol{\theta} = c_1, c_2, c_3, w_s,$$

求出极大值 $\ln L_m(s+b) = 244.577$ 以及

$$w = 0.0545, \quad c_1 = 7.38 \times 10^{-6}, \quad c_2 = -3.23 \times 10^{-6}, \quad c_3 = 3.76 \times 10^{-9}.$$

$L(s+b)$ 有 4 个待定参数, $L(b)$ 有 3 个待定参数, 统计量

$$u = -2\ln\lambda = 2(\ln L_m(s+b) - \ln L_m(b))$$

渐近地服从 $\chi^2(1)$ 分布. 按式 (7.3.22) 计算统计显著性 S:

$$S = \sqrt{u_{\mathrm{obs}}} = [2(\ln L_m(s+b) - \ln L_m(b))]^{1/2}$$
$$= \sqrt{2\,(244.577 - 241.975)} = 2.28.$$

作为比较, 利用计数法计算信号的统计显著性. 假定信号区间为 [900MeV, 1020MeV], (中心值 $\pm 3\sigma$), 信号区间内观测总事例数为 $n = 7$, 信号区间内本底期望值 (b) 可以利用似然比方法中求得的本底函数 $f_b(m) = c_1 + c_2 m + c_3 m^2$ 加以计算, 结果是 $b = 3.8$, 由此求得

$$S_1 = (n-b)/\sqrt{b} = \frac{7-3.8}{\sqrt{3.8}} = 1.64.$$
$$S_2 = \frac{n-b}{\sqrt{n}} = \frac{7-3.8}{\sqrt{7}} = 1.21.$$
$$S_{12} = \sqrt{n} - \sqrt{b} = 0.70.$$

当信号显著性 S 利用似然函数的公式 (7.3.10) 和利用似然比统计量的公式 (7.3.21) 计算时, 则有如下结果:

$$\int_{-\infty}^{S_N} N\left(0,1\right) \mathrm{d}x = \sum_{i=0}^{n-1} \frac{b^i}{i!} \mathrm{e}^{-b} = 0.9091, \quad S_N = 1.34.$$

$$\int_{-S_P}^{S_P} N\left(0,1\right) \mathrm{d}x = \sum_{i=0}^{n-1} \frac{b^i}{i!} \mathrm{e}^{-b} = 0.9091, \quad S_P = 1.69.$$

可见, 利用不同的信号显著性定义会得到相当不同的数值, 因此在陈述某个信号的统计显著性 S 值为多大时, 说明其明确的定义是十分必要的.

第 8 章　搜寻实验的数据分析

8.1　引　言

粒子物理实验大致可以分成两大类: 测量实验和搜寻实验. 对于测量实验, 其测量对象一定存在. 比如根据已有的实验我们知道, $J/\psi \to \rho\pi$ 这一衰变肯定存在, 其分支比为 (1.69 ± 0.15) %. 为了检验某种精确的理论预期, 我们不满意现有测量值的误差, 因而希望提高精度而进行新的实验测量. 至于搜寻实验, 是指寻找预期可能存在但尚未发现的物理过程这样一类实验, 其测量对象是否存在尚属未知, 所以这类实验的目标是寻找 "新物理", 显然其实验结果 (特别是肯定的结果) 往往会引起极大的关注. 例如, 超对称模型预期的中性希格斯粒子 H_1^0 是否存在并不清楚, 我们希望通过实验来确定搜寻的对象 (信号) 是否存在. 搜寻实验要解决的问题是: 什么条件下可以认为 "发现" 了信号? 什么条件下可以 "排除" 信号的存在? 只有当实验 "发现" 信号的情形下, 才可以对该信号的性质参数进行测量, 例如, 该信号中新粒子的质量. 而对于实验 "排除" 信号的情形, 则需要给出该特定信号存在的上限, 这类问题也称为 "设限". 在搜寻实验的设计阶段, 我们需要知道, 对于一组特定的探测器性能参数, 搜寻特定信号的灵敏度有多高, 即利用这一探测器进行的实验发现特定信号能够达到什么样的水平. 由于搜寻实验与测量实验的要求不同, 其实验分析方法显然有其自身的特殊性.

我们在 7.3 节中简要讨论了利用信号的统计显著性 S (本章用符号 Z 表示) 来确定实验是否 "发现" 了信号, 但对搜寻实验需要解决的问题没有给出全面的答案, 因此本章对搜寻实验数据分析的各个方面进行较为详细的讨论.

搜寻实验是否 "发现信号" 可以认为是一个特定的假设检验问题. 为此, 我们对假设检验的基本概念做一些补充说明.

假设随机变量 X 的子样测量值 (即实验数据) $\boldsymbol{x} \equiv (x_1, \cdots, x_n)$ 是 n 个测量值构成的数据样本. 在搜寻实验中, n 是符合所寻找的新信号事例判选要求的候选事例数, $\boldsymbol{x}$ 通常是候选事例的某个运动学变量 (例如新粒子衰变为若干特定末态粒子的不变质量) 的测量值. 用检验统计量 $t \equiv t(\boldsymbol{x})$ 来确定实验观测与零假设 H_0 之间的一致性水平 (接受或拒绝):

$$零假设 \quad H_0(\theta): \theta = \theta_0, \tag{8.1.1}$$

备择假设　$H_1(\theta) : \theta \neq \theta_0$ 双侧检验, $\qquad$ (8.1.2)

$$H_1(\theta) : (\theta > \theta_0 \text{ 或 } \theta < \theta_0) \quad \text{单侧检验}, \qquad (8.1.3)$$

式中, θ 是随机变量 X 的概率密度的未知参数, θ_0 是实验者根据实验要求选定的参数 θ 的某个数值. $t \equiv t(\boldsymbol{x})$ 是随机变量 X 的函数, 本身也是随机变量 (仅由观测量构成), 称为检验统计量. 用 $g(t|H_0)$ 和 $g(t|H_1)$ 分别表示 H_0 为真和 H_1 为真条件下 t 的概率密度; t_{obs} 表示特定实验测得的 t 值 (即代入特定实验观测值 $\boldsymbol{x}$ 得到的 t 值). 若

$$t_{\text{obs}} \in R, \quad \alpha \equiv \int_R g(t|H_0)\,\mathrm{d}t, \qquad (8.1.4)$$

则以水平 α 拒绝 H_0 为真. α 称为检验的**显著性水平** (size of test), 为一事先给定的常数, 习惯上 α 取为小值 (例如 5%、1%). R 称为临界域 (有时也称拒绝域), 它是检验统计量 t 的全域 W 的一个子域 (参见图 8.1). 也就是说, 当 t_{obs} 落入临界域 R 时, 实验结果以显著性水平 α 拒绝零假设 $H_0(\theta) : \theta = \theta_0$.

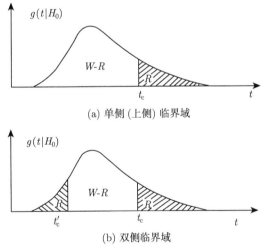

(a) 单侧 (上侧) 临界域

(b) 双侧临界域

图 8.1　检验统计量 t 的临界域 R 和接受域 W-R

α 是检验的第一类错误 (弃真的错误) 的概率, 即把正确的假设 H_0 给否定了的概率. β 是检验的第二类错误 (取伪的错误) 的概率, 即把错误的假设 H_0 给肯定了的概率 (参见图 8.2):

$$\beta \equiv \int_{W-R} g(t|H_1)\,\mathrm{d}t. \qquad (8.1.5)$$

零假设 H_0 对于备择假设 H_1 的**检验功效** (power of test) 定义为

$$1 - \beta \equiv \int_R g\left(t|H_1\right) \mathrm{d}t, \tag{8.1.6}$$

检验统计量 $t \equiv t(\boldsymbol{x})$ 和临界域 R 的合理选择应当使 α 和 β (两类错误概率) 同时尽可能地小. 由于习惯上 α 取固定的小值 (例如 5%), 故最优统计量 $t(\boldsymbol{x})$ 应使该 α 值下 β 达到极小 (即检验功效达到极大).

实验中的一个重要问题是究竟采用双侧检验还是单侧检验. 双侧检验指的是临界域落在接受域的两侧, 单侧检验指的是临界域落在接受域的一侧 (上侧或下侧). 这一问题取决于检验统计量 $t \equiv t(\boldsymbol{x})$ 的选择和实验的要求 (体现为零假设 H_0 的选择). 对于单侧检验的情形, 是采用 (临界域) 上侧检验还是下侧检验取决于 t 值与 H_0 的关系.

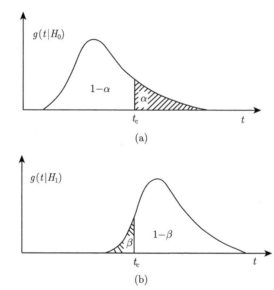

图 8.2   参数假设检验中第一类错误概率 α 和第二类错误概率 β (对于上侧临界域的情形)

1. 上侧检验

如果 t 越大, H_0 为真的概率越小, 则临界域为 $t \geqslant t_\mathrm{c}$ (t_c 为临界值) 的区域. 当 t_obs 落入临界域内, 则以水平 α 拒绝 H_0 为真:

$$t_\mathrm{obs} \geqslant t_\mathrm{c}\left(\alpha\right), \quad \alpha \equiv \int_{t_\mathrm{c}}^{\infty} g\left(t|H_0\right)\mathrm{d}t. \tag{8.1.7}$$

p 值定义为 (参见 7.3.1 节)

$$p = \int_{t_{\text{obs}}}^{\infty} g\left(t|H_0\right)\mathrm{d}t, \tag{8.1.8}$$

p 值是实验数据与零假设一致性的定量表述. p 值越小 (t_{obs} 越大), 零假设为真的可能性越小. 若

$$p \leqslant \alpha, \tag{8.1.9}$$

则在显著性水平 α 上排除零假设, 其含义是根据实验数据得出零假设不为真的这一结论犯错误的概率为 α.

2. 下侧检验

如果 t 越小, H_0 为真的概率越小, 则临界域为 $t \leqslant t_c$ 的区域. 当 t_{obs} 落入临界域内, 则以水平 α 拒绝 H_0 为真:

$$t_{\text{obs}} \leqslant t_c\left(\alpha\right), \quad \alpha \equiv \int_{-\infty}^{t_c} g\left(t|H_0\right)\mathrm{d}t. \tag{8.1.10}$$

根据式 (8.1.8) p 值的定义, 此时 p 值越大 (t_{obs} 越小), 零假设为真的可能性越小. 若 $1 - p \leqslant \alpha$ 即

$$p \geqslant 1 - \alpha, \tag{8.1.11}$$

则有 $t_{\text{obs}} \leqslant t_c\left(\alpha\right)$, t_{obs} 落入临界域, 应在显著性水平 α 上排除零假设 H_0.

在搜寻实验的数据分析中, 通常零假设对应于纯本底过程, 而备择假设对应于信号 + 本底过程. 假定我们已进行一次实验测量获得一组观测数据. p 值是 (实验) **观测的显著性** 的表征. p 值可视为零假设为真的条件下, 重复进行相同的实验将获得的观测数据与零假设的不一致性大于等于当前实验数据与零假设的不一致性的发生概率. 当同样的实验重复多次时, 它定量地描述将会观测到的数据有多大的可能比当前的观测数据与零假设的预期之间的差别相当或更大. 它是观测数据的函数, 故而是一个随机变量; 它不应与检验显著性 α 相混淆, 后者是一预先设定的常数. 检验显著性 α 并不依赖于检验统计量的观测值 t_{obs}, 而是依赖于定义临界域的截断值 t_c.

如果用来计算 p 值的假设是正确的, 那么对于检验统计量为连续函数的情形, p 值是 $[0,1]$ 区间内的均匀分布变量.

8.2　搜寻实验基于似然比检验的分析方法

搜寻实验的数据分析, 除了相关的物理知识, 还涉及区间估计、假设检验等复杂的统计分析方法. O. 贝恩克 (O. Behnke) 等编著的书籍 [127] 中第 3、4、11 各章对与此相关的问题进行了完整但简练的讨论. 阅读这些内容对于获得问题的完整理解是十分有益的.

我们在本章下面各节中将较为具体地讨论 Cowan 等 [128] 提出的搜寻实验基于轮廓似然比的分析方法, 以便于面临处理搜寻实验数据分析的实验工作者阅读和使用. 其原因如下: 首先, 在高能物理已经进行的搜寻实验中, 似然比检验是最常用的检验方法之一. 其次, 处理实验中困难而复杂的系统误差问题, 将轮廓似然比作为检验统计量是广泛应用的方法之一. 最后, 为了确定实验是否 "发现" 了信号, 需要知道信号的统计显著性 Z. 如前所述, 计算 Z 的最常用方法是利用 p 值, 由式 (7.3.1) 可知, 后者需要知道由实验观测量 (随机变量) 构造的检验统计量在零假设 H_0 为真情形下的概率分布. 这里零假设 H_0 是实验观测到的事例仅仅由于本底的贡献, 即不存在 "新物理" 的信号事例. 假定我们对于本底事例的产生可以根据已有的理论予以描述, 且检验统计量为实验中观测的一个特征变量. 即使在这样的简单情形下, 要求得检验统计量在零假设 H_0 为真情形下的概率分布, 需要进行复杂、计算量极大的 MC 模拟, 整个过程需要实验人员花费巨大的精力编程并占用大量的计算机机时和海量的存储空间. 而利用轮廓似然比作为检验统计量, 可利用近似方法求得实验数据集的显著性 Z 以及不同信号模型假设之下的显著性的抽样分布, 使得 Z 值的计算简单易行, 从而避免复杂而费时的 MC 模拟计算. 利用 MC 模拟计算进行的检验表明, 这些近似公式实际上对于即使相当小的样本的场合也合理地精确, 因而具有广泛的实用性.

8.2.1　新信号的 "发现" 和 "排除"

判定是否 "发现新信号" 可以认为是一个上侧假设检验问题.

令 n 是符合所寻找的新信号事例实验判选要求的候选事例数, 其中包含 s 个真实的信号事例, b 个本底事例. 统计检验的假设是

$$
\begin{aligned}
&\text{零假设 } H_0 : s = 0 \\
&\text{(纯本底假设, 数据仅有本底的贡献),}
\end{aligned}
\tag{8.2.1a}
$$

$$
\begin{aligned}
&\text{备择假设 } H_1 : s > 0 \\
&\text{(本底 + 信号假设, 或 } s + b \text{ 假设,} \\
&\text{数据有本底 + 信号的贡献),}
\end{aligned}
\tag{8.2.1b}
$$

p 值越大 (t_{obs} 越小), 零假设为真的可能性越大 (信号存在的可能性越小). 若

$$p \geqslant \alpha, \tag{8.2.2}$$

则在显著性水平 α 上排除信号假设.

需要注意的是, 新信号实验假设检验中, 实验数据拒绝 H_0 (即 $p \leqslant \alpha$, 纯本底假设不成立) 并不能肯定 H_1 ($s+b$ 假设) 正确, 即不能肯定 "发现" 了信号. 粒子物理中, 通常将 p 值转换为对应的信号统计显著性 Z (即 7.3.2 节中的 S), 或简称为**信号显著性** (signal significance, 不要与检验显著性 α 混淆). 在搜寻实验中, 信号显著性 Z 的定义与标准正态分布相关. Z 的单侧定义为

$$Z_1 = \Phi^{-1}\left(1 - p\right), \qquad \int_{Z_1}^{\infty} \frac{1}{\sqrt{2\pi}} \mathrm{e}^{-t^2/2} \mathrm{d}t = p. \tag{8.2.3a}$$

Z 的双侧定义为

$$Z_2 = \Phi^{-1}\left(1 - p/2\right), \qquad 2\int_{Z_2}^{\infty} \frac{1}{\sqrt{2\pi}} \mathrm{e}^{-t^2/2} \mathrm{d}t = p. \tag{8.2.3b}$$

要宣称 "发现" 了一个信号, 必须要排除纯本底零假设. Z 值越大, 纯本底零假设为真的可能性越小, 信号存在的可能性越大. 粒子物理界约定俗成地要求信号显著性 Z 大于等于 5 是 "排除" 本底假设而构成一项 "发现" 的适度水平, 这也称为 "发现信号" 的 5σ 规则[①]. 对于 Z 的单侧和双侧定义, $Z > 5$ 分别对应于 $p < 2.87 \times 10^{-7}$ 和 $p < 5.7 \times 10^{-7}$. 而为了 "排除信号假设", 通常要求观测值与 $s+b$ 假设的相容性很小而与纯本底假设的相容性较好, 这就要求 Z 值比较小. 通常将 $Z < 1.64$ 作为观测值与 $s+b$ 假设相容性很小的判据, 对于 Z 的单侧和双侧定义, 该判据分别对应于 $p > 0.05 (= \alpha)$ 和 $p > 0.10 (= \alpha)$. 但这一判据并不能保证候选事例数 n 中完全不存在信号事例; 事实上, 候选事例数 n 中包含的信号事例数落在 $[0, s_{\mathrm{up}}]$ 区间内, 上限 s_{up} 取决于检验显著性 α 的数值. 因此, 所谓的 "排除信号假设" 实际上意味着应当给出实验数据确定的信号事例数上限 s_{up}.

8.2.2 轮廓似然比作为检验统计量

在搜寻实验中, 可以利用**轮廓似然比** (profile likelihood ratio, PLR) 作为检验统计量, 进行频率统计意义下的显著性检验, 即求得某个特定实验数据集的 p 值

---

① 对于标准正态分布, 其标准差 $\sigma = 1$, $Z = 5$ 相应于 Z 值离 0 点的距离为 5σ.

或信号显著性 Z, 以确定一种新信号的 "发现" 或 "排除". 为达到此目的, 必须知道检验统计量的分布即概率密度函数 (PDF), 这通常涉及复杂的 MC 模拟计算, 其计算量极大而耗时, 而且许多情形下实际上不可行. Cowan 等 [128] 指出, 利用 Wilks[129] 和 Wald[130] 的结果, 可以导出 PLR 分布的渐近公式 (见 8.4 节的讨论), 这提供了一种简便易行且在测量样本相当小的场合也合理地精确的近似方法, 因而具有广泛的实用性.

为了阐述 PLR 的使用, 我们考察一个实验, 通过事例判选流程, 获得一组符合信号事例判选要求的候选事例集.

假定对于候选事例样本中的每一个事例, 测量了一个运动学变量 x 的数值, 构成一个子区间数为 N 的**直方图数据** $\boldsymbol{n} = (n_1, \cdots, n_N)$. n_i 的期望值可表示为

$$E[n_i] = \mu s_i + b_i, \tag{8.2.4}$$

其中, 子区间 i 中信号和本底事例数的均值为

$$s_i = s_{\text{tot}} \int_{\text{bin}i} f_s(x; \boldsymbol{\theta}_s) \, \mathrm{d}x, \tag{8.2.5}$$

$$b_i = b_{\text{tot}} \int_{\text{bin}i} f_b(x; \boldsymbol{\theta}_b) \, \mathrm{d}x. \tag{8.2.6}$$

这里参数 μ 表示信号过程的强度, $\mu = 0$ 对应于纯本底假设, $\mu = 1$ 对应于名义信号假设. 函数 $f_s(x; \boldsymbol{\theta}_s)$ 和 $f_b(x; \boldsymbol{\theta}_b)$ 是信号和本底事例的变量 x 的 PDF, $\boldsymbol{\theta}_s$ 和 $\boldsymbol{\theta}_b$ 是描述 PDF 形状的参数 (组). s_{tot} 和 b_{tot} 是信号和本底事例总数的期望值, 式 (8.2.5) 和式 (8.2.6) 中的积分表示子区间 i 中出现一个信号和一个本底事例的概率. 信号归一化常数 s_{tot} 是不可调参数, 需固定于名义信号模型的预期值. 我们用 $\boldsymbol{\theta} = (\boldsymbol{\theta}_s, \boldsymbol{\theta}_b, b_{\text{tot}})$ 标记所有的冗余参数. 所谓的冗余参数, 是实验者并没有直接的兴趣, 但为了提取感兴趣的参数 (这里是强度参数 μ) 所必须了解的参数. 典型的冗余参数有探测效率、探测器刻度常数等, 它们的数值一般事先未知, 必须通过辅助测量和数据拟合方可得到.

除了测得的直方图 $\boldsymbol{n}$ 之外, 我们通常要进行辅助测量以获得对于冗余参数的约束. 例如, 我们可以选择一个控制样本, 它主要由本底事例组成, 依据该样本构建一个某一选定的运动学变量的直方图, 从而给出 M 个子区间的一组值 $\boldsymbol{m} = (m_1, \cdots, m_M)$. m_i 的期望值可表示为

$$E[m_i] = u_i(\boldsymbol{\theta}), \tag{8.2.7}$$

其中, u_i 是依赖于 $\boldsymbol{\theta}$ 的可计算量. 我们通常构建这样的测量以提供关于本底的归一化常数 b_{tot} (与本底事例数期望值直接相关) 以及关于信号和本底的形状参数 $\boldsymbol{\theta}_{\text{s}}$ 和 $\boldsymbol{\theta}_{\text{b}}$ 的信息.

似然函数是对于所有子区间的泊松概率的乘积[①]:

$$L(\mu, \boldsymbol{\theta}) = \prod_{j=1}^{N} \frac{(\mu s_j + b_j)^{n_j}}{n_j!} \mathrm{e}^{-(\mu s_j + b_j)} \prod_{k=1}^{M} \frac{u_k^{m_k}}{m_k!} \mathrm{e}^{-u_k}. \tag{8.2.8a}$$

如果没有进行辅助测量, 则似然函数为

$$L(\mu, \boldsymbol{\theta}) = \prod_{j=1}^{N} \frac{(\mu s_j + b_j)^{n_j}}{n_j!} \mathrm{e}^{-(\mu s_j + b_j)}. \tag{8.2.8b}$$

为检验 μ 的一个设定值, 考察轮廓似然比:

$$\lambda(\mu) = \frac{L(\mu, \hat{\hat{\boldsymbol{\theta}}})}{L(\hat{\mu}, \hat{\boldsymbol{\theta}})}. \tag{8.2.9}$$

这里 $\hat{\hat{\boldsymbol{\theta}}}$ 是设定 μ 值情形下使 L 达到极大的 $\boldsymbol{\theta}$ 值, 即 $\hat{\hat{\boldsymbol{\theta}}}$ 是 $\boldsymbol{\theta}$ 的条件极大似然估计量, 因此它是 μ 的函数. 分母则是 (无条件) 极大似然函数, 即 $\hat{\mu}$ 和 $\hat{\boldsymbol{\theta}}$ 是极大似然估计量, 它们可以视为实验数据对于 μ 和 $\boldsymbol{\theta}$ 的测量值.

事实上, 式 (8.2.9) 中 $\lambda(\mu)$ 的定义可以视为似然比表式 (7.1.4) 中 λ 的一个特例. 根据式 (8.2.9) 中 $\lambda(\mu)$ 的定义, 有 $0 \leqslant \lambda \leqslant 1$, λ 接近 1 表示实验数据与所检验的设定的 μ 值 (所检验的假设) 相一致; 反之, 若 λ 很小, 则所检验的假设为真的可能性很小. 直观地就可知 $\lambda(\mu)$ 是合理的检验统计量.

许多分析中, 信号过程对于事例数均值的贡献被假定为非负值. 这一条件等效于 μ 的估计量必定为非负值. 但是, 即使我们认为事情确实如此, 将有效估计量 $\hat{\mu}$ 定义为使似然函数达到极大的 μ 值是适当的, 即使其结果是 $\hat{\mu} < 0$ (但泊松均值 $\mu s_i + b_i$ 保持非负). 这种做法使得我们可以将估计量 $\hat{\mu}$ 用高斯分布变量作为模型, 由此可以确定我们所考察的检验统计量的分布. 于是, 在以下我们总是将 $\hat{\mu}$ 视为有效估计量, 它可以取负值.

对于实验测量给出运动学变量 x **逐事例数据** (而非直方图数据) 的情形, 在一个特定区域内对运动学变量 x 进行测量, 得到候选事例样本的一组值

---

① 注: 本章中所称的 "似然函数", 由于考虑了观测事例数的泊松分布性质, 事实上即是 4.3.3 节所述的扩展似然函数.

$\boldsymbol{x} = \{x_1, \cdots, x_n\}$, n 为观测事例总数. 观测事例的运动学变量 x 的 PDF 可表示为

$$f(x; \mu, \boldsymbol{\theta}) = w_{\mathrm{s}} f_{\mathrm{s}}(x, \boldsymbol{\theta}_{\mathrm{s}}) + w_{\mathrm{b}} f_{\mathrm{b}}(x, \boldsymbol{\theta}_{\mathrm{b}}), \tag{8.2.10}$$

其中

$$w_{\mathrm{s}} = \frac{\mu s_{\mathrm{tot}}}{\nu}, \quad w_{\mathrm{b}} = \frac{b_{\mathrm{tot}}}{\nu} \tag{8.2.11}$$

分别表示信号事例数期望值和本底事例数期望值的权重, $\nu = \mu s_{\mathrm{tot}} + b_{\mathrm{tot}}$.

观测事例总数 n 应考虑为均值为 ν 的泊松变量, 于是, 在没有进行辅助测量以获得对于冗余参数的约束的情形下, $\boldsymbol{x} = \{x_1, \cdots, x_n\}$ 的 n 个观测事例的似然函数可表示为

$$L(\mu, \boldsymbol{\theta}) = \mathrm{e}^{-\nu} \frac{\nu^n}{n!} \prod_{i=1}^{n} f(x_i; \mu, \boldsymbol{\theta}). \tag{8.2.12}$$

对于进行辅助测量以获得对于冗余参数的约束的情形, 我们可以选择一个控制样本, 它主要由本底事例组成, 依据该样本得到某一选定的运动学变量 y 的 m 个数据 $\boldsymbol{y} = \{y_1, \cdots, y_m\}$, $\boldsymbol{y}$ 的 PDF $g(y)$ 形式已知. 观测事例总数 m 应考虑为均值为 u 的泊松变量, 其中 u 是依赖于 $\boldsymbol{\theta}$ 的可计算量:

$$E[m] = u(\boldsymbol{\theta}). \tag{8.2.13}$$

我们通常构建这样的测量以提供关于本底归一化常数 b_{tot} 以及关于信号和本底形状参数 $\boldsymbol{\theta}_{\mathrm{s}}$ 和 $\boldsymbol{\theta}_{\mathrm{b}}$ 的信息. 于是似然函数可表示为

$$L(\mu, \boldsymbol{\theta}) = \mathrm{e}^{-\nu} \frac{\nu^n}{n!} \prod_{i=1}^{n} f(x_i; \mu, \boldsymbol{\theta}) \cdot \mathrm{e}^{-u} \frac{u^m}{m!} \prod_{k=1}^{m} g(y_k). \tag{8.2.14}$$

利用极大似然法计算 $L\left(\mu, \hat{\hat{\boldsymbol{\theta}}}\right)$ 和 $L\left(\hat{\mu}, \hat{\boldsymbol{\theta}}\right)$, 代入式 (8.2.9) 可得到逐事例分析情形下的 PLR $\lambda(\mu)$, 此后的分析则与直方图数据情形下的分析相同.

对实验数据的统计检验基于轮廓似然比的情形, 由上述分析可知, 信号和本底事例的运动学变量 x 的概率密度函数 $f_{\mathrm{s}}(x; \boldsymbol{\theta}_{\mathrm{s}})$ 和 $f_{\mathrm{b}}(x; \boldsymbol{\theta}_{\mathrm{b}})$ 的形式必须已知, 而其参数 $\boldsymbol{\theta}_{\mathrm{s}}$ 和 $\boldsymbol{\theta}_{\mathrm{b}}$ 可通过实验数据与理论模型的拟合来求得.

如果实验分析中设定的冗余参数 $\boldsymbol{\theta}$ 的数值和/或分布与其真值 (真实分布) 不一致, 那么**轮廓似然函数** (profile likelihood function) 作为 μ 的函数的分布将发生畸变, 使感兴趣的参数 (这里是强度参数 μ, 与信号事例数期望值直接相关) 的

信息受到了损失, 因而其估计误差 σ 除了 μ 自身的统计误差之外, 还包含了冗余参数的不确定性导致的系统误差, 也就是 σ 给出了 μ 的总误差的估计. 当设定的冗余参数 θ 的分布和/或数值与其真值相一致时, σ 才是感兴趣参数的统计误差的估计.

如果实验分析还需要考虑与本底无关的其他冗余参数的误差, 仍然可以利用式 (8.2.9) 的轮廓似然比 $\ln \lambda(\mu)$, 此时 θ 为一包含更多元素的高维向量, $L(\mu, \theta)$ 的形式将更为复杂, 需要知道所有冗余参数的分布形式. 式 (8.2.9) 的分子中, 对于给定的参数值 μ, 冗余参数 θ 拟合到它的条件极大似然估计 $\hat{\hat{\theta}}$; 在分母中, $\hat{\mu}$ 和 $\hat{\theta}$ 是似然函数 L 全域极大对应的参数估计值. 大样本情形下, 随着观测事例数的增加, 似然函数趋于高斯型, 可以证明 $-2\ln \lambda(\mu)$ 的渐近分布遵从 $\chi^2(1)$ 分布. 参数 μ 的 $s \cdot \sigma$ 置信区间可以通过下式求得

$$\Delta \ln L = \ln L(\mu') - \ln L_{\max} = -s^2/2. \tag{8.2.15}$$

满足该式的两个 μ' 值确定了参数 μ 的 $s \cdot \sigma$ 置信区间的上下限. 对于非高斯型的似然函数, 该方法只是一种近似. 现在似然比的计算变得更为复杂, 因为每次在给定 μ 值下的计算都需要对冗余参数 θ 进行极小化. 在依据极大似然拟合来估计不确定性的问题中, PLR 方法十分流行; 在高能物理中, 它利用 MINUIT 程序包中的 Minos 来实现 [87]. 如 2.2.5 节和 2.2.6 节所述, 特定冗余参数的误差 (即 1σ 区间) 决定了该参数导致的感兴趣参数 μ 的一项系统误差, 这也就是我们在 8.2 节中提到的将轮廓似然比作为检验统计量来处理系统误差问题的一个实例.

推广到感兴趣参数有 r 个 $(r > 1)$ 的情形, 为了找出 r 个感兴趣参数 θ_r 的置信域, 仍然可以构建一个多维的似然比 $\lambda(\theta_r)$:

$$\lambda(\theta_r) = \frac{L\left(\theta_r, \hat{\hat{\theta}}_u\right)}{L\left(\hat{\theta}_r, \hat{\theta}_u\right)}, \tag{8.2.16}$$

其中, 对所有不感兴趣的参数 θ_u 作了轮廓化处理. 这种情形下 $-2\ln \lambda(\theta_r)$ 是一个服从 $\chi^2(r)$ 分布的变量. 利用这些性质, 可以给定 r 个感兴趣参数 θ_r 中每一个参数的置信区间 (例如, 参见文献 [8] 中的 8.6.4 节). 利用轮廓似然函数方法求得的置信区间通常是可靠的, 但大多数情况下仅在大样本渐近限条件下才能达到严格的涵盖概率.

8.3 搜寻实验中的检验统计量

8.3.1 检验统计量 $t_\mu = -2\ln(\mu)$

根据式 (8.2.9) 对于 $\lambda(\mu)$ 的定义, 我们看到有 $0 \leqslant \lambda \leqslant 1$, $\lambda = 1$ 意味着数据的信号强度参数与假设检验设定的 μ 值一致. 我们将 $\lambda = 1$ 作为零假设 H_0. 与此等价, 利用统计量

$$t_\mu = -2\ln\lambda(\mu) \tag{8.3.1}$$

进行统计检验也很方便. 由于 $0 \leqslant \lambda \leqslant 1$ 对应于 $\infty \geqslant t_\mu \geqslant 0$, 故 λ 接近 1 (t_μ 接近 0) 意味着数据与零假设设定的信号强度 μ 值相一致, 即零假设 H_0 为真的概率大. 所以, 统计量 t_μ 的检验是上侧检验.

为了对于不一致性的水平进行量化, 我们计算 p 值:

$$p_\mu = \int_{t_{\mu,,\text{obs}}}^{\infty} f(t_\mu \mid \mu)\,\mathrm{d}t_\mu, \tag{8.3.2}$$

其中, $t_{\mu,\text{obs}}$ 是统计量 t_μ 的观测值, $f(t_\mu \mid \mu)$ 表示数据中信号强度等于零假设 H_0 设定的 μ 值情形下 t_μ 的 PDF, $f(t_\mu \mid \mu)$ 的表式在 8.4 节给定. 这里 t 的角标 μ 标记 H_0 设定的强度参数, $f(t_\mu \mid \mu)$ 圆括号中竖直线右边的 μ 标记数据的强度参数, 两个强度参数使用同一符号表示两者数值相同. 这里的数据可以是实验实测的数据, 也可以是理论模型 MC 模拟得到的数据. p 值与 t_μ 观测值和显著性 Z 之间的关系示于图 8.3[①].

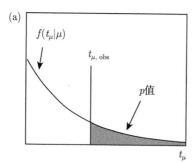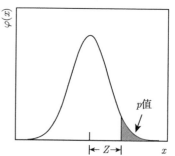

图 8.3 (a) p 值与检验统计量 t_μ 观测值间的关系; (b) 标准正态分布 $\varphi(x) = (1/\sqrt{2\pi})\exp(-x^2/2)$ 显示了显著性 Z 与 p 值的关系

对于一个特定的实验, 当利用统计量 t_μ 检验数据与零假设设定的 μ 值的一致性时, p_μ 值小, $H_0(\mu$ 值) 为真的概率小. $p_\mu \leqslant \alpha$, 则以水平 α 拒绝设定的 μ 值为真.

① 注: 本章中的图 8.3 到图 8.13 均引自发表于 arXiv:1007.1727[physics.data-an] July. 10,2010 的论文: G. Cowen et. al., Asymptotic formulae for likelihood-based tests of new physics。其中部分图的某些外文注释改为中文注释, 图 8.8 则更新为修正后的新版本。谨对该论文作者许可使用这些图表示感谢。

当利用 t_μ 作为检验统计量时, 在实验数据得出的信号强度估计值 $\hat\mu$ (即 μ 的极大似然估计) 大于或小于设定的 μ 值这两种情形下均可能得到低的 p 值. 因此, 当 p 值低于一个指定的阈值 α 时, 被检验所排除的 μ 值子集有可能落在检验所接受的 μ 值子集的两侧或单侧, 也就是说, 我们有可能得到 μ 值的双侧置信区间或单侧置信区间.

8.3.2 $\mu \geqslant 0$ 情形下的检验统计量 $\tilde{t}_\mu$

人们通常认为, 新信号的存在能够增加事例率均值, 使得其高于纯本底假设的事例率期望值. 也就是说, 信号过程必定有 $\mu \geqslant 0$, 考虑到这一约束, 定义一个新的检验统计量 $\tilde{t}_\mu$.

对于 $\mu \geqslant 0$ 模型, 如果数据的结果是 $\mu < 0$, 那么数据与物理 μ 值之间在 $\mu = 0$ 的情形下达到最优的一致性水平. 因此可以定义轮廓似然比:

$$\tilde\lambda(\mu) = \begin{cases} \dfrac{L(\mu, \hat{\hat{\boldsymbol\theta}}(\mu))}{L(\hat\mu, \hat{\boldsymbol\theta})}, & \hat\mu \geqslant 0, \\[3mm] \dfrac{L(\mu, \hat{\hat{\boldsymbol\theta}}(\mu))}{L(0, \hat{\hat{\boldsymbol\theta}}(0))}, & \hat\mu < 0. \end{cases} \tag{8.3.3}$$

这里 $\hat{\hat{\boldsymbol\theta}}(0)$ 和 $\hat{\hat{\boldsymbol\theta}}(\mu)$ 分别表示信号强度参数设定为 0 和 μ 情形下 $\boldsymbol\theta$ 的条件极大似然估计量.

变量 $\tilde\lambda(\mu)$ 可以代替式 (8.3.1) 中的 $\lambda(\mu)$ 来获得相对应的检验统计量 $\tilde{t}_\mu$. 即

$$\tilde{t}_\mu = -2\ln\tilde\lambda(\mu) = \begin{cases} -2\ln\dfrac{L(\mu, \hat{\hat{\boldsymbol\theta}}(\mu))}{L(\hat\mu, \hat{\boldsymbol\theta})}, & \hat\mu \geqslant 0, \\[3mm] -2\ln\dfrac{L(\mu, \hat{\hat{\boldsymbol\theta}}(\mu))}{L(0, \hat{\hat{\boldsymbol\theta}}(0))}, & \hat\mu < 0. \end{cases} \tag{8.3.4}$$

将式 (8.3.2) 中的 $f(t_\mu|\mu)$ 代之以 $f(\tilde{t}_\mu|\mu)$ 可求得统计量 $\tilde{t}_\mu$ 的对应 p 值, 以定量地表示数据与假设的 μ 值的一致性水平. 为此需要知道 $\tilde{t}_\mu$ 的分布, 它的近似式在 8.4 节给定.

与 t_μ 的情形相似, 当利用 $\tilde{t}_\mu$ 作为检验统计量时, 在实验得出的信号强度估计值 $\hat\mu$ 大于或小于设定的 μ 值这两种情形下均可能得到低的 p 值, 即我们可能会获得 μ 值的双侧或单侧置信区间.

8.3.3 "发现" 正信号使用的检验统计量 q_0

统计量 $\tilde{t}_\mu$ 的一种重要应用是在假定 $\mu \geqslant 0$ 的这一类模型中检验纯本底假设 $\mu = 0$, 即零假设 H_0 是纯本底假设. 以高置信度排除纯本底假设 ($\mu = 0$ 假设)

等效于新信号的发现. 对于这类情形, 检验统计量利用特定的记号 $q_0 = \tilde{t}_0$. 利用式 (8.3.4) 并假定 $\mu = 0$ 可得

$$q_0 = \begin{cases} -2\ln\lambda\,(0) = -2\ln\dfrac{L\left(\mu = 0, \hat{\hat{\boldsymbol{\theta}}}\,(\mu = 0)\right)}{L\left(\hat{\mu}, \hat{\boldsymbol{\theta}}\right)}, & \hat{\mu} \geqslant 0; \\ 0, & \hat{\mu} < 0. \end{cases} \tag{8.3.5}$$

其中, $\lambda\,(0)$ 是式 (8.2.9) 定义的 $\mu = 0$ 情形下的轮廓似然比.

我们可以将此情形与用来检验 $\mu = 0$ 的式 (8.3.1) 的统计量 t_0 进行对比. 在那种情形下, 我们可以在数据的向上和向下涨落这两种情形下排除 $\mu = 0$ 的假设. 如果新现象的存在能够导致观测事例数的增加或减少, 则这样做是合适的. 例如, 在寻找中微子振荡的实验中, 信号假设预期的事例率会高于或低于无振荡假设预期的事例率.

但当利用 q_0 时, 我们考虑到, 只有在 $\hat{\mu} > 0$ 情形下, 数据与纯本底假设才显示出不一致. 也就是说, 远低于 0 的 $\hat{\mu}$ 值可能确实是排除纯本底模型的证据, 但这类不一致性并不证明数据包含有信号事例, 而是指示了某种其他的系统误差的存在. 不过, 就当下的讨论而言, 我们假定, 系统不确定性已经利用冗余参数 $\boldsymbol{\theta}$ 得到了适当的处理.

如果数据的涨落使得观测事例数甚至低于纯本底假设的预期值, 则 $\hat{\mu} < 0$, 故 $q_0 = 0$. 当事例产额增加到高于本底期望值, 即当 $\hat{\mu}$ 增大时发现 q_0 值增大, 这对应于数据与 $\mu = 0$ 假设的不一致性水平升高, 这相应于检验统计量 q_0 的临界域在上侧. 此时 p 值为

$$p_0 = \int_{q_{0,\,\text{obs}}}^{\infty} f\,(q_0 \mid 0)\,\mathrm{d}q_0. \tag{8.3.6}$$

其中, $f\,(q_0 \mid 0)$ 表示数据服从纯本底假设 ($\mu = 0$) 下统计量 q_0 的 PDF. 该 PDF 的近似表式以及其他相关的 PDF 在 8.4.2 节给出.

8.3.4　确定信号上限使用的检验统计量 q_μ

对于确定"上限"的实验而言, 零假设 H_0 是信号加本底假设 (即 $\mu \neq 0$), 备择假设 H_1 是纯本底假设. 为了确定强度参数 μ 的上限, 考察检验统计量 q_μ, 其定义是

$$q_\mu = \begin{cases} -2\ln\lambda(\mu), & \hat{\mu} \leqslant \mu, \\ 0, & \hat{\mu} > \mu, \end{cases} \tag{8.3.7}$$

其中, $\lambda(\mu)$ 是式 (8.2.9) 定义的轮廓似然比. $\hat{\mu} > \mu$ 情形下设定 $q_\mu = 0$ 的理由是, 当确定 μ 的上限时, 不能认为 $\hat{\mu} > \mu$ 对应的数据与 μ 的一致性比实测数据与 μ

的一致性要差, 因此, 不能作为检验的排除域的一部分. 根据检验统计量的定义, 可以看到, 较高的 q_μ 值表示数据与 μ 的设定检验值的不一致性比较大.

应当注意, q_0 并不简单的是 $\mu = 0$ 的特定 q_μ 值, 它有不同的定义 (参见式 (8.3.5) 和式 (8.3.7), 注意式中 μ 与 $\hat{\mu}$ 之间的关系). 换言之, 如果数据向下涨落 ($\hat{\mu} < 0$), 则 q_0 等于 0; 如果数据向上涨落 ($\hat{\mu} > \mu$), 则 q_μ 等于 0.

与关于 "发现" 的情况一样, 我们将数据与 μ 的假设值之间的不一致性用 p 值来定量地表示. 例如, 对于观测值 $q_{\mu,\mathrm{obs}}$, 可有

$$p_\mu = \int_{q_{\mu,\,\mathrm{obs}}}^{\infty} f\left(q_\mu \mid \mu\right) \mathrm{d} q_\mu, \tag{8.3.8}$$

利用式 (8.2.3) 可求得显著性. 其中, $f\left(q_\mu \mid \mu\right)$ 表示数据中信号强度等于 H_0 设定 μ 值 ($\mu \neq 0$) 情形下 q_μ 的 PDF. 8.4.3 节给出了 $f\left(q_\mu \mid \mu\right)$ 以及其他相关 PDF 的有用近似表式.

8.3.5 确定上限使用的另一检验统计量 $\tilde{q}_\mu$

对于我们考察 $\mu \geqslant 0$ 模型的情形, 可以用变量 $\tilde{\lambda}(\mu)$ 替代式 (8.3.7) 中的 $\lambda(\mu)$ 来得到相应的检验统计量 $\tilde{q}_\mu$, 即

$$\tilde{q}_\mu = \begin{cases} -2\ln\tilde{\lambda}(\mu), & \hat{\mu} \leqslant \mu \\ 0, & \hat{\mu} > \mu \end{cases} = \begin{cases} -2\ln\dfrac{L(\mu, \hat{\hat{\boldsymbol{\theta}}}(\mu))}{L(0, \hat{\hat{\boldsymbol{\theta}}}(0))}, & \hat{\mu} < 0, \\[2ex] -2\ln\dfrac{L(\mu, \hat{\hat{\boldsymbol{\theta}}}(\mu))}{L(\hat{\mu}, \hat{\boldsymbol{\theta}})}, & 0 \leqslant \hat{\mu} \leqslant \mu, \\[2ex] 0, & \hat{\mu} > \mu. \end{cases} \tag{8.3.9}$$

在数值例子中, 我们发现按照式 (8.3.7) 的 q_μ 与按照式 (8.3.9) 的 $\tilde{q}_\mu$ 进行检验之间的差别通常可以忽略, 但利用 q_μ 却比较简化. 此外, 在 8.4 节所述的 Wald 近似有效的情况下, 这两个统计量是等价的. 也就是说, 在这一近似之下, q_μ 可表示为 $\tilde{q}_\mu$ 的单调函数, 因此检验得到相同的结果.

8.4 检验统计量的近似概率分布

由式 (8.3.6) 和式 (8.3.8) 可知, 为了进行检验, 需得到 p 值, 为此需要知道检验统计量 q 的概率分布, 即 PDF. 对于 "发现" 的场合, 我们检验的是纯本底假设 $\mu = 0$, 因此需要知道统计量 q_0 的 PDF 即 $f(q_0 \mid 0)$, 这里 q_0 由式 (8.3.5) 所定义. 对于确定上限的情形, 检验的是假设 $\mu \neq 0$, 则需要知道统计量 q_μ 的 PDF 即 $f(q_0 \mid \mu)$, 这里 q_μ 由式 (8.3.7) 定义, 其中 q 的角标表示所检验的假设中设定的 μ 值, $f(q_0 \mid \mu)$ 中竖线右面的 μ 则给定数据分布中的 μ 值.

如果数据对应的强度参数值与零假设所检验的值不相同, 则我们还需要知道 $\mu \neq \mu'$ 情形下的分布 $f(q_\mu|\mu')$ 来找出期望显著性, 这里 μ' 是数据对应的强度参数值.

检验统计量 q 的 PDF 一般需要通过 MC 模拟来求得, 这需要大量的计算. 利用 Wilks[129] 和 Wald[130] 的近似方法, 可求得近似公式. 它们在大样本极限情形下严格正确; 在小样本情形下亦合理地精确.

8.4.1　PLR 的近似分布

考察强度参数 μ 的检验, μ 的零假设设定值可以是 0 (对于 "发现") 或非 0 (对于 "上限"), 并假定数据按照某一强度参数值 μ' 而分布. 所需的分布 $f(q_0 \mid \mu')$ 可以利用 Wald[130] 的结果找到. Wald 证明, 对于单个参数的情形有

$$-2\ln\lambda(\mu) = \frac{(\mu - \hat{\mu})^2}{\sigma^2} + O(1/\sqrt{N}). \tag{8.4.1}$$

其中, $\hat{\mu}$ 遵从均值 μ'、标准差 σ 的正态分布, N 表示数据样本量. 忽略 $O\left(1/\sqrt{N}\right)$ 项, 则有 **Wald 近似**

$$-2\ln\lambda(\mu) \simeq \frac{(\mu - \hat{\mu})^2}{\sigma^2}. \tag{8.4.1a}$$

可证明统计量 $t_\mu = -2\ln\lambda(\mu)$ 遵从自由度 1 的非中心 χ^2 分布 [131]. 非中心参数 Λ 为

$$\Lambda = \frac{(\mu - \mu')^2}{\sigma^2}.$$

对于 $\mu = \mu'$ 的特例, $\Lambda = 0$, Wilks 证明, $-2\ln\lambda(\mu)$ 遵从自由度 1 的 χ^2 分布 [129].

Wald 近似中的 σ 是估计量 $\hat{\mu}$ 的标准差, 是本章后面的讨论中经常用到的一个重要物理量, 我们将在 8.5.1 节中阐明如何利用一种人为的 "Asimov 数据集" 对它加以估计.

8.4.2　q_0 的分布, "发现信号" 显著性的确定

考察利用式 (8.3.5) 统计量 q_0 进行的检验. 在 Wald 近似有效的条件下, 有 $-2\ln\lambda(0) = \hat{\mu}^2/\sigma^2$. 根据式 (8.3.5) 中 q_0 的定义, 有

$$q_0 = \begin{cases} \hat{\mu}^2/\sigma^2, & \hat{\mu} \geqslant 0, \\ 0, & \hat{\mu} < 0, \end{cases} \tag{8.4.2}$$

其中, $\hat{\mu}$ 遵从均值 μ'、标准差 σ 的高斯分布. 据此可以证明, q_0 的 PDF 形式为

$$f(q_0 \mid \mu') = \left(1 - \Phi\left(\frac{\mu'}{\sigma}\right)\right)\delta(q_0) + \frac{1}{2}\frac{1}{\sqrt{2\pi q_0}}\exp\left(-\frac{1}{2}\left(\sqrt{q_0} - \frac{\mu'}{\sigma}\right)^2\right). \tag{8.4.3}$$

对于 $\mu' = 0$ 的特例, 该式简化为

$$f\left(q_0 \mid 0\right) = \frac{1}{2}\delta\left(q_0\right) + \frac{1}{2}\frac{1}{\sqrt{2\pi q_0}}\mathrm{e}^{-q_0/2}. \tag{8.4.4}$$

也就是权值各为 $1/2$ 的 δ 函数与自由度 1 的 χ^2 函数之和. 以下我们将此函数命名为半 χ^2 分布或 $\frac{1}{2}\chi_1^2$.

根据式 (8.4.3), 相应的累积分布为

$$F\left(q_0 \mid \mu'\right) = \Phi\left(\sqrt{q_0} - \frac{\mu'}{\sigma}\right). \tag{8.4.5}$$

对于 $\mu' = 0$ 的特例, 该式简化为

$$F\left(q_0 \mid 0\right) = \Phi\left(\sqrt{q_0}\right). \tag{8.4.6}$$

于是, 检验 $\mu = 0$ 假设的 p 值 (参见式 (8.3.6)) 为

$$p_0 = 1 - F\left(q_0|0\right) = 1 - \Phi\left(\sqrt{q_0}\right), \tag{8.4.7}$$

信号显著性为

$$Z_0 = \Phi^{-1}\left(1 - p_0\right) = \sqrt{q_0}. \tag{8.4.8}$$

8.4.3　q_μ 的分布, 信号上限的确定

所谓 "确定信号上限", 指的是利用 (8.3.7) 式统计量 q_μ 进行统计检验, 在给定的置信水平 (CL) $1 - \alpha$ 下排除零假设设定的 μ 值 ($\mu \neq 0$), 并确定其上限 μ_{up}.

假定 Wald 近似有效, 则有 $-2\ln\lambda\left(\mu\right) = \left(\mu - \hat{\mu}\right)^2 \big/ \sigma^2$ (参见式 (8.4.1a)). 据式 (8.3.7) q_μ 的定义, 有

$$q_\mu = \begin{cases} \left(\mu - \hat{\mu}\right)^2 \big/ \sigma^2, & \hat{\mu} \leqslant \mu; \\ 0, & \hat{\mu} > \mu. \end{cases} \tag{8.4.9}$$

其中, $\hat{\mu}$ 遵从均值 μ'、标准差 σ 的正态分布. q_μ 的 PDF 形式为

$$f\left(q_\mu \mid \mu'\right) = \Phi\left(\frac{\mu' - \mu}{\sigma}\right)\delta\left(q_\mu\right) + \frac{1}{2}\frac{1}{\sqrt{2\pi q_\mu}}\exp\left(-\frac{1}{2}\left(\sqrt{q_\mu} - \frac{\mu - \mu'}{\sigma}\right)^2\right),$$

$$\tag{8.4.10}$$

这里, 数据按照强度参数均值 μ' 而分布.

对于 $\mu' = \mu$ 的特例, 该式简化为半 χ^2 分布:

$$f\left(q_\mu \mid \mu\right) = \frac{1}{2}\delta\left(q_\mu\right) + \frac{1}{2}\frac{1}{\sqrt{2\pi q_\mu}}\mathrm{e}^{-q_\mu/2}. \tag{8.4.11}$$

q_μ 的累积分布为

$$F\left(q_\mu \mid \mu'\right) = \Phi\left(\sqrt{q_\mu} - \frac{\mu - \mu'}{\sigma}\right), \tag{8.4.12}$$

对于 $\mu' = \mu$ 的特例, 该式简化为

$$F\left(q_\mu \mid \mu\right) = \Phi\left(\sqrt{q_\mu}\right). \tag{8.4.13}$$

于是, 检验统计量 q_μ 的 p 值 (参见式 (8.3.8)) 为

$$p_\mu = 1 - F\left(q_\mu|\mu\right) = 1 - \Phi\left(\sqrt{q_\mu}\right), \tag{8.4.14}$$

显著性的公式为

$$Z_\mu = \Phi^{-1}\left(1 - p_\mu\right) = \sqrt{q_\mu}. \tag{8.4.15}$$

如果 p 值低于某个指定的阈值 α (通常取 $\alpha = 0.05$), 则在置信水平 (CL) $1 - \alpha$ 下排除该 μ 值. μ 值的上限 μ_{up} 是满足 $p_\mu \leqslant \alpha$ 的最大 μ 值. 该值可以通过设定 $p_\mu = \alpha$ 求解 μ 值来获得. 利用式 (8.4.9) 和式 (8.4.14), 可得

$$\mu_{\mathrm{up}} = \hat{\mu} + \sigma\Phi^{-1}(1 - \alpha). \tag{8.4.16}$$

例如, $\alpha = 0.05$ 给出 $\Phi^{-1}\left(1 - \alpha\right) = 1.64$. 通常 σ 依赖于假设设定的 μ 值, σ 为 $\hat{\mu}$ 的标准差. 因此实际情形中可以令 $p_\mu = \alpha$ 数值地求得 μ 值的上限 μ_{up}.

例如, 给定 $\alpha = 0.05$, $\Phi^{-1}\left(1 - \alpha\right) = 1.64$, 据式 (8.4.15) 有

$$Z_{\mu_{\mathrm{up}}} = \Phi^{-1}\left(1 - \alpha\right) = 1.64 = \sqrt{q_{\mu_{\mathrm{up}}}} = \sqrt{-2\ln\frac{L\left(\mu_{\mathrm{up}}, \hat{\hat{\boldsymbol{\theta}}}\right)}{L\left(\hat{\mu}, \hat{\boldsymbol{\theta}}\right)}},$$

$$L\left(\mu_{\mathrm{up}}, \hat{\hat{\boldsymbol{\theta}}}\right) = L\left(\hat{\mu}, \hat{\boldsymbol{\theta}}\right)\mathrm{e}^{-1.3448}. \tag{8.4.17}$$

设定不同的 μ_{up} 值计算 $L\left(\mu_{\mathrm{up}}, \hat{\hat{\boldsymbol{\theta}}}\right)$ 值, 直到式 (8.4.17) 满足为止.

如 8.3.5 节所述, 当 Wald 近似有效时, 统计量 q_μ 和 $\tilde{q}_\mu$ 得到相同的上限. 因此, $\tilde{q}_\mu$ 的分布在此不再陈述.

8.5 实验灵敏度

在搜寻实验的设计阶段, 我们首先需要知道, 对于我们的搜寻对象, 例如, 某种可能存在的新粒子, 当前的理论预言何种过程能够产生它, 利用已有或计划建造的高能加速器, 在合理长的运行时间内, 这种新粒子的产额有多少. 在此基础上, 我们需要设计一组特定的探测器, 确定其性能参数, 确定其搜寻新粒子特定信号的灵敏度, 即利用这一探测器进行的实验发现特定信号所能达到的水平.

为了表征一个实验的灵敏度, 感兴趣的不是从某个特定的数据集获得的信号显著性, 而是实验的信号**显著性中值** (median significance), 即在同样实验条件下进行大量的重复测量得到的信号显著性数值的中位数. 显著性中值对应于这一重复测量的某种平均结果.

对于 "发现" 信号的场合, 用名义信号模型假设 ($\mu = 1$) 下产生数据的显著性中值表征灵敏度, 利用该中值判断能否排除纯本底 ($\mu = 0$) 零假设, 为此需要用到分布 $f(q_0|1)$. 对于 "排除" 信号假设、需设定排除限的场合, 用纯本底假设 ($\mu = 0$) 下产生数据的显著性中值来表征灵敏度, 利用该中值判断能否排除 $\mu \neq 0$ 零假设 (通常最感兴趣的是 $\mu = 1$ 假设, 即名义信号模型假设), 为此需要用到分布 $f(q_1|0)$. 这里概率分布函数 f 表式中, q 的角标表示所检验的零假设中设定的 μ 值, 竖线右面的数值则给定数据分布中的 μ 值.

图 8.4 显示了数据的强度参数为 μ 和 $\mu'(\mu' \neq \mu)$ 两种情形下、检验统计量 q_μ 的 PDF $f(q_\mu|\mu)$ 和 $f(q_\mu|\mu')$. 分布 $f(q_\mu|\mu')$ 向 q_μ 的高值处位移对应于 p 值向低值处位移. 一个实验的灵敏度可以用备择假设 μ' 为真情形下与 q_μ 中值对应的 p 值来表征. 由于 p 值是 q_μ 的单调函数, 因此实验的灵敏度等价于备择假设 μ' 为真情形下的 p 值中值.

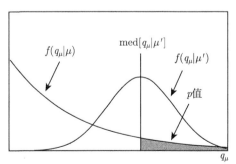

图 8.4 数据的强度参数为 μ 和 $\mu'(\mu' \neq \mu)$ 两种情形下、检验统计量 q_μ 的 PDF$f(q_\mu|\mu)$ 和 $f(q_\mu|\mu')$. 图中 med$[q_\mu|\mu']$ 标识的竖直线表示备择假设 μ' 为真情形下的 q_μ 中值

8.5.1   根据检验统计量的 Asimov 值确定信号显著性中值

利用 Asimov[①]数据集, 很容易求得 q_0、q_μ 和 $\widetilde{q}_\mu$ 的中值, 并由此得出相应的信号显著性中值的简单表式.

(1) Asimov 数据集.

Asimov 数据集 [132] 是一种人为设定的数据集, 其定义如下: 当利用 Asimov 数据集计算参数的 ML 估计量时, 获得的是参数真值.

考察式 (8.2.8) 的一般分析中的似然函数. 假定 ML 估计量 $\hat{\mu}$ 是均值为 μ' 的高斯变量. 定义观测值 n_i 的期望值为 ν_i:

$$\nu_i = \mu' s_i + b_i. \tag{8.5.1}$$

令 $\theta_0 = \mu$ 表示强度参数, θ_i 可以代表任意一个参数. 所有这些参数的 ML 估计量可以令式 (8.2.8) 似然函数的对数 $\ln L$ 对于所有参数的导数等于 0 来求得

$$\frac{\partial \ln L}{\partial \theta_j} = \sum_{i=1}^{N} \left(\frac{n_i}{\nu_i} - 1 \right) \frac{\partial \nu_i}{\partial \theta_j} + \sum_{i=1}^{M} \left(\frac{m_i}{u_i} - 1 \right) \frac{\partial u_i}{\partial \theta_j} = 0. \tag{8.5.2}$$

这种情形下估计量 $\left(\hat{\mu}, \hat{\boldsymbol{\theta}} \right)$ 求得的参数值代表了数据的真实分布所对应的参数值. 当 Asimov 数据 $n_{i,\mathrm{A}}$ 和 $m_{i,\mathrm{A}}$ 等于观测值 n_i 和 m_i 的期望值 ν_i 和 u_i:

$$n_{i,\mathrm{A}} = E\left[n_i \right] = \nu_i = \mu' s_i \left(\boldsymbol{\theta} \right) + b_i \left(\boldsymbol{\theta} \right), \tag{8.5.3}$$

$$m_{i,\mathrm{A}} = E\left[m_i \right] = u_i \left(\boldsymbol{\theta} \right), \tag{8.5.4}$$

并将 $n_{i,\mathrm{A}}$ 和 $m_{i,\mathrm{A}}$ 代替式 (8.5.2) 中的 n_i 和 m_i 时, 该式成立. 换言之, 当利用 Asimov 数据集代替实测数据计算似然函数时, 参数的 ML 估计量 $\left(\hat{\mu}, \hat{\boldsymbol{\theta}} \right)$ 等于其真值 $(\mu', \boldsymbol{\theta})$. 可见, Asimov 数据集是观测值 (随机变量) 的期望值.

可以利用 Asimov 数据集来计算 "**Asimov 似然函数**"L_A 以及相应的 **PLR**λ_A:

$$\lambda_\mathrm{A}\left(\mu \right) = \frac{L_\mathrm{A}\left(\mu, \hat{\hat{\boldsymbol{\theta}}} \right)}{L_\mathrm{A}\left(\hat{\mu}, \hat{\boldsymbol{\theta}} \right)} = \frac{L_\mathrm{A}\left(\mu, \hat{\hat{\boldsymbol{\theta}}} \right)}{L_\mathrm{A}\left(\mu', \boldsymbol{\theta} \right)}, \tag{8.5.5}$$

这里最后一个等式利用了一个事实: 用 Asimov 数据集计算似然函数时, 参数的估计量 $\left(\hat{\mu}, \hat{\boldsymbol{\theta}} \right)$ 等于其真值 $(\mu', \boldsymbol{\theta})$.

---

① 艾萨克·阿西莫夫 (Isac Asimov, 1920.1.2~1992.4.6) 生于俄罗斯的美国犹太人作家和生物化学教授, 一生创作和编辑的书籍超过 500 册, 题材涉及自然科学、社会科学、文学艺术等诸多领域, 以科幻小说和科普丛书最为著名. Asimov 数据集的称呼来自他所著的短篇小说 "Franchise"[132]. 小说中, 选择一个最具代表性的选民代替整个选区来投票选举.

在 $\lambda_{\mathrm{A}}(\mu)$ 的具体计算中, $L_{\mathrm{A}}\left(\mu,\hat{\hat{\boldsymbol{\theta}}}\right),L_{\mathrm{A}}\left(\hat{\mu},\hat{\boldsymbol{\theta}}\right)$ 可表示为

$$L_{\mathrm{A}}\left(\mu,\hat{\hat{\boldsymbol{\theta}}}\right) = L\left(\mu_{\mathrm{A}},\hat{\hat{\boldsymbol{\theta}}}_{\mathrm{A}}\right),$$

$$L_{\mathrm{A}}\left(\hat{\mu},\hat{\boldsymbol{\theta}}\right) = L\left(\hat{\mu}_{\mathrm{A}},\hat{\boldsymbol{\theta}}_{\mathrm{A}}\right),$$

其中, 似然函数 L 由式 (8.2.8) 或式 (8.2.8a) 定义, μ_{A} 是零假设给定的 μ 值, $\hat{\hat{\boldsymbol{\theta}}}_{\mathrm{A}},\hat{\mu}_{\mathrm{A}},\hat{\boldsymbol{\theta}}_{\mathrm{A}}$ 利用似然函数 $L(\mu,\boldsymbol{\theta})$ 的 ML 估计量 $\hat{\hat{\boldsymbol{\theta}}},\hat{\mu},\hat{\boldsymbol{\theta}}$ 表式中的 μ 和 $\boldsymbol{\theta}$ 代之以 μ_{A} 和 Asimov 数据集 $\boldsymbol{\theta}_{\mathrm{A}}$ 计算得到.

(2) 估计 $\hat{\mu}$ 方差 σ^2 的近似方法.

由于利用 Asimov 数据集计算估计量 $\hat{\mu}$ 得出期望值 $\hat{\mu} = \mu'$, 由式 (8.4.1a) 得

$$-2\ln\lambda_{\mathrm{A}}(\mu) \simeq \frac{(\mu-\mu')^2}{\sigma_{\mathrm{A}}^2}.$$

利用该式可表征 $\hat{\mu}$ 的方差 σ_{A}^2:

$$\sigma_{\mathrm{A}}^2 \simeq \frac{(\mu-\mu')^2}{-2\ln\lambda_{\mathrm{A}}(\mu)} = \frac{(\mu-\mu')^2}{q_{\mu,\mathrm{A}}}. \tag{8.5.6}$$

其中, $q_{\mu,\mathrm{A}} = -2\ln\lambda_{\mathrm{A}}(\mu)$.

对于 "发现" 实验 (检验零假设 H_0 是纯本底假设, 即 $\mu = 0$ 假设):

$$\sigma_{\mathrm{A}}^2 \simeq \frac{\mu'^2}{q_{0,\mathrm{A}}}. \tag{8.5.7}$$

对于 "排除" 实验 (检验零假设 H_0 是信号加本底假设, 即 $\mu \neq 0$ 假设, 对数据中不存在信号 $\mu' = 0$ 情形下找出假设 μ 的 "排除" 显著性中值):

$$\sigma_{\mathrm{A}}^2 \simeq \frac{\mu^2}{q_{\mu,\mathrm{A}}}. \tag{8.5.8}$$

(3) "发现" 和 "排除" 实验的显著性中值.

如前所述, Asimov 数据集是实验观测值变量的期望值, 检验统计量 q 是仅由实验观测值构成的随机变量, 故 q_0、q_μ 的中值可用其 Asimov 值 $q_{0,\mathrm{A}}$, $q_{\mu,\mathrm{A}}$ 作为近似, 由式 (8.3.5)、式 (8.3.7) 和式 (8.5.5) 可得

$$\begin{aligned} q_{0,\mathrm{A}} &= -2\ln\lambda_{\mathrm{A}}(0) = -2\ln\left(L_{\mathrm{A}}\left(\mu=0,\hat{\hat{\boldsymbol{\theta}}}\right)\Big/L_{\mathrm{A}}\left(\mu',\boldsymbol{\theta}\right)\right) \\ q_{\mu,\mathrm{A}} &= -2\ln\lambda_{\mathrm{A}}(\mu) = -2\ln\left(L_{\mathrm{A}}\left(\mu,\hat{\hat{\boldsymbol{\theta}}}\right)\Big/L_{\mathrm{A}}\left(\mu',\boldsymbol{\theta}\right)\right) \end{aligned} \tag{8.5.9}$$

其中, $(\mu', \boldsymbol{\theta})$ 表示参数估计量 $\left(\hat{\mu}, \hat{\boldsymbol{\theta}}\right)$ 的真值. 由式 (8.4.8)、式 (8.4.15) 可知, 显著性 Z 是 q 的单调函数, 故 Z 中值可由 q 中值的函数值算得.

对于 "发现", 希望知道数据中信号强度参数 $\mu' \neq 0$ (通常最感兴趣的是名义信号模型假设 $\mu' = 1$) 情形下的 "发现" 显著性中值 $\mathrm{med}\,[Z_0|\mu']$:

$$\mathrm{med}\,[Z_0|\mu'] = \sqrt{q_{0,\mathrm{A}}}, \qquad (8.5.10)$$

这里 $q_{0,\mathrm{A}}$ 下标中的 0 指检验的零假设是 $\mu = 0$ (纯本底事例假设).

对于 "排除", 感兴趣的是 $\mu' = 0$ 情形下的 "排除" 显著性中值 $\mathrm{med}\,[Z_\mu|0]$:

$$\mathrm{med}\,[Z_\mu|0] = \sqrt{q_{\mu,\mathrm{A}}}. \qquad (8.5.11)$$

这里 $q_{\mu,\mathrm{A}}$ 下标中的 μ 指检验的零假设 H_0 是 $\mu \neq 0$ ($\mu s + b$ 事例假设), 通常最感兴趣的是名义信号模型假设 ($\mu = 1$).

8.5.2　多个搜寻道的合并

许多分析中, 需要对多个搜寻道的结果进行合并. 对于每一道 i, 似然函数为 $L_i(\mu, \boldsymbol{\theta}_i)$, 这里 $\boldsymbol{\theta}_i$ 代表道 i 的一组冗余参数, 其中的一些冗余参数可能是多个道中共有的. 这里假定强度参数 μ 对所有道是相同的. 如果各道之间相互统计地独立 (情况通常如此), 则总的似然函数等于各道似然函数的乘积:

$$L(\mu, \boldsymbol{\theta}) = \prod_i L_i(\mu, \boldsymbol{\theta}_i), \qquad (8.5.12)$$

其中, $\boldsymbol{\theta}$ 表示所有的冗余参数的集合. 于是 PLR $\lambda(\mu)$ 可写为

$$\lambda(\mu) = \frac{\prod_i L_i\left(\mu, \hat{\hat{\boldsymbol{\theta}}}_i\right)}{\prod_i L_i\left(\hat{\mu}, \hat{\boldsymbol{\theta}}_i\right)}. \qquad (8.5.13)$$

由于 Asimov 数据不包含统计涨落, 对所有道均有 $\hat{\mu} = \mu'$. 此外, $\boldsymbol{\theta}_i$ 的共有分量对各道都相同. 因此, 当利用与强度参数 μ' 对应的 Asimov 数据时, 可得

$$\lambda_{\mathrm{A}}(\mu) = \frac{\prod_i L_i(\mu, \hat{\hat{\boldsymbol{\theta}}})}{\prod_i L_i(\mu', \boldsymbol{\theta})} = \prod_i \lambda_{\mathrm{A},i}(\mu), \qquad (8.5.14)$$

其中, $\lambda_{\mathrm{A},i}(\mu)$ 是道 i 的 PLR.

由此, 可以对于式 (8.5.14) 中的每一个搜寻道 i 分别计算 PLR 的值, 这就极大地简化了合并估计的信号显著性中值的计算. 应当强调的是, 为了根据实际数据找出 "发现" 显著性或 "排除" 限, 我们需要构建包含单个参数 μ 的完整似然函数, 用该似然函数的全局拟合来找出 PLR.

8.5.3　确定显著性中值的误差带

利用 Asimov 数据集, 可以找出某个强度参数 μ' 为真情形下的信号显著性中值. 但是, 即使假设的 μ' 值是正确的, 由于实际数据包含统计涨落, 因此观测到的显著性通常不等于中值. 也就是说, 对于一次具体的实验测量, 观测到的显著性将以显著性中值为中心上下涨落. 考虑信号显著性这种涨落对于实验结果的影响对于保证实验的成功是十分必要的.

计算对应于 $\hat{\mu}$ 变化 $\pm N\sigma$ 情形下的信号显著性中值误差带是不难的. 因为 $\hat{\mu}$ 服从高斯分布 (均值 μ', 标准差 σ), 信号显著性中值的误差带就是分位数 $\pm N$ 映射到 $\hat{\mu}$ 对于中心值 μ' 的 $\pm N\sigma$ 的变化量.

例如, 对于 "发现" 的场合, 即 $\mu = 0$ 的检验, 由式 (8.4.2) 和式 (8.4.8) 可知信号显著性 Z_0 为

$$Z_0 = \begin{cases} \hat{\mu}/\sigma, & \hat{\mu} \geqslant 0, \\ 0, & \hat{\mu} < 0. \end{cases}$$

由式 (8.5.10) 可得信号显著性中值 $\mathrm{med}\,[Z_0|\mu'] = \sqrt{q_{0,\mathrm{A}}}$, $q_{0,\mathrm{A}}$ 由式 (8.5.9) 算得. 故相应于 $\mu' \pm N\sigma$ 的信号显著性中值为

$$Z_0\,(\mu' + N\sigma) = \mathrm{med}\,[Z_0|\mu'] + N = \sqrt{q_{0,\mathrm{A}}} + N, \tag{8.5.15}$$

$$Z_0\,(\mu' - N\sigma) = \max\,[\mathrm{med}\,[Z_0|\mu'] - N, 0] = \max\,\left[\sqrt{q_{0,\mathrm{A}}} - N, 0\right]. \tag{8.5.16}$$

$\hat{\mu}$ 的标准差 σ 由式 (8.5.7) 计算.

对于 "排除" 的场合, 利用统计量 q_μ 得到的置信水平 $1 - \alpha$ 上限的表式 (8.4.16) 为 $\mu_{\mathrm{up}} = \hat{\mu} + \sigma\Phi^{-1}(1 - \alpha)$. 强度参数 μ' 假设下上限 μ_{up} 的中值为

$$\mathrm{med}\,[\mu_{\mathrm{up}} \mid \mu'] = \mu' + \sigma\Phi^{-1}(1 - \alpha), \tag{8.5.17}$$

而 $\pm N\sigma$ 误差带的表式为

$$\mathrm{band}_{N\sigma} = \mu' + \sigma\left(\Phi^{-1}(1 - \alpha) \pm N\right). \tag{8.5.18}$$

$\hat{\mu}$ 的标准差 σ 利用式 (8.5.8) 计算: $\sigma_{\mathrm{A}}^2 = \mu^2/q_{\mu,\mathrm{A}}$, 其中 μ 指检验的零假设 ($\mu s + b$) 中 μ 的设定值, $\mu = 1$ 对应于名义信号模型, $q_{\mu,\mathrm{A}}$ 由式 (8.5.9) 算得. 对于数据中不存在信号情形下希望找出假设 μ 的 "排除" 显著性中值的特例, 有 $\mu' = 0$.

8.6　示　　例

本节将描述两个例子, 它们都是 8.2 节和 8.3 节中介绍的通用分析的特例. 测量数据是直方图 $\boldsymbol{n} = (n_1, \cdots, n_N)$, 其中可能存在信号事例; 而作为控制数据, 辅

助测量得到另一直方图 $m = (m_1, \cdots, m_M)$, 它用来约束冗余参数. 在 8.6.1 节中, 我们处理一种简单的情形, 即这两种测量都由单个泊松分布值构成, 两个直方图 n 和 m 都只有一个子区间, 这种情形称为 "计数实验". 8.6.2 节中, 主要测量的直方图 n 考虑为多个子区间, 不存在控制数据的直方图 m; 这里主直方图中信号峰两侧的形状足以约束本底. 这种情形称为 "形状分析".

8.6.1　计数实验

考察一个实验, 假设其观测事例数 n 服从期望值 $E[n] = \mu s + b$ 的泊松分布. 信号事例数期望值 s 为已知量; b 是本底事例数期望值, μ 是待检验的强度参数. 实验的目的是确定实验数据对应的强度参数 μ' 是否与设定的强度参数 μ 一致. 对于 b 为冗余参数和已知常数这两种情形分别进行讨论.

(1) b 为冗余参数.

对于 b 为冗余参数的情形, 其值由辅助测量所约束. 该测量值是一均值为 $E[m] = \tau b$ 的泊松变量 m, 即 τb 起到式 (8.2.7) 中控制数据直方图的单个子区间的函数 u 的作用, 尺度因子 τ 为已知值. 因此, 实验数据包含两个测量值: n 和 m. 我们感兴趣的是参数 μ, 以及冗余参数 b. 似然函数为两个泊松变量的乘积:

$$L(\mu, b) = \frac{(\mu s + b)^n}{n!} \mathrm{e}^{-(\mu s + b)} \frac{(\tau b)^m}{m!} \mathrm{e}^{-\tau b}. \tag{8.6.1}$$

为了找出检验统计量 q_0 和 q_μ, 需要知道 ML 估计量 $\hat{\mu}$、$\hat{b}$ 以及给定 μ 值条件下的条件 ML 估计量 $\hat{\hat{b}}$. 它们是

$$\hat{\mu} = \frac{n - m/\tau}{s}, \tag{8.6.2}$$

$$\hat{b} = \frac{m}{\tau}, \tag{8.6.3}$$

$$\hat{\hat{b}} = \frac{n + m - (1 + \tau)\mu s}{2(1 + \tau)} + \left[\frac{(n + m - (1 + \tau)\mu s)^2 + 4(1 + \tau)m\mu s}{4(1 + \tau)^2} \right]^{1/2}. \tag{8.6.4}$$

给定测量值 n 和 m, 利用式 (8.6.2) ~ 式 (8.6.4) 可计算似然函数 (8.6.1), 以求得检验统计量 q_0 和 q_μ 以及相应的显著性 Z_0 和 Z_μ 的数值, 由此可以对该实验结果进行统计检验, 得出是否 "发现" 新信号的结论, 并确定新信号的强度或强度上限. 对于不同的模型假设, 利用 MC 产生数据 n 和 m 的值, 求得 q_0 和 q_μ 的分布, 可以与 8.4 节的公式得到的 q_0、q_μ 的分布进行比较.

对于 "发现" 的情形, 待检验的假设为 $\mu = 0$, 检验统计量 q_0 的分布 $f(q_0|\mu' = 0)$ 示于图 8.5(a), 这里 μ' 是数据对应的强度参数值. 直方图显示了不同的本底均

值 b 的 MC 模拟的结果. 实线表示 $f(q_0|0)$ 渐近公式 (8.4.4) 的预期值, 它与冗余参数 b 无关. MC 模拟的直方图与渐近公式发生偏离的点的 q_0 值随参数 b 的增加而增加. 对于 $b=20$ 的情形, $q_0=25$ (对应于 $Z=\sqrt{q_0}=5$) 之前, 两者已相当精确地一致. 即使对于 $b=2$ 的情形, 在 $q_0 \approx 10$ 以下一致性已很好.

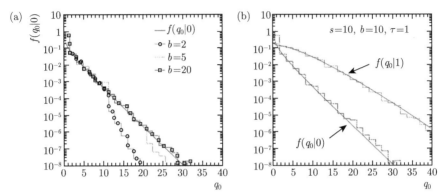

图 8.5　(a) 计数实验的 PDF $f(q_0|0)$. 实斜线表示式 (8.4.4) 的 $f(q_0|0)$, 直方图是不同 b 值的 MC 模拟结果; (b) $s=10, b=10, \tau=1$ 情形下, 渐近公式 (实线) 和 MC 模拟 (直方图) 给出的 $f(q_0|0)$ 和 $f(q_0|1)$

图 8.5(b) 中的实线显示了强度参数 μ' 等于 0 和 1 情形下渐近公式给出的 q_0 的分布, 直方图则是参数 $s=10, b=10, \tau=1$ 情形下 MC 模拟给出的相应分布. 对于式 (8.4.10) 的分布 $f(q_0 \mid 1)$, 需知道强度参数 $\mu'=1$ 时估计量 $\hat{\mu}$ 标准差 σ 的值. 根据式 (8.5.7), 利用式 (8.5.9) 计算 Asimov 值 $q_{0,\mathrm{A}}$ (即根据 Asimov 数据集 $n \to \mu's+b, m \to \tau b$ 求得的值) 可以确定该 σ 的值.

给定观测值 q_0, 对近似公式确定的 "发现" 显著性与 MC 模拟确定的严格显著性之间进行比较, 可以研究近似表式的精度. 图 8.6(a) 显示了 $q_0=16$ 情形下的 "发现" 显著性. 按照式 (8.4.8), 近似公式给出的名义显著性是 $Z=\sqrt{q_0}=4$, 图中用水平线标记. 圆点则显示尺度因子 $\tau=1$ 情形下计数分析中不同本底事例期望值对应的严格显著性. 可以看到, 近似公式低估了 $b<4$ 时的显著性, 但 b 大于 4 时精度好于 10%, b 在 $5\sim10$ 时, 近似公式略微高估了显著性. 当 $b>10$ 时, 精度迅速改善.

图 8.6(b) 显示了假定数据按照名义信号假设分布的情形下, MC 模拟给出的统计量 q_0 的中值 (圆点) 和相应的 Asimov 值 (曲线) 与 b 之间的函数关系 (对不同的 s, 尺度因子 $\tau=1$). 可以看到, 除非 s 和 b 同时都非常低, Asimov 数据集给出的中值是非常好的近似.

对于 "排除" 的情形, 待检验的假设为 $\mu=1$, 检验统计量为 q_1. 图 8.7 显示了强度参数 $\mu'=1$ 和 $\mu'=0$ 对应的数据在 $s=6, b=9, \tau=1$ 情形下检验统计量

q_1 的分布 $f(q_1|\mu')$. 近似公式 (8.4.10) 与 MC 结果一致性很好. 竖直线指示数据的强度参数 $\mu' = 0$ 时 q_1 的 Asimov 值 $q_{1,A}$, 它对应于 $\mu' = 0$ 假设下检验统计量中值的估计, 由式 (8.5.9) 计算. 该竖直线右面曲线 $f(q_1|1)$ 下的面积等于 p 值的中值.

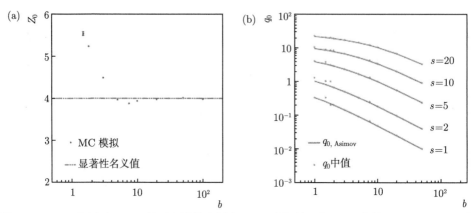

图 8.6　(a) 尺度因子 $\tau = 1$ 情形下计数分析中, MC 求得的 "发现" 显著性 Z_0 (圆点) 和近似公式算得的名义值 $Z = \sqrt{q_0} = 4$ (虚线) 与本底事例数期望值 b 之间的函数关系; (b) 假定数据按照名义信号假设分布, 对不同的 s 和 b, MC 模拟给出的 q_0 中值 (圆点) 和相应的 Asimov 值 (曲线)

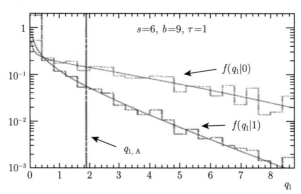

图 8.7　计数实验的 PDF $f(q_1|1)$ 和 $f(q_1|0)$. 实线显示文中公式 (8.4.10) 的结果, 直方图是利用 $s = 6, b = 9, \tau = 1$ MC 模拟得到的结果

(2) b 为已知常数.

计数实验的重要特例是本底均值 b 已知且其不确定性可以忽略, 故可以处理为常数. 当 b 已知时, 则实验数据只有 n, 似然函数为

$$L(\mu) = \frac{(\mu s + b)^n}{n!} e^{-(\mu s + b)}. \tag{8.6.5}$$

检验 "发现" 的统计量 q_0 可写为

$$q_0 = \begin{cases} -2\ln\dfrac{L(0)}{L(\hat{\mu})}, & \hat{\mu} \geqslant 0, \\ 0, & \hat{\mu} < 0, \end{cases} \tag{8.6.6}$$

其中, 估计量 $\hat{\mu} = (n-b)/s$. 当 b 充分大, 利用渐近公式 (8.4.8) 计算信号显著性:

$$Z_0 = \sqrt{q_0} = \begin{cases} \sqrt{2\left(n\ln\dfrac{n}{b} + b - n\right)}, & \hat{\mu} \geqslant 0, \\ 0, & \hat{\mu} < 0. \end{cases} \tag{8.6.7}$$

当用 Asimov 值 $s+b$ 代替 n 时, 得到名义信号假设下 $(\mu = 1)$ 显著性中值的近似表式

$$\mathrm{med}\,[Z_0 \mid 1] = \sqrt{q_{0,\,\mathrm{A}}} = \sqrt{2((s+b)\ln(1+s/b) - s)}. \tag{8.6.8}$$

将对数项用 s/b 作展开可得

$$\mathrm{med}\,[Z_0 \mid 1] = \frac{s}{\sqrt{b}}\left(1 + O\left(\frac{s}{b}\right)\right). \tag{8.6.9}$$

虽然当 $s+b$ 为大值的情形下广泛使用近似式 $Z_0 \approx s/\sqrt{b}$, 由式 (8.6.9) 可见, 仅当 $s \ll b$ 时这种近似才有效. 一般情形下, 应该用式 (8.6.8) 计算显著性 Z_0 的中值.

图 8.8 显示了不同 s、b 值时数据 $\mu = 1$ 假设下 Z_0 的中值. 实线对应于式 (8.6.8), 虚线对应于 $s/\sqrt{b}$ 近似, 圆点则是 MC 求得的严格中值. 圆点所显示的结构由数据的离散性所致. 可以看到对 s/b 不是小量的区域, 式 (8.6.8) 较之 $s/\sqrt{b}$ 近似是真值的好得多的近似.

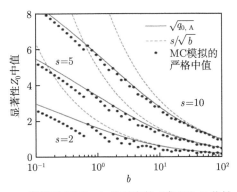

图 8.8　$\mu = 1$ 假设下不同 s,b 值对应的 "发现" 显著性 Z_0 的中值

8.6.2　形状分析

第二个例子考察在一个不变质量分布中搜寻一个信号峰的实验. 图 8.9 显示了本底的主直方图 $\boldsymbol{n} = (n_1, \cdots, n_N)$, 这里本底取为瑞利 (Rayleigh) 分布. 信号模型是高斯型, 其质量 (峰位) 和宽度均已知. 本例中, 不存在控制数据的辅助直方图 $\boldsymbol{m} = (m_1, \cdots, m_M)$.

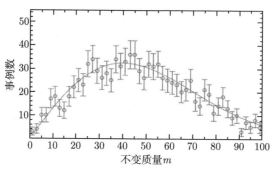

图 8.9　形状分析中的本底质量分布
直方图中子区间宽度等于 2

本例中, 由于没有观测到明显的信号峰, 我们利用 "排除" 统计量 q_μ 来对信号峰所有的质量值和 μ 进行检验, 目的是对信号强度设定一个上限.

通常情形下, 由于事先不知道类信号峰的峰位, 需要对于给定范围内峰位出现在任意位置进行检验, 任意位置出现类信号的峰型都将排除纯本底假设. 在这样的分析中, "发现" 显著性必须考虑到这样的事实: 给定范围内的任意质量值处事例数可能出现涨落, 这通常称为 "**look-elswhere effect**"(LEE), 文献 [133] 对此效应进行了讨论. 在某一**特定位置**发现一个统计涨落的概率 (**局域显著性**) 与在搜寻区域中**任意位置**发现一个统计涨落的概率 (**全域显著性**) 是不相同的, 故需加以区分; 并且显然后者大于前者, 后者约等于前者乘以一个因子, 该因子可用 (特征变量) 搜寻区域的宽度除以探测器的 (特征变量) 分辨率来估计.

但在本例中, 我们将利用统计量 q_μ 来检验给定范围内的所有的质量值和 μ 值, 对每一个质量和信号强度的假设, 实际上是独立地检验的, 因此 LEE 效应无须考虑.

我们假定, 信号和本底分布都了解到尺度因子层次, 即知道信号和本底分布的形状, 但相对权值未知. 子区间 i 中的事例数均值为 $E[n_i] = \mu s_i + b_i, s_i$ 为已知. 对于信号, 尺度因子相应于强度参数 μ. 对于本底我们引入一个相应的因子 θ, 即本底项 b_i 可表示为 $b_i = \theta f_{b,i}$, 其中, 在子区间 i 出现一个本底事例的概率 $f_{b,i}$ 为已知量, θ 是一冗余参数, 表示本底事例总数的期望值. 因此, 似然函数可写为

$$L(\mu, \theta) = \prod_{i=1}^{N} \frac{(\mu s_i + \theta f_{b,i})^{n_i}}{n_i!} e^{-(\mu s_i + \theta f_{b,i})}. \tag{8.6.10}$$

对于给定的数据集 $\boldsymbol{n} = (n_1, \cdots, n_N)$ 可以计算似然函数 (8.6.10), 由式 (8.3.7) 计算设定 μ 上限的统计量 q_μ, 并对式 (8.4.10) 得到的分布 $f(q_\mu \mid \mu')$ 与 MC 产生的直方图进行对比. 图 8.10 显示了 $f(q_\mu \mid 0)$ (上方曲线和直方图) 和 $f(q_\mu \mid \mu)$ (下方曲线和直方图) 的图形. 近似公式与 MC 的结果一致性很好.

图 8.10 中的竖直线给出了数据的强度参数 $\mu' = 0$ 假设下 q_μ 的 Asimov 值 $q_{\mu,\mathrm{A}}$, 它对应于 $\mu' = 0$ 假设下检验统计量 q_μ 中值的估计, 由式 (8.5.9) 计算. $f(q_\mu \mid \mu)$ 曲线下该竖直线右方的面积给出了 μ 假设下的 p 值, 图中表示为阴影区. **置信水平** CL $= 1 - \alpha$ 的 μ 上限等于 $p_\mu = \alpha$ 处的 μ 值. 图 8.10 显示的分布 $f(q_\mu \mid \mu)$ 对应的 μ 值具有 $p_\mu = 0.05$ 的关系, 相应于置信水平 CL$= 95\%$ 的 μ 上限.

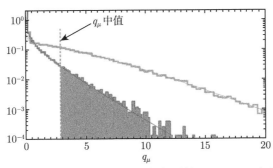

图 8.10   渐近公式 (曲线) 和 MC 模拟 (直方图) 得到的 $f(q_\mu \mid 0)$ (上方曲线和直方图) 和 $f(q_\mu \mid \mu)$ (下方曲线和直方图) 的分布

除了报道上限中值之外, 我们还希望知道, 如果考虑数据中的统计涨落, 该中值会有多大变化. 图 8.11 就是这种变化量的图示, 它显示了类似于图 8.10 中的分布, 但竖直线指示的是分布 $f(q_\mu \mid 0)$ 的 15.87% 分位数, 相应于估计量 $\hat{\mu}$ 自中值向下涨落一个标准差.

假定数据对应于纯本底假设, 利用 MC 对实验进行多次模拟, 可得到 μ 值 95% CL 上限的直方图, 如图 8.12 所示. $\pm 1\sigma$ (深阴影区) 和 $\pm 2\sigma$ (浅阴影区) 误差带是从 MC 模拟得到的. 竖直线指示由式 (8.5.17)$\sim$ 式 (8.5.18) 算得的误差带. 由图可见, 公式与 MC 预期的误差带两者的一致性极好.

图 8.10 $\sim$ 图 8.12 相应于找出信号的质量峰位处于特定位置情形下的 μ 值上限. 在信号的质量峰位未知的搜寻实验中, 需要对所有的质量峰位值 (实际情形中是以小的步长) 进行重复检验. 图 8.13 显示了 μ 值 95% CL 上限的中值与信号的质量峰位间的函数关系. 中值 (中心线) 和误差带 ($\pm 1\sigma$ (深阴影区) 和 $\pm 2\sigma$ (浅阴影区)) 利用式 (8.5.17)$\sim$ 式 (8.5.18) 求得. 圆点及其连线对应于按照纯本底假设产生的单个 MC 数据集确定的上限, 如预期的那样, 它们大部分位于 $\pm 1\sigma$ 误差带内.

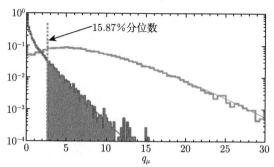

图 8.11 $f(q_\mu|0)$ (凸曲线) 和 $f(q_\mu|\mu)$ (下降曲线) 的分布, 竖直线指示 $f(q_\mu|0)$ 的 15.87% 分位数, 相应于估计量 $\hat{\mu}$ 自中值向下涨落一个标准差

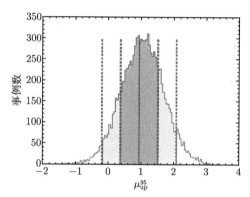

图 8.12   假定数据对应于纯本底假设, μ 值 95% CL 上限 (μ_{up}^{95}) 的分布

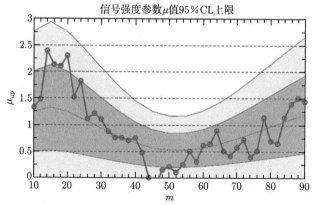

图 8.13   强度参数 μ 值 95% CL 上限的中值 μ_{up} (中心线) 和误差带 ($\pm1\sigma$ (深阴影区) 和 $\pm2\sigma$ (浅阴影区)) 与信号质量 m 的函数关系. 圆点及其连线代表纯本底假设产生的单个 MC 数据集确定的上限

8.7　小　　结

本章阐述了用于计划和实现一项搜寻新物理实验的统计检验方法. 所给出的公式体系可以利用轮廓似然比来处理模型包含足够数量的冗余参数所导致的系统不确定性.

给出了检验统计量分布的近似公式, 用以表征数据与待检验假设之间的一致性水平, 同时给出了 p 值和显著性的相关表式. 统计量是基于轮廓似然比来构建的, 可用于强度参数 μ 的双侧检验 (统计量 t_μ)、"发现" 的单侧检验 (统计量 q_0)、上限的单侧检验 (统计量 q_μ 和 $\tilde{q}_\mu$). 统计量 t_μ 可用以获得 "统一的" 置信区间, 即该区间是单侧区间还是双侧区间取决于数据的结果.

通过显著性中值, 给出了不同假设下的公式来表征计划中的实验的灵敏度; 例如, 利用显著性中值, 可以排除某给定信号模型假设为真条件下的纯本底假设. 它们利用了人为构建的 "Asimov" 数据集, 后者的定义是使得所有参数的估计量等于其真值. 还给出了确定灵敏度统计变化期望值 (误差带) 的方法.

这些数学工具不需要进行冗长的 MC 计算. 如果利用 MC 计算, 在 5σ 显著性的 "发现" 实验中, 需要进行约 10^8 次测量的 MC 模拟. 对于需要在多维参数空间中的多个点估计实验灵敏度的场合 (例如, 对于超对称模型), 需要对于每个点产生大量的 MC 样本, 从而花费大量的计算机机时. 这种情形下, 这些数学公式特别有用.

所用到的近似公式在大数据样本极限下有效. 但是, 利用 MC 进行的检验表明, 这些公式实际上对于即使相当小的样本的场合也合理地精确, 因而具有广泛的实用性. 对于数据样本非常小以及测量结果要求很高的实验, 应当用 MC 方法来验证近似公式的有效性.

本章重点介绍了 Cowan 等 [128] 提出的、基于实验数据集构造的轮廓似然比作为检验统计量处理搜寻新物理实验数据统计检验的方案. 对于搜寻新物理实验数据统计检验的其他处理方案 (例如 A. L. Read 提出的 $\mathrm{CL_S}$ 方案) 以及需要注意的其他事项 (例如 LEE) 的讨论, 可参见文献 [127] 和 [133~135].

第 9 章 盲 分 析

9.1 为什么需要盲分析

我们来看一看粒子物理中实际发生的情形.

例子之一: 粒子表 [1] 中粒子的某些性质参数随着测量年代会发生变化 (参见图 10.2). 这些图显示出同一物理量在一段时间内似乎相对稳定 (误差范围内一致), 然后其中心值会发生突然的跳跃, 然后在新的水平上相对稳定, 然后中心值再次跳跃, …. 这种现象很难说不存在实验者有意或无意的偏差.

例子之二: 如图 9.1 所示的 LEP 实验不同实验组的 R_C 测定值 [136]. 利用图中上部的 ALEPH、DELPHI、OPAL 实验的 8 个独立测量数据, 通过最小二乘法 (式 (6.2.5)∼ 式 (6.2.8)) 求得最小二乘函数 $Q^2(R_C) \equiv \chi^2$ 为 0.92, 故测量数据的 χ^2/自由度为 0.92/7, 显著小于各测量相互独立所预期的 χ^2/自由度数值. 其可能的原因之一 (尽管实验者恐怕不同意这种看法) 是过高估计了系统误差. 为了检验是否有这种可能性, 略去系统误差再计算 χ^2/自由度, 其值为 2.1/7, 仍然过小. 造成这种现象的可能原因是, 实验者 "有意无意" 地使实验结果相互靠近或向标准模型靠近.

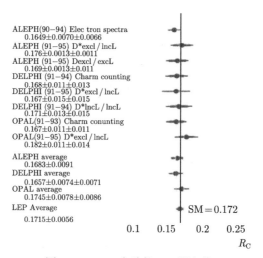

图 9.1 LEP 实验的 R_C 测定值

用不着举出更多的实例, 实验者在某种情形下 "有意无意" 调节实验结果的做法显然是存在的. 这种做法往往出现于如下的情形中:

(1) 当结果与某种重要的理论 (例如标准模型) 的预期值不符时.

(2) 当结果与有良好声誉的实验组的已有结果不符时.

(3) 当结果与实验者希望检验的新理论的预期值不符时.

(4) 当同一实验组利用两个反应道或两种方法对同一课题的研究结果相互不符时.

这些情况下, 实验者往往希望通过分析方法的 "合理" 调节来 "修正" 结果或者寻找额外的系统误差来源; 但当实验结果与 "预期值" 一致时, 一般不会这样做.

实验者将实验结果改变或调节为预想的值可能通过多种 "合理" 途径. 就粒子物理实验数据分析而言, 可以设想到的 "合理" 途径至少可以包含以下可能性:

(1) 信号事例选择条件的不同可以改变结果; 同一组信号事例选择条件但利用不同截断值亦可改变结果.

(2) 粒子性质的模拟需要用到 MC 模拟, 对同一种物理过程, 存在不同的模拟程序 (例如电磁、强子簇射的不同模型及对应的程序包), 使用不同的模拟程序会获得不同的结果; 同一模型使用不同的截断参数也会获得不同的结果.

(3) 选择不同版本的刻度文件可改变结果.

实验者通过分析方法的 "合理" 调节来 "修正" 结果所导致的这类偏差是无法定量化的系统误差, 使得实验结果存在无法控制的偏差, 偏离了测量结果的客观性.

显然, 我们希望能找到实验分析的一种方法或途径, 它能够避免这类人为导致的、无法控制的对于测量结果的偏差, 至少使得这种偏差尽可能地最小化. 盲分析就是可选方法之一.

9.2 盲分析需遵循的原则

盲分析是试图避免人为导致的、无法控制的对于测量结果的偏差, 因此就要阻断导致这类偏差的途径. 如前所述, 当测量结果与实验者预想不同时, 往往会企图改变分析方法. 因此盲分析的要素之一是将分析方法与测量结果的数值本身割裂开来. 因为实验测量结果的数值本身并不包含其数值正确性的任何信息. 因此, 实验测量结果的数值本身对于分析方法的确定不应该起作用. 分析方法的正确性应当用一系列外部的检查来验证. 其次, 数据分析中事例判选的截断值的不同选择, 有可能会导致不同的测量结果 (即有偏差). 盲分析应当确保事例判选的截断值的选择对测量结果具有无偏性.

粒子物理实验中, 一项分析所研究的过程称为信号过程, 信号过程往往集中出现于某几个特征物理量的特定区域内, 该区域称为信号区. 盲分析中, 在分析方法的所有重要步骤确定之前, 根据不同类型的实验测量, 一些实验信息被 "隐蔽" 起来; 这些实验信息包括: 信号区内某些特征物理量的实验原始数据, 或待测参数的数值本身, 或者能直接导出待测参数数值的某些特征物理量的分布 (图形), 等等. 这样做的动机是避免分析者 (自觉或不自觉的) 采用对最终结果会造成某种偏向的分析方法. 如前所述, 实验测量结果的数值本身并不包含其正确性的任何信息. 因此, 隐蔽这些实验信息并不妨碍正确地确定实验数据分析方法的整个流程.

粒子物理实验分析中, 通常信号数据利用信号的 MC 模拟数据或实验数据的控制样本 (control sample) 来表征, 本底则利用信号边带区 (sideband) 数据或本底的 MC 模拟数据来表征. 实验中的盲分析意味着, 在对隐蔽了的实验信息 "去盲" 之前, 分析者已经利用上面提到的这些数据样本确定了该项分析所需的所有方法、步骤和关键参数, 例如, 确定了信号事例判选条件 (特征量及其截断值的优化), 确定了信号函数的形状及信号探测效率, 确定了本底函数的形状甚至大小, 检验了拟合方法, 估计了系统误差, 等等. 换句话说, 在对隐蔽了的实验信息 "去盲" 之前, 数据分析的整个流程已经确定; 在 "去盲" 之后, 所进行的工作仅仅是按照既定的流程对包含信号区数据在内的全部数据进行一次完整分析, 并由此可直接给出最终结果 (例如分支比及误差).

盲分析大致应当遵循以下原则和步骤:

(1) 若对同一课题有多个分析组同时进行盲分析, 则应对盲分析的策略达成一致.

(2) 在对隐蔽了的实验信息 "去盲" 之前, 各分析组应当报告盲分析的详细过程, 合作组其他成员有机会对其分析提出意见和建议.

(3) 一个专家委员会决定是否需要对现有的分析进行修改.

(4) 各分析组确定了各自的分析流程后, 专家委员会审查并同意对隐蔽了的实验信息 "去盲", 各组得出各自的测量结果.

(5) 如果各组的结果不一致, 专家委员会应会同分析组确定改进的盲分析策略; 如果一致, 则确定最终的发表版本.

9.3 盲分析方法及实例

对于不同类型的实验测量, 需要采用不同的盲分析方法.

9.3.1 信号盲区方法——稀有衰变和寻找新共振态的盲分析

所谓 "稀有衰变", 指的是衰变分支比尚未进行过测量或只有上限值的情形. 这种情形下, 衰变分支比通常很小, 即使信号存在, 信号事例数往往很少而本底很大, 因此分析方法的本底压低因子应当尽可能大, 对信号具有合理的探测效率. 这种情形下, 盲分析是非常必要的.

如果信号事例的判选是通过若干特征物理量的截断来实现的, 并且信号事例集中出现在某几个特征物理量的特定区域 (称为信号区)、其位置事先可以由先前的测量或通过信号 MC 模拟数据加以确定的情形下, 则信号盲区方法是十分适宜的, 并且几乎成为一种标准的分析方法. **信号盲区**是若干个 (通常不多于 2 个) 特征物理量数值处于特定上、下界的一个区域. 考虑到探测器分辨及其不确定性的效应, 信号盲区应当比真实的信号区选得大一些, 以便为截断值的进一步优化留出余量. 盲分析中, 信号盲区中的实验数据被 "隐蔽" 起来. 信号盲区附近的边带区数据用来确定各特征物理量的本底分布. 截断值的优化可以利用各特征物理量的本底分布以及信号 MC 数据样本的分布来进行. 这里, 假定各特征物理量是不关联的, 因此某一特征物理量的边带区数据正确地代表了其他特征物理量在信号区中的本底数据. 这一假定的正确程度可以用 MC 模拟加以检验.

信号盲区法曾经用于稀有衰变 $K_L^0 \longrightarrow \mu^\pm e^\mp$ 的寻找[137], 这是最早利用盲分析的实验之一. 标准模型预言应当存在这种衰变. 该实验的灵敏度为 10^{11} 次 K_L^0 衰变可观测到一个 $K_L^0 \longrightarrow \mu^\pm e^\mp$ 衰变事例. 两个特征物理量是 $M_{\mu e}$ 和 P_T^2. 信号事例预期应当出现于图 9.2 所示的小方框划定的盲区内. 盲区内的事例数据在分析的所有重要步骤 (确定信号事例判选的所有截断值, 检验拟合方法, 估计系统误差) 完成之后才对分析者打开.

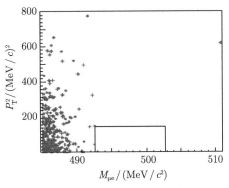

图 9.2 寻找稀有衰变 $K_L^0 \longrightarrow \mu^\pm e^\mp$ 的信号盲区方法, 正下方的方框是信号盲区

信号盲区法的另一应用实例是 BABAR 实验组对于 $B^0 \longrightarrow \rho^\pm \pi^\mp$ 衰变事例的寻找[138]. 图 9.3 显示了两个特征量的散点图: m_{ES} (横坐标) 和 ΔE (纵坐标). 对于信号事例, m_{ES} 接近于 B^0 介子质量 ($\sim 5.28\text{GeV}$), ΔE 接近于 0. 图 9.3 中右部的长方形方框是优化后的信号区, 包围着它的阴影区则是信号盲区. 信号盲区上侧、下侧和左侧划斜线的区域为不同的边带区. 图 9.4 和图 9.5 是利用这些边带区数据以及本底的 MC 数据确定的本底 m_{ES} 和 ΔE 分布. 利用这些分布可以确定信号盲区内本底的 m_{ES} 和 ΔE 分布的形状.

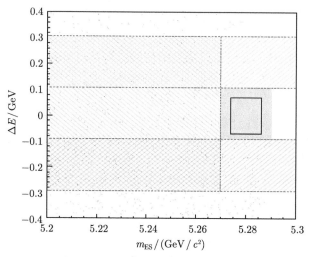

图 9.3   BABAR 实验组寻找 $B^0 \longrightarrow \rho^{\pm}\pi^{\mp}$ 衰变事例的 m_{ES}-ΔE 散点图

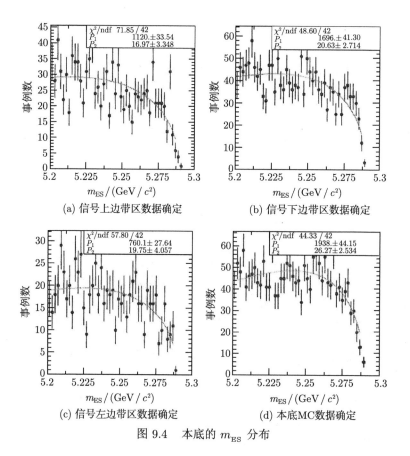

(a) 信号上边带区数据确定

(b) 信号下边带区数据确定

(c) 信号左边带区数据确定

(d) 本底MC数据确定

图 9.4   本底的 m_{ES} 分布

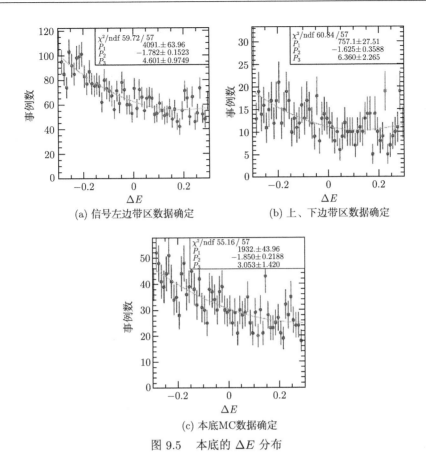

图 9.5   本底的 ΔE 分布

分析最终采用的各特征量 (包括 m_{ES} 和 ΔE) 的截断值需要通过某种优化步骤来确定. 优化的标准通常是选择一组截断值使得所谓的信号统计显著性达到极大. 信号统计显著性有不同的定义 (见 6.3 节), 常见的用于截断值优化的量是 $S\big/\sqrt{S+B}$, 这里 S 和 B 是经过各特征量截断值判选后余下的信号和本底事例数的期望值, 其中 S 由信号 MC 事例样本或控制数据样本求得, B 由本底 MC 事例样本或边带区数据样本求得. 需要强调指出的是, 截断值优化过程中, 信号盲区中的真实数据仍然是保持隐蔽的. 由于大的事例统计量能够减小统计误差, 所以 MC 事例样本量和边带区数据样本量应当尽可能地大; 当然边带区不能任意地扩大, 对于它的基本限制是其中事例的特征量的分布能够反映信号盲区内本底的特征量的分布, 同时需要适当地归一化处理. 为了避免可能的偏差, 可以只利用这些 MC 事例样本量和边带区数据样本量的一半来进行截断值的优化. 当优化的截断值确定之后, 再利用另一半样本来确定信号探测效率、本底函数的形状和归一化系数, 以及信号函数的形状. 然后根据这些结果, 可以确定拟合方法并估计系统误差.

　　至此, 数据分析的流程已经基本完成, 余下的工作就是打开信号盲区中的真实数据, 得到最终的物理结果. 对于一项重要的分支比测量而言, 盲分析打开信号盲区中的真实数据是一件十分郑重的事件. 通常从事该项研究的研究小组需要向一个专门委员会提交一份研究报告, 详细报告其分析方法, 其中至少需要包含以下内容:

　　(1) 截断值优化和本底函数形状的确定方法和步骤.

　　(2) 信号盲区中的估计本底事例数作为待测分支比的函数.

　　(3) 根据信号 MC 样本或控制事例样本估计的信号探测效率.

　　(4) 预期的统计灵敏度.

　　(5) 系统误差的估计.

　　只有在专门委员会同意了研究报告 (可视为实验组对于该项研究的权威认可) 的情形下才容许打开信号盲区中的真实数据, 从而得出最终的物理结果. 图 9.6 显示了 BABAR 实验组寻找 $B^0 \longrightarrow \rho^{\pm}\pi^{\mp}$ 衰变事例的分析中, 打开信号盲区后信号事例对于本底事例背景的超出 (信号区在 $m_{ES} \sim 5.28\text{GeV}$, $\Delta E \sim 0$ 附近).

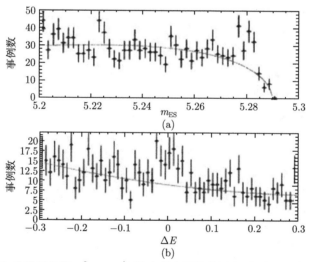

图 9.6　BABAR 实验组寻找 $B^0 \longrightarrow \rho^{\pm}\pi^{\mp}$ 衰变事例的分析中, 打开信号盲区后信号事例出现于 $m_{ES} \sim 5.28\text{GeV}$, $\Delta E \sim 0$ 的信号区

　　另一种情形是寻找新粒子或 "隆起" (bump-hunting) 的实验, 这时信号区的位置事先未知, 因而无法设置信号盲区. 而恰恰是这类实验, 特别需要排除实验者的偏差. 历史上曾经观测到某些具有相当高统计显著性的 "隆起", 后来发现是人为制造出来的. 这种情形下的盲分析依赖于对于本底的了解. 如果在 "隆起" 区域以外的地方对本底进行独立的估计, 并确定分析的方法和步骤, 那么利用后者得

到的结果具有盲分析的特征. 也就是说, 如果确定了寻找新粒子或 "隆起" 的区域, 那么可以将该区域设置为信号盲区, 上面叙述的信号盲区方法就完全适用.

9.3.2 改善分支比测量精度的盲分析

一般而言, 对于已经存在测量值的分支比测量要求有比较高的测量精度, 以改善已有的测量结果. 这种情形下, 需要同时仔细地研究信号的数据样本和 MC 模拟样本. 这样, 前面讨论过的稀有衰变盲分析方法——信号盲区法不再适用, 而需要寻找其他途径. 一种途径是利用一部分数据来确定分析方法和步骤, 然后将所确定的分析方法和步骤应用于全部数据样本以给出最终结果. 第一个步骤中所使用的数据量的大小是一个需要谨慎考虑的问题. 数据量太小, 本底分布以及其他一些重要分布的细节可能了解得过于粗糙; 数据量太大, 可能 (部分地) 失去了 "盲分析" 的初衷. 另一种途径是将一定数量的 MC 模拟数据与真实数据混合起来, 利用混合数据确定分析方法和步骤, 然后将后者应用于数据样本以给出最终结果.

9.3.3 隐蔽参数法——参数精确测量的盲分析

许多测量中, 待测参数的数值往往是根据某个 (些) 特征变量的分布导出的, 这一分布遍及特征变量的所有物理容许的区域, 因而参数的确定需要利用全部数据来对于该分布进行拟合. 有效的分析方法的确定 (例如有效的信号事例的判选) 必定会涉及利用真实数据的重新拟合, 因此必定会用到全部实验数据而不可能像信号盲区法中那样将盲区中的数据隐蔽起来.

对于参数 (比如 B 和 D 介子寿命) 的精确测量, 所使用的盲分析方法与 9.3.1 节的信号盲区法不同. 现在, 待测参数已经存在相当精确的测量值, 盲分析的目的是要避免本测量的结果 "有意无意" 地偏向已有的测量值或粒子数据表给出的平均值的可能性. 对于精确测量, 信号事例统计量很大, 参数的系统误差占据重要地位, 盲分析应当确保系统误差的估计不会受到参数自身数值大小的影响.

为了在进行分析方法的系统检查时免受参数自身数值大小的影响, 可以利用**隐蔽参数法**. 这一方法中, 待测参数的拟合值 x 通过如下变换得到其**盲值** x^*:

$$x^* = \left\{ \begin{array}{c} 1 \\ -1 \end{array} \right\} x + R, \tag{9.3.1}$$

其中, 常数**偏置值** R 由一随机数产生子给定, 该随机数具有适当的均值和标准偏差, 例如均值为 0、标准偏差等于 x 的实验标准偏差 1~3 倍的正态随机数产生子是比较合理的选择. x 前面的乘因子 1 或 −1 也是随机选定的, 这种做法保证了当参数 x 发生变化时, 盲值 x^* 的变化方向与 x 的变化方向没有固定的关联. 常数偏置值 R 和乘因子 1 和 -1 的选取虽然是随机的, 但一旦选定便固定不变了, 因此参数真值与盲值的差值 $\Delta x^* \equiv x^* - x$ 是一固定常数, 但其数值对于分析者是隐蔽 (未知) 的. 这些做法都是为了保证分析过程不受参数自身数值大小的影响.

隐蔽参数法的重要特点是: 它仅仅改变待测参数的拟合值, 而不改变实验的 "原始数据" 或 MC 产生的 "原始数据"; 其次, 即使参数值 x 被改变为盲值 x^*, 但它们有相同的测量误差, 即 $\sigma(x) = \sigma(x^*)$. 因此整个分析流程 (截断值的优化、效率计算、MC 修正、拟合方法、系统误差估计等) 的确定都可以利用盲值 x^*(即与参数真值有差别且差值的正负未知) 来进行. 例如, 在截断值优化前后求得的参数盲值分别为 $x_B^* \pm \sigma(x_B^*)$ 和 $x_A^* \pm \sigma(x_A^*)$, 由于 $\Delta x^* = \Delta x_A^* = \Delta x_B^*$, 故有 $x_A^* - x_B^* = |x_A - x_B|$. 这表示截断值优化前后参数盲值的变化量与参数真值的变化量是一样的. 同时, 由于 $\sigma(x_B^*) = \sigma(x_B), \sigma(x_A^*) = \sigma(x_A)$, 所以截断值优化对于参数 x 的测量精度没有影响. 根据以上所述, 用盲值 x^* 对截断值进行优化, 其效果与利用参数 x 对截断值进行优化是一样的, 但由于分析者不知道参数 x 的数值, 就无法实现向参数 x 的某个预想值调节的企图. 对于系统误差的分析, 用盲值 x^*, 其效果与利用参数 x 也是一样的.

KTeV 实验 [139] 对参数 ε'/ε 进行了精确测量, 其中, ε 是 K^0-$\bar{\text{K}}^0$ 混合不对称性参数, ε' 是 K $\longrightarrow \pi\pi$ 衰变中的直接 CP 破坏参数. 参数 ε'/ε 的值依赖于 K$_S^0$ 和 K$_L^0$ 衰变为 $\pi^+\pi^-$ 和 $\pi^0\pi^0$ 末态的分支比. 不同的理论模型对于该参数有不同的预期值, 从 0 到 10^{-3} 量级, 因而 ε'/ε 的精确测量可以检验这些理论模型的预期. 实验者希望利用所有的事例对他们获取参数 ε'/ε 值的分析方法进行系统的检查, 保证其无偏性. KTeV 实验中, 束流打击一个靶同时产生 K$_L^0$ 和 K$_S^0$, 因而可以同时收集 K$_L^0$ 和 K$_S^0$ 的衰变事例. ε'/ε 值由 K$_S^0$ 和 K$_L^0$ 衰变顶点分布的形状所决定. 显然, ε'/ε 值的确定需要用到全部数据, 不存在所谓的信号盲区.

他们的分析方法与其他实验的常规分析相同, 但参数 ε'/ε 的值被隐蔽, 代之以式 (9.3.1) 所示的参数 ε'/ε(现在是 x) 的盲值 x^*, 但所有的 "原始数据", 特别是 K$_S^0$ 和 K$_L^0$ 衰变顶点分布的 "原始数据" 并没有改变, 因此, 在这种情形下, 仍然可以确定完整的分析流程. 利用 MC 模拟数据可以验证这样确定的分析流程得到的参数 ε'/ε 值的正确性. 利用常数偏置值 R 和乘因子 1 和 -1 的两组随机选取值平行地进行两组盲分析, 以避免可能的偏向性, 两组盲分析的拟合结果的比较是一种全盲的比较. 两组盲分析完成之后, 常数偏置值 R 和乘因子 1 和 -1 的随机选取值被固定为相同, 以进行比较, 由此可检查分析方法的一致性. 当确认了分析方法的正确性之后, 对分析实验数据拟合得到的参数 ε'/ε 值 "去盲" 以作为测量结果发表.

9.3.4 隐蔽不对称性分布和不对称参数法——不对称性测量盲分析

某些测量中, 仅仅隐蔽待测参数的值本身是不够的, 某些特征量的分布图形也需要隐蔽, 因为根据这些图形可能对待测参数的值做出粗略的估计, 而这一点对于保证分析过程的无偏性可能带来不利影响.

这类测量的一个实例是不对称性的测量, 例如, BABAR 实验中性 B 介子衰变的时间依赖 CP 不对称性的测量 [140]. $\Upsilon(4S)$ 衰变为一对中性 B 介子 $B^0\bar{B}^0$, 实验中衰变到包含粲偶素的 CP 本征态的那个中性 B 介子被完全重建, 记为 B_{rec}; 另一个反冲的中性 B 介子 (B^0 或 $\bar{B}^0$) 记为 B_{tag}, 称为味标记 (flavor tagging) B 介子, 该介子的味 (flavor) 根据它的衰变产物确定. CP 不对称性 $A_{CP}(\Delta t)$ 的符号和大致数值通过查看图 9.7(a) 所示的 B^0 和 $\bar{B}^0$ 衰变为 CP 本征态的 Δt 分布可以大致确定. 这里 $\Delta t = t_{rec} - t_{tag}$, t_{rec} 是 B_{rec} 介子的衰变时间, t_{tag} 是 B_{tag} 介子的衰变时间. 时间依赖的 CP 不对称性定义为

$$A_{CP}(\Delta t) = \frac{N_+(\Delta t) - N_-(\Delta t)}{N_+(\Delta t) + N_-(\Delta t)}, \tag{9.3.2}$$

其中, $N_+(\Delta t)$ 和 $N_-(\Delta t)$ 分别为味标记粒子是 B^0 和 $\bar{B}^0$ 的事例数. 由于存在关系式

$$A_{CP}(\Delta t) = -\eta_f \sin 2\beta \sin(\Delta m_{B^0}\Delta t), \tag{9.3.3}$$

故利用 $A_{CP}(\Delta t)$ 立即可导出 CP 破坏不对称性参数 $\sin 2\beta$ 的数值.

显然, 由图 9.7(a) 所示的味标记粒子 B^0 和 $\bar{B}^0$ 的事例数 $N_+(\Delta t)$ 和 $N_-(\Delta t)$ 的分布, 我们立即可以按照式 (9.3.2) 估计出 $A_{CP}(\Delta t)$ 的数值, 并据此导出 CP 破坏不对称性参数 $\sin 2\beta$ 的数值. 所以要想避免可能的人为偏向性, 仅仅隐蔽所测参数 $A_{CP}(\Delta t)$ 的值是不够的, 还需要隐蔽可推断出不对称性的 Δt 分布 (图 9.7(a)).

BABAR 实验中, 通过实验数据的 Δt 分布拟合得到的 $A_{CP}(\Delta t)$ 值利用式 (9.3.1) 的方式加以隐蔽, 代之以盲值 $A'_{CP}(\Delta t)$. 与 9.3.3 节中所讨论的一样, 常数偏置值 R 和乘因子 1 和 -1 的选取虽然是随机的, 但一旦选定便固定不变了, 因此参数真值与盲值的差值 $\Delta A'_{CP}(\Delta t) \equiv A'_{CP}(\Delta t) - A_{CP}(\Delta t)$ 是一固定常数, 但其数值对于分析者是隐蔽 (未知) 的. 这种变换不改变实验的 "原始数据" 或 MC 产生的 "原始数据"; 其次, $A_{CP}(\Delta t)$ 与 $A'_{CP}(\Delta t)$ 有相同的测量误差. 因此整个分析流程 (截断值的优化、效率计算、MC 修正、拟合方法、系统误差估计等) 的确定都可以利用盲值 $A'_{CP}(\Delta t)$(即与参数真值有差别且差值的正负未知) 来进行.

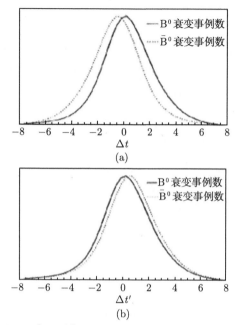

图 9.7　味标记粒子 B^0 和 $\bar{B}^0$ 衰变事例数 N_+ 和 N_- 的 Δt 分布和 $\Delta t'$ 分布
$\sin 2\beta = 0.75$, 时间分辨率为 BABAR 实验中的典型值. (a) B^0 (实线) 和 $\bar{B}^0$ (虚线) 衰变事例数 N_+ 和 N_- 与 Δt 的关系; (b) B^0 (实线) 和 $\bar{B}^0$ (虚线) 衰变事例数 N_+ 和 N_- 与 $\Delta t'$ 的关系

同时, 为了隐蔽不对称性, 图 9.7(a) 所示的数据 Δt 分布也被隐蔽起来而代之以图 9.7(b) 所示的盲值 $\Delta t'$ 的分布 [141]:

$$\Delta t' = \left\{ \begin{array}{c} 1 \\ -1 \end{array} \right\} \cdot S_{\text{Tag}} \cdot \Delta t + R, \tag{9.3.4}$$

该式中, 对于 B^0 和 $\bar{B}^0$ 的味标记, S_{Tag} 的正常值分别是 1 和 -1. 因为 B^0 和 $\bar{B}^0$ 的 $A_{\text{CP}}(\Delta t)$ 数值几乎相等而符号相反, 所以式 (9.3.4) 右边带括号的第一项中乘因子 1 和 -1 的随机选择可以隐蔽 Δt 分布的不对称性信息. 此外, 从 B^0 和 $\bar{B}^0$ 的 Δt 分布相对于 $\Delta t = 0$ 点的不对称性就可以目视出不对称性 A_{CP} 数值和符号的信息, 而式 (9.3.4) 右边第二项的随机选取的偏置值 R 具有隐蔽 $\Delta t = 0$ 点的效果. 这样, 在图 9.7(b) 所示的数据 $\Delta t'$ 分布中, B^0 和 $\bar{B}^0$ 的不对称性 $A_{\text{CP}}(\Delta t)$ 的数值和符号的信息已经不能从 $\Delta t'$ 分布图形加以判断 (B^0 和 $\bar{B}^0$ 曲线的差异来源于两者寿命的差异).

因此, 实验者就可以利用盲值 $A'_{\text{CP}}(\Delta t)$ 来确定分析方法并验证所采用的分析方法和步骤的正确性, 而这种验证与不对称性是否存在和数值大小是不相关联的.

9.4 结语和讨论

上面的讨论告诉我们, 偏离测量结果的客观性的偏差利用盲分析可以至少部分地加以消除或减小, 但是实验者通过分析方法的 "合理" 调节来 "修正" 结果所导致的偏差不一定通过盲分析能够完全消除[142]. 例如, 我们在 9.1 节中指出的数据刻度文件和物理过程 MC 模型的不同选择会导致不同的结果就不能用盲分析来消除, 因为不论是否进行盲分析, 刻度文件和物理过程 MC 模型总是要用到的. 为了尽可能排除对于测量结果的人为偏差, 分析方法应当遵循公认有效的一些规则, 可以大致列举如下:

(1) 在利用真实数据之前, 首先利用 MC 模拟数据确定完整的数据分析流程.

(2) 对于粒子识别等所有实验分析都会遇到的问题, 利用合作组已经详细研究过的标准判选判据, 除非你的测量对象对于该问题的判选判据特别敏感. 在后者的情形下, 应当对它进行更详尽的研究得出对于标准判选判据的修改, 该研究中应当避免利用修改后的判选判据来观察你的测量对象的结果, 其结论应当获得合作组的认可.

(3) 利用正规的优化步骤来确定特征量的截断值.

(4) 通过控制样本确定事例判选特征量的种类和截断值是一种相对无偏的方法. 应当选择适合于你的研究对象的、统计量尽可能大的控制样本.

(5) 选择合作组公用的数据刻度文件版本.

(6) 对于物理过程的描述存在不同模型的情形, 应当充分考虑由此导致的系统误差.

第 10 章 关于粒子表

对于粒子物理研究者而言,《粒子物理综论》(*Review of Particle Physics*) 及其缩略本《粒子物理手册》(*Particle Physics Booklet*)[1] 几乎是须臾不能离开的工具书. 它们的纸质本每两年更新一次, 电子版则每年更新一次. 它是由百名以上来自世界各个著名研究所和大学的、高水准的粒子物理学家组成的**粒子数据组** (Particle Data Group, PDG) 收集在相关学术刊物上正式发表的粒子物理数据后编撰的出版物.

《粒子物理综论》的主体部分是描述粒子性质的**汇总表** (summary table) 和**粒子表** (particle listings);《粒子物理手册》的主体则是汇总表. 汇总表的内容包括已经确认的粒子性质的当前最优值, 假设的 (尚未证实的) 粒子的搜寻上限值的汇总, 以及守恒定律实验检验的汇总. 粒子表的内容包含推定汇总表给出的当前最优值所依据的全部数据, 并紧跟着给出近期或足够重要的其他测量的数据, 它 (们) 只是由于某种理由没有用来作为最优值的计算; 粒子表还给出了尚未证实的粒子的信息和搜寻新粒子的信息, 以及关于特别有意义或有争议的课题的简短综述.

《粒子物理综论》(2024 年版) 是一部 889×1194 1/16 大开本、长度近 2400 页的鸿篇巨著, 而《粒子物理手册》则是尺寸 9cm×15cm×1cm 的袖珍小册子, 便于粒子物理学家随身携带, 甚至在旅途中查阅, 所以汇总表的数据更为常用. 本章的内容根据《粒子物理综论》(2024 年版) 引言的部分内容编写, 目的是帮助读者了解汇总表给出的粒子性质的数据是怎样根据粒子表列出的所有测量值加以确定的. 了解 PDG 在处理这些数据中采用的原则和方法, 对于理解汇总表给出的数据的真实含义十分重要.

10.1 数据的选择和处理

粒子表包含了我们已经知道的、发表在刊物上的关于粒子性质的全部相关数据. 30 种与粒子物理相关的重要刊物在截止日期前的相关数据被包含在内, 作者寄给 PDG 的即将发表的论文的相关数据也被包含在内. 除极少数例外, 没有列入预印本或会议报告的结果, 也不列入只具有历史重要性的数据.

在粒子表中, 对用来计算或估计汇总表中给出的数值的测量, 与不用来计算这些数值的测量, 进行了明确的区分. 一个测量被排除在外的可能原因是:

(1) 它已被后来的测量取代或包含于后来的测量之中.

(2) 没给出误差.

(3) 包含有疑问的假设.

(4) 信噪比差, 统计显著性低, 或者数据质量比其他已有的数据质量差.

(5) 与其他更可靠的多个结果明显不一致.

(6) 与别的结果不相独立.

(7) 不是最优的限值 (limit)(见后). 限值指上限或下限.

(8) 引自预印本或会议报告.

某些情形下, 测量不是完全可靠的, 因此测量值不用来进行求平均的计算. 例如, 许多重子共振态的质量得自于分波分析, 粒子表引用的不是带误差的均值, 而是一个估计的范围, 在此范围内可能包含质量的真值. 这一点在粒子表的重子部分加以讨论.

对于上限, 在汇总表中通常引用最强的限值. 对上限不求平均或合并值, 除非在极少数情形下它们被重新表示为高斯型误差的测量值.

习惯上假定, 粒子和反粒子有相同的自旋、质量和平均寿命. 汇总表后面的守恒律的检验列出了 CPT 守恒和其他守恒律的实验检验.

粒子表中 PDG 利用以下标识来说明, 怎样根据粒子表所列的测量值来求得汇总表中所给出的值:

• OUR AVERAGE ——由选定的数据的加权平均求得.

• OUR FIT——由选定的数据的约束拟合或超定的多参数拟合求得.

• OUR EVALUATION——不由直接测量值求得, 而由相关的物理量的测量值求得.

• OUR ESTIMATE——根据数据的观测值范围求得, 不由正规的统计方法求得.

• OUR LIMIT——不是根据直接测量获得的限值, 而是 PDG 根据测量得到的比值或别的数据计算得到的限值.

当一个实验者在一个实验中观测到一种粒子的存在迹象时, 当然希望知道过去在这个区域中曾经看到过些什么. 因此 PDG 在粒子表中列出了认为具有足够统计意义并且没有被更可靠的数据证明是错误的所有的报道过的粒子态. 但是在汇总表中只推荐 PDG 认为是确认得很好的态. 当然这种判断带有某种主观性, 无法给出精确的判据. 详细的讨论参见粒子表中的**短评** (minireview).

10.2 均值与拟合

关于获得均值和误差的讨论分为三节: ①误差处理; ②无约束求平均; ③约束拟合.

10.2.1   误差处理

下面, **误差** δx 表示 $x \pm \delta x$ 这一范围是关于中心值 x 的 68.3% 置信区间. PDG 将它处理为高斯误差. 因此当 (实际) 误差确实是高斯误差时, δx 就是通常的一倍标准差 (1σ). 现在, 许多实验者分别给出统计误差和系统误差, 这种情形下, PDG 通常引用这两种误差, 统计误差在前, 系统误差在后. 为了求平均和进行拟合, 将两者平方相加开根作为合并后的总误差 δx.

当实验者给出测量值 x 的不对称误差 $(\delta x)^{+}$ 和 $(\delta x)^{-}$, 且与其他测量结果进行求平均或拟合运算时, 测量值 x 的误差处理为 x、$(\delta x)^{+}$ 和 $(\delta x)^{-}$ 这三个量的一个连续函数. 当所得的均值或拟合值小于 $x - (\delta x)^{-}$ 时, 利用 $(\delta x)^{-}$; 当所得的均值或拟合值大于 $x + (\delta x)^{+}$ 时, 利用 $(\delta x)^{+}$. 当所得的均值或拟合值在 $x - (\delta x)^{-}$ 和 $x + (\delta x)^{+}$ 之间时, 利用的误差值是 x 的线性函数. 由于 PDG 利用的误差依赖于求均值或拟合值的结果, 因此需要进行迭代运算来获得最终结果. 不对称的输出误差根据输入量和输出量间存在线性关系由输入误差所确定.

在求平均或拟合运算中, 通常不考虑不同测量之间的关联, 而是试图以减小关联的方式去选择数据. 但当若干个结果以 $A_i \pm \sigma_i \pm \Delta$ 的形式给出时, 其中 Δ 是公共的系统误差, 则关联误差是以确定的方式进行处理的. 这种情形下, 首先对 $A_i \pm \sigma_i$ 求平均, 然后所得的统计误差与 Δ 求总误差. 不过, 如果对 $A_i \pm \left(\sigma_i^2 \pm \Delta_i^2\right)^{1/2}$ 求平均可得到相同的结果, 这里 $\Delta_i = \sigma_i \Delta \left| \sum \left(1/\sigma_j^2\right) \right|^{1/2}$. 利用后一方法的优点是, 当用了修改过的系统误差 Δ_i 时, 各个测量可视为相互独立, 可利用常规的方法与别的数据求平均. 因此, PDG 采用这种方法. 在求平均之前, 将 Δ 值列表, 借助于自动化的计算程序来计算 Δ_i, 并给出注解, 说明存在公共的系统误差.

出现关联误差的另一常见的情形是, 实验者测量两个量, 然后引用这两个量以及两者之差, 例如, m_1, m_2 以及 $\Delta = m_2 - m_1$. 不能将这三个量都引入约束拟合, 因为三者不独立. 某些情形下, 略去误差最大的那个量, 而将另 2 个量引入约束拟合是一种好的近似方法. 但是在某些情形下, m_1, m_2 和 Δ 的误差相当, 这三个值没有一个值可以忽略. 这种情形下, 将三个值都输入到拟合过程中, 在进行拟合运算之前, 借助于自动化的计算程序来增大误差, 使得这三个量在约束拟合中可以作为独立测量来处理. 这种情形下, PDG 给出注解, 说明采用了这种处理方法.

10.2.2   无约束求平均

为了对数据求平均, PDG 利用标准的最小二乘法. 假定某个物理量的若干个测量是不相关联的, 加权平均及误差可用下式计算

$$\bar{x} \pm \delta \bar{x} = \frac{\sum_i w_i x_i}{\sum_i w_i} \pm \left(\sum_i w_i\right)^{-1/2}, \tag{10.2.1}$$

其中

$$w_i = 1\big/(\delta x_i)^2.$$

这里 x_i 和 δx_i 是实验 i 报道的值和误差, 求和遍及 N 个实验. 然后计算 $\chi^2 = \sum w_i(\bar{x} - x_i)^2$ 并与 χ^2 的期望值 $N-1$ (如果测量值服从高斯分布) 进行比较.

如果 $\chi^2/(N-1) \leqslant 1$, 并且数据没有问题, 则接受所得的结果.

如果 $\chi^2/(N-1)$ 非常大, 可以选择不求平均值. 替代的方法是: 引述计算得到的均值, 但给出对于误差的有根据的推测值, 即一个保守估计用来考虑有问题的数据导致的效应.

最后, 如果 $\chi^2/(N-1) > 1$ 但大得不多, 仍可以对数据求平均, 但需要进行以下的处理.

(1) 将式 (10.2.1) 中的误差 $\delta\bar{x}$ 增大到原来的 S 倍, S 称为**尺度因子**, 定义为

$$S = \left[\chi^2/(N-1)\right]^{1/2}. \tag{10.2.2}$$

这样做的理由是: 大的 χ^2 值看来可能是由于至少在一个实验中误差被过低估计. 在不知道哪个实验误差估计过低的情形下, 我们假定所有实验都过低估计误差 S 倍. 如果所有的输入误差增大到原来的 S 倍, 则 χ^2 变成 $N-1$, 因此输出误差 $\delta\bar{x}$ 增大到原来的 S 倍 [143].

当对于误差相差很大的多个实验数据进行合并时, 上述做法需要稍加修改. PDG 只用误差较小的几个实验数据计算 S 值. δx_i 截断值 (上限) 是带有任意性地选择为

$$\delta_0 = 3N^{1/2}\delta\bar{x},$$

其中, $\delta\bar{x}$ 是所有实验的均值的误差 (没有乘尺度因子 S). 这样做的理由是, 尽管低精度实验对于值 $\bar{x}$ 和 $\delta\bar{x}$ 作用较小, 但对 χ^2 却可能有显著的贡献, 使得高精度实验的贡献被掩盖. 应当指出, 如果每个实验误差 δx_i 都相等, 则 $\delta\bar{x}$ 等于 $\delta x_i/N^{1/2}$, 那么每个 δx_i 都远低于截断值. (但更为常见的是, PDG 只是简单地排除离均值和拟合值较远的相对误差大的测量值, 即新的精确数据 "赶走" 老的、不精确数据.)

尺度因子方法具有以下性质: 如果两个误差相近的值之差远大于它们的误差 (不论是否有别的低精度测量值), 则考虑尺度因子后的误差 $\delta\bar{x}$ 近似等于该差值之半.

需要强调, 误差的尺度因子方法对于中心值没有影响. 如果希望回复到非尺度因子误差 $\delta\bar{x}$, 只需要将引用的误差除以 S 就可以了.

(2) 如果误差小于 δ_0 的实验个数 M 不小于 3, 并且 $\chi^2/(M-1) > 1.25$, 则 PDG 在粒子表中给出数据的表意图 (ideogram). 图 10.1 是一个具体例子. 有时,

一个或两个数据点位于多数数据点集中的区域之外较远的地方; 有时, 数据点劈分为两组或多组. PDG 并不从这些表意图中提取任何数值; 表意图仅仅是为了对相关的数据有直观的整体性了解, 读者可以用他们认为恰当的方式利用它们.

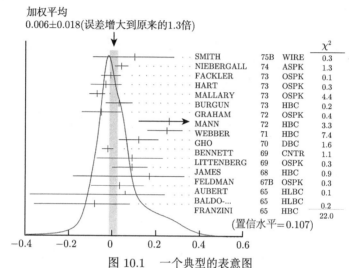

图 10.1　一个典型的表意图

顶端的箭头指示加权平均的位置, 阴影区的宽度表示考虑尺度因子 S 之后的均值的误差. 右端的一列数字给出每个实验对 χ^2 的贡献. 注意倒数第二个实验的误差杆没有画全, 在计算 S 时没有利用该实验的数据 (参见正文)

表意图中的每个测量值表示为中心值 x_i、误差 δx_i、面积正比于 $1/\delta x_i$ 的高斯函数. $1/\delta x_i$ 的选择带有任意性. 这样的选择下表意图的重心对应于各测量值权重 $1/\delta x_i$ 的求平均, 而不是实际使用的各测量值权重 $(1/\delta x_i)^2$ 求平均. 这种做法对于某些实验严重低估系统误差的情形可能是适当的. 但是, 这种选择方法中, 每个测量的高斯函数的高度正比于 $(1/\delta x_i)^2$, 表意图的峰值位置将通常更多地偏向于高精度的测量值. 关于利用表意图的详细讨论参见 1986 年版《粒子物理综论》[144].

10.2.3　约束拟合

某些情形下, 比如粒子的衰变分支比、粒子质量和粒子间的质量差, 需要用约束拟合来获得一组参数的最优值. 例如, 大多数的分支比和事例率的测量是通过对全部数据的最小二乘拟合来进行分析, 并提取衰变分支比 P_i、分宽度 Γ_i、全宽度 Γ(或平均寿命), 及其相关的误差矩阵.

作为一个例子, 假定一个态有 m 种衰变末态, 末态 i 的衰变分支比为 P_i, 且有 $\sum P_i = 1$. 实际测量的是 N_r 个不同的比值 R_r, 例如 $R_1 = P_1/P_2, R_2 = P_1/P_3$ 等. (我们可以处理任何形式为 $\sum \alpha_i P_i \Big/ \sum \beta_i P_i$ 的比值 R, 这里 α_i 和 β_i 是常数, 通常等于 1 或 0. R 的形式也可以是 $R = P_i P_j$ 和 $R = (P_i P_j)^{1/2}$.) 进一步假

定每一个比值 R 由 N_k 个实验进行了测量 (第 k 个实验的测量值用下标 k 标记, 比如 R_{1k}). 然后通过 $m-1$ 个独立参数的函数 χ^2 的极小化求得 P_i 的最优值:

$$\chi^2 = \sum_{r=1}^{N_r}\sum_{k=1}^{N_k}\left(\frac{R_{rk}-R_r}{\delta R_{rk}}\right)^2, \tag{10.2.3}$$

其中, R_{rk} 是测量值, R_r 是拟合值.

除了拟合值 $\bar{P}_i$ 之外, 还需计算误差矩阵 $\langle\delta\bar{P}_i\delta\bar{P}_j\rangle$. 列出对角元素 $\delta\bar{P}_i = \langle\delta\bar{P}_i\delta\bar{P}_i\rangle^{1/2}$ 的表 (某些误差是乘了尺度因子的情形除外, 这一点将在下面讨论). 在粒子表中, PDG 给出完整的关联矩阵, 同时计算每一比值的拟合值以与输入数据对比; 并且拟合值列在相关输入值的上方, 同时给出这些输入量的简单无约束平均.

对于上面的例子有 3 条评述意见:

(1) 假定全宽度和分支比的测量值之间不存在任何关联性. 但通常我们会有关于分宽度 Γ_i 和全宽度 Γ 的信息. 这种情形下 PDG 将 Γ 与 P_i 都作为拟合参数, 并在粒子表中给出各分宽度的关联矩阵.

(2) PDG 试图选取相互独立且尽可能与原始数据接近的那些比值和宽度值. 当一个实验测量了所有的分支比并将它们之和约束为 1 时, PDG 将其中的 (通常是确定性最差的) 一个分支比不作为拟合参数, 使得输入数据更接近于相互独立. 然后再容许输入数据之间存在关联.

(3) 当任一 R 的测量值给出高于预期的 χ^2 贡献时, PDG 同时对 R_r 和 P_i 计算尺度因子. 根据式 (10.2.3), 对于 χ^2 的二重求和的第一重求和是从实验 $k=1$ 到实验 N_k, 然后是求和 $\chi^2 = \sum\chi_r^2$. 看起来比值 r 的尺度因子为 $\chi_r^2/\langle\chi_r^2\rangle$. 但由于 $\langle\chi_r^2\rangle$ 并不是一个确定值 (位于 N_k 和 N_{k-1} 之间), 我们不知道如何给出它的表式. 作为替代, 定义

$$S_r^2 = \frac{1}{N_k}\sum_{k=1}^{N_k}\frac{\left(R_{rk}-\bar{R}_r\right)^2}{\left\langle\left(R_{rk}-\bar{R}_r\right)^2\right\rangle}. \tag{10.2.4}$$

利用该定义, S_r^2 的期望值为 1. 可以证明这时有

$$\left\langle\left(R_{rk}-\bar{R}_r\right)^2\right\rangle = \left\langle\left(\delta R_{rk}\right)^2\right\rangle - \left(\delta\bar{R}_r\right)^2, \tag{10.2.5}$$

其中, $\delta\bar{R}_r$ 是比值 r 的拟合误差.

利用乘以尺度因子 S_r (若 $S_r < 1$ 则乘以 1) 之后的分支比误差重新进行拟合, 通常会得到新的较大的误差 $\delta P_i'$. 这种情形下 PDG 最后给出的尺度因子定义

为 $S_i = \delta \bar{P}'_i / \delta \bar{P}_i$. 但是, 按照 PDG 不让 S 影响中心值的原则, PDG 给出由原拟合 (即误差不乘以尺度因子) 得到的 $\bar{P}_i$ 值.

存在一种特殊的情形, 前面所述的方法求得的误差可能需要改变. 如果一个拟合的分支比 (或事例率)$\bar{P}_i$ 与 0 的差别小于 3 倍标准偏差 $(\delta \bar{P}'_i)$, 那么需要计算一个新的、较小的低端误差 $(\delta \bar{P}''_i)^-$, 它使得 $\bar{P}_i - (\delta \bar{P}''_i)^-$ 和 $\bar{P}_i$ 之间高斯函数下的面积为 0 到 $\bar{P}_i$ 之间面积的 68.3%. 对于分支比小于 3 倍标准偏差的情形需要做同样的修正. 这种方法使得引用的误差不至于超出物理边界.

10.3　舍　　入

粒子表中列出的结果通常是科学刊物中报道的实验测量数值, 而在汇总表中列出的数值 (均值和限值) 是经过一组舍入 (rounding) 规则后的数值.

基本规则可陈述如下: 如果误差值 3 个最高位的数值在 100 到 354 之间, 则只舍入为 2 位有效数字; 如果在 355 到 949 之间, 则只舍入为 1 位有效数字; 如果在 950 到 999 之间, 则舍入为 1000 且保留两位有效数字. 所有这些情形中给出的中心值的精度与误差的有效数字位匹配. 例如, 求均值的结果为 0.827 ± 0.119, 应该显示为 0.83 ± 0.12; 而 0.827 ± 0.367 应该显示为 0.8 ± 0.4.

如果汇总表中的结果来源于单次测量而非求平均, 则无须作舍入处理. 这种情形下保留原始论文的发表数据的位数, 除非认为数据不恰当. 需要指出, 即便对于单次测量, 当合并统计和系统误差时, 舍入规则也适用于合并后的总误差. 还需指出, 汇总表中的大多数限值来自单个实验 (最好的限值), 因此不进行舍入.

最后, 应当指出, 在若干情形下, 当一组结果出自一组数据的单次拟合时, 所有结果都选择保留 2 位有效数字. 例如 W 和 Z 玻色子以及 τ 轻子的某些性质就是这种情形.

10.4　讨　　论

Taylor 在文献 [145] 中讨论了包含相互矛盾的结果的数据求平均的问题. 他考虑了若干种算法来尝试将不一致的数据求得合理的平均值. 但是很难研发出一种方法, 能够以一种合理的方式同时来处理两类基本的情况: ① 远离数据主体的数据是不正确的并且没有给出误差; ② 与上述情况相反, 即数据主体是不正确的. 令人遗憾的是, Taylor 发现情况 ② 并不少见. 他的结论是: 比较而言, 数据的留用或丢弃的准则的选择比较重要, 而求平均方法的选择则不那么重要.

因此 PDG 更强调数据的选择. 通常 PDG 会征求外部专家 (顾问) 的帮助. 但有时候不可能确定一组矛盾的数据中哪一个是正确的. 尺度因子方法是通过增

大误差来处理这种 "无知" 的一种尝试. 事实上这种情况相当于告知大家, 当前的实验结果无法对该物理量作出精确的测量, 因为存在不可解决的矛盾, 故需要等待进一步的测量值. 读者可以从尺度因子的大小获知已有数据相互矛盾的程度. 如果需要, 可以通过汇总表中的原文献的数据, 利用数据的不同选择重新求平均.

PDG 中遇到的情况比 Taylor 考虑的大多数情况 (基本常数如 $\hbar$ 的估计) 要好一些. Taylor 考虑的情况中大多数是系统误差起主导作用. 对于 PDG 数据, 通常统计误差至少与系统误差相当, 而统计误差一般是容易估计的. 值得注意的一个例外出现于分波分析中, 在那里不同的方法应用于同样的数据会产生不同的结果. 这种情形下, 如前所述, PDG 通常不用该结果求平均, 而只是引述数值的范围.

文献 [143] 给出了早先的 PDG 平均值的简要的历史. 图 10.2 显示了若干个粒子性质的数值的历史演变, 有的发生了很大的变化. 这通常反映了下述现象: 增添了重要的新数据或丢弃了比较老的数据. 若新数据系统误差较小, 或对系统误差有比较多的检验, 或进行了修正 (这种修正在老实验进行时尚不知道), 或新数据的误差比老数据小得多, 则倾向于丢弃老数据. 有时, 数据出现大的跳跃的地方尺度因子变得很大, 这反映了新数据的加入或不相一致的数据的加入导致的不确定性. 但大体说来, 数据的历史标绘的全景图显示了一种向更高精度的中心值缓慢的逼近过程, 而中心值与第一批数据点是相当一致的.

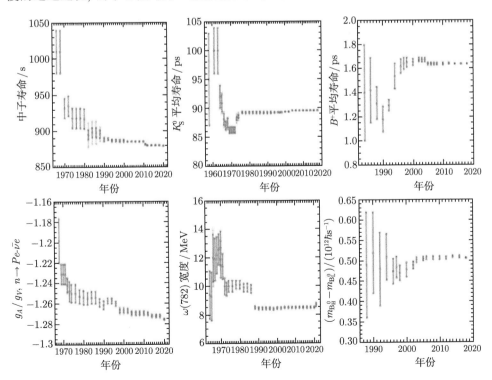

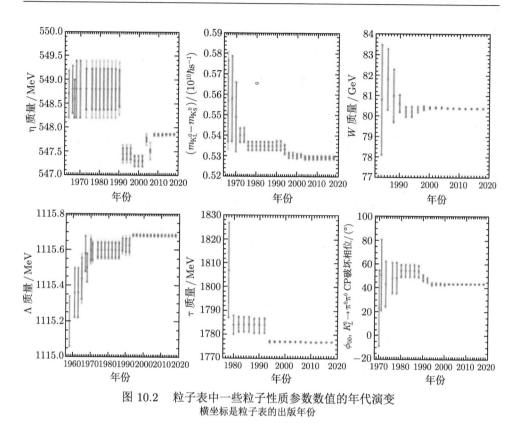

图 10.2　粒子表中一些粒子性质参数数值的年代演变
横坐标是粒子表的出版年份

　　可以得出结论, 实验数据的合并和 PDG 求平均方法的可靠性一般是好的, 但需要提醒, 涨落超出所引述误差的现象可能并且确实存在.

参 考 文 献

[1] Navas S, et al. Particle Data Group. Phys. Rev. D110, 030001, 2024.

[2] Kendall M, Stuart A. The Advanced Theory of Statistics. London: Charles Griffin & Company Limited, 1963, 1967, 1966, 1, 2, 3.

[3] Eadie W, Drijard D, James F, et al. Statistical Methods in Experimental Physics. Amsterdam-London: North-Holland Publishing Company, 1971.
James F. Statistical Methods in Experimental Physics. New Jersey: World Scientific Publishing Co. Pte. Ltd., 2006.

[4] Frodesen A, Skjeggestad O, Tøfte H. Probability and statistics in particle physics. Universitetsforlaget, Bergen-Oslo-Tromsø, 1979.

[5] Cowan G. Statistical Data Analysis. New York: Oxford University Press Inc., 1998.

[6] Brandt S. Data Analysis. 3rd ed. New York: Springer-Verlag New York Inc., 1999.

[7] Meyer S L. Data Analysis for Scientists and Engineers. Hoboken: John Wiley & Sons, Inc. 1975.

[8] 朱永生. 实验物理中的概率和统计. 2 版. 北京: 科学出版社, 2006.

[9] 朱永生. 实验数据分析 (上、下册). 北京: 科学出版社, 2012.

[10] 朱永生. 实验数据多元统计分析. 北京: 科学出版社, 2009.

[11] Raikov D. On the decomposition of Gauss and Poisson laws. 1zv. Akad. Nauk SSSR Ser. Mat., 1938,2(1): 91-124.

[12] 郑志鹏, 朱永生. 北京谱仪正负电子物理. 南宁: 广西科学技术出版社，1998.

[13] Zhang C(张闯). Proceedings of APAC 2004, Gyeongju, Korea.

[14] 郑志鹏. 北京谱仪 II 正负电子物理. 合肥: 中国科学技术大学出版社，2009.

[15] Chao K T, Wang Y F. Physics at BES-III. Int. J. Mod. Phys. A, 2009(24): Supplement 1.

[16] Frühwirth A, Regler M, Bock R, et al. Data Analysis Techniques for High-Energy Physics. 2nd ed. Cambridge University Press, 2000; 中译本: 朱永生, 刘振安, 译. 高能物理数据分析. 合肥: 中国科学技术大学出版社, 2011.

[17] BES Collab. Phys. Rev., 2002, (D65): 052004.

[18] CERN Program Library, Long Writeup W5013, GEANT. Detector Description and Simulation Tool. CERN, Geneva, Switzerland, 1994.

[19] Harrison P F, Quinn H, et al. The BaBar Physics book, BaBar Collaboration. SLAC-R-0504 (1998); Versille S. PhD Thesis at LPNHE, http://lpnhe-babar.in2p3.fr/theses/these/SophieVersille.ps.gz ,1998.

[20] Narsky I. StatPatternRecognition: A C++ package for statistical analysis of high energy physics data. arXiv physics/0507143, 2005.

[21] The following web pages give information on available statistical tools in HEP and other areas of science, https://plone4.fnal.gov:4430/P0/phystat/, http://astrostatistics.psu.edu/statcodes/.

[22] Hocker A, et al. TMVA: Toolkit for multivariate data analysis with ROOT. arXiv physics/0703039; CERN-OPEN-2007-007, 2007; http://tmva.sf.net.

[23] BES collab. Phys. Rev. 2004, (D70): 092003.

[24] BES collab. Phys. Lett. 2007, (B 648): 149-155.

[25] BES collab. Phys. Rev. 2004, (D70): 012006.

[26] 莫晓虎, 朱永生, 等, 高能物理与核物理. 2004, 28: 455-462.

[27] BES collab. Phys. Lett. 2006, (B 632): 181-186.

[28] 郁忠强, 等. 高能物理与核物理 1995,(19): 1062.

[29] Berger N, et al. Chinese Physics C, 2010,(34): 1779.

[30] IHEP-BEPCII-SB-13. Preliminary Design Report. The BESIII Detector, Jan. 2004, Institute of High Energy Physics, Beijing 100049, China.

[31] Sternheimer R M, et al. Phys. Rev. 1971, (B3): 3681.

[32] 荣刚, 等. 高能物理与核物理, 1996, (20): 577.

[33] 秦纲, 等. 中国物理 C (Chinese Physics C) 32: 1, 2008. 秦纲. 北京谱仪 III 粒子鉴别与电磁量能器性能研究. 中国科学院研究生院博士学位论文, 2007.

[34] Haykin S. Neural Networks: A Comprehensive Foundation. New Jersey: Prentice Hall, 1999.

[35] Rumelhart D, McClelland J. Parallel Distributed Processing. Cambridge: MIT Press, 1986.

[36] CERN Program Library. Geneva, 1989.

[37] Olivero J J, et al. J. Quant. Spectrosc. Radiat. Transfer 1977, (17): 233-236.

[38] Albrecht, et al. (ARGUS Collaboration). Phys. Lett., 1990, (B241): 278.

[39] Oreglia M J. Ph.D Thesis, SLAC-236, Appendix D, 1980.

[40] Gaiser J E. Ph.D Thesis, SLAC-255, Appendix F, 1982.

[41] Skwarnicki T. Ph.D Thesis, DESY F31-86-02, Appendix E, 1986.

[42] Bauer A J M. BaBar Note 521, 2000.

[43] 边渐鸣, 等. 中国物理 C (Chinese Physics C) 34: 72, 2010.

[44] BES Collaboration. Phys. Rev., 2003, (D67): 052002.

[45] BES Collaboration. Phys. Rev., 2004, (D70): 012005.

[46] BES Collaboration. Phys. Rev., 1998, (D58): 092006.

[47] BES Collaboration. Phys. Rev., 2006, (D74): 012004.

[48] BES Collaboration. Phys. Let., 2005, (B622): 6.

[49] BES Collaboration. Phys. Rev. Lett., 1996, (76): 3502.

[50] 金山. 在 J /ψ 衰变中研究 ξ (2230) 粒子. 中国科学院高能物理研究所博士学位论文, 1995.

[51] BES Collaboration. Phys. Lett., 2004, (B597):39.

[52] 杜书先, 等. 高能物理与核物理, 2006, (30): 670.

[53] Bevan A, et al. AFit User Guide, 2010.

[54] 平荣刚, 等. Commun. Theor. Phys., 2007,(47): 89.

[55] BES Collaboration. Phys. Rev., 2004, (D70): 092003.

[56] Aston D, et al. Nucl. Phys., 1988, (B296): 493.

[57] BES Collaboration. 高能物理与核物理, 2004, (28): 1.

[58] BES Collaboration. Phys. Lett., 2007, (B645): 19.

[59] BES Collaboration. Phys. Lett., 2004, (B598): 149.

[60] 何康林, 等. 高能物理与核物理, 2007, (31): 125.

[61] BES Collaboration. 高能物理与核物理，1992, (16): 769.

[62] BES Collaboration. Nucl. Instr. Meth., 1994, (A344): 319.

[63] BES Collaboration. Nucl. Instr. Meth., 2001, (A458): 627.

[64] BES Collaboration. Nucl. Instr. Meth., 2010, (A614): 345.

[65] 平荣刚. 中国物理 C, 2008, (32): 599.

[66] Jadach S, et al. Comp. Phys. Comm., 2000, 130: 260.

[67] Jadach S, et al. Phys. Rev. , 2001, (D63): 113009.

[68] http://jadach.web.cern.ch/jadach/.

[69] http://docbes3.ihep.ac.cn/BocDB/0000/000018/001/guide.pdf.

[70] http://www.slac/stanford.edu/lange/EvtGen.

[71] Barberio E, et al. Comp. Phys. Comm., 1994, (79): 291.

[72] Jadach S, et al. Comp. Phys. Comm., 1997, (102): 229.

[73] Jadach S, et al. Phys. Lett. B, 1997, (390): 298.

[74] Balossini G, et al. Nucl. Phys., 2006, (B758): 227.

[75] http://www.pv.infn.it/hepcomplex/releases/babayaga.tar.gz.

[76] Sjöstrand T.CERN-89-08-V-3, 1989:143.

[77] Sjöstrand T. Comp. Phys. Comm., 1994, (82): 74; Lund University report LU TP 95-20.

[78] http://www.thep.lu.se/torbjorn/Pythia.html.

[79] Chen J C, et al. Phys. Rev., 2000, (D62): 034003.

[80] Yang R L, Ping R G, et al. Chin.Phys.Lett., 2014, (31):061301.

[81] 李春花. $\eta_c(2S)/h_c \to p\bar{p}$ 的寻找和 $e^+e^- \to \omega\chi_{c0}$ 的发现. 中国科学院大学博士学位论文, 2014.

[82] 李蕾. $\psi(3770) \to$ 轻强子末态和 $D^0 \to K(\pi)^- l^+ \nu_l$ 的实验研究. 中国科学院研究生院博士学位论文, 2011.

[83] BES Collaboration. Phys. Rev. Lett., 2012, (109): 042003.

[84] Williams M, et al. Journal of Instrumentation, 2009, (4):10003.

[85] Schilling K, et al. Nucl. Phys.,1970, (B15):397 [Erratum ibid.,1970, (B18):332].

[86] Williams M. Measurement of differential cross sections and spin density matrix elements along with a partial wave analysis for $\gamma p \to p\omega$ using CLAS at Jefferson Lab, Ph.D. thesis, Carnegie Mellon University, Pittsburgh, Pennsylvania, U.S.A., 2007.

[87] James F. MINUIT, CERN Program Library D506, 1998.

[88] Neyman J. Phil. Trans. Royal Soc. London, Series, 1937(A236): 333, A Selection of Early Statistical Papers on J. Neyman. Berkeley: University of California Press, 1967. 250-289.

[89] Antcheva I, et al. Comput. Phys. Commun., 2009, (180): 2499.

[90] Bartlett M S. Philos. Mag. 1953 (44): 244 ; Philos. Mag. 1953, (44): 1407.

[91] Barlow R. Nucl. Instr. Meth. 2005, (A550): 392; Errors from the Likelihood Function in PHYSTAT05 (Ed. Lyons L), Oxford, UK, Sept., 2005: 51-55 .

[92] Bukin A. A Comparison of Methods for Confidence Intervals in PHYSTAT2003 (Ed. Lyons L), Stanford, Sept. 2003. SLAC-R-703, 2004.

[93] BES collaboration. Phys. Rev. 2004, (D70): 112007.

[94] Feldman G, Cousins R. Phys, Rev. 1998, (D57): 3873.

[95] Roe B, Woodroofe M. Phys. Rev. 1999, (D60): 053009.

[96] Conrad J, et al. Phys. Rev. 2003, (D67): 012002.

[97] http://www3.tsl.uu.se/~conrad/pole.html.

[98] Bayes T. Phil. Trans. Roy. Soc., 1763, 53: 370.

[99] O'Hagan A and Forster J J. Bayesian Inference, (2nd ed. vol. 2B of Kendall's Advanced Theory of Statistics, Arnold, London, 2004).

[100] Gregory P C. Bayesian Logical Data Analysis for the Physical Science. Cambridge: Cambridge University Press, 2005.

[101] Jeffreys H. Theory of Probability. 3rd ed. London: Oxford Univ. Press, 1961.

[102] Garthwaite P H, et al. Statistical Inference. Prentice Hall, 1995.

[103] Jaynes E T. IEEE Trans. On System Sci. and Cyber. SSC-4, 1968, 3: 227.

[104] Box G E P, Tiao G C. Bayesian Inference in Statistical Analysis. New York: Wiley Classics. 1992.

[105] Narsky I. arXiv: hep-ex/0005019, 2000.

[106] 朱永生 (Yongsheng Zhu). Upper limit for Poisson variable incorporating systematic uncertaintiesw by Bayesian approach. Nucl.Intr.Meth., 2007, A578: 322-328. http://www.ihep.ac.cn/lunwen/zhuys/BPULE/BPULE.html.

[107] 朱永生 (ZHU Yong-Sheng). Bayesian credible interval construction for Poisson statistics. Chinese Physics, 2008, C32(5): 363-369

[108] 朱永生：http://www.ihep.ac.cn/lunwen/zhuys/BPOCI/BPOCI.html.

[109] Cousins R D et al. Nucl. Instr. Meth. in Phys. Resear. 2010, (A612):388.

[110] Clopper C J, Pearson E S. Biometrika, 1934, (26): 404-413.

[111] Behnke, et al. Data Analysis in High Energy Pgysics. Weinheim, Germany: WILEY-VCH Verlag GmbH & Co. KGaA, 2013

[112] Pearson E S. Tables of percentage points of the inverted beta(F) distribution. Biometrika, 1943, (33): 73-88.

[113] Brown L D, Cai T T, DasGupta A. Stat. Sci. 2001, (16): 101, http://www.jstor.org/stable/2676784.

[114] Wilson E B. J. Am. Stat. Assoc. 1927(22): 209, http://www.jstor.org/stable/2276774.

[115] Price R M, Bonett D G. Comput. Stat. Data Anal., 2000, (34): 345.

[116] Barlow R. arXive Physics/0406120, 2004.

[117] http://www. slac. stanford. edu/ barlow/statistics. html.

[118] Nakamura K, et al. J. Phys. 2010,(G37): 075021.

[119] Schmelling M. Phys. Scripta, 1995, 51: 676.

[120] 高原宁. Combine Measurements of α_s - How to Average Correlated Data. Jin S, Zhu Y S. Error Treatment in Particle Physics Experiments. CCAST - WL Workshorp series: Vol 160, 2004.

[121] Liu X X, Lv X R, Zhu Y S (刘晓霞, 吕晓睿, 朱永生). Combined estimation for multi-measurements of branching ratio. Chinese Physics C, 2015,(39):103001, arxive1505.01278, 2015.

[122] Rohatgi V. An introduction to probability theory and mathematical statistics. New York : John Wiley & Son, 1976

[123] Narsky I. Nucl. Instr. Meth. 2000, (A450): 444.

[124] Bityukov S I, et al. Nucl. Instr. Meth. in Phys. Resear. 2000(A452): 518, Proc. of Conf. Advanced Statistical Techniques in Particle Physics, Durham, UK, 2002.

[125] Bityukov S I, et al. Proceedings of PHYSTATT05, Oxford, UK, 2005: 106

[126] Yongsheng Zhu(朱永生). 高能物理与核物理. 2006, 30: 331

[127] Behnke O, Kroninger K, Schott G, et al. Data Analysis in High Energy Physics : A Practical Guide to Statistical Methods. WILEY-VCH Verlag GmbH & Co. KgaA, Boschstr. 12, 69469 Weinheim, Germany, 2013.
中译本 朱永生, 胡红波, 译. 高能物理数据分析—统计方法实用指南. 合肥: 中国科学技术大学出版社, 2019.

[128] Cowan G, Cranmer K, Gross E, et al. Eur. Phys. J. 2011, (C71): 1554.

[129] Wilks S S. The large-sample distribution of the likelihood ratio for testing composite hypotheses. Ann. Math. Statist. 1938, (9): 60-62.

[130] Wald A. Tests of statistical hypotheses concering several parameters when the number of observations is large. Transactions of the American Mathematical Society, 1943, 54(3): 426-482.

[131] Abramowitz M, Stegun I A. Handbook of Mathematical Functions, (Dover, New York, 1972) Section 26.4.25. See also Noncentral chi-square distribution, Wikipedia, The Free Encyclopedia. Wikimedia Foundation, Inc., 6 July 2010.

[132] Asimov I, Franchise, Isaac Asimov : The Complete Stories. Vol. 1, Broadway Books, 1990.

[133] Gross E, Vitells O. Eur. Phys, J. 2010, (C70):525.

[134] CERN 2000-005. Workshop on confidence limits. Geneva 2000.

[135] Read A L. J. Phys. G : Nucl. Part. Phys., 2002, 28: 2693.

[136] Harrison P. F. Proc. of Conf. Durham, 2002: 278.

[137] Ariska K, et al. E791 Collab., Phys. Rev. Lett. 1993, (70): 1049.

[138] Aubert B, et al. hep-ex/0107058.

[139] Alavi-Harati A, et al. Phys. Rev. Lett., 1999, (83): 22.

[140] Aubert B, et al. Phys. Rev. Lett., 2001, (86): 2515; hep-ex/0201020.

[141] Roodman A. Blind Analysi of sin 2β, Babar Analysis Document #41, 2000.

[142] Blind Analysis Task Force , BaBar Collab. BaBar Analysis Document #91, 2000.

[143] Rosenfeld A H. Ann. Rev. Nucl. Sci., 1975(25): 555.

[144] Aguilar-Benitez M, et al. Particle Data Group. Phys. Lett., 1986 (B170).

[145] Taylor B N. Numerical Comparisons of Several Algorithms for Treating Inconsistant Data in a Least-Squares Adjustment of the Fundamental Constants. U.S.National Bureau of Standards NBSIR 81-2426, 1982.

附　　表

表 1　二项分布表

$$B(r;n,p) = \left(\begin{array}{c} n \\ r \end{array}\right) p^r (1-p)^{n-r}$$

表中只列出 $p \leqslant 0.50$ 的二项分布概率值; $p > 0.50$ 的概率值可由下面的关系式求出:

$$B(r;n,p) = B(n-r;n,1-p).$$

n	r	p										
---	---	0.01	0.02	0.03	0.05	0.10	0.15	0.20	0.25	0.30	0.40	0.50
1	0	0.9900	0.9800	0.9700	0.9500	0.9000	0.8500	0.8000	0.7500	0.7000	0.6000	0.5000
	1	0.0100	0.0200	0.0300	0.0500	0.1000	0.1500	0.2000	0.2500	0.3000	0.4000	0.5000
2	0	0.9801	0.9604	0.9409	0.9025	0.8100	0.7225	0.6400	0.5625	0.4900	0.3600	0.2500
	1	0.0198	0.0392	0.0582	0.0950	0.1800	0.2550	0.3200	0.3750	0.4200	0.4800	0.5000
	2	0.0001	0.0004	0.0009	0.0025	0.0100	0.0225	0.0400	0.0625	0.0900	0.1600	0.2500
3	0	0.9703	0.9412	0.9127	0.8574	0.7290	0.6141	0.5120	0.4219	0.3430	0.2160	0.1250
	1	0.0294	0.0576	0.0847	0.1354	0.2430	0.3251	0.3840	0.4219	0.4410	0.4320	0.3750
	2	0.0003	0.0012	0.0026	0.0071	0.0270	0.0574	0.0960	0.1406	0.1890	0.2880	0.3750
	3	0.0000	0.0000	0.0000	0.0001	0.0010	0.0034	0.0080	0.0156	0.0270	0.0640	0.1250
4	0	0.9606	0.9224	0.8853	0.8145	0.6561	0.5220	0.4096	0.3164	0.2401	0.1296	0.0625
	1	0.0388	0.0753	0.1095	0.1715	0.2916	0.3685	0.4096	0.4219	0.4116	0.3456	0.2500
	2	0.0006	0.0023	0.0051	0.0135	0.0486	0.0975	0.1536	0.2109	0.2646	0.3456	0.3750
	3	0.0000	0.0000	0.0001	0.0005	0.0036	0.0115	0.0256	0.0469	0.0756	0.1536	0.2500
	4	0.0000	0.0000	0.0000	0.0000	0.0001	0.0005	0.0016	0.0039	0.0081	0.0256	0.0625
5	0	0.9510	0.9039	0.8587	0.7738	0.5905	0.4437	0.3277	0.2373	0.1681	0.0778	0.0313
	1	0.0480	0.0922	0.1328	0.2036	0.3281	0.3915	0.4096	0.3955	0.3601	0.2592	0.1563
	2	0.0010	0.0038	0.0082	0.0214	0.0729	0.1382	0.2048	0.2637	0.3087	0.3456	0.3125
	3	0.0000	0.0001	0.0003	0.0011	0.0081	0.0244	0.0512	0.0879	0.1323	0.2304	0.3125
	4	0.0000	0.0000	0.0000	0.0000	0.0005	0.0022	0.0064	0.0146	0.0284	0.0768	0.1563
	5	0.0000	0.0000	0.0000	0.0000	0.0000	0.0001	0.0003	0.0010	0.0024	0.0102	0.0313

n	r	p										
		0.01	0.02	0.03	0.05	0.10	0.15	0.20	0.25	0.30	0.40	0.50
6	0	0.9415	0.8858	0.8330	0.7351	0.5314	0.3771	0.2621	0.1780	0.1176	0.0467	0.0156
	1	0.0571	0.1085	0.1546	0.2321	0.3543	0.3993	0.3932	0.3560	0.3025	0.1866	0.0937
	2	0.0014	0.0055	0.0120	0.0305	0.0984	0.1762	0.2458	0.2966	0.3241	0.3110	0.2344
	3	0.0000	0.0002	0.0005	0.0021	0.0146	0.0415	0.0819	0.1318	0.1852	0.2765	0.3125
	4	0.0000	0.0000	0.0000	0.0001	0.0012	0.0055	0.0154	0.0330	0.0595	0.1382	0.2344
	5	0.0000	0.0000	0.0000	0.0000	0.0001	0.0004	0.0015	0.0044	0.0102	0.0369	0.0937
	6	0.0000	0.0000	0.0000	0.0000	0.0000	0.0000	0.0001	0.0002	0.0007	0.0041	0.0156
7	0	0.9321	0.8681	0.8080	0.6983	0.4783	0.3206	0.2097	0.1335	0.0824	0.0280	0.0078
	1	0.0659	0.1240	0.1749	0.2573	0.3720	0.3960	0.3670	0.3115	0.2471	0.1306	0.0547
	2	0.0020	0.0076	0.0162	0.0406	0.1240	0.2097	0.2753	0.3115	0.3177	0.2613	0.1641
	3	0.0000	0.0003	0.0008	0.0036	0.0230	0.0617	0.1147	0.1730	0.2269	0.2903	0.2734
	4	0.0000	0.0000	0.0000	0.0002	0.0026	0.0109	0.0287	0.0577	0.0972	0.1935	0.2734
	5	0.0000	0.0000	0.0000	0.0000	0.0002	0.0012	0.0043	0.0115	0.0250	0.0774	0.1641
	6	0.0000	0.0000	0.0000	0.0000	0.0000	0.0001	0.0004	0.0013	0.0036	0.0172	0.0547
	7	0.0000	0.0000	0.0000	0.0000	0.0000	0.0000	0.0000	0.0001	0.0002	0.0016	0.0078
8	0	0.9227	0.8508	0.7837	0.6634	0.4305	0.2725	0.1678	0.1001	0.0576	0.0168	0.0039
	1	0.0746	0.1389	0.1939	0.2793	0.3826	0.3847	0.3355	0.2670	0.1977	0.0896	0.0313
	2	0.0026	0.0099	0.0210	0.0515	0.1488	0.2376	0.2936	0.3115	0.2965	0.2090	0.1094
	3	0.0001	0.0004	0.0013	0.0054	0.0331	0.0839	0.1468	0.2076	0.2541	0.2787	0.2188
	4	0.0000	0.0000	0.0001	0.0004	0.0046	0.0185	0.0459	0.0865	0.1361	0.2322	0.2734
	5	0.0000	0.0000	0.0000	0.0000	0.0004	0.0026	0.0092	0.0231	0.0467	0.1239	0.2188
	6	0.0000	0.0000	0.0000	0.0000	0.0000	0.0002	0.0011	0.0038	0.0100	0.0413	0.1094
	7	0.0000	0.0000	0.0000	0.0000	0.0000	0.0000	0.0001	0.0004	0.0012	0.0079	0.0313
	8	0.0000	0.0000	0.0000	0.0000	0.0000	0.0000	0.0000	0.0000	0.0001	0.0007	0.0039
9	0	0.9135	0.8337	0.7602	0.6302	0.3874	0.2316	0.1342	0.0751	0.0404	0.0101	0.0020
	1	0.0830	0.1531	0.2116	0.2985	0.3874	0.3679	0.3020	0.2253	0.1556	0.0605	0.0176
	2	0.0034	0.0125	0.0262	0.0629	0.1722	0.2597	0.3020	0.3003	0.2668	0.1612	0.0703
	3	0.0001	0.0006	0.0019	0.0077	0.0446	0.1069	0.1762	0.2336	0.2668	0.2508	0.1641
	4	0.0000	0.0000	0.0001	0.0006	0.0074	0.0283	0.0661	0.1168	0.1715	0.2508	0.2461
	5	0.0000	0.0000	0.0000	0.0000	0.0008	0.0050	0.0165	0.0389	0.0735	0.1672	0.2461
	6	0.0000	0.0000	0.0000	0.0000	0.0001	0.0006	0.0028	0.0087	0.0210	0.0743	0.1641
	7	0.0000	0.0000	0.0000	0.0000	0.0000	0.0000	0.0003	0.0012	0.0039	0.0212	0.0703
	8	0.0000	0.0000	0.0000	0.0000	0.0000	0.0000	0.0000	0.0001	0.0004	0.0035	0.0176
	9	0.0000	0.0000	0.0000	0.0000	0.0000	0.0000	0.0000	0.0000	0.0000	0.0003	0.0020
10	0	0.9044	0.8171	0.7374	0.5987	0.3487	0.1969	0.1074	0.0563	0.0282	0.0060	0.0010
	1	0.0914	0.1667	0.2281	0.3151	0.3874	0.3474	0.2684	0.1877	0.1211	0.0403	0.0098
	2	0.0042	0.0153	0.0317	0.0746	0.1937	0.2759	0.3020	0.2816	0.2335	0.1209	0.0439

n	r	p										
		0.01	0.02	0.03	0.05	0.10	0.15	0.20	0.25	0.30	0.40	0.50
	3	0.0001	0.0008	0.0026	0.0105	0.0574	0.1298	0.2013	0.2503	0.2668	0.2150	0.1172
	4	0.0000	0.0000	0.0001	0.0010	0.0112	0.0401	0.0881	0.1460	0.2001	0.2508	0.2051
	5	0.0000	0.0000	0.0000	0.0001	0.0015	0.0085	0.0264	0.0584	0.1029	0.2007	0.2461
	6	0.0000	0.0000	0.0000	0.0000	0.0001	0.0012	0.0055	0.0162	0.0368	0.1115	0.2051
	7	0.0000	0.0000	0.0000	0.0000	0.0000	0.0001	0.0008	0.0031	0.0090	0.0425	0.1172
	8	0.0000	0.0000	0.0000	0.0000	0.0000	0.0000	0.0001	0.0004	0.0014	0.0106	0.0439
	9	0.0000	0.0000	0.0000	0.0000	0.0000	0.0000	0.0000	0.0000	0.0001	0.0016	0.0098
	10	0.0000	0.0000	0.0000	0.0000	0.0000	0.0000	0.0000	0.0000	0.0000	0.0001	0.0010
11	0	0.8953	0.8007	0.7153	0.5688	0.3138	0.1673	0.0859	0.0422	0.0198	0.0036	0.0005
	1	0.0995	0.1798	0.2433	0.3293	0.3835	0.3248	0.2362	0.1549	0.0932	0.0266	0.0054
	2	0.0050	0.0183	0.0376	0.0867	0.2131	0.2866	0.2953	0.2581	0.1998	0.0887	0.0269
	3	0.0002	0.0011	0.0035	0.0137	0.0710	0.1517	0.2215	0.2581	0.2568	0.1774	0.0806
	4	0.0000	0.0000	0.0002	0.0014	0.0158	0.0536	0.1107	0.1721	0.2201	0.2365	0.1611
	5	0.0000	0.0000	0.0000	0.0001	0.0025	0.0132	0.0388	0.0803	0.1321	0.2207	0.2256
	6	0.0000	0.0000	0.0000	0.0000	0.0003	0.0023	0.0097	0.0268	0.0566	0.1471	0.2256
	7	0.0000	0.0000	0.0000	0.0000	0.0000	0.0003	0.0017	0.0064	0.0173	0.0701	0.1611
	8	0.0000	0.0000	0.0000	0.0000	0.0000	0.0000	0.0002	0.0011	0.0037	0.0234	0.0806
	9	0.0000	0.0000	0.0000	0.0000	0.0000	0.0000	0.0000	0.0001	0.0005	0.0052	0.0269
	10	0.0000	0.0000	0.0000	0.0000	0.0000	0.0000	0.0000	0.0000	0.0000	0.0007	0.0054
	11	0.0000	0.0000	0.0000	0.0000	0.0000	0.0000	0.0000	0.0000	0.0000	0.0000	0.0005
12	0	0.8864	0.7847	0.6938	0.5404	0.2824	0.1422	0.0687	0.0317	0.0138	0.0022	0.0002
	1	0.1074	0.1922	0.2575	0.3413	0.3766	0.3012	0.2062	0.1267	0.0712	0.0174	0.0029
	2	0.0060	0.0216	0.0438	0.0988	0.2301	0.2924	0.2835	0.2323	0.1678	0.0639	0.0161
	3	0.0002	0.0015	0.0045	0.0173	0.0852	0.1720	0.2362	0.2581	0.2397	0.1419	0.0537
	4	0.0000	0.0001	0.0003	0.0021	0.0213	0.0683	0.1329	0.1936	0.2311	0.2128	0.1208
	5	0.0000	0.0000	0.0000	0.0002	0.0038	0.0193	0.0532	0.1032	0.1585	0.2270	0.1934
	6	0.0000	0.0000	0.0000	0.0000	0.0005	0.0040	0.0155	0.0401	0.0792	0.1766	0.2256
	7	0.0000	0.0000	0.0000	0.0000	0.0000	0.0006	0.0033	0.0115	0.0291	0.1009	0.1934
	8	0.0000	0.0000	0.0000	0.0000	0.0000	0.0001	0.0005	0.0024	0.0078	0.0420	0.1208
	9	0.0000	0.0000	0.0000	0.0000	0.0000	0.0000	0.0001	0.0004	0.0015	0.0125	0.0537
	10	0.0000	0.0000	0.0000	0.0000	0.0000	0.0000	0.0000	0.0000	0.0002	0.0025	0.0161
	11	0.0000	0.0000	0.0000	0.0000	0.0000	0.0000	0.0000	0.0000	0.0000	0.0003	0.0029
	12	0.0000	0.0000	0.0000	0.0000	0.0000	0.0000	0.0000	0.0000	0.0000	0.0000	0.0002
13	0	0.8775	0.7690	0.6730	0.5133	0.2542	0.1209	0.0550	0.0238	0.0097	0.0013	0.0001
	1	0.1152	0.2040	0.2706	0.3512	0.3672	0.2774	0.1787	0.1029	0.0540	0.0113	0.0016
	2	0.0070	0.0250	0.0502	0.1109	0.2448	0.2937	0.2680	0.2059	0.1388	0.0453	0.0095
	3	0.0003	0.0019	0.0057	0.0214	0.0997	0.1900	0.2457	0.2517	0.2181	0.1107	0.0349

n	r	p										
		0.01	0.02	0.03	0.05	0.10	0.15	0.20	0.25	0.30	0.40	0.50
	4	0.0000	0.0001	0.0004	0.0028	0.0277	0.0838	0.1535	0.2097	0.2337	0.1845	0.0873
	5	0.0000	0.0000	0.0000	0.0003	0.0055	0.0266	0.0691	0.1258	0.1803	0.2214	0.1571
	6	0.0000	0.0000	0.0000	0.0000	0.0008	0.0063	0.0230	0.0559	0.1030	0.1968	0.2095
	7	0.0000	0.0000	0.0000	0.0000	0.0001	0.0011	0.0058	0.0186	0.0442	0.1312	0.2095
	8	0.0000	0.0000	0.0000	0.0000	0.0000	0.0001	0.0011	0.0047	0.0142	0.0656	0.1571
	9	0.0000	0.0000	0.0000	0.0000	0.0000	0.0000	0.0001	0.0009	0.0034	0.0243	0.0873
	10	0.0000	0.0000	0.0000	0.0000	0.0000	0.0000	0.0000	0.0001	0.0006	0.0065	0.0349
	11	0.0000	0.0000	0.0000	0.0000	0.0000	0.0000	0.0000	0.0000	0.0001	0.0012	0.0095
	12	0.0000	0.0000	0.0000	0.0000	0.0000	0.0000	0.0000	0.0000	0.0000	0.0001	0.0016
	13	0.0000	0.0000	0.0000	0.0000	0.0000	0.0000	0.0000	0.0000	0.0000	0.0000	0.0001
14	0	0.8687	0.7536	0.6528	0.4877	0.2288	0.1028	0.0440	0.0178	0.0068	0.0008	0.0001
	1	0.1229	0.2153	0.2827	0.3593	0.3559	0.2539	0.1539	0.0832	0.0407	0.0073	0.0009
	2	0.0081	0.0286	0.0568	0.1229	0.2570	0.2912	0.2501	0.1802	0.1134	0.0317	0.0056
	3	0.0003	0.0023	0.0070	0.0259	0.1142	0.2056	0.2501	0.2402	0.1943	0.0845	0.0222
	4	0.0000	0.0001	0.0006	0.0037	0.0349	0.0998	0.1720	0.2202	0.2290	0.1549	0.0611
	5	0.0000	0.0000	0.0000	0.0004	0.0078	0.0352	0.0860	0.1468	0.1963	0.2066	0.1222
	6	0.0000	0.0000	0.0000	0.0000	0.0013	0.0093	0.0322	0.0734	0.1262	0.2066	0.1833
	7	0.0000	0.0000	0.0000	0.0000	0.0002	0.0019	0.0092	0.0280	0.0618	0.1574	0.2095
	8	0.0000	0.0000	0.0000	0.0000	0.0000	0.0003	0.0020	0.0082	0.0232	0.0918	0.1833
	9	0.0000	0.0000	0.0000	0.0000	0.0000	0.0000	0.0003	0.0018	0.0066	0.0408	0.1222
	10	0.0000	0.0000	0.0000	0.0000	0.0000	0.0000	0.0000	0.0003	0.0014	0.0136	0.0611
	11	0.0000	0.0000	0.0000	0.0000	0.0000	0.0000	0.0000	0.0000	0.0002	0.0033	0.0222
	12	0.0000	0.0000	0.0000	0.0000	0.0000	0.0000	0.0000	0.0000	0.0000	0.0005	0.0056
	13	0.0000	0.0000	0.0000	0.0000	0.0000	0.0000	0.0000	0.0000	0.0000	0.0001	0.0009
	14	0.0000	0.0000	0.0000	0.0000	0.0000	0.0000	0.0000	0.0000	0.0000	0.0000	0.0001
15	0	0.8601	0.7386	0.6333	0.4633	0.2059	0.0874	0.0352	0.0134	0.0047	0.0005	0.0000
	1	0.1303	0.2261	0.2938	0.3658	0.3432	0.2312	0.1319	0.0668	0.0305	0.0047	0.0005
	2	0.0092	0.0323	0.0636	0.1348	0.2669	0.2856	0.2309	0.1559	0.0916	0.0219	0.0032
	3	0.0004	0.0029	0.0085	0.0307	0.1285	0.2184	0.2501	0.2252	0.1700	0.0634	0.0139
	4	0.0000	0.0002	0.0008	0.0049	0.0428	0.1156	0.1876	0.2252	0.2186	0.1268	0.0417
	5	0.0000	0.0000	0.0001	0.0006	0.0105	0.0449	0.1032	0.1651	0.2061	0.1859	0.0916
	6	0.0000	0.0000	0.0000	0.0000	0.0019	0.0132	0.0430	0.0917	0.1472	0.2066	0.1527
	7	0.0000	0.0000	0.0000	0.0000	0.0003	0.0030	0.0138	0.0393	0.0811	0.1771	0.1964
	8	0.0000	0.0000	0.0000	0.0000	0.0000	0.0005	0.0035	0.0131	0.0348	0.1181	0.1964
	9	0.0000	0.0000	0.0000	0.0000	0.0000	0.0001	0.0007	0.0034	0.0116	0.0612	0.1527
	10	0.0000	0.0000	0.0000	0.0000	0.0000	0.0000	0.0001	0.0007	0.0030	0.0245	0.0916
	11	0.0000	0.0000	0.0000	0.0000	0.0000	0.0000	0.0000	0.0001	0.0006	0.0074	0.0417
	12	0.0000	0.0000	0.0000	0.0000	0.0000	0.0000	0.0000	0.0000	0.0001	0.0016	0.0139

n	r	p										
		0.01	0.02	0.03	0.05	0.10	0.15	0.20	0.25	0.30	0.40	0.50
	13	0.0000	0.0000	0.0000	0.0000	0.0000	0.0000	0.0000	0.0000	0.0000	0.0003	0.0032
	14	0.0000	0.0000	0.0000	0.0000	0.0000	0.0000	0.0000	0.0000	0.0000	0.0000	0.0005
	15	0.0000	0.0000	0.0000	0.0000	0.0000	0.0000	0.0000	0.0000	0.0000	0.0000	0.0000
16	0	0.8515	0.7238	0.6143	0.4401	0.1853	0.0743	0.0281	0.0100	0.0033	0.0003	0.0000
	1	0.1376	0.2363	0.3040	0.3706	0.3294	0.2097	0.1126	0.0535	0.0228	0.0030	0.0002
	2	0.0104	0.0362	0.0705	0.1463	0.2745	0.2775	0.2111	0.1336	0.0732	0.0150	0.0018
	3	0.0005	0.0034	0.0102	0.0359	0.1423	0.2285	0.2463	0.2079	0.1465	0.0468	0.0085
	4	0.0000	0.0002	0.0010	0.0061	0.0514	0.1311	0.2001	0.2252	0.2040	0.1014	0.0278
	5	0.0000	0.0000	0.0001	0.0008	0.0137	0.0555	0.1201	0.1802	0.2099	0.1623	0.0667
	6	0.0000	0.0000	0.0000	0.0001	0.0028	0.0180	0.0550	0.1101	0.1649	0.1983	0.1222
	7	0.0000	0.0000	0.0000	0.0000	0.0004	0.0045	0.0197	0.0524	0.1010	0.1889	0.1746
	8	0.0000	0.0000	0.0000	0.0000	0.0001	0.0009	0.0055	0.0197	0.0487	0.1417	0.1964
	9	0.0000	0.0000	0.0000	0.0000	0.0000	0.0001	0.0012	0.0058	0.0185	0.0840	0.1746
	10	0.0000	0.0000	0.0000	0.0000	0.0000	0.0000	0.0002	0.0014	0.0056	0.0392	0.1222
	11	0.0000	0.0000	0.0000	0.0000	0.0000	0.0000	0.0000	0.0002	0.0013	0.0142	0.0667
	12	0.0000	0.0000	0.0000	0.0000	0.0000	0.0000	0.0000	0.0000	0.0002	0.0040	0.0278
	13	0.0000	0.0000	0.0000	0.0000	0.0000	0.0000	0.0000	0.0000	0.0000	0.0008	0.0085
	14	0.0000	0.0000	0.0000	0.0000	0.0000	0.0000	0.0000	0.0000	0.0000	0.0001	0.0018
	15	0.0000	0.0000	0.0000	0.0000	0.0000	0.0000	0.0000	0.0000	0.0000	0.0000	0.0002
	16	0.0000	0.0000	0.0000	0.0000	0.0000	0.0000	0.0000	0.0000	0.0000	0.0000	0.0000
17	0	0.8429	0.7093	0.5958	0.4181	0.1668	0.0631	0.0225	0.0075	0.0023	0.0002	0.0000
	1	0.1447	0.2461	0.3133	0.3741	0.3150	0.1893	0.0957	0.0426	0.0169	0.0019	0.0001
	2	0.0117	0.0402	0.0775	0.1575	0.2800	0.2673	0.1914	0.1136	0.0581	0.0102	0.0010
	3	0.0006	0.0041	0.0120	0.0415	0.1556	0.2359	0.2393	0.1893	0.1245	0.0341	0.0052
	4	0.0000	0.0003	0.0013	0.0076	0.0605	0.1457	0.2093	0.2209	0.1868	0.0796	0.0182
	5	0.0000	0.0000	0.0001	0.0010	0.0175	0.0668	0.1361	0.1914	0.2081	0.1379	0.0472
	6	0.0000	0.0000	0.0000	0.0001	0.0039	0.0236	0.0680	0.1276	0.1784	0.1839	0.0944
	7	0.0000	0.0000	0.0000	0.0000	0.0007	0.0065	0.0267	0.0668	0.1201	0.1927	0.1484
	8	0.0000	0.0000	0.0000	0.0000	0.0001	0.0014	0.0084	0.0279	0.0644	0.1606	0.1855
	9	0.0000	0.0000	0.0000	0.0000	0.0000	0.0003	0.0021	0.0093	0.0276	0.1070	0.1855
	10	0.0000	0.0000	0.0000	0.0000	0.0000	0.0000	0.0004	0.0025	0.0095	0.0571	0.1484
	11	0.0000	0.0000	0.0000	0.0000	0.0000	0.0000	0.0001	0.0005	0.0026	0.0242	0.0944
	12	0.0000	0.0000	0.0000	0.0000	0.0000	0.0000	0.0000	0.0001	0.0006	0.0081	0.0472
	13	0.0000	0.0000	0.0000	0.0000	0.0000	0.0000	0.0000	0.0000	0.0001	0.0021	0.0182
	14	0.0000	0.0000	0.0000	0.0000	0.0000	0.0000	0.0000	0.0000	0.0000	0.0004	0.0052
	15	0.0000	0.0000	0.0000	0.0000	0.0000	0.0000	0.0000	0.0000	0.0000	0.0001	0.0010
	16	0.0000	0.0000	0.0000	0.0000	0.0000	0.0000	0.0000	0.0000	0.0000	0.0000	0.0001
	17	0.0000	0.0000	0.0000	0.0000	0.0000	0.0000	0.0000	0.0000	0.0000	0.0000	0.0000

n	r	p										
		0.01	0.02	0.03	0.05	0.10	0.15	0.20	0.25	0.30	0.40	0.50
18	0	0.8345	0.6951	0.5780	0.3972	0.1501	0.0536	0.0180	0.0056	0.0016	0.0001	0.0000
	1	0.1517	0.2554	0.3217	0.3763	0.3002	0.1704	0.0811	0.0338	0.0126	0.0012	0.0001
	2	0.0130	0.0443	0.0846	0.1683	0.2835	0.2556	0.1723	0.0958	0.0458	0.0069	0.0006
	3	0.0007	0.0048	0.0140	0.0473	0.1680	0.2406	0.2297	0.1704	0.1046	0.0246	0.0031
	4	0.0000	0.0004	0.0016	0.0093	0.0700	0.1592	0.2153	0.2130	0.1681	0.0614	0.0117
	5	0.0000	0.0000	0.0001	0.0014	0.0218	0.0787	0.1507	0.1988	0.2017	0.1146	0.0327
	6	0.0000	0.0000	0.0000	0.0002	0.0052	0.0301	0.0816	0.1436	0.1873	0.1655	0.0708
	7	0.0000	0.0000	0.0000	0.0000	0.0010	0.0091	0.0350	0.0820	0.1376	0.1892	0.1214
	8	0.0000	0.0000	0.0000	0.0000	0.0002	0.0022	0.0120	0.0376	0.0811	0.1734	0.1669
	9	0.0000	0.0000	0.0000	0.0000	0.0000	0.0004	0.0033	0.0139	0.0386	0.1284	0.1855
	10	0.0000	0.0000	0.0000	0.0000	0.0000	0.0001	0.0008	0.0042	0.0149	0.0771	0.1669
	11	0.0000	0.0000	0.0000	0.0000	0.0000	0.0000	0.0001	0.0010	0.0046	0.0374	0.1214
	12	0.0000	0.0000	0.0000	0.0000	0.0000	0.0000	0.0000	0.0002	0.0012	0.0145	0.0708
	13	0.0000	0.0000	0.0000	0.0000	0.0000	0.0000	0.0000	0.0000	0.0002	0.0045	0.0327
	14	0.0000	0.0000	0.0000	0.0000	0.0000	0.0000	0.0000	0.0000	0.0000	0.0011	0.0117
	15	0.0000	0.0000	0.0000	0.0000	0.0000	0.0000	0.0000	0.0000	0.0000	0.0002	0.0031
	16	0.0000	0.0000	0.0000	0.0000	0.0000	0.0000	0.0000	0.0000	0.0000	0.0000	0.0006
	17	0.0000	0.0000	0.0000	0.0000	0.0000	0.0000	0.0000	0.0000	0.0000	0.0000	0.0001
	18	0.0000	0.0000	0.0000	0.0000	0.0000	0.0000	0.0000	0.0000	0.0000	0.0000	0.0000
19	0	0.8262	0.6812	0.5606	0.3774	0.1351	0.0456	0.0144	0.0042	0.0011	0.0001	0.0000
	1	0.1586	0.2642	0.3294	0.3774	0.2852	0.1529	0.0685	0.0268	0.0093	0.0008	0.0000
	2	0.0144	0.0485	0.0917	0.1787	0.2852	0.2428	0.1540	0.0803	0.0358	0.0046	0.0003
	3	0.0008	0.0056	0.0161	0.0533	0.1796	0.2428	0.2182	0.1517	0.0869	0.0175	0.0018
	4	0.0000	0.0005	0.0020	0.0112	0.0798	0.1714	0.2182	0.2023	0.1491	0.0467	0.0074
	5	0.0000	0.0000	0.0002	0.0018	0.0266	0.0907	0.1636	0.2023	0.1916	0.0933	0.0222
	6	0.0000	0.0000	0.0000	0.0002	0.0069	0.0374	0.0955	0.1574	0.1916	0.1451	0.0518
	7	0.0000	0.0000	0.0000	0.0000	0.0014	0.0122	0.0443	0.0974	0.1525	0.1797	0.0961
	8	0.0000	0.0000	0.0000	0.0000	0.0002	0.0032	0.0166	0.0487	0.0981	0.1797	0.1442
	9	0.0000	0.0000	0.0000	0.0000	0.0000	0.0007	0.0051	0.0198	0.0514	0.1464	0.1762
	10	0.0000	0.0000	0.0000	0.0000	0.0000	0.0001	0.0013	0.0066	0.0220	0.0976	0.1762
	11	0.0000	0.0000	0.0000	0.0000	0.0000	0.0000	0.0003	0.0018	0.0077	0.0532	0.1442
	12	0.0000	0.0000	0.0000	0.0000	0.0000	0.0000	0.0000	0.0004	0.0022	0.0237	0.0961
	13	0.0000	0.0000	0.0000	0.0000	0.0000	0.0000	0.0000	0.0001	0.0005	0.0085	0.0518
	14	0.0000	0.0000	0.0000	0.0000	0.0000	0.0000	0.0000	0.0000	0.0001	0.0024	0.0222
	15	0.0000	0.0000	0.0000	0.0000	0.0000	0.0000	0.0000	0.0000	0.0000	0.0005	0.0074
	16	0.0000	0.0000	0.0000	0.0000	0.0000	0.0000	0.0000	0.0000	0.0000	0.0001	0.0018
	17	0.0000	0.0000	0.0000	0.0000	0.0000	0.0000	0.0000	0.0000	0.0000	0.0000	0.0003
	18	0.0000	0.0000	0.0000	0.0000	0.0000	0.0000	0.0000	0.0000	0.0000	0.0000	0.0000
	19	0.0000	0.0000	0.0000	0.0000	0.0000	0.0000	0.0000	0.0000	0.0000	0.0000	0.0000

n	r	p										
		0.01	0.02	0.03	0.05	0.10	0.15	0.20	0.25	0.30	0.40	0.50
20	0	0.8179	0.6676	0.5438	0.2585	0.1216	0.0388	0.0115	0.0032	0.0008	0.0000	0.0000
	1	0.1652	0.2725	0.3364	0.3774	0.2702	0.1368	0.0576	0.0211	0.0068	0.0005	0.0000
	2	0.0159	0.0528	0.0988	0.1887	0.2852	0.2293	0.1369	0.0669	0.0278	0.0031	0.0002
	3	0.0010	0.0065	0.0183	0.0596	0.1901	0.2428	0.2054	0.1339	0.0716	0.0123	0.0011
	4	0.0000	0.0006	0.0024	0.0133	0.0898	0.1821	0.2182	0.1897	0.1304	0.0350	0.0046
	5	0.0000	0.0000	0.0002	0.0022	0.0319	0.1028	0.1746	0.2023	0.1789	0.0746	0.0148
	6	0.0000	0.0000	0.0000	0.0003	0.0089	0.0454	0.1091	0.1686	0.1916	0.1244	0.0370
	7	0.0000	0.0000	0.0000	0.0000	0.0020	0.0160	0.0545	0.1124	0.1643	0.1659	0.0739
	8	0.0000	0.0000	0.0000	0.0000	0.0004	0.0046	0.0222	0.0609	0.1144	0.1797	0.1201
	9	0.0000	0.0000	0.0000	0.0000	0.0001	0.0011	0.0074	0.0271	0.0654	0.1597	0.1602
	10	0.0000	0.0000	0.0000	0.0000	0.0000	0.0002	0.0020	0.0099	0.0308	0.1171	0.1762
	11	0.0000	0.0000	0.0000	0.0000	0.0000	0.0000	0.0005	0.0030	0.0120	0.0710	0.1602
	12	0.0000	0.0000	0.0000	0.0000	0.0000	0.0000	0.0001	0.0008	0.0039	0.0355	0.1201
	13	0.0000	0.0000	0.0000	0.0000	0.0000	0.0000	0.0000	0.0002	0.0010	0.0146	0.0739
	14	0.0000	0.0000	0.0000	0.0000	0.0000	0.0000	0.0000	0.0000	0.0002	0.0049	0.0370
	15	0.0000	0.0000	0.0000	0.0000	0.0000	0.0000	0.0000	0.0000	0.0000	0.0013	0.0148
	16	0.0000	0.0000	0.0000	0.0000	0.0000	0.0000	0.0000	0.0000	0.0000	0.0003	0.0046
	17	0.0000	0.0000	0.0000	0.0000	0.0000	0.0000	0.0000	0.0000	0.0000	0.0000	0.0011
	18	0.0000	0.0000	0.0000	0.0000	0.0000	0.0000	0.0000	0.0000	0.0000	0.0000	0.0002
	19	0.0000	0.0000	0.0000	0.0000	0.0000	0.0000	0.0000	0.0000	0.0000	0.0000	0.0000
	20	0.0000	0.0000	0.0000	0.0000	0.0000	0.0000	0.0000	0.0000	0.0000	0.0000	0.0000
25	0	0.7778	0.6035	0.4670	0.2774	0.0718	0.0172	0.0038	0.0008	0.0001	0.0000	0.0000
	1	0.1964	0.3079	0.3611	0.3650	0.1994	0.0759	0.0236	0.0063	0.0014	0.0000	0.0000
	2	0.0238	0.0754	0.1340	0.2305	0.2659	0.1607	0.0708	0.0251	0.0074	0.0004	0.0000
	3	0.0018	0.0118	0.0318	0.0830	0.2265	0.2174	0.1358	0.0641	0.0243	0.0019	0.0001
	4	0.0001	0.0013	0.0054	0.0269	0.1384	0.2110	0.1867	0.1175	0.0572	0.0071	0.0004
	5	0.0000	0.0001	0.0007	0.0060	0.0646	0.1564	0.1960	0.1645	0.1030	0.0199	0.0016
	6	0.0000	0.0000	0.0001	0.0010	0.0239	0.0920	0.1633	0.1828	0.1472	0.0442	0.0053
	7	0.0000	0.0000	0.0000	0.0001	0.0072	0.0441	0.1108	0.1654	0.1712	0.0800	0.0143
	8	0.0000	0.0000	0.0000	0.0000	0.0018	0.0175	0.0623	0.1241	0.1651	0.1200	0.0322
	9	0.0000	0.0000	0.0000	0.0000	0.0004	0.0058	0.0294	0.0781	0.1336	0.1511	0.0609
	10	0.0000	0.0000	0.0000	0.0000	0.0001	0.0016	0.0118	0.0417	0.0916	0.1612	0.0974
	11	0.0000	0.0000	0.0000	0.0000	0.0000	0.0004	0.0040	0.0189	0.0536	0.1465	0.1328
	12	0.0000	0.0000	0.0000	0.0000	0.0000	0.0001	0.0012	0.0074	0.0268	0.1140	0.1550
	13	0.0000	0.0000	0.0000	0.0000	0.0000	0.0000	0.0003	0.0025	0.0115	0.0760	0.1550
	14	0.0000	0.0000	0.0000	0.0000	0.0000	0.0000	0.0001	0.0007	0.0042	0.0434	0.1328
	15	0.0000	0.0000	0.0000	0.0000	0.0000	0.0000	0.0000	0.0002	0.0013	0.0212	0.0974
	16	0.0000	0.0000	0.0000	0.0000	0.0000	0.0000	0.0000	0.0000	0.0004	0.0088	0.0609
	17	0.0000	0.0000	0.0000	0.0000	0.0000	0.0000	0.0000	0.0000	0.0001	0.0031	0.0322

续表

n	r	p										
		0.01	0.02	0.03	0.05	0.10	0.15	0.20	0.25	0.30	0.40	0.50
	18	0.0000	0.0000	0.0000	0.0000	0.0000	0.0000	0.0000	0.0000	0.0000	0.0009	0.0143
	19	0.0000	0.0000	0.0000	0.0000	0.0000	0.0000	0.0000	0.0000	0.0000	0.0002	0.0053
	20	0.0000	0.0000	0.0000	0.0000	0.0000	0.0000	0.0000	0.0000	0.0000	0.0000	0.0016
	21	0.0000	0.0000	0.0000	0.0000	0.0000	0.0000	0.0000	0.0000	0.0000	0.0000	0.0004
	22	0.0000	0.0000	0.0000	0.0000	0.0000	0.0000	0.0000	0.0000	0.0000	0.0000	0.0001
	23	0.0000	0.0000	0.0000	0.0000	0.0000	0.0000	0.0000	0.0000	0.0000	0.0000	0.0000
	24	0.0000	0.0000	0.0000	0.0000	0.0000	0.0000	0.0000	0.0000	0.0000	0.0000	0.0000
	25	0.0000	0.0000	0.0000	0.0000	0.0000	0.0000	0.0000	0.0000	0.0000	0.0000	0.0000
30	0	0.7397	0.5455	0.4010	0.2146	0.0424	0.0076	0.0012	0.0002	0.0000	0.0000	0.0000
	1	0.2242	0.3340	0.3721	0.3389	0.1413	0.0404	0.0093	0.0018	0.0003	0.0000	0.0000
	2	0.0328	0.0988	0.1669	0.2586	0.2277	0.1034	0.0337	0.0086	0.0018	0.0000	0.0000
	3	0.0031	0.0188	0.0482	0.1270	0.2361	0.1703	0.0785	0.0269	0.0072	0.0003	0.0000
	4	0.0002	0.0026	0.0101	0.0451	0.1771	0.2028	0.1325	0.0604	0.0208	0.0012	0.0000
	5	0.0000	0.0003	0.0016	0.0124	0.1023	0.1861	0.1723	0.1047	0.0464	0.0041	0.0001
	6	0.0000	0.0000	0.0002	0.0027	0.0474	0.1368	0.1795	0.1455	0.0829	0.0115	0.0006
	7	0.0000	0.0000	0.0000	0.0005	0.0180	0.0828	0.1538	0.1662	0.1219	0.0263	0.0019
	8	0.0000	0.0000	0.0000	0.0001	0.0058	0.0420	0.1106	0.1593	0.1501	0.0505	0.0055
	9	0.0000	0.0000	0.0000	0.0000	0.0016	0.0181	0.0676	0.1298	0.1573	0.0823	0.0133
	10	0.0000	0.0000	0.0000	0.0000	0.0004	0.0067	0.0355	0.0909	0.1416	0.1152	0.0280
	11	0.0000	0.0000	0.0000	0.0000	0.0001	0.0022	0.0161	0.0551	0.1103	0.1396	0.0509
	12	0.0000	0.0000	0.0000	0.0000	0.0000	0.0006	0.0064	0.0291	0.0749	0.1474	0.0806
	13	0.0000	0.0000	0.0000	0.0000	0.0000	0.0001	0.0022	0.0134	0.0444	0.1360	0.1115
	14	0.0000	0.0000	0.0000	0.0000	0.0000	0.0000	0.0007	0.0054	0.0231	0.1101	0.1354
	15	0.0000	0.0000	0.0000	0.0000	0.0000	0.0000	0.0002	0.0019	0.0106	0.0783	0.1445
	16	0.0000	0.0000	0.0000	0.0000	0.0000	0.0000	0.0000	0.0006	0.0042	0.0489	0.1354
	17	0.0000	0.0000	0.0000	0.0000	0.0000	0.0000	0.0000	0.0002	0.0015	0.0269	0.1115
	18	0.0000	0.0000	0.0000	0.0000	0.0000	0.0000	0.0000	0.0000	0.0005	0.0129	0.0806
	19	0.0000	0.0000	0.0000	0.0000	0.0000	0.0000	0.0000	0.0000	0.0001	0.0054	0.0509
	20	0.0000	0.0000	0.0000	0.0000	0.0000	0.0000	0.0000	0.0000	0.0000	0.0020	0.0280
	21	0.0000	0.0000	0.0000	0.0000	0.0000	0.0000	0.0000	0.0000	0.0000	0.0006	0.0133
	22	0.0000	0.0000	0.0000	0.0000	0.0000	0.0000	0.0000	0.0000	0.0000	0.0002	0.0055
	23	0.0000	0.0000	0.0000	0.0000	0.0000	0.0000	0.0000	0.0000	0.0000	0.0000	0.0019
	24	0.0000	0.0000	0.0000	0.0000	0.0000	0.0000	0.0000	0.0000	0.0000	0.0000	0.0006
	25	0.0000	0.0000	0.0000	0.0000	0.0000	0.0000	0.0000	0.0000	0.0000	0.0000	0.0001
	26	0.0000	0.0000	0.0000	0.0000	0.0000	0.0000	0.0000	0.0000	0.0000	0.0000	0.0000
	27	0.0000	0.0000	0.0000	0.0000	0.0000	0.0000	0.0000	0.0000	0.0000	0.0000	0.0000
	28	0.0000	0.0000	0.0000	0.0000	0.0000	0.0000	0.0000	0.0000	0.0000	0.0000	0.0000
	29	0.0000	0.0000	0.0000	0.0000	0.0000	0.0000	0.0000	0.0000	0.0000	0.0000	0.0000
	30	0.0000	0.0000	0.0000	0.0000	0.0000	0.0000	0.0000	0.0000	0.0000	0.0000	0.0000

表 2　累积二项分布表

$$F(x;\ n,\ p) = \sum_{r=0}^{x} B(r;\ n,\ p)$$

表中只列出 $p \leqslant 0.50$ 的累积二项分布 $F(x;n,p)$ 值; $p > 0.50$ 的累积分布可由下面的关系式求出:

$$F(x;n,p) = 1 - F(n-x-1;n,1-p), \quad 0 \leqslant x \leqslant n-1.$$

n	x	p										
		0.01	0.02	0.03	0.05	0.10	0.15	0.20	0.25	0.30	0.40	0.50
1	0	0.9900	0.9800	0.9700	0.9500	0.9000	0.8500	0.8000	0.7500	0.7000	0.6000	0.5000
	1	1.0000	1.0000	1.0000	1.0000	1.0000	1.0000	1.0000	1.0000	1.0000	1.0000	1.0000
2	0	0.9801	0.9604	0.9409	0.9025	0.8100	0.7225	0.6400	0.5625	0.4900	0.3600	0.2500
	1	0.9999	0.9996	0.9991	0.9975	0.9900	0.9775	0.9600	0.9375	0.9100	0.8400	0.7500
	2	1.0000	1.0000	1.0000	1.0000	1.0000	1.0000	1.0000	1.0000	1.0000	1.0000	1.0000
3	0	0.9703	0.9412	0.9127	0.8574	0.7290	0.6141	0.5120	0.4219	0.3430	0.2160	0.1250
	1	0.9997	0.9988	0.9974	0.9927	0.9720	0.9392	0.8960	0.8438	0.7840	0.6480	0.5000
	2	1.0000	1.0000	1.0000	0.9999	0.9990	0.9966	0.9920	0.9844	0.9730	0.9360	0.8750
	3	1.0000	1.0000	1.0000	1.0000	1.0000	1.0000	1.0000	1.0000	1.0000	1.0000	1.0000
4	0	0.9606	0.9224	0.8853	0.8145	0.6561	0.5220	0.4096	0.3164	0.2401	0.1296	0.0625
	1	0.9994	0.9977	0.9948	0.9860	0.9477	0.8905	0.8192	0.7383	0.6517	0.4752	0.3125
	2	1.0000	1.0000	0.9999	0.9995	0.9963	0.9880	0.9728	0.9492	0.9163	0.8208	0.6875
	3	1.0000	1.0000	1.0000	1.0000	0.9999	0.9995	0.9984	0.9961	0.9919	0.9744	0.9375
	4	1.0000	1.0000	1.0000	1.0000	1.0000	1.0000	1.0000	1.0000	1.0000	1.0000	1.0000
5	0	0.9510	0.9039	0.8587	0.7738	0.5905	0.4437	0.3277	0.2373	0.1681	0.0778	0.0313
	1	0.9990	0.9962	0.9915	0.9774	0.9185	0.8352	0.7373	0.6328	0.5282	0.3370	0.1875
	2	1.0000	0.9999	0.9997	0.9988	0.9914	0.9734	0.9421	0.8965	0.8369	0.6826	0.5000
	3	1.0000	1.0000	1.0000	1.0000	0.9995	0.9978	0.9933	0.9844	0.9692	0.9130	0.8125
	4	1.0000	1.0000	1.0000	1.0000	1.0000	0.9999	0.9997	0.9990	0.9976	0.9898	0.9687
	5	1.0000	1.0000	1.0000	1.0000	1.0000	1.0000	1.0000	1.0000	1.0000	1.0000	1.0000
6	0	0.9415	0.8858	0.8330	0.7351	0.5314	0.3771	0.2621	0.1780	0.1176	0.0467	0.0156
	1	0.9985	0.9943	0.9875	0.9672	0.8857	0.7765	0.6554	0.5339	0.4202	0.2333	0.1094
	2	1.0000	0.9998	0.9995	0.9978	0.9841	0.9527	0.9011	0.8306	0.7443	0.5443	0.3438
	3	1.0000	1.0000	1.0000	0.9999	0.9987	0.9941	0.9830	0.9624	0.9295	0.8208	0.6562
	4	1.0000	1.0000	1.0000	1.0000	0.9999	0.9996	0.9984	0.9954	0.9891	0.9590	0.8906

n	x	p										
		0.01	0.02	0.03	0.05	0.10	0.15	0.20	0.25	0.30	0.40	0.50
	5	1.0000	1.0000	1.0000	1.0000	1.0000	1.0000	0.9999	0.9998	0.9993	0.9959	0.9844
	6	1.0000	1.0000	1.0000	1.0000	1.0000	1.0000	1.0000	1.0000	1.0000	1.0000	1.0000
7	0	0.9321	0.8681	0.8080	0.6983	0.4783	0.3206	0.2097	0.1335	0.0824	0.0280	0.0078
	1	0.9980	0.9921	0.9829	0.9556	0.8503	0.7166	0.5767	0.4449	0.3294	0.1586	0.0625
	2	1.0000	0.9997	0.9991	0.9962	0.9743	0.9262	0.8520	0.7564	0.6471	0.4199	0.2266
	3	1.0000	1.0000	1.0000	0.9998	0.9973	0.9879	0.9667	0.9294	0.8740	0.7102	0.5000
	4	1.0000	1.0000	1.0000	1.0000	0.9998	0.9988	0.9953	0.9871	0.9712	0.9037	0.7734
	5	1.0000	1.0000	1.0000	1.0000	1.0000	0.9999	0.9996	0.9987	0.9962	0.9812	0.9375
	6	1.0000	1.0000	1.0000	1.0000	1.0000	1.0000	1.0000	0.9999	0.9998	0.9984	0.9922
	7	1.0000	1.0000	1.0000	1.0000	1.0000	1.0000	1.0000	1.0000	1.0000	1.0000	1.0000
8	0	0.9227	0.8508	0.7837	0.6634	0.4305	0.2725	0.1678	0.1001	0.0576	0.0168	0.0039
	1	0.9973	0.9897	0.9777	0.9428	0.8131	0.6572	0.5033	0.3671	0.2553	0.1064	0.0352
	2	0.9999	0.9996	0.9987	0.9942	0.9619	0.8948	0.7969	0.6785	0.5518	0.3154	0.1445
	3	1.0000	1.0000	0.9999	0.9996	0.9950	0.9786	0.9437	0.8862	0.8059	0.5941	0.3633
	4	1.0000	1.0000	1.0000	1.0000	0.9996	0.9971	0.9896	0.9727	0.9420	0.8263	0.6367
	5	1.0000	1.0000	1.0000	1.0000	1.0000	0.9998	0.9988	0.9958	0.9887	0.9502	0.8555
	6	1.0000	1.0000	1.0000	1.0000	1.0000	1.0000	0.9999	0.9996	0.9987	0.9915	0.9648
	7	1.0000	1.0000	1.0000	1.0000	1.0000	1.0000	1.0000	1.0000	0.9999	0.9993	0.9961
	8	1.0000	1.0000	1.0000	1.0000	1.0000	1.0000	1.0000	1.0000	1.0000	1.0000	1.0000
9	0	0.9135	0.8337	0.7602	0.6302	0.3874	0.2316	0.1342	0.0751	0.0404	0.0101	0.0020
	1	0.9966	0.9869	0.9718	0.9288	0.7748	0.5995	0.4362	0.3003	0.1960	0.0705	0.0195
	2	0.9999	0.9994	0.9980	0.9916	0.9470	0.8591	0.7382	0.6007	0.4628	0.2318	0.0898
	3	1.0000	1.0000	0.9999	0.9994	0.9917	0.9661	0.9144	0.8343	0.7297	0.4826	0.2539
	4	1.0000	1.0000	1.0000	1.0000	0.9991	0.9944	0.9804	0.9511	0.9012	0.7334	0.5000
	5	1.0000	1.0000	1.0000	1.0000	0.9999	0.9994	0.9969	0.9900	0.9747	0.9006	0.7461
	6	1.0000	1.0000	1.0000	1.0000	1.0000	1.0000	0.9997	0.9987	0.9957	0.9750	0.9102
	7	1.0000	1.0000	1.0000	1.0000	1.0000	1.0000	1.0000	0.9999	0.9996	0.9962	0.9805
	8	1.0000	1.0000	1.0000	1.0000	1.0000	1.0000	1.0000	1.0000	1.0000	0.9997	0.9980
	9	1.0000	1.0000	1.0000	1.0000	1.0000	1.0000	1.0000	1.0000	1.0000	1.0000	1.0000
10	0	0.9044	0.8171	0.7374	0.5987	0.3487	0.1969	0.1074	0.0563	0.0282	0.0060	0.0010
	1	0.9957	0.9838	0.9655	0.9139	0.7361	0.5443	0.3758	0.2440	0.1493	0.0464	0.0107
	2	0.9999	0.9991	0.9972	0.9885	0.9298	0.8202	0.6778	0.5256	0.3828	0.1673	0.0547
	3	1.0000	1.0000	0.9999	0.9990	0.9872	0.9500	0.8791	0.7759	0.6496	0.3823	0.1719
	4	1.0000	1.0000	1.0000	0.9999	0.9984	0.9901	0.9672	0.9219	0.8497	0.6331	0.3770
	5	1.0000	1.0000	1.0000	1.0000	0.9999	0.9986	0.9936	0.9803	0.9527	0.8338	0.6230
	6	1.0000	1.0000	1.0000	1.0000	1.0000	0.9999	0.9991	0.9965	0.9894	0.9452	0.8281

n	x	p										
		0.01	0.02	0.03	0.05	0.10	0.15	0.20	0.25	0.30	0.40	0.50
	7	1.0000	1.0000	1.0000	1.0000	1.0000	1.0000	0.9999	0.9996	0.9984	0.9877	0.9453
	8	1.0000	1.0000	1.0000	1.0000	1.0000	1.0000	1.0000	1.0000	0.9999	0.9983	0.9893
	9	1.0000	1.0000	1.0000	1.0000	1.0000	1.0000	1.0000	1.0000	1.0000	0.9999	0.9990
	10	1.0000	1.0000	1.0000	1.0000	1.0000	1.0000	1.0000	1.0000	1.0000	1.0000	1.0000
11	0	0.8953	0.8007	0.7153	0.5688	0.3138	0.1673	0.0859	0.0422	0.0198	0.0036	0.0005
	1	0.9948	0.9805	0.9587	0.8981	0.6974	0.4922	0.3221	0.1971	0.1130	0.0302	0.0059
	2	0.9998	0.9988	0.9963	0.9848	0.9104	0.7788	0.6174	0.4552	0.3127	0.1189	0.0327
	3	1.0000	1.0000	0.9998	0.9984	0.9815	0.9306	0.8389	0.7133	0.5696	0.2963	0.1133
	4	1.0000	1.0000	1.0000	0.9999	0.9972	0.9841	0.9496	0.8854	0.7897	0.5328	0.2744
	5	1.0000	1.0000	1.0000	1.0000	0.9997	0.9973	0.9883	0.9657	0.9218	0.7535	0.5000
	6	1.0000	1.0000	1.0000	1.0000	1.0000	0.9997	0.9980	0.9924	0.9784	0.9006	0.7256
	7	1.0000	1.0000	1.0000	1.0000	1.0000	1.0000	0.9998	0.9988	0.9957	0.9707	0.8867
	8	1.0000	1.0000	1.0000	1.0000	1.0000	1.0000	1.0000	0.9999	0.9994	0.9941	0.9673
	9	1.0000	1.0000	1.0000	1.0000	1.0000	1.0000	1.0000	1.0000	1.0000	0.9993	0.9941
	10	1.0000	1.0000	1.0000	1.0000	1.0000	1.0000	1.0000	1.0000	1.0000	1.0000	0.9995
	11	1.0000	1.0000	1.0000	1.0000	1.0000	1.0000	1.0000	1.0000	1.0000	1.0000	1.0000
12	0	0.8864	0.7847	0.6938	0.5404	0.2824	0.1422	0.0687	0.0317	0.0138	0.0022	0.0002
	1	0.9938	0.9769	0.9514	0.8816	0.6590	0.4435	0.2749	0.1584	0.0850	0.0196	0.0032
	2	0.9998	0.9985	0.9952	0.9804	0.8891	0.7358	0.5583	0.3907	0.2528	0.0834	0.0193
	3	1.0000	0.9999	0.9997	0.9978	0.9744	0.9078	0.7946	0.6488	0.4925	0.2253	0.0730
	4	1.0000	1.0000	1.0000	0.9998	0.9957	0.9761	0.9274	0.8424	0.7237	0.4382	0.1938
	5	1.0000	1.0000	1.0000	1.0000	0.9995	0.9954	0.9806	0.9456	0.8822	0.6652	0.3872
	6	1.0000	1.0000	1.0000	1.0000	0.9999	0.9993	0.9961	0.9857	0.9614	0.8418	0.6128
	7	1.0000	1.0000	1.0000	1.0000	1.0000	0.9999	0.9994	0.9972	0.9905	0.9427	0.8062
	8	1.0000	1.0000	1.0000	1.0000	1.0000	1.0000	0.9999	0.9996	0.9983	0.9847	0.9270
	9	1.0000	1.0000	1.0000	1.0000	1.0000	1.0000	1.0000	1.0000	0.9998	0.9972	0.9807
	10	1.0000	1.0000	1.0000	1.0000	1.0000	1.0000	1.0000	1.0000	1.0000	0.9997	0.9968
	11	1.0000	1.0000	1.0000	1.0000	1.0000	1.0000	1.0000	1.0000	1.0000	1.0000	0.9998
	12	1.0000	1.0000	1.0000	1.0000	1.0000	1.0000	1.0000	1.0000	1.0000	1.0000	1.0000
13	0	0.8775	0.7690	0.6730	0.5133	0.2542	0.1209	0.0550	0.0238	0.0097	0.0013	0.0001
	1	0.9928	0.9730	0.9436	0.8646	0.6213	0.3983	0.2336	0.1267	0.0637	0.0126	0.0017
	2	0.9997	0.9980	0.9938	0.9755	0.8661	0.6920	0.5017	0.3326	0.2025	0.0579	0.0112
	3	1.0000	0.9999	0.9995	0.9969	0.9658	0.8820	0.7473	0.5843	0.4206	0.1686	0.0461
	4	1.0000	1.0000	1.0000	0.9997	0.9935	0.9658	0.9009	0.7940	0.6543	0.3530	0.1334
	5	1.0000	1.0000	1.0000	1.0000	0.9991	0.9925	0.9700	0.9198	0.8346	0.5744	0.2905
	6	1.0000	1.0000	1.0000	1.0000	0.9999	0.9987	0.9930	0.9757	0.9376	0.7712	0.5000
	7	1.0000	1.0000	1.0000	1.0000	1.0000	0.9998	0.9988	0.9944	0.9818	0.9023	0.7095

n	x	p										
		0.01	0.02	0.03	0.05	0.10	0.15	0.20	0.25	0.30	0.40	0.50
	8	1.0000	1.0000	1.0000	1.0000	1.0000	1.0000	0.9998	0.9990	0.9960	0.9679	0.8666
	9	1.0000	1.0000	1.0000	1.0000	1.0000	1.0000	1.0000	0.9999	0.9993	0.9922	0.9539
	10	1.0000	1.0000	1.0000	1.0000	1.0000	1.0000	1.0000	1.0000	0.9999	0.9987	0.9888
	11	1.0000	1.0000	1.0000	1.0000	1.0000	1.0000	1.0000	1.0000	1.0000	0.9999	0.9983
	12	1.0000	1.0000	1.0000	1.0000	1.0000	1.0000	1.0000	1.0000	1.0000	1.0000	0.9999
	13	1.0000	1.0000	1.0000	1.0000	1.0000	1.0000	1.0000	1.0000	1.0000	1.0000	1.0000
14	0	0.8687	0.7536	0.6528	0.4877	0.2288	0.1028	0.0440	0.0178	0.0068	0.0008	0.0001
	1	0.9916	0.9690	0.9355	0.8470	0.5846	0.3567	0.1979	0.1010	0.0475	0.0081	0.0009
	2	0.9997	0.9975	0.9923	0.9699	0.8416	0.6479	0.4481	0.2811	0.1608	0.0398	0.0065
	3	1.0000	0.9999	0.9994	0.9958	0.9559	0.8535	0.6982	0.5213	0.3552	0.1243	0.0287
	4	1.0000	1.0000	1.0000	0.9996	0.9908	0.9533	0.8702	0.7415	0.5842	0.2793	0.0898
	5	1.0000	1.0000	1.0000	1.0000	0.9985	0.9885	0.9561	0.8883	0.7805	0.4859	0.2120
	6	1.0000	1.0000	1.0000	1.0000	0.9998	0.9978	0.9884	0.9617	0.9067	0.6925	0.3953
	7	1.0000	1.0000	1.0000	1.0000	1.0000	0.9997	0.9976	0.9897	0.9685	0.8499	0.6047
	8	1.0000	1.0000	1.0000	1.0000	1.0000	1.0000	0.9996	0.9978	0.9917	0.9417	0.7880
	9	1.0000	1.0000	1.0000	1.0000	1.0000	1.0000	1.0000	0.9997	0.9983	0.9825	0.9102
	10	1.0000	1.0000	1.0000	1.0000	1.0000	1.0000	1.0000	1.0000	0.9998	0.9961	0.9713
	11	1.0000	1.0000	1.0000	1.0000	1.0000	1.0000	1.0000	1.0000	1.0000	0.9994	0.9935
	12	1.0000	1.0000	1.0000	1.0000	1.0000	1.0000	1.0000	1.0000	1.0000	0.9999	0.9991
	13	1.0000	1.0000	1.0000	1.0000	1.0000	1.0000	1.0000	1.0000	1.0000	1.0000	0.9999
	14	1.0000	1.0000	1.0000	1.0000	1.0000	1.0000	1.0000	1.0000	1.0000	1.0000	1.0000
15	0	0.8601	0.7386	0.6333	0.4633	0.2059	0.0874	0.0352	0.0134	0.0047	0.0005	0.0000
	1	0.9904	0.9647	0.9270	0.8290	0.5490	0.3186	0.1671	0.0802	0.0353	0.0052	0.0005
	2	0.9996	0.9970	0.9906	0.9638	0.8159	0.6042	0.3980	0.2361	0.1268	0.0271	0.0037
	3	1.0000	0.9998	0.9992	0.9945	0.9444	0.8227	0.6482	0.4613	0.2969	0.0905	0.0176
	4	1.0000	1.0000	0.9999	0.9994	0.9873	0.9383	0.8358	0.6865	0.5155	0.2173	0.0592
	5	1.0000	1.0000	1.0000	0.9999	0.9978	0.9832	0.9389	0.8516	0.7216	0.4032	0.1509
	6	1.0000	1.0000	1.0000	1.0000	0.9997	0.9964	0.9819	0.9434	0.8689	0.6098	0.3036
	7	1.0000	1.0000	1.0000	1.0000	1.0000	0.9994	0.9958	0.9827	0.9500	0.7869	0.5000
	8	1.0000	1.0000	1.0000	1.0000	1.0000	0.9999	0.9992	0.9958	0.9848	0.9050	0.6964
	9	1.0000	1.0000	1.0000	1.0000	1.0000	1.0000	0.9999	0.9992	0.9963	0.9662	0.8491
	10	1.0000	1.0000	1.0000	1.0000	1.0000	1.0000	1.0000	0.9999	0.9993	0.9907	0.9408
	11	1.0000	1.0000	1.0000	1.0000	1.0000	1.0000	1.0000	1.0000	0.9999	0.9981	0.9824
	12	1.0000	1.0000	1.0000	1.0000	1.0000	1.0000	1.0000	1.0000	1.0000	0.9997	0.9963
	13	1.0000	1.0000	1.0000	1.0000	1.0000	1.0000	1.0000	1.0000	1.0000	1.0000	0.9995
	14	1.0000	1.0000	1.0000	1.0000	1.0000	1.0000	1.0000	1.0000	1.0000	1.0000	1.0000
	15	1.0000	1.0000	1.0000	1.0000	1.0000	1.0000	1.0000	1.0000	1.0000	1.0000	1.0000

n	x	p										
		0.01	0.02	0.03	0.05	0.10	0.15	0.20	0.25	0.30	0.40	0.50
16	0	0.8515	0.7238	0.6143	0.4401	0.1853	0.0743	0.0281	0.0100	0.0033	0.0003	0.0000
	1	0.9891	0.9601	0.9182	0.8108	0.5147	0.2839	0.1407	0.0635	0.0261	0.0033	0.0003
	2	0.9995	0.9963	0.9887	0.9571	0.7892	0.5614	0.3518	0.1971	0.0994	0.0183	0.0021
	3	1.0000	0.9998	0.9989	0.9930	0.9316	0.7899	0.5981	0.4050	0.2459	0.0651	0.0106
	4	1.0000	1.0000	0.9999	0.9991	0.9830	0.9209	0.7982	0.6302	0.4499	0.1666	0.0384
	5	1.0000	1.0000	1.0000	0.9999	0.9967	0.9765	0.9183	0.8103	0.6598	0.3288	0.1051
	6	1.0000	1.0000	1.0000	1.0000	0.9995	0.9944	0.9733	0.9204	0.8247	0.5272	0.2272
	7	1.0000	1.0000	1.0000	1.0000	0.9999	0.9989	0.9930	0.9729	0.9256	0.7161	0.4018
	8	1.0000	1.0000	1.0000	1.0000	1.0000	0.9998	0.9985	0.9925	0.9743	0.8577	0.5982
	9	1.0000	1.0000	1.0000	1.0000	1.0000	1.0000	0.9998	0.9984	0.9929	0.9417	0.7728
	10	1.0000	1.0000	1.0000	1.0000	1.0000	1.0000	1.0000	0.9997	0.9984	0.9809	0.8949
	11	1.0000	1.0000	1.0000	1.0000	1.0000	1.0000	1.0000	1.0000	0.9997	0.9951	0.9616
	12	1.0000	1.0000	1.0000	1.0000	1.0000	1.0000	1.0000	1.0000	1.0000	0.9991	0.9894
	13	1.0000	1.0000	1.0000	1.0000	1.0000	1.0000	1.0000	1.0000	1.0000	0.9999	0.9979
	14	1.0000	1.0000	1.0000	1.0000	1.0000	1.0000	1.0000	1.0000	1.0000	1.0000	0.9997
	15	1.0000	1.0000	1.0000	1.0000	1.0000	1.0000	1.0000	1.0000	1.0000	1.0000	1.0000
	16	1.0000	1.0000	1.0000	1.0000	1.0000	1.0000	1.0000	1.0000	1.0000	1.0000	1.0000
17	0	0.8429	0.7093	0.5958	0.4181	0.1668	0.0631	0.0225	0.0075	0.0023	0.0002	0.0000
	1	0.9877	0.9554	0.9091	0.7922	0.4818	0.2525	0.1182	0.0501	0.0193	0.0021	0.0001
	2	0.9994	0.9956	0.9866	0.9497	0.7618	0.5198	0.3096	0.1637	0.0774	0.0123	0.0012
	3	1.0000	0.9997	0.9986	0.9912	0.9174	0.7556	0.5489	0.3530	0.2019	0.0464	0.0064
	4	1.0000	1.0000	0.9999	0.9988	0.9779	0.9013	0.7582	0.5739	0.3887	0.1260	0.0245
	5	1.0000	1.0000	1.0000	0.9999	0.9953	0.9681	0.8943	0.7653	0.5968	0.2639	0.0717
	6	1.0000	1.0000	1.0000	1.0000	0.9992	0.9917	0.9623	0.8929	0.7752	0.4478	0.1662
	7	1.0000	1.0000	1.0000	1.0000	0.9999	0.9983	0.9891	0.9598	0.8954	0.6405	0.3145
	8	1.0000	1.0000	1.0000	1.0000	1.0000	0.9997	0.9974	0.9876	0.9597	0.8011	0.5000
	9	1.0000	1.0000	1.0000	1.0000	1.0000	1.0000	0.9995	0.9969	0.9873	0.9081	0.6855
	10	1.0000	1.0000	1.0000	1.0000	1.0000	1.0000	0.9999	0.9994	0.9968	0.9652	0.8338
	11	1.0000	1.0000	1.0000	1.0000	1.0000	1.0000	1.0000	0.9999	0.9993	0.9894	0.9283
	12	1.0000	1.0000	1.0000	1.0000	1.0000	1.0000	1.0000	1.0000	0.9999	0.9975	0.9755
	13	1.0000	1.0000	1.0000	1.0000	1.0000	1.0000	1.0000	1.0000	1.0000	0.9995	0.9936
	14	1.0000	1.0000	1.0000	1.0000	1.0000	1.0000	1.0000	1.0000	1.0000	0.9999	0.9988
	15	1.0000	1.0000	1.0000	1.0000	1.0000	1.0000	1.0000	1.0000	1.0000	1.0000	0.9999
	16	1.0000	1.0000	1.0000	1.0000	1.0000	1.0000	1.0000	1.0000	1.0000	1.0000	1.0000
	17	1.0000	1.0000	1.0000	1.0000	1.0000	1.0000	1.0000	1.0000	1.0000	1.0000	1.0000
18	0	0.8345	0.6951	0.5780	0.3972	0.1501	0.0536	0.0180	0.0056	0.0016	0.0001	0.0000
	1	0.9862	0.9505	0.8997	0.7735	0.4503	0.2241	0.0991	0.0395	0.0142	0.0013	0.0001
	2	0.9993	0.9948	0.9843	0.9419	0.7338	0.4797	0.2713	0.1353	0.0600	0.0082	0.0007

n	x	p										
		0.01	0.02	0.03	0.05	0.10	0.15	0.20	0.25	0.30	0.40	0.50
	3	1.0000	0.9996	0.9982	0.9891	0.9018	0.7202	0.5010	0.3057	0.1646	0.0328	0.0038
	4	1.0000	1.0000	0.9998	0.9985	0.9718	0.8794	0.7164	0.5187	0.3327	0.0942	0.0154
	5	1.0000	1.0000	1.0000	0.9998	0.9936	0.9581	0.8671	0.7175	0.5344	0.2088	0.0481
	6	1.0000	1.0000	1.0000	1.0000	0.9988	0.9882	0.9487	0.8610	0.7217	0.3743	0.1189
	7	1.0000	1.0000	1.0000	1.0000	0.9998	0.9973	0.9837	0.9431	0.8593	0.5634	0.2403
	8	1.0000	1.0000	1.0000	1.0000	1.0000	0.9995	0.9957	0.9807	0.9404	0.7368	0.4073
	9	1.0000	1.0000	1.0000	1.0000	1.0000	0.9999	0.9991	0.9946	0.9790	0.8653	0.5927
	10	1.0000	1.0000	1.0000	1.0000	1.0000	1.0000	0.9998	0.9988	0.9939	0.9424	0.7597
	11	1.0000	1.0000	1.0000	1.0000	1.0000	1.0000	1.0000	0.9998	0.9986	0.9797	0.8811
	12	1.0000	1.0000	1.0000	1.0000	1.0000	1.0000	1.0000	1.0000	0.9997	0.9942	0.9519
	13	1.0000	1.0000	1.0000	1.0000	1.0000	1.0000	1.0000	1.0000	1.0000	0.9987	0.9846
	14	1.0000	1.0000	1.0000	1.0000	1.0000	1.0000	1.0000	1.0000	1.0000	0.9998	0.9962
	15	1.0000	1.0000	1.0000	1.0000	1.0000	1.0000	1.0000	1.0000	1.0000	1.0000	0.9993
	16	1.0000	1.0000	1.0000	1.0000	1.0000	1.0000	1.0000	1.0000	1.0000	1.0000	0.9999
	17	1.0000	1.0000	1.0000	1.0000	1.0000	1.0000	1.0000	1.0000	1.0000	1.0000	1.0000
	18	1.0000	1.0000	1.0000	1.0000	1.0000	1.0000	1.0000	1.0000	1.0000	1.0000	1.0000
19	0	0.8262	0.6812	0.5606	0.3774	0.1351	0.0456	0.0144	0.0042	0.0011	0.0001	0.0000
	1	0.9847	0.9454	0.8900	0.7547	0.4203	0.1985	0.0829	0.0310	0.0104	0.0008	0.0000
	2	0.9991	0.9939	0.9817	0.9335	0.7054	0.4413	0.2369	0.1113	0.0462	0.0055	0.0004
	3	1.0000	0.9995	0.9978	0.9868	0.8850	0.6841	0.4551	0.2631	0.1332	0.0230	0.0022
	4	1.0000	1.0000	0.9998	0.9980	0.9648	0.8556	0.6733	0.4654	0.2822	0.0696	0.0096
	5	1.0000	1.0000	1.0000	0.9998	0.9914	0.9463	0.8369	0.6678	0.4739	0.1629	0.0318
	6	1.0000	1.0000	1.0000	1.0000	0.9983	0.9837	0.9324	0.8251	0.6655	0.3081	0.0835
	7	1.0000	1.0000	1.0000	1.0000	0.9997	0.9959	0.9767	0.9225	0.8180	0.4878	0.1796
	8	1.0000	1.0000	1.0000	1.0000	1.0000	0.9992	0.9933	0.9713	0.9161	0.6675	0.3238
	9	1.0000	1.0000	1.0000	1.0000	1.0000	0.9999	0.9984	0.9911	0.9674	0.8139	0.5000
	10	1.0000	1.0000	1.0000	1.0000	1.0000	1.0000	0.9997	0.9977	0.9895	0.9115	0.6762
	11	1.0000	1.0000	1.0000	1.0000	1.0000	1.0000	1.0000	0.9995	0.9972	0.9648	0.8204
	12	1.0000	1.0000	1.0000	1.0000	1.0000	1.0000	1.0000	0.9999	0.9994	0.9884	0.9165
	13	1.0000	1.0000	1.0000	1.0000	1.0000	1.0000	1.0000	0.9999	0.9969	0.9682
	14	1.0000	1.0000	1.0000	1.0000	1.0000	1.0000	1.0000	1.0000	1.0000	0.9994	0.9904
	15	1.0000	1.0000	1.0000	1.0000	1.0000	1.0000	1.0000	1.0000	1.0000	0.9999	0.9978
	16	1.0000	1.0000	1.0000	1.0000	1.0000	1.0000	1.0000	1.0000	1.0000	1.0000	0.9996
	17	1.0000	1.0000	1.0000	1.0000	1.0000	1.0000	1.0000	1.0000	1.0000	1.0000	1.0000
	18	1.0000	1.0000	1.0000	1.0000	1.0000	1.0000	1.0000	1.0000	1.0000	1.0000	1.0000
	19	1.0000	1.0000	1.0000	1.0000	1.0000	1.0000	1.0000	1.0000	1.0000	1.0000	1.0000
20	0	0.8179	0.6676	0.5438	0.3585	0.1216	0.0388	0.0115	0.0032	0.0008	0.0000	0.0000
	1	0.9831	0.9401	0.8802	0.7358	0.3917	0.1756	0.0692	0.0243	0.0076	0.0005	0.0000

n	x	p										
		0.01	0.02	0.03	0.05	0.10	0.15	0.20	0.25	0.30	0.40	0.50
	2	0.9990	0.9929	0.9790	0.9245	0.6769	0.4049	0.2061	0.0913	0.0355	0.0036	0.0002
	3	1.0000	0.9994	0.9973	0.9841	0.8670	0.6477	0.4114	0.2252	0.1071	0.0160	0.0013
	4	1.0000	1.0000	0.9997	0.9974	0.9568	0.8298	0.6296	0.4148	0.2375	0.0510	0.0059
	5	1.0000	1.0000	1.0000	0.9997	0.9887	0.9327	0.8042	0.6172	0.4164	0.1256	0.0207
	6	1.0000	1.0000	1.0000	1.0000	0.9976	0.9781	0.9133	0.7858	0.6080	0.2500	0.0577
	7	1.0000	1.0000	1.0000	1.0000	0.9996	0.9941	0.9679	0.8982	0.7723	0.4159	0.1316
	8	1.0000	1.0000	1.0000	1.0000	0.9999	0.9987	0.9900	0.9591	0.8867	0.5956	0.2517
	9	1.0000	1.0000	1.0000	1.0000	1.0000	0.9998	0.9974	0.9861	0.9520	0.7553	0.4119
	10	1.0000	1.0000	1.0000	1.0000	1.0000	1.0000	0.9994	0.9961	0.9829	0.8725	0.5881
	11	1.0000	1.0000	1.0000	1.0000	1.0000	1.0000	0.9999	0.9991	0.9949	0.9435	0.7483
	12	1.0000	1.0000	1.0000	1.0000	1.0000	1.0000	1.0000	0.9998	0.9987	0.9790	0.8684
	13	1.0000	1.0000	1.0000	1.0000	1.0000	1.0000	1.0000	1.0000	0.9997	0.9935	0.9423
	14	1.0000	1.0000	1.0000	1.0000	1.0000	1.0000	1.0000	1.0000	1.0000	0.9984	0.9793
	15	1.0000	1.0000	1.0000	1.0000	1.0000	1.0000	1.0000	1.0000	1.0000	0.9997	0.9941
	16	1.0000	1.0000	1.0000	1.0000	1.0000	1.0000	1.0000	1.0000	1.0000	1.0000	0.9987
	17	1.0000	1.0000	1.0000	1.0000	1.0000	1.0000	1.0000	1.0000	1.0000	1.0000	0.9998
	18	1.0000	1.0000	1.0000	1.0000	1.0000	1.0000	1.0000	1.0000	1.0000	1.0000	1.0000
	19	1.0000	1.0000	1.0000	1.0000	1.0000	1.0000	1.0000	1.0000	1.0000	1.0000	1.0000
	20	1.0000	1.0000	1.0000	1.0000	1.0000	1.0000	1.0000	1.0000	1.0000	1.0000	1.0000
25	0	0.7778	0.6035	0.4670	0.2774	0.0718	0.0172	0.0038	0.0008	0.0001	0.0000	0.0000
	1	0.9742	0.9114	0.8280	0.6424	0.2712	0.0931	0.0274	0.0070	0.0016	0.0001	0.0000
	2	0.9980	0.9868	0.9620	0.8729	0.5371	0.2537	0.0982	0.0321	0.0090	0.0004	0.0000
	3	0.9999	0.9986	0.9938	0.9659	0.7636	0.4711	0.2340	0.0962	0.0332	0.0024	0.0001
	4	1.0000	0.9999	0.9992	0.9928	0.9020	0.6821	0.4207	0.2137	0.0905	0.0095	0.0005
	5	1.0000	1.0000	0.9999	0.9988	0.9666	0.8385	0.6167	0.3783	0.1935	0.0294	0.0020
	6	1.0000	1.0000	1.0000	0.9998	0.9905	0.9305	0.7800	0.5611	0.3407	0.0736	0.0073
	7	1.0000	1.0000	1.0000	1.0000	0.9977	0.9745	0.8909	0.7265	0.5118	0.1536	0.0216
	8	1.0000	1.0000	1.0000	1.0000	0.9995	0.9920	0.9532	0.8506	0.6769	0.2735	0.0539
	9	1.0000	1.0000	1.0000	1.0000	0.9999	0.9979	0.9827	0.9287	0.8106	0.4246	0.1148
	10	1.0000	1.0000	1.0000	1.0000	1.0000	0.9995	0.9944	0.9703	0.9022	0.5858	0.2122
	11	1.0000	1.0000	1.0000	1.0000	1.0000	0.9999	0.9985	0.9893	0.9558	0.7323	0.3450
	12	1.0000	1.0000	1.0000	1.0000	1.0000	1.0000	0.9996	0.9966	0.9825	0.8462	0.5000
	13	1.0000	1.0000	1.0000	1.0000	1.0000	1.0000	0.9999	0.9991	0.9940	0.9222	0.6550
	14	1.0000	1.0000	1.0000	1.0000	1.0000	1.0000	1.0000	0.9998	0.9982	0.9656	0.7878
	15	1.0000	1.0000	1.0000	1.0000	1.0000	1.0000	1.0000	1.0000	0.9995	0.9868	0.8852
	16	1.0000	1.0000	1.0000	1.0000	1.0000	1.0000	1.0000	1.0000	0.9999	0.9957	0.9461
	17	1.0000	1.0000	1.0000	1.0000	1.0000	1.0000	1.0000	1.0000	1.0000	0.9988	0.9784
	18	1.0000	1.0000	1.0000	1.0000	1.0000	1.0000	1.0000	1.0000	1.0000	0.9997	0.9927

n	x	p										
		0.01	0.02	0.03	0.05	0.10	0.15	0.20	0.25	0.30	0.40	0.50
	19	1.0000	1.0000	1.0000	1.0000	1.0000	1.0000	1.0000	1.0000	1.0000	0.9999	0.9980
	20	1.0000	1.0000	1.0000	1.0000	1.0000	1.0000	1.0000	1.0000	1.0000	1.0000	0.9995
	21	1.0000	1.0000	1.0000	1.0000	1.0000	1.0000	1.0000	1.0000	1.0000	1.0000	0.9999
	22	1.0000	1.0000	1.0000	1.0000	1.0000	1.0000	1.0000	1.0000	1.0000	1.0000	1.0000
	23	1.0000	1.0000	1.0000	1.0000	1.0000	1.0000	1.0000	1.0000	1.0000	1.0000	1.0000
	24	1.0000	1.0000	1.0000	1.0000	1.0000	1.0000	1.0000	1.0000	1.0000	1.0000	1.0000
	25	1.0000	1.0000	1.0000	1.0000	1.0000	1.0000	1.0000	1.0000	1.0000	1.0000	1.0000
30	0	0.7397	0.5455	0.4010	0.2146	0.0424	0.0076	0.0012	0.0002	0.0000	0.0000	0.0000
	1	0.9639	0.8795	0.7731	0.5535	0.1837	0.0480	0.0105	0.0020	0.0003	0.0000	0.0000
	2	0.9967	0.9783	0.9399	0.8122	0.4114	0.1514	0.0442	0.0106	0.0021	0.0000	0.0000
	3	0.9998	0.9971	0.9881	0.9392	0.6474	0.3217	0.1227	0.0374	0.0093	0.0003	0.0000
	4	1.0000	0.9997	0.9982	0.9844	0.8245	0.5245	0.2552	0.0979	0.0302	0.0015	0.0000
	5	1.0000	1.0000	0.9998	0.9967	0.9268	0.7106	0.4275	0.2026	0.0766	0.0057	0.0002
	6	1.0000	1.0000	1.0000	0.9994	0.9742	0.8474	0.6070	0.3481	0.1595	0.0172	0.0007
	7	1.0000	1.0000	1.0000	0.9999	0.9922	0.9302	0.7608	0.5143	0.2814	0.0435	0.0026
	8	1.0000	1.0000	1.0000	1.0000	0.9980	0.9722	0.8713	0.6736	0.4315	0.0940	0.0081
	9	1.0000	1.0000	1.0000	1.0000	0.9995	0.9903	0.9389	0.8034	0.5888	0.1763	0.0214
	10	1.0000	1.0000	1.0000	1.0000	0.9999	0.9971	0.9744	0.8943	0.7304	0.2915	0.0494
	11	1.0000	1.0000	1.0000	1.0000	1.0000	0.9992	0.9905	0.9493	0.8407	0.4311	0.1002
	12	1.0000	1.0000	1.0000	1.0000	1.0000	0.9998	0.9969	0.9784	0.9155	0.5785	0.1808
	13	1.0000	1.0000	1.0000	1.0000	1.0000	1.0000	0.9991	0.9918	0.9599	0.7145	0.2923
	14	1.0000	1.0000	1.0000	1.0000	1.0000	1.0000	0.9998	0.9973	0.9831	0.8246	0.4278
	15	1.0000	1.0000	1.0000	1.0000	1.0000	1.0000	0.9999	0.9992	0.9936	0.9029	0.5722
	16	1.0000	1.0000	1.0000	1.0000	1.0000	1.0000	1.0000	0.9998	0.9979	0.9519	0.7077
	17	1.0000	1.0000	1.0000	1.0000	1.0000	1.0000	1.0000	0.9999	0.9994	0.9788	0.8192
	18	1.0000	1.0000	1.0000	1.0000	1.0000	1.0000	1.0000	1.0000	0.9998	0.9917	0.8998
	19	1.0000	1.0000	1.0000	1.0000	1.0000	1.0000	1.0000	1.0000	1.0000	0.9971	0.9506
	20	1.0000	1.0000	1.0000	1.0000	1.0000	1.0000	1.0000	1.0000	1.0000	0.9991	0.9786
	21	1.0000	1.0000	1.0000	1.0000	1.0000	1.0000	1.0000	1.0000	1.0000	0.9998	0.9919
	22	1.0000	1.0000	1.0000	1.0000	1.0000	1.0000	1.0000	1.0000	1.0000	1.0000	0.9974
	23	1.0000	1.0000	1.0000	1.0000	1.0000	1.0000	1.0000	1.0000	1.0000	1.0000	0.9993
	24	1.0000	1.0000	1.0000	1.0000	1.0000	1.0000	1.0000	1.0000	1.0000	1.0000	0.9998
	25	1.0000	1.0000	1.0000	1.0000	1.0000	1.0000	1.0000	1.0000	1.0000	1.0000	1.0000
	26	1.0000	1.0000	1.0000	1.0000	1.0000	1.0000	1.0000	1.0000	1.0000	1.0000	1.0000
	27	1.0000	1.0000	1.0000	1.0000	1.0000	1.0000	1.0000	1.0000	1.0000	1.0000	1.0000
	28	1.0000	1.0000	1.0000	1.0000	1.0000	1.0000	1.0000	1.0000	1.0000	1.0000	1.0000
	29	1.0000	1.0000	1.0000	1.0000	1.0000	1.0000	1.0000	1.0000	1.0000	1.0000	1.0000
	30	1.0000	1.0000	1.0000	1.0000	1.0000	1.0000	1.0000	1.0000	1.0000	1.0000	1.0000

表 3　泊松分布表

$$P(r;\ \mu) = \frac{1}{r!}\ \mu^r \mathrm{e}^{-\mu}$$

r	μ									
	0.1	0.2	0.3	0.4	0.5	0.6	0.7	0.8	0.9	1.0
0	0.9048	0.8187	0.7408	0.6703	0.6065	0.5488	0.4966	0.4493	0.4066	0.3679
1	0.0905	0.1637	0.2222	0.2681	0.3033	0.3293	0.3476	0.3595	0.3659	0.3679
2	0.0045	0.0164	0.0333	0.0536	0.0758	0.0988	0.1217	0.1438	0.1647	0.1839
3	0.0002	0.0011	0.0033	0.0072	0.0126	0.0198	0.0284	0.0383	0.0494	0.0613
4	0.0000	0.0001	0.0003	0.0007	0.0016	0.0030	0.0050	0.0077	0.0111	0.0153
5	0.0000	0.0000	0.0000	0.0001	0.0002	0.0004	0.0007	0.0012	0.0020	0.0031
6	0.0000	0.0000	0.0000	0.0000	0.0000	0.0000	0.0001	0.0002	0.0003	0.0005
7	0.0000	0.0000	0.0000	0.0000	0.0000	0.0000	0.0000	0.0000	0.0000	0.0001

r	μ									
	1.1	1.2	1.3	1.4	1.5	1.6	1.7	1.8	1.9	2.0
0	0.3329	0.3012	0.2725	0.2466	0.2231	0.2019	0.1827	0.1653	0.1496	0.1353
1	0.3662	0.3614	0.3543	0.3452	0.3347	0.3230	0.3106	0.2975	0.2842	0.2707
2	0.2014	0.2169	0.2303	0.2417	0.2510	0.2584	0.2640	0.2678	0.2700	0.2707
3	0.0738	0.0867	0.0998	0.1128	0.1255	0.1378	0.1496	0.1607	0.1710	0.1804
4	0.0203	0.0260	0.0324	0.0395	0.0471	0.0551	0.0636	0.0723	0.0812	0.0902
5	0.0045	0.0062	0.0084	0.0111	0.0141	0.0176	0.0216	0.0260	0.0309	0.0361
6	0.0008	0.0012	0.0018	0.0026	0.0035	0.0047	0.0061	0.0078	0.0098	0.0120
7	0.0001	0.0002	0.0003	0.0005	0.0008	0.0011	0.0015	0.0020	0.0027	0.0034
8	0.0000	0.0000	0.0001	0.0001	0.0001	0.0002	0.0003	0.0005	0.0006	0.0009
9	0.0000	0.0000	0.0000	0.0000	0.0000	0.0000	0.0001	0.0001	0.0001	0.0002

r	μ									
	2.1	2.2	2.3	2.4	2.5	2.6	2.7	2.8	2.9	3.0
0	0.1225	0.1108	0.1003	0.0907	0.0821	0.0743	0.0672	0.0608	0.0550	0.0498
1	0.2572	0.2438	0.2306	0.2177	0.2052	0.1931	0.1815	0.1703	0.1596	0.1494
2	0.2700	0.2681	0.2652	0.2613	0.2565	0.2510	0.2450	0.2384	0.2314	0.2240
3	0.1890	0.1966	0.2033	0.2090	0.2138	0.2176	0.2205	0.2225	0.2237	0.2240
4	0.0992	0.1082	0.1169	0.1254	0.1336	0.1414	0.1488	0.1557	0.1622	0.1680
5	0.0417	0.0476	0.0538	0.0602	0.0668	0.0735	0.0804	0.0872	0.0940	0.1008
6	0.0146	0.0174	0.0206	0.0241	0.0278	0.0319	0.0362	0.0407	0.0455	0.0504
7	0.0044	0.0055	0.0068	0.0083	0.0099	0.0118	0.0139	0.0163	0.0188	0.0216
8	0.0011	0.0015	0.0019	0.0025	0.0031	0.0038	0.0047	0.0057	0.0068	0.0081
9	0.0003	0.0004	0.0005	0.0007	0.0009	0.0011	0.0014	0.0018	0.0022	0.0027
10	0.0001	0.0001	0.0001	0.0002	0.0002	0.0003	0.0004	0.0005	0.0006	0.0008

r	μ									
	2.1	2.2	2.3	2.4	2.5	2.6	2.7	2.8	2.9	3.0
11	0.0000	0.0000	0.0000	0.0000	0.0000	0.0001	0.0001	0.0001	0.0002	0.0002
12	0.0000	0.0000	0.0000	0.0000	0.0000	0.0000	0.0000	0.0000	0.0000	0.0001

r	μ									
	3.1	3.2	3.3	3.4	3.5	3.6	3.7	3.8	3.9	4.0
0	0.0450	0.0408	0.0369	0.0334	0.0302	0.0273	0.0247	0.0224	0.0202	0.0183
1	0.1397	0.1304	0.1217	0.1135	0.1057	0.0984	0.0915	0.0850	0.0789	0.0733
2	0.2165	0.2087	0.2008	0.1929	0.1850	0.1771	0.1692	0.1615	0.1539	0.1465
3	0.2237	0.2226	0.2209	0.2186	0.2158	0.2125	0.2087	0.2046	0.2001	0.1954
4	0.1733	0.1781	0.1823	0.1858	0.1888	0.1912	0.1931	0.1944	0.1951	0.1954
5	0.1075	0.1140	0.1203	0.1264	0.1322	0.1377	0.1429	0.1477	0.1522	0.1563
6	0.0555	0.0608	0.0662	0.0716	0.0771	0.0826	0.0881	0.0936	0.0989	0.1042
7	0.0246	0.0278	0.0312	0.0348	0.0385	0.0425	0.0466	0.0508	0.0551	0.0595
8	0.0095	0.0111	0.0129	0.0148	0.0169	0.0191	0.0215	0.0241	0.0269	0.0298
9	0.0033	0.0040	0.0047	0.0056	0.0066	0.0076	0.0089	0.0102	0.0116	0.0132
10	0.0010	0.0013	0.0016	0.0019	0.0023	0.0028	0.0033	0.0039	0.0045	0.0053
11	0.0003	0.0004	0.0005	0.0006	0.0007	0.0009	0.0011	0.0013	0.0016	0.0019
12	0.0001	0.0001	0.0001	0.0002	0.0002	0.0003	0.0003	0.0004	0.0005	0.0006
13	0.0000	0.0000	0.0000	0.0000	0.0001	0.0001	0.0001	0.0001	0.0002	0.0002
14	0.0000	0.0000	0.0000	0.0000	0.0000	0.0000	0.0000	0.0000	0.0000	0.0001

r	μ									
	4.1	4.2	4.3	4.4	4.5	4.6	4.7	4.8	4.9	5.0
0	0.0166	0.0150	0.0136	0.0123	0.0111	0.0101	0.0091	0.0082	0.0074	0.0067
1	0.0679	0.0630	0.0583	0.0540	0.0500	0.0462	0.0427	0.0395	0.0365	0.0337
2	0.1393	0.1323	0.1254	0.1188	0.1125	0.1063	0.1005	0.0948	0.0894	0.0842
3	0.1904	0.1852	0.1798	0.1743	0.1687	0.1631	0.1574	0.1517	0.1469	0.1404
4	0.1951	0.1944	0.1932	0.1917	0.1898	0.1875	0.1849	0.1820	0.1789	0.1755
5	0.1600	0.1633	0.1662	0.1687	0.1708	0.1725	0.1738	0.1747	0.1753	0.1755
6	0.1093	0.1143	0.1191	0.1237	0.1281	0.1323	0.1362	0.1398	0.1432	0.1462
7	0.0640	0.0686	0.0732	0.0778	0.0824	0.0869	0.0914	0.0959	0.1002	0.1044
8	0.0328	0.0360	0.0393	0.0428	0.0463	0.0500	0.0537	0.0575	0.0614	0.0653
9	0.0150	0.0168	0.0188	0.0209	0.0232	0.0255	0.0281	0.0307	0.0334	0.0363
10	0.0061	0.0071	0.0081	0.0092	0.0104	0.0118	0.0132	0.0147	0.0614	0.0181
11	0.0023	0.0027	0.0032	0.0037	0.0043	0.0049	0.0056	0.0064	0.0073	0.0082
12	0.0008	0.0009	0.0011	0.0013	0.0016	0.0019	0.0022	0.0026	0.0030	0.0034
13	0.0002	0.0003	0.0004	0.0005	0.0006	0.0007	0.0008	0.0009	0.0011	0.0013
14	0.0001	0.0001	0.0001	0.0001	0.0002	0.0002	0.0003	0.0003	0.0004	0.0005
15	0.0000	0.0000	0.0000	0.0000	0.0001	0.0001	0.0001	0.0001	0.0001	0.0002
16	0.0000	0.0000	0.0000	0.0000	0.0000	0.0000	0.0000	0.0000	0.0000	0.0000

r	μ									
	5.1	5.2	5.3	5.4	5.5	5.6	5.7	5.8	5.9	6.0
0	0.0061	0.0055	0.0050	0.0045	0.0041	0.0037	0.0033	0.0030	0.0027	0.0025
1	0.0311	0.0287	0.0265	0.0244	0.0225	0.0207	0.0191	0.0176	0.0162	0.0149
2	0.0793	0.0746	0.0701	0.0659	0.0618	0.0580	0.0544	0.0509	0.0477	0.0446
3	0.1348	0.1293	0.1239	0.1185	0.1133	0.1082	0.1033	0.0985	0.0938	0.0892
4	0.1719	0.1681	0.1641	0.1600	0.1558	0.1515	0.1472	0.1428	0.1383	0.1339
5	0.1753	0.1748	0.1740	0.1728	0.1714	0.1697	0.1678	0.1656	0.1632	0.1606
6	0.1490	0.1515	0.1537	0.1555	0.1571	0.1584	0.1594	0.1601	0.1605	0.1606
7	0.1086	0.1125	0.1163	0.1200	0.1234	0.1267	0.1298	0.1326	0.1353	0.1377
8	0.0692	0.0731	0.0771	0.0810	0.0849	0.0887	0.0925	0.0962	0.0998	0.1033
9	0.0392	0.0423	0.0454	0.0486	0.0519	0.0552	0.0586	0.0620	0.0654	0.0688
10	0.0200	0.0220	0.0241	0.0262	0.0285	0.0309	0.0334	0.0359	0.0386	0.0413
11	0.0093	0.0104	0.0116	0.0129	0.0143	0.0157	0.0173	0.0190	0.0207	0.0225
12	0.0039	0.0045	0.0051	0.0058	0.0065	0.0073	0.0082	0.0092	0.0102	0.0113
13	0.0015	0.0018	0.0021	0.0024	0.0028	0.0032	0.0036	0.0041	0.0046	0.0052
14	0.0006	0.0007	0.0008	0.0009	0.0011	0.0013	0.0015	0.0017	0.0019	0.0022
15	0.0002	0.0002	0.0003	0.0003	0.0004	0.0005	0.0006	0.0007	0.0008	0.0009
16	0.0001	0.0001	0.0001	0.0001	0.0001	0.0002	0.0002	0.0002	0.0003	0.0003
17	0.0000	0.0000	0.0000	0.0000	0.0000	0.0001	0.0001	0.0001	0.0001	0.0001
18	0.0000	0.0000	0.0000	0.0000	0.0000	0.0000	0.0000	0.0000	0.0000	0.0000

r	μ									
	6.1	6.2	6.3	6.4	6.5	6.6	6.7	6.8	6.9	7.0
0	0.0022	0.0020	0.0018	0.0017	0.0015	0.0014	0.0012	0.0011	0.0010	0.0009
1	0.0137	0.0126	0.0116	0.0106	0.0098	0.0090	0.0082	0.0076	0.0070	0.0064
2	0.0417	0.0390	0.0364	0.0340	0.0318	0.0296	0.0276	0.0258	0.0240	0.0223
3	0.0848	0.0806	0.0765	0.0726	0.0688	0.0652	0.0617	0.0584	0.0552	0.0521
4	0.1294	0.1249	0.1205	0.1162	0.1118	0.1076	0.1034	0.0992	0.0952	0.0912
5	0.1579	0.1549	0.1519	0.1487	0.1454	0.1420	0.1385	0.1349	0.1314	0.1277
6	0.1605	0.1601	0.1595	0.1586	0.1575	0.1562	0.1546	0.1529	0.1511	0.1490
7	0.1399	0.1418	0.1435	0.1450	0.1462	0.1472	0.1480	0.1486	0.1489	0.1490
8	0.1066	0.1099	0.1130	0.1160	0.1188	0.1215	0.1240	0.1263	0.1284	0.1304
9	0.0723	0.0757	0.0791	0.0825	0.0858	0.0891	0.0923	0.0954	0.0985	0.1014
10	0.0441	0.0469	0.0498	0.0528	0.0558	0.0588	0.0618	0.0649	0.0679	0.0710
11	0.0244	0.0265	0.0285	0.0307	0.0330	0.0353	0.0377	0.0401	0.0426	0.0452
12	0.0124	0.0137	0.0150	0.0164	0.0179	0.0194	0.0210	0.0227	0.0245	0.0263
13	0.0058	0.0065	0.0073	0.0081	0.0089	0.0099	0.0108	0.0119	0.0130	0.0142
14	0.0025	0.0029	0.0033	0.0037	0.0041	0.0046	0.0052	0.0058	0.0064	0.0071
15	0.0010	0.0012	0.0014	0.0016	0.0018	0.0020	0.0023	0.0026	0.0029	0.0033
16	0.0004	0.0005	0.0005	0.0006	0.0007	0.0008	0.0010	0.0011	0.0013	0.0014
17	0.0001	0.0002	0.0002	0.0002	0.0003	0.0003	0.0004	0.0004	0.0005	0.0006
18	0.0000	0.0001	0.0001	0.0001	0.0001	0.0001	0.0001	0.0002	0.0002	0.0002
19	0.0000	0.0000	0.0000	0.0000	0.0000	0.0000	0.0001	0.0001	0.0001	0.0001

r	μ									
	7.1	7.2	7.3	7.4	7.5	7.6	7.7	7.8	7.9	8.0
0	0.0008	0.0007	0.0007	0.0006	0.0006	0.0005	0.0005	0.0004	0.0004	0.0003
1	0.0059	0.0054	0.0049	0.0045	0.0041	0.0038	0.0035	0.0032	0.0029	0.0027
2	0.0208	0.0194	0.0180	0.0167	0.0156	0.0145	0.0134	0.0125	0.0116	0.0107
3	0.0492	0.0464	0.0438	0.0413	0.0389	0.0366	0.0345	0.0324	0.0305	0.0286
4	0.0874	0.0836	0.0799	0.0764	0.0729	0.0696	0.0663	0.0632	0.0602	0.0573
5	0.1241	0.1204	0.1167	0.1130	0.1094	0.1057	0.1021	0.0986	0.0951	0.0916
6	0.1468	0.1445	0.1420	0.1394	0.1367	0.1339	0.1311	0.1282	0.1252	0.1221
7	0.1489	0.1486	0.1481	0.1474	0.1465	0.1454	0.1442	0.1428	0.1413	0.1396
8	0.1321	0.1337	0.1351	0.1363	0.1373	0.1381	0.1388	0.1392	0.1395	0.1396
9	0.1042	0.1070	0.1096	0.1121	0.1144	0.1167	0.1187	0.1207	0.1224	0.1241
10	0.0740	0.0770	0.0800	0.0829	0.0858	0.0887	0.0914	0.0941	0.0967	0.0993
11	0.0478	0.0504	0.0531	0.0558	0.0585	0.0613	0.0640	0.0667	0.0695	0.0722
12	0.0283	0.0303	0.0323	0.0344	0.0366	0.0388	0.0411	0.0434	0.0457	0.0481
13	0.0154	0.0168	0.0181	0.0196	0.0211	0.0227	0.0243	0.0260	0.0278	0.0296
14	0.0078	0.0086	0.0095	0.0104	0.0113	0.0123	0.0134	0.0145	0.0157	0.0169
15	0.0037	0.0041	0.0046	0.0051	0.0057	0.0062	0.0069	0.0075	0.0083	0.0090
16	0.0016	0.0019	0.0021	0.0024	0.0026	0.0030	0.0033	0.0037	0.0041	0.0045
17	0.0007	0.0008	0.0009	0.0010	0.0012	0.0013	0.0015	0.0017	0.0019	0.0021
18	0.0003	0.0003	0.0004	0.0004	0.0005	0.0006	0.0006	0.0007	0.0008	0.0009
19	0.0001	0.0001	0.0001	0.0002	0.0002	0.0002	0.0003	0.0003	0.0003	0.0004
20	0.0000	0.0000	0.0001	0.0001	0.0001	0.0001	0.0001	0.0001	0.0001	0.0002
21	0.0000	0.0000	0.0000	0.0000	0.0000	0.0000	0.0000	0.0000	0.0001	0.0001

r	μ									
	8.1	8.2	8.3	8.4	8.5	8.6	8.7	8.8	8.9	9.0
0	0.0003	0.0003	0.0002	0.0002	0.0002	0.0002	0.0002	0.0002	0.0001	0.0001
1	0.0025	0.0023	0.0021	0.0019	0.0017	0.0016	0.0014	0.0013	0.0012	0.0011
2	0.0100	0.0092	0.0086	0.0079	0.0074	0.0068	0.0063	0.0058	0.0054	0.0050
3	0.0269	0.0252	0.0237	0.0222	0.0208	0.0195	0.0183	0.0171	0.0160	0.0150
4	0.0544	0.0517	0.0491	0.0466	0.0443	0.0420	0.0398	0.0377	0.0357	0.0337
5	0.0882	0.0849	0.0816	0.0784	0.0752	0.0722	0.0692	0.0663	0.0635	0.0607
6	0.1191	0.1160	0.1128	0.1097	0.1066	0.1034	0.1003	0.0972	0.0941	0.0911
7	0.1378	0.1358	0.1338	0.1317	0.1294	0.1271	0.1247	0.1222	0.1197	0.1171
8	0.1395	0.1392	0.1388	0.1382	0.1375	0.1366	0.1356	0.1344	0.1332	0.1318
9	0.1256	0.1269	0.1280	0.1290	0.1299	0.1306	0.1311	0.1315	0.1317	0.1318
10	0.1017	0.1040	0.1063	0.1084	0.1104	0.1123	0.1140	0.1157	0.1172	0.1186
11	0.0749	0.0776	0.0802	0.0828	0.0853	0.0878	0.0902	0.0925	0.0948	0.0970
12	0.0505	0.0530	0.0555	0.0579	0.0604	0.0629	0.0654	0.0679	0.0703	0.0728
13	0.0315	0.0334	0.0354	0.0374	0.0395	0.0416	0.0438	0.0459	0.0481	0.0504
14	0.0182	0.0196	0.0210	0.0225	0.0240	0.0256	0.0272	0.0289	0.0306	0.0324

r	μ									
	8.1	8.2	8.3	8.4	8.5	8.6	8.7	8.8	8.9	9.0
15	0.0098	0.0107	0.0116	0.0126	0.0136	0.0147	0.0158	0.0169	0.0182	0.0194
16	0.0050	0.0055	0.0060	0.0066	0.0072	0.0079	0.0086	0.0093	0.0101	0.0109
17	0.0024	0.0026	0.0029	0.0033	0.0036	0.0040	0.0044	0.0048	0.0053	0.0058
18	0.0011	0.0012	0.0014	0.0015	0.0017	0.0019	0.0021	0.0024	0.0026	0.0029
19	0.0005	0.0005	0.0006	0.0007	0.0008	0.0009	0.0010	0.0011	0.0012	0.0014
20	0.0002	0.0002	0.0002	0.0003	0.0003	0.0004	0.0004	0.0005	0.0005	0.0006
21	0.0001	0.0001	0.0001	0.0001	0.0001	0.0002	0.0002	0.0002	0.0002	0.0003
22	0.0000	0.0000	0.0000	0.0000	0.0001	0.0001	0.0001	0.0001	0.0001	0.0001
23	0.0000	0.0000	0.0000	0.0000	0.0000	0.0000	0.0000	0.0000	0.0000	0.0000

r	μ									
	9.1	9.2	9.3	9.4	9.5	9.6	9.7	9.8	9.9	10.0
0	0.0001	0.0001	0.0001	0.0001	0.0001	0.0001	0.0001	0.0001	0.0001	0.0000
1	0.0010	0.0009	0.0009	0.0008	0.0007	0.0007	0.0006	0.0005	0.0005	0.0005
2	0.0046	0.0043	0.0040	0.0037	0.0034	0.0031	0.0029	0.0027	0.0025	0.0023
3	0.0140	0.0131	0.0123	0.0115	0.0107	0.0100	0.0093	0.0087	0.0081	0.0076
4	0.0319	0.0302	0.0285	0.0269	0.0254	0.0240	0.0226	0.0213	0.0201	0.0189
5	0.0581	0.0555	0.0530	0.0506	0.0483	0.0460	0.0439	0.0418	0.0398	0.0378
6	0.0881	0.0851	0.0822	0.0793	0.0764	0.0736	0.0709	0.0682	0.0656	0.0631
7	0.1145	0.1118	0.1091	0.1064	0.1037	0.1010	0.0982	0.0955	0.0928	0.0901
8	0.1302	0.1286	0.1269	0.1251	0.1232	0.1212	0.1191	0.1170	0.1148	0.1126
9	0.1317	0.1315	0.1311	0.1306	0.1300	0.1293	0.1284	0.1274	0.1263	0.1251
10	0.1198	0.1210	0.1219	0.1228	0.1235	0.1241	0.1245	0.1249	0.1250	0.1251
11	0.0991	0.1012	0.1031	0.1049	0.1067	0.1083	0.1098	0.1112	0.1125	0.1137
12	0.0752	0.0776	0.0799	0.0822	0.0844	0.0866	0.0888	0.0908	0.0928	0.0948
13	0.0526	0.0549	0.0572	0.0594	0.0617	0.0640	0.0662	0.0685	0.0707	0.0729
14	0.0342	0.0361	0.0380	0.0399	0.0419	0.0439	0.0459	0.0479	0.0500	0.0521
15	0.0208	0.0221	0.0235	0.0250	0.0265	0.0281	0.0297	0.0313	0.0330	0.0347
16	0.0118	0.0127	0.0137	0.0147	0.0157	0.0168	0.0180	0.0192	0.0204	0.0217
17	0.0063	0.0069	0.0075	0.0081	0.0088	0.0095	0.0103	0.0111	0.0119	0.0128
18	0.0032	0.0035	0.0039	0.0042	0.0046	0.0051	0.0055	0.0060	0.0065	0.0071
19	0.0015	0.0017	0.0019	0.0021	0.0023	0.0026	0.0028	0.0031	0.0034	0.0037
20	0.0007	0.0008	0.0009	0.0010	0.0011	0.0012	0.0014	0.0015	0.0017	0.0019
21	0.0003	0.0003	0.0004	0.0004	0.0005	0.0006	0.0006	0.0007	0.0008	0.0009
22	0.0001	0.0001	0.0002	0.0002	0.0002	0.0002	0.0003	0.0003	0.0004	0.0004
23	0.0000	0.0001	0.0001	0.0001	0.0001	0.0001	0.0001	0.0001	0.0002	0.0002
24	0.0000	0.0000	0.0000	0.0000	0.0000	0.0000	0.0000	0.0001	0.0001	0.0001

r	μ									
	11.0	12.0	13.0	14.0	15.0	16.0	17.0	18.0	19.0	20.0
0	0.0000	0.0000	0.0000	0.0000	0.0000	0.0000	0.0000	0.0000	0.0000	0.0000
1	0.0002	0.0001	0.0000	0.0000	0.0000	0.0000	0.0000	0.0000	0.0000	0.0000

r	μ									
	11.0	12.0	13.0	14.0	15.0	16.0	17.0	18.0	19.0	20.0
2	0.0010	0.0004	0.0002	0.0001	0.0000	0.0000	0.0000	0.0000	0.0000	0.0000
3	0.0037	0.0018	0.0008	0.0004	0.0002	0.0001	0.0000	0.0000	0.0000	0.0000
4	0.0102	0.0053	0.0027	0.0013	0.0006	0.0003	0.0001	0.0001	0.0000	0.0000
5	0.0224	0.0127	0.0070	0.0037	0.0019	0.0010	0.0005	0.0002	0.0001	0.0001
6	0.0411	0.0255	0.0152	0.0087	0.0048	0.0026	0.0014	0.0007	0.0004	0.0002
7	0.0646	0.0437	0.0281	0.0174	0.0104	0.0060	0.0034	0.0019	0.0010	0.0005
8	0.0888	0.0655	0.0457	0.0304	0.0194	0.0120	0.0072	0.0042	0.0024	0.0013
9	0.1085	0.0874	0.0661	0.0473	0.0324	0.0213	0.0135	0.0083	0.0050	0.0029
10	0.1194	0.1048	0.0859	0.0663	0.0486	0.0341	0.0230	0.0150	0.0095	0.0058
11	0.1194	0.1144	0.1015	0.0844	0.0663	0.0496	0.0355	0.0245	0.0164	0.0106
12	0.1094	0.1144	0.1099	0.0984	0.0829	0.0661	0.0504	0.0368	0.0259	0.0176
13	0.0926	0.1056	0.1099	0.1060	0.0956	0.0814	0.0658	0.0509	0.0378	0.0271
14	0.0728	0.0905	0.1021	0.1060	0.1024	0.0930	0.0800	0.0655	0.0514	0.0387
15	0.0534	0.0724	0.0885	0.0989	0.1024	0.0992	0.0906	0.0786	0.0650	0.0516
16	0.0367	0.0543	0.0719	0.0866	0.0960	0.0992	0.0963	0.0884	0.0772	0.0646
17	0.0237	0.0383	0.0550	0.0713	0.0847	0.0934	0.0963	0.0936	0.0863	0.0760
18	0.0145	0.0255	0.0397	0.0554	0.0706	0.0830	0.0909	0.0936	0.0911	0.0844
19	0.0084	0.0161	0.0272	0.0409	0.0557	0.0699	0.0814	0.0887	0.0911	0.0888
20	0.0046	0.0097	0.0177	0.0286	0.0418	0.0559	0.0692	0.0798	0.0866	0.0888
21	0.0024	0.0055	0.0109	0.0191	0.0299	0.0426	0.0560	0.0684	0.0783	0.0846
22	0.0012	0.0030	0.0065	0.0121	0.0204	0.0310	0.0433	0.0560	0.0676	0.0769
23	0.0006	0.0016	0.0037	0.0074	0.0133	0.0216	0.0320	0.0438	0.0559	0.0669
24	0.0003	0.0008	0.0020	0.0043	0.0083	0.0144	0.0226	0.0328	0.0442	0.0557
25	0.0001	0.0004	0.0010	0.0024	0.0050	0.0092	0.0154	0.0237	0.0336	0.0446
26	0.0000	0.0002	0.0005	0.0013	0.0029	0.0057	0.0101	0.0164	0.0246	0.0343
27	0.0000	0.0001	0.0002	0.0007	0.0016	0.0034	0.0063	0.0109	0.0173	0.0254
28	0.0000	0.0000	0.0001	0.0003	0.0009	0.0019	0.0038	0.0070	0.0117	0.0181
29	0.0000	0.0000	0.0001	0.0002	0.0004	0.0011	0.0023	0.0044	0.0077	0.0125
30	0.0000	0.0000	0.0000	0.0001	0.0002	0.0006	0.0013	0.0026	0.0049	0.0083
31	0.0000	0.0000	0.0000	0.0000	0.0001	0.0003	0.0007	0.0015	0.0030	0.0054
32	0.0000	0.0000	0.0000	0.0000	0.0001	0.0001	0.0004	0.0009	0.0018	0.0034
33	0.0000	0.0000	0.0000	0.0000	0.0000	0.0001	0.0002	0.0005	0.0010	0.0020
34	0.0000	0.0000	0.0000	0.0000	0.0000	0.0000	0.0001	0.0002	0.0006	0.0012
35	0.0000	0.0000	0.0000	0.0000	0.0000	0.0000	0.0000	0.0001	0.0003	0.0007
36	0.0000	0.0000	0.0000	0.0000	0.0000	0.0000	0.0000	0.0001	0.0002	0.0004
37	0.0000	0.0000	0.0000	0.0000	0.0000	0.0000	0.0000	0.0000	0.0001	0.0002
38	0.0000	0.0000	0.0000	0.0000	0.0000	0.0000	0.0000	0.0000	0.0000	0.0001
39	0.0000	0.0000	0.0000	0.0000	0.0000	0.0000	0.0000	0.0000	0.0000	0.0001
40	0.0000	0.0000	0.0000	0.0000	0.0000	0.0000	0.0000	0.0000	0.0000	0.0000

表 4　累积泊松分布表

$$F(x;\ \mu) = \sum_{r=0}^{x} P(r;\ \mu).$$

x	μ									
	0.1	0.2	0.3	0.4	0.5	0.6	0.7	0.8	0.9	1.0
0	0.9048	0.8187	0.7408	0.6703	0.6065	0.5488	0.4966	0.4493	0.4066	0.3679
1	0.9953	0.9825	0.9631	0.9384	0.9098	0.8781	0.8442	0.8088	0.7725	0.7358
2	0.9998	0.9989	0.9964	0.9921	0.9856	0.9769	0.9659	0.9526	0.9371	0.9197
3	1.0000	0.9999	0.9997	0.9992	0.9982	0.9966	0.9942	0.9909	0.9865	0.9810
4	1.0000	1.0000	1.0000	0.9999	0.9998	0.9996	0.9992	0.9986	0.9977	0.9963
5	1.0000	1.0000	1.0000	1.0000	1.0000	1.0000	0.9999	0.9998	0.9997	0.9994
6	1.0000	1.0000	1.0000	1.0000	1.0000	1.0000	1.0000	1.0000	1.0000	0.9999
7	1.0000	1.0000	1.0000	1.0000	1.0000	1.0000	1.0000	1.0000	1.0000	1.0000

x	μ									
	1.1	1.2	1.3	1.4	1.5	1.6	1.7	1.8	1.9	2.0
0	0.3329	0.3012	0.2725	0.2466	0.2231	0.2019	0.1827	0.1653	0.1496	0.1353
1	0.6990	0.6626	0.6268	0.5918	0.5578	0.5249	0.4932	0.4628	0.4337	0.4060
2	0.9004	0.8795	0.8571	0.8335	0.8088	0.7834	0.7572	0.7306	0.7037	0.6767
3	0.9743	0.9662	0.9569	0.9463	0.9344	0.9212	0.9068	0.8913	0.8747	0.8571
4	0.9946	0.9923	0.9893	0.9857	0.9814	0.9763	0.9704	0.9636	0.9559	0.9473
5	0.9990	0.9985	0.9978	0.9968	0.9955	0.9940	0.9920	0.9896	0.9868	0.9834
6	0.9999	0.9997	0.9996	0.9994	0.9991	0.9987	0.9981	0.9974	0.9966	0.9955
7	1.0000	1.0000	0.9999	0.9999	0.9998	0.9997	0.9996	0.9994	0.9992	0.9989
8	1.0000	1.0000	1.0000	1.0000	1.0000	1.0000	0.9999	0.9999	0.9998	0.9998
9	1.0000	1.0000	1.0000	1.0000	1.0000	1.0000	1.0000	1.0000	1.0000	1.0000

x	μ									
	2.1	2.2	2.3	2.4	2.5	2.6	2.7	2.8	2.9	3.0
0	0.1225	0.1108	0.1003	0.0907	0.0821	0.0743	0.0672	0.0608	0.0550	0.0498
1	0.3796	0.3546	0.3309	0.3084	0.2873	0.2674	0.2487	0.2311	0.2146	0.1991
2	0.6496	0.6227	0.5960	0.5697	0.5438	0.5184	0.4936	0.4695	0.4460	0.4232
3	0.8386	0.8194	0.7993	0.7787	0.7576	0.7360	0.7141	0.6919	0.6696	0.6472
4	0.9379	0.9275	0.9162	0.9041	0.8912	0.8774	0.8629	0.8477	0.8318	0.8153
5	0.9796	0.9751	0.9700	0.9643	0.9580	0.9510	0.9433	0.9349	0.9258	0.9161
6	0.9941	0.9925	0.9906	0.9884	0.9858	0.9828	0.9794	0.9756	0.9713	0.9665
7	0.9985	0.9980	0.9974	0.9967	0.9958	0.9947	0.9934	0.9919	0.9901	0.9881
8	0.9997	0.9995	0.9994	0.9991	0.9989	0.9985	0.9981	0.9976	0.9969	0.9962
9	0.9999	0.9999	0.9999	0.9998	0.9997	0.9996	0.9995	0.9993	0.9991	0.9989
10	1.0000	1.0000	1.0000	1.0000	0.9999	0.9999	0.9999	0.9998	0.9998	0.9997

x	μ									
	2.1	2.2	2.3	2.4	2.5	2.6	2.7	2.8	2.9	3.0
11	1.0000	1.0000	1.0000	1.0000	1.0000	1.0000	1.0000	1.0000	0.9999	0.9999
12	1.0000	1.0000	1.0000	1.0000	1.0000	1.0000	1.0000	1.0000	1.0000	1.0000

x	μ									
	3.1	3.2	3.3	3.4	3.5	3.6	3.7	3.8	3.9	4.0
0	0.0450	0.0408	0.0369	0.0334	0.0302	0.0273	0.0247	0.0224	0.0202	0.0183
1	0.1847	0.1712	0.1586	0.1468	0.1359	0.1257	0.1162	0.1074	0.0992	0.0916
2	0.4012	0.3799	0.3594	0.3397	0.3208	0.3027	0.2854	0.2689	0.2531	0.2381
3	0.6248	0.6025	0.5803	0.5584	0.5366	0.5152	0.4942	0.4735	0.4532	0.4335
4	0.7982	0.7806	0.7626	0.7442	0.7254	0.7064	0.6872	0.6678	0.6484	0.6288
5	0.9057	0.8946	0.8829	0.8705	0.8576	0.8441	0.8301	0.8156	0.8006	0.7851
6	0.9612	0.9554	0.9490	0.9421	0.9347	0.9267	0.9182	0.9091	0.8995	0.8893
7	0.9858	0.9832	0.9802	0.9769	0.9733	0.9692	0.9648	0.9599	0.9546	0.9489
8	0.9953	0.9943	0.9931	0.9917	0.9901	0.9883	0.9863	0.9840	0.9815	0.9786
9	0.9986	0.9982	0.9978	0.9973	0.9967	0.9960	0.9952	0.9942	0.9931	0.9919
10	0.9996	0.9995	0.9994	0.9992	0.9990	0.9987	0.9984	0.9981	0.9977	0.9972
11	0.9999	0.9999	0.9998	0.9998	0.9997	0.9996	0.9995	0.9994	0.9993	0.9991
12	1.0000	1.0000	1.0000	0.9999	0.9999	0.9999	0.9999	0.9998	0.9998	0.9997
13	1.0000	1.0000	1.0000	1.0000	1.0000	1.0000	1.0000	1.0000	0.9999	0.9999
14	1.0000	1.0000	1.0000	1.0000	1.0000	1.0000	1.0000	1.0000	1.0000	1.0000

x	μ									
	4.1	4.2	4.3	4.4	4.5	4.6	4.7	4.8	4.9	5.0
0	0.0166	0.0150	0.0136	0.0123	0.0111	0.0101	0.0091	0.0082	0.0074	0.0067
1	0.0845	0.0780	0.0719	0.0663	0.0611	0.0563	0.0518	0.0477	0.0439	0.0404
2	0.2238	0.2102	0.1974	0.1851	0.1736	0.1626	0.1523	0.1425	0.1333	0.1247
3	0.4142	0.3954	0.3772	0.3594	0.3423	0.3257	0.3097	0.2942	0.2793	0.2650
4	0.6093	0.5898	0.5704	0.5512	0.5321	0.5132	0.4946	0.4763	0.4582	0.4405
5	0.7693	0.7531	0.7367	0.7199	0.7029	0.6858	0.6684	0.6510	0.6335	0.6160
6	0.8786	0.8675	0.8558	0.8436	0.8311	0.8180	0.8046	0.7908	0.7767	0.7622
7	0.9427	0.9361	0.9290	0.9214	0.9134	0.9049	0.8960	0.8867	0.8769	0.8666
8	0.9755	0.9721	0.9683	0.9642	0.9597	0.9549	0.9497	0.9442	0.9382	0.9319
9	0.9905	0.9889	0.9871	0.9851	0.9829	0.9805	0.9778	0.9749	0.9717	0.9682
10	0.9966	0.9959	0.9952	0.9943	0.9933	0.9922	0.9910	0.9896	0.9880	0.9863
11	0.9989	0.9986	0.9983	0.9980	0.9976	0.9971	0.9966	0.9960	0.9953	0.9945
12	0.9997	0.9996	0.9995	0.9993	0.9992	0.9990	0.9988	0.9986	0.9983	0.9980
13	0.9999	0.9999	0.9998	0.9998	0.9997	0.9997	0.9996	0.9995	0.9994	0.9993
14	1.0000	1.0000	1.0000	0.9999	0.9999	0.9999	0.9999	0.9999	0.9998	0.9998
15	1.0000	1.0000	1.0000	1.0000	1.0000	1.0000	1.0000	1.0000	0.9999	0.9999
16	1.0000	1.0000	1.0000	1.0000	1.0000	1.0000	1.0000	1.0000	1.0000	1.0000

x	μ									
	5.1	5.2	5.3	5.4	5.5	5.6	5.7	5.8	5.9	6.0
0	0.0061	0.0055	0.0050	0.0045	0.0041	0.0037	0.0033	0.0030	0.0027	0.0025
1	0.0372	0.0342	0.0314	0.0289	0.0266	0.0244	0.0224	0.0206	0.0189	0.0174
2	0.1165	0.1088	0.1016	0.0948	0.0884	0.0824	0.0768	0.0715	0.0666	0.0620
3	0.2513	0.2381	0.2254	0.2133	0.2017	0.1906	0.1800	0.1700	0.1604	0.1512
4	0.4231	0.4061	0.3895	0.3733	0.3575	0.3422	0.3272	0.3127	0.2987	0.2851
5	0.5984	0.5809	0.5635	0.5461	0.5289	0.5119	0.4950	0.4783	0.4619	0.4457
6	0.7474	0.7324	0.7171	0.7017	0.6860	0.6703	0.6544	0.6384	0.6224	0.6063
7	0.8560	0.8449	0.8335	0.8217	0.8095	0.7970	0.7841	0.7710	0.7576	0.7440
8	0.9252	0.9181	0.9106	0.9027	0.8944	0.8857	0.8766	0.8672	0.8574	0.8472
9	0.9644	0.9603	0.9559	0.9512	0.9462	0.9409	0.9352	0.9292	0.9228	0.9161
10	0.9844	0.9823	0.9800	0.9775	0.9747	0.9718	0.9686	0.9651	0.9614	0.9574
11	0.9937	0.9927	0.9916	0.9904	0.9890	0.9875	0.9859	0.9841	0.9821	0.9799
12	0.9976	0.9972	0.9967	0.9962	0.9955	0.9949	0.9941	0.9932	0.9922	0.9912
13	0.9992	0.9990	0.9988	0.9986	0.9983	0.9980	0.9977	0.9973	0.9969	0.9964
14	0.9997	0.9997	0.9996	0.9995	0.9994	0.9993	0.9991	0.9990	0.9988	0.9986
15	0.9999	0.9999	0.9999	0.9998	0.9998	0.9998	0.9997	0.9996	0.9996	0.9995
16	1.0000	1.0000	1.0000	0.9999	0.9999	0.9999	0.9999	0.9999	0.9999	0.9998
17	1.0000	1.0000	1.0000	1.0000	1.0000	1.0000	1.0000	1.0000	1.0000	0.9999
18	1.0000	1.0000	1.0000	1.0000	1.0000	1.0000	1.0000	1.0000	1.0000	1.0000

x	μ									
	6.1	6.2	6.3	6.4	6.5	6.6	6.7	6.8	6.9	7.0
0	0.0022	0.0020	0.0018	0.0017	0.0015	0.0014	0.0012	0.0011	0.0010	0.0009
1	0.0159	0.0146	0.0134	0.0123	0.0113	0.0103	0.0095	0.0087	0.0080	0.0073
2	0.0577	0.0536	0.0498	0.0463	0.0430	0.0400	0.0371	0.0344	0.0320	0.0296
3	0.1425	0.1342	0.1264	0.1189	0.1118	0.1052	0.0988	0.0928	0.0871	0.0818
4	0.2719	0.2592	0.2469	0.2351	0.2237	0.2127	0.2022	0.1920	0.1823	0.1730
5	0.4298	0.4141	0.3988	0.3837	0.3690	0.3547	0.3406	0.3270	0.3137	0.3007
6	0.5902	0.5742	0.5582	0.5423	0.5265	0.5108	0.4953	0.4799	0.4647	0.4497
7	0.7301	0.7160	0.7017	0.6873	0.6728	0.6581	0.6433	0.6285	0.6136	0.5987
8	0.8367	0.8259	0.8148	0.8033	0.7916	0.7796	0.7673	0.7548	0.7420	0.7291
9	0.9090	0.9016	0.8939	0.8858	0.8774	0.8686	0.8596	0.8502	0.8405	0.8305
10	0.9531	0.9486	0.9437	0.9386	0.9332	0.9274	0.9214	0.9151	0.9084	0.9015
11	0.9776	0.9750	0.9723	0.9693	0.9661	0.9627	0.9591	0.9552	0.9510	0.9467
12	0.9900	0.9887	0.9873	0.9857	0.9840	0.9821	0.9801	0.9779	0.9755	0.9730
13	0.9958	0.9952	0.9945	0.9937	0.9929	0.9920	0.9909	0.9898	0.9885	0.9872
14	0.9984	0.9981	0.9978	0.9974	0.9970	0.9966	0.9961	0.9956	0.9950	0.9943
15	0.9994	0.9993	0.9992	0.9990	0.9988	0.9986	0.9984	0.9982	0.9979	0.9976
16	0.9998	0.9997	0.9997	0.9996	0.9996	0.9995	0.9994	0.9993	0.9992	0.9990
17	0.9999	0.9999	0.9999	0.9999	0.9998	0.9998	0.9998	0.9997	0.9997	0.9996
18	1.0000	1.0000	1.0000	1.0000	0.9999	0.9999	0.9999	0.9999	0.9999	0.9999
19	1.0000	1.0000	1.0000	1.0000	1.0000	1.0000	1.0000	1.0000	1.0000	1.0000

x	μ									
	7.1	7.2	7.3	7.4	7.5	7.6	7.7	7.8	7.9	8.0
0	0.0008	0.0007	0.0007	0.0006	0.0006	0.0005	0.0005	0.0004	0.0004	0.0003
1	0.0067	0.0061	0.0056	0.0051	0.0047	0.0043	0.0039	0.0036	0.0033	0.0020
2	0.0275	0.0255	0.0236	0.0219	0.0203	0.0188	0.0174	0.0161	0.0149	0.0138
3	0.0767	0.0719	0.0674	0.0632	0.0591	0.0554	0.0518	0.0485	0.0453	0.0424
4	0.1641	0.1555	0.1473	0.1395	0.1321	0.1249	0.1181	0.1117	0.1055	0.0996
5	0.2881	0.2759	0.2640	0.2526	0.2414	0.2307	0.2203	0.2103	0.2006	0.1912
6	0.4349	0.4204	0.4060	0.3920	0.3782	0.3646	0.3514	0.3384	0.3257	0.3134
7	0.5838	0.5689	0.5541	0.5393	0.5246	0.5100	0.4956	0.4812	0.4670	0.4530
8	0.7160	0.7027	0.6892	0.6757	0.6620	0.6482	0.6343	0.6204	0.6065	0.5925
9	0.8202	0.8096	0.7988	0.7877	0.7764	0.7649	0.7531	0.7411	0.7290	0.7166
10	0.8942	0.8867	0.8788	0.8707	0.8622	0.8535	0.8445	0.8352	0.8257	0.8159
11	0.9420	0.9371	0.9319	0.9265	0.9208	0.9148	0.9085	0.9020	0.8952	0.8881
12	0.9703	0.9673	0.9642	0.9609	0.9573	0.9536	0.9496	0.9454	0.9409	0.9362
13	0.9857	0.9841	0.9824	0.9805	0.9784	0.9762	0.9739	0.9714	0.9687	0.9658
14	0.9935	0.9927	0.9918	0.9908	0.9897	0.9886	0.9873	0.9859	0.9844	0.9827
15	0.9972	0.9969	0.9964	0.9959	0.9954	0.9948	0.9941	0.9934	0.9926	0.9918
16	0.9989	0.9987	0.9985	0.9983	0.9980	0.9978	0.9974	0.9971	0.9967	0.9963
17	0.9996	0.9995	0.9994	0.9993	0.9992	0.9991	0.9989	0.9988	0.9986	0.9984
18	0.9998	0.9998	0.9998	0.9997	0.9997	0.9996	0.9996	0.9995	0.9994	0.9993
19	0.9999	0.9999	0.9999	0.9999	0.9999	0.9999	0.9998	0.9998	0.9998	0.9997
20	1.0000	1.0000	1.0000	1.0000	1.0000	1.0000	0.9999	0.9999	0.9999	0.9999
21	1.0000	1.0000	1.0000	1.0000	1.0000	1.0000	1.0000	1.0000	1.0000	1.0000

x	μ									
	8.1	8.2	8.3	8.4	8.5	8.6	8.7	8.8	8.9	9.0
0	0.0003	0.0003	0.0002	0.0002	0.0002	0.0002	0.0002	0.0002	0.0001	0.0001
1	0.0028	0.0025	0.0023	0.0021	0.0019	0.0018	0.0016	0.0015	0.0014	0.0012
2	0.0127	0.0118	0.0109	0.0100	0.0093	0.0086	0.0079	0.0073	0.0068	0.0062
3	0.0396	0.0370	0.0346	0.0323	0.0301	0.0281	0.0262	0.0244	0.0228	0.0212
4	0.0940	0.0887	0.0837	0.0789	0.0744	0.0701	0.0660	0.0621	0.0584	0.0550
5	0.1822	0.1736	0.1653	0.1573	0.1496	0.1422	0.1352	0.1284	0.1219	0.1157
6	0.3013	0.2896	0.2781	0.2670	0.2562	0.2457	0.2355	0.2256	0.2160	0.2068
7	0.4391	0.4254	0.4119	0.3987	0.3856	0.3728	0.3602	0.3478	0.3357	0.3239
8	0.5786	0.5647	0.5507	0.5369	0.5231	0.5094	0.4958	0.4823	0.4689	0.4557
9	0.7041	0.6915	0.6788	0.6659	0.6530	0.6400	0.6269	0.6137	0.6006	0.5874
10	0.8058	0.7955	0.7850	0.7743	0.7634	0.7522	0.7409	0.7294	0.7178	0.7060
11	0.8807	0.8731	0.8652	0.8571	0.8487	0.8400	0.8311	0.8220	0.8126	0.8030
12	0.9313	0.9261	0.9207	0.9150	0.9091	0.9029	0.8965	0.8898	0.8829	0.8758
13	0.9628	0.9595	0.9561	0.9524	0.9486	0.9445	0.9403	0.9358	0.9311	0.9261
14	0.9810	0.9791	0.9771	0.9749	0.9726	0.9701	0.9675	0.9647	0.9617	0.9585

续表

x	μ									
---	8.1	8.2	8.3	8.4	8.5	8.6	8.7	8.8	8.9	9.0
15	0.9908	0.9898	0.9887	0.9875	0.9862	0.9848	0.9832	0.9816	0.9798	0.9780
16	0.9958	0.9953	0.9947	0.9941	0.9934	0.9926	0.9918	0.9909	0.9899	0.9889
17	0.9982	0.9979	0.9977	0.9973	0.9970	0.9966	0.9962	0.9957	0.9952	0.9947
18	0.9992	0.9991	0.9990	0.9989	0.9987	0.9985	0.9983	0.9981	0.9978	0.9976
19	0.9997	0.9997	0.9996	0.9995	0.9995	0.9994	0.9993	0.9992	0.9991	0.9989
20	0.9999	0.9999	0.9998	0.9998	0.9998	0.9998	0.9997	0.9997	0.9996	0.9996
21	1.0000	1.0000	0.9999	0.9999	0.9999	0.9999	0.9999	0.9999	0.9998	0.9998
22	1.0000	1.0000	1.0000	1.0000	1.0000	1.0000	1.0000	1.0000	0.9999	0.9999
23	1.0000	1.0000	1.0000	1.0000	1.0000	1.0000	1.0000	1.0000	1.0000	1.0000

x	μ									
---	9.1	9.2	9.3	9.4	9.5	9.6	9.7	9.8	9.9	10.0
0	0.0001	0.0001	0.0001	0.0001	0.0001	0.0001	0.0001	0.0001	0.0001	0.0000
1	0.0011	0.0010	0.0009	0.0009	0.0008	0.0007	0.0007	0.0006	0.0005	0.0005
2	0.0058	0.0053	0.0049	0.0045	0.0042	0.0038	0.0035	0.0033	0.0030	0.0028
3	0.0198	0.0184	0.0172	0.0160	0.0149	0.0138	0.0129	0.0120	0.0111	0.0103
4	0.0517	0.0486	0.0456	0.0429	0.0403	0.0378	0.0355	0.0333	0.0312	0.0293
5	0.1098	0.1041	0.0986	0.0935	0.0885	0.0838	0.0793	0.0750	0.0710	0.0671
6	0.1978	0.1892	0.1808	0.1727	0.1649	0.1574	0.1502	0.1433	0.1366	0.1301
7	0.3123	0.3010	0.2900	0.2792	0.2687	0.2584	0.2485	0.2388	0.2294	0.2202
8	0.4426	0.4296	0.4168	0.4042	0.3918	0.3796	0.3676	0.3558	0.3442	0.3328
9	0.5742	0.5611	0.5479	0.5349	0.5218	0.5089	0.4960	0.4832	0.4705	0.4579
10	0.6941	0.6820	0.6699	0.6576	0.6453	0.6329	0.6205	0.6080	0.5955	0.5830
11	0.7932	0.7832	0.7730	0.7626	0.7520	0.7412	0.7303	0.7193	0.7081	0.6968
12	0.8684	0.8607	0.8529	0.8448	0.8364	0.8279	0.8191	0.8101	0.8009	0.7916
13	0.9210	0.9156	0.9100	0.9042	0.8981	0.8919	0.8853	0.8786	0.8716	0.8645
14	0.9552	0.9517	0.9480	0.9441	0.9400	0.9357	0.9312	0.9265	0.9216	0.9165
15	0.9760	0.9738	0.9715	0.9691	0.9665	0.9638	0.9609	0.9579	0.9546	0.9513
16	0.9878	0.9865	0.9852	0.9838	0.9823	0.9806	0.9789	0.9770	0.9751	0.9730
17	0.9941	0.9934	0.9927	0.9919	0.9911	0.9902	0.9892	0.9881	0.9870	0.9857
18	0.9973	0.9969	0.9966	0.9962	0.9957	0.9952	0.9947	0.9941	0.9935	0.9928
19	0.9988	0.9986	0.9985	0.9983	0.9980	0.9978	0.9975	0.9972	0.9969	0.9965
20	0.9995	0.9994	0.9993	0.9992	0.9991	0.9990	0.9989	0.9987	0.9986	0.9984
21	0.9998	0.9998	0.9997	0.9997	0.9996	0.9996	0.9995	0.9995	0.9994	0.9993
22	0.9999	0.9999	0.9999	0.9999	0.9999	0.9998	0.9998	0.9998	0.9997	0.9997
23	1.0000	1.0000	1.0000	1.0000	0.9999	0.9999	0.9999	0.9999	0.9999	0.9999
24	1.0000	1.0000	1.0000	1.0000	1.0000	1.0000	1.0000	1.0000	1.0000	1.0000

x	μ									
---	11.0	12.0	13.0	14.0	15.0	16.0	17.0	18.0	19.0	20.0
0	0.0000	0.0000	0.0000	0.0000	0.0000	0.0000	0.0000	0.0000	0.0000	0.0000
1	0.0002	0.0001	0.0000	0.0000	0.0000	0.0000	0.0000	0.0000	0.0000	0.0000

x	μ									
	11.0	12.0	13.0	14.0	15.0	16.0	17.0	18.0	19.0	20.0
2	0.0012	0.0005	0.0002	0.0001	0.0000	0.0000	0.0000	0.0000	0.0000	0.0000
3	0.0049	0.0023	0.0011	0.0005	0.0002	0.0001	0.0000	0.0000	0.0000	0.0000
4	0.0151	0.0076	0.0037	0.0018	0.0009	0.0004	0.0002	0.0001	0.0000	0.0000
5	0.0375	0.0203	0.0107	0.0055	0.0028	0.0014	0.0007	0.0003	0.0002	0.0001
6	0.0786	0.0458	0.0259	0.0142	0.0076	0.0040	0.0021	0.0010	0.0005	0.0003
7	0.1432	0.0895	0.0540	0.0316	0.0180	0.0100	0.0054	0.0029	0.0015	0.0008
8	0.2320	0.1550	0.0998	0.0621	0.0374	0.0220	0.0126	0.0071	0.0039	0.0021
9	0.3405	0.2424	0.1658	0.1094	0.0699	0.0433	0.0261	0.0154	0.0089	0.0050
10	0.4599	0.3472	0.2517	0.1757	0.1185	0.0774	0.0491	0.0304	0.0183	0.0108
11	0.5793	0.4616	0.3532	0.2600	0.1848	0.1270	0.0847	0.0549	0.0347	0.0214
12	0.6887	0.5760	0.4631	0.3585	0.2676	0.1931	0.1350	0.0917	0.0606	0.0390
13	0.7813	0.6815	0.5730	0.4644	0.3632	0.2745	0.2009	0.1426	0.0984	0.0661
14	0.8540	0.7720	0.6751	0.5704	0.4657	0.3675	0.2808	0.2081	0.1497	0.1049
15	0.9074	0.8444	0.7636	0.6694	0.5681	0.4667	0.3715	0.2867	0.2148	0.1565
16	0.9441	0.8987	0.8355	0.7559	0.6641	0.5660	0.4677	0.3751	0.2920	0.2211
17	0.9678	0.9370	0.8905	0.8272	0.7489	0.6593	0.5640	0.4686	0.3784	0.2970
18	0.9823	0.9626	0.9302	0.8826	0.8195	0.7423	0.6550	0.5622	0.4695	0.3814
19	0.9907	0.9787	0.9573	0.9235	0.8752	0.8122	0.7363	0.6509	0.5606	0.4703
20	0.9953	0.9884	0.9750	0.9521	0.9170	0.8682	0.8055	0.7307	0.6472	0.5591
21	0.9977	0.9939	0.9859	0.9712	0.9469	0.9108	0.8615	0.7991	0.7255	0.6437
22	0.9990	0.9970	0.9924	0.9833	0.9673	0.9418	0.9047	0.8551	0.7931	0.7206
23	0.9995	0.9985	0.9960	0.9907	0.9805	0.9633	0.9367	0.8989	0.8490	0.7875
24	0.9998	0.9993	0.9980	0.9950	0.9888	0.9777	0.9594	0.9317	0.8933	0.8432
25	0.9999	0.9997	0.9990	0.9974	0.9938	0.9869	0.9748	0.9554	0.9269	0.8878
26	1.0000	0.9999	0.9995	0.9987	0.9967	0.9925	0.9848	0.9718	0.9514	0.9221
27	1.0000	0.9999	0.9998	0.9994	0.9983	0.9959	0.9912	0.9827	0.9687	0.9475
28	1.0000	1.0000	0.9999	0.9997	0.9991	0.9978	0.9950	0.9897	0.9805	0.9657
29	1.0000	1.0000	1.0000	0.9999	0.9996	0.9989	0.9973	0.9941	0.9882	0.9782
30	1.0000	1.0000	1.0000	0.9999	0.9998	0.9994	0.9986	0.9967	0.9930	0.9865
31	1.0000	1.0000	1.0000	1.0000	0.9999	0.9997	0.9993	0.9982	0.9960	0.9919
32	1.0000	1.0000	1.0000	1.0000	1.0000	0.9999	0.9996	0.9990	0.9978	0.9953
33	1.0000	1.0000	1.0000	1.0000	1.0000	0.9999	0.9998	0.9995	0.9988	0.9973
34	1.0000	1.0000	1.0000	1.0000	1.0000	1.0000	0.9999	0.9998	0.9994	0.9985
35	1.0000	1.0000	1.0000	1.0000	1.0000	1.0000	1.0000	0.9999	0.9997	0.9992
36	1.0000	1.0000	1.0000	1.0000	1.0000	1.0000	1.0000	0.9999	0.9998	0.9996
37	1.0000	1.0000	1.0000	1.0000	1.0000	1.0000	1.0000	1.0000	0.9999	0.9998
38	1.0000	1.0000	1.0000	1.0000	1.0000	1.0000	1.0000	1.0000	1.0000	0.9999
39	1.0000	1.0000	1.0000	1.0000	1.0000	1.0000	1.0000	1.0000	1.0000	0.9999
40	1.0000	1.0000	1.0000	1.0000	1.0000	1.0000	1.0000	1.0000	1.0000	1.0000

表 5　标准正态分布概率密度表

$$\phi(x) = \frac{1}{\sqrt{2\pi}} \exp\left(-\frac{x^2}{2}\right), \quad 0 \leqslant x \leqslant 4.99.$$

	0.00	0.01	0.02	0.03	0.04	0.05	0.06	0.07	0.08	0.09
0.0	0.39894	0.39892	0.39886	0.39876	0.39862	0.39844	0.39822	0.39797	0.39767	0.39733
0.1	0.39695	0.39654	0.39608	0.39559	0.39505	0.39448	0.39387	0.39322	0.39253	0.39181
0.2	0.39104	0.39024	0.38940	0.38853	0.38762	0.38667	0.38568	0.38466	0.38361	0.38251
0.3	0.38139	0.38023	0.37903	0.37780	0.37654	0.37524	0.37391	0.37255	0.37115	0.36973
0.4	0.36827	0.36678	0.36526	0.36371	0.36213	0.36053	0.35889	0.35723	0.35553	0.35381
0.5	0.35207	0.35029	0.34849	0.34667	0.34482	0.34294	0.34105	0.33912	0.33718	0.33521
0.6	0.33322	0.33121	0.32918	0.32713	0.32506	0.32297	0.32086	0.31874	0.31659	0.31443
0.7	0.31225	0.31006	0.30785	0.30563	0.30339	0.30114	0.29887	0.29659	0.29431	0.29200
0.8	0.28969	0.28737	0.28504	0.28269	0.28034	0.27798	0.27562	0.27324	0.27086	0.26848
0.9	0.26609	0.26369	0.26129	0.25888	0.25647	0.25406	0.25164	0.24923	0.24681	0.24439
1.0	0.24197	0.23955	0.23713	0.23471	0.23230	0.22988	0.22747	0.22506	0.22265	0.22025
1.1	0.21785	0.21546	0.21307	0.21069	0.20831	0.20594	0.20357	0.20121	0.19886	0.19652
1.2	0.19419	0.19186	0.18954	0.18724	0.18494	0.18265	0.18037	0.17810	0.17585	0.17360
1.3	0.17137	0.16915	0.16694	0.16474	0.16256	0.16038	0.15822	0.15608	0.15395	0.15183
1.4	0.14973	0.14764	0.14556	0.14350	0.14146	0.13943	0.13742	0.13542	0.13344	0.13147
1.5	0.12952	0.12758	0.12566	0.12376	0.12188	0.12001	0.11816	0.11632	0.11450	0.11270
1.6	0.11092	0.10915	0.10741	0.10567	0.10396	0.10226	0.10059	0.09893	0.09728	0.09566
1.7	0.09405	0.09246	0.09089	0.08933	0.08780	0.08628	0.08478	0.08329	0.08183	0.08038
1.8	0.07895	0.07754	0.07614	0.07477	0.07341	0.07206	0.07074	0.06943	0.06814	0.06687
1.9	0.06562	0.06438	0.06316	0.06195	0.06077	0.05959	0.05844	0.05730	0.05618	0.05508
2.0	0.05399	0.05292	0.05186	0.05082	0.04980	0.04879	0.04780	0.04682	0.04586	0.04491
2.1	0.04398	0.04307	0.04217	0.04128	0.04041	0.03955	0.03871	0.03788	0.03706	0.03626
2.2	0.03547	0.03470	0.03394	0.03319	0.03246	0.03174	0.03103	0.03034	0.02965	0.02898
2.3	0.02833	0.02768	0.02705	0.02643	0.02582	0.02522	0.02463	0.02406	0.02349	0.02294
2.4	0.02239	0.02186	0.02134	0.02083	0.02033	0.01984	0.01936	0.01888	0.01842	0.01797
2.5	0.01753	0.01709	0.01667	0.01625	0.01585	0.01545	0.01506	0.01468	0.01431	0.01394
2.6	0.01358	0.01323	0.01289	0.01256	0.01223	0.01191	0.01160	0.01130	0.01100	0.01071
2.7	0.01042	0.01014	0.00987	0.00961	0.00935	0.00909	0.00885	0.00861	0.00837	0.00814
2.8	0.00792	0.00770	0.00748	0.00727	0.00707	0.00687	0.00668	0.00649	0.00631	0.00613
2.9	0.00595	0.00578	0.00562	0.00545	0.00530	0.00514	0.00499	0.00485	0.00470	0.00457
3.0	0.00443	0.00430	0.00417	0.00405	0.00393	0.00381	0.00370	0.00358	0.00348	0.00337
3.1	0.00327	0.00317	0.00307	0.00298	0.00288	0.00279	0.00271	0.00262	0.00254	0.00246

	0.00	0.01	0.02	0.03	0.04	0.05	0.06	0.07	0.08	0.09
3.2	0.00238	0.00231	0.00224	0.00216	0.00210	0.00203	0.00196	0.00190	0.00184	0.00178
3.3	0.00172	0.00167	0.00161	0.00156	0.00151	0.00146	0.00141	0.00136	0.00132	0.00127
3.4	0.00123	0.00119	0.00115	0.00111	0.00107	0.00104	0.00100	0.00097	0.00094	0.00090
3.5	0.00087	0.00084	0.00081	0.00079	0.00076	0.00073	0.00071	0.00068	0.00066	0.00063
3.6	0.00061	0.00059	0.00057	0.00055	0.00053	0.00051	0.00049	0.00047	0.00046	0.00044
3.7	0.00042	0.00041	0.00039	0.00038	0.00037	0.00035	0.00034	0.00033	0.00031	0.00030
3.8	0.00029	0.00028	0.00027	0.00026	0.00025	0.00024	0.00023	0.00022	0.00021	0.00021
3.9	0.00020	0.00019	0.00018	0.00018	0.00017	0.00016	0.00016	0.00015	0.00014	0.00014
4.0	0.00013	0.00013	0.00012	0.00012	0.00011	0.00011	0.00011	0.00010	0.00010	0.00009
4.1	0.00009	0.00009	0.00008	0.00008	0.00008	0.00007	0.00007	0.00007	0.00006	0.00006
4.2	0.00006	0.00006	0.00005	0.00005	0.00005	0.00005	0.00005	0.00004	0.00004	0.00004
4.3	0.00004	0.00004	0.00004	0.00003	0.00003	0.00003	0.00003	0.00003	0.00003	0.00003
4.4	0.00002	0.00002	0.00002	0.00002	0.00002	0.00002	0.00002	0.00002	0.00002	0.00002
4.5	0.00002	0.00002	0.00001	0.00001	0.00001	0.00001	0.00001	0.00001	0.00001	0.00001
4.6	0.00001	0.00001	0.00001	0.00001	0.00001	0.00001	0.00001	0.00001	0.00001	0.00001
4.7	0.00001	0.00001	0.00001	0.00001	0.00001	0.00001	0.00000	0.00000	0.00000	0.00000
4.8	0.00000	0.00000	0.00000	0.00000	0.00000	0.00000	0.00000	0.00000	0.00000	0.00000
4.9	0.00000	0.00000	0.00000	0.00000	0.00000	0.00000	0.00000	0.00000	0.00000	0.00000

表 6　标准正态分布累积分布函数表

$$\Phi(x) = \frac{1}{\sqrt{2\pi}} \int_{-\infty}^{x} \exp\left(-\frac{t^2}{2}\right) dt, \quad 0 \leqslant x \leqslant 4.99, \quad \Phi(-x) = 1 - \Phi(x).$$

	0.00	0.01	0.02	0.03	0.04	0.05	0.06	0.07	0.08	0.09
0.0	0.50000	0.50399	0.50798	0.51197	0.51595	0.51994	0.52392	0.52790	0.53188	0.53586
0.1	0.53983	0.54380	0.54776	0.55172	0.55567	0.55962	0.56356	0.56749	0.57142	0.57535
0.2	0.57926	0.58317	0.58706	0.59095	0.59483	0.59871	0.60257	0.60642	0.61026	0.61409
0.3	0.61791	0.62172	0.62552	0.62930	0.63307	0.63683	0.64058	0.64431	0.64803	0.65173
0.4	0.65542	0.65910	0.66276	0.66640	0.67003	0.67364	0.67724	0.68082	0.68439	0.68793
0.5	0.69146	0.69497	0.69847	0.70194	0.70540	0.70884	0.71226	0.71566	0.71904	0.72240
0.6	0.72575	0.72907	0.73237	0.73565	0.73891	0.74215	0.74537	0.74857	0.75175	0.75490
0.7	0.75804	0.76115	0.76424	0.76730	0.77035	0.77337	0.77637	0.77935	0.78230	0.78524
0.8	0.78814	0.79103	0.79389	0.79673	0.79955	0.80234	0.80511	0.80785	0.81057	0.81327
0.9	0.81594	0.81859	0.82121	0.82381	0.82639	0.82894	0.83147	0.83398	0.83646	0.83891
1.0	0.84134	0.84375	0.84614	0.84849	0.85083	0.85314	0.85543	0.85769	0.85993	0.86214
1.1	0.86433	0.86650	0.86864	0.87076	0.87286	0.87493	0.87698	0.87900	0.88100	0.88298
1.2	0.88493	0.88686	0.88877	0.89065	0.89251	0.89435	0.89617	0.89796	0.89973	0.90147

	0.00	0.01	0.02	0.03	0.04	0.05	0.06	0.07	0.08	0.09
1.3	0.90320	0.90490	0.90658	0.90824	0.90988	0.91149	0.91309	0.91466	0.91621	0.91774
1.4	0.91924	0.92073	0.92220	0.92364	0.92507	0.92647	0.92785	0.92922	0.93056	0.93189
1.5	0.93319	0.93448	0.93574	0.93699	0.93822	0.93943	0.94062	0.94179	0.94295	0.94408
1.6	0.94520	0.94630	0.94738	0.94845	0.94950	0.95053	0.95154	0.95254	0.95352	0.95449
1.7	0.95543	0.95637	0.95728	0.95818	0.95907	0.95994	0.96080	0.96164	0.96246	0.96327
1.8	0.96407	0.96485	0.96562	0.96638	0.96712	0.96784	0.96856	0.96926	0.96995	0.97062
1.9	0.97128	0.97193	0.97257	0.97320	0.97381	0.97441	0.97500	0.97558	0.97615	0.97670
2.0	0.97725	0.97778	0.97831	0.97882	0.97932	0.97982	0.98030	0.98077	0.98124	0.98169
2.1	0.98214	0.98257	0.98300	0.98341	0.98382	0.98422	0.98461	0.98500	0.98537	0.98574
2.2	0.98610	0.98645	0.98679	0.98713	0.98745	0.98778	0.98809	0.98840	0.98870	0.98899
2.3	0.98928	0.98956	0.98983	0.99010	0.99036	0.99061	0.99086	0.99111	0.99134	0.99158
2.4	0.99180	0.99202	0.99224	0.99245	0.99266	0.99286	0.99305	0.99324	0.99343	0.99361
2.5	0.99379	0.99396	0.99413	0.99430	0.99446	0.99461	0.99477	0.99492	0.99506	0.99520
2.6	0.99534	0.99547	0.99560	0.99573	0.99585	0.99598	0.99609	0.99621	0.99632	0.99643
2.7	0.99653	0.99664	0.99674	0.99683	0.99693	0.99702	0.99711	0.99720	0.99728	0.99736
2.8	0.99744	0.99752	0.99760	0.99767	0.99774	0.99781	0.99788	0.99795	0.99801	0.99807
2.9	0.99813	0.99819	0.99825	0.99831	0.99836	0.99841	0.99846	0.99851	0.99856	0.99861
3.0	0.99865	0.99869	0.99874	0.99878	0.99882	0.99886	0.99889	0.99893	0.99896	0.99900
3.1	0.99903	0.99906	0.99910	0.99913	0.99916	0.99918	0.99921	0.99924	0.99926	0.99929
3.2	0.99931	099934	0.99936	0.99938	0.99940	0.99942	0.99944	0.99946	0.99948	0.99950
3.3	0.99952	0.99953	0.99955	0.99957	0.99958	0.99960	0.99961	0.99962	0.99964	0.99965
3.4	0.99966	0.99968	0.99969	0.99970	0.99971	0.99972	0.99973	0.99974	0.99975	0.99976
3.5	0.99977	0.99978	0.99978	0.99979	0.99980	0.99981	0.99981	0.99982	0.99983	0.99983
3.6	0.99984	0.99985	0.99985	0.99986	0.99986	0.99987	0.99987	0.99988	0.99988	0.99989
3.7	0.99989	0.99990	0.99990	0.99990	0.99991	0.99991	0.99992	0.99992	0.99992	0.99992
3.8	0.99993	0.99993	0.99993	0.99994	0.99994	0.99994	0.99994	0.99995	0.99995	0.99995
3.9	0.99995	0.99995	0.99996	0.99996	0.99996	0.99996	0.99996	0.99996	0.99997	0.99997
4.0	0.99997	0.99997	0.99997	0.99997	0.99997	0.99997	0.99998	0.99998	0.99998	0.99998
4.1	0.99998	0.99998	0.99998	0.99998	0.99998	0.99998	0.99998	0.99998	0.99999	0.99999
4.2	0.99999	0.99999	0.99999	0.99999	0.99999	0.99999	0.99999	0.99999	0.99999	0.99999
4.3	0.99999	0.99999	0.99999	0.99999	0.99999	0.99999	0.99999	0.99999	0.99999	0.99999
4.4	0.99999	0.99999	1.00000	1.00000	1.00000	1.00000	1.00000	1.00000	1.00000	1.00000
4.5	1.00000	1.00000	1.00000	1.00000	1.00000	1.00000	1.00000	1.00000	1.00000	1.00000
4.6	1.00000	1.00000	1.00000	1.00000	1.00000	1.00000	1.00000	1.00000	1.00000	1.00000
4.7	1.00000	1.00000	1.00000	1.00000	1.00000	1.00000	1.00000	1.00000	1.00000	1.00000
4.8	1.00000	1.00000	1.00000	1.00000	1.00000	1.00000	1.00000	1.00000	1.00000	1.00000
4.9	1.00000	1.00000	1.00000	1.00000	1.00000	1.00000	1.00000	1.00000	1.00000	1.00000

表 7 χ^2 分布的上侧 α 分位数 χ^2_α 表

$$F(\chi^2_\alpha; \nu) = \int_0^{\chi^2_\alpha(\nu)} f(y; \nu)\mathrm{d}y = 1 - \alpha,$$

其中, $f(y; \nu)$ 为自由度 ν 的 χ^2 分布的概率密度.

ν	\multicolumn{8}{c}{F}
	0.005	0.010	0.025	0.050	0.100	0.200	0.250	0.500
1	0.00004	0.00016	0.00098	0.00393	0.0158	0.064	0.102	0.455
2	0.0100	0.0201	0.0506	0.103	0.211	0.446	0.575	1.386
3	0.0717	0.115	0.216	0.352	0.584	1.005	1.213	2.366
4	0.207	0.297	0.484	0.711	1.064	1.649	1.923	3.357
5	0.412	0.554	0.831	1.145	1.610	2.343	2.675	4.351
6	0.676	0.872	1.237	1.635	2.204	3.070	3.455	5.348
7	0.989	1.239	1.690	2.167	2.833	3.822	4.255	6.346
8	1.344	1.646	2.180	2.733	3.490	4.594	5.071	7.344
9	1.735	2.088	2.700	3.325	4.168	5.380	5.899	8.343
10	2.156	2.558	3.247	3.940	4.865	6.179	6.737	9.342
11	2.60	3.05	3.82	4.57	5.58	6.99	7.58	10.34
12	3.07	3.57	4.40	5.23	6.30	7.81	8.44	11.34
13	3.57	4.11	5.01	5.89	7.04	8.63	9.30	12.34
14	4.07	4.66	5.63	6.57	7.79	9.47	10.17	13.34
15	4.60	5.23	6.26	7.26	8.55	10.31	11.04	14.34
16	5.14	5.81	6.91	7.96	9.31	11.15	11.91	15.34
17	5.70	6.41	7.56	8.67	10.08	12.00	12.79	16.34
18	6.26	7.01	8.23	9.39	10.86	12.86	13.68	17.34
19	6.84	7.63	8.91	10.12	11.65	13.72	14.56	18.34
20	7.43	8.26	9.59	10.85	12.44	14.58	15.45	19.34
21	8.03	8.90	10.28	11.59	13.24	15.44	16.34	20.34
22	8.64	9.54	10.98	12.34	14.04	16.31	17.24	21.34
23	9.26	10.20	11.69	13.09	14.85	17.19	18.14	22.34
24	9.89	10.86	12.40	13.85	15.66	18.06	19.04	23.34
25	10.52	11.52	13.12	14.61	16.47	18.94	19.94	24.34
26	11.16	12.20	13.84	15.38	17.29	19.82	20.84	25.34
27	11.81	12.88	14.57	16.15	18.11	20.70	21.75	26.34
28	12.46	13.56	15.31	16.93	18.94	21.59	22.66	27.34
29	13.12	14.26	16.05	17.71	19.77	22.48	23.57	28.34

ν	F							
	0.005	0.010	0.025	0.050	0.100	0.200	0.250	0.500
30	13.79	14.95	16.79	18.49	20.60	23.36	24.48	29.34
40	20.70	22.16	24.43	26.51	29.05	32.34	33.66	39.34
50	27.99	29.71	32.36	34.76	37.69	41.45	42.94	49.34
60	35.53	37.48	40.48	43.19	46.46	50.64	52.29	59.33
70	43.27	45.44	48.76	51.74	55.33	59.90	61.70	69.33
80	51.17	53.54	57.15	60.39	64.28	69.21	71.14	79.33
90	59.19	61.75	65.64	69.12	73.29	78.56	80.62	89.33
100	67.32	70.06	74.22	77.93	82.36	87.94	90.13	99.33

ν	F						
	0.750	0.800	0.900	0.950	0.975	0.990	0.995
1	1.323	1.642	2.706	3.841	5.024	6.635	7.879
2	2.773	3.219	4.605	5.991	7.378	9.210	10.597
3	4.108	4.642	6.251	7.815	9.348	11.345	12.838
4	5.385	5.989	7.779	9.488	11.143	13.277	14.860
5	6.626	7.289	9.236	11.071	12.833	15.086	16.750
6	7.841	8.558	10.645	12.592	14.449	16.812	18.548
7	9.037	9.803	12.017	14.067	16.013	18.475	20.278
8	10.219	11.030	13.362	15.507	17.535	20.090	21.955
9	11.389	12.242	14.684	16.919	19.023	21.666	23.589
10	12.549	13.442	15.987	18.307	20.483	23.209	25.188
11	13.70	14.63	17.28	19.68	21.92	24.73	26.76
12	14.85	15.81	18.55	21.03	23.34	26.22	28.30
13	15.98	16.98	19.81	22.36	24.74	27.69	29.82
14	17.12	18.15	21.06	23.68	26.12	29.14	31.32
15	18.25	19.31	22.31	25.00	27.49	30.58	32.80
16	19.37	20.47	23.54	26.30	28.85	32.00	34.27
17	20.49	21.61	24.77	27.59	30.19	33.41	35.72
18	21.60	22.76	25.99	28.87	31.53	34.81	37.16
19	22.72	23.90	27.20	30.14	32.85	36.19	38.58
20	23.83	25.04	28.41	31.41	34.17	37.57	40.00
21	24.93	26.17	29.62	32.67	35.48	38.93	41.40
22	26.04	27.30	30.81	33.92	36.78	40.29	42.80
23	27.14	28.43	32.01	35.17	38.08	41.64	44.18
24	28.24	29.55	33.20	36.42	39.36	42.98	45.56

ν	F						
	0.750	0.800	0.900	0.950	0.975	0.990	0.995
25	29.34	30.68	34.38	37.65	40.65	44.31	46.93
26	30.43	31.79	35.56	38.89	41.92	45.64	48.29
27	31.53	32.91	36.74	40.11	43.19	46.96	49.65
28	32.62	34.03	37.92	41.34	44.46	48.28	50.99
29	33.71	35.14	39.09	42.56	45.72	49.59	52.34
30	34.80	36.25	40.26	43.77	46.98	50.89	53.67
40	45.62	47.27	51.81	55.76	59.34	63.69	66.77
50	56.33	58.16	63.17	67.50	71.42	76.16	79.49
60	66.98	68.97	74.40	79.08	83.30	88.38	91.95
70	77.58	79.72	85.53	90.53	95.03	100.43	104.22
80	88.13	90.41	96.58	101.88	106.63	112.33	116.32
90	98.65	101.06	107.57	113.15	118.14	124.12	128.30
100	109.14	111.67	118.50	124.34	129.56	135.81	140.17

表 8 t 分布的上侧 α 分位数 t_α 表

$$F(t_\alpha; \nu) = \int_{-\infty}^{t_\alpha(\nu)} f(y; \nu)\mathrm{d}y = 1 - \alpha,$$

其中 $f(y; \nu)$ 为自由度 ν 的 t 分布的概率密度.

$$F(-t; \nu) = 1 - F(t; \nu).$$

$\nu = \infty$ 相应于标准正态分布.

ν	F									
	0.60	0.70	0.80	0.90	0.95	0.975	0.990	0.995	0.999	0.9995
1	0.325	0.727	1.376	3.078	6.314	12.706	31.821	63.657	318.31	663.62
2	0.289	0.617	1.061	1.886	2.920	4.303	6.965	9.925	22.327	31.598
3	0.277	0.584	0.978	1.638	2.353	3.182	4.541	5.841	10.215	12.924
4	0.271	0.569	0.941	1.533	2.132	2.776	3.747	4.604	7.173	8.610
5	0.267	0.559	0.920	1.476	2.015	2.571	3.365	4.032	5.893	6.869
6	0.265	0.553	0.906	1.440	1.943	2.447	3.143	3.707	5.208	5.959
7	0.263	0.549	0.896	1.415	1.895	2.365	2.998	3.499	4.785	5.408
8	0.262	0.546	0.889	1.397	1.860	2.306	2.896	3.355	4.501	5.041

续表

ν	F									
	0.60	0.70	0.80	0.90	0.95	0.975	0.990	0.995	0.999	0.9995
9	0.261	0.543	0.883	1.383	1.833	2.262	2.821	3.250	4.297	4.781
10	0.260	0.542	0.879	1.372	1.812	2.228	2.764	3.169	4.144	4.587
11	0.260	0.540	0.876	1.363	1.796	2.201	2.718	3.106	4.025	4.437
12	0.259	0.539	0.873	1.356	1.782	2.179	2.681	3.055	3.930	4.318
13	0.259	0.538	0.870	1.350	1.771	2.160	2.650	3.012	3.852	4.221
14	0.258	0.537	0.868	1.345	1.761	2.145	2.624	2.977	3.787	4.140
15	0.258	0.536	0.866	1.341	1.753	2.131	2.602	2.947	3.733	4.073
16	0.258	0.535	0.865	1.337	1.746	2.120	2.583	2.921	3.686	4.015
17	0.257	0.534	0.863	1.333	1.740	2.110	2.567	2.898	3.646	3.965
18	0.257	0.534	0.862	1.330	1.734	2.101	2.552	2.878	3.610	3.922
19	0.257	0.533	0.861	1.328	1.729	2.093	2.539	2.861	3.579	3.883
20	0.257	0.533	0.860	1.325	1.725	2.086	2.528	2.845	3.552	3.850
21	0.257	0.532	0.859	1.323	1.721	2.080	2.518	2.831	3.527	3.819
22	0.256	0.532	0.858	1.321	1.717	2.074	2.508	2.819	3.505	3.792
23	0.256	0.532	0.858	1.319	1.714	2.069	2.500	2.807	3.485	3.767
24	0.256	0.531	0.857	1.318	1.711	2.064	2.492	2.797	3.467	3.745
25	0.256	0.531	0.856	1.316	1.708	2.060	2.485	2.787	3.450	3.725
26	0.256	0.531	0.856	1.315	1.706	2.056	2.479	2.779	3.435	3.707
27	0.256	0.531	0.855	1.314	1.703	2.052	2.473	2.771	3.421	3.690
28	0.256	0.530	0.855	1.313	1.701	2.048	2.467	2.763	3.408	3.674
29	0.256	0.530	0.854	1.311	1.699	2.045	2.462	2.756	3.396	3.659
30	0.256	0.530	0.854	1.310	1.697	2.042	2.457	2.750	3.385	3.646
40	0.255	0.529	0.851	1.303	1.684	2.021	2.423	2.704	3.307	3.551
50	0.255	0.528	0.849	1.299	1.676	2.009	2.403	2.678	3.261	3.496
60	0.254	0.527	0.848	1.296	1.671	2.000	2.390	2.660	3.232	3.460
70	0.254	0.527	0.847	1.294	1.667	1.994	2.381	2.648	3.211	3.435
80	0.254	0.527	0.846	1.292	1.664	1.990	2.374	2.639	3.195	3.416
90	0.254	0.526	0.846	1.291	1.662	1.987	2.369	2.632	3.183	3.402
100	0.254	0.526	0.845	1.290	1.660	1.984	2.364	2.626	3.174	3.391
110	0.254	0.526	0.845	1.289	1.659	1.982	2.361	2.621	3.166	3.381
120	0.254	0.526	0.845	1.289	1.658	1.980	2.358	2.617	3.160	3.373
∞	0.253	0.524	0.842	1.282	1.645	1.960	2.326	2.576	3.090	3.291

表 9 F 分布的上侧 α 分位数 f_α 表

$$F(f_\alpha; \nu_1, \nu_2) = \int_0^{f_\alpha} f(y; \nu_1, \nu_2)\mathrm{d}y = 1 - \alpha,$$

其中 $f(y; \nu_1, \nu_2)$ 为自由度 (ν_1, ν_2) 的 F 分布的概率密度.

表中只列出 $\alpha = 0.005 \sim 0.5$ 的 $f_\alpha(\nu_1, \nu_2)$ 值, $\alpha = 0.5 \sim 0.995$ 的 $f_\alpha(\nu_1, \nu_2)$ 值可由以下关系式求出:

$$f_{1-\alpha}(\nu_1, \nu_2) = \frac{1}{f_\alpha(\nu_2, \nu_1)}.$$

$$\alpha = 0.50$$

ν_2	ν_1								
	1	2	3	4	5	6	7	8	9
1	1.0000	1.5000	1.7092	1.8227	1.8937	1.9422	1.9774	2.0041	2.0250
2	0.66667	1.0000	1.1349	1.2071	1.2519	1.2824	1.3045	1.3213	1.3344
3	0.58506	0.88110	1.0000	1.0632	1.1024	1.1289	1.1482	1.1627	1.1741
4	0.54863	0.82843	0.94054	1.0000	1.0367	1.0617	1.0797	1.0933	1.1040
5	0.52807	0.79877	0.90715	0.96456	1.0000	1.0240	1.0414	1.0545	1.0648
6	0.51489	0.77976	0.88578	0.94191	0.97654	1.0000	1.0169	1.0298	1.0398
7	0.50572	0.76655	0.87095	0.92619	0.96026	0.98334	1.0000	1.0126	1.0224
8	0.49898	0.75683	0.86004	0.91464	0.94831	0.97111	0.98757	1.0000	1.0097
9	0.49382	0.74938	0.85168	0.90580	0.93916	0.96175	0.97805	0.99037	1.0000
10	0.48973	0.74349	0.84508	0.89882	0.93193	0.95436	0.97054	0.98276	0.99232
11	0.48644	0.73872	0.83973	0.89316	0.92608	0.94837	0.96445	0.97661	0.98610
12	0.48369	0.73477	0.83530	0.88848	0.92124	0.94342	0.95943	0.97152	0.98097
13	0.48141	0.73145	0.83159	0.88454	0.91718	0.93926	0.95520	0.96724	0.97665
14	0.47944	0.72862	0.82842	0.88119	0.91371	0.93573	0.95161	0.96360	0.97298
15	0.47775	0.72619	0.82569	0.87830	0.91073	0.93267	0.94850	0.96046	0.96981
16	0.47628	0.72406	0.82330	0.87578	0.90812	0.93001	0.94580	0.95773	0.96705
17	0.47499	0.72219	0.82121	0.87357	0.90584	0.92767	0.94342	0.95532	0.96462
18	0.47385	0.72053	0.81936	0.87161	0.90381	0.92560	0.94132	0.95319	0.96247
19	0.47284	0.71906	0.81771	0.86987	0.90200	0.92375	0.93944	0.95129	0.96056
20	0.47192	0.71773	0.81621	0.86830	0.90038	0.92210	0.93776	0.94959	0.95884
21	0.47108	0.71653	0.81487	0.86688	0.89891	0.92060	0.93624	0.94805	0.95728
22	0.47033	0.71545	0.81365	0.86559	0.89759	0.91924	0.93486	0.94664	0.95588
23	0.46965	0.71446	0.81255	0.86442	0.89638	0.91800	0.93360	0.94538	0.95459
24	0.46902	0.71356	0.81153	0.86335	0.89527	0.91687	0.93245	0.94422	0.95342
25	0.46844	0.71272	0.81061	0.86236	0.89425	0.91583	0.93140	0.94315	0.95234
26	0.46793	0.71195	0.80975	0.86145	0.89331	0.91487	0.93042	0.94217	0.95135
27	0.46744	0.71124	0.80894	0.86061	0.89244	0.91399	0.92952	0.94126	0.95044
28	0.46697	0.71059	0.80820	0.85983	0.89164	0.91317	0.92869	0.94041	0.94958
29	0.46654	0.70999	0.80753	0.85911	0.89089	0.91241	0.92791	0.93963	0.94879
30	0.46616	0.70941	0.80689	0.85844	0.89019	0.91169	0.92719	0.93889	0.94805
40	0.46330	0.70531	0.80228	0.85357	0.88516	0.90654	0.92197	0.93361	0.94272
60	0.46053	0.70122	0.79770	0.84873	0.88017	0.90144	0.91679	0.92838	0.93743
120	0.45774	0.69717	0.79314	0.84392	0.87521	0.89637	0.91164	0.92318	0.93218
∞	0.45494	0.69315	0.78866	0.83918	0.87029	0.89135	0.90654	0.91802	0.92698

ν_2	ν_1									
	10	12	15	20	24	30	40	60	120	∞
1	2.0419	2.0674	2.0931	2.1190	2.1321	2.1452	2.1584	2.1716	2.1848	2.1981
2	1.3450	1.3610	1.3771	1.3933	1.4014	1.4096	1.4178	1.4261	1.4344	1.4427
3	1.1833	1.1972	1.2111	1.2252	1.2322	1.2393	1.2464	1.2536	1.2608	1.2680
4	1.1126	1.1255	1.1386	1.1517	1.1583	1.1649	1.1716	1.1782	1.1849	1.1916
5	1.0730	1.0855	1.0980	1.1106	1.1170	1.1234	1.1297	1.1361	1.1426	1.1490
6	1.0478	1.0600	1.0722	1.0845	1.0907	1.0969	1.1031	1.1093	1.1156	1.1219
7	1.0304	1.0423	1.0543	1.0664	1.0724	1.0785	1.0846	1.0908	1.0969	1.1031
8	1.0175	1.0293	1.0412	1.0531	1.0591	1.0651	1.0711	1.0771	1.0832	1.0893
9	1.0077	1.0194	1.0311	1.0429	1.0489	1.0548	1.0608	1.0667	1.0727	1.0788
10	1.0000	1.0116	1.0232	1.0349	1.0408	1.0467	1.0526	1.0585	1.0645	1.0705
11	0.99373	1.0052	1.0168	1.0284	1.0343	1.0401	1.0460	1.0519	1.0578	1.0637
12	0.98856	1.0000	1.0115	1.0231	1.0289	1.0347	1.0405	1.0464	1.0523	1.0582
13	0.98421	0.99560	1.0071	1.0186	1.0243	1.0301	1.0360	1.0418	1.0476	1.0535
14	0.98051	0.99186	1.0033	1.0147	1.0205	1.0263	1.0321	1.0379	1.0437	1.0495
15	0.97732	0.98863	1.0000	1.0114	1.0172	1.0229	1.0287	1.0345	1.0403	1.0461
16	0.97454	0.98582	0.99716	1.0086	1.0143	1.0200	1.0258	1.0315	1.0373	1.0431
17	0.97209	0.98334	0.99466	1.0060	1.0117	1.0174	1.0232	1.0289	1.0347	1.0405
18	0.96993	0.98116	0.99245	1.0038	1.0095	1.0152	1.0209	1.0267	1.0324	1.0382
19	0.96800	0.97920	0.99047	1.0018	1.0075	1.0132	1.0189	1.0246	1.0304	1.0361
20	0.96626	0.97746	0.98870	1.0000	1.0057	1.0114	1.0171	1.0228	1.0285	1.0343
21	0.96470	0.97587	0.98710	0.99838	1.0040	1.0097	1.0154	1.0211	1.0268	1.0326
22	0.96328	0.97444	0.98565	0.99692	1.0026	1.0082	1.0139	1.0196	1.0253	1.0311
23	0.96199	0.97313	0.98433	0.99558	1.0012	1.0069	1.0126	1.0183	1.0240	1.0297
24	0.96081	0.97194	0.98312	0.99436	1.0000	1.0057	1.0113	1.0170	1.0227	1.0284
25	0.95972	0.97084	0.98201	0.99324	0.99887	1.0045	1.0102	1.0159	1.0215	1.0273
26	0.95872	0.96983	0.98099	0.99220	0.99783	1.0035	1.0091	1.0148	1.0205	1.0262
27	0.95779	0.96889	0.98004	0.99125	0.99687	1.0025	1.0082	1.0138	1.0195	1.0252
28	0.95694	0.96802	0.97917	0.99036	0.99598	1.0016	1.0073	1.0129	1.0186	1.0243
29	0.95614	0.96722	0.97835	0.98954	0.99515	1.0008	1.0064	1.0121	1.0177	1.0234
30	0.95540	0.96647	0.97759	0.98877	0.99438	1.0000	1.0056	1.0113	1.0170	1.0226
40	0.95003	0.96104	0.97211	0.98323	0.98880	0.99440	1.0000	1.0056	1.0113	1.0169
60	0.94471	0.95566	0.96667	0.97773	0.98328	0.98884	0.99441	1.0000	1.0056	1.0112
120	0.93943	0.95032	0.96128	0.97228	0.97780	0.98333	0.98887	0.99443	1.0000	1.0056
∞	0.93418	0.94503	0.95593	0.96687	0.97236	0.97787	0.98339	0.98891	0.99445	1.0000

$\alpha = 0.25$

ν_2	ν_1								
	1	2	3	4	5	6	7	8	9
1	5.8285	7.5000	8.1999	8.5810	8.8198	8.9833	9.1021	9.1922	9.2631
2	2.5714	3.0000	3.1534	3.2320	3.2799	3.3121	3.3352	3.3526	3.3661
3	2.0239	2.2798	2.3555	2.3901	2.4095	2.4218	2.4302	2.4364	2.4410
4	1.8074	2.0000	2.0467	2.0642	2.0723	2.0766	2.0790	2.0805	2.0814
5	1.6925	1.8528	1.8843	1.8927	1.8947	1.8945	1.8935	1.8923	1.8911
6	1.6214	1.7622	1.7844	1.7872	1.7852	1.7821	1.7789	1.7760	1.7733
7	1.5732	1.7010	1.7169	1.7157	1.7111	1.7059	1.7011	1.6969	1.6931
8	1.5384	1.6569	1.6683	1.6642	1.6575	1.6508	1.6448	1.6396	1.6350
9	1.5121	1.6236	1.6315	1.6253	1.6170	1.6091	1.6022	1.5961	1.5909
10	1.4915	1.5975	1.6028	1.5949	1.5853	1.5765	1.5688	1.5621	1.5563
11	1.4749	1.5767	1.5798	1.5704	1.5598	1.5502	1.5418	1.5346	1.5284
12	1.4613	1.5595	1.5609	1.5503	1.5389	1.5286	1.5197	1.5120	1.5054
13	1.4500	1.5452	1.5451	1.5336	1.5214	1.5105	1.5011	1.4931	1.4861
14	1.4403	1.5331	1.5317	1.5194	1.5066	1.4952	1.4854	1.4770	1.4697
15	1.4321	1.5227	1.5202	1.5071	1.4938	1.4820	1.4718	1.4631	1.4556
16	1.4249	1.5137	1.5103	1.4965	1.4827	1.4705	1.4601	1.4511	1.4433
17	1.4186	1.5057	1.5015	1.4873	1.4730	1.4605	1.4497	1.4405	1.4325
18	1.4130	1.4988	1.4938	1.4790	1.4644	1.4516	1.4406	1.4312	1.4230
19	1.4081	1.4925	1.4870	1.4717	1.4568	1.4437	1.4325	1.4228	1.4145
20	1.4037	1.4870	1.4808	1.4652	1.4500	1.4366	1.4252	1.4153	1.4069
21	1.3997	1.4820	1.4753	1.4593	1.4438	1.4302	1.4186	1.4086	1.4000
22	1.3961	1.4774	1.4703	1.4540	1.4382	1.4244	1.4126	1.4025	1.3937
23	1.3928	1.4733	1.4657	1.4491	1.4331	1.4191	1.4072	1.3969	1.3880
24	1.3898	1.4595	1.4615	1.4447	1.4285	1.4143	1.4022	1.3918	1.3828
25	1.3870	1.4661	1.4577	1.4406	1.4242	1.4099	1.3976	1.3871	1.3780
26	1.3845	1.4629	1.4542	1.4368	1.4203	1.4058	1.3935	1.3828	1.3737
27	1.3822	1.4600	1.4510	1.4334	1.4166	1.4021	1.3896	1.3788	1.3696
28	1.3800	1.4572	1.4480	1.4302	1.4133	1.3986	1.3860	1.3752	1.3658
29	1.3780	1.4547	1.4452	1.4272	1.4102	1.3953	1.3826	1.3717	1.3623
30	1.3761	1.4524	1.4426	1.4244	1.4073	1.3923	1.3795	1.3685	1.3590
40	1.3626	1.4355	1.4239	1.4045	1.3863	1.3706	1.3571	1.3455	1.3354
60	1.3493	1.4188	1.4055	1.3848	1.3657	1.3491	1.3349	1.3226	1.3119
120	1.3362	1.4024	1.3873	1.3654	1.3453	1.3278	1.3128	1.2999	1.2886
∞	1.3233	1.3863	1.3694	1.3463	1.3251	1.3068	1.2910	1.2774	1.2654

ν_2	ν_1									
	10	12	15	20	24	30	40	60	120	∞
1	9.3202	9.4064	9.4934	9.5813	9.6255	9.6698	9.7144	9.7591	9.8041	9.8492
2	3.3770	3.3934	3.4098	3.4263	3.4345	3.4428	3.4511	3.4594	3.4677	3.4761
3	2.4447	2.4500	2.4552	2.4602	2.4626	2.4650	2.4674	2.4697	2.4720	2.4742
4	2.0820	2.0826	2.0829	2.0828	2.0827	2.0825	2.0821	2.0817	2.0812	2.0806
5	1.8899	1.8877	1.8851	1.8820	1.8802	1.8784	1.8763	1.8742	1.8719	1.8694
6	1.7708	1.7668	1.7621	1.7569	1.7540	1.7510	1.7477	1.7443	1.7407	1.7368
7	1.6898	1.6843	1.6781	1.6712	1.6675	1.6635	1.6593	1.6548	1.6502	1.6452
8	1.6310	1.6244	1.6170	1.6088	1.6043	1.5996	1.5945	1.5892	1.5836	1.5777
9	1.5863	1.5788	1.5705	1.5611	1.5560	1.5506	1.5450	1.5389	1.5325	1.5257
10	1.5513	1.5430	1.5338	1.5235	1.5179	1.5119	1.5056	1.4990	1.4919	1.4843
11	1.5230	1.5140	1.5041	1.4930	1.4869	1.4805	1.4737	1.4664	1.4587	1.4504
12	1.4996	1.4902	1.4796	1.4678	1.4613	1.4544	1.4471	1.4393	1.4310	1.4221
13	1.4801	1.4701	1.4590	1.4465	1.4397	1.4324	1.4247	1.4164	1.4075	1.3980
14	1.4634	1.4530	1.4414	1.4284	1.4212	1.4136	1.4055	1.3967	1.3874	1.3772
15	1.4491	1.4383	1.4263	1.4127	1.4052	1.3973	1.3888	1.3796	1.3698	1.3591
16	1.4366	1.4255	1.4130	1.3990	1.3913	1.3830	1.3742	1.3646	1.3543	1.3432
17	1.4256	1.4142	1.4014	1.3869	1.3790	1.3704	1.3613	1.3514	1.3406	1.3290
18	1.4159	1.4042	1.3911	1.3762	1.3680	1.3592	1.3497	1.3395	1.3284	1.3162
19	1.4073	1.3953	1.3819	1.3666	1.3582	1.3492	1.3394	1.3289	1.3174	1.3048
20	1.3995	1.3873	1.3736	1.3580	1.3494	1.3401	1.3301	1.3193	1.3074	1.2943
21	1.3925	1.3801	1.3661	1.3502	1.3414	1.3319	1.3217	1.3105	1.2983	1.2848
22	1.3861	1.3735	1.3593	1.3431	1.3341	1.3245	1.3140	1.3025	1.2900	1.2761
23	1.3803	1.3675	1.3531	1.3366	1.3275	1.3176	1.3069	1.2952	1.2824	1.2681
24	1.3750	1.3621	1.3474	1.3307	1.3214	1.3113	1.3004	1.2885	1.2754	1.2607
25	1.3701	1.3570	1.3422	1.3252	1.3158	1.3056	1.2945	1.2823	1.2689	1.2538
26	1.3656	1.3524	1.3374	1.3202	1.3106	1.3002	1.2889	1.2765	1.2628	1.2474
27	1.3615	1.3481	1.3329	1.3155	1.3058	1.2953	1.2838	1.2712	1.2572	1.2414
28	1.3576	1.3441	1.3288	1.3112	1.3013	1.2906	1.2790	1.2662	1.2519	1.2358
29	1.3541	1.3404	1.3249	1.3071	1.2971	1.2863	1.2745	1.2615	1.2470	1.2306
30	1.3507	1.3369	1.3213	1.3033	1.2933	1.2823	1.2703	1.2571	1.2424	1.2256
40	1.3266	1.3119	1.2952	1.2758	1.2649	1.2529	1.2397	1.2249	1.2080	1.1883
60	1.3026	1.2870	1.2691	1.2481	1.2361	1.2229	1.2081	1.1912	1.1715	1.1474
120	1.2787	1.2621	1.2428	1.2200	1.2068	1.1921	1.1752	1.1555	1.1314	1.0987
∞	1.2549	1.2371	1.2163	1.1914	1.1767	1.1600	1.1404	1.1164	1.0838	1.0000

$$\alpha = 0.10$$

ν_2	ν_1								
	1	2	3	4	5	6	7	8	9
1	39.864	49.500	53.593	55.833	57.241	58.204	58.906	59.439	59.858
2	8.5263	9.0000	9.1618	9.2434	9.2926	9.3255	9.3491	9.3668	9.3805
3	5.5383	5.4624	5.3908	5.3427	5.3092	5.2847	5.2662	5.2517	5.2400
4	4.5448	4.3246	4.1908	4.1073	4.0506	4.0098	3.9790	3.9549	3.9357
5	4.0604	3.7797	3.6195	3.5202	3.4530	3.4045	3.3679	3.3393	3.3163
6	3.7760	3.4633	3.2888	3.1808	3.1075	3.0546	3.0145	2.9830	2.9577
7	3.5894	3.2574	3.0741	2.9605	2.8833	2.8274	2.7849	2.7516	2.7247
8	3.4579	3.1131	2.9238	2.8064	2.7265	2.6683	2.6241	2.5893	2.5612
9	3.3603	3.0065	2.8129	2.6927	2.6106	2.5509	2.5053	2.4694	2.4403
10	3.2850	2.9245	2.7277	2.6053	2.5216	2.4606	2.4140	2.3772	2.3473
11	3.2252	2.8595	2.6602	2.5362	2.4512	2.3891	2.3416	2.3040	2.2735
12	3.1765	2.8068	2.6055	2.4801	2.3940	2.3310	2.2828	2.2446	2.2135
13	3.1362	2.7632	2.5603	2.4337	2.3467	2.2830	2.2341	2.1953	2.1638
14	3.1022	2.7265	2.5222	2.3947	2.3069	2.2426	2.1931	2.1539	1.1220
15	3.0732	2.6952	2.4898	2.3614	2.2730	2.2081	2.1582	2.1185	2.0862
16	3.0481	2.6682	2.4618	2.3327	2.2438	2.1783	2.1280	2.0880	2.0553
17	3.0262	2.6446	2.4374	2.3077	2.2183	2.1524	2.1017	2.0613	2.0284
18	3.0070	2.6239	2.4160	2.2858	2.1958	2.1296	2.0785	2.0379	2.0047
19	2.9899	2.6056	2.3970	2.2663	2.1760	2.1094	2.0580	2.0171	1.9836
20	2.9747	2.5893	2.3801	2.2489	2.1582	2.0913	2.0397	1.9985	1.9649
21	2.9609	2.5746	2.3649	2.2333	2.1423	2.0751	2.0232	1.9819	1.9480
22	2.9486	2.5613	2.3512	2.2193	2.1279	2.0605	2.0084	1.9668	1.9327
23	2.9374	2.5493	2.3387	2.2065	2.1149	2.0472	1.9949	1.9531	1.9189
24	2.9271	2.5383	2.3274	2.1949	2.1030	2.0351	1.9826	1.9407	1.9063
25	2.9177	2.5283	2.3170	2.1843	2.0922	2.0241	1.9714	1.9292	1.8947
26	2.9091	2.5191	2.3075	2.1745	2.0822	2.0139	1.9610	1.9188	1.8841
27	2.9012	2.5106	2.2987	2.1655	2.0730	2.0045	1.9515	1.9091	1.8743
28	2.8939	2.5028	2.2906	2.1571	2.0645	1.9959	1.9427	1.9001	1.8652
29	2.8871	2.4955	2.2831	2.1494	2.0566	1.9878	1.9345	1.8918	1.8568
30	2.8807	2.4887	2.2761	2.1422	2.0492	1.9803	1.9269	1.8841	1.8490
40	2.8354	2.4404	2.2261	2.0909	1.9968	1.9269	1.8725	1.8289	1.7929
60	2.7914	2.3932	2.1774	2.0410	1.9457	1.8747	1.8194	1.7748	1.7380
120	2.7478	2.3473	2.1300	1.9923	1.8959	1.8238	1.7675	1.7220	1.6843
∞	2.7055	2.3026	2.0838	1.9449	1.8473	1.7741	1.7167	1.6702	1.6315

ν_2	ν_1									
	10	12	15	20	24	30	40	60	120	∞
1	60.195	60.705	61.220	61.740	62.002	62.265	62.529	62.794	63.061	63.328
2	9.3916	9.4081	9.4247	9.4413	9.4496	9.4579	9.4663	9.4746	9.4829	9.4913
3	5.2304	5.2156	5.2003	5.1845	5.1764	5.1681	5.1597	5.1512	5.1425	5.1337
4	3.9199	3.8955	3.8689	3.8443	3.8310	3.8174	3.8036	3.7896	3.7753	3.7607
5	3.2974	3.2682	3.2380	3.2067	3.1905	3.1741	3.1573	3.1402	3.1228	3.1050
6	2.9369	2.9047	2.8712	2.8363	2.8183	2.8000	2.7812	2.7620	2.7423	2.7222
7	2.7025	2.6681	2.6322	2.5947	2.5753	2.5555	2.5351	2.5142	2.4928	2.4708
8	2.5380	2.5020	2.4642	2.4246	2.4041	2.3830	2.3614	2.3391	2.3162	2.2926
9	2.4163	2.3789	2.3396	2.2983	2.2768	2.2547	2.2320	2.2085	2.1843	2.1592
10	2.3226	2.2841	2.2435	2.2007	2.1784	2.1554	2.1317	2.1072	2.0818	2.0554
11	2.2482	2.2087	2.1671	2.1230	2.1000	2.0762	2.0516	2.0261	1.9997	1.9721
12	2.1878	2.1474	2.1049	2.0597	2.0360	2.0115	1.9861	1.9597	1.9323	1.9036
13	2.1376	2.0966	2.0532	2.0070	1.9827	1.9576	1.9315	1.9043	1.8759	1.8462
14	2.0954	2.0537	2.0095	1.9625	1.9377	1.9119	1.8852	1.8572	1.8280	1.7973
15	2.0593	2.0171	1.9722	1.9243	1.8990	1.8728	1.8454	1.8168	1.7867	1.7551
16	2.0281	1.9854	1.9399	1.8913	1.8656	1.8388	1.8108	1.7816	1.7507	1.7182
17	2.0009	1.9577	1.9117	1.8624	1.8362	1.8090	1.7805	1.7506	1.7191	1.6856
18	1.9770	1.9333	1.8868	1.8368	1.8103	1.7827	1.7537	1.7232	1.6910	1.6567
19	1.9557	1.9117	1.8647	1.8142	1.7873	1.7592	1.7298	1.6988	1.6659	1.6308
20	1.9367	1.8924	1.8449	1.7938	1.7667	1.7382	1.7083	1.6768	1.6433	1.6074
21	1.9197	1.8750	1.8272	1.7756	1.7481	1.7193	1.6890	1.6569	1.6228	1.5862
22	1.9043	1.8593	1.8111	1.7590	1.7312	1.7021	1.6714	1.6389	1.6042	1.5668
23	1.8903	1.8450	1.7964	1.7439	1.7159	1.6864	1.6554	1.6224	1.5871	1.5490
24	1.8775	1.8319	1.7831	1.7302	1.7019	1.6721	1.6407	1.6073	1.5715	1.5327
25	1.8658	1.8200	1.7708	1.7175	1.6890	1.6589	1.6272	1.5934	1.5570	1.5176
26	1.8550	1.8090	1.7596	1.7059	1.6771	1.6468	1.6147	1.5805	1.5437	1.5036
27	1.8451	1.7989	1.7492	1.6951	1.6662	1.6356	1.6032	1.5686	1.5313	1.4906
28	1.8359	1.7895	1.7395	1.6852	1.6560	1.6252	1.5925	1.5575	1.5198	1.4784
29	1.8274	1.7808	1.7306	1.6759	1.6465	1.6155	1.5825	1.5472	1.5090	1.4670
30	1.8195	1.7727	1.7223	1.6673	1.6377	1.6065	1.5732	1.5376	1.4989	1.4564
40	1.7627	1.7146	1.6624	1.6052	1.5741	1.5411	1.5056	1.4672	1.4248	1.3769
60	1.7070	1.6574	1.6034	1.5435	1.5107	1.4755	1.4373	1.3952	1.3476	1.2915
120	1.6524	1.6012	1.5450	1.4821	1.4472	1.4094	1.3676	1.3203	1.2646	1.1926
∞	1.5987	1.5458	1.4871	1.4206	1.3832	1.3419	1.2951	1.2400	1.1686	1.0000

$\alpha = 0.05$

ν_2	ν_1								
	1	2	3	4	5	6	7	8	9
1	161.45	199.50	215.71	224.58	230.16	233.99	236.77	238.88	240.54
2	18.513	19.000	19.164	19.247	19.296	19.330	19.353	19.371	19.385
3	10.128	9.5521	9.2766	9.1172	9.0135	8.9406	8.8868	8.8452	8.8123
4	7.7086	6.9443	6.5914	6.3883	6.2560	6.1631	6.0942	6.0410	5.9988
5	6.6079	5.7861	5.4095	5.1922	5.0503	4.9503	4.8759	4.8183	4.7725
6	5.9874	5.1433	4.7571	4.5337	4.3874	4.2839	4.2066	4.1468	4.0990
7	5.5914	4.7374	4.3468	4.1203	3.9715	3.8660	3.7870	3.7257	3.6767
8	5.3177	4.4590	4.0662	3.8378	3.6875	3.5806	3.5005	3.4381	3.3881
9	5.1174	4.2565	3.8626	3.6331	3.4817	3.3738	3.2927	3.2296	3.1789
10	4.9646	4.1028	3.7083	3.4780	3.3258	3.2172	3.1355	3.0717	3.0204
11	4.8443	3.9823	3.5874	3.3567	3.2039	3.0946	3.0123	2.9480	2.8962
12	4.7472	3.8853	3.4903	3.2592	3.1059	2.9961	2.9134	2.8486	2.7964
13	4.6672	3.8056	3.4105	3.1791	3.0254	2.9153	2.8321	2.7669	2.7144
14	4.6001	3.7389	3.3439	3.1122	2.9582	2.8477	2.7642	2.6987	2.6458
15	4.5431	3.6823	3.2874	3.0556	2.9013	2.7905	2.7066	2.6408	2.5876
16	4.4940	3.6337	3.2389	3.0069	2.8524	2.7413	2.6572	2.5911	2.5377
17	4.4513	3.5915	3.1968	2.9647	2.8100	2.6987	2.6143	2.5480	2.4943
18	4.4139	3.5546	3.1599	2.9277	2.7729	2.6613	2.5767	2.5102	2.4563
19	4.3808	3.5219	3.1274	2.8951	2.7401	2.6283	2.5435	2.4768	2.4227
20	4.3513	3.4928	3.0984	2.8661	2.7109	2.5990	2.5140	2.4471	2.3928
21	4.3248	3.4668	3.0725	2.8401	2.6848	2.5727	2.4876	2.4205	2.3661
22	4.3009	3.4434	3.0491	2.8167	2.6613	2.5491	2.4638	2.3965	2.3419
23	4.2793	3.4221	3.0280	2.7955	2.6400	2.5277	2.4422	2.3748	2.3201
24	4.2597	3.4028	3.0088	2.7763	2.6207	2.5082	2.4226	2.3551	2.3002
25	4.2417	3.3852	2.9912	2.7587	2.6030	2.4904	2.4047	2.3371	2.2821
26	4.2252	3.3690	2.9751	2.7426	2.5868	2.4741	2.3883	2.3205	2.2655
27	4.2100	3.3541	2.9604	2.7278	2.5719	2.4591	2.3732	2.3053	2.2501
28	4.1960	3.3404	2.9467	2.7141	2.5581	2.4453	2.3593	2.2913	2.2360
29	4.1830	3.3277	2.9340	2.7014	2.5454	2.4324	2.3463	2.2782	2.2229
30	4.1709	3.3158	2.9223	2.6896	2.5336	2.4205	2.3343	2.2662	2.2107
40	4.0848	3.2317	2.8387	2.6060	2.4495	2.3359	2.2490	2.1802	2.1240
60	4.0012	3.1504	2.7581	2.5252	2.3683	2.2540	2.1665	2.0970	2.0401
120	3.9201	3.0718	2.6802	2.4472	2.2900	2.1750	2.0867	2.0164	1.9588
∞	3.8415	2.9957	2.6049	2.3719	2.2141	2.0986	2.0096	1.9384	1.8799

ν_2	ν_1									
	10	12	15	20	24	30	40	60	120	∞
1	241.88	243.91	245.95	248.01	249.05	250.09	251.14	252.20	253.25	254.32
2	19.396	19.413	19.429	19.446	19.454	19462	19.471	19.479	19.487	19.496
3	8.7855	8.7446	8.7029	8.6602	8.6385	8.6166	8.5944	8.5720	8.5494	8.5265
4	5.9644	5.9117	5.8578	5.8025	5.7744	5.7459	5.7170	5.6878	5.6581	5.6281
5	4.7351	4.6777	4.6188	4.5581	4.5272	4.4957	4.4638	4.4314	4.3984	4.3650
6	4.0600	3.9999	3.9381	3.8742	3.8415	3.8082	3.7743	3.7398	3.7047	3.6688
7	3.6365	3.5747	3.5108	3.4445	3.4105	3.3758	3.3404	3.3043	3.2674	3.2298
8	3.3472	3.2840	3.2184	3.1503	3.1152	3.0794	3.0428	3.0053	2.9669	2.9276
9	3.1373	3.0729	3.0061	2.9365	2.9005	2.8637	2.8259	2.7872	2.7475	2.7067
10	2.9782	2.9130	2.8450	2.7740	2.7372	2.6996	2.6609	2.6211	2.5801	2.5379
11	2.8536	2.7876	2.7186	2.6464	2.6090	2.5705	2.5309	2.4901	2.4480	2.4045
12	2.7534	2.6866	2.6169	2.5436	2.5055	2.4663	2.4259	2.3842	2.3410	2.2962
13	2.6710	2.6037	2.5331	2.4589	2.4202	2.3803	2.3392	2.2966	2.2524	2.2064
14	2.6021	2.5342	2.4630	2.3879	2.3487	2.3082	2.2664	2.2230	2.1778	2.1307
15	2.5437	2.4753	2.4035	2.3275	2.2878	2.2468	2.2043	2.1601	2.1141	2.0658
16	2.4935	2.4247	2.3522	2.2756	2.2354	2.1938	2.1507	2.1058	2.0589	2.0096
17	2.4499	2.3807	2.3077	2.2304	2.1898	2.1477	2.1040	2.0584	2.0107	1.9604
18	2.4117	2.3421	2.2686	2.1906	2.1497	2.1071	2.0629	2.0166	1.9681	1.9168
19	2.3779	2.3080	2.2341	2.1555	2.1141	2.0712	2.0264	1.9796	1.9302	1.8780
20	2.3479	2.2776	2.2033	2.1242	2.0825	2.0391	1.9938	1.9464	1.8963	1.8432
21	2.3210	2.2504	2.1757	2.0960	2.0540	2.0102	1.9645	1.9165	1.8657	1.8117
22	2.2967	2.2258	2.1508	2.0707	2.0283	1.9842	1.9380	1.8895	1.8380	1.7831
23	2.2747	2.2036	2.1282	2.0476	2.0050	1.9605	1.9139	1.8649	1.8128	1.7570
24	2.2547	2.1834	2.1077	2.0267	1.9838	1.9390	1.8920	1.8424	1.7897	1.7331
25	2.2365	2.1649	2.0889	2.0075	1.9643	1.9192	1.8718	1.8217	1.7684	1.7110
26	2.2197	2.1479	2.0716	1.9898	1.9464	1.9010	1.8533	1.8027	1.7488	1.6906
27	2.2043	2.1323	2.0558	1.9736	1.9299	1.8842	1.8361	1.7851	1.7307	1.6717
28	2.1900	2.1179	2.0411	1.9586	1.9147	1.8687	1.8203	1.7689	1.7138	1.6541
29	2.1768	2.1045	2.0275	1.9446	1.9005	1.8543	1.8055	1.7537	1.6981	1.6377
30	2.1646	2.0921	2.0148	1.9317	1.8874	1.8409	1.7918	1.7396	1.6835	1.6223
40	2.0772	2.0035	1.9245	1.8389	1.7929	1.7444	1.6928	1.6373	1.5766	1.5089
60	1.9926	1.9174	1.8364	1.7480	1.7001	1.6491	1.5943	1.5343	1.4673	1.3893
120	1.9105	1.8337	1.7505	1.6587	1.6084	1.5543	1.4952	1.4290	1.3519	1.2539
∞	1.8307	1.7522	1.6664	1.5705	1.5173	1.4591	1.3940	1.3180	1.2214	1.0000

$$\alpha = 0.025$$

ν_2	ν_1								
	1	2	3	4	5	6	7	8	9
1	647.79	799.50	864.16	899.58	921.85	937.11	948.22	956.66	963.28
2	38.506	39.000	39.165	39.248	39.298	39.331	39.355	39.373	39.387
3	17.443	16.044	15.439	15.101	14.885	14.735	14.624	14.540	14.473
4	12.218	10.649	9.9792	9.6045	9.3645	9.1973	9.0741	8.9796	8.9047
5	10.007	8.4336	7.7636	7.3879	7.1464	6.9777	6.8531	6.7572	6.6810
6	8.8131	7.2598	6.5988	6.2272	5.9876	5.8197	5.6955	5.5996	5.5234
7	8.0727	6.5415	5.8898	5.5226	5.2852	5.1186	4.9949	4.8994	4.8232
8	7.5709	6.0595	5.4160	5.0526	4.8173	4.6517	4.5286	4.4332	4.3572
9	7.2093	5.7147	5.0781	4.7181	4.4844	4.3197	4.1971	4.1020	4.0260
10	6.9367	5.4564	4.8256	4.4683	4.2361	4.0721	3.9498	3.8549	3.7790
11	6.7241	5.2559	4.6300	4.2751	4.0440	3.8807	3.7586	3.6638	3.5879
12	6.5538	5.0959	4.4742	4.1212	3.8911	3.7283	3.6065	3.5118	3.4358
13	6.4143	4.9653	4.3472	3.9959	3.7667	3.6043	3.4827	3.3880	3.3120
14	6.2979	4.8567	4.2417	3.8919	3.6634	3.5014	3.3799	3.2853	3.2093
15	6.1995	4.7650	4.1528	3.8043	3.5764	3.4147	3.2934	3.1987	3.1227
16	6.1151	4.6867	4.0768	3.7294	3.5021	3.3406	3.2194	3.1248	3.0488
17	6.0420	4.6189	4.0112	3.6648	3.4379	3.2767	3.1556	3.0610	2.9849
18	5.9781	4.5597	3.9539	3.6083	3.3820	3.2209	3.0999	3.0053	2.9291
19	5.9216	4.5075	3.9034	3.5587	3.3327	3.1718	3.0509	2.9563	2.8800
20	5.8715	4.4613	3.8587	3.5147	3.2891	3.1283	3.0074	2.9128	2.8365
21	5.8266	4.4199	3.8188	3.4754	3.2501	3.0895	2.9686	2.8740	2.7977
22	5.7863	4.3828	3.7829	3.4401	3.2151	3.0546	2.9338	2.8392	2.7628
23	5.7498	4.3492	3.7505	3.4083	3.1835	3.0232	2.9024	2.8077	2.7313
24	5.7167	4.3187	3.7211	3.3794	3.1548	2.9946	2.8738	2.7791	2.7027
25	5.6864	4.2909	3.6943	3.3530	3.1287	2.9685	2.8478	2.7531	2.6766
26	5.6586	4.2655	3.6697	3.3289	3.1048	2.9447	2.8240	2.7293	2.6528
27	5.6331	4.2421	3.6472	3.3067	3.0828	2.9228	2.8021	2.7074	2.6309
28	5.6096	4.2205	3.6264	3.2863	3.0625	2.9027	2.7820	2.6872	2.6106
29	5.5878	4.2006	3.6072	3.2674	3.0438	2.8840	2.7633	2.6686	2.5919
30	5.5675	4.1821	3.5894	3.2499	3.0265	2.8667	2.7460	2.6513	2.5746
40	5.4239	4.0510	3.4633	3.1261	2.9037	2.7444	2.6238	2.5289	2.4519
60	5.2857	3.9253	3.3425	3.0077	2.7863	2.6274	2.5068	2.4117	2.3344
120	5.1524	3.8046	3.2270	2.8943	2.6740	2.5154	2.3948	2.2994	2.2217
∞	5.0239	3.6889	3.1161	2.7858	2.5665	2.4082	2.2875	2.1918	2.1136

ν_2	ν_1									
	10	12	15	20	24	30	40	60	120	∞
1	968.63	976.71	984.87	993.10	997.25	1001.4	1005.6	1009.8	1014.0	1018.3
2	39.398	39.415	39.431	39.448	39.456	39.465	39.473	39.481	39.490	39.498
3	14.419	14.337	14.253	14.167	14.124	14.081	14.037	13.992	13.947	13.902
4	8.8439	8.7512	8.6565	8.5599	8.5109	8.4613	8.4111	8.3604	8.3092	8.2573
5	6.6192	6.5246	6.4277	6.3285	6.2780	6.2269	6.1751	6.1225	6.0693	6.0153
6	5.4613	5.3662	5.2687	5.1684	5.1172	5.0652	5.0125	4.9589	4.9045	4.8491
7	4.7611	4.6658	4.5678	4.4667	4.4150	4.3624	4.3089	4.2544	4.1989	4.1423
8	4.2951	4.1997	4.1012	3.9995	3.9472	3.8940	3.8398	3.7844	3.7279	3.6702
9	3.9639	3.8682	3.7694	3.6669	3.6142	3.5604	3.5055	3.4493	3.3918	3.3329
10	3.7168	3.6209	3.5217	3.4186	3.3654	3.3110	3.2554	3.1984	3.1399	3.0798
11	3.5257	3.4296	3.3299	3.2261	3.1725	3.1176	3.0613	3.0035	2.9441	2.8828
12	3.3736	3.2773	3.1772	3.0728	3.0187	2.9633	2.9063	2.8478	2.7874	2.7249
13	3.2497	3.1532	3.0527	2.9477	2.8932	2.8373	2.7797	2.7204	2.6590	2.5955
14	3.1469	3.0501	2.9493	2.8437	2.7888	2.7324	2.6742	2.6142	2.5519	2.4872
15	3.0602	2.9633	2.8621	2.7559	2.7006	2.6437	2.5850	2.5242	2.4611	2.3953
16	2.9862	2.8890	2.7875	2.6808	2.6252	2.5678	2.5085	2.4471	2.3831	2.3163
17	2.9222	2.8249	2.7230	2.6158	2.5598	2.5021	2.4422	2.3801	2.3153	2.2474
18	2.8664	2.7689	2.6667	2.5590	2.5027	2.4445	2.3842	2.3214	2.2558	2.1869
19	2.8173	2.7196	2.6171	2.5089	2.4523	2.3937	2.3329	2.2695	2.2032	2.1333
20	2.7737	2.6758	2.5731	2.4645	2.4076	2.3486	2.2873	2.2234	2.1562	2.0853
21	2.7348	2.6368	2.5338	2.4247	2.3675	2.3082	2.2465	2.1819	2.1141	2.0422
22	2.6998	2.6017	2.4984	2.3890	2.3315	2.2718	2.2097	2.1446	2.0760	2.0032
23	2.6682	2.5699	2.4665	2.3567	2.2989	2.2389	2.1763	2.1107	2.0415	1.9677
24	2.6396	2.5412	2.4374	2.3273	2.2693	2.2090	2.1460	2.0799	2.0099	1.9353
25	2.6135	2.5149	2.4110	2.3005	2.2422	2.1816	2.1183	2.0517	1.9811	1.9055
26	2.5895	2.4909	2.3867	2.2759	2.2174	2.1565	2.0928	2.0257	1.9545	1.8781
27	2.5676	2.4688	2.3644	2.2533	2.1946	2.1334	2.0693	2.0018	1.9299	1.8527
28	2.5473	2.4484	2.3438	2.2324	2.1735	2.1121	2.0477	1.9796	1.9072	1.8291
29	2.5286	2.4295	2.3248	2.2131	2.1540	2.0923	2.0276	1.9591	1.8861	1.8072
30	2.5112	2.4120	2.3072	2.1952	2.1359	2.0739	2.0089	1.9400	1.8664	1.7867
40	2.3882	2.2882	2.1819	2.0677	2.0069	1.9429	1.8752	1.8028	1.7242	1.6371
60	2.2702	2.1692	2.0613	1.9445	1.8817	1.8152	1.7440	1.6668	1.5810	1.4822
120	2.1570	2.0548	1.9450	1.8249	1.7597	1.6899	1.6141	1.5299	1.4327	1.3104
∞	2.0483	1.9447	1.8326	1.7085	1.6402	1.5660	1.4835	1.3883	1.2684	1.0000

$$\alpha = 0.01$$

ν_2	ν_1								
	1	2	3	4	5	6	7	8	9
1	4052.2	4999.5	5403.3	5624.6	5763.7	5859.0	5928.3	5981.6	6022.5
2	98.503	99.000	99.166	99.249	99.299	99.332	99.356	99.374	99.388
3	34.116	30.817	29.457	28.710	28.237	27.911	27.672	27.489	27.345
4	21.198	18.000	16.694	15.977	15.522	15.207	14.976	14.799	14.659
5	16.258	13.274	12.060	11.392	10.967	10.672	10.456	10.289	10.158
6	13.745	10.925	9.7795	9.1483	8.7459	8.4661	8.2600	8.1016	7.9761
7	12.246	9.5466	8.4513	7.8467	7.4604	7.1914	6.9928	6.8401	6.7188
8	11.259	8.6491	7.5910	7.0060	6.6318	6.3707	6.1776	6.0289	5.9106
9	10.561	8.0215	6.9919	6.4221	6.0569	5.8018	5.6129	5.4671	5.3511
10	10.044	7.5594	6.5523	5.9943	5.6363	5.3858	5.2001	5.0567	4.9424
11	9.6460	7.2057	6.2167	5.6683	5.3160	5.0692	4.8861	4.7445	4.6315
12	9.3302	6.9266	5.9526	5.4119	5.0643	4.8206	4.6395	4.4994	4.3875
13	9.0738	6.7010	5.7394	5.2053	4.8616	4.6204	4.4410	4.3021	4.1911
14	8.8616	6.5149	5.5639	5.0354	4.6950	4.4558	4.2779	4.1399	4.0297
15	8.6831	6.3589	5.4170	4.8932	4.5556	4.3183	4.1415	4.0045	3.8948
16	8.5310	6.2262	5.2922	4.7726	4.4374	4.2016	4.0259	3.8896	3.7804
17	8.3997	6.1121	5.1850	4.6690	4.3359	4.1015	3.9267	3.7910	3.6822
18	8.2854	6.0129	5.0919	4.5790	4.2479	4.0146	3.8406	3.7054	3.5971
19	8.1850	5.9259	5.0103	4.5003	4.1708	3.9386	3.7653	3.6305	3.5225
20	8.0960	5.8489	4.9382	4.4307	4.1027	3.8714	3.6987	3.5644	3.4567
21	8.0166	5.7804	4.8740	4.3688	4.0421	3.8117	3.6396	3.5056	3.3981
22	7.9454	5.7190	4.8166	4.3134	3.9880	3.7583	3.5867	3.4530	3.3458
23	7.8811	5.6637	4.7649	4.2635	3.9392	3.7102	3.5390	3.4057	3.2986
24	7.8229	5.6136	4.7181	4.2184	3.8951	3.6667	3.4959	3.3629	3.2560
25	7.7698	5.5680	4.6755	4.1774	3.8550	3.6272	3.4568	3.3239	3.2172
26	7.7213	5.5263	4.6366	4.1400	3.8183	3.5911	3.4210	3.2884	3.1818
27	7.6767	5.4881	4.6009	4.1056	3.7848	3.5580	3.3882	3.2558	3.1494
28	7.6356	5.4529	4.5681	4.0740	3.7539	3.5276	3.3581	3.2259	3.1195
29	7.5976	5.4205	4.5378	4.0449	3.7254	3.4995	3.3302	3.1982	3.0920
30	7.5625	5.3904	4.5097	4.0179	3.6990	3.4735	3.3045	3.1726	3.0665
40	7.3141	5.1785	4.3126	3.8283	3.5138	3.2910	3.1238	2.9930	2.8876
60	7.0771	4.9774	4.1259	3.6491	3.3389	3.1187	2.9530	2.8233	2.7185
120	6.8510	4.7865	3.9493	3.4796	3.1735	2.9559	2.7918	2.6629	2.5586
∞	6.6349	4.6052	3.7816	3.3192	3.0173	2.8020	2.6393	2.5113	2.4073

续表

ν_2	ν_1									
	10	12	15	20	24	30	40	60	120	∞
1	6055.8	6106.3	6157.3	6208.7	6234.6	6260.7	6286.8	6313.0	6339.4	6366.0
2	99.399	99.416	99.432	99.449	99.458	99.466	99.474	99.483	99.491	99.501
3	27.229	27.052	26.872	26.690	26.598	26.505	26.411	26.316	26.221	26.125
4	14.546	14.374	14.198	14.020	13.929	13.838	13.745	13.652	13.558	13.463
5	10.051	9.8883	9.7222	9.5527	9.4665	9.3793	9.2912	9.2020	9.1118	9.0204
6	7.8741	7.7183	7.5590	7.3958	7.3127	7.2285	7.1432	7.0568	6.9690	6.8801
7	6.6201	6.4691	6.3143	6.1554	6.0743	5.9921	5.9084	5.8236	5.7372	5.6495
8	5.8143	5.6668	5.5151	5.3591	5.2793	5.1981	5.1156	5.0316	4.9460	4.8588
9	5.2565	5.1114	4.9621	4.8080	4.7290	4.6486	4.5667	4.4831	4.3978	4.3105
10	4.8492	4.7059	4.5582	4.4054	4.3269	4.2469	4.1653	4.0819	3.9965	3.9090
11	4.5393	4.3974	4.2509	4.0990	4.0209	3.9411	3.8596	3.7761	3.6904	3.6025
12	4.2961	4.1553	4.0096	3.8584	3.7805	3.7008	3.6192	3.5355	3.4494	3.3608
13	4.1003	3.9603	3.8154	3.6646	3.5868	3.5070	3.4253	3.3413	3.2548	3.1654
14	3.9394	3.8001	3.6557	3.5052	3.4274	3.3476	3.2656	3.1813	3.0942	3.0040
15	3.8049	3.6662	3.5222	3.3719	3.2940	3.2141	3.1319	3.0471	2.9595	2.8684
16	3.6909	3.5527	3.4089	3.2588	3.1808	3.1007	3.0182	2.9330	2.8447	2.7528
17	3.5931	3.4552	3.3117	3.1615	3.0835	3.0032	2.9205	2.8348	2.7459	2.6530
18	3.5082	3.3706	3.2273	3.0771	2.9990	2.9185	2.8354	2.7493	2.6597	2.5660
19	3.4338	3.2965	3.1533	3.0031	2.9249	2.8442	2.7608	2.6742	2.5839	2.4893
20	3.3682	3.2311	3.0880	2.9377	2.8594	2.7785	2.6947	2.6077	2.5168	2.4212
21	3.3098	3.1729	3.0299	2.8796	2.8011	2.7200	2.6359	2.5484	2.4568	2.3603
22	3.2576	3.1209	2.9780	2.8274	2.7488	2.6675	2.5831	2.4951	2.4029	2.3055
23	3.2106	3.0740	2.9311	2.7805	2.7017	2.6202	2.5355	2.4471	2.3542	2.2559
24	3.1681	3.0316	2.8887	2.7380	2.6591	2.5773	2.4923	2.4035	2.3099	2.2107
25	3.1294	2.9931	2.8502	2.6993	2.6203	2.5383	2.4530	2.3637	2.2695	2.1694
26	3.0941	2.9579	2.8150	2.6640	2.5848	2.5026	2.4170	2.3273	2.2325	2.1315
27	3.0618	2.9256	2.7827	2.6316	2.5522	2.4699	2.3840	2.2938	2.1984	2.0965
28	3.0320	2.8959	2.7530	2.6017	2.5223	2.4397	2.3535	2.2629	2.1670	2.0642
29	3.0045	2.8685	2.7256	2.5742	2.4946	2.4118	2.3253	2.2344	2.1378	2.0342
30	2.9791	2.8431	2.7002	2.5487	2.4689	2.3860	2.2992	2.2079	2.1107	2.0062
40	2.8005	2.6648	2.5216	2.3689	2.2880	2.2034	2.1142	2.0194	1.9172	1.8047
60	2.6318	2.4961	2.3523	2.1978	2.1154	2.0285	1.9360	1.8363	1.7263	1.6006
120	2.4721	2.3363	2.1915	2.0346	1.9500	1.8600	1.7628	1.6557	1.5330	1.3805
∞	2.3209	2.1848	2.0385	1.8783	1.7908	1.6964	1.5923	1.4730	1.3246	1.0000

$$\alpha = 0.005$$

ν_2	ν_1								
	1	2	3	4	5	6	7	8	9
1	16211	20000	21615	22500	23056	23437	23715	23925	24091
2	198.50	199.00	199.17	199.25	199.30	199.33	199.36	199.37	199.39
3	55.552	49.799	47.467	46.195	45.392	44.838	44.434	44.126	43.882
4	31.333	26.284	24.259	23.155	22.456	21.975	21.622	21.352	21.139
5	22.785	18.314	16.530	15.556	14.940	14.513	14.200	13.961	13.772
6	18.635	14.544	12.917	12.028	11.464	11.073	10.786	10.566	10.391
7	16.236	12.404	10.882	10.050	9.5221	9.1554	8.8854	8.6781	8.5138
8	14.688	11.042	9.5965	8.8051	8.3018	7.9520	7.6942	7.4960	7.3386
9	13.614	10.107	8.7171	7.9559	7.4711	7.1338	6.8849	6.6933	6.5411
10	12.826	9.4270	8.0807	7.3428	6.8723	6.5446	6.3025	6.1159	5.9676
11	12.226	8.9122	7.6004	6.8809	6.4217	6.1015	5.8648	5.6821	5.5368
12	11.754	8.5096	7.2258	6.5211	6.0711	5.7570	5.5245	5.3451	5.2021
13	11.374	8.1865	6.9257	6.2335	5.7910	5.4819	5.2529	5.0761	4.9351
14	11.060	7.9217	6.6803	5.9984	5.5623	5.2574	5.0313	4.8566	4.7173
15	10.798	7.7008	6.4760	5.8029	5.3721	5.0708	4.8473	4.6743	4.5364
16	10.575	7.5138	6.3034	5.6378	5.2117	4.9134	4.6920	4.5207	4.3838
17	10.384	7.3536	6.1556	5.4967	5.0746	4.7789	4.5594	4.3893	5.2535
18	10.218	7.2148	6.0277	5.3746	4.9560	4.6627	4.4448	4.2759	4.1410
19	10.073	7.0935	5.9161	5.2681	4.8526	4.5614	4.3448	4.1770	4.0428
20	9.9439	6.9865	5.8177	5.1743	4.7616	4.4721	4.2569	4.0900	3.9564
21	9.8295	6.8914	5.7304	5.0911	4.6808	4.3931	4.1789	4.0128	3.8799
22	9.7271	6.8064	5.6524	5.0168	4.6088	4.3225	4.1094	3.9440	3.8116
23	9.6348	6.7300	5.5823	4.9500	4.5441	4.2591	4.0469	3.8822	3.7502
24	9.5513	6.6610	5.5190	4.8898	4.4857	4.2019	3.9905	3.8264	3.6949
25	9.4753	6.5982	5.4615	4.8351	4.4327	4.1500	3.9394	3.7758	3.6447
26	9.4059	6.5409	5.4091	4.7852	4.3844	4.1027	3.8928	3.7297	3.5989
27	9.3423	6.4885	5.3611	4.7396	4.3402	4.0594	3.8501	3.6875	3.5571
28	9.2838	6.4403	5.3170	4.6977	4.2996	4.0197	3.8110	3.6487	3.5186
29	9.2297	6.3958	5.2764	4.6591	4.2622	3.9830	3.7749	3.6130	3.4832
30	9.1797	6.3547	5.2388	4.6233	4.2276	3.9492	3.7416	3.5801	3.4505
40	8.8278	6.0664	4.9759	4.3738	3.9860	3.7129	3.5088	3.3498	3.2220
60	8.4946	5.7950	4.7290	4.1399	3.7600	3.4918	3.2911	3.1344	3.0083
120	8.1790	5.5393	4.4973	3.9207	3.5482	3.2849	3.0874	2.9330	2.8083
∞	7.8794	5.2983	4.2794	3.7151	3.3499	3.0913	2.8968	2.7444	2.6210

ν_2	ν_1									
	10	12	15	20	24	30	40	60	120	∞
1	24224	24426	24630	24836	24940	25044	25148	25253	25359	25465
2	199.40	199.42	199.43	199.45	199.46	199.47	199.47	199.48	199.49	199.51
3	43.686	43.387	43.085	42.778	42.622	42.466	42.308	42.149	41.989	41.829
4	20.967	20.705	20.438	20.167	20.030	19.892	19.752	19.611	19.468	19.325
5	13.618	13.384	13.146	12.903	12.780	12.656	12.530	12.402	12.274	12.144
6	10.250	10.034	9.8140	9.5888	9.4741	9.3583	9.2408	9.1219	9.0015	8.8793
7	8.3803	8.1764	7.9678	7.7540	7.6450	7.5345	7.4225	7.3088	7.1933	7.0760
8	7.2107	7.0149	6.8143	6.6082	6.5029	6.3961	6.2875	6.1772	6.0649	5.9505
9	6.4171	6.2274	6.0325	5.8318	5.7292	5.6248	5.5186	5.4104	5.3001	5.1875
10	5.8467	5.6613	5.4707	5.2740	5.1732	5.0705	4.9659	4.8592	4.7501	4.6385
11	5.4182	5.2363	5.0489	4.8552	4.7557	4.6543	4.5508	4.4450	4.3367	4.2256
12	5.0855	4.9063	4.7214	4.5299	4.4315	4.3309	4.2282	4.1229	4.0149	3.9039
13	4.8199	4.6429	4.4600	4.2703	4.1726	4.0727	3.9704	3.8655	3.7577	3.6465
14	4.6034	4.4281	4.2468	4.0585	3.9614	3.8619	3.7600	3.6553	3.5473	3.4359
15	4.4236	4.2498	4.0698	3.8826	3.7859	3.6867	3.5850	3.4803	3.3722	3.2602
16	4.2719	4.0994	3.9205	3.7342	3.6378	3.5388	3.4372	3.3324	3.2240	3.1115
17	4.1423	3.9709	3.7929	3.6073	3.5112	3.4124	3.3107	3.2058	3.0971	2.9839
18	4.0305	3.8599	3.6827	3.4977	3.4017	3.3030	3.2014	3.0962	2.9871	2.8732
19	3.9329	3.7631	3.5866	3.4020	3.3062	3.2075	3.1058	3.0004	2.8908	2.7762
20	3.8470	3.6779	3.5020	3.3178	3.2220	3.1234	3.0215	2.9159	2.8058	2.6904
21	3.7709	3.6024	3.4270	3.2431	3.1474	3.0488	2.9467	2.8408	2.7302	2.6140
22	3.7030	3.5350	3.3600	3.1764	3.0807	2.9821	2.8799	2.7736	2.6625	2.5455
23	3.6420	3.4745	3.2999	3.1165	3.0208	2.9221	2.8198	2.7132	2.6016	2.4837
24	3.5870	3.4199	3.2456	3.0624	2.9667	2.8679	2.7654	2.6585	2.5463	2.4276
25	3.5370	3.3704	3.1963	3.0133	2.9176	2.8187	2.7160	2.6088	2.4960	2.3765
26	3.4916	3.3252	3.1515	2.9685	2.8728	2.7738	2.6709	2.5633	2.4501	2.3297
27	3.4499	3.2839	3.1104	2.9275	2.8318	2.7327	2.6296	2.5217	2.4078	2.2867
28	3.4117	3.2460	3.0727	2.8899	2.7941	2.6949	2.5916	2.4834	2.3689	2.2469
29	3.3765	3.2111	3.0379	2.8551	2.7594	2.6601	2.5565	2.4479	2.3330	2.2102
30	3.3440	3.1787	3.0057	2.8230	2.7272	2.6278	2.5241	2.4151	2.2997	2.1760
40	3.1167	2.9531	2.7811	2.5984	2.5020	2.4015	2.2958	2.1838	2.0635	1.9318
60	2.9042	2.7419	2.5705	2.3872	2.2898	2.1874	2.0789	1.9622	1.8341	1.6885
120	2.7052	2.5439	2.3727	2.1881	2.0890	1.9839	1.8709	1.7469	1.6055	1.4311
∞	2.5188	2.3583	2.1868	1.9998	1.8983	1.7891	1.6691	1.5325	1.3637	1.0000

表 10　似然比顺序求和方法求得的信号区间内信号泊松事例数期望值 μ 的置信区间 $[\mu_1, \mu_2]$，其中 n_0 和 b 是信号区间内观测到的事例总数和已知平均本底事例数

表 10.1　置信水平 68.27%

n_0	$b=0.0$	0.5	1.0	1.5	2.0	2.5	3.0	3.5	4.0	5.0
0	0.00 1.29	0.00 0.80	0.00 0.54	0.00 0.41	0.00 0.41	0.00 0.25	0.00 0.25	0.00 0.21	0.00 0.21	0.00 0.19
1	0.37 2.75	0.00 2.25	0.00 1.75	0.00 1.32	0.00 0.97	0.00 0.68	0.00 0.50	0.00 0.50	0.00 0.36	0.00 0.30
2	0.74 4.25	0.44 3.75	0.14 3.25	0.00 2.75	0.00 2.25	0.00 1.80	0.00 1.41	0.00 1.09	0.00 0.81	0.00 0.47
3	1.10 5.30	0.80 4.80	0.54 4.30	0.32 3.80	0.00 3.30	0.00 2.80	0.00 2.30	0.00 1.84	0.00 1.45	0.00 0.91
4	2.34 6.78	1.84 6.28	1.34 5.78	0.91 5.28	0.44 4.78	0.25 4.28	0.00 3.78	0.00 3.28	0.00 2.78	0.00 1.90
5	2.75 7.81	2.25 7.31	1.75 6.81	1.32 6.31	0.97 5.81	0.68 5.31	0.45 4.81	0.20 4.31	0.00 3.81	0.00 2.81
6	3.82 9.28	3.32 8.78	2.82 8.28	2.32 7.78	1.82 7.28	1.37 6.78	1.01 6.28	0.62 5.78	0.36 5.28	0.00 4.28
7	4.25 10.30	3.75 9.80	3.25 9.30	2.75 8.80	2.25 8.30	1.80 7.80	1.41 7.30	1.09 6.80	0.81 6.30	0.32 5.30
8	5.30 11.32	4.80 10.82	4.30 10.32	3.80 9.82	3.30 9.32	2.80 8.82	2.30 8.32	1.84 7.82	1.45 7.32	0.82 6.32
9	6.33 12.79	5.83 12.29	5.33 11.79	4.83 11.29	4.33 10.79	3.83 10.29	3.33 9.79	2.83 9.29	2.33 8.79	1.44 7.79
10	6.78 13.81	6.28 13.31	5.78 12.81	5.28 12.31	4.78 11.81	4.28 11.31	3.78 10.81	3.28 10.31	2.78 9.81	1.90 8.81
11	7.81 14.82	7.31 14.32	6.81 13.82	6.31 13.32	5.81 12.82	5.31 12.32	4.81 11.82	4.31 11.32	3.81 10.82	2.81 9.82
12	8.83 16.29	8.33 15.79	7.83 15.29	7.33 14.79	6.83 14.29	6.33 13.79	5.83 13.29	5.33 12.79	4.83 12.29	3.83 11.29
13	9.28 17.30	8.78 16.80	8.28 16.30	7.78 15.80	7.28 15.30	6.78 14.80	6.28 14.30	5.78 13.80	5.28 13.30	4.28 12.30
14	10.30 18.32	9.80 17.82	9.30 17.32	8.80 16.82	8.30 16.32	7.80 15.82	7.30 15.32	6.80 14.82	6.30 14.32	5.30 13.32
15	11.32 19.32	10.82 18.82	10.32 18.32	9.82 17.82	9.32 17.32	8.82 16.82	8.32 16.32	7.82 15.82	7.32 15.32	6.32 14.32
16	12.33 20.80	11.83 20.30	11.33 19.80	10.83 19.30	10.33 18.80	9.83 18.30	9.33 17.80	8.83 17.30	8.33 16.80	7.33 15.80
17	12.79 21.81	12.29 21.31	11.79 20.81	11.29 20.31	10.79 19.81	10.29 19.31	9.79 18.81	9.29 18.31	8.79 17.81	7.79 16.81
18	13.81 22.82	13.31 22.32	12.81 21.82	12.31 21.32	11.81 20.82	11.31 20.32	10.81 19.82	10.31 19.32	9.81 18.82	8.81 17.82
19	14.82 23.82	14.32 23.32	13.82 22.82	13.32 22.32	12.82 21.82	12.32 21.32	11.82 20.82	11.32 20.32	10.82 19.82	9.82 18.82
20	15.83 25.30	15.33 24.80	14.83 24.30	14.33 23.80	13.83 23.30	13.33 22.80	12.83 22.30	12.33 21.80	11.83 21.30	10.83 20.30

续表

n_0	b 6.0	7.0	8.0	9.0	10.0	11.0	12.0	13.0	14.0	15.0
0	0.00 0.18	0.00 0.17	0.00 0.17	0.00 0.17	0.00 0.16	0.00 0.16	0.00 0.16	0.00 0.16	0.00 0.16	0.00 0.15
1	0.00 0.24	0.00 0.21	0.00 0.20	0.00 0.19	0.00 0.18	0.00 0.17	0.00 0.17	0.00 0.17	0.00 0.17	0.00 0.16
2	0.00 0.31	0.00 0.27	0.00 0.23	0.00 0.21	0.00 0.20	0.00 0.19	0.00 0.19	0.00 0.18	0.00 0.18	0.00 0.18
3	0.00 0.69	0.00 0.42	0.00 0.31	0.00 0.26	0.00 0.23	0.00 0.22	0.00 0.21	0.00 0.20	0.00 0.20	0.00 0.19
4	0.00 1.22	0.00 0.69	0.00 0.60	0.00 0.38	0.00 0.30	0.00 0.26	0.00 0.24	0.00 0.23	0.00 0.22	0.00 0.21
5	0.00 1.92	0.00 1.23	0.00 0.99	0.00 0.60	0.00 0.48	0.00 0.35	0.00 0.29	0.00 0.26	0.00 0.24	0.00 0.23
6	0.00 3.28	0.00 2.38	0.00 1.65	0.00 1.06	0.00 0.63	0.00 0.53	0.00 0.42	0.00 0.33	0.00 0.29	0.00 0.26
7	0.00 4.30	0.00 3.30	0.00 2.40	0.00 1.66	0.00 1.07	0.00 0.88	0.00 0.53	0.00 0.47	0.00 0.38	0.00 0.32
8	0.31 5.32	0.00 4.32	0.00 3.32	0.00 2.41	0.00 1.67	0.00 1.46	0.00 0.94	0.00 0.62	0.00 0.48	0.00 0.43
9	0.69 6.79	0.27 5.79	0.00 4.79	0.00 3.79	0.00 2.87	0.00 2.10	0.00 1.46	0.00 0.94	0.00 0.78	0.00 0.50
10	1.22 7.81	0.69 6.81	0.23 5.81	0.00 4.81	0.00 3.81	0.00 2.89	0.00 2.11	0.00 1.47	0.00 1.03	0.00 0.84
11	1.92 8.82	1.23 7.82	0.60 6.82	0.19 5.82	0.00 4.82	0.00 3.82	0.00 2.90	0.00 2.12	0.00 1.54	0.00 1.31
12	2.83 10.29	1.94 9.29	1.12 8.29	0.60 7.29	0.12 6.29	0.00 5.29	0.00 4.29	0.00 3.36	0.00 2.57	0.00 1.89
13	3.28 11.30	2.38 10.30	1.65 9.30	1.06 8.30	0.60 7.30	0.05 6.30	0.00 5.30	0.00 4.30	0.00 3.37	0.00 2.57
14	4.30 12.32	3.30 11.32	2.40 10.32	1.66 9.32	1.07 8.32	0.53 7.32	0.00 6.32	0.00 5.32	0.00 4.32	0.00 3.38
15	5.32 13.32	4.32 12.32	3.32 11.32	2.41 10.32	1.67 9.32	1.00 8.32	0.53 7.32	0.00 6.32	0.00 5.32	0.00 4.32
16	6.33 14.80	5.33 13.80	4.33 12.80	3.33 11.80	2.43 10.80	1.46 9.80	0.94 8.80	0.47 7.80	0.00 6.80	0.00 5.80
17	6.79 15.81	5.79 14.81	4.79 13.81	3.79 12.81	2.87 11.81	2.10 10.81	1.46 9.81	0.94 8.81	0.48 7.81	0.00 6.81
18	7.81 16.82	6.81 15.82	5.81 14.82	4.81 13.82	3.81 12.82	2.89 11.82	2.11 10.82	1.47 9.82	0.93 8.82	0.43 7.82
19	8.82 17.82	7.82 16.82	6.82 15.82	5.82 14.82	4.82 13.82	3.82 12.82	2.90 11.82	2.12 10.82	1.48 9.82	0.84 8.82
20	9.83 19.30	8.83 18.30	7.83 17.30	6.83 16.30	5.83 15.30	4.83 14.30	3.83 13.30	2.91 12.30	2.12 11.30	1.31 10.30

表 10.2　置信水平 90%

n_0	0.0	0.5	1.0	1.5	2.0	2.5	3.0	3.5	4.0	5.0
0	0.00 2.44	0.00 1.94	0.00 1.61	0.00 1.33	0.00 1.26	0.00 1.18	0.00 1.08	0.00 1.06	0.00 1.01	0.00 0.98
1	0.11 4.36	0.00 3.86	0.00 3.36	0.00 2.91	0.00 2.53	0.00 2.19	0.00 1.88	0.00 1.59	0.00 1.39	0.00 1.22
2	0.53 5.91	0.03 5.41	0.00 4.91	0.00 4.41	0.00 3.91	0.00 3.45	0.00 3.04	0.00 2.67	0.00 2.33	0.00 1.73
3	1.10 7.42	0.60 6.92	0.10 6.42	0.00 5.92	0.00 5.42	0.00 4.92	0.00 4.42	0.00 3.95	0.00 3.53	0.00 2.78
4	1.47 8.60	1.17 8.10	0.74 7.60	0.24 7.10	0.00 6.60	0.00 6.10	0.00 5.60	0.00 5.10	0.00 4.60	0.00 3.60
5	1.84 9.99	1.53 9.49	1.25 8.99	0.93 8.49	0.43 7.99	0.00 7.49	0.00 6.99	0.00 6.49	0.00 5.99	0.00 4.99
6	2.21 11.47	1.61 10.47	1.61 10.47	1.33 9.97	1.08 9.47	0.65 8.97	0.15 8.47	0.07 7.97	0.07 7.47	0.00 6.47
7	3.56 12.53	2.56 11.53	2.56 11.53	2.09 11.03	1.59 10.53	1.18 10.03	0.89 9.53	0.39 9.03	0.00 8.53	0.00 7.53
8	3.96 13.99	2.96 12.99	2.96 12.99	2.51 12.49	2.14 11.99	1.81 11.49	1.51 10.99	1.06 10.49	0.66 9.99	0.00 8.99
9	4.36 15.30	3.36 14.30	3.36 14.30	2.91 13.80	2.53 13.30	2.19 12.80	1.88 12.30	1.59 11.80	1.33 11.30	0.43 10.30
10	5.50 16.50	4.50 15.50	4.50 15.50	4.00 15.00	3.50 14.50	3.04 14.00	2.63 13.50	2.27 13.00	1.94 12.50	1.19 11.50
11	5.91 17.81	4.91 16.81	4.91 16.81	4.41 16.31	3.91 15.81	3.45 15.31	3.04 14.81	2.67 14.31	2.33 13.81	1.73 12.81
12	7.01 19.00	6.01 18.00	6.01 18.00	5.51 17.50	5.01 17.00	4.51 16.50	4.01 16.00	3.54 15.50	3.12 15.00	2.38 14.00
13	7.42 20.05	6.42 19.05	6.42 19.05	5.92 18.55	5.42 18.05	4.92 17.55	4.42 17.05	3.95 16.55	3.53 16.05	2.78 15.05
14	8.50 21.50	7.50 20.50	7.50 20.50	7.00 20.00	6.50 19.50	6.00 19.00	5.50 18.50	5.00 18.00	4.50 17.50	3.59 16.50
15	9.48 22.52	8.48 21.52	8.48 21.52	7.98 21.02	7.48 20.52	6.98 20.02	6.48 19.52	5.98 19.02	5.48 18.52	4.48 17.52
16	9.99 23.99	8.99 22.99	8.99 22.99	8.49 22.49	7.99 21.99	7.49 21.49	6.99 20.99	6.49 20.49	5.99 19.99	4.99 18.99
17	11.04 25.02	10.54 24.52	9.54 23.52	9.54 23.52	9.04 23.02	8.54 22.52	8.04 22.02	7.54 21.52	7.04 21.02	6.04 20.02
18	11.47 26.16	10.97 25.66	9.97 24.66	9.97 24.66	9.47 24.16	8.97 23.66	8.47 23.16	7.97 22.66	7.47 22.16	6.47 21.16
19	12.51 27.51	12.01 27.01	11.01 26.01	11.01 26.01	10.51 25.51	10.01 25.01	9.51 24.51	9.01 24.01	8.51 23.51	7.51 22.51
20	13.55 28.52	13.05 28.02	12.05 27.02	12.05 27.02	11.55 26.52	11.05 26.02	10.55 25.52	10.05 25.02	9.55 24.52	8.55 23.52

b

续表

n_0	b 6.0	7.0	8.0	9.0	10.0	11.0	12.0	13.0	14.0	15.0
0	0.00 0.97	0.00 0.95	0.00 0.94	0.00 0.94	0.00 0.93	0.00 0.93	0.00 0.92	0.00 0.92	0.00 0.92	0.00 0.92
1	0.00 1.14	0.00 1.10	0.00 1.07	0.00 1.03	0.00 1.03	0.00 1.01	0.00 1.00	0.00 0.99	0.00 0.99	0.00 0.98
2	0.00 1.57	0.00 1.38	0.00 1.27	0.00 1.21	0.00 1.15	0.00 1.11	0.00 1.09	0.00 1.08	0.00 1.06	0.00 1.05
3	0.00 2.14	0.00 1.75	0.00 1.49	0.00 1.37	0.00 1.29	0.00 1.24	0.00 1.21	0.00 1.18	0.00 1.15	0.00 1.14
4	0.00 2.83	0.00 2.56	0.00 1.98	0.00 1.57	0.00 1.57	0.00 1.45	0.00 1.37	0.00 1.31	0.00 1.27	0.00 1.24
5	0.00 4.07	0.00 3.28	0.00 2.60	0.00 2.38	0.00 1.85	0.00 1.70	0.00 1.58	0.00 1.48	0.00 1.39	0.00 1.32
6	0.00 5.47	0.00 4.54	0.00 3.73	0.00 3.02	0.00 2.40	0.00 2.21	0.00 1.86	0.00 1.67	0.00 1.55	0.00 1.47
7	0.00 6.53	0.00 5.53	0.00 4.58	0.00 3.77	0.00 3.26	0.00 2.81	0.00 2.23	0.00 2.07	0.00 1.86	0.00 1.69
8	0.00 7.99	0.00 6.99	0.00 5.99	0.00 5.05	0.00 4.22	0.00 3.49	0.00 2.83	0.00 2.62	0.00 2.11	0.00 1.95
9	0.00 9.30	0.00 8.30	0.00 7.30	0.00 6.30	0.00 5.30	0.00 4.30	0.00 3.93	0.00 3.25	0.00 2.64	0.00 2.45
10	0.22 10.50	0.00 9.50	0.00 8.50	0.00 7.50	0.00 6.50	0.00 5.56	0.00 4.71	0.00 3.95	0.00 3.27	0.00 3.00
11	1.01 11.81	0.02 10.81	0.00 9.81	0.00 8.81	0.00 7.81	0.00 6.81	0.00 5.81	0.00 4.81	0.00 4.39	0.00 3.69
12	1.57 13.00	0.83 12.00	0.00 11.00	0.00 10.00	0.00 9.00	0.00 8.00	0.00 7.00	0.00 6.05	0.00 5.19	0.00 4.42
13	2.14 14.05	1.50 13.05	0.65 12.05	0.00 11.05	0.00 10.05	0.00 9.05	0.00 8.05	0.00 7.05	0.00 6.08	0.00 5.22
14	2.83 15.50	2.13 14.50	1.39 13.50	0.47 12.50	0.00 11.50	0.00 10.50	0.00 9.50	0.00 8.50	0.00 7.50	0.00 6.55
15	3.48 16.52	2.56 15.52	1.98 14.52	1.26 13.52	0.30 12.52	0.00 11.52	0.00 10.52	0.00 9.52	0.00 8.52	0.00 7.52
16	4.07 17.99	3.28 16.99	2.60 15.99	1.82 14.99	1.13 13.99	0.14 12.99	0.00 11.99	0.00 10.99	0.00 9.99	0.00 8.99
17	5.04 19.02	4.11 18.02	3.32 17.02	2.38 16.02	1.81 15.02	0.98 14.02	0.00 13.02	0.00 12.02	0.00 11.02	0.00 10.02
18	5.47 20.16	4.54 19.16	3.73 18.16	3.02 17.16	2.40 16.16	1.70 15.16	0.82 14.16	0.00 13.16	0.00 12.16	0.00 11.16
19	6.51 21.51	5.51 20.51	4.58 19.51	3.77 18.51	3.05 17.51	2.21 16.51	1.58 15.51	0.67 14.51	0.00 13.51	0.00 12.51
20	7.55 22.52	6.55 21.52	5.55 20.52	4.55 19.52	3.55 18.52	2.81 17.52	2.23 16.52	1.48 15.52	0.53 14.52	0.00 13.52

表 10.3　置信水平 95%

n_0	0.0	0.5	1.0	1.5	b 2.0	2.5	3.0	3.5	4.0	5.0
0	0.00 3.09	0.00 2.63	0.00 2.33	0.00 1.78	0.00 1.63	0.00 1.78	0.00 1.63	0.00 1.63	0.00 1.57	0.00 1.54
1	0.05 5.14	0.00 4.64	0.00 4.14	0.00 3.30	0.00 3.30	0.00 2.95	0.00 2.63	0.00 2.33	0.00 2.08	0.00 1.88
2	0.36 6.72	0.00 6.22	0.00 5.72	0.00 5.22	0.00 4.72	0.00 4.25	0.00 3.84	0.00 3.46	0.00 3.11	0.00 2.49
3	0.82 8.25	0.32 7.75	0.00 7.25	0.00 6.75	0.00 6.25	0.00 5.75	0.00 5.25	0.00 4.78	0.00 4.35	0.00 3.58
4	1.37 9.76	0.87 9.26	0.37 8.76	0.00 8.26	0.00 7.76	0.00 7.26	0.00 6.76	0.00 6.26	0.00 5.76	0.00 4.84
5	1.84 11.26	1.47 10.76	0.97 10.26	0.00 9.76	0.00 9.26	0.00 8.76	0.00 8.26	0.00 7.76	0.00 7.26	0.00 6.26
6	2.21 12.75	1.90 12.25	1.61 11.75	1.11 11.25	0.61 10.75	0.11 10.25	0.00 9.75	0.00 9.25	0.00 8.75	0.00 7.75
7	2.58 13.81	2.27 13.31	1.97 12.81	1.69 12.31	1.29 11.81	0.79 11.31	0.29 10.81	0.00 10.31	0.00 9.81	0.00 8.81
8	2.94 15.29	2.63 14.79	2.33 14.29	2.05 13.79	1.78 13.29	1.48 12.79	0.98 12.29	0.48 11.79	0.00 11.29	0.00 10.29
9	4.36 16.77	3.86 16.27	3.36 15.77	2.91 15.27	2.46 14.77	1.96 14.27	1.62 13.77	1.20 13.27	0.70 12.77	0.00 11.77
10	4.75 17.82	4.25 17.32	3.75 16.82	3.30 16.32	2.92 15.82	2.57 15.32	2.25 14.82	1.82 14.32	1.43 13.82	0.43 12.82
11	5.14 19.29	4.64 18.79	4.14 18.29	3.69 17.79	3.30 17.29	2.95 16.79	2.63 16.29	2.33 15.79	2.04 15.29	1.17 14.29
12	6.32 20.34	5.82 19.84	5.32 19.34	4.82 18.84	4.32 18.34	3.85 17.84	3.44 17.34	3.06 16.84	2.69 16.34	1.88 15.34
13	6.72 21.80	6.22 21.30	5.72 20.80	5.22 20.30	4.72 19.80	4.25 19.30	3.84 18.80	3.46 18.30	3.11 17.80	2.47 16.80
14	7.84 22.94	7.34 22.44	6.84 21.94	6.34 21.44	5.84 20.94	5.34 20.44	4.84 19.94	4.37 19.44	3.94 18.94	3.10 17.94
15	8.25 24.31	7.75 23.81	7.25 23.31	6.75 22.81	6.25 22.31	5.75 21.81	5.25 21.31	4.78 20.81	4.35 20.31	3.58 19.31
16	9.34 25.40	8.84 24.90	8.34 24.40	7.84 23.90	7.34 23.40	6.84 22.90	6.34 22.40	5.84 21.90	5.34 21.40	4.43 20.40
17	9.76 26.81	9.26 26.31	8.76 25.81	8.26 25.31	7.76 24.81	7.26 24.31	6.76 23.81	6.26 23.31	5.76 22.81	4.84 21.81
18	10.84 27.84	10.34 27.34	9.84 26.84	9.34 26.34	8.84 25.84	8.34 25.34	7.84 24.84	7.34 24.34	6.84 23.84	5.84 22.84
19	11.26 29.31	10.76 28.81	10.26 28.31	9.76 27.81	9.26 27.31	8.76 26.81	8.26 26.31	7.76 25.81	7.26 25.31	6.26 24.31
20	12.33 30.33	11.83 29.83	11.33 29.33	10.83 28.33	10.33 28.33	9.83 27.83	9.33 27.33	8.83 26.83	8.33 26.33	7.33 25.33

续表

n_0	\multicolumn{10}{c}{b}
	6.0	7.0	8.0	9.0	10.0	11.0	12.0	13.0	14.0	15.0
0	0.00 1.52	0.00 1.51	0.00 1.50	0.00 1.49	0.00 1.49	0.00 1.48	0.00 1.48	0.00 1.48	0.00 1.47	0.00 1.47
1	0.00 1.78	0.00 1.73	0.00 1.69	0.00 1.66	0.00 1.64	0.00 1.61	0.00 1.60	0.00 1.59	0.00 1.58	0.00 1.56
2	0.00 2.28	0.00 2.11	0.00 1.98	0.00 1.86	0.00 1.81	0.00 1.77	0.00 1.74	0.00 1.72	0.00 1.70	0.00 1.67
3	0.00 2.91	0.00 2.69	0.00 2.37	0.00 2.17	0.00 2.06	0.00 1.98	0.00 1.93	0.00 1.89	0.00 1.82	0.00 1.80
4	0.00 4.05	0.00 3.35	0.00 3.01	0.00 2.54	0.00 2.37	0.00 2.23	0.00 2.11	0.00 2.04	0.00 1.99	0.00 1.95
5	0.00 5.33	0.00 4.52	0.00 3.79	0.00 3.15	0.00 2.94	0.00 2.65	0.00 2.43	0.00 2.30	0.00 2.20	0.00 2.13
6	0.00 6.75	0.00 5.82	0.00 4.99	0.00 4.24	0.00 3.57	0.00 3.14	0.00 2.78	0.00 2.62	0.00 2.48	0.00 2.35
7	0.00 7.81	0.00 6.81	0.00 5.87	0.00 5.03	0.00 4.28	0.00 4.00	0.00 3.37	0.00 3.15	0.00 2.79	0.00 2.59
8	0.00 9.29	0.00 8.29	0.00 7.29	0.00 6.35	0.00 5.50	0.00 4.73	0.00 4.03	0.00 3.79	0.00 3.20	0.00 3.02
9	0.00 10.77	0.00 9.77	0.00 8.77	0.00 7.77	0.00 6.82	0.00 5.96	0.00 5.18	0.00 4.47	0.00 3.81	0.00 3.60
10	0.00 11.82	0.00 10.82	0.00 9.82	0.00 8.82	0.00 7.82	0.00 6.87	0.00 6.00	0.00 5.21	0.00 4.59	0.00 4.24
11	0.17 13.29	0.00 12.29	0.00 11.29	0.00 10.29	0.00 9.29	0.00 8.29	0.00 7.34	0.00 6.47	0.00 5.67	0.00 4.93
12	0.92 14.34	0.00 13.34	0.00 12.34	0.00 11.34	0.00 10.34	0.00 9.34	0.00 8.34	0.00 7.37	0.00 6.50	0.00 5.70
13	1.68 15.80	0.69 14.80	0.00 13.80	0.00 12.80	0.00 11.80	0.00 10.80	0.00 9.80	0.00 8.80	0.00 7.85	0.00 6.96
14	2.28 16.94	1.46 15.94	0.46 14.94	0.00 13.94	0.00 12.94	0.00 11.94	0.00 10.94	0.00 9.94	0.00 8.94	0.00 7.94
15	2.91 18.31	2.11 17.31	1.25 16.31	0.25 15.31	0.00 14.31	0.00 13.31	0.00 12.31	0.00 11.31	0.00 10.31	0.00 9.31
16	3.60 19.40	2.69 18.40	1.98 17.40	1.04 16.40	0.04 15.40	0.00 14.40	0.00 13.40	0.00 12.40	0.00 11.40	0.00 10.40
17	4.05 20.81	3.35 19.81	2.63 18.81	1.83 17.81	0.83 16.81	0.00 15.81	0.00 14.81	0.00 13.81	0.00 12.81	0.00 11.81
18	4.91 21.84	4.11 20.84	3.18 19.84	2.53 18.84	1.63 17.84	0.63 16.84	0.00 15.84	0.00 14.84	0.00 13.84	0.00 12.84
19	5.33 23.31	4.52 22.31	3.79 21.31	3.15 20.31	2.37 19.31	1.44 18.31	0.44 17.31	0.00 16.31	0.00 15.31	0.00 14.31
20	6.33 24.33	5.39 23.33	4.57 22.33	3.82 21.33	2.94 20.33	2.23 19.33	1.25 18.33	0.25 17.33	0.00 16.33	0.00 15.33

表 10.4　置信水平 99%

n_O	b									
	0.0	0.5	1.0	1.5	2.0	2.5	3.0	3.5	4.0	5.0
0	0.00 4.74	0.00 4.24	0.00 3.80	0.00 3.50	0.00 3.26	0.00 3.26	0.00 3.05	0.00 3.05	0.00 2.98	0.00 2.94
1	0.01 6.91	0.00 6.41	0.00 5.91	0.00 5.41	0.00 4.91	0.00 4.48	0.00 4.14	0.00 4.09	0.00 3.89	0.00 3.59
2	0.15 8.71	0.00 8.21	0.00 7.71	0.00 7.21	0.00 6.71	0.00 6.24	0.00 5.82	0.00 5.42	0.00 5.06	0.00 4.37
3	0.44 10.47	0.00 9.97	0.00 9.47	0.00 8.97	0.00 8.47	0.00 7.97	0.00 7.47	0.00 6.97	0.00 6.47	0.00 5.57
4	0.82 12.23	0.32 11.73	0.00 11.23	0.00 10.73	0.00 10.23	0.00 9.73	0.00 9.23	0.00 8.73	0.00 8.23	0.00 7.30
5	1.28 13.75	0.78 13.25	0.28 12.75	0.00 12.25	0.00 11.75	0.00 11.25	0.00 10.75	0.00 10.25	0.00 9.75	0.00 8.75
6	1.79 15.27	1.29 14.77	0.79 14.27	0.29 13.77	0.00 13.27	0.00 12.77	0.00 12.27	0.00 11.77	0.00 11.27	0.00 10.27
7	2.33 16.77	1.83 16.27	1.33 15.77	0.83 15.27	0.33 14.77	0.00 14.27	0.00 13.77	0.00 13.27	0.00 12.77	0.00 11.77
8	2.91 18.27	2.41 17.77	1.91 17.27	1.41 16.77	0.91 16.27	0.41 15.77	0.00 15.27	0.00 14.77	0.00 14.27	0.00 13.27
9	3.31 19.46	3.00 18.96	2.51 18.46	2.01 17.96	1.51 17.46	1.01 16.96	0.51 16.46	0.01 15.96	0.00 15.46	0.00 14.46
10	3.68 20.83	3.37 20.33	3.07 19.83	2.63 19.33	2.13 18.83	1.63 18.33	1.13 17.83	0.63 17.33	0.13 16.83	0.00 15.83
11	4.05 22.31	3.73 21.81	3.43 21.31	3.14 20.81	2.77 20.31	2.27 19.81	1.77 19.31	1.27 18.81	0.77 18.31	0.00 17.31
12	4.41 23.80	4.10 23.30	3.80 22.80	3.50 22.30	3.22 21.80	2.93 21.30	2.43 20.80	1.93 20.30	1.43 19.80	0.43 18.80
13	5.83 24.92	5.33 24.42	4.83 23.92	4.33 23.42	3.83 22.92	3.33 22.42	3.02 21.92	2.60 21.42	2.10 20.92	1.10 19.92
14	6.31 26.33	5.81 25.83	5.31 25.33	4.86 24.83	4.46 24.33	4.10 23.83	3.67 23.33	3.17 22.83	2.78 22.33	1.78 21.33
15	6.70 27.81	6.20 27.31	5.70 26.81	5.24 26.31	4.84 25.81	4.48 25.31	4.14 24.81	3.82 24.31	3.42 23.81	2.48 22.81
16	7.76 28.85	7.26 28.35	6.76 27.85	6.26 27.35	5.76 26.85	5.26 26.35	4.76 25.85	4.26 25.35	3.89 24.85	3.15 23.85
17	8.32 30.33	7.82 29.83	7.32 29.33	6.82 28.83	6.32 28.33	5.85 27.83	5.42 27.33	5.03 26.83	4.67 26.33	3.73 25.33
18	8.71 31.81	8.21 31.31	7.71 30.81	7.21 30.31	6.71 29.81	6.24 29.31	5.82 28.81	5.42 28.31	5.06 27.81	4.37 26.81
19	9.88 32.85	9.38 32.35	8.88 31.85	8.38 31.35	7.88 30.85	7.38 30.35	6.88 29.85	6.40 29.35	5.97 28.85	5.01 27.85
20	10.28 34.32	9.78 33.82	9.28 33.32	8.78 32.82	8.28 32.32	7.78 31.82	7.28 31.32	6.81 30.82	6.37 30.32	5.57 29.32

续表

b

n_0	6.0	7.0	8.0	9.0	10.0	11.0	12.0	13.0	14.0	15.0
0	0.00 2.91	0.00 2.90	0.00 2.89	0.00 2.88	0.00 2.88	0.00 2.87	0.00 2.87	0.00 2.86	0.00 2.86	0.00 2.86
1	0.00 3.42	0.00 3.31	0.00 3.21	0.00 3.18	0.00 3.15	0.00 3.11	0.00 3.09	0.00 3.07	0.00 3.06	0.00 3.03
2	0.00 4.13	0.00 3.89	0.00 3.70	0.00 3.56	0.00 3.44	0.00 3.39	0.00 3.35	0.00 3.32	0.00 3.26	0.00 3.23
3	0.00 5.25	0.00 4.59	0.00 4.35	0.00 4.06	0.00 3.89	0.00 3.77	0.00 3.65	0.00 3.56	0.00 3.51	0.00 3.47
4	0.00 6.47	0.00 5.73	0.00 5.04	0.00 4.79	0.00 4.39	0.00 4.17	0.00 4.02	0.00 3.91	0.00 3.82	0.00 3.74
5	0.00 7.81	0.00 6.97	0.00 6.21	0.00 5.50	0.00 5.17	0.00 4.67	0.00 4.42	0.00 4.24	0.00 4.11	0.00 4.01
6	0.00 9.27	0.00 8.32	0.00 7.47	0.00 6.68	0.00 5.96	0.00 5.46	0.00 5.05	0.00 4.83	0.00 4.63	0.00 4.44
7	0.00 10.77	0.00 9.77	0.00 8.82	0.00 7.95	0.00 7.16	0.00 6.42	0.00 5.73	0.00 5.48	0.00 5.12	0.00 4.82
8	0.00 12.27	0.00 11.27	0.00 10.27	0.00 9.31	0.00 8.44	0.00 7.63	0.00 6.88	0.00 6.18	0.00 5.83	0.00 5.29
9	0.00 13.46	0.00 12.46	0.00 11.46	0.00 10.46	0.00 9.46	0.00 8.50	0.00 7.69	0.00 7.34	0.00 6.62	0.00 5.95
10	0.00 14.83	0.00 13.83	0.00 12.83	0.00 11.83	0.00 10.83	0.00 9.87	0.00 8.98	0.00 8.16	0.00 7.39	0.00 7.07
11	0.00 16.31	0.00 15.31	0.00 14.31	0.00 13.31	0.00 12.31	0.00 11.31	0.00 10.35	0.00 9.46	0.00 8.63	0.00 7.84
12	0.00 17.80	0.00 16.80	0.00 15.80	0.00 14.80	0.00 13.80	0.00 12.80	0.00 11.80	0.00 10.83	0.00 9.94	0.00 9.09
13	0.10 18.92	0.00 17.92	0.00 16.92	0.00 15.92	0.00 14.92	0.00 13.92	0.00 12.92	0.00 11.92	0.00 10.92	0.00 9.98
14	0.78 20.33	0.00 19.33	0.00 18.33	0.00 17.33	0.00 16.33	0.00 15.33	0.00 14.33	0.00 13.33	0.00 12.33	0.00 11.36
15	1.48 21.81	0.48 20.81	0.00 19.81	0.00 18.81	0.00 17.81	0.00 16.81	0.00 15.81	0.00 14.81	0.00 13.81	0.00 12.81
16	2.18 22.85	1.18 21.85	0.18 20.85	0.00 19.85	0.00 18.85	0.00 17.85	0.00 16.85	0.00 15.85	0.00 14.85	0.00 13.85
17	2.89 24.33	1.89 23.33	0.89 22.33	0.00 21.33	0.00 20.33	0.00 19.33	0.00 18.33	0.00 17.33	0.00 16.33	0.00 15.33
18	3.53 25.81	2.62 24.81	1.62 23.81	0.62 22.81	0.00 21.81	0.00 20.81	0.00 19.81	0.00 18.81	0.00 17.81	0.00 16.81
19	4.13 26.85	3.31 25.85	2.35 24.85	1.35 23.85	0.35 22.85	0.00 21.85	0.00 20.85	0.00 19.85	0.00 18.85	0.00 17.85
20	4.86 28.32	3.93 27.32	3.08 26.32	2.08 25.32	1.08 24.32	0.08 23.32	0.00 22.32	0.00 21.32	0.00 20.32	0.00 19.32

表 11　似然比顺序求和方法求得的正态总体期望值 μ 置信水平 68.27%, 90%, 95%, 99% 的置信区间 $[\mu_1, \mu_2]$. x_0 是总体的实验观测值, 表中所有数字均以正态总体标准偏差 σ 为单位

x_0	68.27%C.L.	90%C.L.	95%C.L.	99%C.L.
−3.0	0.00 0.04	0.00 0.26	0.00 0.42	0.00 0.80
−2.9	0.00 0.04	0.00 0.27	0.00 0.44	0.00 0.82
−2.8	0.00 0.04	0.00 0.28	0.00 0.45	0.00 0.84
−2.7	0.00 0.04	0.00 0.29	0.00 0.47	0.00 0.87
−2.6	0.00 0.05	0.00 0.30	0.00 0.48	0.00 0.89
−2.5	0.00 0.05	0.00 0.32	0.00 0.50	0.00 0.92
−2.4	0.00 0.05	0.00 0.33	0.00 0.52	0.00 0.95
−2.3	0.00 0.05	0.00 0.34	0.00 0.54	0.00 0.99
−2.2	0.00 0.06	0.00 0.36	0.00 0.56	0.00 1.02
−2.1	0.00 0.06	0.00 0.38	0.00 0.59	0.00 1.06
−2.0	0.00 0.07	0.00 0.40	0.00 0.62	0.00 1.10
−1.9	0.00 0.08	0.00 0.43	0.00 0.65	0.00 1.14
−1.8	0.00 0.09	0.00 0.45	0.00 0.68	0.00 1.19
−1.7	0.00 0.10	0.00 0.48	0.00 0.72	0.00 1.24
−1.6	0.00 0.11	0.00 0.52	0.00 0.76	0.00 1.29
−1.5	0.00 0.13	0.00 0.56	0.00 0.81	0.00 1.35
−1.4	0.00 0.15	0.00 0.60	0.00 0.86	0.00 1.41
−1.3	0.00 0.17	0.00 0.64	0.00 0.91	0.00 1.47
−1.2	0.00 0.20	0.00 0.70	0.00 0.97	0.00 1.54
−1.1	0.00 0.23	0.00 0.75	0.00 1.04	0.00 1.61
−1.0	0.00 0.27	0.00 0.81	0.00 1.10	0.00 1.68
−0.9	0.00 0.32	0.00 0.88	0.00 1.17	0.00 1.76
−0.8	0.00 0.37	0.00 0.95	0.00 1.25	0.00 1.84
−0.7	0.00 0.43	0.00 1.02	0.00 1.33	0.00 1.93
−0.6	0.00 0.49	0.00 1.10	0.00 1.41	0.00 2.01
−0.5	0.00 0.56	0.00 1.18	0.00 1.49	0.00 2.10
−0.4	0.00 0.64	0.00 1.27	0.00 1.58	0.00 2.19
−0.3	0.00 0.72	0.00 1.36	0.00 1.67	0.00 2.28
−0.2	0.00 0.81	0.00 1.45	0.00 1.77	0.00 2.38
−0.1	0.00 0.90	0.00 1.55	0.00 1.86	0.00 2.48
0.0	0.00 1.00	0.00 1.64	0.00 1.96	0.00 2.58
0.1	0.00 1.10	0.00 1.74	0.00 2.06	0.00 2.68
0.2	0.00 1.20	0.00 1.84	0.00 2.16	0.00 2.78
0.3	0.00 1.30	0.00 1.94	0.00 2.26	0.00 2.88
0.4	0.00 1.40	0.00 2.04	0.00 2.36	0.00 2.98
0.5	0.02 1.50	0.00 2.14	0.00 2.46	0.00 3.08
0.6	0.07 1.60	0.00 2.24	0.00 2.56	0.00 3.18

x_0	68.27%C.L.	90%C.L.	95%C.L.	99%C.L.
0.7	0.11 1.70	0.00 2.34	0.00 2.66	0.00 3.28
0.8	0.15 1.80	0.00 2.44	0.00 2.76	0.00 3.38
0.9	0.19 1.90	0.00 2.54	0.00 2.86	0.00 3.48
1.0	0.24 2.00	0.00 2.64	0.00 2.96	0.00 3.58
1.1	0.30 2.10	0.00 2.74	0.00 3.06	0.00 3.68
1.2	0.35 2.20	0.00 2.84	0.00 3.16	0.00 3.78
1.3	0.42 2.30	0.02 2.94	0.00 3.26	0.00 3.88
1.4	0.49 2.40	0.12 3.04	0.00 3.36	0.00 3.98
1.5	0.56 2.50	0.22 3.14	0.00 3.46	0.00 4.08
1.6	0.64 2.60	0.31 3.24	0.00 3.56	0.00 4.18
1.7	0.72 2.70	0.38 3.34	0.06 3.66	0.00 4.28
1.8	0.81 2.80	0.45 3.44	0.16 3.76	0.00 4.38
1.9	0.90 2.90	0.51 3.54	0.26 3.86	0.00 4.48
2.0	1.00 3.00	0.58 3.64	0.35 3.96	0.00 4.58
2.1	1.10 3.10	0.65 3.74	0.45 4.06	0.00 4.68
2.2	1.20 3.20	0.72 3.84	0.53 4.16	0.00 4.78
2.3	1.30 3.30	0.79 3.94	0.61 4.26	0.00 4.88
2.4	1.40 3.40	0.87 4.04	0.69 4.36	0.07 4.98
2.5	1.50 3.50	0.95 4.14	0.76 4.46	0.17 5.08
2.6	1.60 3.60	1.02 4.24	0.84 4.56	0.27 5.18
2.7	1.70 3.70	1.11 4.34	0.91 4.66	0.37 5.28
2.8	1.80 3.80	1.19 4.44	0.99 4.76	0.47 5.38
2.9	1.90 3.90	1.28 4.54	1.06 4.86	0.57 5.48
3.0	2.00 4.00	1.37 4.64	1.14 4.96	0.67 5.58
3.1	2.10 4.10	1.46 4.74	1.22 5.06	0.77 5.68

表 12　贝叶斯方法求得的信号区间内信号泊松事例数期望值 s 的最大后验密度信度区间 (先验分布为均匀分布). 其中 n 和 b 分别是信号区间内观测到的事例总数和已知总本底平均本底事例数.

表 12.1　信度水平 68.27%

n	\multicolumn{10}{c}{b}
	0.0	0.5	1.0	1.5	2.0	2.5	3.0	3.5	4.0	5.0
0	0.00,1.15	0.00,1.15	0.00,1.15	0.00,1.15	0.00,1.15	0.00,1.15	0.00,1.15	0.00,1.15	0.00,1.15	0.00,1.15
1	0.27,2.50	0.00,1.99	0.00,1.79	0.00,1.66	0.00,1.57	0.00,1.51	0.00,1.46	0.00,1.42	0.00,1.39	0.00,1.35
2	0.87,3.85	0.38,3.30	0.00,2.66	0.00,2.37	0.00,2.16	0.00,2.01	0.00,1.89	0.00,1.80	0.00,1.72	0.00,1.61
3	1.56,5.14	1.06,4.64	0.58,4.08	0.16,3.42	0.00,2.95	0.00,2.68	0.00,2.47	0.00,2.30	0.00,2.16	0.00,1.96
4	2.29,6.40	1.79,5.90	1.30,5.39	0.83,4.83	0.39,4.20	0.00,3.52	0.00,3.20	0.00,2.94	0.00,2.73	0.00,2.40
5	3.06,7.63	2.56,7.13	2.06,6.63	1.57,6.11	1.10,5.56	0.65,4.96	0.24,4.30	0.00,3.73	0.00,3.43	0.00,2.96
6	3.85,8.83	3.35,8.34	2.85,7.83	2.35,7.33	1.86,6.82	1.38,6.27	0.93,5.69	0.51,5.06	0.12,4.38	0.00,3.64
7	4.65,10.03	4.15,9.53	3.65,9.03	3.15,8.53	2.66,8.02	2.16,7.51	1.69,6.97	1.23,6.40	0.80,5.79	0.01,4.45
8	5.47,11.21	4.97,10.71	4.47,10.21	3.97,9.71	3.47,9.21	2.98,8.70	2.48,8.19	2.00,7.66	1.54,7.10	0.68,5.88
9	6.30,12.37	5.80,11.88	5.30,11.38	4.80,10.88	4.30,10.38	3.80,9.87	3.30,9.37	2.81,8.86	2.33,8.33	1.41,7.21
10	7.14,13.54	6.64,13.04	6.14,12.54	5.64,12.04	5.14,11.54	4.64,11.04	4.14,10.53	3.64,10.03	3.15,9.52	2.19,8.46
11	7.99,14.69	7.49,14.19	6.99,13.69	6.49,13.19	5.99,12.69	5.49,12.19	4.99,11.69	4.49,11.19	3.99,10.69	3.01,9.66
12	8.84,15.83	8.34,15.33	7.84,14.83	7.34,14.33	6.84,13.83	6.34,13.33	5.84,12.84	5.34,12.33	4.84,11.83	3.85,10.82
13	9.70,16.98	9.20,16.47	8.70,15.97	8.20,15.47	7.70,14.97	7.20,14.47	6.70,13.97	6.20,13.47	5.70,12.97	4.70,11.97
14	10.56,18.11	10.06,17.61	9.56,17.11	9.07,16.61	8.57,16.11	8.06,15.61	7.57,15.11	7.07,14.61	6.56,14.11	5.57,13.11
15	11.43,19.24	10.94,18.74	10.43,18.24	9.93,17.74	9.44,17.24	8.94,16.74	8.43,16.24	7.93,15.74	7.43,15.24	6.43,14.24
16	12.31,20.37	11.81,19.86	11.31,19.36	10.81,18.87	10.31,18.36	9.81,17.87	9.31,17.37	8.81,16.86	8.31,16.37	7.31,15.37
17	13.18,21.49	12.68,20.99	12.18,20.49	11.69,19.99	11.19,19.49	10.68,18.98	10.18,18.49	9.69,17.99	9.19,17.49	8.19,16.49
18	14.07,22.61	13.57,22.10	13.07,21.60	12.57,21.11	12.07,20.61	11.57,20.11	11.07,19.60	10.57,19.11	10.07,18.61	9.07,17.61
19	14.95,23.72	14.45,23.22	13.95,22.72	13.45,22.22	12.95,21.72	12.45,21.22	11.95,20.72	11.45,20.22	10.95,19.72	9.95,18.72
20	15.84,24.83	15.34,24.33	14.84,23.83	14.34,23.33	13.84,22.83	13.34,22.34	12.84,21.83	12.34,21.33	11.84,20.83	10.84,19.84

续表

b

n	6.0	7.0	8.0	9.0	10.0	11.0	12.0	13.0	14.0	15.0
0	0.00,1.15	0.00,1.15	0.00,1.15	0.00,1.15	0.00,1.15	0.00,1.15	0.00,1.15	0.00,1.15	0.00,1.15	0.00,1.15
1	0.00,1.32	0.00,1.30	0.00,1.28	0.00,1.27	0.00,1.26	0.00,1.25	0.00,1.24	0.00,1.23	0.00,1.23	0.00,1.22
2	0.00,1.54	0.00,1.48	0.00,1.44	0.00,1.41	0.00,1.38	0.00,1.36	0.00,1.34	0.00,1.33	0.00,1.32	0.00,1.30
3	0.00,1.82	0.00,1.72	0.00,1.64	0.00,1.58	0.00,1.53	0.00,1.50	0.00,1.47	0.00,1.44	0.00,1.42	0.00,1.40
4	0.00,2.17	0.00,2.00	0.00,1.88	0.00,1.79	0.00,1.71	0.00,1.65	0.00,1.61	0.00,1.57	0.00,1.53	0.00,1.50
5	0.00,2.61	0.00,2.36	0.00,2.18	0.00,2.04	0.00,1.93	0.00,1.84	0.00,1.77	0.00,1.71	0.00,1.67	0.00,1.62
6	0.00,3.16	0.00,2.81	0.00,2.54	0.00,2.34	0.00,2.19	0.00,2.06	0.00,1.97	0.00,1.89	0.00,1.82	0.00,1.76
7	0.00,3.83	0.00,3.35	0.00,2.99	0.00,2.71	0.00,2.50	0.00,2.33	0.00,2.19	0.00,2.09	0.00,2.00	0.00,1.92
8	0.00,4.61	0.00,4.01	0.00,3.53	0.00,3.16	0.00,2.88	0.00,2.65	0.00,2.47	0.00,2.32	0.00,2.20	0.00,2.10
9	0.57,5.96	0.00,4.77	0.00,4.18	0.00,3.70	0.00,3.33	0.00,3.03	0.00,2.79	0.00,2.60	0.00,2.45	0.00,2.32
10	1.29,7.31	0.48,6.04	0.00,4.92	0.00,4.34	0.00,3.86	0.00,3.48	0.00,3.18	0.00,2.93	0.00,2.73	0.00,2.56
11	2.06,8.58	1.19,7.40	0.39,6.10	0.00,5.06	0.00,4.49	0.00,4.01	0.00,3.63	0.00,3.32	0.00,3.06	0.00,2.85
12	2.88,9.78	1.95,8.68	1.09,7.48	0.31,6.16	0.00,5.20	0.00,4.63	0.00,4.16	0.00,3.77	0.00,3.45	0.00,3.19
13	3.71,10.95	2.75,9.90	1.84,8.77	1.00,7.55	0.23,6.22	0.00,5.34	0.00,4.77	0.00,4.30	0.00,3.91	0.00,3.58
14	4.57,12.10	3.59,11.07	2.64,10.00	1.74,8.86	0.92,7.62	0.16,6.28	0.00,5.47	0.00,4.91	0.00,4.44	0.00,4.04
15	5.44,13.24	4.44,12.22	3.47,11.19	2.53,10.10	1.65,8.94	0.84,7.68	0.10,6.34	0.00,5.59	0.00,5.04	0.00,4.57
16	6.31,14.36	5.31,13.36	4.33,12.34	3.36,11.29	2.43,10.19	1.56,9.01	0.76,7.74	0.03,6.39	0.00,5.72	0.00,5.17
17	7.18,15.49	6.18,14.48	5.20,13.48	4.21,12.45	3.26,11.39	2.34,10.27	1.48,9.08	0.70,7.80	0.00,6.47	0.00,5.84
18	8.07,16.61	7.07,15.61	6.07,14.60	5.08,13.59	4.10,12.56	3.16,11.48	2.25,10.35	1.41,9.14	0.63,7.85	0.00,6.58
19	8.95,17.72	7.95,16.72	6.95,15.72	5.96,14.71	4.97,13.69	4.00,12.65	3.06,11.57	2.17,10.43	1.34,9.20	0.57,7.91
20	9.84,18.84	8.84,17.83	7.84,16.83	6.84,15.83	5.85,14.82	4.86,13.80	3.90,12.75	2.97,11.66	2.09,10.50	1.27,9.26

表 12.2　信度水平 90%

n	0.0	0.5	1.0	1.5	2.0	2.5	3.0	3.5	4.0	5.0
0	0.00,2.30	0.00,2.30	0.00,2.30	0.00,2.30	0.00,2.30	0.00,2.30	0.00,2.30	0.00,2.30	0.00,2.30	0.00,2.30
1	0.08,3.95	0.00,3.50	0.00,3.27	0.00,3.11	0.00,2.99	0.00,2.91	0.00,2.84	0.00,2.78	0.00,2.74	0.00,2.67
2	0.45,5.45	0.00,4.82	0.00,4.43	0.00,4.11	0.00,3.87	0.00,3.67	0.00,3.52	0.00,3.39	0.00,3.29	0.00,3.12
3	0.95,6.91	0.45,6.40	0.00,5.70	0.00,5.28	0.00,4.92	0.00,4.62	0.00,4.36	0.00,4.15	0.00,3.97	0.00,3.68
4	1.52,8.33	1.01,7.84	0.53,7.29	0.09,6.60	0.00,6.08	0.00,5.69	0.00,5.34	0.00,5.04	0.00,4.78	0.00,4.36
5	2.14,9.70	1.63,9.21	1.14,8.71	0.65,8.15	0.22,7.48	0.00,6.85	0.00,6.44	0.00,6.06	0.00,5.72	0.00,5.15
6	2.79,11.05	2.29,10.55	1.79,10.05	1.29,9.54	0.81,8.98	0.37,8.34	0.00,7.60	0.00,7.16	0.00,6.76	0.00,6.06
7	3.47,12.36	2.97,11.86	2.47,11.37	1.97,10.86	1.48,10.35	1.00,9.80	0.55,9.18	0.15,8.46	0.00,7.88	0.00,7.07
8	4.18,13.66	3.67,13.16	3.17,12.66	2.67,12.16	2.17,11.66	1.68,11.14	1.20,10.60	0.75,9.99	0.33,9.31	0.00,8.15
9	4.90,14.93	4.39,14.43	3.90,13.93	3.39,13.43	2.89,12.94	2.40,12.43	1.90,11.92	1.42,11.38	0.96,10.79	0.15,9.41
10	5.63,16.19	5.13,15.69	4.63,15.20	4.13,14.70	3.63,14.20	3.13,13.70	2.63,13.19	2.14,12.68	1.66,12.14	0.75,10.95
11	6.38,17.44	5.88,16.95	5.38,16.44	4.88,15.95	4.38,15.45	3.88,14.95	3.38,14.44	2.88,13.94	2.39,13.43	1.43,12.34
12	7.14,18.68	6.64,18.18	6.14,17.68	5.64,17.18	5.14,16.69	4.64,16.18	4.14,15.69	3.64,15.18	3.14,14.68	2.16,13.64
13	7.91,19.91	7.41,19.41	6.91,18.91	6.41,18.41	5.91,17.92	5.41,17.41	4.91,16.91	4.41,16.42	3.91,15.91	2.92,14.90
14	8.69,21.13	8.19,20.63	7.69,20.13	7.19,19.63	6.69,19.14	6.19,18.63	5.68,18.13	5.19,17.64	4.69,17.13	3.69,16.13
15	9.47,22.35	8.97,21.85	8.47,21.35	7.97,20.85	7.47,20.35	6.97,19.85	6.47,19.35	5.97,18.85	5.47,18.35	4.47,17.35
16	10.26,23.55	9.77,23.05	9.26,22.55	8.77,22.05	8.26,21.55	7.76,21.05	7.27,20.56	6.76,20.05	6.26,19.55	5.26,18.55
17	11.06,24.75	10.57,24.25	10.06,23.75	9.57,23.25	9.06,22.75	8.56,22.25	8.06,21.75	7.56,21.26	7.06,20.75	6.06,19.75
18	11.87,25.95	11.37,25.45	10.87,24.95	10.37,24.45	9.87,23.95	9.37,23.45	8.87,22.95	8.37,22.45	7.87,21.95	6.87,20.95
19	12.68,27.14	12.18,26.64	11.68,26.14	11.18,25.64	10.68,25.14	10.18,24.64	9.68,24.14	9.18,23.64	8.68,23.14	7.68,22.14
20	13.50,28.32	13.00,27.82	12.49,27.32	11.99,26.82	11.49,26.32	10.99,25.82	10.49,25.33	9.99,24.82	9.49,24.32	8.49,23.32

续表

n	6.0	7.0	8.0	9.0	10.0	11.0	12.0	13.0	14.0	15.0
0	0.00,2.30	0.00,2.30	0.00,2.30	0.00,2.30	0.00,2.30	0.00,2.30	0.00,2.30	0.00,2.30	0.00,2.30	0.00,2.30
1	0.00,2.62	0.00,2.58	0.00,2.55	0.00,2.53	0.00,2.51	0.00,2.49	0.00,2.48	0.00,2.46	0.00,2.45	0.00,2.44
2	0.00,3.00	0.00,2.92	0.00,2.85	0.00,2.79	0.00,2.74	0.00,2.71	0.00,2.67	0.00,2.65	0.00,2.62	0.00,2.60
3	0.00,3.48	0.00,3.32	0.00,3.20	0.00,3.10	0.00,3.02	0.00,2.96	0.00,2.90	0.00,2.86	0.00,2.82	0.00,2.78
4	0.00,4.04	0.00,3.80	0.00,3.61	0.00,3.46	0.00,3.34	0.00,3.24	0.00,3.16	0.00,3.09	0.00,3.03	0.00,2.98
5	0.00,4.71	0.00,4.37	0.00,4.10	0.00,3.89	0.00,3.71	0.00,3.57	0.00,3.46	0.00,3.36	0.00,3.27	0.00,3.20
6	0.00,5.49	0.00,5.04	0.00,4.67	0.00,4.38	0.00,4.15	0.00,3.95	0.00,3.80	0.00,3.66	0.00,3.55	0.00,3.45
7	0.00,6.37	0.00,5.80	0.00,5.34	0.00,4.96	0.00,4.65	0.00,4.40	0.00,4.18	0.00,4.01	0.00,3.86	0.00,3.74
8	0.00,7.35	0.00,6.67	0.00,6.09	0.00,5.62	0.00,5.23	0.00,4.90	0.00,4.63	0.00,4.41	0.00,4.22	0.00,4.06
9	0.00,8.40	0.00,7.62	0.00,6.95	0.00,6.37	0.00,5.89	0.00,5.48	0.00,5.15	0.00,4.86	0.00,4.62	0.00,4.42
10	0.00,9.51	0.00,8.65	0.00,7.88	0.00,7.21	0.00,6.63	0.00,6.14	0.00,5.73	0.00,5.38	0.00,5.08	0.00,4.83
11	0.57,11.08	0.00,9.73	0.00,8.89	0.00,8.13	0.00,7.46	0.00,6.88	0.00,6.39	0.00,5.96	0.00,5.60	0.00,5.30
12	1.23,12.51	0.40,11.19	0.00,9.95	0.00,9.11	0.00,8.36	0.00,7.70	0.00,7.12	0.00,6.62	0.00,6.19	0.00,5.82
13	1.95,13.84	1.05,12.66	0.26,11.28	0.00,10.16	0.00,9.33	0.00,8.59	0.00,7.93	0.00,7.35	0.00,6.84	0.00,6.41
14	2.70,15.10	1.75,14.02	0.88,12.79	0.12,11.36	0.00,10.36	0.00,9.55	0.00,8.81	0.00,8.15	0.00,7.57	0.00,7.06
15	3.48,16.34	2.50,15.30	1.57,14.17	0.73,12.90	0.00,11.43	0.00,10.56	0.00,9.75	0.00,9.02	0.00,8.36	0.00,7.78
16	4.27,17.55	3.27,16.53	2.31,15.47	1.40,14.31	0.59,13.00	0.00,11.61	0.00,10.75	0.00,9.95	0.00,9.22	0.00,8.57
17	5.06,18.76	4.07,17.75	3.08,16.72	2.13,15.64	1.25,14.44	0.46,13.09	0.00,11.79	0.00,10.94	0.00,10.15	0.00,9.42
18	5.87,19.95	4.87,18.95	3.88,17.93	2.90,16.89	1.97,15.78	1.10,14.56	0.34,13.17	0.00,11.97	0.00,11.12	0.00,10.34
19	6.68,21.14	5.68,20.14	4.68,19.13	3.69,18.11	2.73,17.06	1.81,15.92	0.97,14.66	0.23,13.25	0.00,12.14	0.00,11.30
20	7.49,22.32	6.49,21.32	5.50,20.32	4.50,19.31	3.52,18.29	2.56,17.21	1.66,16.05	0.84,14.76	0.12,13.32	0.00,12.31

b

表 12.3　信度水平 95%

n	\				b					
	0.0	0.5	1.0	1.5	2.0	2.5	3.0	3.5	4.0	5.0
0	0.00,3.00	0.00,3.00	0.00,3.00	0.00,3.00	0.00,3.00	0.00,3.00	0.00,3.00	0.00,3.00	0.00,3.00	0.00,3.00
1	0.04,4.75	0.00,4.35	0.00,4.11	0.00,3.94	0.00,3.81	0.00,3.72	0.00,3.64	0.00,3.58	0.00,3.53	0.00,3.45
2	0.31,6.33	0.00,5.77	0.00,5.38	0.00,5.06	0.00,4.80	0.00,4.60	0.00,4.43	0.00,4.29	0.00,4.17	0.00,3.99
3	0.73,7.87	0.23,7.36	0.00,6.75	0.00,6.34	0.00,5.97	0.00,5.66	0.00,5.39	0.00,5.16	0.00,4.97	0.00,4.66
4	1.22,9.38	0.72,8.89	0.24,8.31	0.00,7.67	0.00,7.23	0.00,6.83	0.00,6.48	0.00,6.16	0.00,5.89	0.00,5.43
5	1.77,10.83	1.27,10.34	0.77,9.83	0.30,9.22	0.00,8.53	0.00,8.08	0.00,7.66	0.00,7.27	0.00,6.92	0.00,6.33
6	2.36,12.23	1.86,11.74	1.36,11.25	0.86,10.72	0.40,10.12	0.00,9.36	0.00,8.90	0.00,8.46	0.00,8.05	0.00,7.33
7	2.98,13.61	2.48,13.12	1.98,12.62	1.48,12.12	0.99,11.59	0.53,10.99	0.11,10.27	0.00,9.70	0.00,9.25	0.00,8.42
8	3.63,14.96	3.13,14.47	2.63,13.97	2.13,13.47	1.63,12.96	1.14,12.44	0.67,11.85	0.25,11.16	0.00,10.48	0.00,9.57
9	4.30,16.29	3.80,15.79	3.30,15.30	2.79,14.80	2.29,14.30	1.80,13.79	1.31,13.26	0.84,12.69	0.41,12.03	0.00,10.77
10	4.98,17.60	4.48,17.10	3.98,16.61	3.48,16.11	2.98,15.61	2.48,15.11	1.98,14.60	1.50,14.07	1.02,13.51	0.18,12.15
11	5.68,18.90	5.18,18.40	4.68,17.90	4.18,17.40	3.68,16.91	3.18,16.40	2.68,15.90	2.19,15.40	1.70,14.87	0.77,13.71
12	6.40,20.18	5.90,19.69	5.40,19.19	4.90,18.69	4.40,18.19	3.90,17.69	3.40,17.19	2.90,16.69	2.40,16.18	1.43,15.11
13	7.12,21.46	6.62,20.96	6.12,20.46	5.62,19.96	5.12,19.46	4.62,18.96	4.12,18.46	3.62,17.96	3.12,17.46	2.14,16.44
14	7.86,22.72	7.36,22.22	6.86,21.72	6.36,21.22	5.86,20.72	5.36,20.22	4.86,19.72	4.36,19.22	3.86,18.72	2.86,17.72
15	8.60,23.97	8.11,23.47	7.61,22.98	7.10,22.47	6.61,21.98	6.11,21.48	5.60,20.98	5.10,20.48	4.60,19.98	3.60,18.98
16	9.36,25.22	8.86,24.72	8.36,24.22	7.86,23.72	7.36,23.22	6.86,22.72	6.36,22.22	5.86,21.72	5.36,21.22	4.36,20.22
17	10.12,26.46	9.62,25.96	9.12,25.46	8.62,24.96	8.12,24.46	7.62,23.96	7.12,23.46	6.62,22.96	6.12,22.46	5.12,21.46
18	10.89,27.69	10.39,27.19	9.89,26.69	9.39,26.19	8.89,25.69	8.39,25.19	7.89,24.69	7.39,24.19	6.88,23.69	5.89,22.69
19	11.66,28.92	11.16,28.41	10.66,27.91	10.16,27.41	9.66,26.92	9.16,26.42	8.66,25.92	8.16,25.42	7.66,24.92	6.66,23.92
20	12.44,30.14	11.94,29.64	11.44,29.14	10.94,28.64	10.44,28.14	9.94,27.64	9.44,27.14	8.94,26.63	8.44,26.14	7.44,25.14

续表

n	6.0	7.0	8.0	9.0	10.0	b 11.0	12.0	13.0	14.0	15.0
0	0.00,3.00	0.00,3.00	0.00,3.00	0.00,3.00	0.00,3.00	0.00,3.00	0.00,3.00	0.00,3.00	0.00,3.00	0.00,3.00
1	0.00,3.39	0.00,3.34	0.00,3.31	0.00,3.28	0.00,3.25	0.00,3.23	0.00,3.22	0.00,3.20	0.00,3.19	0.00,3.18
2	0.00,3.86	0.00,3.75	0.00,3.67	0.00,3.60	0.00,3.55	0.00,3.50	0.00,3.46	0.00,3.43	0.00,3.40	0.00,3.38
3	0.00,4.42	0.00,4.24	0.00,4.10	0.00,3.99	0.00,3.89	0.00,3.81	0.00,3.75	0.00,3.69	0.00,3.64	0.00,3.60
4	0.00,5.09	0.00,4.82	0.00,4.60	0.00,4.43	0.00,4.29	0.00,4.17	0.00,4.07	0.00,3.98	0.00,3.91	0.00,3.85
5	0.00,5.85	0.00,5.48	0.00,5.18	0.00,4.94	0.00,4.73	0.00,4.57	0.00,4.43	0.00,4.31	0.00,4.22	0.00,4.13
6	0.00,6.73	0.00,6.24	0.00,5.84	0.00,5.52	0.00,5.25	0.00,5.03	0.00,4.85	0.00,4.69	0.00,4.55	0.00,4.44
7	0.00,7.70	0.00,7.10	0.00,6.60	0.00,6.18	0.00,5.84	0.00,5.55	0.00,5.31	0.00,5.11	0.00,4.94	0.00,4.78
8	0.00,8.76	0.00,8.05	0.00,7.45	0.00,6.94	0.00,6.51	0.00,6.15	0.00,5.84	0.00,5.58	0.00,5.36	0.00,5.17
9	0.00,9.89	0.00,9.09	0.00,8.38	0.00,7.77	0.00,7.25	0.00,6.81	0.00,6.44	0.00,6.12	0.00,5.84	0.00,5.61
10	0.00,11.05	0.00,10.18	0.00,9.39	0.00,8.69	0.00,8.08	0.00,7.56	0.00,7.11	0.00,6.72	0.00,6.38	0.00,6.10
11	0.00,12.25	0.00,11.33	0.00,10.47	0.00,9.69	0.00,8.99	0.00,8.38	0.00,7.85	0.00,7.39	0.00,6.99	0.00,6.64
12	0.55,13.87	0.00,12.50	0.00,11.59	0.00,10.74	0.00,9.97	0.00,9.27	0.00,8.66	0.00,8.12	0.00,7.65	0.00,7.25
13	1.19,15.32	0.35,13.99	0.00,12.75	0.00,11.85	0.00,11.01	0.00,10.24	0.00,9.55	0.00,8.93	0.00,8.39	0.00,7.91
14	1.89,16.67	0.97,15.50	0.18,14.09	0.00,12.99	0.00,12.10	0.00,11.26	0.00,10.50	0.00,9.81	0.00,9.20	0.00,8.65
15	2.61,17.96	1.65,16.88	0.77,15.65	0.02,14.17	0.00,13.22	0.00,12.34	0.00,11.51	0.00,10.75	0.00,10.07	0.00,9.45
16	3.36,19.22	2.38,18.18	1.44,17.07	0.59,15.78	0.00,14.37	0.00,13.45	0.00,12.57	0.00,11.75	0.00,11.00	0.00,10.31
17	4.12,20.46	3.13,19.44	2.16,18.39	1.24,17.23	0.43,15.89	0.00,14.59	0.00,13.67	0.00,12.80	0.00,11.99	0.00,11.24
18	4.89,21.69	3.89,20.69	2.90,19.66	1.94,18.59	1.05,17.38	0.27,15.98	0.00,14.79	0.00,13.88	0.00,13.02	0.00,12.21
19	5.66,22.92	4.66,21.92	3.66,20.91	2.69,19.87	1.75,18.76	0.88,17.51	0.14,16.07	0.00,15.00	0.00,14.10	0.00,13.24
20	6.44,24.14	5.44,23.14	4.44,22.13	3.45,21.12	2.48,20.06	1.56,18.92	0.72,17.63	0.01,16.14	0.00,15.20	0.00,14.30

表 13　科尔莫戈罗夫检验临界值 $D_{n,\alpha}^{(\pm)}$ 表

$$P\left\{D_n^{(\pm)} > D_{n,\alpha}^{(\pm)}\right\} \leqslant \alpha$$

$D_{n,\alpha}^{\pm}$ $D_{n,\alpha}$	$\alpha = 0.10$ $\alpha = 0.20$	0.05 0.10	0.025 0.05	0.01 0.02	0.005 0.01
$n=1$	0.90000	0.95000	0.97500	0.99000	0.99500
2	0.68377	0.77639	0.84189	0.90000	0.92929
3	0.56481	0.63604	0.70760	0.78456	0.82900
4	0.49265	0.56522	0.62394	0.68887	0.73424
5	0.44698	0.50945	0.56328	0.62718	0.66853
6	0.41037	0.46799	0.51926	0.57741	0.61661
7	0.38148	0.43607	0.48342	0.53844	0.57581
8	0.35831	0.40962	0.45427	0.50654	0.54179
9	0.33910	0.38746	0.43001	0.47960	0.51332
10	0.32260	0.36866	0.40925	0.45662	0.48893
11	0.30829	0.35242	0.39122	0.43670	0.46770
12	0.29577	0.33815	0.37543	0.41918	0.44905
13	0.28470	0.32549	0.36143	0.40362	0.43247
14	0.27481	0.31417	0.34890	0.38970	0.41762
15	0.26588	0.30397	0.33760	0.37713	0.40420
16	0.25778	0.29472	0.32733	0.36571	0.39201
17	0.25039	0.28627	0.31796	0.35528	0.38086
18	0.24360	0.27851	0.30936	0.34569	0.37062
19	0.23735	0.27136	0.30143	0.33685	0.36117
20	0.23156	0.26473	0.29408	0.32866	0.35241
21	0.22617	0.25858	0.28724	0.32104	0.34427
22	0.22115	0.25283	0.28087	0.31394	0.33666
23	0.21645	0.24746	0.27490	0.30728	0.32954
24	0.21205	0.24242	0.26931	0.30104	0.32286
25	0.20790	0.23768	0.26404	0.29516	0.31657
26	0.20399	0.23320	0.25907	0.28962	0.31064
27	0.20030	0.22898	0.25438	0.28438	0.30502
28	0.19680	0.22497	0.24993	0.27942	0.29971
29	0.19348	0.22117	0.24571	0.27471	0.29466
30	0.19032	0.21756	0.24170	0.27023	0.28987
31	0.18732	0.21412	0.23788	0.26596	0.28530
32	0.18445	0.21085	0.23424	0.26189	0.28094
33	0.18171	0.20771	0.23076	0.25801	0.27677
34	0.17909	0.20472	0.22743	0.25429	0.27279

$D_{n,\alpha}^{\pm}$	$\alpha = 0.10$	0.05	0.025	0.01	0.005
$D_{n,\alpha}$	$\alpha = 0.20$	0.10	0.05	0.02	0.01
35	0.17659	0.20185	0.22425	0.25073	0.26897
36	0.17418	0.19910	0.22119	0.24732	0.26532
37	0.17188	0.19646	0.21826	0.24404	0.26180
38	0.16966	0.19392	0.21544	0.24089	0.25843
39	0.16753	0.19148	0.21273	0.23786	0.25518
40	0.16547	0.18913	0.21012	0.23494	0.25205
41	0.16349	0.18687	0.20760	0.23213	0.24904
42	0.16158	0.18468	0.20517	0.22941	0.24613
43	0.15974	0.18257	0.20283	0.22679	0.24332
44	0.15796	0.18053	0.20056	0.22426	0.24060
45	0.15623	0.17856	0.19837	0.22181	0.23798
46	0.15457	0.17665	0.19625	0.21944	0.23544
47	0.15295	0.17481	0.19420	0.21115	0.23298
48	0.15139	0.17302	0.19221	0.21493	0.23059
49	0.14987	0.17128	0.19028	0.21277	0.22828
50	0.14840	0.16959	0.18841	0.21068	0.22604
51	0.14697	0.16796	0.18659	0.20864	0.22386
52	0.14558	0.16637	0.18482	0.20667	0.22174
53	0.14423	0.16483	0.18311	0.20475	0.21968
54	0.14292	0.16332	0.18144	0.20289	0.21768
55	0.14164	0.16186	0.17981	0.20107	0.21574
56	0.14040	0.16044	0.17823	0.19930	0.21384
57	0.13919	0.15906	0.17669	0.19758	0.21199
58	0.13801	0.15771	0.17519	0.19590	0.21019
59	0.13686	0.15639	0.17373	0.19427	0.20844
60	0.13573	0.15511	0.17231	0.19267	0.20673
61	0.13464	0.15385	0.17091	0.19112	0.20506
62	0.13357	0.15263	0.16956	0.18960	0.20343
63	0.13253	0.15144	0.16823	0.18812	0.20184
64	0.13151	0.15027	0.16693	0.18667	0.20029
65	0.13052	0.14913	0.16567	0.18525	0.19877
66	0.12954	0.14802	0.16443	0.18387	0.19729
67	0.12859	0.14693	0.16322	0.18252	0.19584
68	0.12766	0.14587	0.16204	0.18119	0.19442
69	0.12675	0.14483	0.16088	0.17990	0.19303
70	0.12586	0.14381	0.15975	0.17863	0.19167

| $D_{n,\alpha}^{\pm}$ | $\alpha = 0.10$ | 0.05 | 0.025 | 0.01 | 0.005 |
$D_{n,\alpha}$	$\alpha = 0.20$	0.10	0.05	0.02	0.01
71	0.12499	0.14281	0.15864	0.17739	0.19034
72	0.12413	0.14183	0.15755	0.17618	0.18903
73	0.12329	0.14087	0.15649	0.17498	0.18776
74	0.12247	0.13993	0.15544	0.17382	0.18650
75	0.12167	0.13901	0.15442	0.17268	0.18528
76	0.12088	0.13811	0.15342	0.17155	0.18408
77	0.12011	0.13723	0.15244	0.17045	0.18290
78	0.11935	0.13636	0.15147	0.16938	0.18174
79	0.11860	0.13551	0.15052	0.16832	0.18060
80	0.11787	0.13467	0.14960	0.16728	0.17949
81	0.11716	0.13385	0.14868	0.16626	0.17840
82	0.11645	0.13305	0.14779	0.16526	0.17732
83	0.11576	0.13226	0.14691	0.16428	0.17627
84	0.11508	0.13148	0.14605	0.16331	0.17523
85	0.11442	0.13072	0.14520	0.16236	0.17421
86	0.11376	0.12997	0.14437	0.16143	0.17321
87	0.11311	0.12923	0.14355	0.16051	0.17223
88	0.11248	0.12850	0.14274	0.15961	0.17126
89	0.11186	0.12779	0.14195	0.15873	0.17031
90	0.11125	0.12709	0.14117	0.15786	0.16938
91	0.11064	0.12640	0.14040	0.15700	0.16846
92	0.11005	0.12572	0.13965	0.15616	0.16755
93	0.10947	0.12506	0.13891	0.15533	0.16666
94	0.10889	0.12440	0.13818	0.15451	0.16579
95	0.10833	0.12375	0.13746	0.15371	0.16493
96	0.10777	0.12312	0.13675	0.15291	0.16408
97	0.10722	0.12249	0.13606	0.15214	0.16324
98	0.10668	0.12187	0.13537	0.15137	0.16242
99	0.10615	0.12126	0.13469	0.15061	0.16161
100	0.10563	0.12067	0.13403	0.14987	0.16081
$\geqslant 100$	$\dfrac{1.07}{\sqrt{n}}$	$\dfrac{1.22}{\sqrt{n}}$	$\dfrac{1.36}{\sqrt{n}}$	$\dfrac{1.52}{\sqrt{n}}$	$\dfrac{1.63}{\sqrt{n}}$

表 14　斯米尔诺夫-克拉默-冯·米泽斯检验的显著性水平 α 和统计量 nW^2 的临界值 $\left(nW^2\right)_\alpha$ 表

$\left(nW^2\right)_\alpha$	α	$\left(nW^2\right)_\alpha$	α	$\left(nW^2\right)_\alpha$	α	$\left(nW^2\right)_\alpha$	α
0.00	1.000000	0.50	0.039833	1.00	0.002460	1.50	0.00173
0.01	0.999994	0.51	0.037575	1.01	0.002331	1.51	0.00164
0.02	0.996999	0.52	0.035451	1.02	0.002209	1.52	0.00155
0.03	0.976168	0.53	0.033453	1.03	0.002093	1.53	0.00148
0.04	0.933149	0.54	0.031573	1.04	0.001983	1.54	0.00140
0.05	0.876281	0.55	0.029803	1.05	0.001880	1.55	0.00133
0.06	0.813980	0.56	0.028136	1.06	0.001781	1.56	0.00126
0.07	0.751564	0.57	0.026566	1.07	0.001688	1.57	0.00120
0.08	0.691855	0.58	0.025088	1.08	0.001600	1.58	0.00114
0.09	0.636144	0.59	0.023695	1.09	0.001516	1.59	0.00108
0.10	0.584873	0.60	0.022382	1.10	0.001437	1.60	0.00102
0.11	0.538041	0.61	0.021145	1.11	0.001362	1.61	0.00097
0.12	0.495425	0.62	0.019978	1.12	0.001291	1.62	0.00092
0.13	0.456707	0.63	0.018878	1.13	0.001224	1.63	0.00087
0.14	0.421539	0.64	0.017841	1.14	0.001160	1.64	0.00083
0.15	0.389576	0.65	0.016862	1.15	0.001100	1.65	0.00079
0.16	0.360493	0.66	0.015939	1.16	0.001043	1.66	0.00075
0.17	0.333995	0.67	0.015068	1.17	0.000989	1.67	0.00071
0.18	0.309814	0.68	0.014246	1.18	0.000937	1.68	0.00067
0.19	0.287709	0.69	0.013470	1.19	0.000889	1.69	0.00064
0.20	0.267470	0.70	0.012738	1.20	0.000843	1.70	0.00061
0.21	0.248908	0.71	0.012046	1.21	0.000799	1.71	0.00058
0.22	0.231856	0.72	0.011393	1.22	0.000758	1.72	0.00055
0.23	0.216167	0.73	0.010776	1.23	0.000718	1.73	0.00052
0.24	0.201710	0.74	0.010194	1.24	0.000681	1.74	0.00049
0.25	0.188370	0.75	0.009644	1.25	0.000646	1.75	0.00047
0.26	0.176042	0.76	0.009124	1.26	0.000613	1.76	0.00044
0.27	0.164636	0.77	0.008633	1.27	0.000581	1.77	0.00042
0.28	0.154070	0.78	0.008169	1.28	0.000551	1.78	0.00040
0.29	0.144270	0.79	0.007730	1.29	0.000522	1.79	0.00038
0.30	0.135171	0.80	0.007316	1.30	0.000496	1.80	0.00036
0.31	0.126715	0.81	0.006924	1.31	0.000470	1.81	0.00034
0.32	0.118847	0.82	0.006554	1.32	0.000446	1.82	0.00032
0.33	0.111522	0.83	0.006203	1.33	0.000423	1.83	0.00031
0.34	0.104695	0.84	0.005872	1.34	0.000401	1.84	0.00029
0.35	0.098327	0.85	0.005559	1.35	0.000380	1.85	0.00028
0.36	0.092383	0.86	0.005263	1.36	0.000361	1.86	0.00026
0.37	0.086832	0.87	0.004983	1.37	0.000342	1.87	0.00025
0.38	0.081642	0.88	0.004718	1.38	0.000325	1.88	0.00024
0.39	0.076789	0.89	0.004468	1.39	0.000308	1.89	0.00023
0.40	0.072247	0.90	0.004231	1.40	0.000292	1.90	0.00021
0.41	0.067995	0.91	0.004007	1.41	0.000277	1.91	0.00020
0.42	0.064010	0.92	0.003795	1.42	0.000263	1.92	0.00019
0.43	0.060276	0.93	0.003594	1.43	0.000249	1.93	0.00018
0.44	0.056774	0.94	0.003404	1.44	0.00237	1.94	0.00017
0.45	0.053488	0.95	0.003225	1.45	0.00225	1.95	0.00017
0.46	0.050405	0.96	0.003054	1.46	0.00213	1.96	0.00016
0.47	0.047510	0.97	0.002893	1.47	0.00202	1.97	0.00015
0.48	0.044790	0.98	0.002741	1.48	0.00192	1.98	0.00014
0.49	0.042235	0.99	0.002597	1.49	0.00182	1.99	0.00013

索　引

其 他

《现代物理基础丛书》已出版书目

(按出版时间排序)